HRIS BOWICK WITH JOHN BLYLER AND CHERYL AJLUNI

한국어판

RF 회로설계

CIRCUIT design

이문규 역

새로 개정된 RF 분야의 최고의 베스트셀러

RF 프론트엔드(Front-End) 설계와 RF 설계 도구(Tool) 내용 추가

실용적인 RF 엔지니어를 위한 최고의 지침

Newnes

홍릉과학출판사

This edition of *RF Circuit Design, 2e* by *Christopher Bowick* is published by arrangement with Elsevier Inc.

ISBN : 978-0-7506-8518-4
Translated Edition ISBN : 978-89-7283-901-9
Publication Date in Korea : 2010. 11. 25

Translated by Hongreung Publishing Co.
Printed in Korea.

차 례

CHAPTER 5 RF 트랜지스터

CHAPTER 6 소신호 RF 증폭기 설계

CHAPTER 7 RF(대신호) 전력 증폭기

CHAPTER 8 RF 프런트-엔드 설계

CHAPTER 9 RF 설계 소프트웨어

APPENDIX A RF와 안테나

APPENDIX B 벡터 대수

저자 서문

약 25년 전 Chris Bowick의 'RF Circuit Design'이 처음 발행 후 많은 변화가 이루어졌다. Marconi와 Tesla에 의해 무선 기기(radio) 통신이 가능하게 된 이후, 사실 RF 산업은 많은 부분을 변화시켰다. 1800년대 후반 그들의 발명이 오늘날의 이동 통신 시스템의 핵심 부품이라고 할 수 있는 무선 기술의 초석이 될 줄을 누가 상상을 할 수 있었겠는가? 또는 그들의 기여가 레이더로부터 코드리스 전화에 이르기까지 모든 RF 응용 분야를 탄생시킬 것으로 누가 상상을 했겠는가? 오늘날 무선 기기는 무선 산업의 근간으로 자리를 잡았다. 이동 전화, 양산에 사용되는 측정 시스템, 위성 통신 시스템, 전화 또는 WLAN 등 모든 무선 소자에 이 개념이 사용된다.

물론, 이 책이 처음 쓰인 1980년대 초반에는 RF를 일반적으로 군용 기술로 인식하였다. 이때 미국에서 RF는 레이더와 제밍 극복(anti-jamming, 엔티 제밍) 소자뿐 아니라 무기로 활용되었다. 1985년에 FCC에서 비허가 개념으로 대중에게 개방된 ISM (Industrial, Scientific, and Medical) 대역을 할당하자 RF의 모습이 변하였다. 이 일을 통해 FCC는 수 십억 달러 가치 산업에 대한 초석을 놓은 것이다.

오늘날은 산업이 항공 우주나 국방에 의해 주도되는 것이 아닌 '언제, 어디서나' 통신을 할 수 있어야 한다는 소비자의 요구에 의해 주도되고 있다. CDMA, EGPRS, GSM, LTE(Long Term Evolution)과 같은 3G와 4G와 더블어 Bluetooth, Wi-Fi (802.11 WLAN), WiMAX, ZigBee와 같은 라디오 프로토콜에 의해 이러한 소비자의 요구들이 가능해지고 있다. 이러한 증거로 이동전화 단말기를 보면 알 수 있다. 대략 1990년과 2000년 사이의 지난 10년 동안, 핸드폰은 극소수의 사람들만 사용을 하다가 지금은 전 세계 인구의 18%가 사용하고 있다. 오늘날 근 20억 인구가 매일 이동 통신을 이용하고 있다. 그것도 음성 통신만이 아닌 이동 데이터 중심의 인터넷 서비스를 이용한다. 핸드폰과 통신 산업의 혁명으로 인해 보통의 소비자들은 그들의 요구대로 언제 어디서든지 이동하면서 통신을 할 수 있게 되었다.

하지만, RF 산업에 대한 미래는 무엇인가? 이 질문에 대한 대답은 명백한 것 같다. RF 산업의 활로는 바로 진정한 융합(convergence)을 실현시키는 것이다. 다시 말해, RF 산업의

미래는 RF 스펙트럼의 경계를 넘어서는 차세대 이동 단말을 개발하는 것이다. 이런 소자가 개발이 되면 이동 플랫폼 기반에서 전통적으로 서로 다른 기능(예를 들어 이동 통신, 텔레비전, PC, PDA 등)을 결합할 수 가 있다.

이러한 융합은 핸드폰을 통해 가장 빠르게 진행되고 있다. 핸드폰이 제공하는 이상적인 플랫폼 위에 RF 표준과 기술은 우리가 상상할 수조차 없는 새로운 기능과 성능을 제공할 수 있다. 이러한 경향은 이미 시작되었다. IDC Worldwide Mobile Phone Tracker 서비스의 분석에 의하면, 융합된 모바일 단말 시장은 2006년에 전체 8000만 개 이상으로 42% 성장하였다. 4분기에만 2350만 개의 단말기를 공급했고 전년 같은 기간에 비해 33%가 증가하였다. 이것은 1990년대 중반 이전에 매우 빠른 성장과 비교될 수 있고 RF 융합의 가능성이 매우 큼을 보여준 것이다. 믹싱, 샘플링, 직접 변환 기술과 같은 것은 이러한 비전을 구현하는 기초가 되기에는 너무 진부한 것이 되었다.

진정한 융합 기술의 목표를 어떻게 그리고 언제 실현할 것이냐에 관계없이, 과거 25년간의 성장과 기술 혁명의 와중에 명확한 한 가지는 RF 산업이 살아있고 그리고 유망하다는 것이다. 더 중요한 것은 혁신과 지속적인 시장 성장이 예상되는 미래를 구현하는 데 RF 산업이 시발점이 될 것이라는 것이다.

이러한 변화가 RF 산업에 부를 안겨줄 것이기도 하지만, 다른 한편 RF 엔지니어들은 설계의 한계를 계속적으로 극복해 나가야 하는 도전을 주기도 한다. 오늘날 새로운 기회들이 새로운 설계에 대한 도전을 암시하고 있다. 이것이 RF 기술에서 전문가이든 아니든지 간에 모든 RF 엔지니어들은 새로운 도전에 직면해 있다.

가장 중요한 도전은 이동 단말기로 다중 대역 수신이 가능하게 해야 하는 것이다. 다른 도전으로 더 높은 주파수에서 더 넓은 대역폭에 대한 수요에서 발생한다. 더 높은 주파수에서 동작하기 위해서는 기생 효과를 최소화하기 위해 소자를 더 작게 만들어야 함을 의미한다. 따라서 이전에 무시할 수 있었던 레이아웃 소자들—예를 들어 연결선(interconnect), 접촉(contact) 면적, 홀(hole), 본드 패드 등—이 이제 무시할 수 없고 회로 성능에 영향을 주게 된다.

이러한 설계의 도전적인 요소들을 극복하기 위해 전자 산업은 혁신되었고 또 계속해서 혁신될 것이다. 예를 들어, 약 25년 전 근처의 EDA(electronic design automation, 설계 자동화 소프트웨어)는 태동기에 불과했다. 특히 고주파 RF와 마이크로파 공학에서는 미미한 수준이었다. 몇몇 상업 제품들이 있긴 했지만, 이러한 소프트웨어를 이용하기보다 대부분의 회사에서는 고유의 고주파 설계 소프트웨어를 개발하는 경향이 있었다. 하지만, 설계 과정이 점점 더 복잡해지면서, 자체 개발하는 소프트웨어는 개발 비용이 높아져서 유지하기가 어려워졌다. 엔지니어들은 그들의 수요를 충족하는 설계 자동화에 관심을 가지기 시작했다. 다양한 EDA 회사로부터 개발된 뛰어난 성능 덕에, 설계와 해석에서 검증까지의 모든 과정을 망라하는 전 영역의 RF/microwave EDA 제품과 설계 방법론들을 엔지니어들이 이제 이용할 수 있게 되었다.

하지만, 혁신은 거기서 그치지 않는다. 이제, 도적적인(다소 무모한) 다중 대역 수신을 위한 이동 핸드셋을 지원할 수 있는 RF 프런트-엔드(front-end, 전치단) 구조에 대한 연구가 진행되고 있다. 다중 대역 부품들과 소형화된 부품들은 더 낮은 가격과 더 짧은 시장 진입 시간을 맞추기 위해 다중 대역 부품과 소형화 부품은 매우 집적된 RF 프런트-엔드와 송수신기(transceiver) 회로에 대한 수요를 만들었다. 높은 시스템 집적도는 또한 프런트-엔드 필터, 증폭기, 믹서를 하나의 칩에서 구현하는 단일 칩 모듈을 탄생시켰다. 하지만, 단일 칩 RF 프런트-엔드 설계를 안테나와 디지털 베이스밴드 시스템 사이에서 성능 절충이 필요하다. 요구되는 시스템 사양을 만족하기 위해서는 집적화된 RF 프런트-엔드를 구현할 때 아날로그 설계자들은 디지털 베이스밴드 설계자들과 더 긴밀히 협조가 필요하다. 이것은 전통적인 아날로그-디지털 설계 팀들의 통합을 가져왔다.

RF 산업에서 혁신이 일어나고 있는 다른 분야는 RF 전력 트랜지스터로, 이를 이용하여 신뢰성이 높은 무선 전력 증폭기에 대한 기반을 제공하고 있다. RFIC는 CMOS을 이용하여 저가이면 작은 사이즈로 멀티미디어 기능을 갖는 신규 모바일 핸드셋을 구현하려고 하고 있다. GaAs화 같은 현재 사용되는 부품들은 성능을 유지하기 위해 더 높은 전압 쪽으로 옮겨가고 있다. 더불어, 전력 증폭기-듀플렉서 필터(duplexer filter) 모듈은 다중 대역 W-CDMA 라디오에서 빠르게 개별 부품을 대치하고 있다. 단일 칩 멀티모드 송수신기는 W-EDGE 핸드셋에서 개별 EDGE와 W-CDMA/HSDPA 송수신기를 대치하게 될 것이다. 회로에서 기생 효과와 고속 효과를 정밀하게 다루기 위해, 훨씬 작아진 레이아웃 소자의 정확한 모델링과 back-annotation[1)]이 중요해지게 될 것이다. 마찬가지로, 코일(인덕터)과 연결선(interconnect)와 같은 RF 칩-상(on-chip)의 소자 구조에 대한 정확한 EM(Electro-Magnetic) 모델링이 중요한 문제가 될 것이다.

GaN(gallium nitride)와 MEMS(micro-electro-mechanical systems)와 같은 떠오르는 RF 기술 분야에서도 혁신이 진행되고 있다. MEMS의 경우, 모바일 폰과 포터블 전자 소자와 같이 물량이 큰 시장에서 CMOS 신호 처리/센서 회로에 집적되고 있다. 시장 연구 회사인 ABI Research에 의하면, 2008년까지 모바일 폰에서 MEMS가 사용되기 시작될 것이라고 예측하고 있다. MEMS 기술은 소형 사이즈, 유연성(flexibility, 기능이 가변적일 수 있는 능력), 성능의 우수성 때문에 사용된다. MEMS가 가지는 장점은 미래의 적응적(adaptive)이고 다중 기능을 갖는 핸드셋을 구현하는 데 필수적인 것들이다.

이러한 새로운 혁신과 현재 사용되고 있는 응용과 시장에서의 기회가 계속해서 변화하고 있는 상황이 바로 'RF Circuit Design'에 대한 개정판을 기획하게 된 계기가 되었다. 이 책이 RF 회로 설계에 도움이 되기 지침서가 되기 위해서는 개정판이 필요한 것은 명확하다. 결과적으로 25주년 기념판의 출시로 여러분에게 개정된 정보를 제공할 수 있게 되었다. 개정판은 기존의 공진 회로, 임피던스 정합, RF 증폭기 설계뿐만 아니라 RF 프런트-엔드 설계와 RF 설계 소프트웨어에 관한 내용을 담고 있다. 이러한 내용은 RF 산업이 현재 고취하고 있는 첨단 정보/통신/엔터테인먼트 시장 융합에서 첨단 분야에서 큰 꿈을 꾸며 일하는 사람들뿐만 아니라, 급변하고 있는 오늘날의 RF 산업에서 모든 엔지니어에게 도움이 될 것이다.

Cheryl Ajluni와 John Blyler

1) 역주: back-annotation은 반도체 설계시 레이아웃 작업을 마친후 발생된 기생 소자 값을 추출하여 시뮬레이션에 반영하는 작업을 말한다.

감사의 글

어떠한 사람도 고립되어 살아갈 수는 없다. 바쁘신 와중에 많은 분들이 Chris의 원저서를 개정하는데 도움을 주었다. 여기 그 중 오랜 친구들과 새로운 몇 분을 언급하고자 한다. 그들은 이 책의 RF 프런트-엔드 장에 대한 review에 대해 시간을 할애해 주고 전문가적인 조언을 해 주었다. 아마추어 라디오에 대한 관심을 다시 되살려준 Synopsys사의 Marketing 부사장 George Zafiropoulos에게 특별히 감사한다. 꼼꼼한 원고 검토를 해준 The MathWorks, Inc.사의 RF Product Manager Colin Warwick에게 감사한다. 또한 Rick Lazansky (R&D Manager, Agilent EEs of EDA), David Ewing(Synapse사의 Director of Software Engineering), George Opsahl(Clearbrook Technology사 대표)에게 감사한다.

기술적이 부분을 준비하는 작업에서 가장 어려웠던 일 중 하나는 올바른 사례 연구를 선택하는 것이었다. 이 작업은 Analog Devices, Inc.사와 Jean Rousset(Agilent Technologies사의 consultant)의 도움이 컸다.

개정판 작업은 공저자이며 친구이고 Penton's '*Wireless Systems Design*' 매거진의 구 편집장인 Cheryl Ajluni의 도움이 없었다면 불가능했을 것이다. 더불어, '*Microwave and RF*' 매거진의 편집장인 Jack Browne에게 감사한다. 그의 통찰력과 집필 중 민감한 부분에서 내용에 대한 내용 공유가 매우 중요했다. 마지막으로 소중한 두 분께 감사드린다. Elsevier사의 원고 검토 편집자이신 Rachel Roumeliotis씨와 프로젝트 관리자 Anne B. McGee씨께 감사드립니다. 매우 훌륭히 일을 잘 해주셨고, 모든 분들께 감사드립니다.

John Blyler

RF Circuit Design의 개정판은 많은 친구들과 동료들의 지지치 않는 노력이 아니었으면 불가능했을 것입니다. 그들에게 깊은 감사와 경의를 표하고자 합니다. 그들의 기술적이 기여와 내용 검토와 소중한 의견은 그들이 알고 있는 이상의 도움이 되었다. 특별한 감사를 드리고 싶은 분들이 많습니다. Doron Aronson, Michael C' deBaca, Joseph Curcurio, John Dunn, Suzanne Graham, Sonia Harrison, Victoria Juarez de Savin, Jim Lev, Daren McClearnon, Tom Quan, Mark Ravenstahl, Craig Schmidt, Dave Smith, Janet Smith, Heidi Vantulden, Per Viklund. 또한 여러 회사들에게도 감사를 드리고 싶습니다. Agilent Technologies, Ansoft, Applied Wave Research, Cadence Design Systems, Mentor Graphics, Microwave Software, The MathWorks, Inc.

이 책에 대해 어떤 식으로든 기여하신 Elsevier 출판사의 모든 분들 특히 Anne B. McGee, Ganesan Murugesan, Rachel Roumeliotis에게 감사드립니다. 직업 의식과 변함없는 도움과 인내에 감사드립니다.

Cindy Shamieh에게 감사드립니다. 그의 뛰어난 연구 방법은 이 개정판 전체를 통해 많은 곳에 기초가 되었습니다. 당신의 노력과 변함없는 우정은 제게는 너무나도 소중한 것입니다.

마지막으로 내 친구이자 공저자인 John Blyler에게 감사드립니다. 이 여정을 당신과 함께 할 수 있어서 감사드립니다

Cheryl Ajluni

역자 서문

Chris Bowick의 'RF Circuit Design'은 RF 분야에서는 손에 꼽히는 고전으로 아직까지도 많은 현장 엔지니어들이 실무에 참고하고 있는 서적이다. 역자도 처음 RF를 접할 때부터 이 책을 가까이 하였고, RF에 대한 실용적인 지식의 상당 부분을 이 책에서 얻었다. 특히, 공진기, 필터, 임피던스 정합 부분 등은 다른 서적에 비해 이해하기가 매우 쉽고 설명 방법 또한 독특하다. 이번 개정판에서는 시대적인 추세를 반영하여 원문에 소프트웨어를 이용한 설계 기법을 추가하였다. 이 부분은 현실을 반영하여 이루어진 부분이긴 하지만, 독자가 사용하는 설계 tool들과 같지 않을 수 있기 때문에 조금 우려되는 면이 있다. 설계 툴의 개념은 어느 것이나 유사한 부분이 많기 때문에 내용적 가치는 있다고 충분하다고 판단된다.

한 가지 아쉬운 점은 본문과 수식에서 오류가 눈에 띄었다. 대부분은 단순한 것이지만, 몇 가지는 처음 RF를 접하는 사람들에게 오해의 소지도 있다. 원문 오류는 역자의 지식으로 눈에 띄는 대로 바로 잡았다.

번역 작업을 하면서 필자가 느끼는 점과 이 책에 적용한 번역의 특징을 몇 가지 적어본다. 역자는 번역서를 읽는 독자도 궁극적으로 원서를 읽는 사람과 동일한 지식을 얻어야 한다는 생각하에 몇 가지 시도를 하였다. 최신 설계 추세에 맞춰 EDA를 이용하여 설계 예제를 다루고 있는 4장, 6장, 7장과 RF 설계 도구들을 다루고 있는 9장은 특성상 용어의 국문 번역을 지양하였다. 그 이유는 현장에서 엔지니어들이 부르는 용어를 가급적 사용하여야 독자들에게 바른 정보가 전달될 수 있을 것 같다는 생각에서다. 현장에서는 점점 영어 용어에 대한 사용이 빈번해지고 있다. 예를 들어 거의 모든 datasheet가 영어로 되어 있고, 이를 번역하는 경우는 거의 없는 실정이다. 이러한 상황에 부합하여 자주 사용하는 몇 가지 용어는 영어 원어를 그대로 옮겼다. 예를 들어 '버터워스'는 'Butterworth'로 표기하였다. 역자의 생각으로는 '버터워스'를 Butterworth를 라고 표기하는 것이 오히려 요즘의 현장을 상황을 더 잘 반영하고 있다는 생각에서다. Bus를 '버스'로 표기하는 것은 일반적인 사람들이 읽고 쓰기 편하기 위함이다. 하지만 기술적인 용어는 전 세계가 공통된 용어를 사용하고 있는 상황에서 한글 표기가 오히려 부자연스러울 수 있다는 생각 때문이다.

한자에 익숙하지 않은 세대에게 현장에서 사용빈도가 낮은 한자식 용어의 한글 음만의 표기는 더 큰 혼란을 가져다 줄 수 있다. 역자도 부르기도 편하고 그 의미도 이해하기 쉬운 우리말 용어가 많이 사용되었으면 하는 바람이지만, 현실은 그와 점점 멀어져 가고 있는 느낌이 들어 안타깝다. 하지만 Filter와 같이 일반적인 용어는 특별한 혼란이나 없는 경우는 '필터'라고 표기하였다. Matching은 일반적으로 정합(整合)이라고 번역되기도 하지만, 현장에서는 '정합'과 '매칭(matching)'의 두 용어가 혼용해서 사용된다. 이러한 경우 '정합'이라는 용어를 주로 사용하고 이 용어를 처음 접하는 독자를 위해 'matching'이라는 용어도 문맥상 필요한 경우 병행 표기한다.

원문의 의미를 해치지 않는 범위 내에서 역자의 지식도 덧붙여 이해를 돕는 것이 좋을 것 같다는 생각이 들어 가급적 역주를 많이 붙였고, 많은 부분에서 의역을 하였다. 마지막으로 우리말로 된 전기전자 분야의 표준 용어에 대한 web 사전이 없다는 점이 아쉬웠다. 시대 추세를 반영한 'wikipedia'와 같은 사전 사업이 절실히 필요함을 느꼈다.

아무쪼록 이 책을 통해 RF에 관한 실용적 지식을 익혀서 업무와 학업에 도움이 되길 바라마지 않는다.

2010년
서울시립대학교 이문규

CHAPTER 1

부품과 시스템

Components and Systems

RF 회로 설계를 할 때 회로의 구성 부품에 대해 별 의문을 갖지 않는 경향이 있다. 커패시터가 그냥 커패시터지, 뭐 다른 게 있겠어? 1메가(mega) 저항은 단순히 1메가의 임피던스를 갖고, 인덕터의 리액턴스(reactance)는 주파수에 따라 항상 증가하는 것 아닌가? 이러한 생각은 잘못된 것임을 이번 장을 통해 알게 될 것이다. 특정 주파수 대역에서 우리가 알고 있는 커패시터는 커패시터가 아닌 인덕터가 될 수도 있고, 인덕터는 특정 주파수 대역에서 커패시터로도 동작할 수 있다. 저항은 인덕터나 커패시터 성분을 포함 할 수 있음을 알게 될 것이다.

이번 장에서는 RF 대역에서 저항, 커패시터, 인덕터가 회로의 구성 부품으로 사용될 때 특성을 알아본다. 먼저 시스템을 구성하는 간단한 부품과 RF 대역에서 발생할 수 있는 문제에 관해 살펴보자.

와이어(Wire)

RF 회로에서 와이어(wire)는 다양한 형태로 이용된다. 와이어는 권선형(wirewound) 저항, 인덕터, axial/radial-leaded 커패시터와 같은 부품의 리드(lead)나 몸체 혹은 리드와 몸체 모두를 구성할 때 다양한 모양이나 길이로 이용된다. 와이어는 또한 RF 대역보다 낮은 주파수 대역에서 모듈이나 부품을 연결할 때에도 이용된다. RF 대역에서 와이어는 직경과 길이에 따라 그 성질이 크게 달라진다. 표 1-1은 American Wire Gauge(AWG) 체계(system)로 와이어의 표준 gauge(치수), gauge와 관련된 직경, RF 회로 설계자들에게 필요한 사항을 정리한 것이다. AWG 체계로 6 와이어 gauge마다 도선의 직경은 대략 두 배가 된다. 따라서, 차트에서 맨 밑의 6 gauge와 그에 해당하는 직경을 알고 있다면, 차트의 도움 없이도 예제 1-1과 같이 다른 도선의 직경을 계산할 수 있다.

표 1-1 AWG 와이어 차트.

Wire Size (AWG)	Dia in Mils* (Bare)	Dia in Mils (Coated)	Ohms/ 1000 ft.	Area Circular Mils	Wire Size (AWG)	Dia in Mils* (Bare)	Dia in Mils (Coated)	Ohms/ 1000 ft.	Area Circular Mils
1	289.3		0.124	83690	26	15.9	17.2	41.0	253
2	257.6		0.156	66360	27	14.2	15.4	51.4	202
3	229.4		0.197	52620	28	12.6	13.8	65.3	159
4	204.3		0.249	41740	29	11.3	12.3	81.2	123
5	181.9		0.313	33090	30	10.0	11.0	104.0	100
6	162.0		0.395	26240	31	8.9	9.9	131	79.2
7	144.3		0.498	20820	32	8.0	8.8	162	64.0
8	128.5	131.6	0.628	16510	33	7.1	7.9	206	50.4
9	114.4	116.3	0.793	13090	34	6.3	7.0	261	39.7
10	101.9	104.2	0.999	10380	35	5.6	6.3	331	31.4
11	90.7	93.5	1.26	8230	36	5.0	5.7	415	25.0
12	80.8	83.3	1.59	6530	37	4.5	5.1	512	20.2
13	72.0	74.1	2.00	5180	38	4.0	4.5	648	16.0
14	64.1	66.7	2.52	4110	39	3.5	4.0	847	12.2
15	57.1	59.5	3.18	3260	40	3.1	3.5	1080	9.61
16	50.8	52.9	4.02	2580	41	2.8	3.1	1320	7.84
17	45.3	47.2	5.05	2050	42	2.5	2.8	1660	6.25
18	40.3	42.4	6.39	1620	43	2.2	2.5	2140	4.84
19	35.9	37.9	8.05	1290	44	2.0	2.3	2590	4.00
20	32.0	34.0	10.1	1020	45	1.76	1.9	3350	3.10
21	28.5	30.2	12.8	812	46	1.57	1.7	4210	2.46
22	25.3	27.0	16.2	640	47	1.40	1.6	5290	1.96
23	22.6	24.2	20.3	511	48	1.24	1.4	6750	1.54
24	20.1	21.6	25.7	404	49	1.11	1.3	8420	1.23
25	17.9	19.3	32.4	320	50	.99	1.1	10600	0.98

* 1 mil = 2.54×10^{-3} cm

표피 효과(Skin Effect)

저주파 대역에서 전하 캐리어(charge carrier)는 도체 단면 전체를 통해 이동한다. 하지만 주파수가 증가하면 도체 중심에서 자기장이 증가하여 전하 이동이 방해 받게 된다. 따라서, 도체 중심에서 전류 밀도는 낮아지고 반대로 도체 표면의 전류 밀도는 높아진다. 도체의 가장자리 부근에서 전류 밀도가 높아지는 현상을 **표피 효과**(skin effect)라 부른다. 이러한 현상은 저항의 리드 선뿐 아니라 커패시터와 인덕터의 리드에서도 발생한다.

예제 1-1

AWG-50 와이어의 직경이 1.0 mil (0.001 inch)로 주어졌을 때, AWG-14 와이어의 직경은 얼마인가?

풀이

AWG 50 = 1mil
AWG 44 = 2 × 1 mil = 2 mils
AWG 38 = 2 × 2 mil = 4 mils
AWG 32 = 2 × 4 mil = 8 mils
AWG 26 = 2 × 8 mil = 16 mils
AWG 20 = 2 × 16 mil = 32 mils
AWG 14 = 2 × 32 mil = 64 mils (0.064 inch)

전류 밀도가 표피보다 $1/e$ 또는 37%로 작아지는 도체의 깊이를 표피 깊이(skin depth)라 부른다. 표피 깊이는 주파수와 매질의 투자율(permeability)과 도전율(conductivity)의 함수가 된다. 따라서, 은(silver), 알루미늄(aluminum), 구리(copper)의 표피 깊이는 모두 다르다.

표피 깊이는 전류가 흐르는 도체의 단면적의 감소를 의미하므로, 그림 1-1에서 와이어의 교류(ac) 저항은 주파수에 따라 증가한다. 구리를 예로 들면 60Hz에서 표피 깊이는 약 0.85 cm이고 1 MHz에서 0.007 cm가 된다. 즉, 구리에서 RF 전류의 63%는 도선 모서리로부터 0.007 cm의 직경 안으로 전류가 집중되는 것을 의미한다.

직선형 와이어 인덕터(Straight-Wire Inductors)

전류가 흐르는 도체 주변에는 자기장(magnetic field)이 존재한다. 도체의 전류가 교류인 경우 자기장의 세기는 반복하여 변하면서, 전류 흐름을 방해하는 방향으로 와이어 상에 전압을 발생시킨다. 전류를 방해하는 이것을 자기(自己)-인덕턴스(self-inductance)라 부르고, 자기-

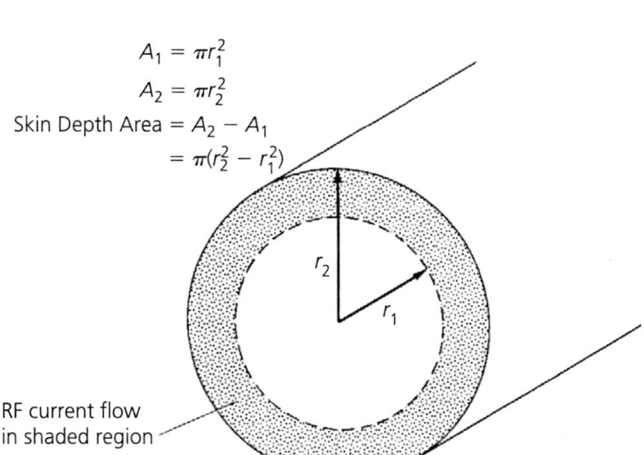

그림 1-1 도체의 표피 깊이(skin depth) 영역.

인덕턴스를 갖는 것을 인덕터(inductor)라 부른다. 직선형 와이어는 단순한 모양이지만, 주파수가 높아질수록 인덕턴스 효과가 중요해진다.

직선형 와이어의 인덕턴스는 와이어의 길이, 직경, 형태의 함수로 다음과 같이 표현된다.

$$L = 0.002l\left[2.3\log\left(\frac{4l}{d}\right) - 0.75\right]\mu\text{H} \qquad \text{식 1-1}$$

여기서

L = 인덕턴스(단위 μH)

l = 도선의 길이(단위 cm)

d = 도선의 직경(단위 cm)

예제 1-2는 인덕턴스 계산에 관한 것이다.

예제 1-2

길이가 5 cm인 No.-22 구리(copper) 도선의 인덕턴스를 계산하라.

풀이

표 1-1로부터 No.-22의 직경은 25.3 mil다. 1 mil은 2.54×10^{-3} cm이므로 25.3 mil은 0.0643 cm가 된다. 식 1-1에 대입하면

$$\begin{aligned} L &= (0.002)(5)\left[2.3\log\left(\frac{4(5)}{0.0643}\right) - 0.75\right] \\ &= 50\ n\text{H} \end{aligned}$$

RF 대역에서 모든 도체(hookup wire(연결 도선)와 커패시터 리드선 등)는 인덕턴스 특성을 갖기 때문에 RF 대역에서 인덕턴스의 개념이 중요하다. 인덕터에 관해서는 이번 장의 뒤쪽에서 좀 더 자세하게 다를 것이다.

저항(Resistors)

전류가 주어졌을 때 전기 에너지가 열(heat) 에너지로 변환되는 비율은 물질마다 다르다. 주어진 전류에 대해 전기 에너지가 열 에너지 변환되는 비를 저항이라 한다. 정의(definition)에 의해,

$$\begin{aligned} 1\,\Omega\text{의 저항에 1 volt의 전압} &= \text{초(second)당 1 쿨롱(coulomb)} \\ &= \text{1 암페어(ampere)} \end{aligned}$$

이 경우, 열 손실(thermal dissipation)은 1 와트(watt)가 된다.

$$
\begin{aligned}
P &= EI \\
&= 1 \text{ volt} \times 1 \text{ ampere} \\
&= 1 \text{ watt}
\end{aligned}
$$

저항은 회로에서 트랜지스터의 바이어스 회로, 저항 감쇠기, 신호 결합기 등 매우 다양하게 사용된다. 하지만, 설계자들은 보통은 저항을 직류(DC)에서만 생각하기 때문에 DC를 벗어나면 저항이 어떻게 동작하는지 거의 생각하지 않는 경향이 있다. 트랜지스터 바이어스 회로에서 저항은 DC 회로로 동작하고 있지만 RF 동작점에 영향을 주기도 한다.

저항의 등가 회로(Resistor Equivalent Circuit)

RF 대역에서 저항의 등가 회로는 그림 1-2와 같다. 여기서, R은 고유의 저항값, L은 리드(lead) 인덕턴스, C는 기생 커패시터의 값으로 저항의 구조에 따라 값이 달라진다. 탄소(carbon-composition) 저항의 고주파 특성은 매우 나쁘다. 탄소 저항은 유전체 또는 탄소 분말을 밀도 있게 채워서 만든다. 이때, 탄소 분말 입자 간에는 매우 작은 기생 커패시터가 존재하게 된다. 이 기생 커패시터는 매우 작지만, 무시할 수 없어 등가 회로의 주요 구성 요소가 된다.

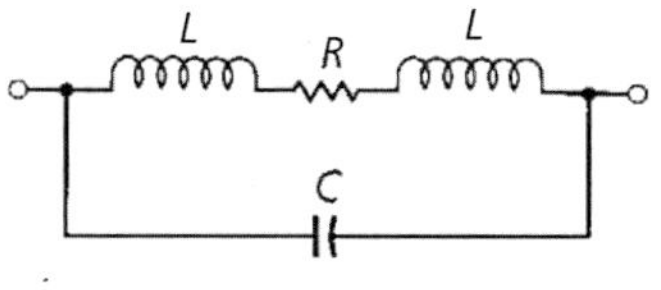

그림 1-2 저항의 등가 회로.

권선형(wirewound) 저항도 RF 대역에서 문제를 가지고 있다. 예상하고 있겠지만, 권선형 저항도 주파수에 따라 임피던스가 크게 변한다. 10 MHz에서 200 MHz의 주파수 영역에서 작은 권선형 저항에도 주파수에 대한 상당한 임피던스 변화가 존재한다. 그림 1-2에서 인덕터 L의 경우 권선형 저항의 인덕터가 탄소 저항에서의 인덕터보다 훨씬 큰 값을 갖는다. 권선형 저항의 기생 인덕턴스 값은 단일 layer(레이어, 층)에서 공심(air-core) 인덕턴스 공식으로부터 예측할 수 있다. 이 식은 뒤에서 다룰 것이다. 권선형 저항의 모양이 인덕터와 유사하기 때문에, 주파수가 증가함에 따라 권선형 저항의 임피던스는 1차적으로 증가하게 된다. 임피던스가 증가하다가 특정 주파수(F_r)에 도달하면 인덕턴스(L)는 션트(shunt) 커패시턴스(C)와 공진을 일으켜서 임피던스가 최대(peak)가 된다. 이 주파수를 지나게 되면 그림 1-3과 같이 임피던스는 주파수에 따라 감소한다.

금속 필름(metal-film) 저항은 우수한 주파수 특성을 갖는다. 등가 회로는 탄소 저항이나 권선형 저항과 같지만, 등가 회로에서 기생 성분 값은 상대적으로 작다. 금속 필름 저항의 임피던스는 대략 10 MHz 이상의 주파수에서 그림 1-4와 같이 감소하는 경향이 있다. 이 현상의 원인은 등가 회로에서 션트 커패시턴스 때문이다. 매우 높은 주파수에서 낮은 저항값(50 Ω 이하)을 갖는 경우 리드 인덕턴스와 표피 효과는 중요한 현상이 된다. 그림 1-4에서 5 Ω의 저항을 살펴보면, 리드 인덕턴스로 인해 공진 피크가 발생하고, 주파수가 증가함에

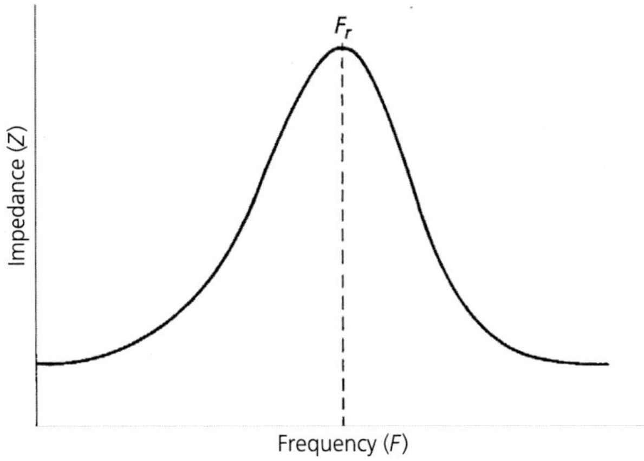

그림 1-3 권선 저항의 임피던스 특성.

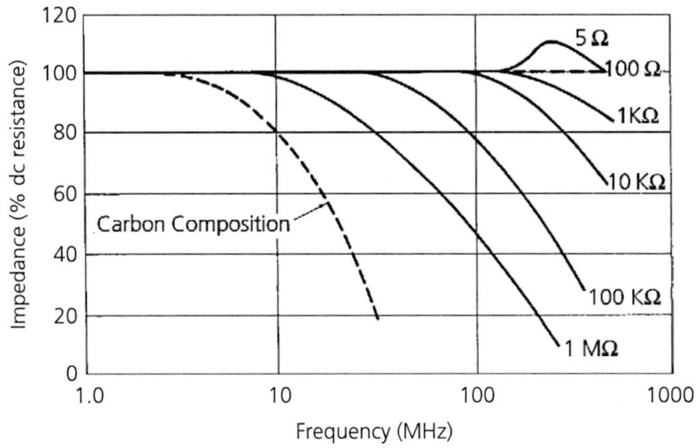

그림 1-4 금속 필름 저항과 탄소 저항의 주파수 특성.
(출처: *Handbook of Components for Electronics*, MaGraw-Hill)

따라 표피 효과는 곡선의 기울기를 더 감소시킨다.[†]

많은 제조 회사들이 RF 주파수에서 저항의 특성에 대한 data sheet(데이터 시트)를 제공하고 있다. 하지만, data sheet를 잘못 이해하는 경우가 흔하게 있다. 일단 저항의 특성을 이해하면, 데이터가 어떤 형태로 제공되는지는 큰 문제가 되지 않는다. 예제 1-3을 살펴보자.

최근 저항 기술의 개발 경향은 부유(stary, 기생) 리액턴스를 제거하거나 줄이려는 시도를 하고 있다. 이러한 연구의 일환으로 그림 1-6의 박막(thin-film) 저항이 탄생했다. 박막 저항은 알루미나(alumina)[‡] 또는 beryllia 기판 위에 만들어지고, DC에서 2 GHz의 주파수 대역에서 매우 작은 기생 리액턴스를 갖는다.

[†] 역주: skin effect가 증가함에 따라 인덕터 경로의 임피던스는 주파수에 따라 더 크게 증가하게 되어 기생 소자 *C*를 포함하는 저항의 임피던스는 더 빨리 감소한다.

[‡] 역주: 세라믹의 일종이다.

예제 1-3

금속 필름 저항의 리드선의 길이는 1.27 cm(0.5inch)이고, No.-14로 제작되었다. 전체 부유(stray) 션트 커패시턴스(C)는 0.3 pF이다. 저항값이 10,000-Ω이라면, 200 MHz에서 등가 RF 임피던스는 얼마인가?

풀이

표 1-1로부터, No.-14 AWG 도선의 직경은 64.1 mil(0.1628 cm)임을 알 수 있다. 따라서 식 1-1을 이용하면

$$L = (0.002)(1.27)\left[2.3\log\left(\frac{4(1.27)}{0.1628} - 0.75\right)\right]$$
$$= 8.7\ nH$$

200 MHz에서 등가 리액턴스 :

$$X_L = \omega L$$
$$= 2\pi(200 \times 10^6)(8.7 \times 10^{-9})$$
$$= 10.93\ \Omega$$

커패시터(C)의 등가 리액턴스 :

$$X_c = \frac{1}{\omega C}$$
$$= \frac{1}{2\pi(200 \times 10^6)(0.3 \times 10^{-12})}$$
$$= 2653$$

200 MHz에서 위의 값을 등가 회로에 적용하면 그림 1-5와 같다.

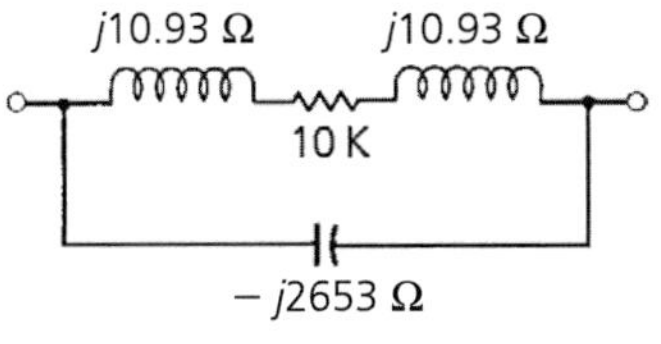

그림 1-5 예제 1-3의 등가 회로 값.

그림으로부터 리드 인덕턴스는 10K 저항과 비교할 때 무시할 만하다. 반면, 기생 커패시턴스는 무시할 수 없다. 2653 Ω의 리액턴스가 10,000 Ω 저항과 병렬로 연결되는 경우, 이 효과를 계산해 보자. 전체의 임피던스의 크기는:

$$Z = \frac{RX_e}{\sqrt{R^2 + X_e^2}}$$
$$= \frac{(10K)(2653)}{\sqrt{(10K)^2 + (2653)^2}}$$
$$= 2564.3\ \Omega$$

따라서 10K의 저항은 200 MHz에서 2563-Ω의 임피던스로 보인다.

그림 1-6 박막 저항(출처: *Vishay Intertechnology*).

커패시터(Capacitors)

커패시터는 바이패스(bypassing), stage(단)간의 결합(interstage coupling), 공진 회로, 필터 등 RF 응용에 널리 사용되고 있다. 하지만, 모든 커패시터가 앞의 응용 분야에 적용될 수 있는 것은 아니라는 사실이다. RF 회로를 설계할 때 응용에 적합한 최적의 커패시터를 선택해야한다. 커패시터를 선택하는데 있어 비용 효과(cost-effectiveness)가 일반적으로 가장 중요한 요소이고, 많은 절충(trade-off) 환경이 존재한다. 이번 절에서는 커패시터의 등가 회로와 RF 대역에서 사용되는 다양한 종류의 커패시터를 살펴보고, 어떤 응용에 따라 어떤 커패시터가 적합한지 살펴본다.

평행판 커패시터(Parallel-Plate Capacitor)

커패시터는 절연체 또는 유전체에 의해 서로 분리되어 있는 두 개의 도체 판으로 구성된다. 유전체로는 보통 세라믹, 공기, 종이, 마이카(mica), 플라스틱, 필름, 유리, 기름(oil) 등이 사용된다. 커패시터의 커패시턴스(capacitance)는 두 도체 사이에 전압(potential)이 존재할 때 전하(charge)를 저장하는 능력을 말한다. 커패시턴스의 단위는 farad(패럿)가 사용된다. 1-farad의 커패시터는 1 쿨롱(coulomb)의 전하가 집전 되었을 때 두 도체 사이에 1 볼트(volt)의 전압이 상승하는 것을 의미한다.

$$C = \frac{Q}{V}$$

여기서

C = 커패시터(단위 farad)

Q = 전하량(단위 coulomb)

V = 전압(단위 volt)

하지만, farad라는 단위는 비현실적으로 큰 단위이므로 이보다 작은 단위를 사용한다.

$$1 \text{ microfarad} = 1\ \mu\text{F} = 1 \times 10^{-6} \text{ farad}$$
$$1 \text{ picofarad} = 1 \text{ pF} = 1 \times 10^{-12} \text{ farad}$$

앞서 기술한 것처럼, 커패시터의 기본 구조는 유전체 물질에 의해 분리된 두 금속판으로 구성된다. 각 금속판의 면적(A), inch 단위의 두 판 사이의 거리(d), farad/meter(f/m) 단위인 유전체의 유전율(ε)이 주어지면, 평행판 커패시터의 커패시턴스는 다음과 같이 계산된다.

$$C = \frac{0.2249\varepsilon A}{d\varepsilon_0} \text{ picofarads} \qquad \text{식 1-2}$$

여기서,

$$\varepsilon_0 = \text{자유 공간 유전율(free space permittivity)} = 8.854 \times 10^{-12} \text{ f/m.}$$

식 1-2는 면적(A)이 거리(d)에 비해 클 때 유효한 식이다. ε_0에 대한 ε의 비를 물질의 유전상수(dielectric constant, k)라 부른다. 유전 상수는 공기(air)와 유전율의 비를 의미한다(그림 1-7을 참조). 공기에 대한 $\varepsilon/\varepsilon_0$는 당연히 1이 된다. 유전 상수가 1보다 큰 물질을 커패시터의 유전체로 사용하면 공기를 이용하여 구성할 때에 비해 동일한 두께에서 더 큰 커패시턴스를 갖는다. 물질의 유전 상수가 3이면, 공기를 유전체로 사용했을 때에 비해 3배가 큰 커패시턴스를 갖는다. 또한, 주어진 커패시턴스에 대해 더 높은 유전 상수 물질을 사용하면 물리적으로 더 작게 만들 수 있다. 유전체가 커패시터의 커패시턴스를 결정하는 데 이처럼 중요한 역할을 하기 때문에, 커패시터로 동작할 때 주파수와 온도에 대한 유전체의 특성은 또한 중요하다.

Dielectric	K
Air	1
Polystrene	2.5
Paper	4
Mica	5
Ceramic (low K)	10
Ceramic (high K)	100–10,000

그림 1-7 흔히 사용하는 몇 가지 물질에 대한 유전 상수.

실제의 커패시터(Real-world capacitors)

커패시터의 응용은 주로 커패시터를 구성하는 유전체의 특성에 의해 결정된다. 유전체의 특성은 또한 사용 가능한 최대 전압과 온도를 결정한다. 따라서 유전체에 손실이 존재하거나 결함(imperfection)이 있다면 회로에서 오동작의 원인이 되기도 한다.

커패시터의 등가 회로는 그림 1-8과 같다. 여기서 C는 커패시턴스, R_s는 PF(power factor, 역률) 또는 손실률(dissipation factor)로 표현되는 열 손실(heat-dissipation loss), R_p는 절연물질의 저항값, L은 판(plate)의 리드(lead) 인덕턴스를 나타낸다. 몇 가지 용어에 대한

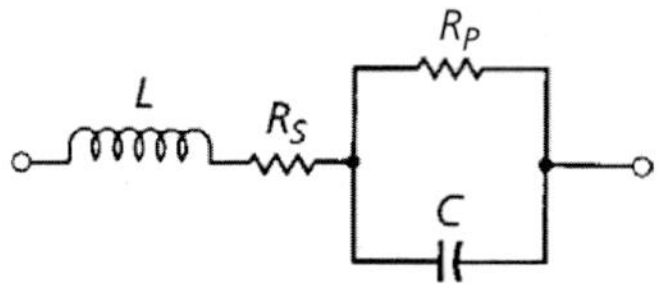

그림 1-8 커패시터의 등가 회로.

정의를 살펴보자.

PF(Power Factor, 역률)—이상적인 커패시터에서 교류 전류는 전압보다 90°의 위상이 앞선다(lead). 하지만, 실제 커패시터에서는 등가 회로에 표시한 전체 직렬 저항인 $R_s + R_p$로 인해 위상각(ϕ)이 이상적인 커패시터보다는 작아진다. 따라서,

$$PF = \cos\phi$$

*PF*는 온도, 주파수, 유전체에 따라 달라진다.

절연 저항(Insulation Resistance)—커패시터의 유전체에 전압이 인가될 때 절연체에 흐르는 DC 전류의 양을 이용하여 절연 저항을 측정한다. 이상적인 절연체가 아닌 실제 절연체에는 아주 작은 양이지만 DC 전류가 흐를 것이다. 이 전류의 경로를 등가 회로상에서 R_p로 표현한다. 일반적으로 100,000-M Ω 이상의 값을 갖는다.

ESR(Effective Series Resistance, 실효 직렬 저항)—보통 *ESR*이라 부른다. 등가 회로에서 R_s와 R_p을 포함한 커패시터의 교류(AC) 저항값을 의미한다.

$$ESR = \frac{PF}{\omega C}(1 \times 10^6)$$

여기서

$$\omega = 2\pi f$$

DF(Dissipation Factor, 손실률)—커패시터의 리액턴스 값에 대한 AC 저항의 비를 *DF*라 한다.

$$DF = \frac{ESR}{X_c} \times 100\%$$

Q—회로의 *Q*는 *DF*의 역수로 커패시터의 Quality Factor(품질 계수)로 정의한다.

$$Q = \frac{1}{DF} = \frac{X_c}{ESR}$$

따라서 *Q*가 크다는 것은 커패시터의 품질이 좋다는 것을 의미한다.

그림 1-9는 앞서 기술한 이상적이지 않은 캐패시터 효과를 보여준다. 여기서, 이상적인 커패시터의 임피던스와 실제 커패시터의 그래프를 비교하여 그렸다. 그림에서 알 수 있듯이, 동작 주파수가 증가함에 따라 리드 인덕턴스가 중요하게 된다. 주파수가 증가하다가 F_r에

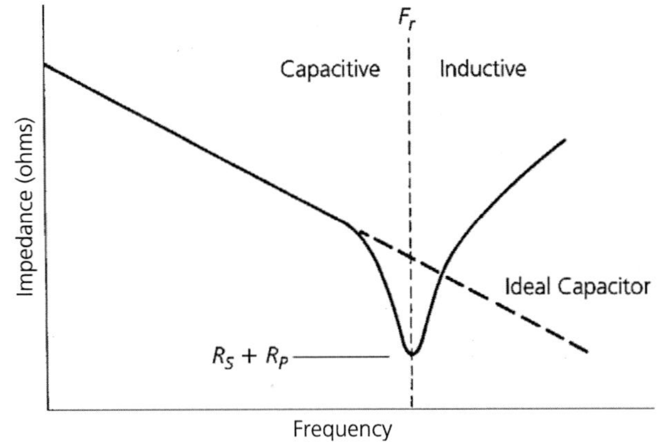

그림 1-9 주파수에 대한 커패시터의 임피던스 특성.

도달하면 인덕턴스는 커패시터와 직렬 공진(series resonant)을 일으킨다. 따라서, F_r 보다 높은 주파수에서는 커패시터가 인덕터로 동작한다. 일반적으로 큰 값을 갖는 커패시터는 작은 커패시터보다 내부 인덕턴스의 값이 더 크다. 따라서 내부 구조에 따라 조금씩 다르긴 하지만, 250 MHz 주파수에서 바이패스(bypass) 용도로 0.1-μF 커패시터는 300-pF 커패시터보다 더 나쁜 특성을 나타낼 수 있다. 전통적인 커패시터의 리액턴스 식인 $X_c = \frac{1}{\omega C}$에 의하면 큰 값의 커패시터는 작은 값은 커패시터보다 더 작은 리액턴스를 갖는다. 하지만, RF 대역에서는 이런 상황이 반대가 될 수도 있다. 어떤 특정한 주파수 이상에서는 0.1-μF 커패시터가 300-pF 커패시터보다 더 큰 임피던스로 보이게 된다. 이러한 현상은 100 MHz 이상의 주파수에서 회로를 설계할 때 고려해야 한다. VHF나 그 이상의 주파수 대역에 사용되는 각 부품은 그림 1-10의 사진에 있는 Network Analyzer(회로망 분석기)를 통해 조사하는 것이 가장 좋다. 고주파 부품의 측정을 통해 회로 설계 전에 소자들(커패시터, 인덕터, 저항 등)이 설계하려는 주파수에서 어떻게 동작하고 있는지를 정확히 알아야 한다.

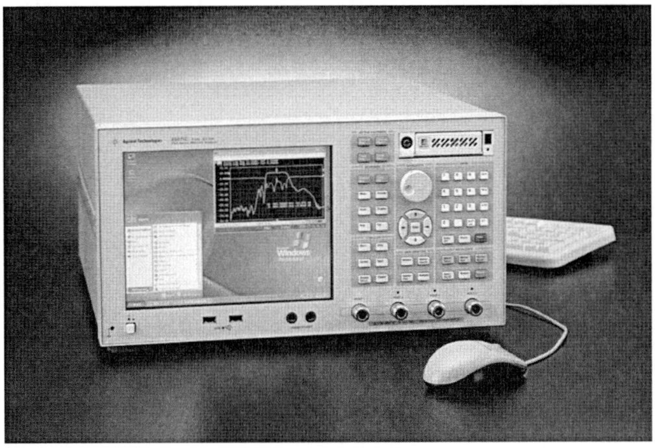

그림 1-10 Agilent E5071C Network Analyzer(회로망 분석기).

커패시터 종류(Capacitor Types)

커패시터를 만들 때 사용하는 유전체의 종류는 다양하다—종이, 플라스틱, 세라믹, 마이카(mica, 운모), 폴리스티렌(polystyrene), 폴리카보네이트(polycabonate), 테플론(teflon), 기름(oil), 유리(glass), 공기(air). 각 물질은 장단점을 가지고 있다. RF 설계자들이 회로를 설계할 때 선택할 수 있는 커패시터의 종류는 매우 많은데, 논리적 판단보다는 사용하기 편리한 것을 선택할 때가 많다. 하지만 많은 응용 분야에는 이러한 판단 기준을 적용하면 문제가 된다. 특히 제작 환경(manufacturing environments)에서는 선택에 유의해야 한다. 제작 환경에서는 여러 개의 unit을 제작해야 하고 변화하는 극한적인 온도 조건에서도 신뢰성 있게 동작해야 한다. 공학에서 이런 이야기가 있다. "회로를 동작하도록 설계하는 것은 아무나 할 수 있지만, 다양한 온도에서도 동작하는 양산 제품을 개발하는 것은 아무나 할 수 있는 것이 아니다."

세라믹 커패시터(Ceramic Capacitors)

유전율(k가 5에서 10,000)과 온도 특성에 따라 세라믹 유전체 커패시터 값이 크게 변한다. 이러한 커패시터를 사용할 때 개략적으로 적용되는 룰(rule)은 "k가 클수록, 온도 특성은 나쁘다"는 것이다. 그림 1-11에 이 사실을 확인할 수 있다.

그림으로부터 알 수 있듯이, k가 작은 세라믹 커패시터의 온도 특성은 선형적인 경향이 있다. 이러한 커패시터는 일반적으로 magnesium titanate와 calcium titanate의 두 가지 재료를 이용하여 제조한다. magnesium titanate는 양(positive) TC(temperature coefficient, 온도 계수)를 갖고, calcium titanate는 음(negative) TC를 갖는다. 이 두 물질을 적절하게 혼합하면

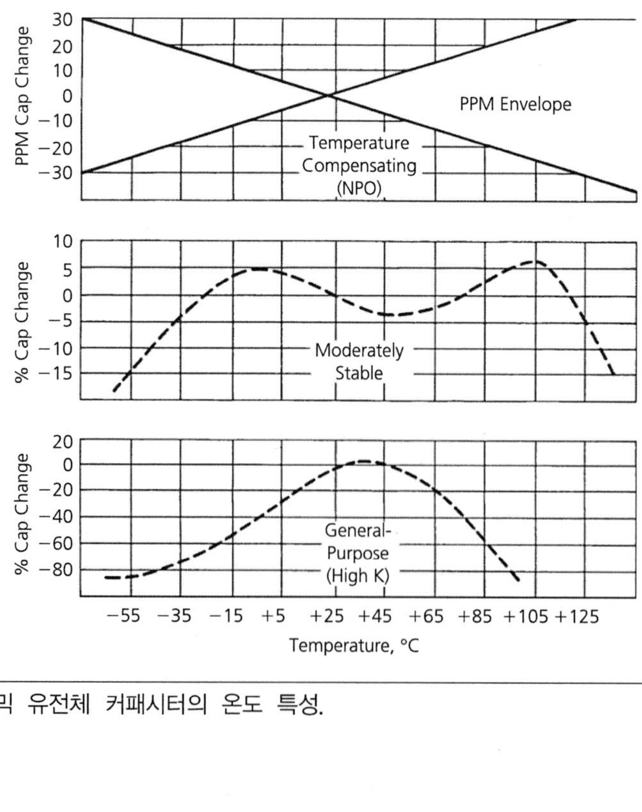

그림 1-11 세라믹 유전체 커패시터의 온도 특성.

TC를 조절할 수 있다. 이러한 커패시터를 온도보상 커패시터 또는 'NPO(negative positive zero) 세라믹'이라 부른다. NPO는 ±15 ppm/°C)[†]의 작은 편차 내에서 +150 ~ −4,700 ppm/°C의 TC 중 원하는 값을 만들 수 있다. NPO 세라믹은 우수한 온도 안정성을 갖기 때문에 여러 응용 분야에 적용된다(발진기, 공진 회로, 필터 등).

그림 1-11에서 중간 정도의 안정도를 갖는 세라믹 커패시터는 온도 범위에서 정격 커패시턴스(rated capacitance)의 ±15% 정도의 편차를 갖는다. 변화율이 비선형적이므로, 안정도(stability)가 중요한 분야에 사용하기 위해서는 주의가 필요하다. 일반적으로 이러한 세라믹은 스위칭 회로에 사용된다. 장점으로는 NPO 세라믹에 비해 일반적으로 크기가 작고, 가격이 저렴하다.

범용 커패시터라고 하면 일반적으로 high-K(K가 높은) 세라믹 커패시터를 말한다. 온도 특성은 불량하고, 그림 1-11에서 보듯 온도 범위에서 커패시턴스의 범위도 80%에 이른다. 이러한 종류의 커패시터는 RF 대역에서 바이패스 용도로 흔하게 사용된다.

세라믹 커패시터 중에서 RF 전용으로 사용되는 것이 있다. RF 전용 커패시터는 일반적으로 high-Q(low ESR) 소자로, 납작한 모양의 리본 리드(flat ribbon lead) 또는 리드가 전혀 없는 모양을 하고 있다. 일반적으로 실버(silver) 혹은 은 도금(silver plated)으로 리드가 구성되고, 매우 낮은 저항 손실을 갖는다. 이러한 커패시터는 VHF 대역 이상의 대역에서 납작한 모양의 리본 리드 형태이기 때문에, 매우 낮은 리드 인덕턴스를 갖는다. 물론, 이러한 소자는 가격이 더 비싸고, 기판에 붙이기 위해서 특별한 PCB 보드가 요구된다. 리드가 없는 커패시터를 칩 커패시터(chip capacitor)라 부른다. 일반적으로, 칩 커패시터는 리드 인덕턴스의 영향이 큰 500 MHz 이상의 주파수에 사용된다. 그림 1-12는 칩 커패시터와 납작한 리본 모양(flat ribbon) 커패시터를 보여주고 있다.

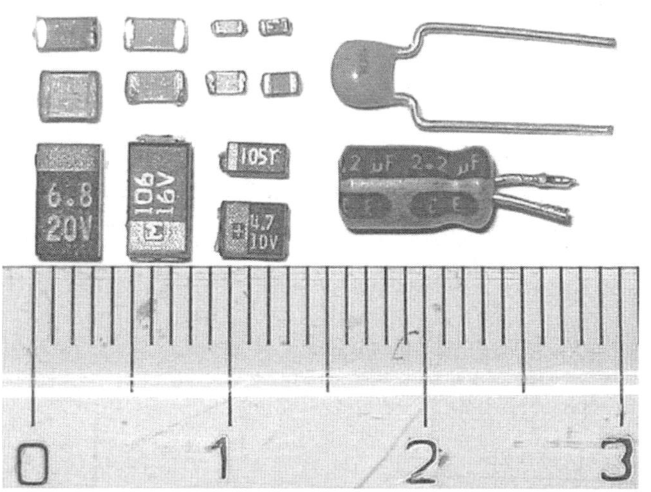

그림 1-12 칩과 세라믹 커패시터(출처: *Wikipedia*).

[†] 역주: ppm/°C는 parts-per-million-per-degree-Celsius의 약어로 섭씨 1° 변할 때 변화율을 10^{-6} 단위로 기술한다.

마이카 커패시터(Mica Capacitors)

일반적으로 Mica 커패시터는 k = 6 근처의 유전율을 갖으며, 사이즈가 큰 편이다. k 값은 작지만, 매우 우수한 온도 특성을 갖는다. 따라서, PC 보드 면적이 중요하지 않은 공진 회로와 필터 등에 널리 사용된다.

실버드 마이카(silvered mica) 커패시터는 좀 더 안정한 특성을 갖는다. 일반적인 마이카 커패시터는 마이카 유전체를 포일(foil) 판으로 압착하는 구조를 가지고 있다. 이 커패시터는 훨씬 더 정밀한 진공 증착(vacuum evaporation)이라는 공정으로 제작되고, −60°C에서 +89°C의 온도 범위에서 +20 ppm/°C의 매우 우수한 허용 범위를 갖는다. 또한, 매우 엄격하고 재연성 있는(reproducible) 허용 범위를 갖는다.

마이카의 문제점은 세라믹보다 가격이 비싸다는 점이다. 따라서 마이카 커패시터가 잘 동작하는 응용 분야가 있다면, 가격이 더 저렴한 NPO 커패시터로 대치해서 잘 동작할 수 있는지 확인해 볼 필요가 있다.

금속 필름 커패시터(Metalized-Film Capacitors)

'금속 필름(metalized-film)' 은 이전에 언급한 다른 커패시터와 아직 다루지 않은 커패시터 종류를 포함하는 넓은 범주를 갖는다. 이것은 테플론, 폴리스티렌(polystyrene), 폴리카보네이트(polycabonate), 종이 유전체를 포함한다.

금속 필름 커패시터는 필터, 바이패스, 결합 등 많은 응용 분야에 적용된다. 폴리카보네이트, 폴리스티렌, 테플론은 전 온도 범위에서 매우 엄격한(±2%) 커패시터 허용 범위를 갖는다. 하지만, 폴리스티렌은 일반적으로 +85°C 이상의 온도에서는 사용할 수 없다. 이 온도를 넘어서면 온도에 매우 민감해진다. 대부분의 금속 필름 커패시터를 동일한 커패시턴스를 갖는 세라믹 커패시터와 비교해 보면, 사이즈가 더 크기 때문에 사이즈 제한이 심각하지 않는 응용 분야에 사용된다.

인덕터(Inductors)

그림 1-13과 같이 자속 쇄교(magnetic flux linkage)를 높이기 위한 목적으로 와이어를 감은 코일을 인덕터(inductor)라 한다. 자속 쇄교를 높이면 와이어의 자기-인덕턴스(self-inductance, 혹은 간단히 인덕턴스)가 커진다. 인덕터는 RF 회로 설계에 널리 사용된다. 응용 분야로 공진 회로, 필터, 위상 변위(phase shift), 지연 회로(delay networks), RF 초크(choke, RF 신호의 흐름을 막거나 줄이는데 사용) 등이 있다.

실제 인덕터(Real-World Inductors)

이전에 기술한 것처럼 완전히 '이상적인' 소자는 세상에 없다. 인덕터도 예외는 아니다. 앞으로 설명하겠지만, 인덕터는 주파수에 대한 특성 변화가 매우 큰 소자다.

그림 1-14의 등가 회로는 RF 대역에서 인덕터가 어떻게 동작하는지를 보여주고 있다. 앞서 기술했듯이, 유전체에 의해 두 도체가 가깝게 분리되어 있고 두 도체에 서로 다른 전압이

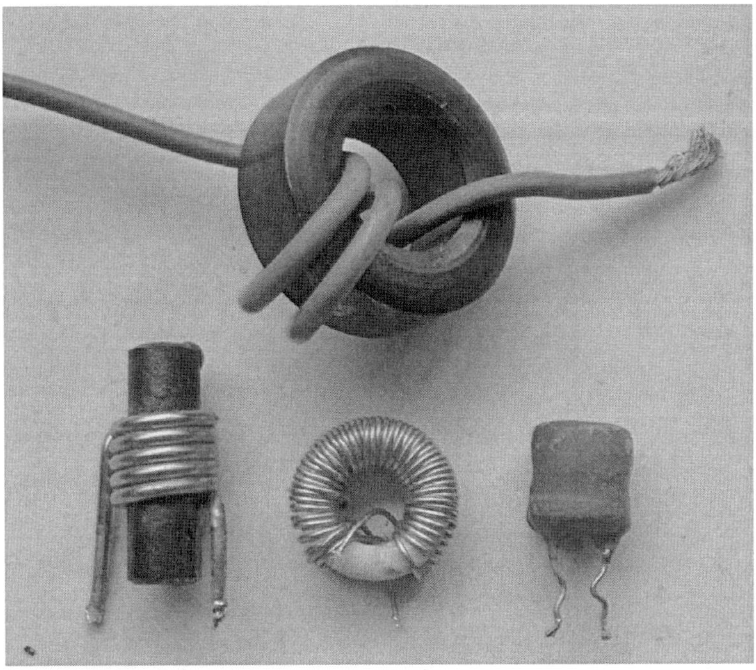

그림 1-13 간단한 인덕터(출처: *Wikipedia*).

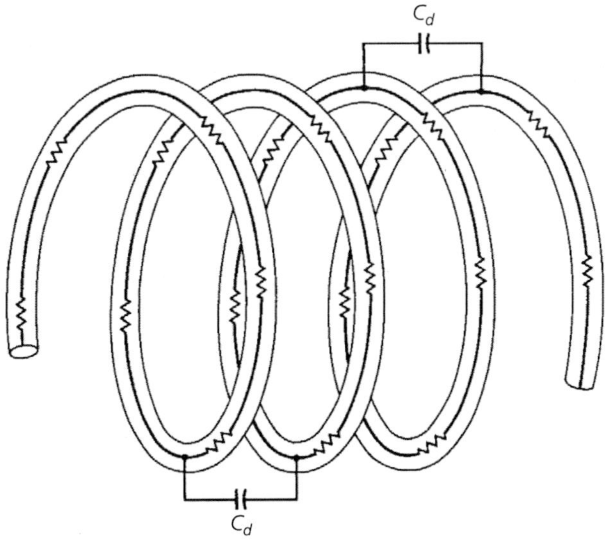

그림 1-14 인덕터에서 분포 커패시턴스와 직렬 저항.

가해지면 커패시터가 형성된다. 만일 어떤 와이어에 저항이 존재하면, 감긴 와이어 간에 전압 강하가 발생하여, 작은 양이지만 커패시터가 형성된다. 그림 1-14에서 이 효과는 분포 커패시턴스(distributed capacitance) C_d로 표시된다. 그림 1-15에서 커패시턴스 C_d는 그림 1-14의 코일의 개별 기생 분포 커패시턴스의 총 합이다.

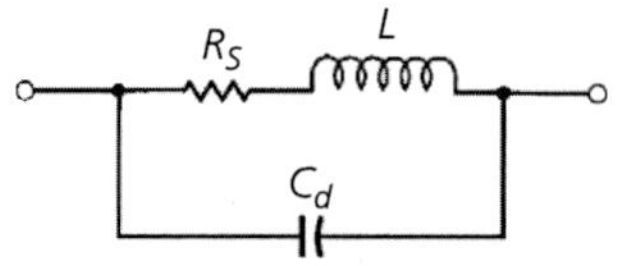

그림 1-15 인덕터의 등가 회로.

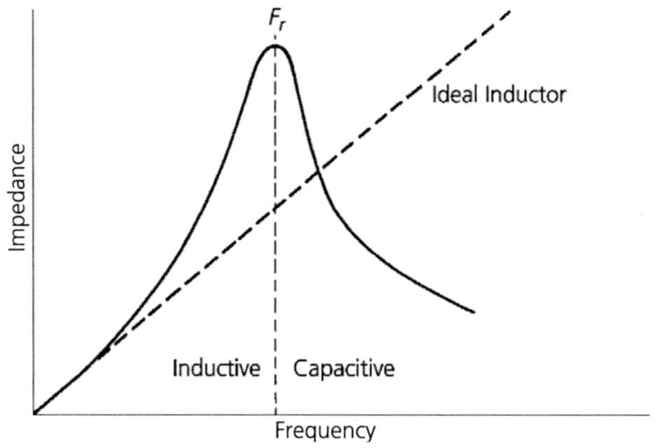

그림 1-16 실제 인덕터와 이상적인 인덕터의 주파수에 대한 임피던스 특성.

그림 1-16은 C_d가 인덕터의 리액턴스에 어떻게 영향을 주는지를 보여주고 있다. 저주파 대역에서 인덕터의 리액턴스는 이상적인(ideal) 인덕터와 매우 유사하다. 하지만, 주파수가 증가하면서 리액턴스는 이상적인 곡선에서 벗어나면서 증가율이 계속 증가하다가, 인덕터의 병렬 공진 주파수(F_r)에서 피크(peak)가 된다. F_r 보다 주파수가 더 높아지면, 인덕터의 리액턴스는 주파수에 따라 감소하기 시작하여, 커패시터와 같은 동작을 하게 된다. 이론적으로 공진점의 피크값은 무한대가 된다(예제 1-4 참조). 하지만 코일의 직렬 저항으로 실제로는 공진 주파수에서 한정적인(finite) 임피던스를 갖는다.

예제 1-4

손실이 없는 인덕터는 공진 주파수에서 임피던스가 무한대가 되는 것을 알아보기 위해 다음 식을 살펴보자.

$$Z = \frac{X_L X_C}{X_L + X_C} \qquad \text{식 1-3}$$

여기서

Z = 병렬 회로의 임피던스,
X_L = 유도성(inductive) 리액턴스 $j\omega L$,
X_C = 용량성(capacitive) 리액턴스 $\left(\frac{1}{j\omega C}\right)$

따라서,

$$Z = \frac{j\omega L\left(\frac{1}{j\omega C}\right)}{j\omega L + \frac{1}{j\omega C}} \qquad \text{식 1-4}$$

분자와 분모에 $j\omega C$를 곱하면

$$Z = \frac{j\omega L}{(j\omega L)(j\omega C) + 1}$$

$$= \frac{j\omega L}{j^2\omega^2 LC + 1} \qquad \text{식 1-5}$$

$j^2 = -1$을 이용하여 식을 정리하면

$$Z = \frac{j\omega L}{1 - \omega^2 LC} \qquad \text{식 1-6}$$

식 1-6에서 $\omega^2 LC$가 1이 되면, 분모가 0가 되어 임피던스 Z는 무한대가 된다. $\omega^2 LC$가 1이 되는 주파수는

$$\omega^2 LC = 1$$

$$LC = \frac{1}{\omega^2}$$

$$\sqrt{LC} = \frac{1}{\omega}$$

$$2\pi\sqrt{LC} = \frac{1}{f}$$

$$\frac{1}{2\pi\sqrt{LC}} = f \qquad \text{식 1-7}$$

이 식은 동조 회로(tuned circuit)에서 공진 주파수에 대한 식으로 알려진 식이다.

최근 인덕터 기술이 발전하면서 초소형 고정 칩(fixed-chip) 인덕터가 등장하였다. 그림 1-17은 그 중 한 형태의 사진이다. 칩 인덕터에서는 세라믹 기판에 코일을 감고, 납땜 처리를 가능하게 하기 위해 입출력 단자를 금 도금 처리한다. 인덕턴스 값은 0.01 μH에서 1.0 mH의 범위를 갖고, 일반적인 Q 값은 200 MHz에서 40 ~ 60 정도가 된다.

앞서 언급한 바와 같이, 코일의 직렬 저항으로 인해 공진에서 코일의 임피던스는 유한하게 된다. 직렬 저항의 또 다른 효과로 코일 임피던스의 공진 피크를 두루뭉술하게 만든다. 공진 회로는 중요하기 때문에, 3장에서 더 자세하게 다룰 것이다.

그림 1-17 칩 인덕터(출처: *Wkipedia*).

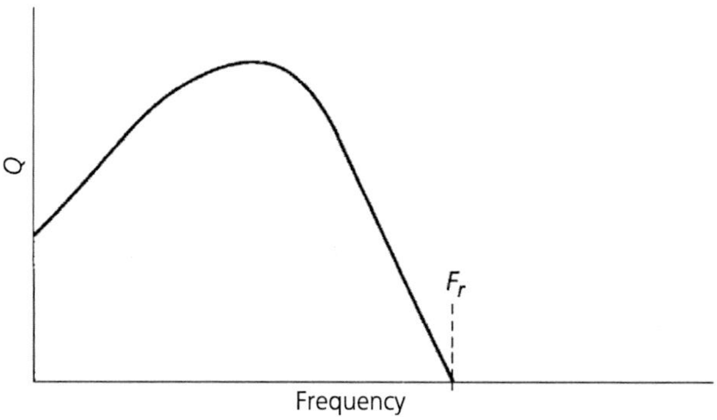

그림 1-18 주파수에 대한 인덕터의 Q 값 변화.

직렬 저항에 대한 인덕터의 리액턴스의 비는 인덕터의 품질을 측정하는 척도로 사용된다. 이 비율이 높을수록 더 좋은 인덕터가 된다. 인덕터의 품질 계수(quality factor) Q는 다음과 같이 정의된다.

$$Q = \frac{X}{R_s}$$

만일, 인덕터의 코일이 완전한 도체로 구성된다면 Q 값은 무한대인 손실이 없는 인덕터가 된다. 물론 완전한 도체는 없기 때문에 인덕터는 항상 유한한 Q를 갖는다.

저주파 대역에서 인덕터의 Q는 매우 높다. 그 이유는 코일에서의 손실이 와이어의 DC 저항만 존재하는데, DC 저항이 매우 작기 때문이다. 하지만, 주파수가 높아짐에 따라, 표피 효과와 코일의 커패시턴스로 인해 인덕터의 품질이 저하된다. 그림 1-18에서 그 특성을 표시하였다. 그림에서 보면 저주파에서 Q는 주파수에 따라 직선적으로 증가한다. 이것은 리액턴스는 증가하는데 표피 효과는 아직 영향이 없거나 무시할 만하기 때문이다. 하지만, 곧 표피 효과가 나타나기 시작한다. Q가 증가하지만 증가 비율이 완만해지다가, 점차적으로 그래프가 감소하기 시작한다. 그림 1-18에서 그래프가 평평해지는 지점은 직렬 저항과 리액턴스 변화가 같은 경우 발생한다. 이 지점을 지나게 되면, 션트(shunt) 커패시턴스와 코일의 표피 효과가 결합되어 인덕터의 Q가 저하되고, 마침내 공진 주파수에서 Q는 0이 된다.

다음은 인덕터의 Q를 증가시키고 주파수 한계를 확장할 수 있는 몇 가지 방법들이다.

1. 와이어의 직경이 큰 것을 사용한다. 이 경우 코일의 AC와 DC 저항이 줄어든다.
2. 코일의 간격을 넓게 한다. 공기는 대부분의 절연체보다 낮은 유전율을 갖고 있다. 따라서 코일 간격 사이의 공극(air-gap)이 넓어지면 코일 간극 간의 커패시턴스가 낮아진다.
3. 자속(flux)이 쇄교(linkage)하는 경로 부분의 투자율(permeability)을 높인다. 이 방법은 철(iron)이나 페라이트(ferrite)와 같은 자기 코어(magnetic-core)에 코일을 감는 방법으로, 대부분의 인덕터에서 이 방법을 사용하고 있다. 이 방법으로 인덕터를 만들면 원하는 인덕턴스 값을 구현하는데 필요한 코일의 권선 수를 줄일 수 있다. 이에 관해서는 뒤에서 다시 설명할 것이다.

단층 공심 인덕터 설계(Single-Layer Air-Core Inductor Design)

RF 설계자들에게 인덕터 설계법은 중요하다. 조금 지루하더라도 공부할 충분한 가치가 있다. 식 1-8은 그림 1-19의 단층 공심 인덕터를 설계는 식이다.

$$L = \frac{0.394r^2N^2}{9r + 10l} \qquad \text{식 1-8}$$

여기서

r = 코일 반지름(단위 cm)

l = 코일의 길이(단위 cm)

L = 인덕턴스(단위 μH)

식 1-8은 l이 $0.67r$ 보다 클 때에 유효하고, 1% 이내의 정밀도를 갖고 있다. 예제 1-5를 참조하라.

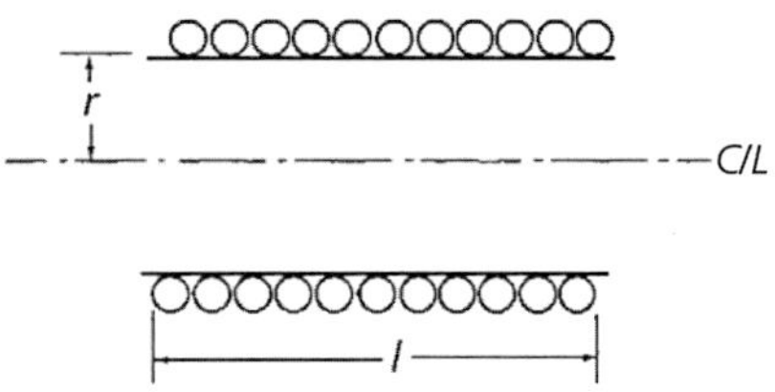

그림 1-19 단층 공심 인덕터의 구조.

예제 1-5

와이어 길이가 1/4-inch(0.63 cm)인 100 nH(0.1 μH) 공심 인덕터를 설계하라.

풀이

최적의 Q를 얻기 위해, 코일의 길이가 직경과 같아야 한다. 즉, l = 0.635 cm, r = 0.317 cm, L = 0.1 μH.
식 1-8을 이용하여 N을 구하면

$$N = \sqrt{\frac{29L}{0.394r}}$$

여기서, 최적의 Q를 위해 $l = 2r$을 취하였다.
대입하여 풀면

$$N = \sqrt{\frac{29(0.1)}{(0.394)(0.317)}}$$
$$= 4.8 \text{ turns}$$

따라서, 0.635 cm 길이로 권선 수는 4.8번이 나온다. 표 1-1을 살펴보면 0.635 cm 길이로 권선 수 4.8이 가능한 에나멜 코팅된(enamel-coated) 와이어는 No.-18 AWG다. No.-18 AWG의 직경은 42.4 mils(0.107 cm)다.

최적 Q를 위한 조건이 코일의 길이(l)과 직경($2r$)이 같은 경우이긴 하지만, 이 조건이 비현실적인 경우가 종종 있다. 많은 경우 길이는 직경보다 훨씬 크다. 예제 1-5에서 0.635 cm 길이로 권선 수 4.8을 결정하여 No.-18 AWG를 결정할 수 있었다. 이러한 방법의 문제점은 설계를 해보면 너무 작은 직경으로 감게 되는 결과가 나온다는 점이다. 이렇게 되면 코일 간의 분포 커패시턴스가 증가하여, 공진 주파수가 내려가서 인덕터의 사용 주파수가 낮아진다. 이러한 문제를 해결하는 방법은 다음과 같다.

1. 동일한 길이(l)을 유지하면서 두 번째로 가장 작은(next smallest) AWG 와이어 사이즈를 인덕터의 코일로 사용하라. 이 방법을 이용하면, 코일 간 공극이 작아져서 분포 커패시턴스가 작아진다. 하지만, 도체의 직경도 함께 줄어들기 때문에, 코일의 저항이 증가하여 Q가 낮아지는 또 다른 문제가 있다.
2. (No. 18-AWG 와이어는 그대로 사용하면서) 인덕터의 길이를 늘여서 코일 간극을 충분히 떨어뜨려라. 이 방법은 앞의 방법 1과 같이 동일한 효과를 준다. 이 방법을 사용하면 Q는 다소 낮아지지만, 코일 간극 커패시턴스를 줄이는데 상당히 효과적이다.

자심 재료(Magnetic-Core Materials)

작은 면적에 큰 값의 인덕터를 구현해야 하는 많은 RF 응용에서, 공심(air-core) 인덕터는 크기가 크기 때문에 사용되기가 어렵다. 주어진 인덕턴스를 유지하면서 코일의 크기를 줄일 수 있는 한 가지 방법은 자속의 세기를 증가시면서 동시에 권선 수를 줄이는 것이다. 자속(flux density)을 증가시키는 한 가지 방법은 각 코일을 쇄교(link)하는 경로의 자기 저항(magnetic resistance)인 릴럭턴스(reluctance)를 낮추는 것이다. 이 방법은 자심(magnetic-core)으로 철(iron)이나 페라이트(ferrite)를 인덕터에 삽입하여 구현한다. 여기에 사용되는 재료는 투자율(permeability, μ)이 공기보다 훨씬 크다. 따라서 권선 간의 자속은 방해받지 않는다. 고(high) 투자율 코어를 인덕터에 삽입하면, 공심으로 만든 인덕터보다 더 적은 권선 수로 동일한 인덕턴스를 얻을 수 있다. 이 방법은 다음과 같은 몇 가지 장점이 있다.

1. 소형화—주어진 인덕턴스을 구현하는데 필요한 권선 수가 줄어든다.
2. 품질 계수 Q의 향상—더 적은 권선 수로 더 작은 저항을 갖는다.
3. 가변성(variablity)—자심을 권선의 안과 밖으로 움직이면 인덕턴스가 변한다.

하지만, 자심 인덕터에는 몇 가지 문제가 존재하기 때문에, 자심을 올바로 선택하기 위해 주의가 필요하다. 몇 가지 문제는 다음과 같다.

1. 모든 자심(core)은 손실을 가지고 있다. 따라서 자심을 추가하는 것은 공심 인덕터에 비해 품질 계수 Q의 저하의 원인이 될 수 있다. 이러한 성질은 사용하는 재료와 동작

주파수에 따라 달라진다.[†]

2. 모든 자심의 투자율은 주파수에 따라 달라진다. 일반적으로 자심의 투자율은 동작 주파수 범위에서 높게 유지되다가 상한 주파수 근처에서는 매우 작은 값을 갖는다. 궁극적으로 공기의 투자율에 근접하여 회로적인 효과가 사라진다.
3. 고 투자율 자심은 온도 변화에 더 민감하다. 따라서 넓은 온도 범위에서 동작하게 되면 인덕턴스는 상당히 많이 변하게 된다.
4. 자속의 투자율은 신호의 세기에 따라 달라진다. 큰 전력에서 동작하게 되면 자심은 포화된다.

이러한 문제점들은 설계 단계에서 자심을 선택할 때 세심한 주의를 기울이면 극복할 수 있다. 제조사들은 자심의 주요 특성과 함께 사용 가능한 크기와 종류를 현재 문서로 제공하고 있다.

토로이드(Toroids)

토로이드(toroid, 고리 또는 반지 모양)는 RF 인덕터나 트랜스포머(transformer, 변압기)로 널리 사용되는 반지(ring) 또는 도넛(doughnut) 모양의 자기 재료를 의미한다. 일반적으로 토로이드는 철이나 페라이트로 만들어진다. 모양과 크기에 따라 다양한 특성을 갖는다(그림 1-20). 인덕터의 코어(자심)로 사용될 때는 높은 Q 값을 갖는다. 토로이드는 자체—차폐(self-shielding)[‡] 특성이 우수하고, 크기가 작고, 사용이 편리하다.

토로이드는 매우 높은 투자율 재료로 만들어지기 때문에, 토로이드 인덕터(toroidal inductor)는 높은 Q를 갖는다. 앞의 절에서 살펴보았듯이, 고 투자율 코어는 원하는 인덕턴스(예를 들어 35 μH)을 구현할 때 공심 인덕터에 비해 더 적은 권선 수를 갖는다. 그림 1-21은 공심 인덕터에서 토로이드 코어 인덕터로 설계를 변경할 때, 권선 수가 줄어드는 것을 보여준다. 최적의 Q를 갖는 35 μH의 공심 인덕터를 아주 작은 와이어(1/4 inch 이내로 맞추기 위해)로 구현하기 위해 필요한 권선 수는 90이다. 반면, 토로이드 인덕터에서 동일한 인덕턴스를 얻기 위해 필요한 권선 수는 8회면 족하다. 이것은 단적인 예이긴 하지만, 토로이드 인덕터를 사용하는 이유와 또 장점을 잘 나타내고 있다. 즉, 토로이드 코어는 주어진 인덕턴스를 위해 공심으로 설계하는 것보다 더 적은 권선 수를 요구한다. 따라서 AC 저항이 작아지고 Q를 크게 개선할 수 있다.

그림 1-22는 토로이드의 자체-차폐 성질을 보여준다. 일반적인 공심 인덕터에서, 인덕터의 권선을 쇄교하는 자속선은 그림 1-22A와 같다. 그림을 살펴보면 인덕터 주변의 공기는 자속 경로의 일부가 된다. 따라서 이러한 인덕터는 RF 신호를 방사(radiation)하기 쉽다. 이와 비교하여 토로이드의 자속(magnetic flux)은 완전히 자심 속에 포함된다(방사가 일어나지 않는다.).

† 역주: 자심 인덕터는 공심 인덕터와 비교하여 권선 수가 작기 때문에 금속 와이어 손실은 작으나 자속 손실은 공기보다 크다. 인덕터의 Q는 금속 손실과 자속 손실의 합으로 구성된다.

‡ 역주: 토로이드는 반지형 또는 고리형으로 자속이 자심으로 순환하여 밖으로 세어 나오지 않는다. 이를 자체-차폐(self-shielding)라 한다.

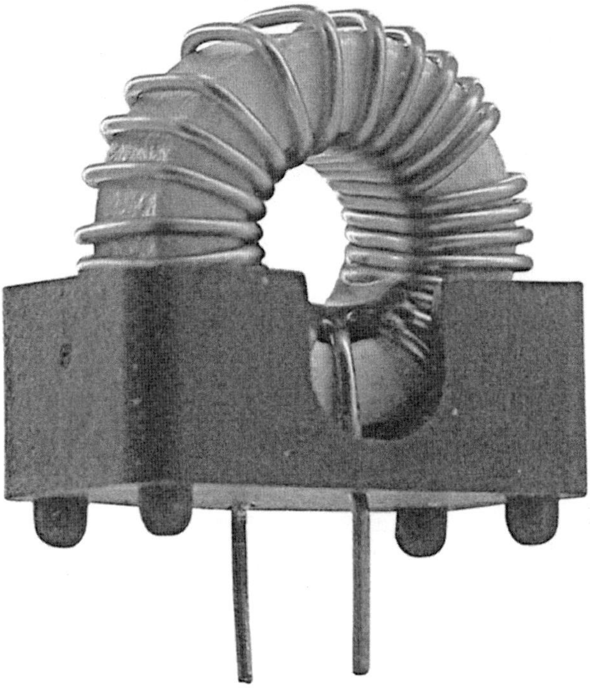

그림 1-20 토로이드 코어 인덕터(출처: *Allied Electronics*).

그림 1-21 동일한 인덕턴스 구현에 대한 공심(air-core)과 토로이드(toroid) 인덕터의 비교.

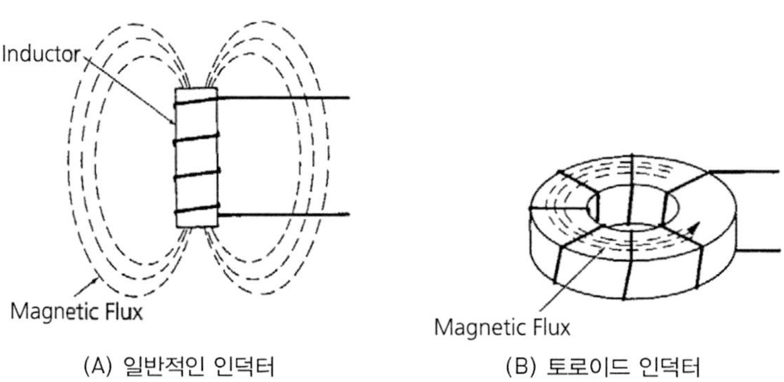

그림 1-22 토로이드 인덕터의 차폐 효과.

실제로는 물론 적은 양의 방사는 일어난다. 따라서 토로이드에는 부피가 큰 차폐 소자가 필요하지 않다. 차폐를 하게 되면 공간도 차지할 뿐만 아니라, 인덕터의 Q 값도 저하된다.

자심 특성(Core Characteristics)

앞서, 자심 사용에 대한 장단점을 살펴보았다. 다음에 살펴보게 될 일반적인 토로이드 코어 특성을 이해하면, 특별한 응용 분야에서 필요한 자심을 결정하는데 도움이 될 것이다. 그림 1-23은 자심에 대한 일반적인 자화 곡선(magnetization curve)이다. 자화 곡선은 주어진 자기장의 세기(magnetic-field intensity, H)에 대해 인덕터에서 발생하는 자속 밀도(magnetic-flux density, B)을 그린 것이다. 자기장 세기를 0에서부터 증가시키면(인가한 신호 전압을 증가시킴), 인덕터의 권선 간을 쇄교하는 자속 밀도는 처음에는 선형적으로 증가한다. 자기장의 세기에 대한 자속 밀도의 비를 물질의 투자율(permeability, μ)이라 부른다. 즉,

$$\mu = B/H(\text{webers/ampere-turn}) \qquad \text{식 1-9}$$

따라서 물질의 투자율은 전기적인 자극(excitation, 勵起-여기)이 자속으로 변환되는 효율을 나타내는 척도가 된다. 이 변환이 우수할수록 투자율이 더 높다.

앞서 언급했듯이, 자화 곡선은 처음 자기장의 세기가 작을 때는 선형적이다. 투자율을 정의는 바로 이 구간이다. 많은 주요 문헌에서 이 구간에서 정의한 투자율을 '초기 투자율(initial permeability, μ_i)' 이라 부른다. 전기적인 자극이 증가하면, 자속 밀도가 가해지는 전기전인 자극에 비례하지 않고 곡선의 기울기는 감소한다. 전기적인 자극이 더 증가하면 포화(saturation)가 일어난다. B_{sat}은 자속 밀도가 더 이상 증가하지 않는 값을, H_{sat}는 B_{sat}이 발생하는 자기장의 세기를 나타낸다. 이 지점보다 더 높은 자기장에 대해, 증분(incremental) 투자율은 공기와 같다. 일반적으로, RF 회로 응용에서는 인가되는 전기 자극은 작기 때문에

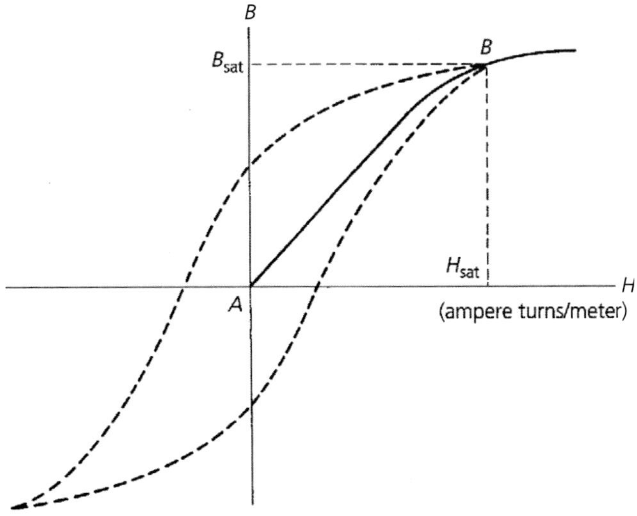

그림 1-23 일반적인 코어의 자화 곡선.

자화 곡선이 선형 영역을 유지한다.

B_{sat}는 재료에 따라 매우 다양하다. 또한, 재료의 크기와 모양에 따라 그 값이 달라진다. 따라서 사용하려는 재료에 대한 정보를 구하기 위해 제조사 제공하는 문서를 읽고 이해해야 한다. 어떤 재료에 대한 B_{sat}가 알려져 있으면, 사용하려는 응용에서 자심이 포화될지를 결정하는 것은 매우 쉽다. 회로에서 동작하는 자심의 자속 밀도(B_{op})는 다음과 같다.

$$B_{op} = \frac{E \times 10^8}{(4.44) f N A_e} \quad \text{식 1-10}$$

여기서

B_{op} = 자속 밀도(단위: Gauss)
E = 인덕터에 가해지는 최대 rms 전압(단위: V)
f = 주파수(단위: Hz)
N = 권선 수
A_e = 자심의 유효(effective) 단면적(단위: cm^2)

따라서 사용하려는 응용 분야에 대해 계산한 B_{op}가 제조사의 데이터 시트의 값보다 작다면 자심은 포화되지 않고 선형 구간 근처에서 동작하게 된다.

자심의 또 다른 주요 특성으로 '내부 손실'이 있다. 앞서 언급했듯이, 공심에 자심을 추가하면 인덕터의 Q가 낮아질 가능성이 있다. 이러한 개념은 지금까지 언급한 것과는 배치되는 것으로 좀 더 자세히 살펴보자.

그림 1-15의 공심 인덕터의 등가 회로를, 편의상 그림 1-24A에 다시 그렸다. 공심 인덕터의 Q는

$$Q = \frac{X_L}{R_s} \quad \text{식 1-11}$$

여기서

$X_L = \omega L$
R_s = 권선 저항

공심 인덕터(그림 1-24A)에 자심을 삽입하면, 등가 회로는 그림 1-24B와 같이 변한다(자심이 놓이는 위치에 손실을 의미하는 R_p가 추가된다.). 이 손실은 히스테리시스(hysteresis,

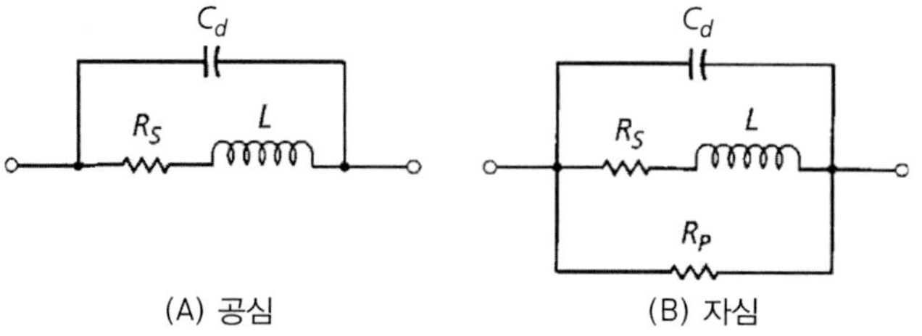

그림 1-24 공심과 자심 인덕터의 등가 회로.

표 1-2 토로이드 코어 기호와 정의.

기 호	내 용	단 위
A_c	가용 단면적. 특정 코어 상에 권선(와이어 방향에 직각인) 면적	cm^2
A_e	코어의 유효 면적. 등가적으로 갭(gap, 간격)이 없는 단면적	cm^2
A_L	inductive index(유도성 인덱스). 특정 코어의 권선 수에 대한 인덕턴스	$nH/turn^2$
B_{sat}	코어의 포화 자속 밀도	gauss(가우스)
B_{op}	코어의 동작 자속 밀도. 인가되는 전압과 관련	gauss(가우스)
l_e	자속 경로의 유효 길이	cm
μ_i	초기 투자율. 코어가 선형 구간에서 동작할 때의 유효 투자율	숫자

履歷 — 이력 현상) 형태로 나타난다. 히스테리시스는 자심에서 발생되는 전력 손실이다. 손실의 두 가지 원인은, 물질에서 전기전인 자극에 따라 변화되는 자기 입자의 재정렬(realignment of magnetic particles)과, 물질 내에 유도되는 전압에 의해 발생되는 에디 전류(eddy current, 渦-와, 소용돌이 전류)다. 이 두 종류의 손실은 모든 자성 재료에 피할 수 없다. 인덕터의 효율은 이 손실로 인해 낮아진다. 이때, 자심 인덕터의 Q 값은 어떻게 될까? 이것은 쉬운 질문은 아니다. 자심이 인덕터에 삽입되면, 인덕턴스 값이 증가됨을 상기하자. 따라서, 주어진 주파수에서 리액턴스는 인덕턴스에 비례하여 증가한다. 인덕터의 새로운 Q 값을 구하기 위해, 다음 사항을 확인해야 한다(인덕턴스와 손실이 각각 얼마나 증가하였는가?). 만일 토로이드 코어가 추가되어 인덕턴스가 두 배로 증가하고, 손실도 두 배로 증가하면 Q 값은 변화가 없다. 하지만, 전체 코일의 손실이 이전 값보다 4배가 증가한 반면, 인덕턴스는 2배만 증가하면, 인덕터의 Q는 50%가 감소된다.

이제, Q 값을 구하는 것이 어느 정도 이해가 될 것 이다. 중요한 것은 코어에 의해 추가되는 손실이, 주파수에 따라 변한다는 점이다(보통 증가한다). 따라서, 취급하려는 자심 인덕터를 다룰 때, 제조사가 제공하는(주파수에 관한) 자세한 데이터 시트를 참조해야 한다.

특정한 코어를 사용하여 인덕터나 트랜스포머를 제작할 때 필요한 자세한 정보는, 일반적으로 제조사들의 데이터 시트에 나와 있다. 그림 1-25와 1-26은 몇 가지 전형적인 사양(specification, 스펙)과 데이터 시트에 대한 예다. 하지만, 대부분의 경우 제조사가 제공하는 데이터 시트는 각 제조사마다 독특한 방법으로 제공하기 때문에, 데이터 시트로부터 필요한 정확한 정보를 얻기 위해서 주의가 필요하다. 사실 데이터 시트를 정확히 읽는 것은 쉬운 일이 아니다. 이번 장의 뒷부분에서, 그림 1-25와 1-26에 제시된 데이터를 이용하여 몇 종류의 토로이드 인덕터를 설계하고, 설계한 인덕터의 차이점을 살펴볼 것이다. 표 1-2는 자주 사용되는 토로이드 코어 인덕터의 기호와 단위 관련 용어다.

분말형 철심과 페라이트의 비교(Powdered Iron vs. Ferrite)

일반적으로, RF 회로 설계에서 페라이트 코어와 분발형 철심 중 어떤 것을 사용하는 것이 좋은지에 관한 규칙은 없다. 많은 경우, 분말형 철심과 페라이트의 투자율과 타입이 같다면, 회로의 성능에 크게 영향을 주지 않는다. 하지만, 어떤 응용에서는 어느 한쪽의 성능이 더

BROAD BAND-RATED FERRAMIC COMPONENTS

Nom. μ_i 2500

- Values measured at 100 KHz, T = 25°C.
- Temperature Coefficient (TC) = 0 to +0.75% /°C max., -40 to +70°C.
- Disaccommodation (D) = 3.0% max., 10-100 min., 25°C.
- Hysteresis Core Constant (η_i) measured at 20 KHz to 30 gauss (3 milli Tesla).
- For mm dimensions and core constants, see page 30.

MECHANICAL SPECIFICATIONS

	PART NUMBER				TOL	UNITS
	AA–01	AA–02	AA–03	AA–04		
d_1	0.135	0.155	0.230	0.100	±0.005	in.
d_2	0.065	0.088	0.120	0.050	±0.005	in.
h	0.055	0.051	0.060	0.050	±0.005	in.

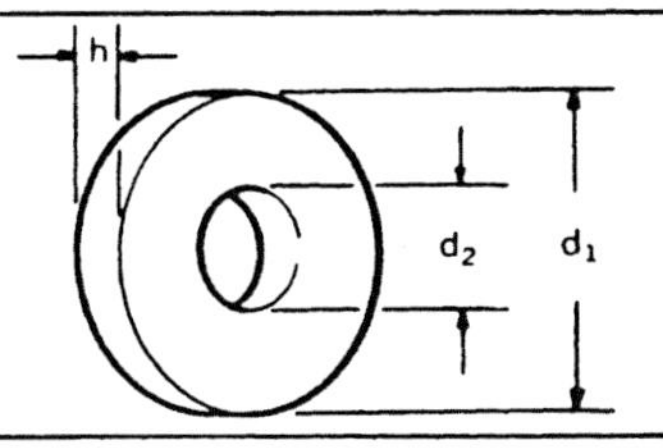

ELECTRICAL SPECIFICATIONS

	PART NUMBER				TOL	UNITS
	AA–01	AA–02	AA–03	AA–04		
A_L	510	365	495	440	±20%	nH/turn^2
X_p/N^2	0.320	0.229	0.310	0.276	±20%	ohm/turn^2
R_p/N^2	10.4	7.5	10.0	8.9	min.	ohm/turn^2
Q	54	54	54	54	min.	
V_{rms}	7.9	7.1	13.6	5.1	max.	mv
η_i	1,480	1,400	0,920	2,150	max.	$VSA^{-2}\,H^{-3/2}$

TYPICAL CHARACTERISTIC CURVES – Part Numbers AA–01, AA–02, AA–03 and AA–04

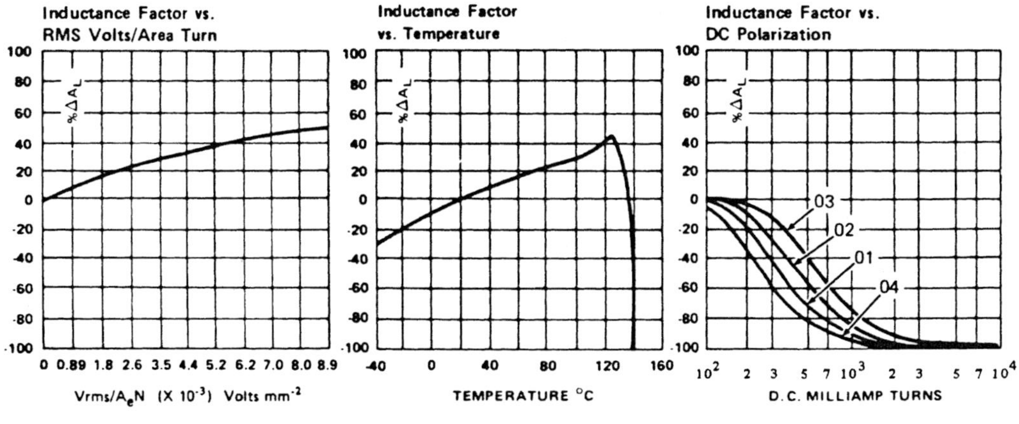

그림 1-25 페라이트 코어에 데이터 시트(출처: *Indiana General*).

IRON-POWDER TOROIDAL CORES

Core size	PHYSICAL DIMENSIONS Outer Diam. (in)	Inner Diam. (in)	Height (in)	Cross Sect. Area $(cm)^2$	Mean Length (cm)
T-225A - -	2.250	1.400	1.000	2.742	14.56
T-225 - -	2.250	1.400	.550	1.508	14.56
T-200 - -	2.000	1.250	.550	1.330	12.97
T-184 - -	1.840	.960	.710	2.040	11.12
T-157 - -	1.570	.950	.570	1.140	10.05
T-130 - -	1.300	.780	.437	.930	8.29
T-106 - -	1.060	.560	.437	.706	6.47
T- 94 - -	.942	.560	.312	.385	6.00
T- 80 - -	.795	.495	.250	.242	5.15
T- 68 - -	.690	.370	.190	.196	4.24
T- 50 - -	.500	.303	.190	.121	3.20
T- 44 - -	.440	.229	.159	.107	2.67
T- 37 - -	.375	.204	.128	.070	2.32
T- 30 - -	.307	.150	.128	.065	1.83
T- 25 - -	.255	.120	.096	.042	1.50
T- 20 - -	.200	.088	.070	.034	1.15
T- 16 - -	.160	.078	.060	.016	0.75
T- 12 - -	.120	.062	.050	.010	0.74

IRON - POWDER MATERIAL vs. FREQUENCY RANGE

Higher Q will be obtained in the upper portion of a materials frequency range when smaller cores are used. Likewise, in the lower portion of a materials frequency range, higher Q can be achieved when using the larger cores.

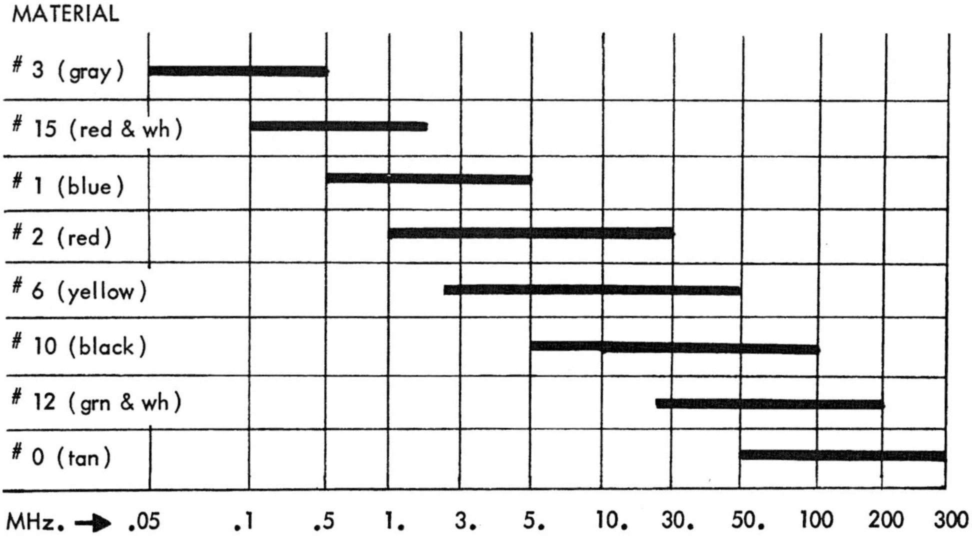

그림 1-26 분말형 철 토로이드 코어에 대한 데이터 시트(출처: *Amidon Associates*).

IRON-POWDER TOROIDAL CORES

FOR RESONANT CIRCUITS

MATERIAL # 0 permeability 1 50 MHz to 300 MHz Tan

Core number	Outer diam. (in.)	Inner diam. (in.)	Height (in.)	A_L value uh / 100 t
T-130-0	1.300	.780	.437	15.0
T-106-0	1.060	.560	.437	19.2
T- 94-0	.942	.560	.312	10.6
T- 80-0	.795	.495	.250	8.5
T- 68-0	.690	.370	.190	7.5
T- 50-0	.500	.303	.190	6.4
T- 44-0	.440	.229	.159	6.5
T- 37-0	.375	.205	.128	4.9
T- 30-0	.307	.151	.128	6.0
T- 25-0	.255	.120	.096	4.5
T- 20-0	.200	.088	.067	3.5
T- 16-0	.160	.078	.060	3.0
T- 12-0	.125	.062	.050	3.0

MATERIAL # 12 permeability 3 20 MHz to 200 MHz Green & White

Core number	Outer diam. (in.)	Inner diam. (in.)	Height (in.)	A_L value uh / 100 t
T-80-12	.795	.495	.250	22
T-68-12	.690	.370	.190	21
T-50-12	.500	.300	.190	18
T-44-12	.440	.229	.159	18
T-37-12	.375	.205	.128	15
T-30-12	.307	.151	.128	16
T-25-12	.255	.120	.096	12
T-20-12	.200	.088	.067	10
T-16-12	.160	.078	.060	8
T-12-12	.125	.062	.050	7

Key to part numbers for :
IRON POWDER TOROIDAL CORES

T ------- 200 -------- 2
Toroid — Outer diameter — Material

$$\text{Number of turns} = 100\sqrt{\frac{\text{desired inductance (uh)}}{A_L\ \text{value (uh per 100 turns)}}}$$

A_L values ± 5%

그림 1-26 분말형 철 토로이드 코어에 대한 데이터 시트. (계속)

IRON-POWDER TOROIDAL CORES

FOR RESONANT CIRCUITS

MATERIAL # 10 permeability 6 10 MHz to 100 MHz Black

Core number	Outer diam. (in.)	Inner diam. (in.)	Height (in.)	A_L value uh / 100 t
T-94-10	.942	.560	.312	58
T-80-10	.795	.495	.250	32
T-68-10	.690	.370	.190	32
T-50-10	.500	.303	.190	31
T-44-10	.440	.229	.159	33
T-37-10	.375	.205	.128	25
T-30-10	.307	.151	.128	25
T-25-10	.255	.120	.096	19
T-20-10	.200	.088	.067	16
T-16-10	.160	.078	.060	13
T-12-10	.125	.062	.050	12

NUMBER OF TURNS vs. WIRE SIZE and CORE SIZE
Approximate number of turns of wire - single layer wound - single insulation

Core Size	40	38	36	34	32	30	wire 28	size 26	24	22	20	18	16	14	12	10
T-12	47	37	29	21	15	11	8	5	4	2	1	1	1	0	0	0
T-16	63	49	38	29	21	16	11	8	5	3	3	1	1	1	0	0
T-20	72	56	43	33	25	18	14	9	6	5	4	3	1	1	1	0
T-25	101	79	62	48	37	28	21	15	11	7	5	4	3	1	1	1
T-30	129	101	79	62	48	37	28	21	15	11	7	5	4	3	1	1
T-37	177	140	110	87	67	53	41	31	23	17	12	9	7	5	3	1
T-44	199	157	124	97	76	60	46	35	27	20	15	10	7	6	5	3
T-50	265	210	166	131	103	81	63	49	37	28	21	16	11	8	6	5
T-68	325	257	205	162	127	101	79	61	47	36	28	21	15	11	9	7
T-80	438	347	276	219	172	137	108	84	66	51	39	30	23	17	12	8
T-94	496	393	313	248	195	156	123	96	75	58	45	35	27	20	14	10
T-106	496	393	313	248	195	156	123	96	75	58	45	35	27	20	14	10
T-130	693	550	439	348	275	220	173	137	107	83	66	51	40	30	23	17
T-157	846	672	536	426	336	270	213	168	132	104	82	64	50	38	29	22
T-184	846	672	536	426	336	270	213	168	132	104	82	64	50	38	29	22
T-200	1115	886	707	562	445	357	282	223	176	139	109	86	68	53	41	31
T-225	1250	993	793	631	499	400	317	250	198	156	123	98	77	60	46	36

그림 1-26 분말형 철 토로이트 코어에 대한 데이터 시트. (계속)

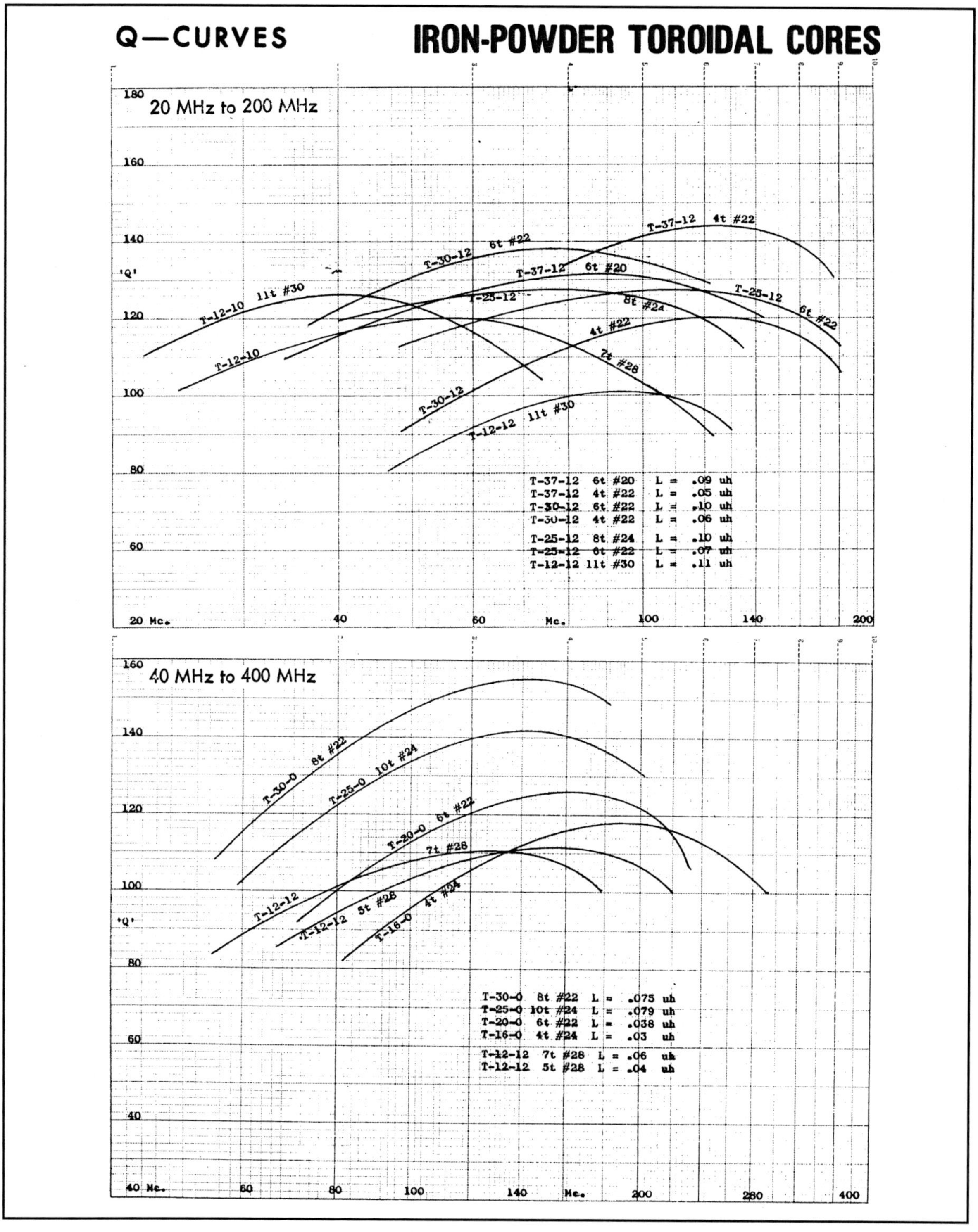

그림 1-26 분말형 철 토로이트 코어에 대한 데이터 시트. (계속)

표 1-3 분말형 철 재료.

재 료	응용 분야/분류
Carbonyl C	150 kHz에서 중간 정도의 *Q*를 갖는 분말형 철 재료. 고가(high-cost). 응용 분야는 AM 동조 회로, 저주파 IF 트랜스포머
Carbonyl E	가장 흔하게 사용하는 분말형 철 재료. 1 MHz ~ 30 MH에서 높은 *Q*와 중간 정도의 투자율을 갖음. 중간 정도의 가격, 응용 분야는 IF 트랜스포머, 안테나 코일, 범용 재료
Carbonyl J	40 ~ 100 MHz 범위에서 사용, 분말형 철 재료로 높은 *Q*를 갖음, 중간 정도의 투자율, FM이나 TV에 사용되고 고가
Carbonyl SF	carbonyl E와 유사하지만, 50 MHz 이상에서 더 높은 *Q*를 갖음. carbonyl E 보다 고가
Carbonyl TH	분말형 철 재료. 30MHz까지는 carbonyl E보다 더 높고 carbonyl SF보다는 더 낮은 *Q*를 갖음. carbonyl E보다 고가
Carbonyl W	가장 고가인 분말형 철 재료. 100 MHz까지 높은 *Q*와 중간 정도의 투자율을 갖음
Carbonyl HP	저주파인 50kHz까지 우수한 안정성과 우수한 *Q*를 갖는 분말형 철 재료
Carbonyl GS6	상업 방송에 사용. 우수한 안정도와 높은 *Q*를 갖음
IRN-8	합성 oxide hydrogen-reduced 재료로 50~150MHz에서 우수한 *Q*를 갖음. FM과TV 응용 분야에 사용되고 가격은 중간 정도

우수한 경우가 있다. 이러한 어떤 응용 분야가 여기에 해당하는지 살펴보자.

한 예로, 동일한 크기의 페라이트 코어와 비교하면, 분말형 철심은 포화 또는 손실이 없이 큰 RF 전력을 견딜 수 있다. 예를 들어, 고출력 RF로 구동되는 페라이트는 영구 자석의 성질을 유지하려는 경향이 있다. 영구적으로 투자율이 변하면 코어 성질이 없어진다. 반면, 분말형 철에 큰 입력이 인가되는 경우에도 종국에는 초기 투자율 μ_i로 복귀하는 경향을 가지고 있다. 따라서 고출력 RF 분야에서는 철심을 선택하는 것이 좋다.

분말형 철심은 동일한 크기의 페라이트 코어와 비교하면, 일반적으로 고주파에서 더 높은 인덕터 Q 특성을 나타낸다. 이러한 원인은 분말형 철심은 페라이트 코어에 비해 초기 내부 손실이 훨씬 적은 특성을 갖기 때문이다. 분말형 철의 이러한 성질은 협대역(narrow-band)또는 동조 회로(tuned-circuit) 분야에 유용하게 사용된다. 표 1-3은 자주 사용하는 몇 가지 분말형 철심 재료와 응용 분야를 보여준다.

매우 낮은 주파수(VLF)나 VLF ~ VHF 대역을 모두 포함하는 광대역 회로에는 페라이트 코어를 일반적으로 사용한다. 그 이유는 주어진 코어 크기에 대해 페라이트는 매우 높은 투자율을 갖기 때문이다. 주파수 영역의 하한(low end)에서 높은 투자율이 필요한 경우, 페라이트 코어를 이용하면 권선 수를 줄일 수 있다. 다른 관점에서 보면, 페라이트 코어는 동일한 크기의 분말형 철심보다 더 높은 투자율을 갖기 때문에, 주어진 인덕턴스를 구현하기 위해 더 작은 사이즈와 더 적은 권선 수로 가능하다. 따라서 회로 보드 면적을 줄일 수 있다.

토로이드 인덕터 설계(Toroidal Inductor Design)

자화 곡선에서(포화되지 않은) 선형 영역에서 동작하는 토로이드 인덕터의 인덕턴스는 다음과 같다.

$$L = \frac{0.4\pi N^2 \mu_1 A_c \times 10^{-2}}{l_e} \quad \text{식 1-12}$$

여기서

L = 인덕턴스(단위: nH)

N = 권선 수

μ_i = 초기 투자율

A_c = 코어의 단면적(단위: cm^2)

l_e = 코어의 실효 길이(단위: cm)

계산의 편의상, 대부분의 제조사들은 μ_i, A_c, l_e와 다른 관련 상수를 조합한 단일 파라미터인 인덕턴스 인덱스(inductance index) A_L를 제시하기도 한다. 인덕턴스 인덱스는 권선 수에 대한 인덕턴스와 관련이 있다.

식 1-12를 인덕턴스 인덱스로 나타내면 다음과 같이 간략화된다.

$$L = N^2 A_L \ n\text{H} \quad \text{식 1-13}$$

여기서

L = 인덕턴스(단위: nH)

N = 권선 수

A_L = 인덕턴스 인덱스(단위: nH/turn^2)

따라서 코어가 주어졌을 때, 원하는 인덕턴스를 구현하는데 필요한 권선 수는 다음과 같다.

$$N = \sqrt{\frac{L}{A_L}} \quad \text{식 1-14}$$

예제 1-6를 참고하라.

예제 1-6

그림 1-25의 데이터를 이용하여, 50 μH의 인덕턴스를 갖는 토로이드 인덕터를 설계하라. 단일 레이어로 와이어를 감을 수 있는 가장 큰 AWG 와이어는 어떤 것인가? 100 MHz에서 인덕턴스의 Q는 얼마인가?

풀이

제한 조건이 없기 때문에, 설계 요구 조건을 만족할 수 있는 방법은 무수히 많다. 그림 1-25는 Indiana General Series의 페라이트 토로이드 코어에 대한 데이터 시트이다. 이 코어는 협대역 동조 회로보다는 광대역이나 낮은 Q 트랜스포머에 일반적으로 사용된다. 이 예제는 그 이유에 대해 설명할 것이다.

이 코어 시리즈의 기계적인 스펙(사양)은 소신호 RF 회로 설계에 매우 적합함을 보여주고 있다. 이 코어의 최대 크기는 직경 1/4 inch 이하다. 문제에서 크기에 대한 제한이 없으므로, 외경이 0.0230 inch인 AA-03을 사용하고자 한다. 이 코어를 사용하면 인덕터를 감는 와이어의 직경을 최대로 할 수 있다.

데이터 시트로부터, 주어진 코어의 A_L는 495 nH/turn^{2}이다. 식 1-14를 이용하여 코어의 필요한 권선 수를 계산하면,

$$N = \sqrt{\frac{50{,}000\,\text{nH}}{495\,\text{nH/turn}^2}}$$
$$= 10\,\text{turns}$$

50 μH의 인덕턴스를 50,000 nH로 표기한 것에 유의하라. 다음 단계는, 트랜스포머를 단일 레이어로 감을 수 있는 최대 직경 와이어를 결정하는 것이다. 어떤 경우, 이러한 목적의 권선 정보가 데이터 시트에 포함되는 경우도 있다. 이러한 경우, 설계자는 테이블을 참조하여 사용할 수 있는 최대 와이어의 크기만 살펴보면 된다. 여기서는 이러한 정보가 제공되지 않기 때문에, 간단한 계산을 해야 한다. 그림 1-27은 사용하려는 구조를 보여주고 있다. 그림을 살펴보면, 와이어의 직경이 정해진 상태에서, 토로이드의 내경 r_1은 최대 권선 수를 제한하는 요인이 되는 것을 알 수 있다.

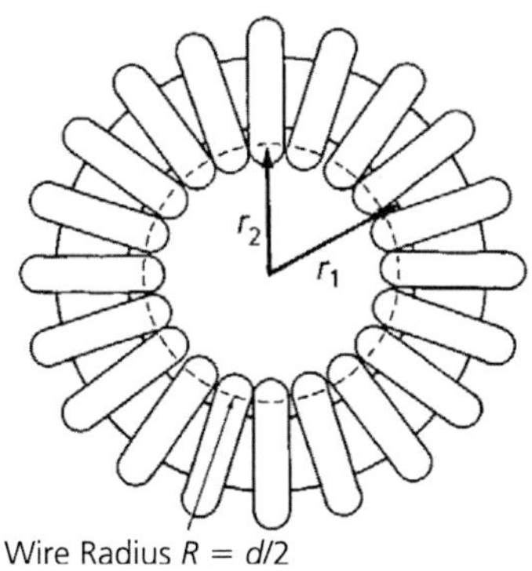

그림 1-27 토로이드 코일의 권선 구조.

권선 수가 정해진 경우, 최대 와이어의 직경은 다음과 같다.

$$d = \frac{2\pi r_1}{N + \pi} \quad \text{식 1-15}$$

여기서
d = 와이어의 직경(단위: inch)
r_1 = 코어의 내경(단위: inch)
N = 권선 수

그림 1-25 (d_2 = 0.120 inch)로부터 r_1 값을 구할 수 있다.

$$d = \frac{2\pi\frac{0.120}{2}}{10+\pi}$$
$$= 28.69 \times 10^{-3} \text{ inches}$$
$$= 28.69 \text{ mils}$$

하지만, 개략적인 경험식으로부터 제조사 간의 절연체의 두께 변화 오차를 고려하여 계산값의 90%인 25.82 mils를 선택한다. 따라서 최대 직경 와이어로 25.82 mils보다 작은 AWG No.-22를 선택한다.

그림 1-25의 정보만으로는 인덕터의 Q를 계산할 수 없다. 하지만, BBR-7403의 주파수에 대한 X_p/N^2, R_p/N^2을 살펴보면, 어림값을 계산할 수 있다. 저주파(100 kHz)에서 코일의 Q는 54 정도가 된다. 여기서,

$$Q = \frac{R_p/N^2}{X_p/N^2} = \frac{R_p}{X_p} \qquad \text{식 1-16}$$

주파수가 증가함에 따라, 저항 R_p는 감소하는 반면 리액턴스 X_p는 증가한다. 약 3 MHz에서 X_p는 R_p와 같아져서 Q가 1이 된다. Q는 1이하가 되다가 약 100 MHz가 되면 R_p가 급격히 증가하기 시작하여 Q가 1을 넘어서게 된다. 따라서, 코어 자체의 손실로 인해 100 MHz에서 코일의 Q는 대략 1에 가깝게 된다. Q 값이 매우 작기 때문에, 이러한 코일을 협대역 동조 회로에 사용하기는 어렵다. 예제 1-7을 참조하라.

예제 1-7

그림 1-26의 데이터 시트의 정보로부터, 100 MHz 이상에서 사용 가능하고 Q가 80 이상인 300 nH의 토로이드 인덕터를 설계하라.

풀이

그림 1-26은 Amidon Associates에서 제공하는 분말 철(iron-powder) 데이터 시트에서 발췌한 것이다. 여러 가지 재료에 대해, 권장 동작 주파수는 '주파수 영역에 대한 분말 철 재료(Iron-Powder Material vs. Frequency Range)'를 참조하라. No.-12 또는 No.-10이 100 MHz에서 동작하기에 적당해 보인다. No.-12는 다른 데이터 시트에서 IRN-8로 표시되기도 한다 (표 1-3에는 IRN-8로 표시하였다). No.-10에 대해서는 기술되어 있지 않으므로, 여기서는 No.-12를 선택하기로 한다.

데이터 시트의 상단에, 분말 철 토로이드 코어(Iron-Powder Toroidal Cores)의 A_L에 대한 물리적 치수가 표시되어 있다. 하지만, Amidon Associates는 100 μH/100 turns^2 대신 100 μH/100 turns로 표기하고 있다. 여기서 표기한 A_L을 nH/turns^{2}로 변환하는 방법은, 그 값을 10으로 나누면 된다. 따라서, 22 μH/100 turns의 T-80-12 코어는 2.2 nH/turns^{2}이 된다.

차트에서 코어에 대한 Q 곡선이 표시되어 있다. 100 MHz에서 모두 Q가 80 이상을 만족한다.

PCB에서 허용하는 최대 크기의 코어를 선택한다. 여기서는 직경이 0.255 inch인 T-25-12를

선택한다.

$$A_L = 12\ \mu\text{H}/100\,\text{t}$$
$$= 1.2\ \text{nH/turn}^2$$

따라서 식 1-14를 이용하면 권선 수를 계산하면 다음과 같다.

$$N = \sqrt{\frac{L}{A_L}}$$
$$= \sqrt{\frac{300}{1.2}}$$
$$= 15.81$$
$$= 16\ \text{turns}$$

마지막으로, 데이터 시트에서 권선 수 대(vs) 와이어와 코어 크기를 살펴보면, T-25 코어에 감을 수 있는 가장 큰 와이어는 No.-28 AWG임을 알 수 있다.

실제 권선에 대한 힌트(Practical Winding Hints)

그림 1-28에 토로이드를 감는 바른 방법을 표시하였다. 그림 1-28A의 방법을 사용하면 권선 간의 커패시터가 최소화되고, 권선 면적이 넓게 활용되어, 인덕터의 공진 주파수가 높아진다. 따라서 소자를 사용할 수 있는 동작 주파수 영역이 늘어난다. 그림 1-28B과 1-28C의 방법을 사용하면, 리드 간의 커패시턴스와 권선 간의 커패시턴스가 토로이드에 영향을 줄 수 있다.

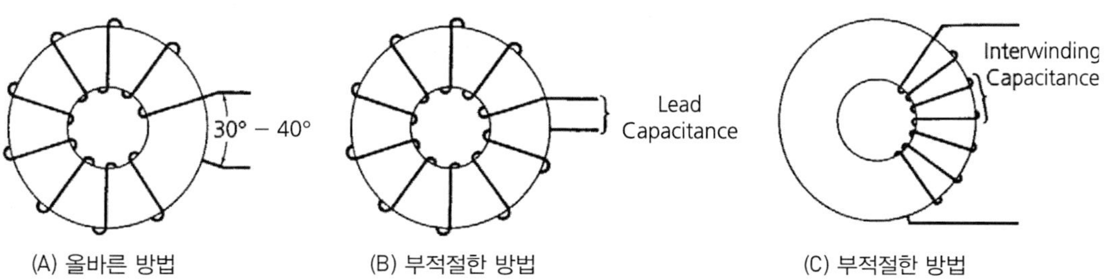

그림 1-28 토로이드 권선을 감는 방법.

CHAPTER 2

공진 회로
Resonant Circuits

이 번 장에서는 RF에서 병렬 공진 회로와 그 특성을 살펴본다. 부하-Q(loaded-Q)에 대한 개념, 소스(source) · 부하(load)의 임피던스와 부하-Q의 관계를 살펴볼 것이다. 또한, 소자의 손실과 이 손실이 회로 동작에 어떤 영향을 주는지 살펴볼 것이다. 마지막으로, 선택도(selectivity)를 개선할 수 있는 공진 회로의 결합 방법을 살펴본다.

몇 가지 정의(Some definitions)

RF 회로라고 해서 공진 회로가 특별히 다른 것은 아니다. 공진 회로는 모든 송신기, 수신기, 테스트 장비 등에 사용되어 소스와 부하 사이에서 특정한 주파수 성분이나 **통과대역**(passband) 밖의 주파수 성분을 감쇠시키고, **통과대역** 주파수 대역을 선택적으로 통과시킨다. 이상적인 공진 회로의 통과대역은 그림 2-1과 같다. 이상적인 공진 회로는 통과대역 밖에서 무한 감쇠를 갖고, 통과대역 내의 원하는 신호는 간섭 없이 통과시키는 직사각형 모양의 이상적인

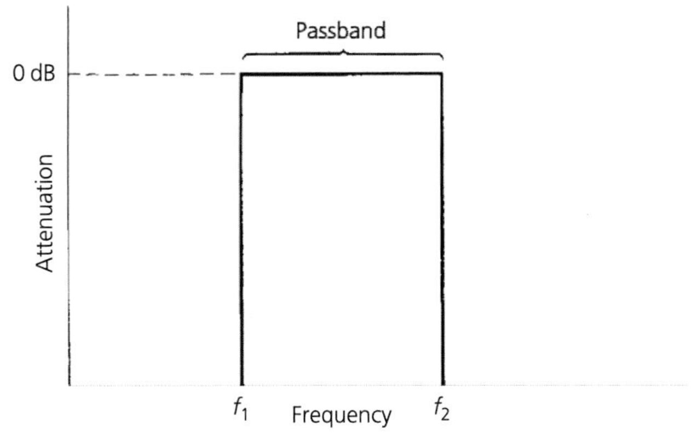

그림 2-1 이상적인 필터의 응답.

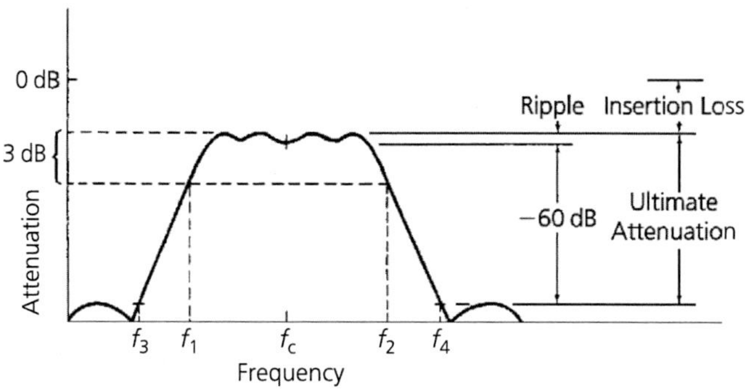

그림 2-2 실제 필터의 응답.

통과대역을 갖는다. 물론, 필터를 구성하는 소자의 물리적 특성으로 인해 이러한 이상적인 필터를 구현하는 것은 불가능하다. 1장에서 배운 바와 같이, 이상적인 소자가 없기 때문에 이상적인 필터도 존재할 수 없다. 하지만, 만일 공진 회로의 동작 원리를 이해한다면, 이상적 못한 회로로 원하는 성능을 만족할 수 있는 설계를 할 수 있다.

그림 2-2는 실제 필터의 응답이다. 여기서, 몇 가지 용어에 대해 다음과 같이 정의한다.

1. 데시벨(Decibel) — 무선 전자공학이나 무선 통신에서, 데시벨(decibel, dB)은 측정된 전력(electrical power)의 비(ratio)를 기술하기 위해 사용된다. 또한, 접미사를 이용하여 전력의 절대량을 표시할 수도 있다. 예를 들어, 'milliwatt' 을 의미하는 접미사 'm' 을 붙여서 dBm을 나타낼 수 있다. 0 dBm은 1 milliwatt을 의미하고, (0 dBm보다 큰) 1 dBm은 약 1.259 mW를 의미한다.

   데시벨은 신호가 어떤 매질(예를 들어, 자유 공간, 웨이브 가이드-도파로, 동축선로, 광 섬유 등)을 통해 송신기에서 수신기로 전달될 때 발생되는 이득과 손실을 링크-버짓(link budget)[†]으로 표현하는 경우에도 사용한다.
2. 데시벨 와트(Decibel Watts) — 1와트(watt)에 대한 데시벨로 신호의 크기를 표현하는 것을 데시벨 와트(dBw)이라 한다. 절대량인 dBw을 사용하는 이유는 아주 작은 전력부터 매우 큰 전력까지를 작은 숫자로 표기할 수 있기 때문이다. 예를 들어 10 W = 10 dBw이고 1,000,000 W = 60 dBw이다.
3. 대역폭(Bandwidth) — 일반적으로, 공진 회로의 통과대역 응답이 3 dB가 되는 상한(upper) 주파수와 하한(lower) 주파수의 차인 $f_2 - f_1$을 공진 회로의 대역폭으로 정의한다. 이 대역폭을 half power 대역폭[‡]이라 부르기도 한다.
4. Q — 공진 회로에서 대역폭에 대한 중심 주파수의 비를 회로의 Q로 정의한다.

$$Q = \frac{f_c}{f_2 - f_1} \qquad \text{식 2-1}$$

[†] 역주: link-budget이란, 송신기나 수신기 사이의 전력이나 잡음 등을 계산하기 위해 보통 테이블 형태로 표시하여 계산하는 방법이다.

[‡] 역주: 통과대역에서 3 dB 전력 감쇠는 원 전력의 절반을 의미하므로 half power 대역폭이라 부른다.

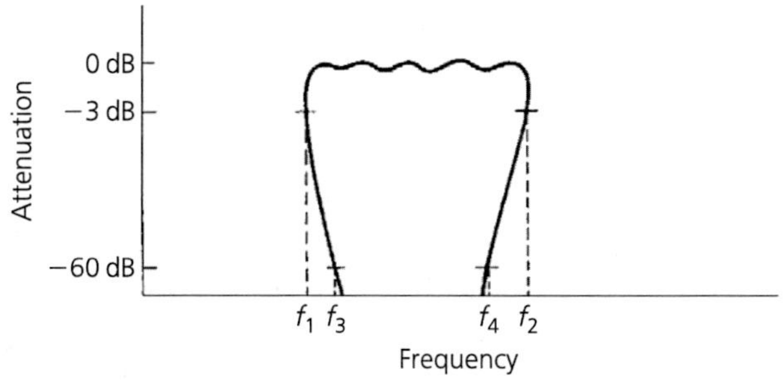

그림 2-3 구현이 불가능한 응답 모양.

여기서 정의한 Q와 1장에서 정의한 소자의 Q를 혼돈하지 마라. 소자의 Q는 회로의 Q에 영향을 주지만, 회로의 Q는 소자의 Q에 영향을 주지 않는다. 회로의 Q는 공진 회로의 선택도(selectivity)에 대한 척도(measure)다. Q가 높을수록 대역폭은 좁아지고, 공진 회로의 선택도는 높아진다.

5. Shape Factor(형상 계수, SF) — 공진 회로의 shape factor는 일반적으로 공진 회로의 3-dB 대역폭에 대한 60-dB 대역폭의 비로 정의한다. 따라서, 60-dB 대역폭($f_4 - f_3$)이 3 MHz이고 3-dB 대역폭($f_2 - f_1$)이 1.5 MHz라면 shape factor는 다음과 같다.

$$SF = \frac{3\,\text{MHz}}{1.5\,\text{MHz}}$$
$$= 2$$

SF 간단히 말해 스커트(skirts, 응답 특성의 모양)의 기울기를 표시하는 척도다. 이 숫자가 작으면 응답 스커트의 모양이 더 날씬함을 나타낸다. 그림 2-1의 이상적인 필터는 shape factor가 1이다. shape factor가 1보다 작은 필터의 통과대역의 모양은 그림 2-3과 같이 될 것이다. 물론, 이러한 응답은 물리적으로 구현될 수 없다.

6. Ultimate Attenuation(궁극 감쇠) — Ultimate attenuation은 이름이 의미하듯, 공진 회로 통과대역 밖의 최종적인 응답 크기를 나타낸다. 이상적인 공진 회로는 통과대역 밖에서 무한 감쇠를 가진다. 하지만, 소자들이 이상적이지 못하기 때문에 실제로 무한 감쇠를 갖는 것은 불가능하다. 만약 회로가 그림 2-2와 같이 통과대역 밖에서 피크(peaks)를 갖는다면, 이 피크에 의해 공진 회로의 ultimate attenuation 스펙은 낮아진다.

7. 삽입 손실(Insertion Loss) — 전력원(generator)과 부하 사이에 소자나 소자로 구성된 회로가 삽입되면, 소자의 손실에 의해 전력원의 신호 중 일부가 소자에 흡수된다. 따라서 부하를 전력원에 직접 연결한 것과 비교하면, 전송 손실이 나타난다. 여기서, 임피던스 매칭(matching, 정합)에 의한 영향은 없다고 가정한다. 이러한 감쇠를 삽입 손실이라 부르고, 공진 회로에서 매우 중요한 특성이다. 삽입 손실은 일반적으로 데시벨(dB)로 표시한다.

8. 리플(Ripple) — 리플은 데시벨(dB)로 표시하고, 공진 회로의 평탄도(flatness)를 측정

하는 척도다. 통과대역 내의 최대 감쇠와 최소 감쇠의 차(비)로 표시한다. 3장에서 원하는 리플을 갖는 필터 설계법을 다룰 것이다.

무손실 소자의 공진[Resonance(Lossless Components)]

1장에서 개별 소자의 기생 특성을 다룰 때, 공진의 개념을 간단히 언급했다. 이제 공진에 대해 자세히 살펴보자. 공진을 일으키는 요인과 공진을 이용하는 방법을 살펴볼 것이다.

전압 분배 법칙(그림 2-4 참조)에 의하면, 내부 저항이 R_s인 전력원에 션트(병렬)로 임피던스 Z_p를 연결하면 출력 전압은 다음과 같이 된다.

$$V_{\text{out}} = \frac{Z_p}{R_s + Z_p}(V_{\text{in}}) \quad \text{식 2-2}$$

즉, V_{out}은 항상 V_{in} 보다 작다. 만일 Z_p가 용량성이나 유도성 리액턴스와 같이 주파수 의존 임피던스라면, V_{out} 또한 주파수 의존 함수가 되고, 회로 이득 또는 손실(V_{in}에 대한 V_{out}의 비)도 주파수 의존 함수가 된다. 예로, 그림 2-5A에서 션트 소자로 25 pF 커패시터가 연결되는 경우, $V_{\text{out}}/V_{\text{in}}$의 주파수 응답을 살펴보자.

$$\frac{V_{\text{out}}}{V_{\text{in}}} = 20\log_{10}\frac{X_C}{R_s + X_C} \quad \text{식 2-3}$$

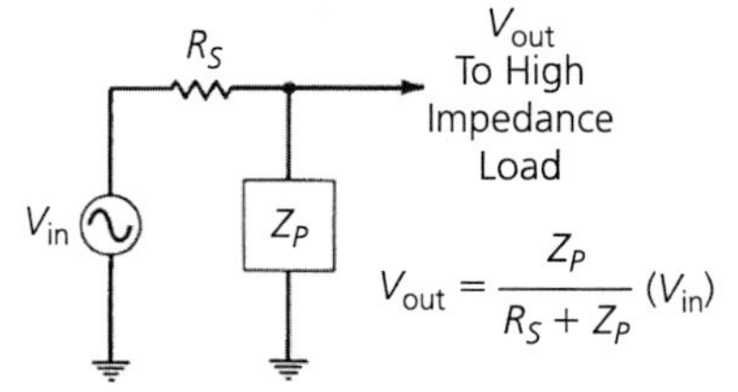

그림 2-4 전압 분배 법칙.

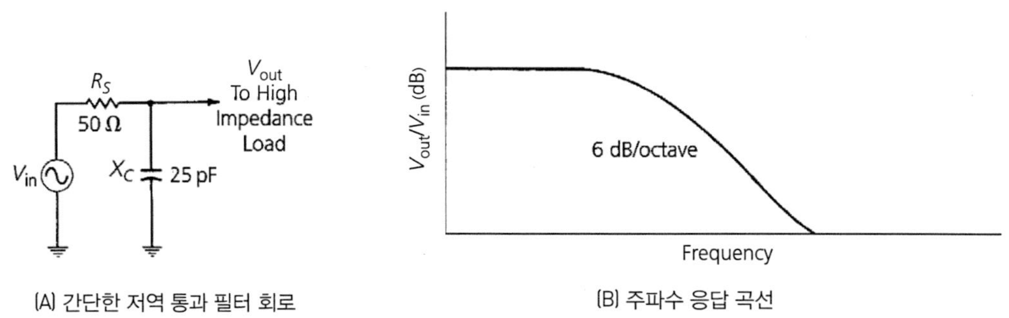

그림 2-5 간단한 RC(저항-커패시터) 저역 통과 필터(low-pass filter)의 주파수 응답.

여기서

$\frac{V_{out}}{V_{in}}$ = 손실(단위 dB)

R_s = 소스 저항

X_c = 커패시터의 리액턴스

또한,

$$X_C = \frac{1}{j\omega C}$$

그림 2-5B는 위의 수식에 의한 응답을 그린 것이다.

RC(저항-커패시터) 회로의 손실이 주파수의 증가에 따라 증가함에 유의하라. 이는 간단한 **저역 통과** 필터(low-pass filter, LPF)를 의미한다. 저역 통과 필터는 저주파 신호는 통과시키는데 반해, 차단 주파수(cutoff frequency)보다 높은 신호는 감쇠(또는 진폭을 감소)시킨다. 감쇠의 기울기는 주파수가 옥타브(octave, 주파수의 2배)가 되면 최종적으로 6 dB의 감쇠의 비율을 가짐에 유의하라. 이것은 소자가 단일 리액티브 소자로 구성되기 때문이다. 나중에 살펴보겠지만, 주요(significant) 리액티브 소자가 회로에 추가될 때마다 감쇠 기울기는 6 dB씩 증가한다.

회로에서 커패시터를 제거하고 대신 그림 2-6A와 같이 0.05 μH 인덕터로 대치하면, 회로의 주파수 응답은 그림 2-6B와 같다. 여기서, 주파수 응답 식은 다음과 같다.

$$\frac{V_{out}}{V_{in}} = 20\log_{10}\frac{X_L}{R_s + X_L} \qquad \text{식 2-4}$$

여기서

$\frac{V_{out}}{V_{in}}$ = 손실(단위 dB),

R_s = 소스 저항

X_L = 코일의 리액턴스

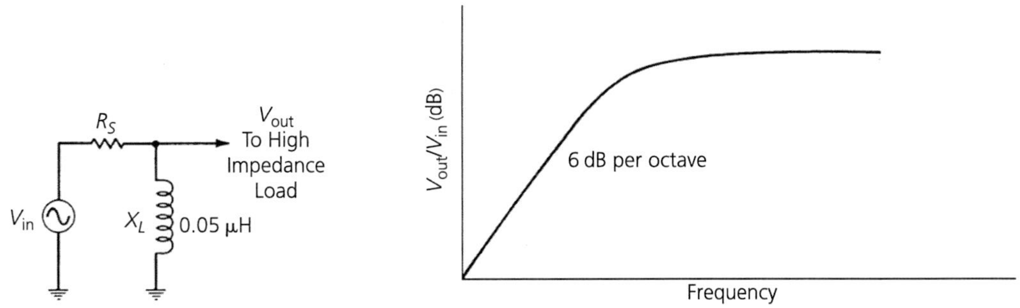

(A) 간단한 고역 통과 필터 회로 (B) 주파수 응답 곡선

그림 2-6 간단한 고역 통과 필터(high-pass filter, HPF).

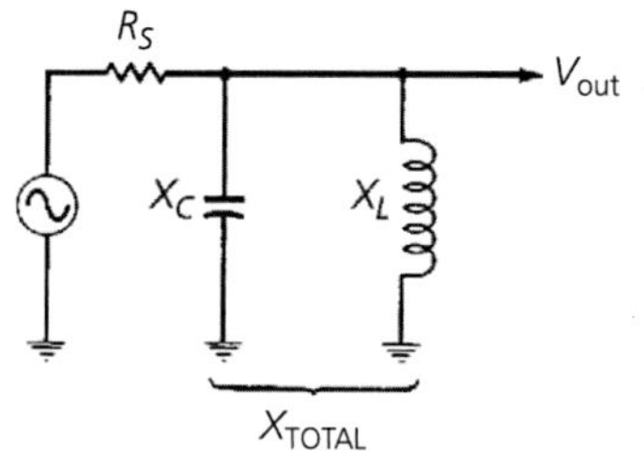

그림 2-7 두 리액티브 소자를 갖는 공진 회로.

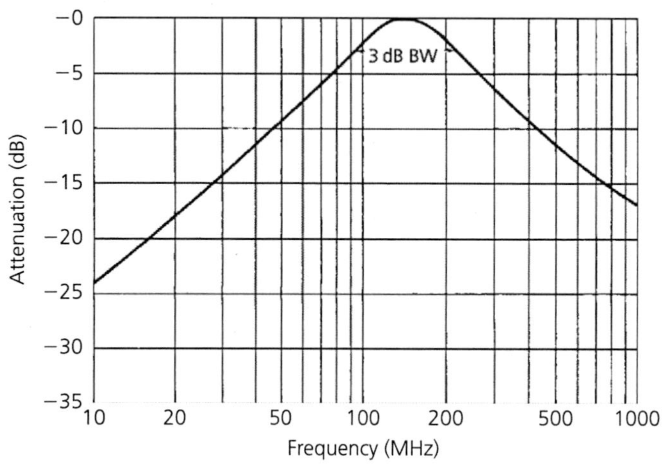

그림 2-8 LC(인덕터-커패시터) 공진 회로의 주파수 응답.

또한,

$$X_L = j\omega L$$

새로 구성한 회로에서 고주파 신호는 통과하고, 차단 주파수보다 낮은 주파수 신호는 감쇠된다. 즉, 고역 통과 필터(high-pass filter, HPF)가 된다. 궁극적인 감쇠 기울기는 6 dB/octave다.

이제 기본적인 전압 분배식인 식 2-2를 확장하여, 부호가 다른 두 개의 리액티브 소자로 구성된 회로의 주파수 응답을 다루어 보자. 먼저 인덕터와 커패시터가 전력원에 병렬로 연결되는 LC(인덕터-커패시터) 회로를 생각해 보자. 실제로 이 회로는 이전의 두 회로보다 해석이 더 어려운 것은 아니다. 실제로, 특정 주파수에서 앞의 기본 전압 분배 법칙을 단순히 적용하면 된다. 여기서 차이점은 두 개의 리액티브 소자가 그림 2-7과 같이 병렬로 연결되어 있다는 점이다. 단일 주파수가 아닌 모든 주파수에서 계산을 하면 주파수 응답은 그림 2-8과 같다.

수학적인 계산은 다음과 같다.

$$V_{out} = \frac{X_{total}}{R_s + X_{total}}(V_{in}) \quad \text{식 2-5}$$

여기서

$$X_{\text{total}} = \frac{X_C X_L}{X_C + X_L}$$

또한,

$$X_C = \frac{1}{j\omega C}$$
$$X_L = j\omega C$$

따라서,

$$X_{\text{total}} = \frac{\frac{1}{j\omega C}(j\omega L)}{\frac{1}{j\omega C} + j\omega L} = \frac{\frac{L}{C}}{\frac{1}{j\omega C} + j\omega L}$$

분자와 분모에 $j\omega C$을 곱하고 $j^2 = -1$을 이용하면,

$$X_{\text{total}} = \frac{j\omega L}{1 + (j\omega L)(j\omega C)} = \frac{j\omega L}{1 - \omega^2 LC}$$

따라서, 식 2-5에 대입하면

$$\frac{V_{\text{out}}}{V_{\text{in}}} = \frac{\frac{j\omega L}{1-\omega^2 LC}}{R_s + \frac{j\omega L}{1-\omega^2 LC}}$$

분자 분모에 $1 - \omega^2 LC$을 곱하면,

$$\frac{V_{\text{out}}}{V_{\text{in}}} = \frac{j\omega L}{(R_s - \omega^2 R_s LC) + j\omega L}$$

특정 주파수에서 손실은 위의 식으로부터 계산될 수 있다. dB로 계산하면,

$$\frac{V_{\text{out}}}{V_{\text{in}}} = 20\log_{10}\left|\frac{j\omega L}{(R_s - \omega^2 R_s LC) + j\omega L}\right|$$

여기서, | |는 괄호 안의 크기를 나타낸다.

그림 2-8에서 동조 회로(tuned circuit)의 공진 주파수 근처의 기울기는 12 dB/octave로 증가하는 것에 유의하라. 이것은 회로의 주요(significant) 리액턴스가 2개이기 때문이다. 각각이 6 dB/octave의 기울기로 변하고 기울기의 방향은 반대가 된다. 낮거나 높은 쪽으로 공진을 벗어나게 되면 주요 리액턴스가 한 개가 되기 때문에, 곡선의 기울기는 다시 6 dB/octave가 된다. 이 구간에서 주요 리액턴스가 아닌 다른 리액턴스는 높은 임피던스을 갖기 때문에,

마치 부품이 없는 것처럼 동작한다.

RLC 회로('공진' 또는 '동조' 회로라 부름)의 특성은 앞서 언급한 고역 통과나 저역 통과 필터와는 다르다. 저항(*R*), 인덕터(*L*), 커패시터(*C*)가 직렬 또는 병렬로 연결된 회로는 무선이나 통신 공학에서 특히 많이 응용된다. 예를 들어, 이러한 회로는 전체 무선 스펙트럼 중에서 협대역 주파수 성분을 선택하는데 이용된다. 다음 절에서, RLC 회로가 RF에서 어떻게 사용되고 있는지를 자세히 살펴볼 것이다.

부하 *Q*(Loaded *Q*)

공진 회로의 *Q*는 식 2-1과 같이 3-dB 대역폭에 대한 중심 주파수의 비로 정의했다. '회로 *Q*'는 실제 회로 상태나 부하 조건에서 통과대역 특성을 나타내기 때문에 다른 말로 '부하-*Q*(loaded-*Q*)'라 부른다. 공진 회로의 부하-*Q*는 그림 2-9에 표시한 다음 3가지에 의해 주로 영향을 받는다.

1. 소스 저항(R_s).
2. 부하 저항(R_L).
3. 소자의 *Q*(1장에서 정의).

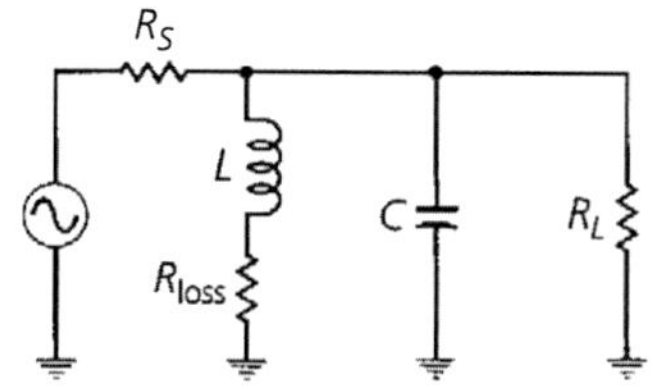

그림 2-9 부하-*Q*를 계산하기 위한 회로.

부하-*Q*에 대한 R_S와 R_L의 영향(Effect of R_S and R_L on the Loaded *Q*)

이제, 소스와 부하 임피던스가 공진 회로의 부하-*Q* 값에 어떻게 영향을 주는지에 대해 예제를 통해 간략히 살펴보자. 그림 2-8은 50-Ω의 소스, 0.005 μH 무손실 인덕터, 25 pF 무손실 커패시터로 구성된 회로의 공진 곡선이다. 식 2-1의 정의와 그래프로부터 계산해 보면, 이 회로의 부하-*Q*는 대략 1.1이 된다. 이 정도의 값은 협대역이나 high(높은)-*Q* 설계에 해당하는 것은 아니다. 이제 50-Ω의 소스를 1000-Ω의 소스로 대치하고, 그림 2-7에서 유도한 식 2-5로부터 그림을 그려보자. 그림 2-10의 주파수 응답 곡선을 참조하라(비교를 위해 50-Ω의 소스 회로에 대한 공진 곡선은 점선으로 표시했다). 이 경우 공진 회로의 *Q* 또는 선택도는 약 22로 크게 증가됨에 유의하라. 즉, 소스 임피던스을 높이면 더 높은 공진 회로의 *Q*를 얻을 수 있다.

그림 2-10에서 부하 저항의 영향은 다루지 않았다. 만일, 그림 2-11A와 같이 외부 부하가 공진 회로에 연결되면, 부하 임피던스의 값의 정도에 따라 대역이 넓어지거나 *Q*가 낮아진다(de-*Q*'라고도 함). 공진의 계산을 위해, 그림 2-11B의 등가 회로를 생각해 보자. 공진 회로에서

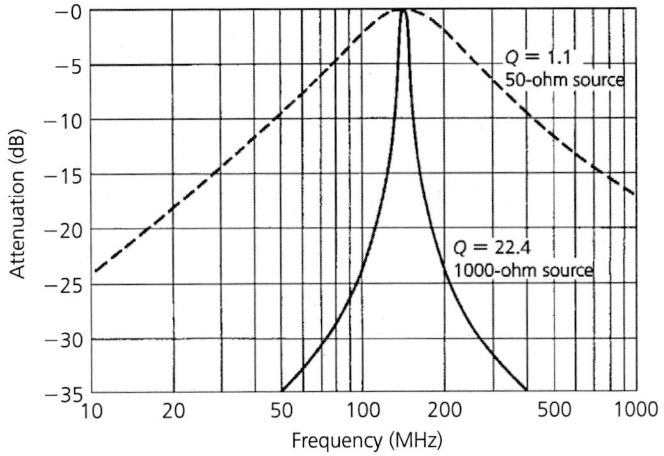

그림 2-10 부하 Q에 대한 R_S와 R_L의 영향.

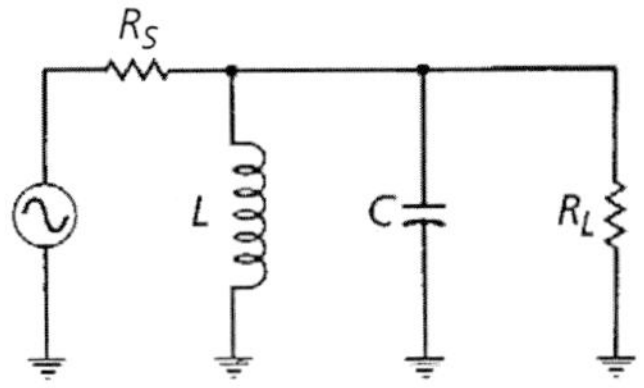

(A) 외부 부하가 연결된 공진 회로

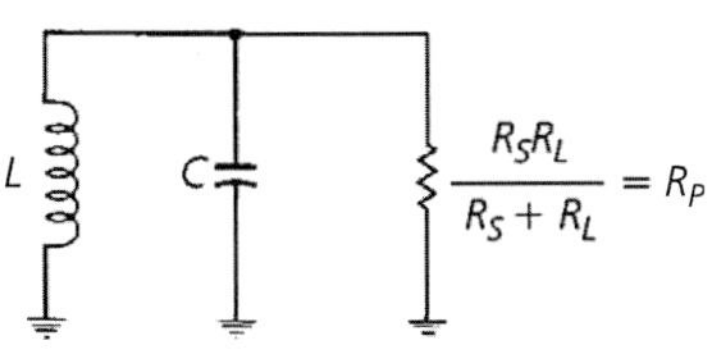

(B) Q 계산을 위한 등가 회로

그림 2-11 공진 회로의 등가 병렬 임피던스.

R_s에 병렬로 부하 R_L이 연결된다. 정의에 의해, 총 외부 저항(total external resistance)은 R_s와 R_L 중 작은 값보다도 더 작게 되어, 부하-Q는 낮아진다. 이것을 식으로 살펴보면 다음과 같다(여기서 소자는 무손실로 가정한다.).

$$Q = \frac{R_p}{X_p} \qquad \text{식 2-6}$$

여기서

R_p = R_s와 R_L의 병렬 저항

X_p = 유도성이나 용량성 리액턴스(공진에서는 두 값이 같다.)

식 2-6을 살펴보면, R_p의 감소(증가)는 공진 회로의 Q의 감소(증가)를 나타낸다. 또한, 매우 중요한 사실은 R_p을 상수로 고정하고 X_p을 변화시킬 때에도 동일한 영향을 볼 수 있다는 점이다. 즉, 고정된 소스와 부하 임피던스에 대해 인덕터 값이 작고 커패시터의 값이 크면 공진 회로의 Q가 커진다. 이런 경우, X_p는 작아진다. 이 효과를 그림 2-12의 회로에 적용하면 공진 곡선은 그림 2-13과 같다.

따라서 원하는 Q 값을 갖는 공진 회로 설계는 두 가지 방법이 있다(예제 2-1).

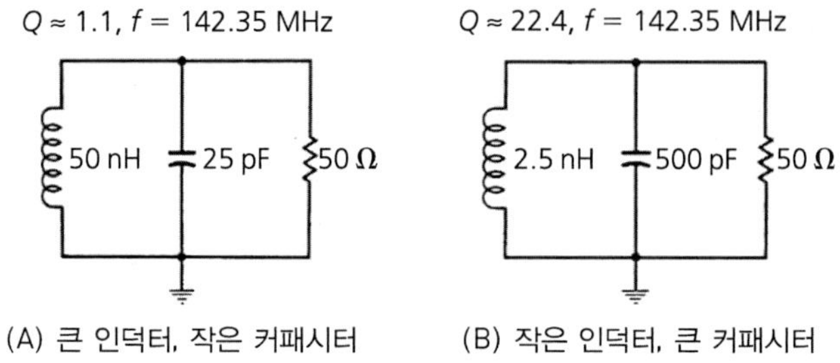

그림 2-12 주파수 142.35 MHz에서 X_p에 대한 Q의 영향.

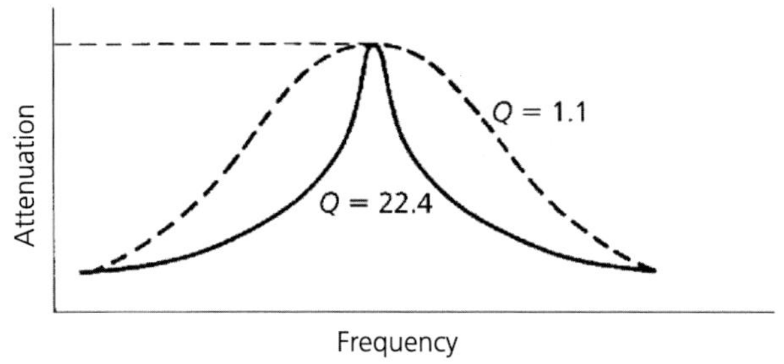

그림 2-13 그림 2-12의 회로에 대한 부하 Q.

1. 소스와 부하 임피던스의 값을 선택한다.
2. (소스와 부하의 임피던스가 정해진 경우) Q를 결정하는 L과 C의 소자 값을 선택한다.

경우에 따라 설계 선택권 없을 수 있다. 대부분의 경우 소스와 부하는 고정되어 있다. 소스와 부하가 정해진 경우에는 X_p를 조정해서 원하는 Q를 구현해야한다. 이런 경우, 구현이 불가능한 소자 값이 요구될 수도 있다. 이 장의 뒷부분에서 이런 문제를 해결할 수 있는 방법을 다룰 것이다.

예제 2-1

소스 저항이 150-Ω이고 부하 저항이 1000-Ω인 경우 공진 회로를 설계하고자 한다. 부하-Q는 50 MHz 공진 주파수에서 최소 20 이상 되어야 한다. 소자는 무손실이고 임피던스 매칭은 없는 것으로 가정한다.

풀이

공진 회로의 실효(effective) 병렬 저항은 150-Ω과 1000-Ω의 병렬 값이다. 즉,

$$R_p = 130\ \Omega$$

따라서 식 2-6을 이용하면

$$X_p = \frac{R_p}{Q} = \frac{130}{20} = 6.5\ \Omega$$

그리고

$$X_p = \omega L = \frac{1}{\omega C}$$

따라서 L = 20.7 nH, C = 489.7 pF.

부하-Q에 대한 소자-Q의 영향(The Effect of Component-Q on Loaded-Q)

지금까지, 공진 회로에 사용되는 소자를 무손실로 가정했다. 따라서 부하-Q에 영향을 주지 않았다. 하지만, 이러한 경우는 실제로 없으므로, 개별 소자의 Q를 고려해야 한다. 무손실 공진 회로의 단자(terminal) 임피던스는 공진 주파수에서 무한대다. 하지만, 실제 회로에서는 소자의 손실 때문에, 공진 주파수에서 유한한 병렬 저항이 존재한다. 그림 2-14를 참조하라. 저항 R_p와 션트 리액턴스 X_p는 다음 식에 의해 변환될 수 있다.

$$R_p = (Q^2 + 1)R_s \qquad \text{식 2-7}$$

여기서

R_p = 등가 병렬 저항
R_s = 소자의 직렬 저항
$Q = Q_s = Q_p$ = 소자의 Q

그리고,

$$X_p = \frac{R_p}{Q_p} \qquad \text{식 2-8}$$

만약 소자의 Q가 10 이상이면,

$$R_p \approx Q^2 R_s \qquad \text{식 2-9}$$

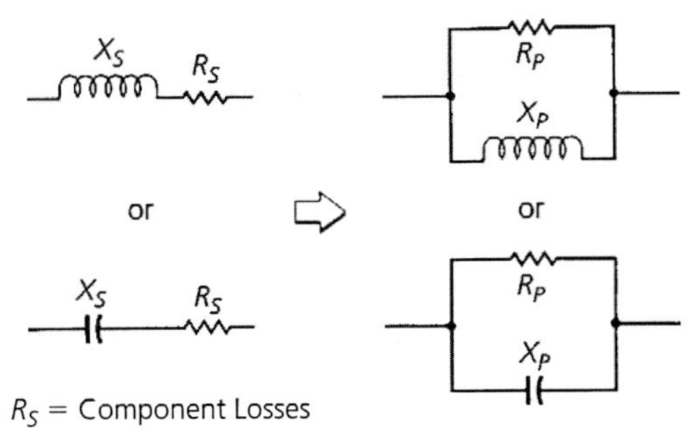

그림 2-14 직렬에서 병렬로의 임피던스 변환.

$$X_p \approx X_s \qquad \text{식 2-10}$$

소자의 리액턴스가 주파수 의존성이 있기 때문에, 위의 임피던스 변환은 한 주파수에서만 유효하다(예제 2-2 참조).

예제 2-2는 '높은 선택도'(협대역)를 갖는 공진 회로를 구성하려할 때, low(낮은)-Q를 갖는 소자를 사용하는 경우 일어날 수 있는 영향을 잘 보여주고 있다. low-Q 소자가 사용되면, 공진 회로의 등가 션트 저항값이 작아진다. 작은 저항값이 공진기에 션트로 연결되면 부하-Q가 작아져서 대역폭이 증가한다.

예제 2-2

그림 2-15의 50 nH 코일에 대해 100 MHz에서 소자 Q를 계산하고, 직렬 회로를 등가 병렬 인덕턴스와 저항 회로로 변환하라.

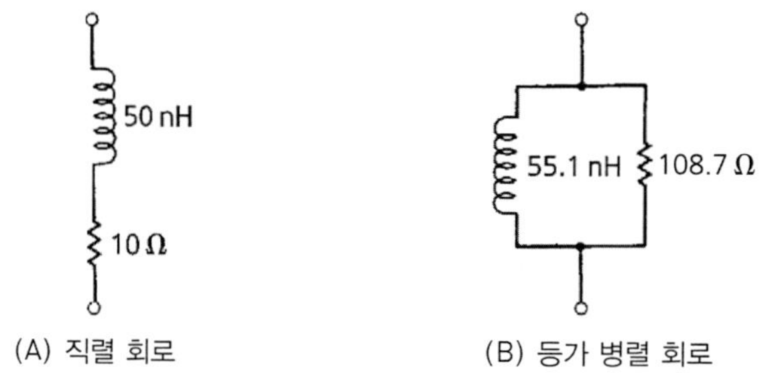

그림 2-15 직렬에서 병렬로의 임피던스 변환.

풀이

100 MHz에서 코일의 Q는 1장으로부터

$$\begin{aligned} Q &= \frac{X_s}{R_s} \\ &= \frac{2\pi(100 \times 10^6)(50 \times 10^{-9})}{10} \\ &= 3.14 \end{aligned}$$

Q가 10보다 작으므로 식 2-7을 사용하여 R_p를 구한다.

$$\begin{aligned} R_p &= (Q^2 + 1)R_s \\ &= [(3.14)^2 + 1]10 \\ &= 108.7\ \Omega \end{aligned}$$

다음으로 식 2-8을 이용하여 X_p를 구하면,

$$\begin{aligned} X_p &= \frac{R_p}{Q_p} \\ &= \frac{108.7}{3.14} \\ &= 34.62 \end{aligned}$$

따라서, 병렬 인덕턴스는,

$$L_p = \frac{X_p}{\omega} = \frac{34.62}{2\pi(100 \times 10^6)} = 55.1\ \text{nH}$$

이 값은 그림 2-15B의 등가 회로에 표시되어 있다.

대부분의 경우는 부하-Q를 계산할 때 인덕터의 Q만을 고려한다. 대부분의 커패시터 Q는 사용하려는 주파수 영역에서 매우 높기 때문에 일반적으로 무시한다. 하지만, 무시할 수 있는 조건이 충족되는지에 대해 확인할 필요는 있다.

삽입 손실(Insertion loss)

소자-Q는 삽입 손실에 직접적으로 영향을 준다. 인덕터와 커패시터가 이상적이어서 내부 저항 손실이 없다면, LC 공진 회로와 필터의 삽입 손실은 존재하지 않는다. 물론, 이런 경우는 없기 때문에 삽입 손실은 항상 존재한다. 공진 회로의 스펙에서 삽입 손실은 매우 중요한 파라미터다.

그림 2-16은 소스와 부하 사이에 공진 회로가 놓여 있을 때의 삽입 손실을 설명하고 있다. 그림 2-16A에서 소스는 부하에 직접적으로 연결되어 있다. 전압 분배 법칙을 사용하면,

$$V_1 = 0.5\,V_{in}$$

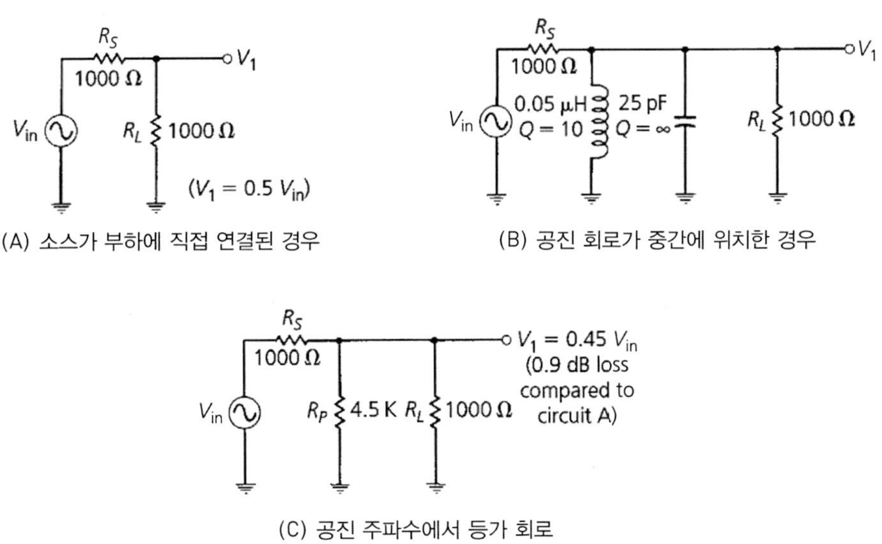

그림 2-16 삽입 손실에 대한 소자 Q의 영향.

그림 2-16B는 소스와 부하 사이에 공진 회로가 놓여 있다. 그림 2-16C는 공진 주파수에서 등가 회로이다. Q가 10인 인덕터를 사용하면, 공진 주파수에서 유효 션트 저항은 4500-Ω이 된다. 이 저항은 R_L에 결합되어 V_1이 직접 연결되는 그림 2-16A와 비교할 때, 0.9 dB의 전압 손실을 나타낸다.

0.9 dB의 삽입 손실은 작은 값처럼 보이지만, cascade(캐스케이드, 종속 결합)로 여러 개의 공진 회로가 연결되면 삽입 손실은 급격히 증가된다. 이에 관한 적당한 예제를 3장에서 다룰 것이다. 이제, 예제 2-3의 문제를 살펴보자.

예제 2-3

100 MHz 중심 주파수에서 3-dB 대역폭이 10 MHz인 병렬 공진 회로를 설계하라. 소스와 부하 임피던스는 1000-Ω이다. 커패시터는 무손실로 가정하고, 구현할 수 있는 인덕터의 Q는 85다. 회로의 삽입 손실은 얼마인가?

풀이

식 2-1로부터 요구되는 공진 회로의 부하-Q는 다음과 같다.

$$\begin{aligned} Q &= \frac{f_c}{f_2 - f_1} \\ &= \frac{100\ \text{MHz}}{10\ \text{MHz}} \\ &= 10 \end{aligned}$$

설계에 필요한 인덕터와 커패시터의 값을 구하기 위해, 공진 주파수에서 소자의 등가 션트 저항과 리액턴스를 알아야 한다. 식 2-8로부터

$$X_p = \frac{R_p}{Q_p}$$

여기서

X_p = 공진 주파수에서 인덕터와 커패시터의 리액턴스
R_p = 인덕터의 등가 션트 저항
Q_p = 인덕터의 Q

따라서,

$$R_p = (85)X_p \qquad \text{식 2-11}$$

공진 회로의 부하-Q는

$$\begin{aligned} Q &= \frac{R_{\text{total}}}{X_p} \\ 10 &= \frac{R_{\text{total}}}{X_p} \end{aligned}$$

여기서,

R_{total}은 션트 저항으로 $R_p||R_s||R_L$.
따라서,

$$10 = \frac{\frac{R_p(500)}{R_p + 500}}{X_p} \qquad \text{식 2-12}$$

지금 구하려는 X_p, R_p에 대해 두 방정식을 얻었다. 식 2-11을 식 2-12에 대입하고 X_p에 대해 풀면

$$X_p = 44.1\ \Omega$$

이 값을 식 2-11에 대입하면

$$R_p = 3.75\text{K}\Omega$$

따라서 구하려는 소자 값은

$$L = \frac{X_p}{\omega} = 70\,\text{nH}$$

$$C = \frac{1}{\omega X_p} = 36\,\text{pF}$$

최종적으로 설계한 회로는 그림 2-17과 같다.

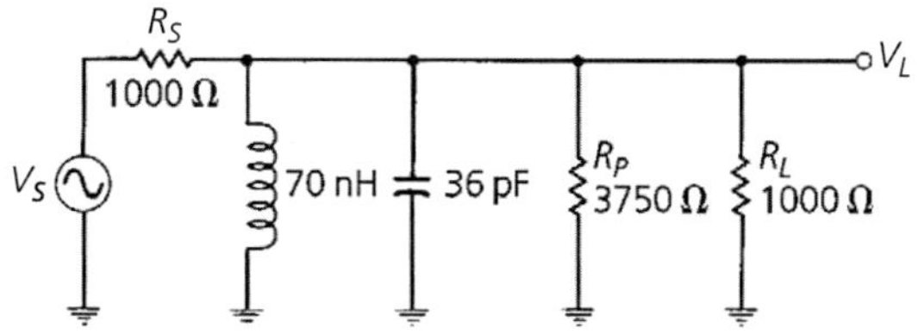

그림 2-17 예제 2-3에 대한 공진 회로 설계.

특정 주파수에서의 삽입 손실은 순차적으로 계산하면 된다. 전압 분배 법칙을 적용하여 부하에서의 전압을 계산할 수 있다. 저항 R_p가 저항 R_L에 병렬로 연결되므로 병렬 저항은 789.5-Ω이 된다. 따라서 V_L 전압은

$$V_L = \frac{789.5}{789.5 + 1000}(V_s)$$
$$= 0.44\,V_s$$

공진 회로가 없을 때 V_L 전압은 1000-Ω 부하에 대해 0.5였다. 따라서 삽입 손실은

$$\text{Insertion Loss} = 20\log_{10}\frac{0.44\,V_s}{0.5\,V_s}$$
$$= 1.1\ \text{dB}$$

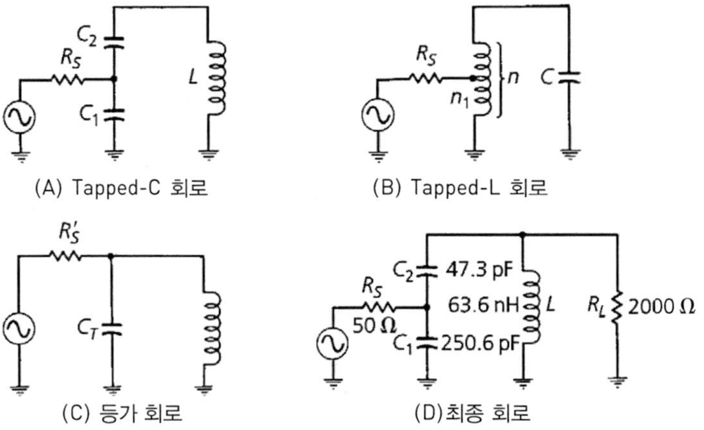

그림 2-18 임피던스 변환을 위한 두 가지 방법.

임피던스 변환(Impedance Transformation)

이전 절에서, 소스와 부하의 임피던스 값이 작으면, 공진 회로의 부하 효과가 커져서 부하-Q가 낮아지고 대역폭이 증가하게 됨을 보았다. 따라서 낮은 임피던스를 갖는 소스와 부하 사이에 사용할 수 있는 high-Q LC 공진 회로를(앞서 배운 이론만으로는) 설계하기가 어렵다. 앞에서 배운 이론만으로, 필요한 값을 구하더라도 너무 작거나 혹은 음수 인덕터 값이 나와 구현이 불가능한 경우도 있다.

이러한 설계 문제를 해결할 수 있는 한 가지 방법은 그림 2-18과 같이 임피던스 변환을 이용하는 것이다. 변환 회로는 공진 회로가 바라보는 소스와 부하 저항을 실제보다 크게 보이도록 하는 기능을 한다. 예를 들어, 실제로 50-Ω 임피던스(R_s)를 공진 회로에 500-Ω의 임피던스(R_s')로 보이도록 임피던스 변환을 하는 것이다. 결과적으로, 이러한 변환을 이용하면 공진 탱크의 Q와 선택도를 증가시킬 수 있다. 많은 경우, 이 방법을 이용하면 앞 절에서 배운 방법으로 불가능한 문제를, 실제 구현 가능한 코일이나 커패시터의 값으로 바꿀 수 있다.

각 임피던스 변환 설계 식을 설명하고자 한다. 이 식들은 10 이상의 부하-Q가 요구되는 설계에 유용하게 사용된다(예제 2-4 참조). 그림 2-18A의 tapped-C 변환은 다음 식을 사용한다.

$$R_s' = R_s\left(1 + \frac{C_1}{C_2}\right)^2 \qquad \text{식 2-13}$$

인덕터와 공진할 수 있는 등가 커패시턴스(C_T)는 C_1이 C_2와 직렬 연결된 것과 같다. 즉,

$$C_T = \frac{C_1 C_2}{C_1 + C_2} \qquad \text{식 2-14}$$

그림 2-18B의 tapped-L 회로는 다음 식을 사용한다.

$$R_s' = R_s \left(\frac{n}{n_1}\right)^2 \qquad \text{식 2-15}$$

예제 2-4

중심 주파수가 100 MHz이고 부하-Q가 20인 공진 회로를 설계하라. 소스와 부하는 각각 50-Ω과 2000-Ω이다. Tapped-C 방법을 이용하고 인덕터의 Q는 100 MHz에서 100을 가정하라.

풀이

최대 전력 전달을 위해, tapped-C 임피던스 변환을 이용하여 50-Ω의 소스 저항을 2000-Ω으로 끌어 올려 부하 저항에 매칭(matching, 정합)하고자 한다(임피던스 매칭에 관해 자세한 것은 4장에서 다룰 것이다). 따라서,

$$R_s' = 2000\ \Omega$$

식 2-13으로부터

$$\frac{C_1}{C_2} = \sqrt{\frac{R_s'}{R_s}} - 1$$
$$= 5.3$$

또는

$$C_1 = 5.3C_2 \qquad \text{식 2-16}$$

예제 2-3에서 계산한 것처럼, 인덕터는

$$Q_p = \frac{R_p}{X_p} = 100$$

따라서,

$$R_p = 100X_p \qquad \text{식 2-17}$$

공진기의 부하-Q는 다음과 같다.

$$Q = \frac{R_{total}}{X_p}$$

여기서,
R_{total} = 전체 션트 등가 저항,

$$= R_s' \| R_p \| R_L$$
$$= 1000 \| R_p$$

여기서, 2000-Ω인 R_s'과 R_L이 병렬로 연결되어 있다. 따라서 부하-Q는

$$Q = \frac{1000R_p}{(1000 + R_p)X_p} \qquad \text{식 2-18}$$

식 2-17과 원하는 부하-Q 값을 식 2-18에 대입하고 X_p에 대해 풀면

$$X_p = 40\ \Omega$$

이 결과를 식 2-17에 대입하면

$$R_p = 4000\ \Omega$$

인덕터와 커패시터는

$$\begin{aligned} L &= \frac{X_p}{\omega} \\ &= 63.6\ \text{nH} \\ C_T &= \frac{1}{X_p \omega} \\ &= 39.78\ \text{pF} \end{aligned}$$

이제 인덕터와 공진을 할 수 있는 전체 커패시턴스을 구해야 한다. 식 2-16으로부터 C_1은 C_2의 5.31이다. 따라서 식 2-16을 식 2-14에 대입하고 식을 동시에 풀면

$$C_2 = 47.3\ \text{pF}$$

$$C_1 = 250.6\ \text{pF}$$

최종 회로는 그림 2-18D와 같다.

연습으로 임피던스 변환기를 사용하지 않고 예제 2-4를 설계해 보면, 인덕터의 값이 너무 작은 값이 나와 물리적으로 조정이 매우 어려운 값을 얻게 된다.

공진 회로의 결합(Coupling of Resonant Circuits)

급격한 통과대역 스커트 특성과 작은 shape factor가 요구되는 설계에 대해, 단일 공진 회로로는 이러한 스펙을 충족시키기가 어렵다. 이러한 경우, 개별 공진 회로들을 결합하면 개별 공진기로 얻을 수 있는 감쇠보다 더 큰 감쇠를 얻을 수 있다. 결합 방법은 매우 다양하기 때문에, 일반적으로 각 설계 응용에 맞게 선택한다. 결합의 종류에 따라 공진 회로의 특성이 달라진다. 일반적인 결합 형태는 다음과 같다: 용량성(capacitive), 유도성(inductive), 상호 변환기(transformer), 트랜지스터 능동(active).

용량성 결합(Capacitive Coupling)

두 개 혹은 그 이상의 공진 회로를 결합하는 방법으로 가장 흔히 사용하는 것은 용량성 결합이다. 용량성 결합은 구조가 간단하고 가격도 상대적으로 저렴하다. 그림 2-19는 두 개의 공진 회로를 용량성으로 결합한 필터의 회로이다.

각 공진기를 결합하는 커패시터의 값에 따라 특성이 달라진다. 그림 2-20은 결합량에 따른 특성을 보여주고 있다. 그림 2-19의 커패시터 C_{12}가 매우 크면 결합이 커지고(over-coupling),

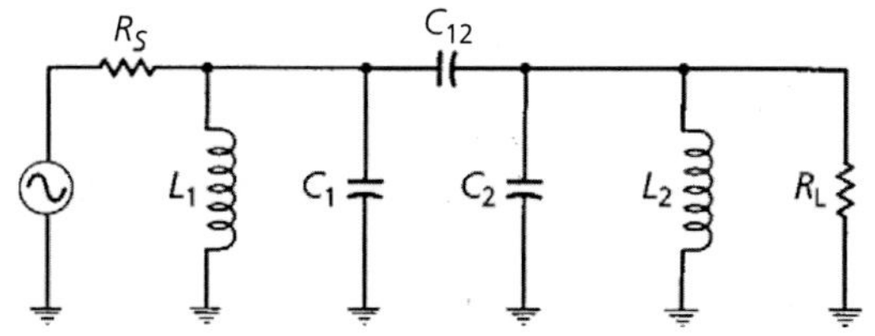

그림 2-19 용량성 결합.

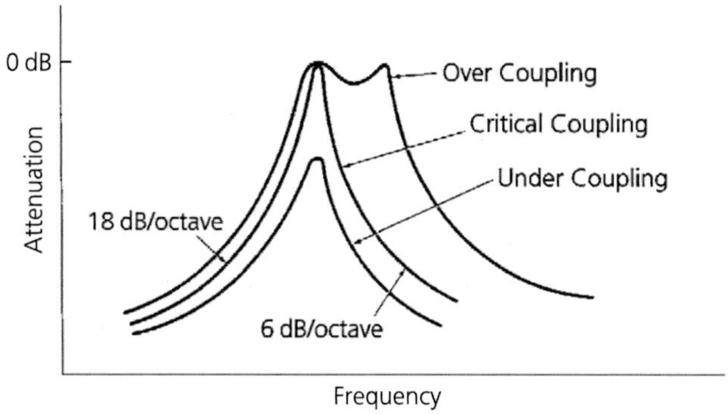

그림 2-20 용량 결합의 결합량을 조정할 때의 통과대역 응답 특성.

필터의 통과대역 내에 두 개의 공진이 존재하여 주파수 응답이 매우 넓어진다. 커패시터 C_{12}가 너무 작으면(under-coupling), 공진기에서 다른 공진기로 신호의 전달이 충분하지 않고 삽입 손실이 증가하여 신호 크기가 매우 작아진다. 두 극단적인 경우의 절충으로, 임계 결합(critical coupling)이 되면 적당한 대역폭과 최소 삽입 손실을 나타내어, 결과적으로 최대 신호 전달이 일어난다. over-coupling과 under-coupling을 설계에서 유용하게 사용되는 예도 있다. 예를 들어, 임계 결합으로는 만족할 수 없는 특정 주파수에서 응답을 조정할 때 사용되기도 한다. 하지만 이러한 경우에는 결합 공진기의 개수를 늘려서 해결을 하는 것이 일반적이다. 여러 개의 공진기를 결합하는 필터는 3장에서 다루기로 한다. 여기에서는 공진 회로 설계에 관련된 임계 결합에만 다루기로 한다.

두 공진기가 임계 결합되었을 때, 부하-Q는 대략 각 공진기의 부하-Q의 0.707배가 된다. 따라서 두 공진기 회로의 3-dB 대역폭은 단일 공진기의 대역폭보다 넓어진다. 이것은 지금까지 공부한 것과 상반되는 것처럼 보이지만, 두 공진기를 수동으로 결합하는 목적은 협대역 3-dB 대역폭을 구현하는 것이 아니라, 저지(stop)대역의 스커트의 기울기를 더 급하게 하여 ultimate(최종) 감쇠를 단일 공진기보다 더 크게 하려는 것임을 유의하라. 그림 2-21은 이에 관한 특성을 보여준다. 두 공진기 필터의 shape factor는 감소한다. 직관적으로 생각해 보면, 각 공진기는 서로 다른 공진기에 부하로 작용하여 부하-Q가 작아진다. 하지만, 통과대역에서 멀어져서 저지대역에 이르면, 두 공진기가 결합하여 훨씬 빠르게 주파수 응답이 감소하는 것이다.

동일한 두 개의 공진 회로의 결합에 사용되는 커패시터 값은 다음과 같다.

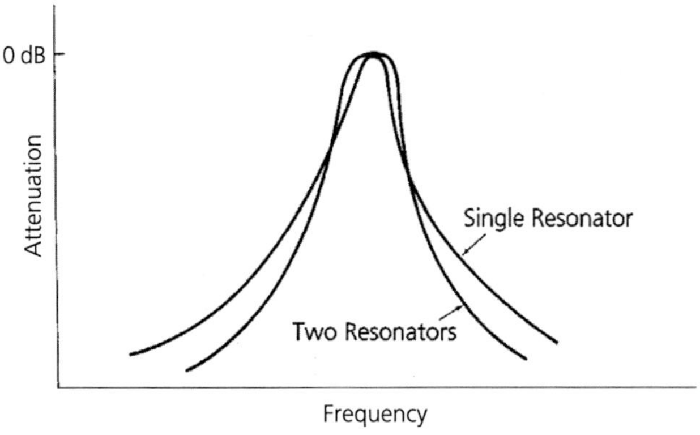

그림 2-21 단일 공진기와 두 개의 공진기를 이용한 필터의 선택도 비교.

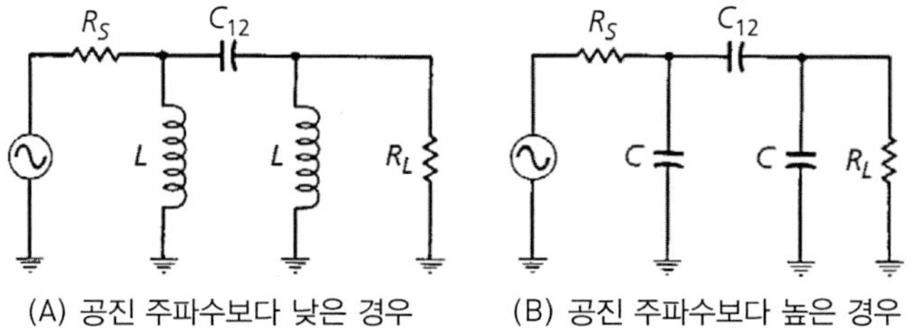

그림 2-22 용량성으로 결합된 공진 회로의 등가 회로.

$$C_{12} = \frac{C}{Q} \qquad \text{식 2-19}$$

여기서

C_{12} = 결합 커패시터

C = 공진 회로의 커패시터

Q = 단일 공진기의 부하 Q

그림 2-20을 살펴보면, 용량성 결합 공진 회로의 다른 중요한 특성을 알 수 있다. 임계 결합된 경우라도 주파수 응답 곡선은 중심 주파수에 대해 대칭적이지 않고 한쪽으로 다소 치우쳐 있음에 유의하라. 낮은 주파수에서는 18-dB/octave로 감소되는 반면, 높은 쪽에서는 6-dB/octave로 감소된다. 공진보다 높은 주파수와 낮은 주파수에서 등가 회로를 살펴보면 원인을 설명할 수 있다. 공진보다 낮은 곳에서는 그림 2-22A의 등가 회로가 된다. 낮은 주파수 대역에서는 두 개의 공진 커패시터(그림 2-19)의 리액턴스는 상대적으로 두 인덕터의 리액턴스보다 커서, 인덕터만 션트로 보이고 커패시터는 무시된다. 따라서 3개의 리액티브 소자만 남게 된다. 각 소자는 6-dB/octave의 주파수 응답 특성을 나타낸다.

공진 주파수보다 높은 주파수 대역에서 등가 회로는 그림 2-22B와 같이 된다. 이 주파수 대역에서는 인덕터 리액턴스가 용량성 리액턴스보다 크기 때문에, 인덕터(유도성) 리액턴스는 무시되고 용량성 리액턴스만 션트로 연결된다. 따라서 3개의 커패시터가 배열되는데,

이는 단일 션트 커패시터로 실제 동작하여 6-dB/octave의 기울기를 나타낸다[†].

유도성 결합(Inductive Coupling)

그림 2-23은 두 종류의 유도성 결합 공진 회로를 보여주고 있다. 그림 2-23A의 첫 번째 방식은 직렬 인덕터나 코일을 이용하여 첫 번째 공진기에서 옆의 공진기로 에너지를 전달한다. 그림 2-23B의 두 번째 방식은 트랜스포머(transformer, 임피던스 변환기)를 이용하는 방식이다. 두 경우 모두 주파수 응답 곡선은 결합량에 따라 그림 2-24와 같이 된다. 그림 2-24A와 그림 2-20을 비교해 보면, 거울의 이미지처럼 보인다. 유도성으로 결합된 공진기의 주파수 응답이 높은 주파수 쪽의 스펙트럼 쪽으로 치우쳐 있는 반면, 용량성으로 결합된 공진 회로는 낮은 쪽으로 치우쳐 있다. 그 이유는 등가 회로를 살펴보면 알 수 있다. 그림 2-25A는 공진 주파수 이하에서 커패시터의 리액턴스가 션트 인덕터의 리액턴스보다 훨씬 크기 때문에 등가 회로에서 생략된다. 따라서 실질적으로 3개의 인덕터만 남게 되어 단일 tapped 인덕터로 동작하여 6-dB/octave의 롤오프(roll-off) 특성을 갖는다. 공진 주파수보다 높은 대역에서 이번에는 인덕터가 무시되어, 실질적 회로는 그림 2-25B와 같이 된다. 등가 회로에서 3개의 유효한 소자만 남게 되고 주파수 응답으로 각각 6-dB/octave을 갖게 되므로 총 18-dB/octave가 된다.

유도성 결합과 용량성 결합 공진 회로가 서로 미러 이미지(mirror-image, 경상-鏡像) 특성을 갖는 것은 매우 유용하다. 특히, 대칭적인 주파수 응답을 요구하는 응용에서는 유용하게 이용된다. 예를 들어, 용량성 결합 설계가 적용하려는 응용에 한쪽으로 치우치는 특성을 나타내면, 이를 해결하는 간단한 방법으로 'top-L' 결합을 기존 회로에 덧붙여 해결할 수 있다.

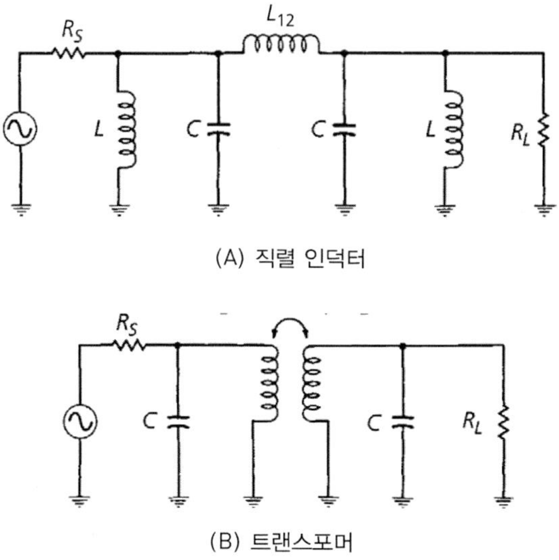

그림 2-23 유도성 결합.

[†] 역주: 2개의 션트 커패시터는 저역 통과 형태고, 결합 C_{12}는 고역 통과 형태로 서로 상쇄되어 최종적으로 단일 커패시터로 구성된 회로와 유사하게 된다.

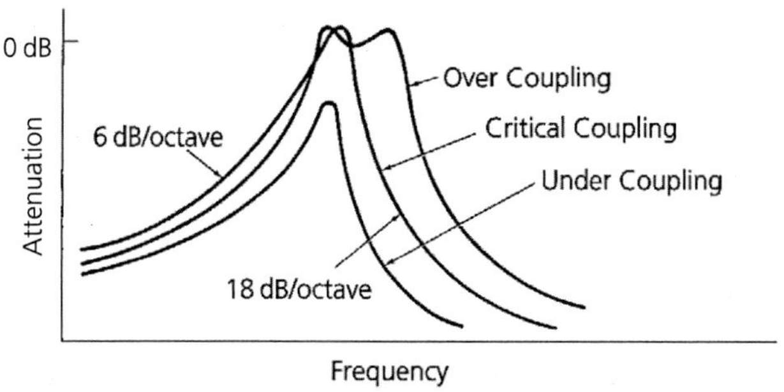

(A) 유도성 결합

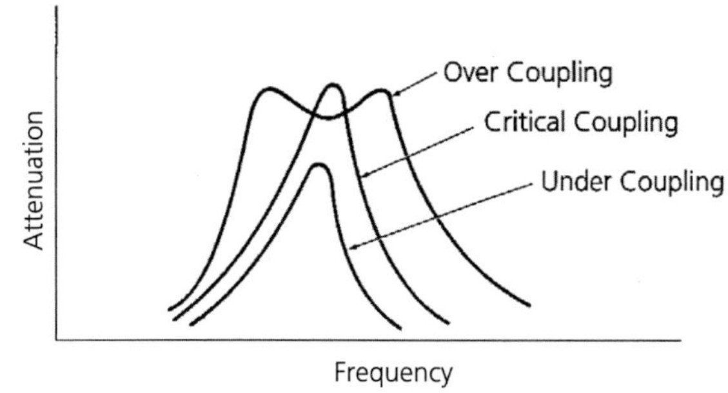

(B) 트랜스포머 결합

그림 2-24 용량성 결합량에 따른 통과대역의 주파수 응답.

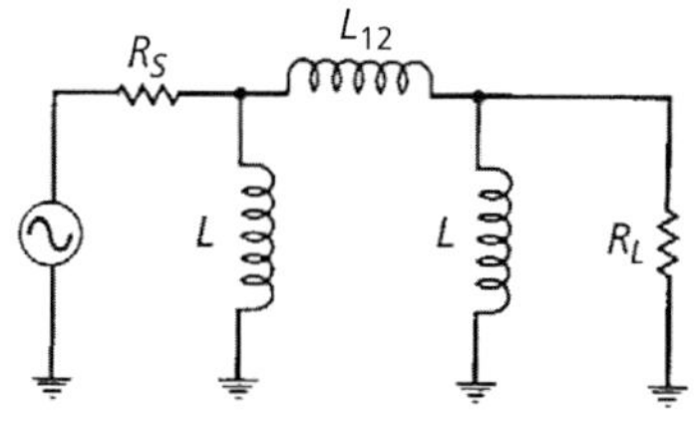

(A) 공진 주파수보다 낮은 경우

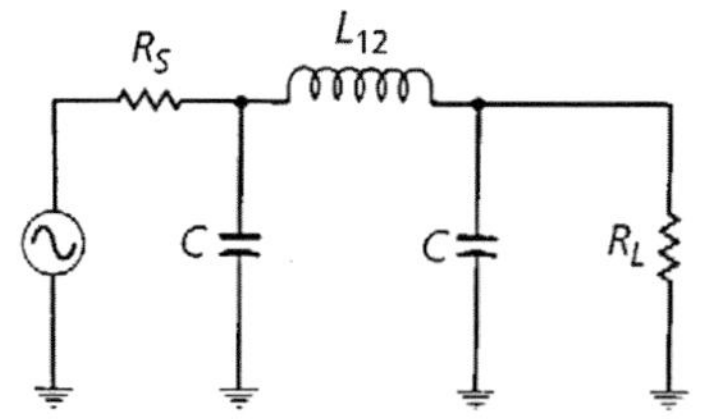

(B) 공진 주파수보다 높은 경우

그림 2-25 유도성 결합 공진 회로의 등가 회로.

top-L 결합은 다른 방향으로 주파수 응답이 치우치는 결과를 나타내므로, 결과적으로 용량성 결합에 의한 치우치는 주파수 응답을 보상하게 된다. 즉, 최종적으로 훨씬 대칭적인 주파수 응답을 얻을 수 있다.

동일한 공진 회로를 결합하기 위한 인덕터의 값은 다음과 같다.

$$L_{12} = QL \qquad \text{식 2-20}$$

여기서
L_{12} = 결합 인덕터의 인덕턴스,
Q = 단일 공진기의 부하 Q,
L = 공진 회로 인덕턴스.

식 2-19와 식 2-20을 계산해 보면, 흥미로운 점을 발견할 수 있다. 동일한 Q와 공진 주파수에서 식 2-19로 계산한 C_{12}의 리액턴스 값은 식 2-20으로 계산한 L_{12}의 리액턴스와 같다. 설계자는 'top-C' 로 결합된 공진기를 공진 주파수에서 동일한 리액턴스를 갖는 'top-L' 설계로 간단히 바꿀 수 있다. top-C를 top-L로 바꾸면 설계의 결합 Q 공진 주파수는 그대로 유지되는 반면, 저지대역의 스커트 기울기 특성은 다른 쪽으로 옮겨가게 된다. top-L 설계는 통과대역의 위쪽에서 ultimate 감쇠가 주 목적인 경우에 매우 적합한 구조다. 이와 비슷하게 top-C 설계는 통과대역 아래쪽에서 ultimate 감쇠를 만족시켜야 하는 경우에 적합하다.

트랜스포머 결합을 정확한 설계에 적용하기가 쉽지 않다. 그 이유는 결합량에 영향을 주는 것이 너무나 많기 때문이다. 코일의 구조, 코일 간 간격, 코어의 재료, 차폐(shielding) 등이 설계에 요구되는 결합량에 큰 영향을 준다.

트랜스포머 설계는 trial-and-error(시행착오)식으로 일반적으로 설계한다. 하지만, 시행착오적인 방법에서도 시행하는 순서를 일관되게 유지하는 것이 좋다. 예를 들어, B점 튜닝이 가장 중요한 성능 개선 포인트인데, A점에서 B점까지 튜닝했던 사실을 잊어버리고 임의로 튜닝하려 한다면, 늘 고생만 하게 된다. 다음 사항을 기억하라.

1. 주 코일과 2차 코일 간의 간격을 좁히면 결합이 증가한다.
2. 자기 경로(magnetic path) 재질의 투자율을 높이면 결합이 증가된다.
3. 트랜스포머를 차폐하면 부하-Q가 낮아져 결합이 증가 되는 효과를 갖는다.

설계 초기에, 각 공진기의 부하-Q를 실제 설계에서 필요할 것의 두 배 정도로 정하고 시작하라. 다음으로 주 코일과 2차 코일의 간격을 조금씩 줄이면서, 주파수 응답이 실제로 요구되는 부하-Q가 되도록 한다. 만일 주파수 응답이 스펙을 만족하지 않으면, 코일 권선 구조나 자기 경로(magnetic path)의 투자율을 변화시킨 후에 다시 간격을 조정한다. 스펙 만족할 때까지 이 과정을 반복적으로 수행한다. 이 설계 방법은 정확하지는 않지만, 과정을 문서화한다면 재연성이 있다.

상업적으로 구매할 수 있는 스펙을 만족하는 트랜스포머는 매우 많다. 따라서 trial-and-error 방법을 수행하기 전에 조금이라도(문헌 조사) 연구를 수행하면 시간과 돈을 절약할 수 있을지도 모른다.

능동 결합(Active Coupling)

능동 결합을 통해 공진 회로를 종속적(cascade)으로 결합하면, 매우 좁은 3-dB 대역폭을

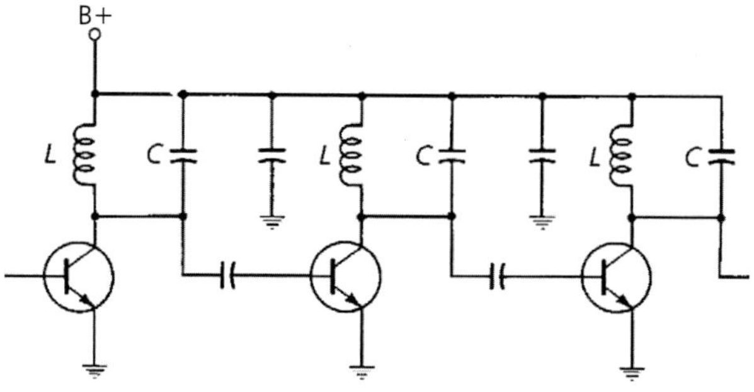

그림 2-26 능동 결합.

구현할 수 있다. 그림 2-26은 능동 결합의 예로, 이론적으로는 신호가 한 방향으로 흐르는 트랜지스터를 이용하여 능동 결합을 한다. 각 동조 회로(tuned circuit)가 동일하고 각기 동일한 부하-Q를 갖는다면, 종속 회로의 전체 부하-Q는 다음과 같이 근사할 수 있다.

$$Q_{\text{total}} = \frac{Q}{\sqrt{2^{1/n} - 1}} \qquad \text{식 2-21}$$

여기서

Q_{total} = 종속 회로의 전체 Q

Q = 개별 공진 회로의 Q

n = 공진 회로의 개수

먼저, 요구되는 회로의 Q_{total}와 개별 공진기의 부하-Q와의 관계를 계산하는 것으로 설계를 시작한다. 이 과정은 Q에 대해 식 2-21을 정리하면 된다. 예를 들어, 공진기를 4개를 사용하는 경우(n = 4), 종속 회로의 Q_{total}이 50이 되어야 한다면, 식 2-21에 의하면 개별 공진기의 Q는 약 22가 되면 된다. 매우 간단하고 구현 가능한 설계이다.

수동 결합에 비하면 능동 결합은 구현 비용이 더 든다. 하지만, 수동 결합으로는 구현할 수 없는 부하-Q가 요구되는 응용 분야에 유용하게 적용할 수 있다. 예제 2-5는 공진 회로에 관해 몇 가지 중요한 사항을 설명하고 있다.

예제 2-5

다음의 스펙을 만족할 수 있도록 두 공진 회로를 top-L로 결합한 형태의 필터를 설계하라.

1. 중심 주파수 = 75 MHz,
2. 3-dB 대역폭 = 3.75 MHz,
3. 소스 저항 = 100-Ω
4. 부하 저항 = 1000-Ω

관심 주파수에서 가용할 수 있는 인덕터의 부하-Q는 85로 가정하라. 마지막으로, tapped-C 변환 회로를 이용하여, 필터에 변환된 소스 저항(R_s')가 1000-Ω이 보이도록 구성하라.

풀이

이 설계 문제의 풀이는 어려운 것은 아니지만, 여러 번 계산을 해야 하기 때문에 계산 도중에 목표를 잊어버릴 수 있다. 따라서 각 계산에 대한 충분한 설명을 곁들여 순서대로 풀이를 하고자 한다.

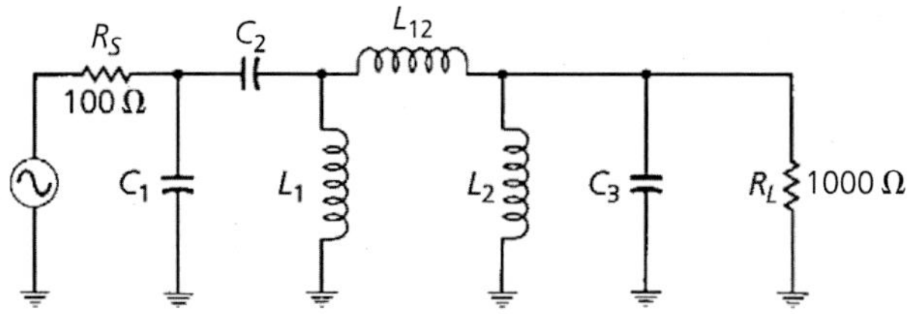

그림 2-27 예제 2-5에 대한 회로.

그림 2-27은 설계하려는 회로다. 몇 가지 정의로부터 시작하자.

Q_{total} = 전체 회로의 부하 Q
Q_p = 인덕터의 Q
Q_R = 각 공진기의 부하 Q

앞서 살펴본 결합량과 대역폭과의 관계로부터,

$$Q_R = \frac{Q_{total}}{0.707}$$

그리고

$$\begin{aligned} Q_{total} &= \frac{f_c}{B} \\ &= \frac{75\,\text{MHz}}{3.75\,\text{MHz}} \\ &= 20 \end{aligned}$$

따라서,

$$\begin{aligned} Q_R &= \frac{20}{0.707} \\ &= 28.3 \end{aligned}$$

전체 부하-Q가 20이 되기 위해, 각 공진기의 부하-Q는 28.3이 되어야 한다. 인덕터는

$$\begin{aligned} Q_p &= \frac{R_p}{X_p} \\ &= 85 \end{aligned}$$

또는

$$R_p = 85\,X_p \qquad \text{식 2-22}$$

각 공진 회로의 부하-Q는

$$Q_R = \frac{R_{\text{total}}}{X_p} \qquad \text{식 2-23}$$

여기서

R_{total} = 각 공진기에 대한 전체 등가 션트 저항, 두 회로가 동일하기 때문에,

$$R_{\text{total}} = R_s' || R_p$$
$$= R_L || R_p$$

예제 시작 전에 각 공진 회로는 0.707 계수를 통해 다른 공진기에 대한 부하 효과가 있음에 대해 배웠다.

$$R_{\text{total}} = \frac{R_s' R_p}{R_s' + R_p}$$

식 2-23에 대입하면

$$Q_R = \frac{R_s' R_p}{(R_s' + R_p) X_p}$$

그리고

$$X_p = \frac{R_s' R_p}{(R_s' + R_\text{p}) Q_R}$$
$$= \frac{1000 R_p}{(1000 + R_p) 28.3} \qquad \text{식 2-24}$$

이제 식 2-22를 식 2-24에 대입하고 X_p에 대해 풀면

$$X_p = \frac{(1000)(85 X_p)}{(1000 + 85 X_p) 28.3}$$
$$= 23.57\ \Omega$$

그리고

$$R_p = 85 X_p$$
$$= 2003\ \Omega$$

소자 값을 구해보면

$$L_1 = L_2 = \frac{X_p}{\omega}$$
$$= 50\ \text{nH}$$

그리고

$$C_s = \frac{1}{\omega X_p}$$
$$90\ \text{pF}$$

이제, tapped-C 트랜스포머와 결합 인덕터를 설계해야 한다. 식 2-12로부터

$$R_s' = R_s \left(1 + \frac{C_1}{C_2}\right)^2$$

또는

$$\frac{C_1}{C_2} = \sqrt{\frac{R'_s}{R_s}} - 1$$
$$= 2.16$$

그리고

$$C_1 = 2.16C_2 \qquad \text{식 2-25}$$

인덕터와 원하는 공진을 하기 위해 90 pF의 커패시턴스가 필요하다. 전체 커패시턴스는

$$C_{total} = \frac{C_1 C_2}{C_1 + C_2} \qquad \text{식 2-26}$$

식 2-25를 식 2-26에 대입하고, C_{total}이 90 pF가 되도록 하면

$$90\,\text{pF} = \frac{2.16C_2^2}{3.16C_2}$$

따라서,

$$C_2 = 132\text{ pF}$$
$$C_1 = 285\text{ pF}$$

식 2-20으로부터 결합 인덕턴스를 풀면

$$L_{12} = Q_R L$$
$$= (28.3)(50\text{ nH})$$
$$= 1.415\ \mu\text{H}$$

이제 설계가 완성되었다. tapped-C 트랜스포머를 사용하면 얻을 수 있는 또 다른 잇점이 있다. 즉, 트랜스포머의 기능 이외에 소스와 부하 사이에 DC 블록(block)을 제공한다.

요약(Summary)

이번 장에서는 공진 회로 기능과 원하는 부하-Q를 갖는 공진 회로 설계 방법을 배웠다. 3장에서는 다양한 형태의 필터에 관해 다룬다(저역 통과(low-pas), 고역 통과(high-pass), 대역 통과 필터).

CHAPTER 3

필터 설계
Filter Design

필터는 장비나 통신 산업에서 매우 흔하게 사용되기 부품이기 때문에, 거의 모든 RF 회로 설계 관련 서적에서 간략하게라도 다루고 있다. 필터 설계 기술은 한 권의 책으로 다루 정도로 내용이 방대하기 때문에 이번 장(chapter)에서 필터의 모든 면을 다루는 것은 불가능하다. 하지만, 이번 장을 통해 여러분은 가장 흔하게 사용되는 4가지 형태의 필터의 특성과 친숙하게 되고, 사양을 만족하는 범용 필터를 빠르고 쉽게 설계할 수 있을 것이다.

여기서는 Butterworth(버터워스), Chebyshev(체비세프), Bessel 필터의 저역 통과(low-pass), 고역 통과(high-pass), 대역 통과(bandpass), 대역 저지(bandsop) 형태를 다룬다. 각 타입의 감쇠 특성의 이용 방법을 배울 것이다. 마지막으로, 원하는 스펙을 만족하는 설계를 테이블에서 선택하는 방법으로, 여러분은 아주 유용한 몇 종류의 필터를 5분 내로 빠르게 설계하는 방법을 배울 것이다.

배경 지식(Background)

2장에서 공진의 개념과 공진 회로의 소자 값이 변화되었을 때 공진 회로에 어떤 영향을 주는지를 살펴보았다. 이제, 여러분은 수동 공진 회로 해석에 어느 정도 익숙하여 부하-Q · 삽입 손실 · 대역폭과 같은 물리량을 구할 수 있을 것이다. 또한, 단일 또는 두 개의 공진 회로를 이용하여 원하는 부하-Q를 설계할 수 있을 것이다(또는 적어도 구현될 수 없는 이유를 알 것이다). 하지만, 2장에서 배운 간단한 대역 통과 필터로는 구현되지 않는 많은 필터 응용 들이 있다. 어떤 주파수 대역은 통과하고 그 이상이나 이하는 제거하는 대역 통과 필터 대신, 특정 주파수 대역은 저지하고 나머지는 통과하는 경우도 있다. 이러한 필터를 대역 저지 필터(bandstop filter)라고 부른다. 다른 필터 스펙으로 low-pass(저역 통과)와 high-pass(고역 통과) 응답도 있다. 그림 3-1은 필터의 주파수 응답 곡선을 나타내고 있다. LPF(low-pass filter, 저역 통과 필터)는 정해진 차단 주파수(cutoff frequency) 이하의 모든 신호는 통과시키고 차단 이상의 주파수 성분은 감쇠시킨다. HPF(high-pass filter, 고역 통과 필터)의 응답은

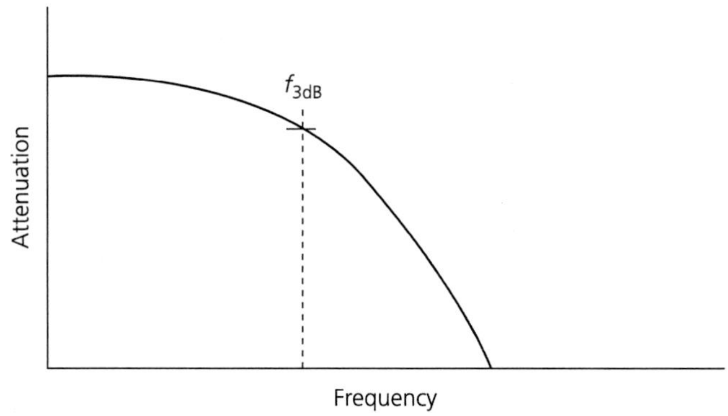

(A) 저역 통과(low-pass)

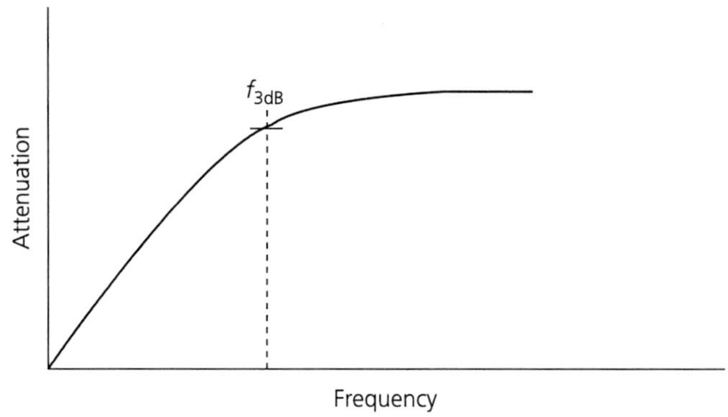

(B) 고역 통과(high-pass)

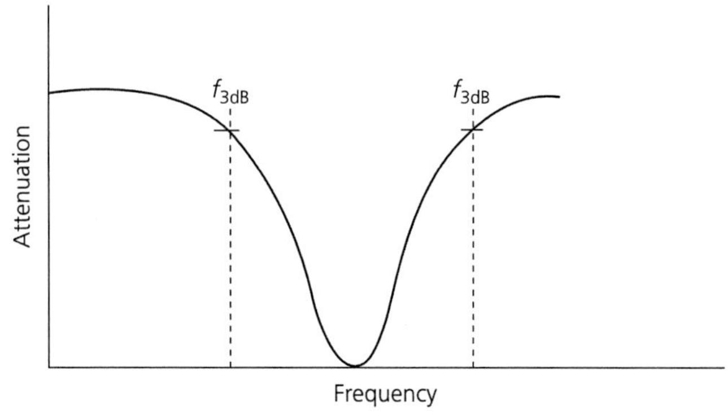

(C) 대역 통과(bandpass)

그림 3-1 전형적인 필터 주파수 응답 곡선.

LPF 응답의 mirror-image(거울 이미지)로, 차단 주파수 이하의 신호는 감쇠시키고 차단 이상은 통과시킨다. 이러한 종류의 응답은 2장의 두 개의 공진 대역 통과 설계로는 간단하게 구현될 수 없다.

이번 장에서는 LPF를 기본형(prototype, 종마-workhorse)으로 사용하여, 다른 종류의

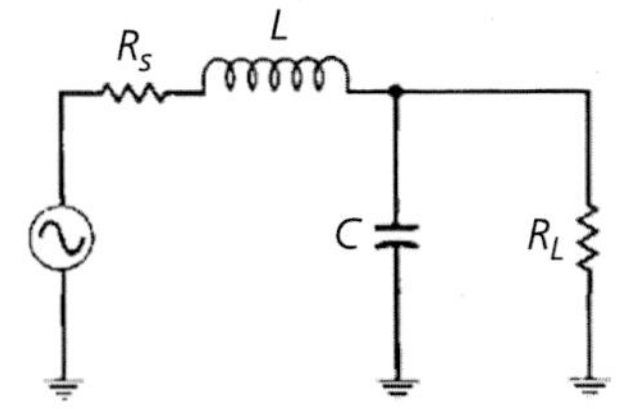

그림 3-2 간단한 LPF(low-pass filter, 저역 통과 필터).

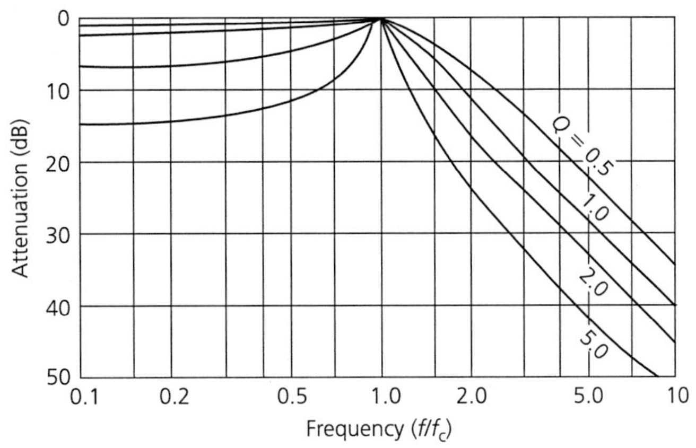

그림 3-3 일반적인 쌍극(two-pole) 필터 응답 곡선.

필터 응답을 LPF로부터 유도할 것이다. 먼저, 간단한 LPF와 그 특성을 간략히 살펴보자. 그림 3-2는 쌍극(two-pole) 또는 2차(second-order) LPF다. 필터의 차수는 저지대역에서 감쇠 곡선의 기울기로 결정된다. 2차 필터의 rolloff[†]는 주파수의 제곱 또는 12 dB/octave[‡]다. 3차 필터의 rolloff는 주파수의 3제곱 또는 octave당 18 dB가 된다. 따라서 필터의 차수는 통과 대역에서 벗어났을 때 나타나는 주요 리액티브 소자의 개수와 같다.

그림 3-2회로는 2장의 방식으로 해석할 수 있다. 예를 들어, 응답에 대한 부하-Q의 영향은 그림 3-3과 같다. 흥미롭게도, 이런 구조의 회로는 응답에서 피크가 존재할 수 있다. 어떤 주파수에서 인덕터와 커패시터가 공진을 일으켜서 부하-Q가 충분히 커지면 피크가 일어난다. 공진 주파수는 다음 식으로 결정된다.

$$F_r = \frac{1}{2\pi\sqrt{LC}} \quad \text{식 3-1}$$

하지만 부하-Q가 낮은 경우에는 피크 응답은 일어나지 않는다.

필터 부하-Q는 직렬과 병렬 소자의 개별-Q들에 따라 달라진다. 여기서 이상적인 소자로 가정하면,

[†] 역주: rolloff는 감쇠 곡선의 하향 기울기를 의미한다.

[‡] 역주: 12 dB/oct는 주파수가 octave 즉 2배가 되는 지점에서 12 dB 감쇠를 의미하는 것으로 20 dB/dec와 같다.

$$Q_1 = \frac{X_L}{R_s} \qquad \text{식 3-2}$$

그리고

$$Q_2 = \frac{R_L}{X_c} \qquad \text{식 3-3}$$

전체 Q는

$$Q_{\text{total}} = \frac{Q_1 Q_2}{Q_1 + Q_2} \qquad \text{식 3-4}$$

만일, 회로의 전체-Q가 0.5보다 큰 경우, 소스에서 부하로 최대의 전력 전달을 위해 Q_1과 Q_2가 같아야 한다. 이때, 피크 주파수에서 응답은 0-dB 삽입 손실이 된다. 만일, 회로의 전체-Q가 0.5보다 작으면, 응답에 피크가 없고, 최적의 전력 전달을 위해 R_s가 R_L보다 커야 한다. 필터 응답 피킹(peaking)을 일반적으로 (2장에서 정의한) 리플(ripple)이라 부르고 응용에 따라 필터의 리플 특성은 다르다. 그림에서 보듯, 두 소자로 구성된 필터는 단 하나의 응답 피크가 통과대역의 모서리(edge)에 나타난다.

통과대역 내에서 피크의 개수는 다음과 같이 필터의 구성 소자의 개수와 관련이 있다.

$$\text{피크의 개수} = N - 1$$

여기서

N = 소자의 개수.

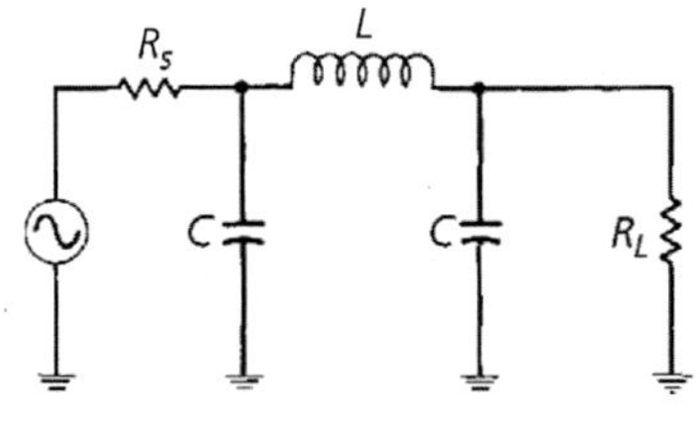

그림 3-4 3개의 소자로 구성된 LPF.

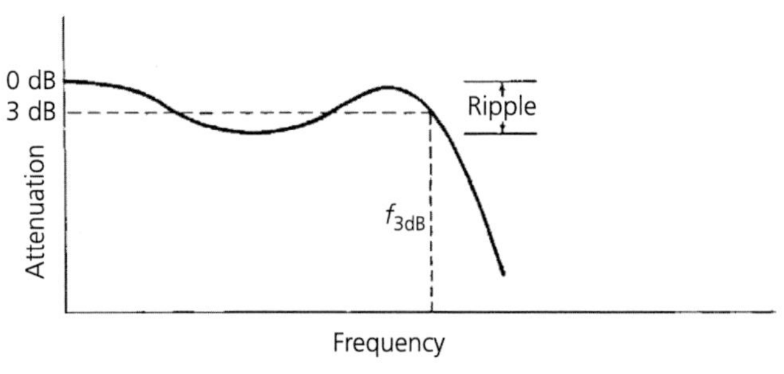

그림 3-5 3개의 소자로 구성된 LPF의 일반적인 응답 특성.

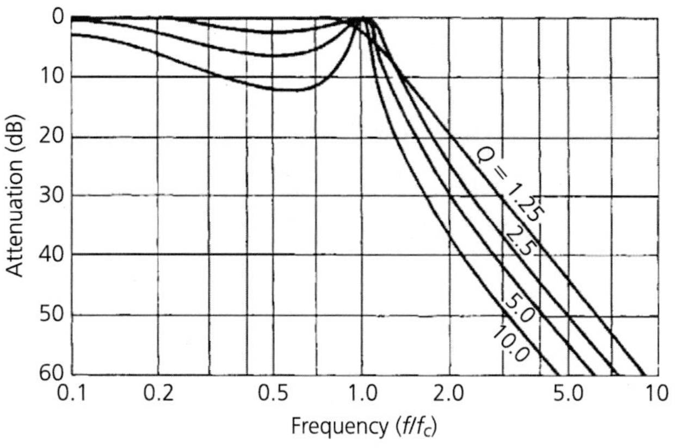

그림 3-6 3개의 소자로 구성된 LPF의 부하-Q에 대한 주파수 응답 곡선.

따라서 그림 3-4의 3개 소자로 구성된 LPF는 그림 3-5에서 보듯 두 개의 피크를 갖는다. 이것은 부하-Q가 1보다 클 때만 성립한다. 그림 3-6은 그림 3-4의 회로에서 부하-Q 값에 대한 일반적인 응답 곡선이다. 모든 기수 차수(odd-order)의 회로는 DC와 통과대역의 윗쪽 모서리(upper edge)에서 응답이 0 dB가 되고, 두 주파수 사이에서 리플을 갖는다. 모든 우수 차수(even-order) 회로는 DC에서 삽입 손실이 통과대역 리플 동일하다. 하지만, 기억해야 하는 것은 두 회로망에서 부하 Q가 낮으면 통과대역 리플이 거의 없거나 나타나지 않는다는 점이다. 그림 3-3과 3-6으로부터 알 수 있듯이, 통과대역 리플은 대역폭과 상충한다. 즉, 허용 리플을 작게 하면 대역폭은 넓어져서 선택도가 나빠진다. 통과대역에서 최적의 평탄도(flatness)는 3개의 소자로 구성된 회로의 부하-Q가 1이 될 때 나타난다. 부하-Q가 1보다 작으면, 통과대역(특히 저주파)에서 rolloff가 평탄해진다. 즉 선택도가 나빠지면서 또한 통과대역 내의 삽입 손실도 증가한다. 작은 신호가 입력으로 인가되는 경우에 신호 감쇠가 매우 나쁜 영향을 줄 수 있다.

이제, 대표적인 두 종류의 LPF에 대한 주파수 응답을 먼저 간단히 살펴보고, 일반적인 필터에 대해 살펴보자.

1. 동일한 차수의 high-Q 필터는 low-Q 필터에 비해 저지대역에서 초기 기울기가 더 크다. 즉, 저지대역의 특정 주파수에서 감쇠는 high-Q 필터가 low-Q 필터보다 더 크다. 하지만, 이러한 성능 개선에 대한 대가로 통과대역 리플이 증가한다.
2. Low-Q 필터의 통과대역 내 응답은 더 평탄하지만, 대역 모서리에서 초기 감쇠 기울기는 더 작다. 즉, 통과대역 리플이 감소한 대신 초기 저지대역 감쇠가 줄어든다.
3. 2장의 공진 회로와 유사하게, 부하 저항은 여러 가지 필터 파라미터에 영향을 준다(필터의 Q, 통과대역 리플, shape factor(형상 계수) 등). 만일, 소스와 부하 저항이 설계한 값에서 벗어나면, 종단 임피던스 값에 따라 필터 성능은 크게 변할 수 있다.
4. 응답의 최종 감쇠 기울기는 회로망의 차수에 따라 달라진다. 저역 통과 필터에서 회로망 차수는 리액티브 소자의 개수와 같다. 즉, 2차 회로망(소자의 개수 = 2)은

octave[†]당 12 dB의 최종 감쇠 기울기를 갖는다. 소자 한 개당 6 dB/octave의 기울기로 나타나므로, 3차 회로망(소자 개수 = 3)의 감쇠율은 octave당 18 dB가 된다.

최신 필터 설계(Modern Filter Design)

최신 필터 설계는 처음에는 관련 수학의 어려움으로 인해 전문가들만의 전유물이었지만, 수년 동안 설계 방법이 발전하면서, 이제는 관련 수식이 실용적으로 잘 정리되어 8학년(중 2 수준) 수준의 수학 지식을 갖는 사람들도 이해할 수 있게 되었다. 사실, 필터 설계 경험이 없는 보통 사람이라도 이 장을 읽고 30분 이내로 원하는 사양에 대한 HPF(고역 통과 필터), LPF(저역 통과 필터), BPF(bandpass, 대역 통과 필터), BSF(bandstop, 대역 저지 필터)를 설계할 수 있다. 일단 몇 가지 기본 룰(rule)을 암기하면 설계는 간단하다.

이번 장에서 사용하는 방법은 정규화된 **저역 통과 기본형**(low-pass prototype)을 이용하는 설계 방법이다. 실제 설계 과정은 요구 사항을 정하고, 카탈로그에서 요구 사항을 만족하는 필터를 찾기만 하면 된다. 각 정규화된 기본 값은 이후에 원하는 주파수와 임피던스에 맞게 스케일링(scaling)하고, 원하는 응답(대역 통과, 고역 통과, 대역 저지)의 종류로 변환한다. 이 과정을 연습해 보면, 매우 간단하다. 머지않아, 여러분은 원하는 필터를 정의하고 설계하게 될 것이다.

필터 설계를 처음 하는 사람에게 처음에는 '정규화(normalization)' 개념이 낯설어 보일 것이다. LPF(저역 통과 필터)를 다른 종류의 필터 중 하나로 변환한다는 것이 이상하게 보일 수도 있다. 이러한 변환에 익숙지 않고 회의적인 생각이 드는 사람들이 이 과정을 이해하는 가장 좋은 방법은 직접 시도를 해 보는 것이다. 이러한 명료하면서 뛰어난 방법을 실감하는 유일한 방법은 실제로 몇 가지 설계를 해보는 것이다. 일단 몇 가지 설계를 이러한 방식으로 필터를 설계해 보면, 다른 방법은 지루하고 필요 없이 복잡하게 보일 것이다.

정규화와 저역 통과 기본형(Normalization and the Low-Pass Prototype)

필터 설계자들에게 유용한 필터 카탈로그를 제공하려면, 제공하는 문서를 표준화할 필요가 있다. 필터가 서로 다른 환경에서 동작하고 있다면, 성능과 필터의 유용성을 비교하기란 매우 어렵다. 비슷한 이야기로, 만일 표준화하지 않은 채 필터에 대한 설계 정보를 비교하는 것은 무의미하다[‡]. 필터 전문가들은 모든 필터 설계와 성능 정보를 회로 설계자들에게 표준화 혹은 **정규화**(normalization)의 개념을 이용하여 유용하게 전달한다. 정규화를 이용하면, 서로 다른 두 종류의 필터를(가상적으로) 동일한 동작 조건에서 사용되는 때의 성능을 비교할 수 있다.

---

† 역주: octave는 기준 주파수의 2배를 의미한다. 예를 들어 1 GHz의 octave 주파수는 2 GHz를 말한다. 주파수를 상대 비교할 때 decade를 사용하기도 하는데, decade는 기준 주파수의 10배를 의미한다. 계산해 보면 6 dB/octave는 20 dB/decade와 같다.

‡ 역주: 예를 들어, 중심 주파수가 다른 필터의 대역폭을 비교하는 경우이다.

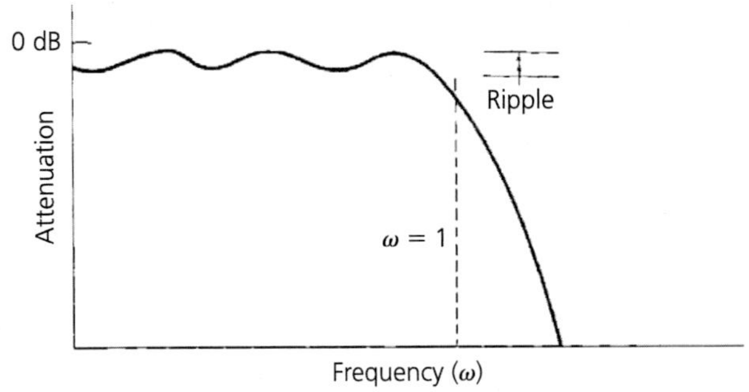

그림 3-7 정규화된 저역 통과 응답.

이번 장에서 제시하는 모든 필터는 저역 통과 필터로 정규화된다. 정규화된 LPF는 차단 주파수가 1 radian per second(초당 1 라디안, 0.159 Hz)이고 1-Ω의 소스와 부하 저항을 갖는다. 그림 3-7은 정규화된 LPF의 특성 응답이다. 이러한 응답을 나타내는 회로를 저역 통과 기본형(low-pass prototype)이라 부른다.

이러한 저역 차단 주파수를 갖는 필터 설계는 실제로는 구현할 수 없는 매우 큰 값을 요구한다. 커패시터의 경우 pF나 μF 단위가 아닌 F를 요구하고, 인덕터도 nH나 μH가 아닌 H 단위가 필요하다. 하지만, 일단, 카탈로그에서 저역 통과 기본형을 선택하면, 간단한 'scaling(비례화)' 과정을 통해 임피던스와 차단 주파수를 원하는 값으로 변환할 수 있다. 이 과정을 수행하고 나면, 구현 가능한 소자 값을 갖는 실제 회로가 된다.

필터의 종류(Filter Types)

오늘날 사용되는 많은 종류의 필터의 이름은 그 필터를 개발한 사람의 이름을 따라 명명하고 있다. 여기서 세 가지 종류의 필터와 그 감쇠 특성을 살펴보자. 이 필터들 사이의 상대적인 장점을 알아보고, 그 필터들의 저역 통과 특성을 제시한다. 여기서 다룰 세 종류의 필터 이름은 Butterworth(버터워스), Chebyshev(체비세프), Bessel(베셀)이다.

Butterworth 응답(The Butterworth Response)

Butterworth 필터는 진폭 응답이 최대로 평탄한 것을 요구하는 설계에 적용되고, 중간 정도의 Q를 갖는다. Butterworth 통과대역은 최대로 평탄한 특성을 갖고 리플이 없다. 전형적인 특성 곡선은 그림 3-8과 같다.

Butterworth 응답은 medium(중간 정도)-Q 필터이므로 초기 감쇠 기울기는 다른 필터에 비해 그리 좋지는 않다. 이러한 특성 때문에 Butterworth 응답을 middle-of-the-road(중도-中道) 설계라고 부른다. Butterworth 필터의 감쇠는 다음과 같이 주어진다.

$$A_{dB} = 10 \log \left[1 + \left(\frac{\omega}{\omega_c} \right)^{2n} \right] \qquad \text{식 3-5}$$

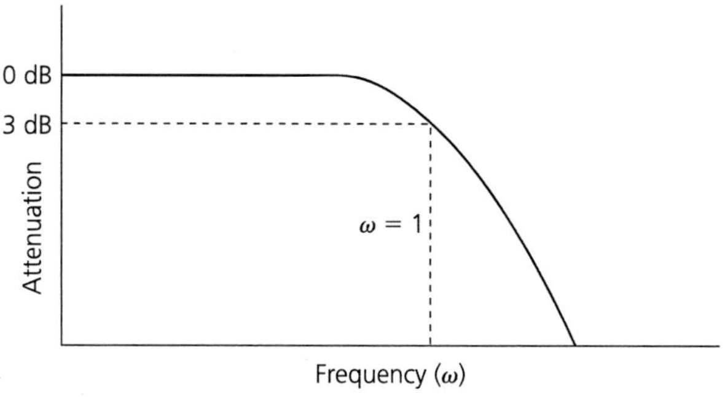

그림 3-8 Butterworth 응답.

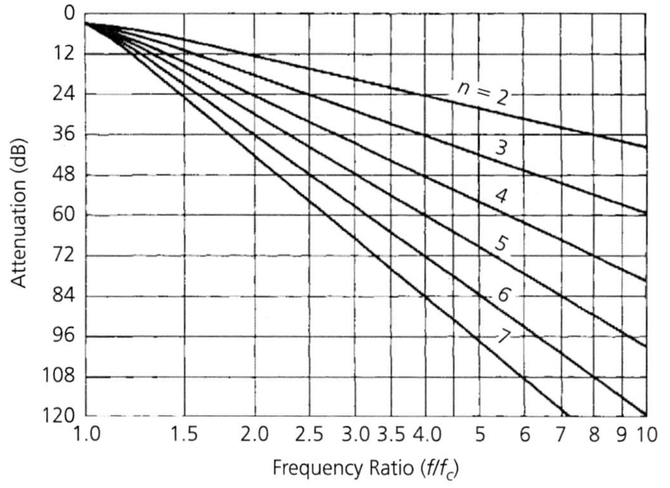

그림 3-9 Butterworth 필터들의 감쇠 특성.

여기서

ω = 원하는 감쇠 주파수

ω_c = 필터의 차단 주파수($\omega_{3\text{dB}}$)

n = 필터의 소자 개수

식 3-5를 이용하여 소자의 개수에 대한 몇 가지 주파수 감쇠를 계산하면, 그림 3-9와 같이 임의의 주파수에서 임의의 필터의 차수에 대한 감쇠 그래프가 된다. 그림 3-9로부터 5개 소자(5차) Butterworth 필터를 살펴보면, 차단 주파수의 두 배가 되는 주파수에서 약 30 dB의 감쇠를 가짐을 알 수 있다. 여기서, 주파수 축이 ω/ω_c로 정규화되어 있고, 그래프의 시작이 차단점(−3 dB)에서 시작하고 있다는 것에 유의하라. 이 그래프는 주어진 감쇠 사양을 만족하기 위한 필터의 차수를 결정할 때 매우 유용하다. 예제 3-1을 통해 필터의 차수를 결정하는 과정을 살펴보자.

예제 3.1

차단 주파수가 50 MHz이고, 150 MHz에서 최소 50 dB의 감쇠를 나타내는 필터를 Butterworth 형태로 설계하고자 한다. 요구되는 차수(소자의 개수)는 얼마인가?

풀이

먼저 $\omega/\omega_c = f/f_c$ 비를 계산한다.

$$\frac{f}{f_c} = \frac{150\text{ MHz}}{50\text{ MHz}}$$
$$= 3$$

차단 주파수의 3배에서 최소 감쇠가 50 dB가 되어야 한다. 그림 3-9를 참조하면 원하는 사양을 만족하기 위해 요구되는 최소 차수가 6임을 알 수 있다. 6차 필터의 $f/f_c = 3$에서 감쇠는 약 57 dB가 되는데 반해, 5차는 약 47 dB가 되어 사양을 만족하지 못한다.

1-Ω 종단 저항들(소스와 부하) 사이에서 동작하는 정규화된 Butterworth 타입 LPF 소자 값은 다음 식으로 주어진다.

$$A_k = 2\sin\frac{(2k-1)\pi}{2n}, \quad k = 1, 2, \ldots n \qquad \text{식 3-6}$$

여기서

n은 소자의 개수,

A_k는 ladder(사다리 모양) 회로에서 k번째 리액턴스 값으로 인덕터나 커패시터가 된다.

$(2k - 1)\pi/2n$항은 단위가 radian이다. 식 3-6을 이용하면, 표 3-1의 저역 통과 기본형의 카탈로그 값을 구할 수 있다. 필터 각 소자의 위치는 표의 위와 아래에 주어져 있다.

Butterworth 표(table)를 보는 것은 간단하다. R_s/R_L비를 설계 기준(design criteria)으로 계산할 때는, 표 위에 있는 회로를 사용한다. 이때 표는 위에서부터 아래로 읽는다. 이번에는 R_L/R_s이 계산할 때는, 표 아래에 있는 회로를 사용한다. 이때 표에 있는 소자의 지시자(designator)는 표 맨 밑 부분을 참조하라. 예를 들어, 4차 저역 통과 기본형은 그림 3-10과

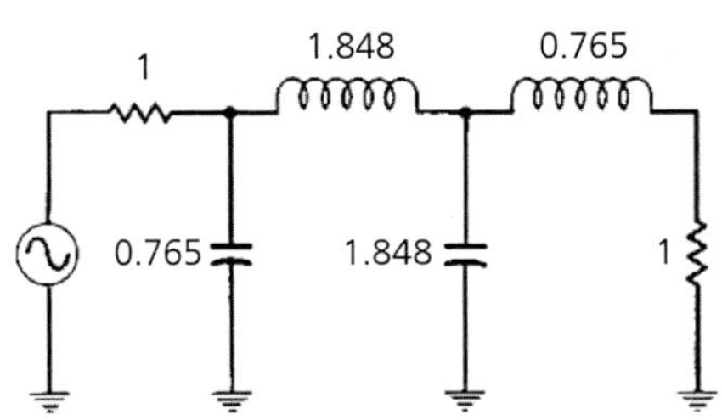

그림 3-10 4차 Butterworth 저역 통과 기본형 회로.

표 3-1 동일 종단 조건($R_S = R_L$)에서 Butterworth 저역 통과 기본형 소자값.

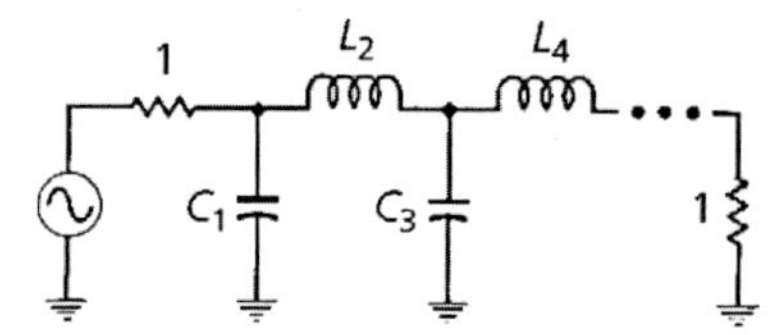

n	C_1	L_2	C_3	L_4	C_5	L_6	C_7
2	1.414	1.414					
3	1.000	2.000	1.000				
4	0.765	1.848	1.848	0.765			
5	0.618	1.618	2.000	1.618	0.618		
6	0.518	1.414	1.932	1.932	1.414	0.518	
7	0.445	1.247	1.802	2.000	1.802	1.247	0.445
n	L_1	C_2	L_3	C_4	L_5	C_6	L_7

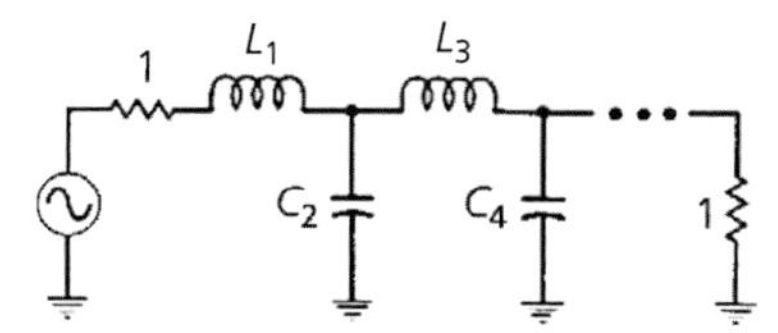

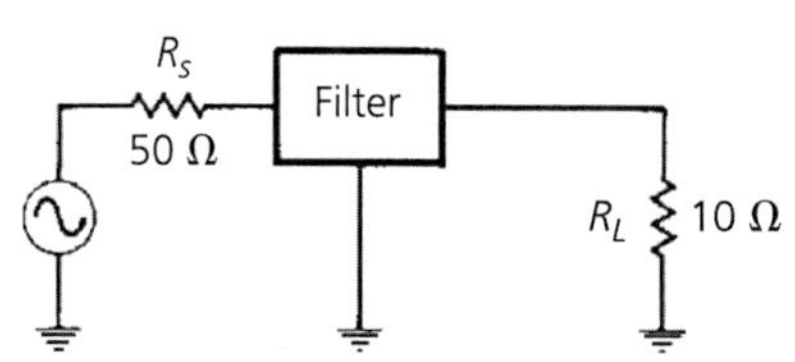

그림 3-11 종단 저항이 다른 경우.

같이 될 수 있다. 표 3-1에서 주어지지 않은 기본형 ladder(래더, 사다리 모양) 회로 소자 값도 간단히 계산할 수 있다. 1-Ω 부하 저항이 직접 필터의 출력에 연결된다.

각 필터의 차단 주파수는 1 radian per second 또는 0.159 Hz임에 유의하라. 각 커패시터 값의 단위는 *F*(farad)이고 인덕터의 단위는 *H*(henri)다. 이 회로는 후에 간단한 곱셈과 나눗셈을 통해 원하는 임피던스와 주파수로 변환될 것이다. 이 과정을 거치면 소자 값들이 훨씬 더 현실적인 값으로 바뀐다.

어떤 때는 그림 3-11과 같이 서로 다른 종단 저항 사이에서 동작하는 필터를 설계하는 경우가 있다. 이 경우, 부하 저항을 1-Ω으로 정규화를 하고, 소스 저항도 동일한 비례를 취한다. 그림 3-10의 부하와 소스 저항을 10으로 나누면 그림 3-12와 같이 부하 저항은 1-Ω이 되고 소스 저항은 5-Ω이 된다. 정규화된 종단 저항을 사용하여 저역 통과 기본형 회로를 구할

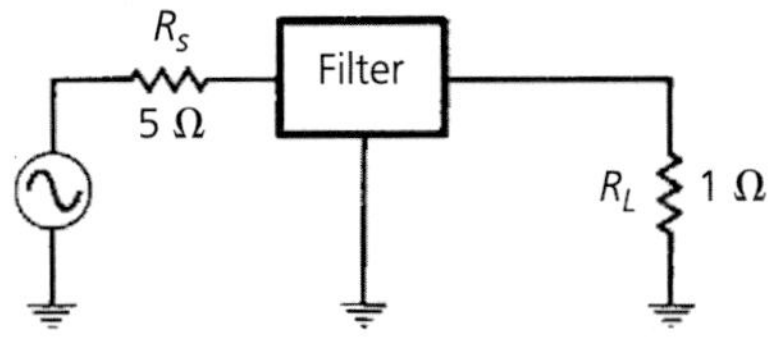

그림 3-12 정규화된 종단 저항이 다른 경우.

표 3-2A Butterworth 저역 통과 기본형의 소자 값.

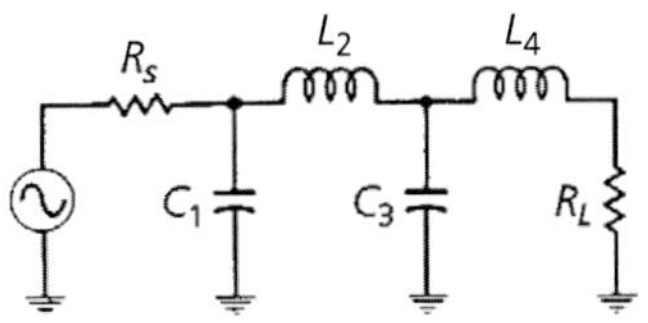

n	R_s/R_L	C_1	L_2	C_3	L_4
2	1.111	1.035	1.835	—	—
	1.250	0.849	2.121	—	—
	1.429	0.697	2.439	—	—
	1.667	0.566	2.828	—	—
	2.000	0.448	3.346	—	—
	2.500	0.342	4.095	—	—
	3.333	0.245	5.313	—	—
	5.000	0.156	7.707	—	—
	10.000	0.074	14.814	—	—
	∞	1.414	0.707	—	—
3	0.900	0.808	1.633	1.599	—
	0.800	0.844	1.384	1.926	—
	0.700	0.915	1.165	2.277	—
	0.600	1.023	0.965	2.702	—
	0.500	1.181	0.779	3.261	—
	0.400	1.425	0.604	4.064	—
	0.300	1.838	0.440	5.363	—
	0.200	2.669	0.284	7.910	—
	0.100	5.167	0.138	15.455	—
	∞	1.500	1.333	0.500	—
4	1.111	0.466	1.592	1.744	1.469
	1.250	0.388	1.695	1.511	1.811
	1.429	0.325	1.862	1.291	2.175
	1.667	0.269	2.103	1.082	2.613
	2.000	0.218	2.452	0 883	3.187

표 3-2A Butterworth 저역 통과 기본형의 소자 값. (계속)

n	R_S/R_L	C_1	L_2	C_3	L_4
4	2.500	0.169	2.986	0.691	4.009
	3.333	0.124	3.883	0.507	5.338
	5.000	0.080	5.684	0.331	7.940
	10.000	0.039	11.094	0.162	15.642
	∞	1.531	1.577	1.082	0.383
n	R_L/R_S	L_1	C_2	L_3	C_4

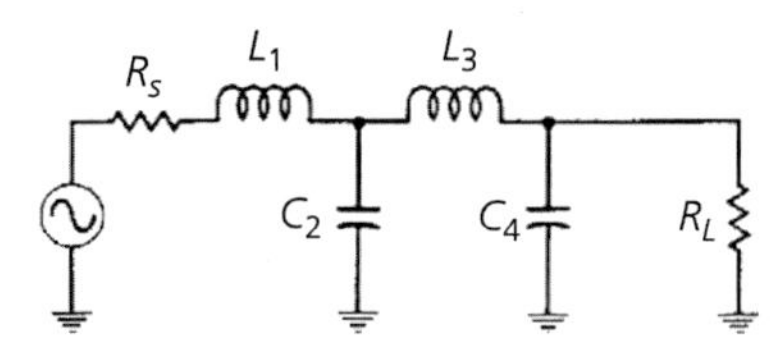

수 있다.

표 3-2는 소스와 부하 임피던스의 다양한 비(R_s/R_L)에 대한 Butterworth 저역 통과 기본형의 소자 값을 나타내고 있다. 표 위의 회로는 R_s/R_L을 계산할 때 사용하고, 소자 값은 표의 위에서부터 아래로 읽는다. R_L/R_s를 계산할 때에는 표 아래의 회로를 참조하고 표는 아래로부터 위로 읽어서 소자 값을 취한다(예제 3-2).

예제 3-2

n = 4이고, R_s = 50-Ω, R_L = 100-Ω로 종단 조건이 동일하지 않은 Butterworth 필터의 저역 통과 기본형의 값을 구하라.

풀이

R_L = 1 Ω으로 두 종단 저항을 정규화하면 R_S = 0.5 Ω이 된다. n = 4인 저역 통과 기본형 값에 대해 표 3-2의 소자 값을 위로부터 아래로 찾아보면, R_s/R_L = 0.5에 대한 값이 없음을 알 수 있다. 이번에는 R_L/R_s = 2의 값을 취하고 표의 아래에서부터 읽고 표의 아래에 있는 회로도를 저역 통과 기본형 값으로 취한다. 이 방법으로 구한 저역 통과 기본형 회로는 그림 3-13이 된다.

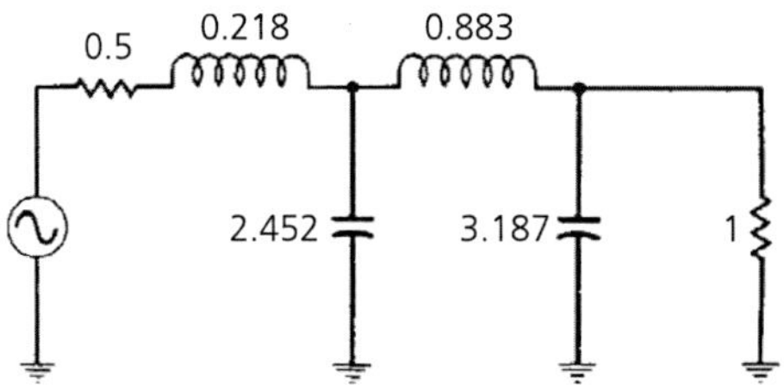

그림 3-13 예제 3-2에 대한 저역 통과 기본형 회로.

표 3-2B Butterworth 저역 통과 기본형의 소자 값.

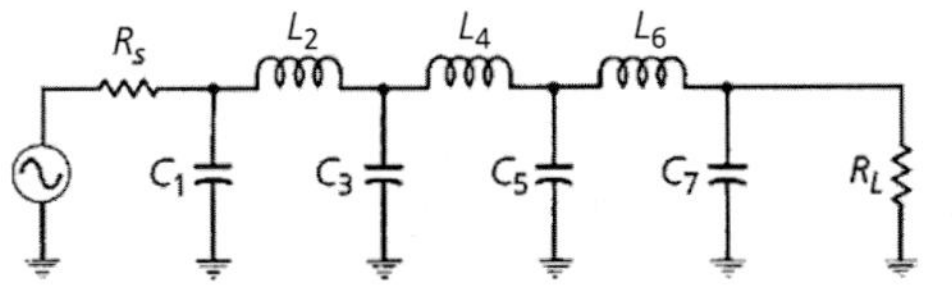

n	R_s/R_L	C_1	L_2	C_3	L_4	C_5	L_6	C_7
5	0.900	0.442	1.027	1.910	1.756	1.389	—	—
	0.800	0.470	0.866	2.061	1.544	1.738	—	—
	0.700	0.517	0.731	2.285	1.333	2.108	—	—
	0.600	0.586	0.609	2.600	1.126	2.552	—	—
	0.500	0.686	0.496	3.051	0.924	3.133	—	—
	0.400	0.838	0.388	3.736	0.727	3.965	—	—
	0.300	1.094	0.285	4.884	0.537	5.307	—	—
	0.200	1.608	0.186	7.185	0.352	7.935	—	—
	0.100	3.512	0.091	14.095	0.173	15.710	—	—
	∞	1.545	1.694	1.382	0.894	0.309	—	—
6	1.111	0.289	1.040	1.322	2.054	1.744	1.335	—
	1.250	0.245	1.116	1.126	2.239	1.550	1.688	—
	1.429	0.207	1.236	0.957	2.499	1.346	2.062	—
	1.667	0.173	1.407	0.801	2.858	1.143	2.509	—
	2.000	0.141	1.653	0.654	3.369	0.942	3.094	—
	2.500	0.111	2.028	0.514	4.141	0.745	3.931	—
	3.333	0.082	2.656	0.379	5.433	0.552	5.280	—
	5.000	0.054	3.917	0.248	8.020	0.363	7.922	—
	10.000	0.026	7.705	0.122	15.786	0.179	15.738	—
	∞	1.553	1.759	1.553	1.202	0.758	0.259	—
7	0.900	0.299	0.711	1.404	1.489	2.125	1.727	1.296
	0.800	0.322	0.606	1.517	1.278	2.334	1.546	1.652
	0.700	0.357	0.515	1.688	1.091	2.618	1.350	2.028
	0.600	0.408	0.432	1.928	0.917	3.005	1.150	2.477
	0.500	0.480	0.354	2.273	0.751	3.553	0.951	3.064
	0.400	0.590	0.278	2.795	0.592	4.380	0.754	3.904
	0.300	0.775	0.206	3.671	0.437	5.761	0.560	5.258
	0.200	1.145	0.135	5.427	0.287	8.526	0.369	7.908
	0.100	2.257	0.067	10.700	0.142	16.822	0.182	15.748
	∞	1.558	1.799	1.659	1.397	1.055	0.656	0.223
n	R_L/R_s	L_1	C_2	L_3	C_4	L_5	C_6	L_7

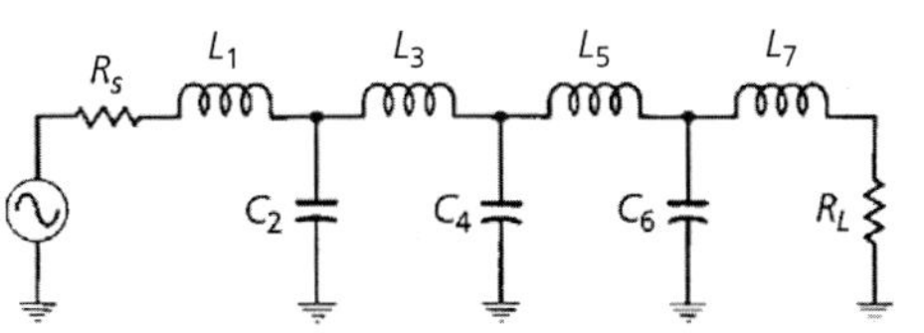

소스와 부하의 모든 저항 비를 차트에 표시하는 것은 불가능하다. 실제로, 설계를 위해 필요한 저항비를 찾지 못할 가능성이 있다. 이러한 경우 필요한 저항비와 근사한 값으로 사용한다. 예를 들어, 저항비가 100:1이면 매우 큰 값이므로, 무한대로 가정한다. 이러한 경우, 소스와 부하의 근사 저항비를 사용했기 때문에, 주파수 응답도 원래 의도했던 것과 유사한 결과가 될 것이다. 일반적으로 이렇게 해도 큰 문제는 되지 않는다.

Chebyshev 응답(The Chebyshev Response)

Chebyshev(체비쉐프) 필터는 high-Q 필터로, 다음의 경우에 적용된다: (1) 통과대역에서 저지대역으로의 초기 감쇠 기울기가 높게 요구되는 경우, (2) 통과대역 응답이 평탄(flat)할 필요가 없는 경우. 위와 같은 경우, 통과대역에서 리플(ripple)이 있어도 된다. 리플의 양을 크면, 저지대역이 시작되는 초기 감쇠 기울기가 비례적으로 증가하여, Butterworth 응답과 비교하면, 더 이상적인 구형(rectangular) 모양의 감쇠 곡선에 가까워진다. 그림 3-14는 $n = 3$일 때의 두 곡선에 대한 비교이다. Chebyshev가 3-dB 통과대역 리플을 갖는 경우, Butterworth 필터에 비해 10-dB가 개선된 저지대역 감쇠를 나타낸다.

Chebyshev 필터의 감쇠 식은 다음 식에 의해 결정된다.

$$A_{\text{dB}} = 10\log\left[1 + \varepsilon^2 C_n^2\left(\frac{\omega}{\omega_c}\right)'\right] \qquad \text{식 3-7}$$

여기서

$C_n^2\left(\frac{\omega}{\omega_c}\right)'$은 $\left(\frac{\omega}{\omega_c}\right)'$에서 계산한 차수 n에 대한 Chebyshev 다항식(polynomial)이다.

표 3-3은 7차까지의 Chebyshev 다항식 값이다. 계수 ε은 다음과 같이 주어진다.

$$\varepsilon = \sqrt{10^{R_{dB}/10} - 1} \qquad \text{식 3-8}$$

여기서

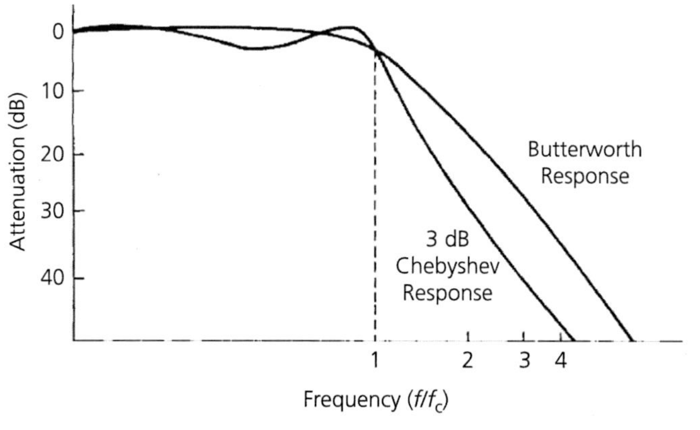

그림 3-14 3차 Chebyshev와 Butterworth 응답의 비교.

표 3-3 차수 *n*에 대한 Chebyshev 다항식.

n	Chebyshev Polynomial
1	$\left(\frac{\omega}{\omega_c}\right)$
2	$2\left(\frac{\omega}{\omega_c}\right)^2 - 1$
3	$4\left(\frac{\omega}{\omega_c}\right)^3 - 3\left(\frac{\omega}{\omega_c}\right)$
4	$8\left(\frac{\omega}{\omega_c}\right)^4 - 8\left(\frac{\omega}{\omega_c}\right)^2 + 1$
5	$16\left(\frac{\omega}{\omega_c}\right)^5 - 20\left(\frac{\omega}{\omega_c}\right)^3 + 5\left(\frac{\omega}{\omega_c}\right)$
6	$32\left(\frac{\omega}{\omega_c}\right)^6 - 48\left(\frac{\omega}{\omega_c}\right)^4 + 18\left(\frac{\omega}{\omega_c}\right)^2 - 1$
7	$64\left(\frac{\omega}{\omega_c}\right)^7 - 112\left(\frac{\omega}{\omega_c}\right)^5 + 58\left(\frac{\omega}{\omega_c}\right)^3 - 7\left(\frac{\omega}{\omega_c}\right)$

R_{dB}는 통과대역 리플의 dB 값이다.

$\left(\frac{\omega}{\omega_c}\right)'$와 $\left(\frac{\omega}{\omega_c}\right)$가 같지 않음에 유의하라. $\left(\frac{\omega}{\omega_c}\right)'$는 다른 계수를 정의해서 결정된다.

$$B = \frac{1}{n}\cosh^{-1}\left(\frac{1}{\varepsilon}\right) \qquad \text{식 3-9}$$

여기서

n = 필터의 차수
ε = 식 3-8로 정의한 계수
$\cosh^{-1}$ = 괄호 안의 양을 inverse(역) hyperbolic 코사인을 취하는 함수

최종적으로

$$\left(\frac{\omega}{\omega_c}\right)' = \left(\frac{\omega}{\omega_c}\right)\cosh B \qquad \text{식 3-10}$$

여기서

$\left(\frac{\omega}{\omega_c}\right)$ = 차단 주파수에 대한 관심 주파수의 비,
cosh = hyperbolic 코사인 함수.

만일, 여러분의 계산기가 hyberbolic과 inverse hyperbolic 함수를 다루질 못하면, 다음 식을 이용하여 계산할 수 있다.

$$\cosh x = 0.5(e^x + e^{-x})$$

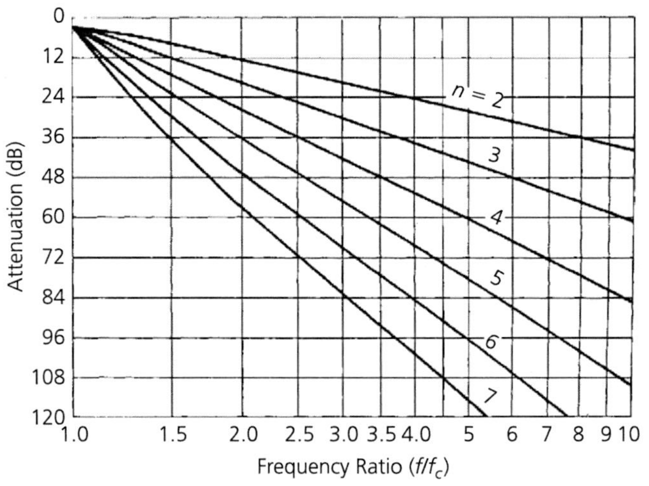

그림 3-15 0.01-dB 리플을 갖는 Chebyshev 필터의 감쇠 특성.

그리고

$$\cosh^{-1} x = \ln(x \pm \sqrt{x^2 - 1})$$

앞의 수식들은 통과대역 내에서 허용 리플의 양에 따른 감쇠 곡선을 나타내었다. 그림 3-15에서 3-18은 0.01-dB, 0.1-dB, 0.5-dB, 1.0-dB 리플에 대한 응답들이다. 각 곡선은 정규화된 차단 혹은 3-dB 주파수인 $\omega/\omega_c = 1$에서 시작하고 있다. 즉, 통과대역 리플은 그림에 표시되지 않았다.

만일, 여기에 다루지 않은 리플에 대한 감쇠 곡선이 필요하면, 앞의 Chebyshev 방정식을 이용하여 유도할 수 있다. 예제 3-3을 참조하라.

예제 3-3에서 필요한 ω/ω_c, 리플, 필터의 차수에 대한 계산은 프로그램이 가능한 계산기나 컴퓨터를 이용하면 쉽게 할 수 있다.

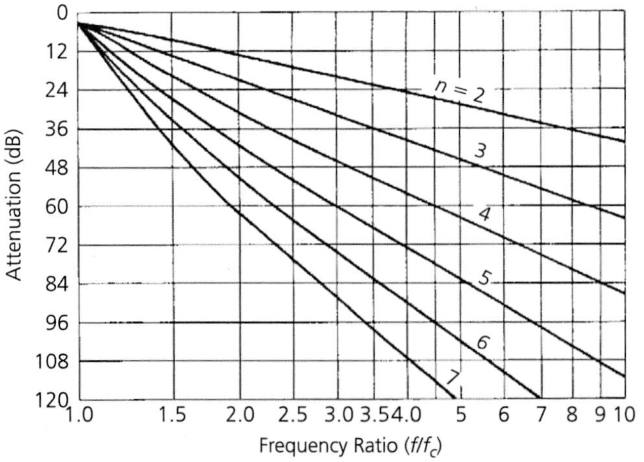

그림 3-16 0.1-dB 리플을 갖는 Chebyshev 필터의 감쇠 특성.

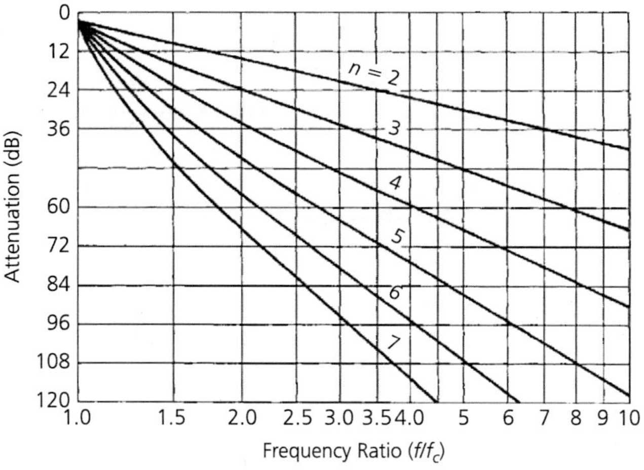

그림 3-17 0.5-dB 리플을 갖는 Chebyshev 필터의 감쇠 특성.

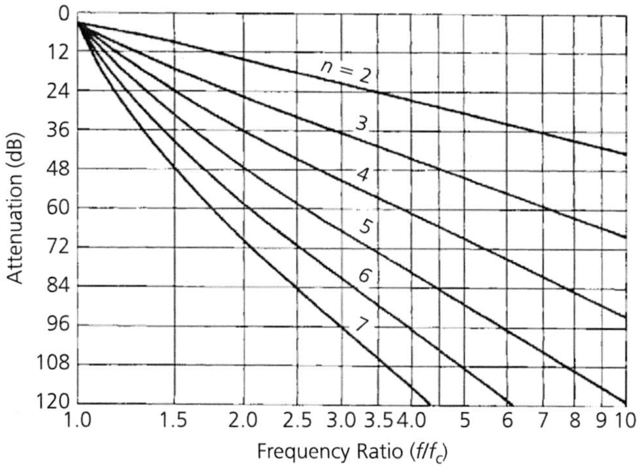

그림 3-18 1-dB 리플을 갖는 Chebyshev 필터의 감쇠 특성.

예제 3-3

통과대역 내에서 2.5-dB 리플을 갖는 4차 Chebyshev 필터의 $\omega/\omega_c = 2.5$에서의 감쇠 값을 구하라.

풀이

먼저 파라미터를 계산한다.

$$\varepsilon = \sqrt{10^{2.5/10} - 1}$$
$$= 0.882$$

B를 구하면,

$$B = \frac{1}{4}\left[\cosh^{-1}\left(\frac{1}{0.882}\right)\right]$$
$$= 0.1279$$

다음, $(\omega/\omega_c)'$를 구하면

$$\left(\frac{\omega}{\omega_c}\right)' = 2.5\cosh.1279$$
$$= 2.5204$$

마지막으로, $(\omega/\omega_c)' = 2.52$에서 $n = 4$인 4차 Chebyshev 다항식을 구한다.

$$C_n^2\left(\frac{\omega}{\omega_c}\right)' = 8\left(\frac{\omega}{\omega_c}\right)^4 - 8\left(\frac{\omega}{\omega_c}\right)^2 + 1$$
$$= 8(2.5204)^4 - 8(2.5204)^2 + 1$$
$$= 273.05$$

이제, 최종 방정식을 계산할 수 있다.

$$A_{\text{dB}} = 10\log_{10}\left[1 + \varepsilon^2 C_n^2\left(\frac{\omega}{\omega_c}\right)'\right]$$
$$= 10\log_{10}[1 + (0.882)^2(273.05)^2]$$
$$= 47.63\ \text{dB}$$

따라서, 예제의 필터는 $\omega/\omega_c = 2.5$에서 47.63 dB의 감쇠를 기대할 수 있다.

표 3-4에서 표 3-7은 그림 3-15에서 그림 3-18까지의 Chebyshev 응답에 대한 저역 통과 기본형의 소자 값을 표시한 것이다. Butterworth는 종단 저항이 같은 경우와 다른 경우로 구분하여 표시한 데 반해, Chebyshev 기본형 소자 값은 종단 저항을 구분하지 않음에 유의하라. 이것은 우수차(even-order, n = 2, 4, 6, . . .) Chebyshev 필터는 동일한 종단 저항을 가질 수 없기 때문이다. 즉, 표에 표시된 것처럼 소스와 부하 값은 항상 달라야 한다.

표 3-4A 0.01-dB 리플에 대한 Chebyshev 저역 통과 소자 값.

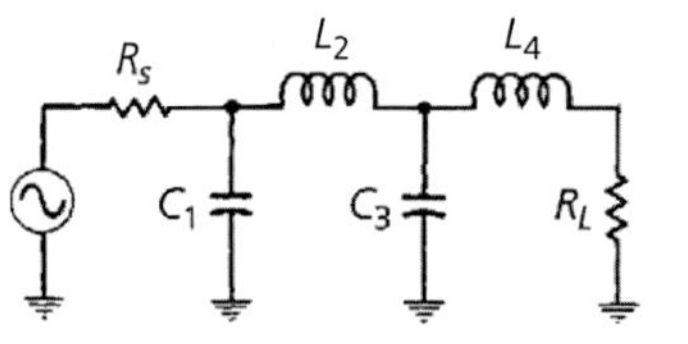

n	R_S/R_L	C_1	L_2	C_3	L_4
2	1.101	1.347	1.483	—	—
	1.111	1.247	1.595	—	—
	1.250	0.943	1.997	—	—

표 3-4A 0.01-dB 리플에 대한 Chebyshev 저역 통과 소자 값. (계속)

n	R_S/R_L	C_1	L_2	C_3	L_4
2	1.429	0.759	2.344	—	—
	1.667	0.609	2.750	—	—
	2.000	0.479	3.277	—	—
	2.500	0.363	4.033	—	—
	3.333	0.259	5.255	—	—
	5.000	0.164	7.650	—	—
	10.000	0.078	14.749	—	—
	∞	1.412	0.742	—	—
3	1.000	1.181	1.821	1.181	—
	0.900	1.092	1.660	1.480	—
	0.800	1.097	1.443	1.806	—
	0.700	1.160	1.228	2.165	—
	0.600	1.274	1.024	2.598	—
	0.500	1.452	0.829	3.164	—
	0.400	1.734	0.645	3.974	—
	0.300	2.216	0.470	5.280	—
	0.200	3.193	0.305	7.834	—
	0.100	6.141	0.148	15.390	—
	∞	1.501	1.433	0.591	—
4	1.100	0.950	1.938	1.761	1.046
	1.111	0.854	1.946	1.744	1.165
	1.250	0.618	2.075	1.542	1.617
	1.429	0.495	2.279	1.334	2.008
	1.667	0.398	2.571	1.128	2.461
	2.000	0.316	2.994	0.926	3.045
	2.500	0.242	3.641	0.729	3.875
	3.333	0.174	4.727	0.538	5.209
	5.000	0.112	6.910	0.352	7.813
	10.000	0.054	13.469	0.173	15.510
	∞	1.529	1.694	1.312	0.523
n	R_L/R_S	L_1	C_2	L_3	C_4

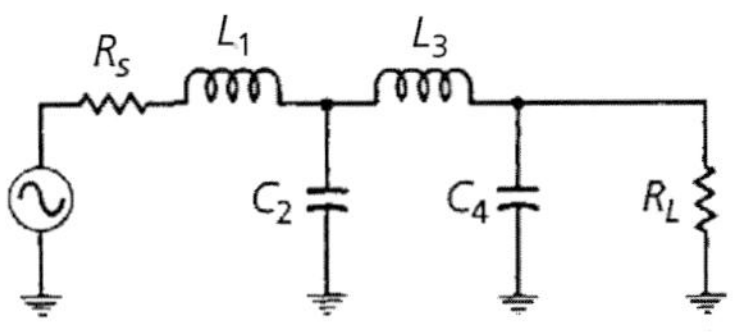

표 3-4B 0.01-dB 리플에 대한 Chebyshev 저역 통과 기본형 소자 값.

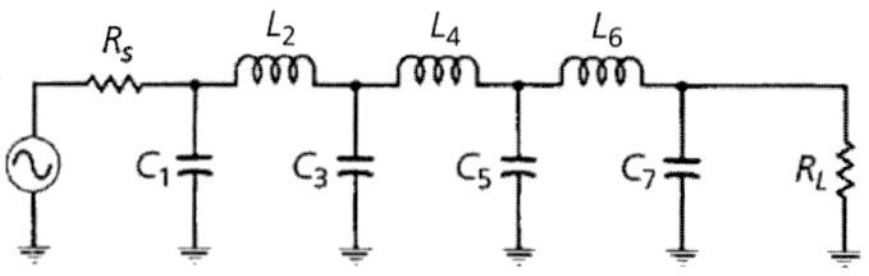

n	R_s/R_L	C_1	L_2	C_3	L_4	C_5	L_6	C_7
	1.000	0.977	1.685	2.037	1.685	0.977	—	—
	0.900	0.880	1.456	2.174	1.641	1.274	—	—
	0.800	0.877	1.235	2.379	1.499	1.607	—	—
	0.700	0.926	1.040	2.658	1.323	1.977	—	—
	0.600	1.019	0.863	3.041	1.135	2.424	—	—
5	0.500	1.166	0.699	3.584	0.942	3.009	—	—
	0.400	1.398	0.544	4.403	0.749	3.845	—	—
	0.300	1.797	0.398	5.772	0.557	5.193	—	—
	0.200	2.604	0.259	8.514	0.368	7.826	—	—
	0.100	5.041	0.127	16.741	0.182	15.613	—	—
	∞	1.547	1.795	1.645	1.237	0.488	—	—
	1.101	0.851	1.796	1.841	2.027	1.631	0.937	—
	1.111	0.760	1.782	1.775	2.094	1.638	1.053	—
	1.250	0.545	1.864	1.489	2.403	1.507	1.504	—
	1.429	0.436	2.038	1.266	2.735	1.332	1.899	—
	1.667	0.351	2.298	1.061	3.167	1.145	2.357	—
6	2.000	0.279	2.678	0.867	3.768	0.954	2.948	—
	2.500	0.214	3.261	0.682	4.667	0.761	3.790	—
	3.333	0.155	4.245	0.503	6.163	0.568	5.143	—
	5.000	0.100	6.223	0.330	9.151	0.376	7.785	—
	10.000	0.048	12.171	0.162	18.105	0.187	15.595	—
	∞	1.551	1.847	1.790	1.598	1.190	0.469	—
	1.000	0.913	1.595	2.002	1.870	2.002	1.595	0.913
	0.900	0.816	1.362	2.089	1.722	2.202	1.581	1.206
	0.800	0.811	1.150	2.262	1.525	2.465	1.464	1.538
	0.700	0.857	0.967	2.516	1.323	2.802	1.307	1.910
	0.600	0.943	0.803	2.872	1.124	3.250	1.131	2.359
7	0.500	1.080	0.650	3.382	0.928	3.875	0.947	2.948
	0.400	1.297	0.507	4.156	0.735	4.812	0.758	3.790
	0.300	1.669	0.372	5.454	0.546	6.370	0.568	5.148
	0.200	2.242	0.242	8.057	0.360	9.484	0.378	7.802
	0.100	4.701	0.119	15.872	0.178	18.818	0.188	15.652
	∞	1.559	1.867	1.866	1.765	1.563	1.161	0.456
n	R_L/R_s	L_1	C_2	L_3	C_4	L_5	C_6	L_7

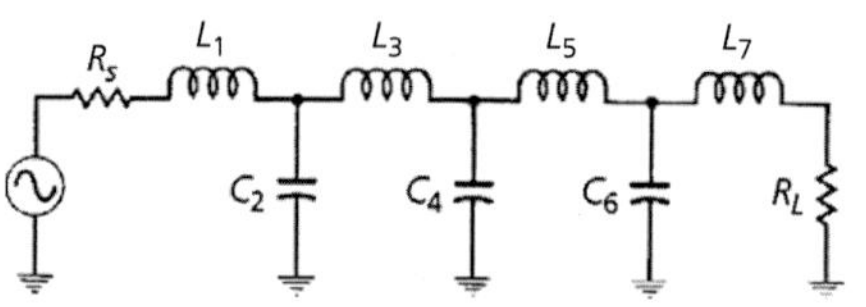

표 3-5A 0.1-dB 리플에 대한 Chebyshev 저역 통과 기본형 소자 값.

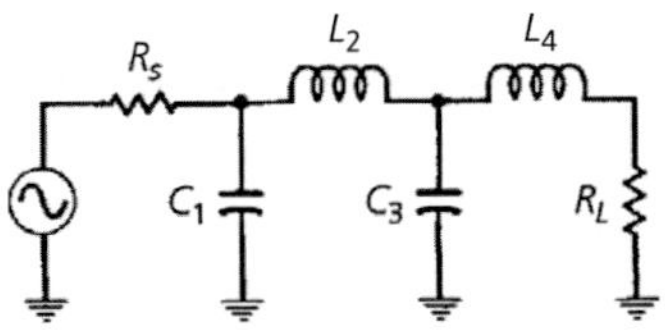

n	R_s/R_L	C_1	L_2	C_3	L_4
2	1.355	1.209	1.638	—	—
	1.429	0.977	1.982	—	—
	1.667	0.733	2.489	—	—
	2.000	0.560	3.054	—	—
	2.500	0.417	3.827	—	—
	3.333	0.293	5.050	—	—
	5.000	0.184	7.426	—	—
	10.000	0.087	14.433	—	—
	∞	1.391	0.819	—	—
3	1.000	1.433	1.594	1.433	—
	0.900	1.426	1.494	1.622	—
	0.800	1.451	1.356	1.871	—
	0.700	1.521	1.193	2.190	—
	0.600	1.648	1.017	2.603	—
	0.500	1.853	0.838	3.159	—
	0.400	2.186	0.660	3.968	—
	0.300	2.763	0.486	5.279	—
	0.200	3.942	0.317	7.850	—
	1.100	7.512	0.155	15.466	—
	∞	1.513	1.510	0.716	—
4	1.355	0.992	2.148	1.585	1.341
	1.429	0.779	2.348	1.429	1.700
	1.667	0.576	2.730	1.185	2.243
	2.000	0.440	3.227	0.967	2.856
	2.500	0.329	3.961	0.760	3.698
	3.333	0.233	5.178	0.560	5.030
	5.000	0.148	7.607	0.367	7.614
	10.000	0.070	14.887	0.180	15.230
	∞	1.511	1.768	1.455	0.673
n	R_L/R_s	L_1	C_2	L_3	C_4

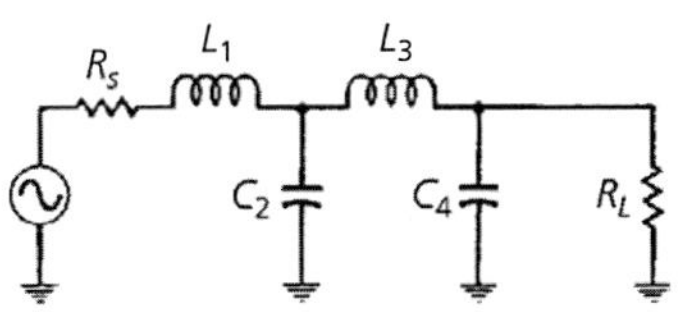

표 3-5B 0.1-dB 리플에 대한 Chebyshev 저역 통과 기본형의 소자 값.

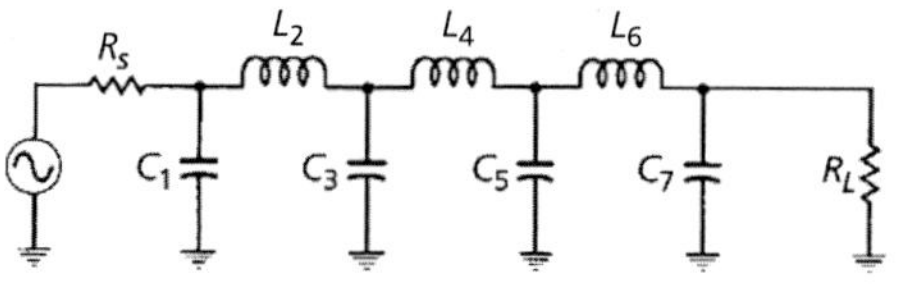

n	R_s/R_L	C_1	L_2	C_3	L_4	C_5	L_6	C_7
5	1.000	1.301	1.556	2.241	1.556	1.301	—	—
	0.900	1.285	1.433	2.380	1.488	1.488	—	—
	0.800	1.300	1.282	2.582	1.382	1.738	—	—
	0.700	1.358	1.117	2.868	1.244	2.062	—	—
	0.600	1.470	0.947	3.269	1.085	2.484	—	—
	0.500	1.654	0.778	3.845	0.913	3.055	—	—
	0.400	1.954	0.612	4.720	0.733	3.886	—	—
	0.300	2.477	0.451	6.196	0.550	5.237	—	—
	0.200	3.546	0.295	9.127	0.366	7.889	—	—
	0.100	6.787	0.115	17.957	0.182	15.745	—	—
	∞	1.561	1.807	1.766	1.417	0.651	—	—
6	1.355	0.942	2.080	1.659	2.247	1.534	1.277	—
	1.429	0.735	2.249	1.454	2.544	1.405	1.629	—
	1.667	0.542	2.600	1.183	3.064	1.185	2.174	—
	2.000	0.414	3.068	0.958	3.712	0.979	2.794	—
	2.500	0.310	3.765	0.749	4.651	0.778	3.645	—
	3.333	0.220	4.927	0.551	6.195	0.580	4.996	—
	5.000	0.139	7.250	0.361	9.261	0.384	7.618	—
	10.000	0.067	14.220	0.178	18.427	0.190	15.350	—
	∞	1.534	1.884	1.831	1.749	1.394	0.638	—
7	1.000	1.262	1.520	2.239	1.680	2.239	1.520	1.262
	0.900	1.242	1.395	2.361	1.578	2.397	1.459	1.447
	0.800	1.255	1.245	2.548	1.443	2.624	1.362	1.697
	0.700	1.310	1.083	2.819	1.283	2.942	1.233	2.021
	0.600	1.417	0.917	3.205	1.209	3.384	1.081	2.444
	0.500	1.595	0.753	3.764	0.928	4.015	0.914	3.018
	0.400	1.885	0.593	4.618	0.742	4.970	0.738	3.855
	0.300	2.392	0.437	6.054	0.556	6.569	0.557	5.217
	0.200	3.428	0.286	8.937	0.369	9.770	0.372	7.890
	0.100	6.570	0.141	17.603	0.184	19.376	0.186	15.813
	∞	1.575	1.858	1.921	1.827	1.734	1.379	0.631
n	R_L/R_s	L_1	C_2	L_3	C_4	L_5	C_6	L_7

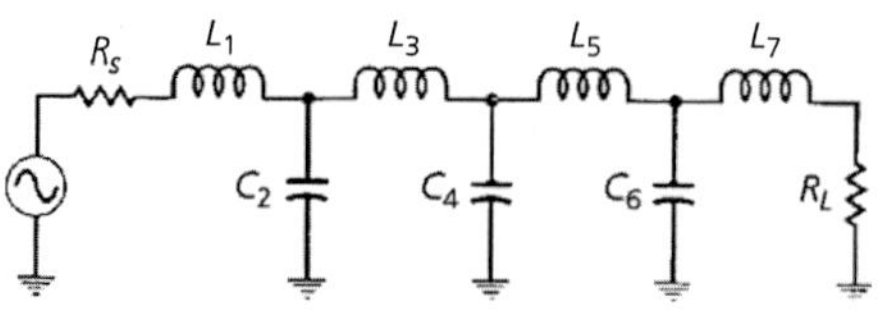

표 3-6A 0.5-dB 리플에 대한 Chebyshev 저역 통과 기본형 소자 값.

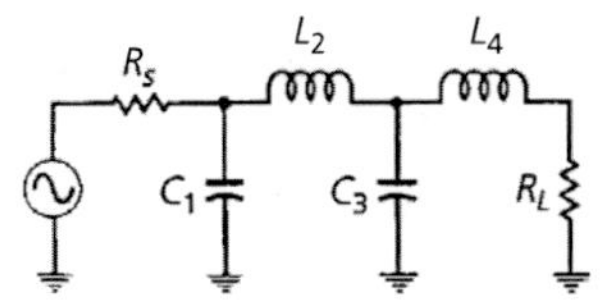

n	R_s/R_L	C_1	L_2	C_3	L_4
2	1.984	0.983	1.950	—	—
	2.000	0.909	2.103	—	—
	2.500	0.564	3.165	—	—
	3.333	0.375	4.411	—	—
	5.000	0.228	6.700	—	—
	10.000	0.105	13.322	—	—
	∞	1.307	0.975	—	—
3	1.000	1.864	1.280	1.834	—
	0.900	1.918	1.209	2.026	—
	0.800	1.997	1.120	2.237	—
	0.700	2.114	1.015	2.517	—
	0.500	2.557	0.759	3.436	—
	0.400	2.985	0.615	4.242	—
	0.300	3.729	0.463	5.576	—
	0.200	5.254	0.309	8.225	—
	0.100	9.890	0.153	16.118	—
	∞	1.572	1.518	0.932	—
4	1.984	0.920	2.586	1.304	1.826
	2.000	0.845	2.720	1.238	1.985
	2.500	0.516	3.766	0.869	3.121
	3.333	0.344	5.120	0.621	4.480
	5.000	0.210	7.708	0.400	6.987
	10.000	0.098	15.352	0.194	14.262
	∞	1.436	1.889	1.521	0.913
n	R_L/R_s	L_1	C_2	L_3	C_4

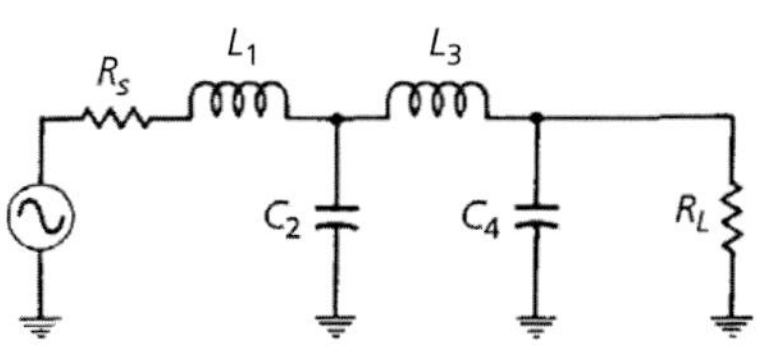

여기서, 표를 읽는 방법은 Butterworth 표를 읽는 것과 동일하다. R_s/R_L이 설계 기준일 때는 표의 위에 있는 회로를 참조하고, 소자의 지시자(designator)는 위에서부터 아래로 읽는다. R_L/R_s을 설계 기준으로 할 때는, 표 아래 회로를 사용하고 소자의 지시자는 표의 아래에서 위로 읽는다. 예제 3-4를 참조하라.

표 3-6B 0.5-dB 리플에 대한 Chebyshev 저역 통과 기본형 소자 값.

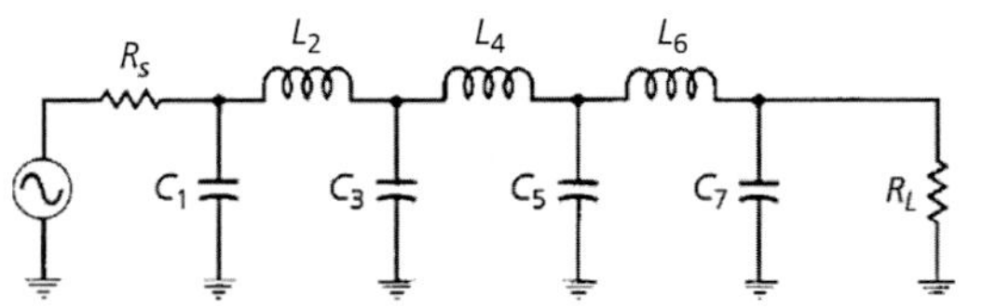

n	R_s/R_L	C_1	L_2	C_3	L_4	C_5	L_6	C_7
5	1.000	1.807	1.303	2.691	1.303	1.807	—	—
	0.900	1.854	1.222	2.849	1.238	1.970	—	—
	0.800	1.926	1.126	3.060	1.157	2.185	—	—
	0.700	2.035	1.015	3.353	1.058	2.470	—	—
	0.600	2.200	0.890	3.765	0.942	2.861	—	—
	0.500	2.457	0.754	4.367	0.810	3.414	—	—
	0.400	2.870	0.609	5.296	0.664	4.245	—	—
	0.300	3.588	0.459	6.871	0.508	5.625	—	—
	0.200	5.064	0.306	10.054	0.343	8.367	—	—
	0.100	9.556	0.153	19.647	0.173	16.574	—	—
	∞	1.630	1.740	1.922	1.514	0.903	—	—
6	1.984	0.905	2.577	1.368	2.713	1.299	1.796	—
	2.000	0.830	2.704	1.291	2.872	1.237	1.956	—
	2.500	0.506	3.722	0.890	4.109	0.881	3.103	—
	3.333	0.337	5.055	0.632	5.699	0.635	4.481	—
	5.000	0.206	7.615	0.406	8.732	0.412	7.031	—
	10.000	0.096	15.186	0.197	17.681	0.202	14.433	—
7	1.000	1.790	1.296	2.718	1.385	2.718	1.296	1.790
	0.900	1.835	1.215	2.869	1.308	2.883	1.234	1.953
	0.800	1.905	1.118	3.076	1.215	3.107	1.155	2.168
	0.700	2.011	1.007	3.364	1.105	3.416	1.058	2.455
	0.600	2.174	0.882	3.772	0.979	3.852	0.944	2.848
	0.500	2.428	0.747	4.370	0.838	2.289	0.814	3.405
	0.400	2.835	0.604	5.295	0.685	5.470	0.669	4.243
	0.300	3.546	0.455	6.867	0.522	7.134	0.513	5.635
	0.200	5.007	0.303	10.049	0.352	10.496	0.348	8.404
	0.100	9.456	0.151	19.649	0.178	20.631	0.176	16.665
	∞	1.646	1.777	2.031	1.789	1.924	1.503	0.895
n	R_L/R_s	L_1	C_2	L_3	C_4	L_5	C_6	L_7

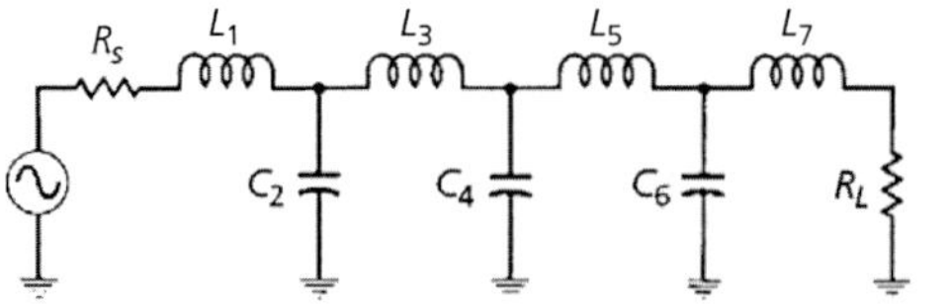

예제 3-4

소스와 부하 저항이 각각 50-Ω과 250-Ω이고 리플이 0.1-dB인 5차(n = 5) Chebyshev 필터의 저역 통과 기본형의 소자 값을 구하라.

풀이

소스와 부하 저항을 정규화하면, $R_s/R_L = 0.2$. 표 3-5에서 n = 5이고 $R_s/R_L = 0.2$.인 0.1-dB 리플 필터의 회로는 그림 3-19와 같다.

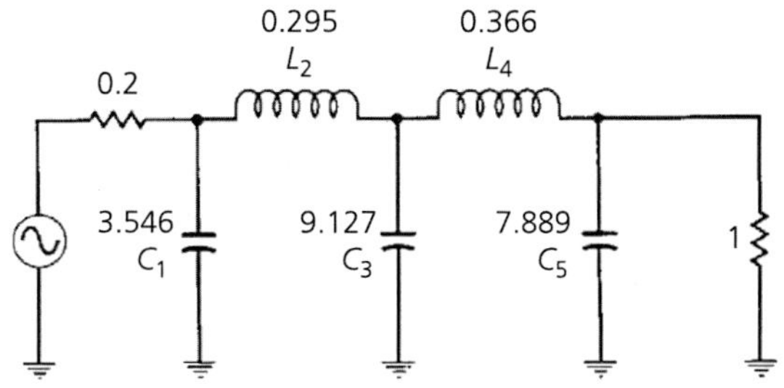

그림 3-19 예제 3-4의 저역 통과 기본형 회로.

이 절에서는, 수식을 이용하여 Chebyshev 저역 통과 기본형의 소자 값을 계산했다. 이 과정은 매우 길고 지루한 수식들이지만, 그 수식을 여기서 다루는 것은 크게 도움이 되지 않는다†.

Bessel 필터(The Bessel Filter)

Bessel(베셀) 필터는 초기 저지대역 감쇠 특성이 매우 나쁘다. 초기 저지 근사 특성은 다음과 같다.

$$A_{\text{dB}} = 3\left(\frac{\omega}{\omega_c}\right)^2 \qquad \text{식 3-11}$$

이 식은 ω/ω_c가 2 이상이면 오차가 커진다. ω/ω_c가 2 이상인 곳에서는 소자당 직선으로 약 6-dB/octave를 갖는다. 그림 3-20은 이와 관련한 응답 곡선이다.

그러면, 왜 이런 저지대역 특성이 나쁜 필터를 사용하는가? Bessel 필터는 원래 통과대역 내에서 최대 평탄 군지연(maximally flat group delay)이나 선형 위상(linear phase) 특성을 얻기 위해 최적화된 필터다. 즉, 선택도나 저지대역 특성은 Bessel 필터에서 주된 관심사가 아니다. Chebyshev나 Butterworth 필터와 같은 high-Q나 medium-Q 필터의 통과대역 내 위상 응답은 매우 비선형적이다. 위상의 비선형성은 광대역 신호의 왜곡을 발생시킨다. 광대역 신호는 서로 다른 주파수 성분들로 구성되는데, 비선형 위상 필터를 통과하면 주파수에

† 역주: Chebyshev 다항식을 제공하는 다양한 인터넷 사이트와 관련 문서들이 많으므로 이를 참조하는 것이 편리하다.

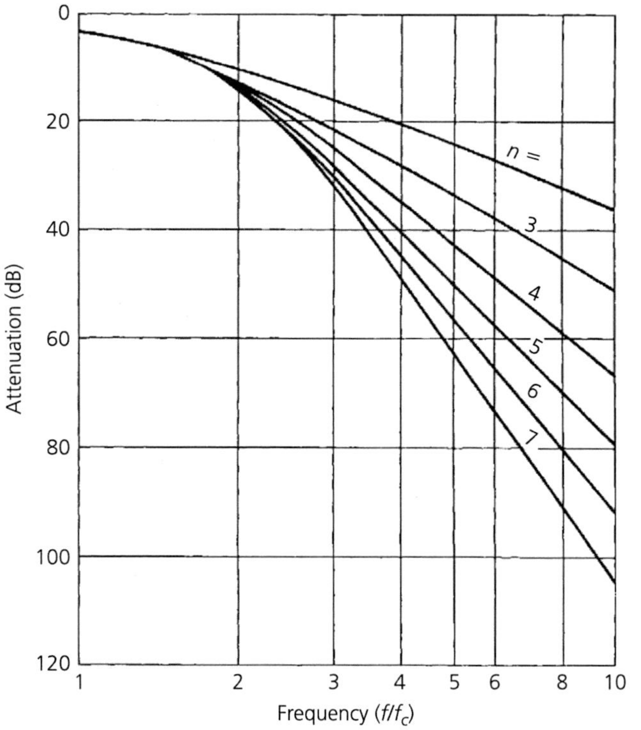

그림 3-20 Bessel 필터의 감쇠 특성.

표 3-7A 1.0-dB 리플에 대한 Chebyshev 저역 통과 기본형 소자 값.

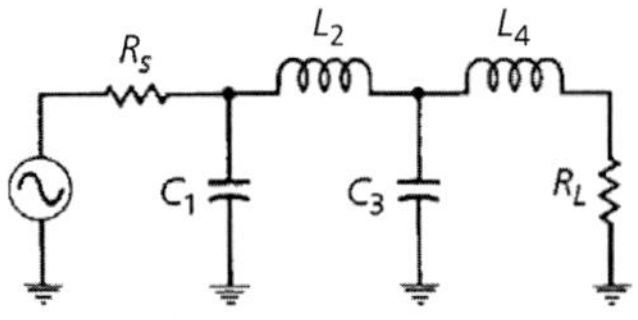

n	R_S/R_L	C_1	L_2	C_3	L_4
2	3.000	0.572	3.132	—	—
	4.000	0.365	4.600	—	—
	8.000	0.157	9.658	—	—
	∞	1.213	1.109	—	—
3	1.000	2.216	1.088	2.216	—
	0.500	4.431	0.817	2.216	—
	0.333	6.647	0.726	2.216	—
	0.250	8.862	0.680	2.216	—
	0.125	17.725	0.612	2.216	—
	∞	1.652	1.460	1.108	—
4	3.000	0.653	4.411	0.814	2.535
	4.000	0.452	7.083	0.612	2.848

표 3-7A 1.0-dB 리플에 대한 Chebyshev 저역 통과 기본형 소자 값. (계속)

n	R_s/R_L	C_1	L_2	C_3	L_4
4	8.000	0.209	17.164	0.428	3.281
	∞	1.350	2.010	1.488	1.106
n	R_L/R_s	L_1	C_2	L_3	C_4

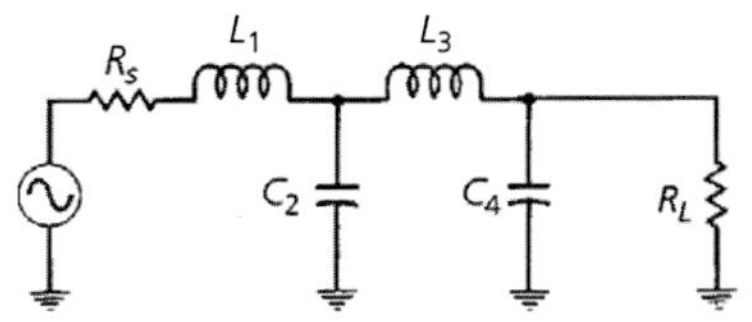

표 3-7B 1.0-dB 리플에 대한 Chebyshev 저역 통과 기본형 소자 값.

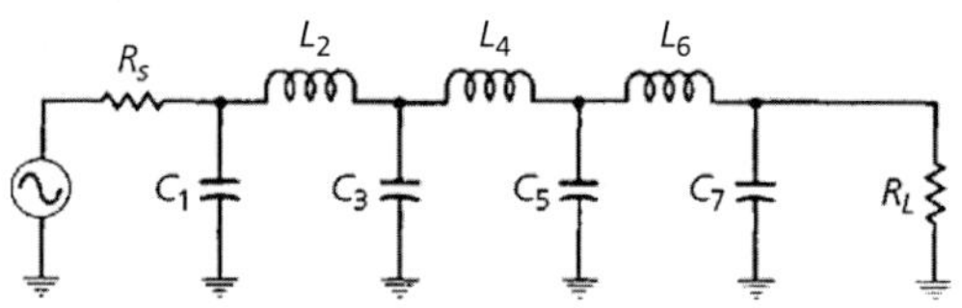

n	R_s/R_L	C_1	L_2	C_3	L_4	C_5	L_6	C_7
5	1.000	2.207	1.128	3.103	1.128	2.207	—	—
	0.500	4.414	0.565	4.653	1.128	2.207	—	—
	0.333	6.622	0.376	6.205	1.128	2.207	—	—
	0.250	8.829	0.282	7.756	1.128	2.207	—	—
	0.125	17.657	0.141	13.961	1.128	2.207	—	—
	∞	1.721	1.645	2.061	1.493	1.103	—	—
6	3.000	0.679	3.873	0.771	4.711	0.969	2.406	—
	4.000	0.481	5.644	0.476	7.351	0.849	2.582	—
	8.000	0.227	12.310	0.198	16.740	0.726	2.800	—
	∞	1.378	2.097	1.690	2.074	1.494	1.102	—
7	1.000	2.204	1.131	3.147	1.194	3.147	1.131	2.204
	0.500	4.408	0.566	6.293	0.895	3.147	1.131	2.204
	0.333	6.612	0.377	9.441	0.796	3.147	1.131	2.204
	0.250	8.815	0.283	12.588	0.747	3.147	1.131	2.204
	0.125	17.631	0.141	25.175	0.671	3.147	1.131	2.204
	∞	1.741	1.677	2.155	1.703	2 079	1.494	1.102
n	R_L/R_s	L_1	C_2	L_3	C_4	L_5	C_6	L_7

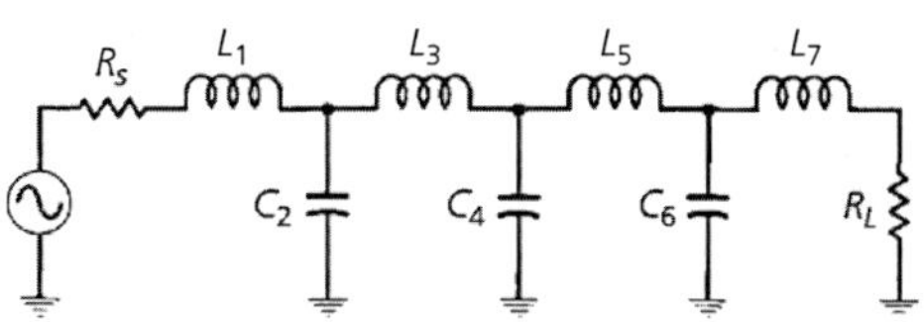

표 3-8A Bessel 저역 통과 기본형 소자 값.

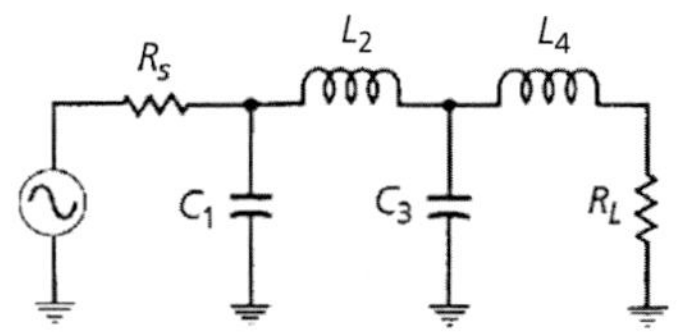

n	R_s/R_L	C_1	L_2	C_3	L_4
	1.000	0.576	2.148	—	—
	1.111	0.508	2.310	—	—
	1.250	0.443	2.510	—	—
	1.429	0.380	2.764	—	—
	1.667	0.319	3.099	—	—
2	2.000	0.260	3.565	—	—
	2.500	0.203	4.258	—	—
	3.333	0.149	5.405	—	—
	5.000	0.097	7.688	—	—
	10.000	0.047	14.510	—	—
	∞	1.362	0.454	—	—
	1.000	0.337	0.971	2.203	—
	0.900	0.371	0.865	2.375	—
	0.800	0.412	0.761	2.587	—
	0.700	0.466	0.658	2.858	—
	0.600	0.537	0.558	3.216	—
3	0.500	0.635	0.459	3.714	—
	0.400	0.783	0.362	4.457	—
	0.300	1.028	0.267	5.689	—
	0.200	1.518	0.175	8.140	—
	0.100	2.983	0.086	15.470	—
	∞	1.463	0.843	0.293	—
	1.000	0.233	0.673	1.082	2.240
	1.111	0.209	0.742	0.967	2.414
	1.250	0.184	0.829	0.853	2.630
	1.429	0.160	0.941	0.741	2.907
	1.667	0.136	1.089	0.630	3.273
4	2.000	0.112	1.295	0.520	3.782
	2.500	0.089	1.604	0.412	4.543
	3.333	0.066	2.117	0.306	5.805
	5.000	0.043	3.142	0.201	8.319
	10.000	0.021	6.209	0.099	15.837
	∞	1.501	0.978	0.613	0.211
n	R_L/R_s	L_1	C_2	L_3	C_4

표 3-8A Bessel 저역 통과 기본형 소자 값. (계속)

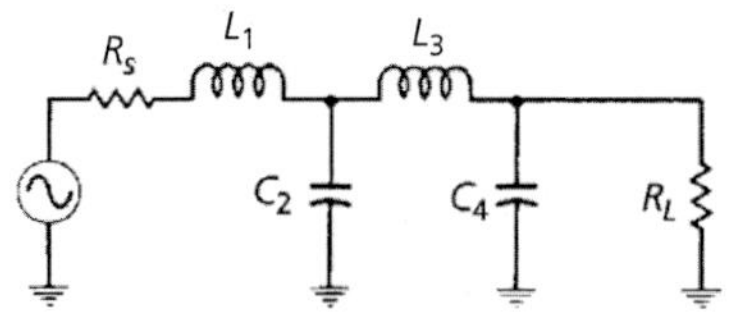

표 3-8B Bessel 저역 통과 기본형 소자 값.

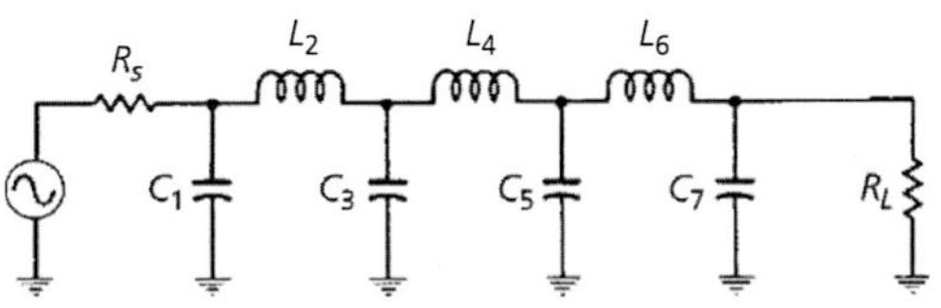

n	R_S/R_L	C_1	L_2	C_3	L_4	C_5	L_6	C_7
	1.000	0.174	0.507	0.804	1.111	2.258	—	—
	0.900	0.193	0.454	0.889	0.995	2.433	—	—
	0.800	0.215	0.402	0.996	0.879	2.650	—	—
	0.700	0.245	0.349	1.132	0.764	2.927	—	—
	0.600	0.284	0.298	1.314	0.651	3.295	—	—
5	0.500	0.338	0.247	1.567	0.538	3.808	—	—
	0.400	0.419	0.196	1.946	0.427	4.573	—	—
	0.300	0.555	0.146	2.577	0.317	5.843	—	—
	0.200	0.825	0.096	3.835	0.210	8.375	—	—
	0.100	1.635	0.048	7.604	0.104	15.949	—	—
	∞	1.513	1.023	0.753	0.473	0.162	—	—
	1.000	0.137	0.400	0.639	0.854	1.113	2.265	—
	1.111	0.122	0.443	0.573	0.946	0.996	2.439	—
	1.250	0.108	0.496	0.508	1.060	0.881	2.655	—
	1.429	0.094	0.564	0.442	1.207	0.767	2.933	—
	1.667	0.080	0.655	0.378	1.402	0.653	3.300	—
6	2.000	0.067	0.782	0.313	1.675	0.541	3.812	—
	2.500	0.053	0.973	0.249	2.084	0.429	4.577	—
	3.333	0.040	1.289	0.186	2.763	0.319	5.847	—
	5.000	0.026	1.289	0.123	4.120	0.211	8.378	—
	10.000	0.013	3.815	0.061	8.186	0.105	15.951	—
	∞	1.512	1.033	0.813	0.607	0.379	0.129	—
	1.000	0.111	0.326	0.525	0.702	0.869	1.105	2.266
	0.900	0.122	0.292	0.582	0.630	0.963	0.990	2.440
7	0.800	0.137	0.259	6.652	0.559	1.080	0.875	2.656
	0.700	0.156	0.226	0.743	0.487	1.231	0.762	2.932
	0.600	0.182	0.193	0.863	0.416	1.431	0.649	3.298

표 3-8B Bessel 저역 통과 기본형 소자 값. (계속)

n	R_S/R_L	C_1	L_2	C_3	L_4	C_5	L_6	C_7
7	0.500	0.217	0.160	1.032	0.346	1.711	0.537	3.809
	0.400	0.270	0.127	1.285	0.276	2.130	0.427	4.572
	0.300	0.358	0.095	1.705	0.206	2.828	0.318	5.838
	0.200	0.534	0.063	2.545	0.137	4.221	0.210	8.362
	0.100	1.061	0.031	5.062	0.068	8.397	0.104	15.917
	∞	1.509	1.029	0.835	0.675	0.503	0.311	0.105
n	R_S/R_L	C_1	L_2	C_3	L_4	C_5	L_6	C_7

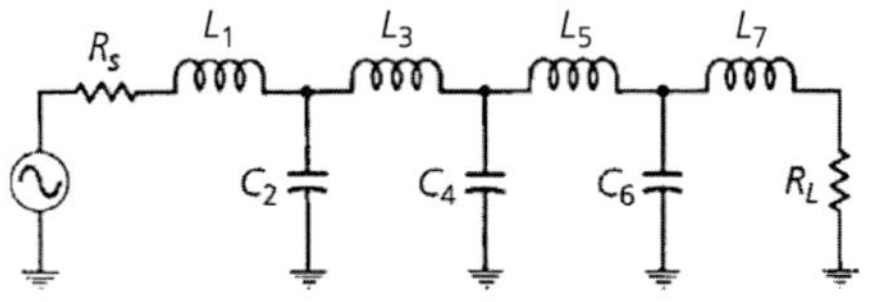

따라 신호의 지연 시간이 달라져서 신호 왜곡이 발생한다. Bessel 필터는 어느 정도의 선택도를 갖으면서도 최대 평탄(또는 상수) group delay(군 지연, 그룹 딜레이)을 갖는다. 따라서 광대역 신호가 통과할 때 최소 왜곡을 갖는다.

표 3-8은 Bessel 필터의 저역 통과 기본형의 소자 값이다. 표는 여러 가지 소스와 부하의 저항비에 대한 값을 표시하고 있다.

주파수와 임피던스 변환(Frequency and Impedance Scaling)

지금까지의 필터의 설계 과정은 다음과 같다. 먼저, (1) 필터의 종류를 정한다. (2) 감쇠 응답 특성을 선택한다. (3) 저역 통과 기본형 소자 값을 찾는다. 이제, 기본형 회로를 구현 가능한 필터로 변환한다. 기본형 회로는 차단 주파수는 0.159 Hz(ω = 1 rad/sec)이고, R_L = 1-Ω인 정규화된 소스와 부하의 저항값에서 동작한다.

다음 식들을 통해 변환한다.

$$C = \frac{C_n}{2\pi f_c R} \qquad \text{식 3-12}$$

그리고

$$L = \frac{RL_n}{2\pi f_c} \qquad \text{식 3-13}$$

여기서

C = 최종 커패시터 값

L = 최종 인덕터 값

C_n = 저역 통과 기본형 소자 값

L_n = 저역 통과 기본형 소자 값
R = 최종 부하 저항값
f_c = 최종 차단 주파수

정규화된 저역 통과 기본형의 소스와 부하 저항에 최종 부하 저항값을 곱하면 최종 설계값으로 변환된다(예제 3-5 참조). 두 저항 비는 항상 같다.

예제 3-5

그림 3-19 (예제 3-4)의 저역 통과 기본형 값을 변환하여 차단 주파수가 50 MHz이고 부하 저항이 250-Ω되도록 하라.

풀이

식 3-12와 식 3-13을 이용하여 각 소자를 변환하면 다음과 같다.

$$C_1 = \frac{3.546}{2\pi(50 \times 10^6)(250)} = 45 \text{ pF}$$

$$C_3 = \frac{9.127}{2\pi(50 \times 10^6)(250)} = 116 \text{ pF}$$

$$C_5 = \frac{7.889}{2\pi(50 \times 10^6)(250)} = 100 \text{ pF}$$

$$L_2 = \frac{(250)(0.295)}{2\pi(50 \times 10^6)} = 235 \text{ nH}$$

$$L_4 = \frac{(250)(0.366)}{2\pi(50 \times 10^6)} = 291 \text{ nH}$$

소스 저항은 정규화된 값에 부하의 최종 저항값을 곱하여 변환한다.

$$R_{s(\text{final})} = 0.2(250) = 50\ \Omega$$

최종 회로는 그림 3-21과 같다.

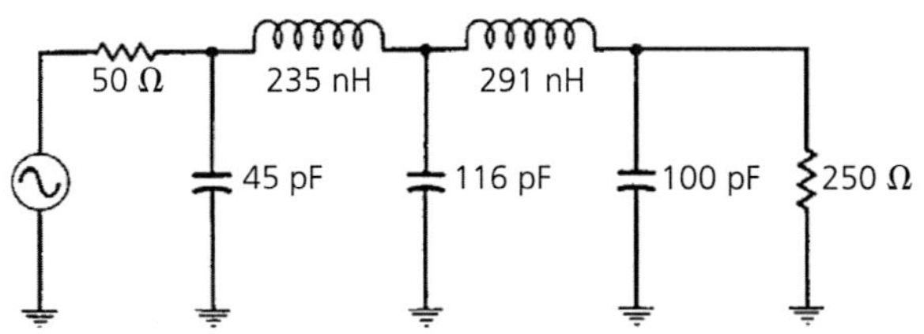

그림 3-21 예제 3-5의 LPF.

LPF를 설계하는 과정은 다음과 같다.

1. 선택한 주파수에서 요구되는 감쇠 특성을 명시하고, 원하는 응답을 정의하라.
2. 필터의 차단 주파수로 나누어 주파수를 정규화하라. 이 단계를 통해 원 데이터는 정규화된 감쇠 곡선의 데이터로 변환된다. 여기에서 곡선의 3-dB 점은

$$\frac{f}{f_c} = 1$$

3. 통과대역 내의 허용 가능한 최대 리플을 정하라. 허용 리플이 클수록 필터의 선택도는 높아짐에 유의하라. 즉, 큰 리플을 선택하면 필터 차수를 줄일 수 있다.
4. 주어진 감쇠 곡선으로부터 정규화된 감쇠 특성(step 1과 2)에 맞는 것을 찾아라. 실제 제작 과정에서 발생할 성능 악화를 대비하여 약간 여유를 갖고 선택하라. 이 단계를 통해 필터의 최소 차수가 결정된다.
5. 표에서 저역 통과 기본형 값을 찾아라.
6. 최종 설계하려는 주파수와 임피던스에 맞게 모든 값을 변환하라.

예제 3-6은 앞의 단계를 따라 진행된 LPF 설계 과정에 관한 예제다.

예제 3-6

다음 사양을 만족하는 LPF(저역 통과 필터)를 설계하라.

$$f_c = 35\text{ MHz}$$

105 MHz에서 60 dB 이상 감쇠,
최대 평탄 통과대역 – 허용 리플 = 0,

$$R_S = 50\ \Omega$$
$$R_L = 500\ \Omega$$

풀이

최대 평탄 통과대역이 필요하므로, Butterworth 응답을 선택한다. 먼저, 정규화를 진행한다. 즉,

$$\frac{R_S}{R_L} = \frac{50}{500} = 0.1$$

이제 관심 주파수를 정규화하고, 그림 3-9의 그래프를 이용한다.

$$\frac{f_{60\text{dB}}}{f_{3\text{dB}}} = \frac{105\text{ MHz}}{35\text{ MHz}} = 3$$

그림 3-9에서 f/f_c = 3에서 최소 60 dB가 되는 응답을 찾는다. 7차 이상의 스펙에서 요구한 감쇠가 가능하다. 표 3-2의 Butterworth 저역 통과 기본형 값을 참조하면 그림 3-22의 회로도를 얻을

수 있다.

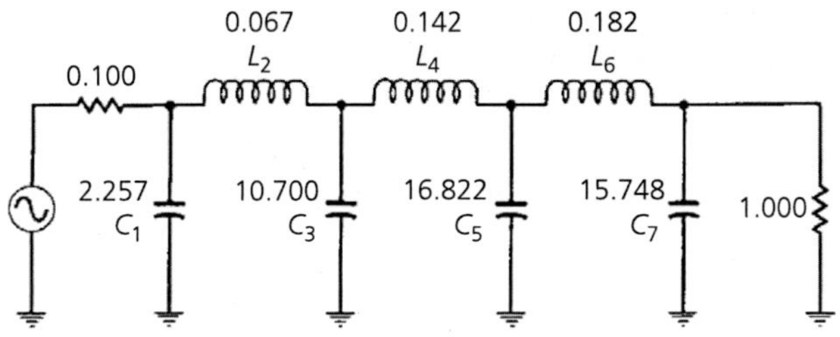

그림 3-22 예제 3-6의 저역 통과 기본형 회로.

이제 식 3-12와 3-13을 이용하여 값을 변환한다. 먼저, 두 값을 다음과 같이 변환한다.

$$C_1 = \frac{2.257}{2\pi(35 \times 10^6)500} = 21 \text{ pF}$$

$$L_2 = \frac{(500)(0.067)}{2\pi(35 \times 10^6)} = 152 \text{ nH}$$

이와 비슷하게 계산하면,

$$C_3 = 97 \text{ pF},$$
$$C_5 = 153 \text{ pF},$$
$$C_7 = 143 \text{ pF},$$
$$L_4 = 323 \text{ nH},$$
$$L_6 = 414 \text{ nH},$$
$$R_S = 50 \ \Omega,$$
$$R_L = 500 \ \Omega.$$

최종 회로는 그림 3-23과 같다.

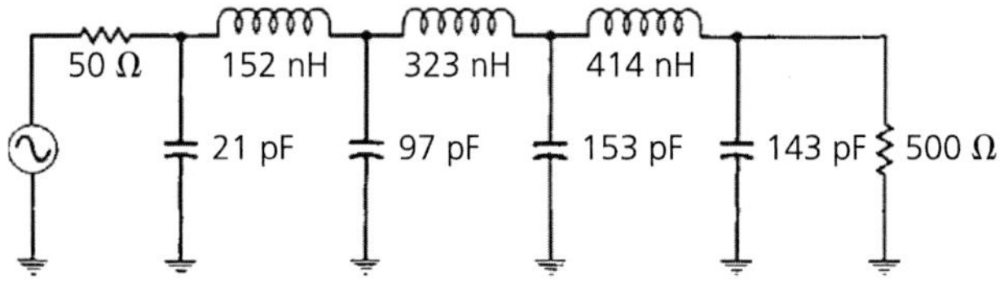

그림 3-23 예제 3-6의 LPF.

HPF 설계(High-Pass Filter Design)

앞서, LPF 설계를 배웠다면, HPF(고역 통과 필터) 설계는 매우 간단하다. LPF의 모든 감쇠 응답 곡선을 간단한 변환을 거침으로써 그대로 HPF 설계에 이용할 수 있다. 그림 3-16의 LPF의 f/f_c = 3에서 60-dB인 예를 생각해 보자. 이 값을 HPF 설계(5차의 0.1-dB 리플의 Chebyshev 형태의 HPF)에 적용하면, f/f_c = 1/3 (또는 f_c/f = 3)에서 5차 HPF의 감쇠는 60-dB가 된다)†.

이러한 변환 방법을 이용하는 것이 HPF에 대한 곡선을 참조하는 것 보다 훨씬 편리하다.

원하는 스펙을 만족 할 수 있는 응답을 찾은 후)‡, 다음 단계는 저역 통과 기본형 값을 참조한다. 고역 통과에 대한 소자 값은 저역 통과 기본형 값으로부터 다음의 과정을 통해 얻을 수 있다(그림 3-24 참조).

저역에서 고역 필터로 변환하는 방법은, LPF 소자 값을 간단히 역수를 취해 주면 된다. 그림 3-24B에서 L_1은 그림 3-24A의 $1/C_1$와 같다. 비슷하게 $C_2 = 1/L_2$, $L_3 = 1/C_3$. 즉, 저역 통과 기본형에서 커패시터의 값이 1.181-farad면 고역 통과 설계에서는 인덕터로 1/1.181 = 0.847-henry로 바뀌게 된다. 하지만, 소스와 부하 저항은 변경하면 안 된다.

변환 과정을 살펴보면, HPF의 감쇠 특성은 LPF 특성의 거울 이미지(mirror-image, 경상) 임을 알 수 있다. 만일 리플이 있다면 그대로 유지되고, 저지대역(또는 통과대역)의 스커트

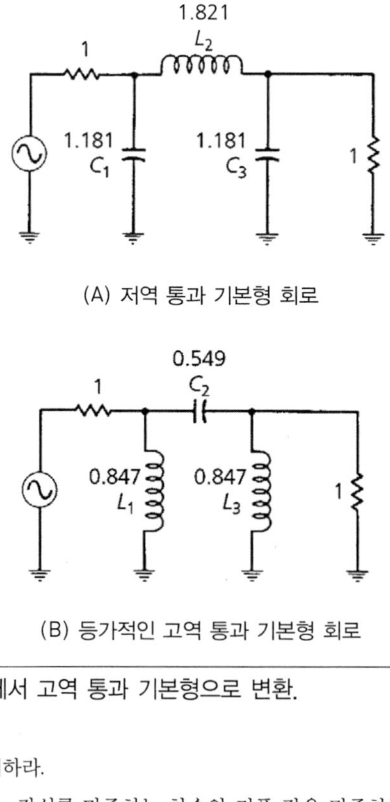

그림 3-24 저역 통과 기본형에서 고역 통과 기본형으로 변환.

† 역주: f와 f_c가 바뀌었음에 유의하라.

‡ 역주: f와 f_c을 바꾼 다음 원하는 감쇠를 만족하는 차수와 리플 값을 만족하는 저역 통과 감쇠 곡선이다.

감쇠 기울기 특성도 또한 그대로 유지된다. 예제 3-7은 HPF의 설계 예다.

예제 3-7에서 설계한 필터를 자세히 살펴보면 대칭적인 것을 알 수 있다. 소스와 부하의 종단이 같다면, 모든 필터는 대칭이 된다. 동일 종단 필터는 회로에서 계산량이 적어 설계가 쉬고, 동일 부품을 사용하기 때문에 부품 종류가 줄어들어 대량 양산 가격이 더 저렴하다.

예제 3-7

차단 주파수 f_c = 60 MHz이고 30 MHz에서 40 dB 이상의 감쇠를 갖는 LC HPF를 설계하라. 소스와 부하 저항은 300-Ω이다. 통과대역 내에서 허용 리플은 0.5 dB다.

풀이

먼저 저역 통과 감쇠 곡선에서 사용할 수 있도록, 감쇠 스펙을 정규화하라.

$$\frac{f}{f_c} = \frac{30\ \text{MHz}}{60\ \text{MHz}} = 0.5$$

역수를 취하면

$$\frac{f_c}{f} = 2$$

f_c/f = 2에서 40-dB 이상의 감쇠를 갖는 정규화된 LPF를 선택한다. 그림 3-17(0.5-dB 리플 Chebyshev 필터)을 참조하면, n = 5인 Chebyshev 감쇠가 원하는 감쇠 스펙을 만족한다. 표 3-6에 관련 회로의 정규화된 소자 값이 나와 있다. 정규화된 저역 통과 기본형 회로는 그림 3-25와 같다. 여기서, 표 3-6B 상단 회로보다는 하단에 회로를 저역 통과 기본형 회로로 선택한다. 그 하단 회로를 선택한 이유는 다음 설계 단계에서 설명할 것이다. R_s/R_L와 R_L/R_s 비가 모두 1임을 기억하라. 따라서 기본형 회로로 어떤 형태를 사용해도 무방하다.

다음, 인덕터(커패시터)를 커패시터(인덕터)로 치환하여, 저역 통과 회로를 고역 통과 회로로 변환한다. 그 결과로 그림 3-25B와 같이 역수 소자 값을 얻는다. 그림 3-25B는 인덕터가 2개인데 반해, 만약 표 3-6B의 상단 회로를 기본형으로 시작하여 변환을 하면 인덕터가 3개가 된다.

필터 설계에서 인덕터의 개수를 줄이는 것이 중요하다. 마지막으로, 식 3-12와 식 3-13을 이용하여 회로를 임피던스 변환과 주파수 변환을 한다. 먼저 소자 2개에 대한 계산은 아래와 같다.

$$C_1 = \frac{\frac{1}{1.807}}{2\pi(60 \times 10^6)(300)} = 4.9\ \text{pF}$$

$$L_2 = \frac{300\left(\frac{1}{1.303}\right)}{2\pi(60 \times 10^6)} = 611\ \text{nH}$$

나머지 값들의 결과는 다음과 같다.

$$C_3 = 3.3\ \text{pF}$$

$$C_5 = 4.9 \text{ pF}$$

$$L_4 = 611 \text{ nH}$$

최종 필터의 회로는 그림 3-25C와 같다.

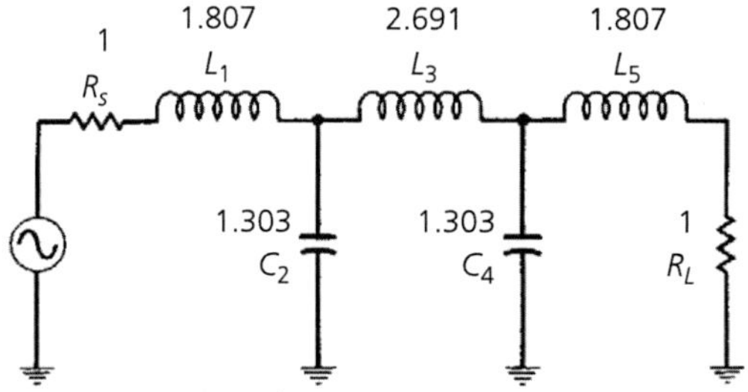

(A) 정규화된 저역 통과 필터 회로

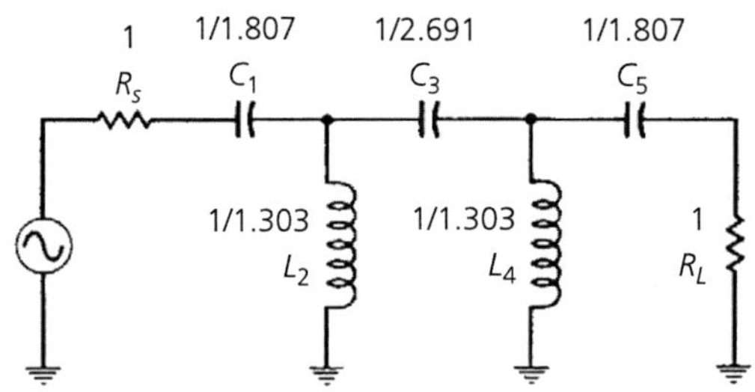

(B) 고역 통과 변환

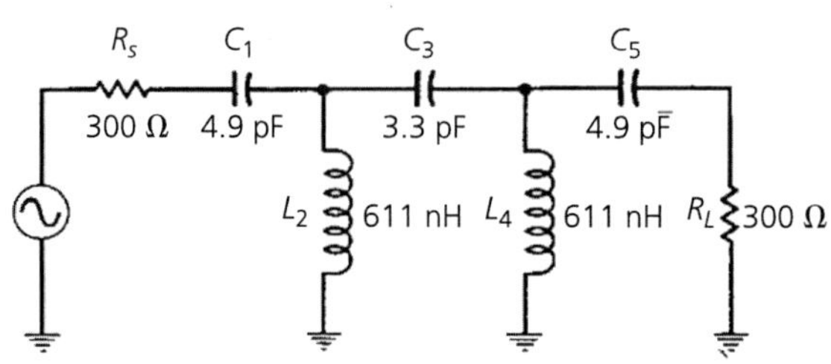

(C) 주파수와 임피던스 변환 회로

그림 3-25 예제 3-7의 고역 통과 필터 설계.

Dual(쌍대) 회로(The Dual Network)

지금까지, LPF 기본형 소자 값들을 참조한 다음, R_L/R_s 값에 따라 설계하려는 회로를 표의 상단이나 하단의 회로 중 하나를 선택하였다. 두 필터는 동일한 감쇠 · 위상 · 군지연 특성을 갖는다. 이러한 회로 형태를 서로에 대해 dual(듀얼, 쌍대)[†]이라고 부른다.

† 역주: dual은 雙對(쌍대)라고도 하며, 전기회로에서 (전류, 전압), (직렬 회로, 병렬 회로), (저항, 컨덕턴스), (커패시터, 인덕턴스), (테브닌 등가, 노턴 등가) 와 같은 쌍을 말한다.

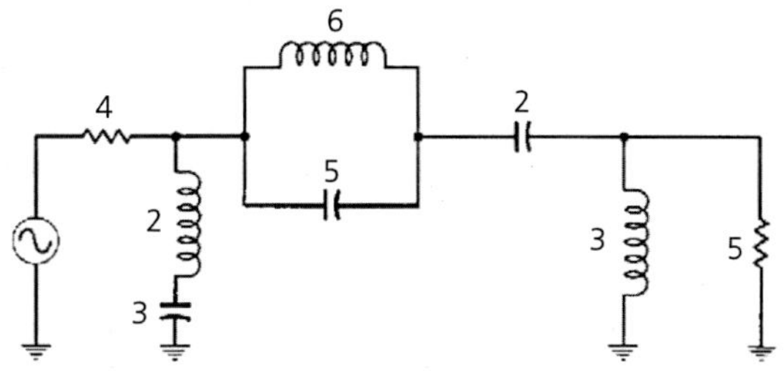

(A) ladder 회로

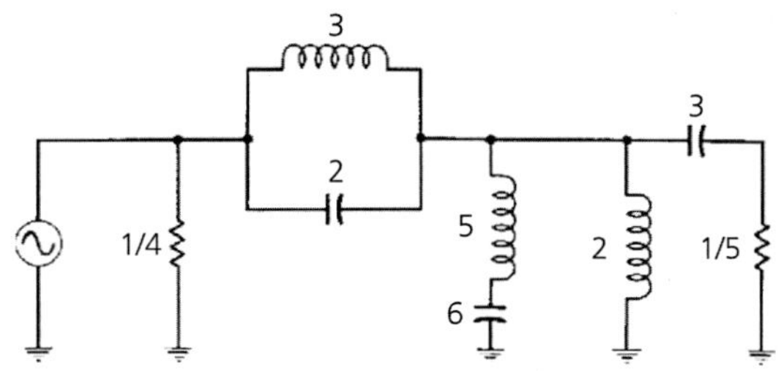

(B) 위의 dual 형태

그림 3-26 Duality(쌍대성).

여기서, ladder(래더, 사다리) 모양의 모든 필터 회로는 다음의 규칙에 의해 dual 형태로 변형이 가능하다.

1. 소자 값을 변경하지 않고 모든 인덕터와 커패시터는 커패시터와 인덕터로 각각 바꿔라. 즉, 3-henri의 인덕터는 3-farad의 커패시터로 바꿔라.
2. 소자 값의 변경 없이 모든 저항과 컨덕턴스는 컨덕턴스와 저항으로 각각 바꿔라. 즉, 3-Ω의 저항은 3-℧(mho) 또는 $\frac{1}{3}$-Ω으로 바꿔라.
3. 모든 션트와 직렬 분기는 직렬과 션트 분기로 각각 바꿔라.
4. 서로 직렬과 병렬로 결선된 모든 소자는 병렬과 직렬 결선의 소자로 각각 바꿔라.
5. 모든 전압원(voltage source)과 전류원은 전류원과 전압원으로 각각 바꿔라.

그림 3-26은 ladder 회로와 그 dual 회로를 보여주고 있다.

필터를 응답을 그대로 유지하면서 필터의 구조를 변형하고자 하는 경우, dual 회로를 사용하면 편리하다. 예제 3-7과 같이, 여러 가지 변환을 통해 발생한 불필요한 인덕터를 제거하기 위해서도 dual 회로를 자주 사용한다. 인덕터는 커패시터보다 Q가 낮기 때문에, 인덕터가 많으면 커패시터를 주로 사용하는 설계보다 손실이 크다. 이러한 손실은 필터의 성능을 저하시키는 것 이외에도 삽입 손실의 원인이 된다. 따라서 가능하면 회로에서 최소 인덕터를 사용해야 한다.

종단 저항이 서로 다른 회로의 dual 회로를 실험할 때는 주의해야 한다. 특히, 부하와 소스 저항을 설계 기준(criteria)으로 소스와 부하 저항값을 필터의 요구에 맞게 변경할 수 없는 경우에는 각별한 주의해야 한다. 종단 저항이 같지 않는 dual 회로에서, 그림 3-26과 같이 종단 저항은 정의에 의해 반드시 변환해야 한다.

대역 통과 필터(Bandpass Filter Design)

이번 장에서 다룬 저역 통과 기본형 회로와 감쇠 응답 곡선은 대역 통과 필터를 설계할 때에도 이용될 수 있다. 이 과정은 고역 통과 필터에서 행한 것과 유사하게 간단한 변환을 통해 이루어진다.

저역 통과 기본형으로부터 BPF를 유도할 때, 가장 어려운 것은 BPF의 감쇠 특성을 저역 통과 응답 곡선을 이용하여 명시하는 것이다. 그림 3-27을 참조하라. 저역 통과 설계를 대역 통과 설계로 변환할 때, 그림에서 알 수 있듯이 감쇠 대역폭의 비는 그대로 유지된다. 이것이 의미하는 것은 3-dB 차단 주파수(예를 들어 2 kHz)를 갖는 LPF는 3-dB 대역폭(예를 들어 2 kHz)을 갖는 BPF로 변환된다는 것이다. 저역 통가 회로의 응답이 4 kHz($f/f_c = 2$)에서 30-dB 감쇠를 갖는다면, 대역 통과 회로의 응답도 4 kHz 대역폭에서 30-dB의 감쇠를 갖는다. 즉, 정규화된 LPF 감쇠 곡선의 f/f_c 축은 주파수가 아닌 대역폭의 비가 된다.

$$\frac{BW}{BW_c} = \frac{f}{f_c} \qquad \text{식 3-14}$$

여기서

BW = 요구되는 감쇠 값에서의 대역폭

BW_c = 대역 통과 필터의 3-dB 대역폭

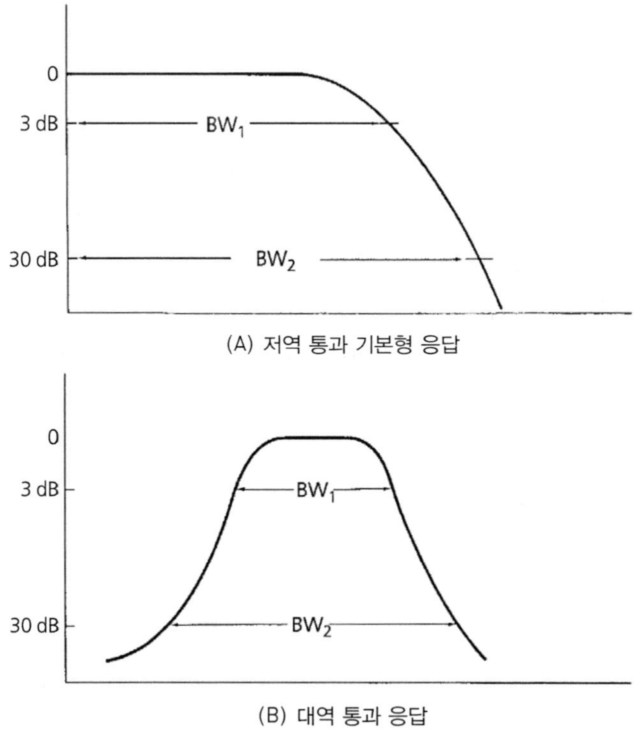

그림 3-27 저역 통과에서 대역 통과로의 변환 대역폭.

예제 3-8

아래 BPF의 사양을 만족할 수 있는 Butterworth 저역 통과 기본형(prototype) 회로를 구하라.

$$BW_{3\text{dB}} = 2\text{ MHz}$$
$$BW_{40\text{dB}} = 6\text{ MHz}$$

풀이

여기서는 대역 통과 응답의 중심 주파수에 관해서는 언급하지 않았다. BPF 스펙과 저역 통과 응답 곡선과의 관계만을 이야기하고 있다. 식 3-14를 이용하면

$$\frac{BW}{BW_c} = \frac{f}{f_c} = \frac{BW_{40\text{dB}}}{BW_{3\text{dB}}} = \frac{6\text{ MHz}}{2\text{ MHz}} = 3$$

따라서 그림 3-9의 Butterworth 응답 곡선 중에서 $f/f_c = 3$에서 40-dB의 감쇠를 만족하는 곡선을 선택한다. 그림으로부터, 필요한 감쇠는 5차 Butterworth 필터로 얻을 수 있다.

예제 3-8과 같이 대역 통과 응답을 명시되어 있지 않는 경우가 있다. 응답 대신 그림 3-28의 곡선과 같이, 특정한 주파수에서 감쇠 값이 주어질 때가 있다. 이러한 경우, 원하는 스펙을 식 3-14을 이용하여 변환을 해야 한다. 예를 들어, 그림 3-28을 생각해 보자. 먼저, 데이터를 대역폭의 비로 변환해야 한다. 이를 위해 다음과 같은 방법으로 먼저 f_3을 찾아야 한다.

대역 통과 필터의 주파수 응답은 기하학적인(geometric) 대칭을 갖는다. 즉, 로그(logarithmic) 스케일로 그리게 될 때만 대칭적인 응답이 된다. 기하적인 대칭 필터의 중심 주파수는 다음 식에 의해 주어진다.

$$f_o = \sqrt{f_a f_b} \qquad \text{식 3-15}$$

여기서 f_a과 f_b는 동일한 감쇠를 갖는 두 주파수(하나는 통과대역보다 낮고 하나는 높다)이다. 그림 3-28의 응답 곡선에서 중심 주파수는 다음과 같이 되어야 한다.

$$f_o = \sqrt{(45)(75)\text{ MHz}} = 58.1\text{ MHz}$$

f_3을 구하기 위해 식 3-15를 이용한다.

$$58.1 = \sqrt{f_3(125)}$$

즉,

$$f_3 = 27\text{ MHz}$$

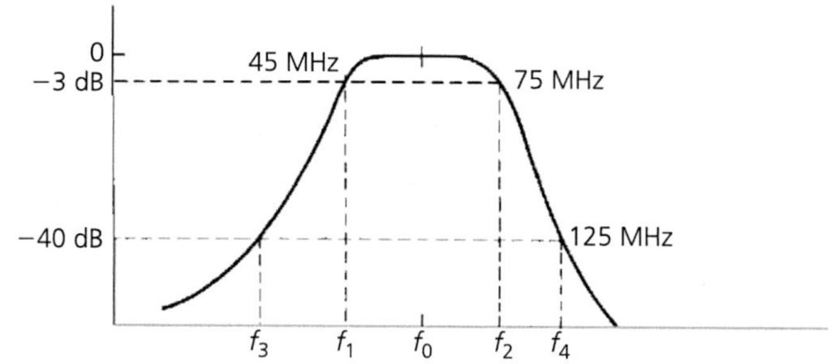

그림 3-28 전형적인 대역 통과 스펙.

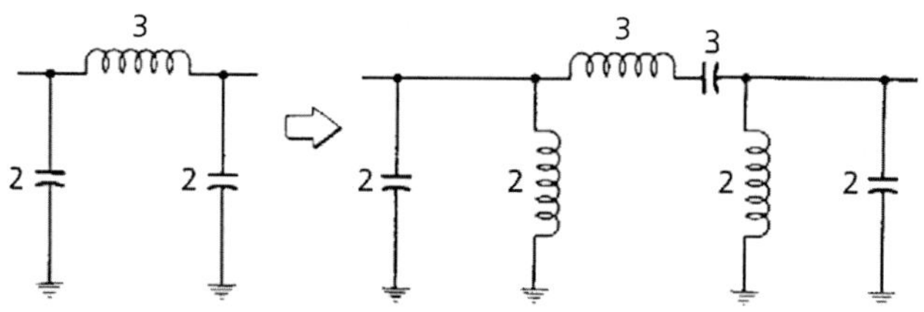

그림 3-29 저역 통과에서 대역 통과로의 회로 변환.

f_3을 구했으면, 그림 3-28의 데이터를 식 3-14 형태로 고칠 수 있다.

$$\frac{BW_{40\text{dB}}}{BW_{3\text{dB}}} = \frac{125\text{ MHz} - 27\text{ MHz}}{75\text{ MHz} - 45\text{ MHz}}$$
$$= 3.27$$

저역 통과 기본형 곡선 중에서 응답 곡선 중에서 $f/f_c = 3.27$에서 40-dB 이상의 감쇠 곡선을 선택한다. 4차 이상의 Butterworth 필터가 원하는 감쇠 특성을 만족한다.

저역 통과에서 대역 통과 구조로의 변환은 저역 통과의 각 소자를 공진 구조로 바꾸면 된다. 저역 통과의 모든 션트 소자는 병렬 공진 회로로 바뀌고, 모든 직렬 소자는 직렬 공진 회로가 변환한다. 그림 3-29는 이 과정에 대한 예시를 보여주고 있다.

마지막으로, 공진 회로로 변환한 필터를 다음 식에 의해 주파수와 임피던스 변환을 수행한다. 병렬 공진부에 대해,

$$C = \frac{C_n}{2\pi RB} \qquad \text{식 3-16}$$

$$L = \frac{RB}{2\pi f_0^2 L_n} \qquad \text{식 3-17}$$

직렬 공진부에 대해,

$$C = \frac{B}{2\pi f_0^2 C_n R} \qquad \text{식 3-18}$$

$$L = \frac{RL_n}{2\pi B} \qquad \text{식 3-19}$$

여기서

R = 최종 부하 임피던스

B = 최종 설계의 3-dB 대역폭

f_o = 최종 설계의 중심 주파수(기하 평균)

L_n = 정규화된 인덕터 대역 통과 소자 값

C_n = 정규화된 커패시터 대역 통과 소자 값

예제 3-9는 BPF를 설계의 최종 과정을 보여주고 있다.

BPF 설계 요약(Summary of the Bandpass Filter Design Procedure)

1. 식 3-14를 이용하여 대역 통과의 원하는 사양을 저역 통과 사양으로 변환한다.
2. 저역 통과 사양을 만족하는 저역 통과 감쇠 곡선을 선택한다.
3. 저역 통과 기본형 회로와 소자 값을 구한다.
4. 저역 통과 회로를 대역 통과 구조로 변환한다.
5. 식 3-16 ~ 식 3-19를 이용하여 임피던스와 주파수 변환을 수행하면, 최종 대역 통과 구조가 된다.

BRF 설계(BAND-REJECTION FILTER DESIGN)

BRF(band-rejection filter, 대역 저지 필터)설계는 BPF 설계와 유사하다. 대역 저지는 그림 3-30과 같이 특정한 주파수 대역에서 신호를 제거하는 것을 말한다.

대역 통과 설계와 유사하게, BRF 설계는 저역 통과 기본형 설계로부터 시작한다. 먼저, 대역 저지 사양을 저역 통과 감쇠 곡선으로 정의한다. 이것은 식 3-14를 역으로 사용하면 된다. 그림 3-30을 참고하면,

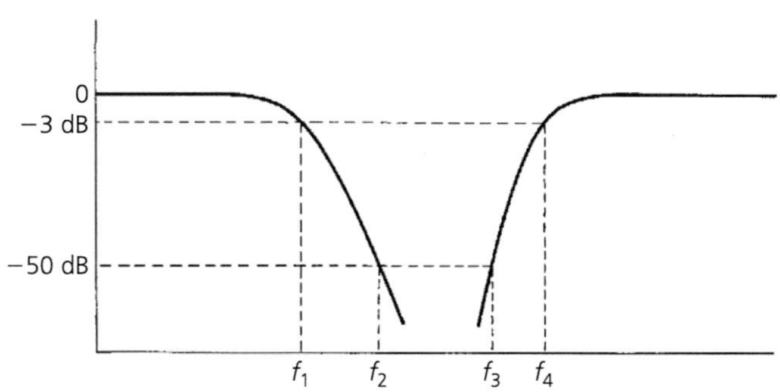

그림 3-30 전형적인 대역 저지 필터 곡선.

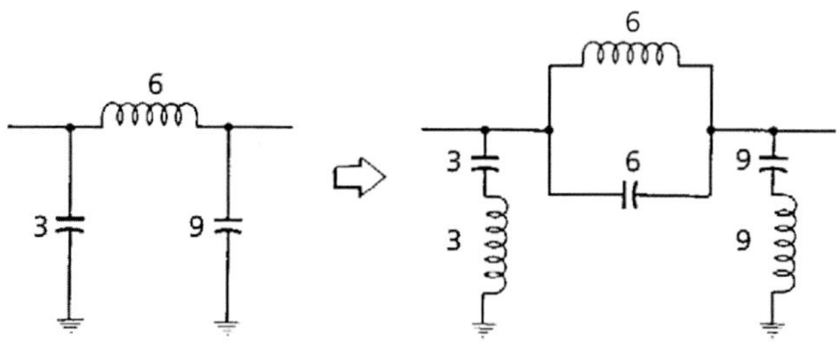

그림 3-31 저역 통과에서 대역 저지로의 변환.

$$\frac{BW_c}{BW} = \frac{f_4 - f_1}{f_3 - f_2}$$

이 식을 이용하면, 저역 통과 감쇠 곡선에서 정규화된 주파수인 f_c/f 대신 BW_c/BW로 대치하면 저지 감쇠 특성을 알 수 있다. 저역 통과 기본형으로부터 차수가 정해지면, 저역 통과 회로는 다음의 과정을 통해 대역 저지 구조로 변환된다.

저역 통과 기본형 회로에서 각 션트 소자는 션트 결선의 **직렬 공진 회로**로, 각 직렬 소자는 직렬 결선의 **병렬 공진 회로**로 변환된다.

그림 3-31은 이 과정을 보여주고 있다. 각 공진 회로의 두 소자 값은 동일하고 정규화된 값임에 유의하라.

일단 기본형 회로를 대역 저지 구조로 변환했으면, 이제 다음 식에 의해 임피던스와 주파수 변환을 수행한다. 모든 직렬 공진 회로에 대해,

$$C = \frac{C_n}{2\pi RB} \quad \text{식 3-20}$$

$$L = \frac{RB}{2\pi f_0^2 L_n} \quad \text{식 3-21}$$

모든 병렬 공진 회로에 대해,

$$C = \frac{B}{2\pi f_0^2 RC_n} \quad \text{식 3-22}$$

$$L = \frac{RL_n}{2\pi B} \quad \text{식 3-23}$$

여기서

B = 3-dB 대역폭
R = 최종 부하 임피던스
f_o = 중심 주파수(기하 평균)
C_n = 정규화된 커패시터 대역 저지 소자 값
L_n = 정규화된 인덕터 대역 저지 소자 값

예제 3-9

다음의 사양을 만족하는 BPF를 설계하라.

$$f_o = 75\text{ MHz},\ \text{통과대역 리플} = 1\text{-dB},$$
$$BW_{3dB} = 7\text{ MHz},\ R_s = 50\text{-}\Omega,$$
$$BW_{45dB} = 35\text{ MHz},\ R_L = 100\text{-}\Omega.$$

풀이

식 3-14를 이용하면

$$\frac{BW_{45dB}}{BW_{3dB}} = \frac{35}{7} = 5$$

그림 3-18의 1-dB 리플 Chebyshev 저역 통과 감쇠 곡선에서, f/f_c 대신에 위의 값을 대입한다. 그림을 살펴보면, 3차 필터가 $f/f_c = 5$에서 약 50-dB 감쇠로 설계 사양을 만족하고 있다. $R_s/R_L = 0.5$와 $n = 3$에 대한 관련 소자 값은 표 3-7에 표시되어 있다. 저역 통과 기본형 회로는 3-32A와 같고, 이를 대역 통과 기본형으로 변형하면 그림 3-32B와 같이 된다. 마지막으로 식 3-16~식 3-19를 이용하여 그림 3-32C의 최종 회로를 얻는다. 계산은 다음과 같다. 식 3-16과 식 3-17을 이용하면,

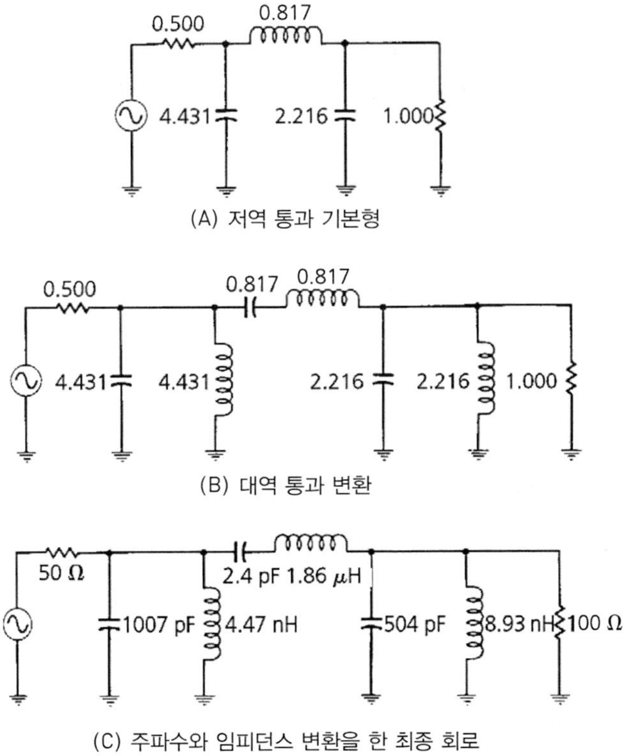

그림 3-32 예제 3-9에 대한 대역 통과 필터 설계.

$$C_1 = \frac{4.431}{2\pi(100)(7\times10^6)} = 1007\ \text{pF}$$

$$L_1 = \frac{(100)(7\times10^6)}{2\pi(75\times10^6)^2(4.431)} = 4.47\ \text{nH}$$

식 3-18과 식 3-19를 이용하면,

$$C_2 = \frac{7\times10^6}{2\pi(75\times10^6)^2(0.817)100} = 2.4\ \text{pF}$$

$$L_2 = \frac{(100)(0.817)}{2\pi(7\times10^6)} = 1.86\ \mu\text{H}$$

비슷하게 계산하면,

$$C_3 = 504\ \text{pF}$$

$$L_3 = 8.93\ \text{nH}$$

유한한 Q의 영향(The Effects of Finite Q)

지금까지 설계에서 인덕터와 커패시터를 무손실로 가정하였다. 이장에서 제시된 모든 응답 곡선은 이 가정을 바탕으로 그려진 것이다. 하지만, 1장과 2장에서 배웠듯이 커패시터는 무한한 Q로 근사화할 수도 있지만, 인덕터는 그렇지 못하다. 따라서 인덕터의 유한한 Q의 영향을 필터 설계에서 고려해야 한다.

설계에서 무손실 소자 대신에 유한한 소자 Q를 사용하면, 다음과 같은 원치 않는 효과가 나타난다(그림 3-33 참조).

1. 최종 저지대역 감쇠는 변함이 없지만, 필터의 삽입 손실이 증가한다. 통과대역과

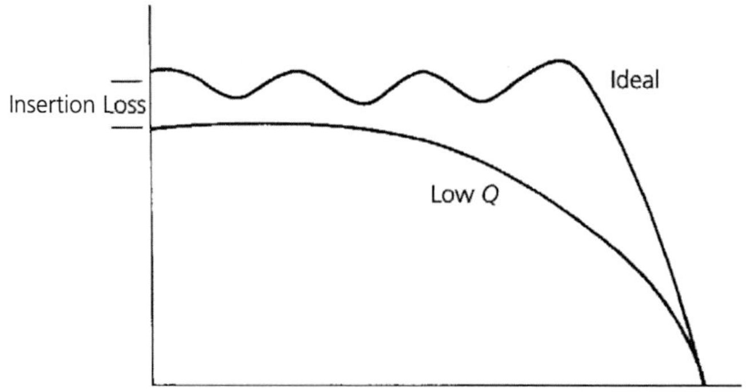

그림 3-33 필터 응답에서 유한한 Q 소자의 영향.

표 3-9 필터 소자로 요구되는 Q 값.

Filter Type	Minimum Element Q Required
Bessel	3
Butterworth	15
0.01-dB Chebyshev	24
0.1-dB Chebyshev	39
0.5-dB Chebyshev	57
1-dB Chebyshev	75

저지대역 간의 상대적인 감쇠가 줄어든다.

2. 차단 주파수(f_c) 근처에서 응답 곡선이 완만해지고, 원래 의도했던 3-dB 감쇠보다 감쇠가 더 커진다.
3. 통과대역에서 설계한 리플이 작아진다. 만일, 소자 Q가 매우 낮으면 리플은 완전히 사라지게 된다.
4. 대역 저지 필터의 저지대역 감쇠가 유한해진다. 또한, 통과대역에서 삽입 손실이 증가하면서 통과대역과 저지대역 간의 상대적인 감쇠가 크게 줄어든다.

이러한 부정적인 영향에도 불구하고, 지금까지의 설계 방법으로 이상적인 응답과 매우 유사한 필터 설계를 할 수 있다. 중요한 것은 가용할 수 있는 최대 Q를 갖는 인덕터를 설계에 사용하는 것이다. 표 3-9는 몇 가지 필터 설계에서 필요한 최소 Q 값을 개략적으로 보여주고 있다. 하지만, Q가 낮은 소자를 사용하면 소자의 Q값에 따라 실제 감쇠는 이상적인 감쇠에서 벗어난다는 점에 유의하라. 따라서 가능한 한 높은 Q를 갖는 소자를 사용하는 것이 좋다.

필터의 삽입 손실은 2장에서 사용한 방법과 동일하게 계산할 수 있다. 이상적인 리액티브 소자를 Q 값과 관련한 리액티브와 저항으로 대치하고, 소스에서 부하까지 전압 분배 규칙을 적용하여 삽입 손실을 구할 수 있다.

CHAPTER 4

임피던스 매칭

Impedance Matching

임피던스 매칭(matching, 정합)은 소스와 부하 사이의 최대 전력 전달을 위해 RF 회로에 흔히 사용된다. 최대 전력 전송의 적절한 예로, 감도가 좋은 수신기에서 front-end(前端-전치)를 들 수 있다. 이러한 회로에서는 매우 작은 신호를 다루기 때문에 불필요한 어떤 손실도 허용되지 않는다. 따라서, 이러한 대부분의 예에서는 초기 설계에서 각 단에 있는 소자가 다음 단의 부하에 매칭되도록 매우 주의하면서 설계해야 한다.

이 장에서는, 소스에서 부하로 매칭하는 몇 가지 기법에 대해 다룰 것이다. 매칭 기법으로 수치적인 방법, Smith Chart를 이용하는 방법, 소프트웨어 설계 툴(tool)을 이용하는 방법 등을 다룰 것이다. 단계별 과정을 통해 가능한 쉽게 계산하도록 할 것이다.

배경 지식(Background)

DC 회로에서 소스에서 부하로의 최대 전력은 부하 저항과 소스 저항이 같을 때 일어난다는 사실은 잘 알려진 정리다. 간단한 계산을 통해 이 사실을 증명할 수 있다(그림 4-1 참조). 편의상 계산할 때 소스 저항은 1-Ω, 소스 전압은 1-V로 가정한다.

최대 전력 전달 조건

전력 정리: 그림 4-1A의 회로에서 최대 P_{out}은 $R_L = R_s$에서 일어난다. 전압 분배식에서

$$V_1 = \frac{R_L}{R_S + R_L}(V_S)$$

편의를 위해 $V_s = 1$과 $R_s = 1$이라 하자. 그러면,

$$V_1 = \frac{R_L}{1 + R_L}$$

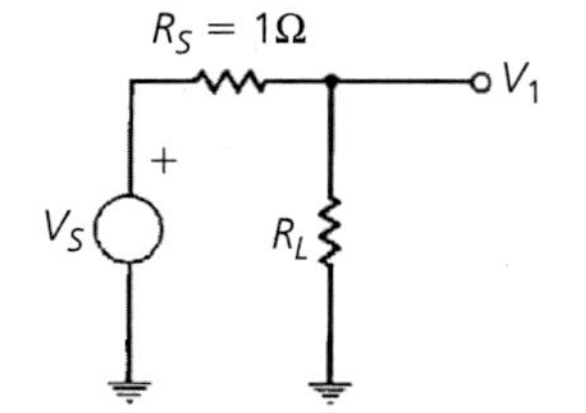

(A) 회로

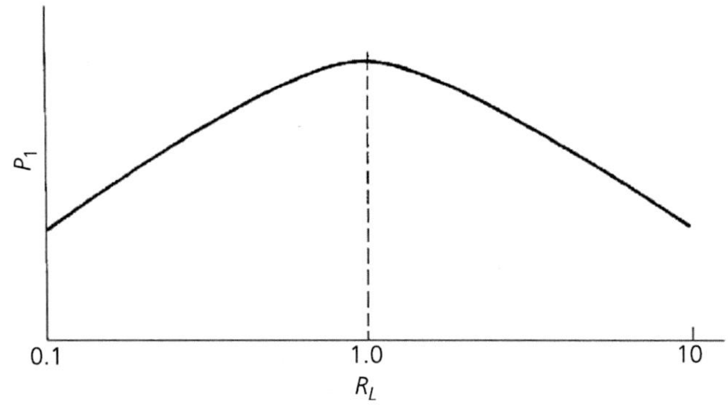

(B) 그래프

그림 4–1 전력에 관한 정리.

이때 R_L으로 전달되는 전력은

$$
\begin{aligned}
P_1 &= \frac{V_1^2}{R_L} \\
&= \frac{\left(\dfrac{R_L}{1+R_L}\right)^2}{R_L} \\
&= \frac{R_L}{(1+R_L)^2}
\end{aligned}
$$

앞의 식에서 R_L에 대한 P_1의 그래프를 그려보면 그림 4-1B와 같다.

AC나 시변(time-varying) 파형에서 최대 전력 전달 조건은, 부하 임피던스(Z_L)가 소스 임피던스의 복소 공핵(complex conjugate) 관계일 때 일어난다. '복소 공핵' 이란 복소 임피던스의 실수부(real part)는 변함없고, 리액턴스부의 부호를 반대로 취하는 것을 말한다. 즉, 소스 임피던스가 $Z_s = R + jX$이면, 복소 공핵은 $Z_s = R - jX$이다.

그림 4-1의 수학식을 살펴보면, 부하 임피던스가 소스 임피던스의 복소 공핵에서 최대 전력 전달이 일어나는 것이 명확하다. 그림 4-2를 참조하라. 직렬 리액턴스 성분 $+jX$(인덕터)를 갖는 소스(Z_s)에 복소 공핵 부하 임피던스가 연결되어 있다—R_L에 직렬로 $-jX$가 연결된 부하. 소스의 $+jX$ 성분과 부하의 $-jX$ 성분은 직렬로 놓여 있으므로, 서로 상쇄되어 R_s와 R_L만 남게 되어, 앞의 정리와 같은 조건이 된다. 즉, R_s와 R_L이 같기 때문에 최대 전력

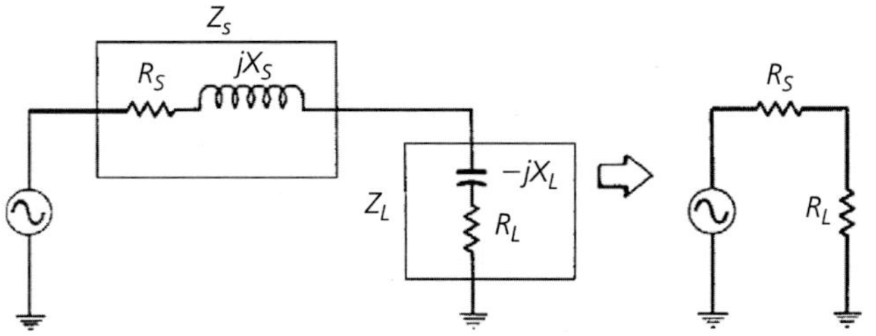

그림 4-2 소스가 복소 공핵 부하에 연결될 때의 등가 회로.

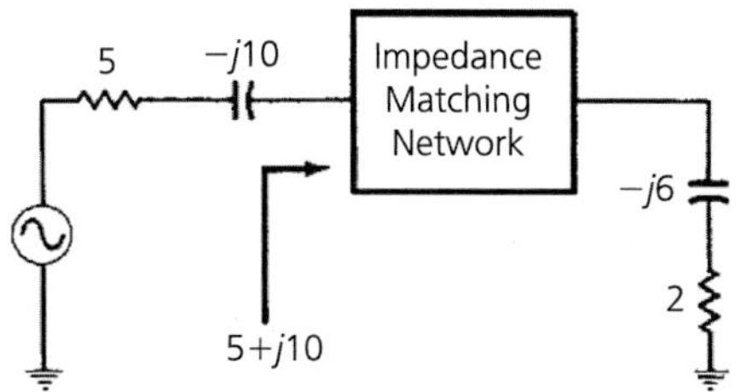

그림 4-3 임피던스 변환.

전달이 일어난다. 따라서 소스가 복소 공핵 임피던스에 연결되면, 소스 리액턴스는 부호가 다른 부하의 리액턴스와 공진을 일으키게 되어, 소스와 부하의 저항 성분만 남는다.

즉, 부하에 최대 전력을 전달하기 위해, 매칭 회로의 기능은 부하 임피던스를 소스 임피던스의 복소 공핵으로 보이도록 하는 것이다. 그림 4-3은 매칭 회로에 의해 $2 - j6\ \Omega$ 부하 임피던스를 $5 + j10\ \Omega$로 변환하는 것을 보여주고 있다. 이렇게 되면, 소스에서 보이는 부하 임피던스는 소스 임피던스의 복소 공핵 관계인 $5 + j10$로 보인다. 여기서 유의해야 할 점은 리액턴스는 주파수 의존성이 있기 때문에, 완전한 임피던스 매칭은 한 주파수에서만 일어날 수 있다는 것이다. 매칭 주파수에서 $+jX$ 성분이 $-jX$에 의해 상쇄되고 공진이 일어난다. 매칭 중심 주파수를 벗어나는 다른 주파수에서 임피던스 매칭 특성은 점진적으로 나빠지다가 완전히 사라진다. 넓은 통과대역 내에서 완전한 매칭을 해야 하는 광대역 회로에서 이러한 매칭 대역폭이 문제가 될 수 있다. 대역폭을 넓힐 수 있는 여러 가지 방법이 있다. 이 장의 뒷부분에서 몇 가지 방법을 소개할 것이다.

그림 4-3의 임피던스 매칭 기능을 할 수 있는 회로는 무수히 많다. 적용 분야에 따라 두 개의 소자로 구성된 LC 회로이거나, 혹은 복잡한 일곱 개의 소자로 구성된 필터가 될 수도 있다. 이들은 모두(한 주파수에서) 동일한 기능을 한다. 여기서는 여러 가지 매칭 회로들에 대한 특징을 파악하는 것이 목적이다. 이 장을 공부하면, 어떠한 복소 부하 값이라도 쉽게 매칭을 할 수 있을 것이다.

L-회로 매칭(The L Network)

매칭 회로 가운데 가장 간단하면서도 가장 흔하게 사용하는 회로가 그림 4-4의 'L-회로'다.

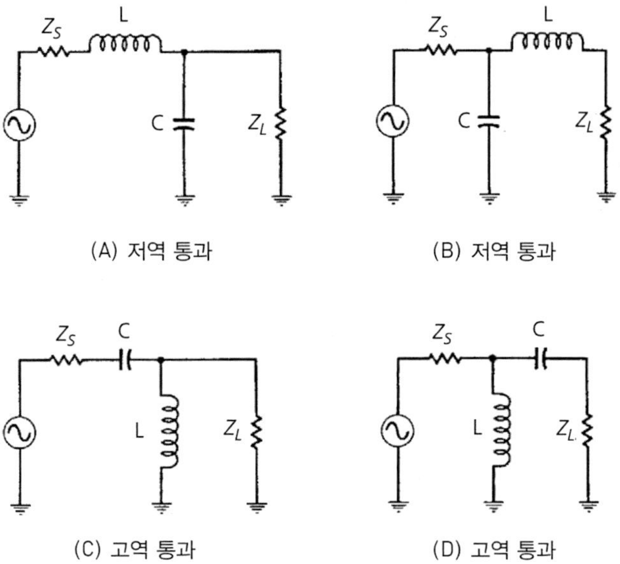

그림 4-4 L-회로망.

이 회로의 이름은 소자의 배치 모양이 'L' 자을 닮은 데서 붙여졌다. 인덕터와 커패시터의 배치에서 알 수 있듯이, L-회로는 4 가지의 구조가 있다. 그림 4-4A와 4-4B는 저역 통과 구조이고, 그림 4-4C와 4-4D는 고역 통과 구조다. 이러한 특성은 3장에서 다루었다.

매칭 회로 설계 식을 다루기에 앞서, 먼저 매칭 회로를 분석하여 어떻게 임피던스 매칭이 일어나는지 살펴보자. 해석을 해보면, 임피던스 매칭 개념에 대해 여러분이 갖는 '마법(black magic)' 이 조금 이해될 것이다.

그림 4-5는 100-Ω 소스와 1000-Ω 부하를 매칭하는 간단한 L-회로 매칭이다. 만일 임피던스 매칭 회로 없이 100-Ω 소스가 직접 1000-Ω 부하를 구동하는 경우, 가용 전력(available power)의 약 4.8 dB의 손실을 갖는다. 임피던스 매칭 회로를 삽입하면, 이러한 손실 없이 부하로 최대 전력이 전달된다. 최대 전력 전달이 되는 조건은 100-Ω 소스에서 임피던스 매칭 회로 쪽을 바라보는 임피던스가 100-Ω이 되면 된다. 어떻게 이런 조건이 되도록 설계할 수 있겠는가?

그림 4-5를 분석해 보면, 매우 간단하게 매칭이 일어나는 것에 놀라게 될 것이다. 그림 4-6을

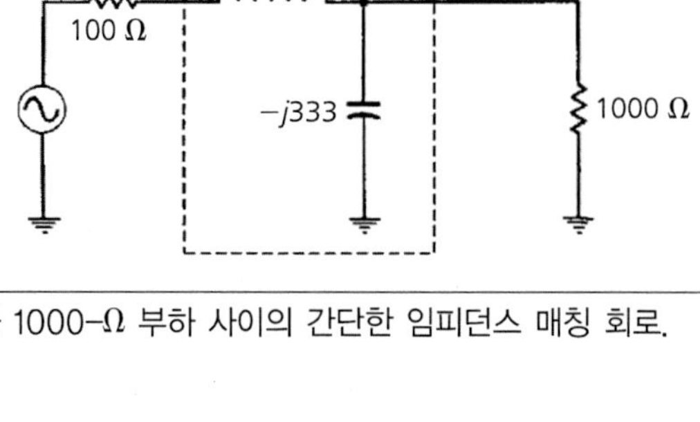

그림 4-5 100-Ω 소스와 1000-Ω 부하 사이의 간단한 임피던스 매칭 회로.

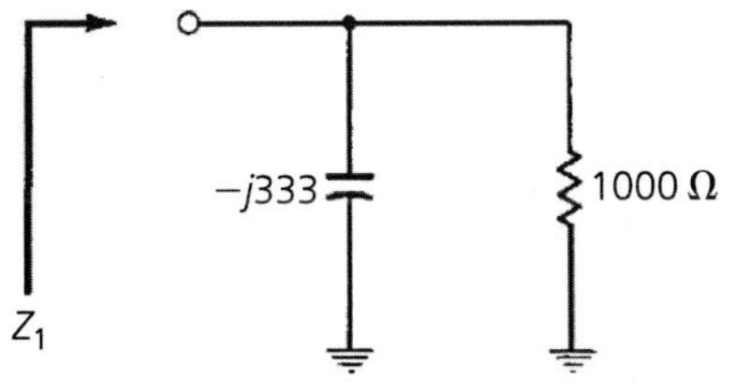

그림 4-6 R_L과 X_c가 병렬로 연결될 때의 임피던스.

살펴보라. $-j333$-Ω의 커패시터가 1000-Ω의 부하 저항에 병렬로 연결되었을 때 부하 임피던스가 실제 어떻게 보이는지 먼저 구해보자.

$$
\begin{aligned}
Z &= \frac{X_c R_L}{X_c + R_L} \\
&= \frac{-j333(1000)}{-j333 + 1000} \\
&= 315\angle -71.58^\circ \\
&= 100 - j300\ \Omega
\end{aligned}
$$

따라서 $-j333$ Ω이 1000-Ω에 병렬로 결선되면 임피던스는 100 − $j300$ Ω으로 보인다. 이것은 그림 4-7과 같이 100-Ω 저항에 $-j300$ Ω 커패시터가 직렬로 연결된 것과 같은 임피던스다. 만일, 신호 발생원(generator)을 그림 4-6과 4-7에 연결하면 두 회로는 특정 주파수에서 동일한(DC는 제외) 임피던스이므로 그 차이가 없다.

부하 임피던스는 100 − $j300$ Ω의 직렬 임피던스로 변했다. 이제, 그림 4-7과 같이 직렬로 $+j300$ Ω을 추가하면, 100-Ω 소스에 임피던스 매칭을 완료된다. $+j300$ Ω 인덕터를

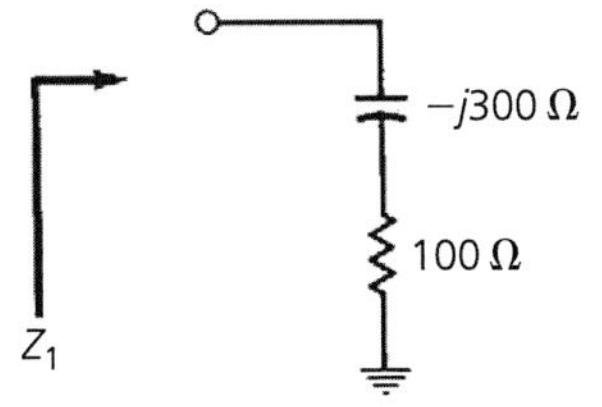

그림 4-7 그림 4-6의 등가 회로.

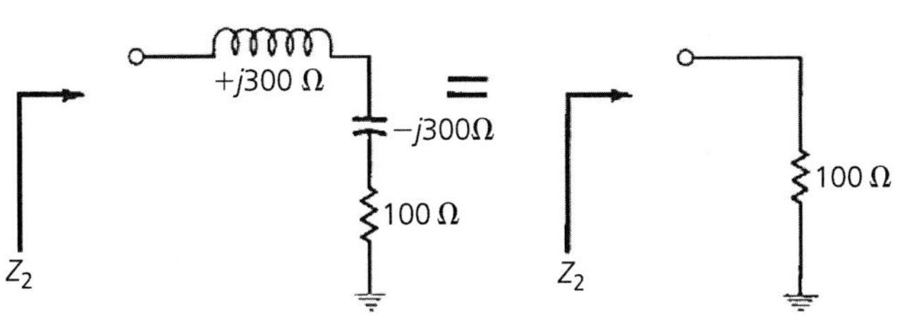

그림 4-8 매칭이 끝났을 때의 등가 회로.

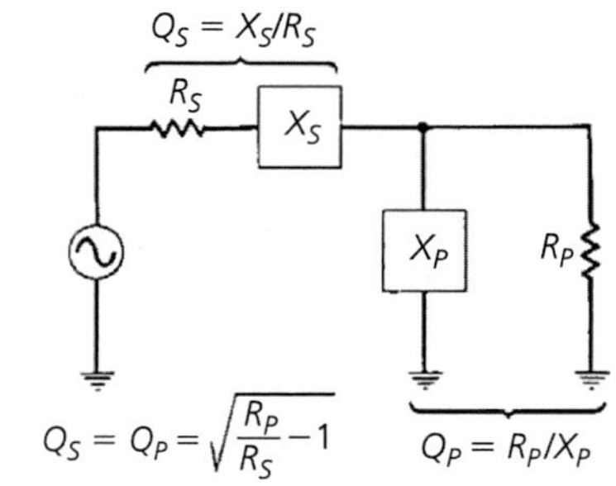

그림 4-9 L-회로망 설계 요약.

추가하면, $-j300\ \Omega$ 커패시터를 상쇄하여 100-Ω의 부하 저항만 남게 된다. 그림 4-8을 참조하라. 그림 4-5의 실제 회로는 변하지 않았음을 유의하라. 여기서, 회로 일부를 분석하여 각 소자가 어떤 기능을 하는지에 대해 이해할 수 있다.

여기까지 요약을 하면, 임피던스 매칭 회로에서 실수(저항)가 큰 부하 임피던스에 션트 소자를 연결하면, 실수값이 작아진다—앞의 예에서 1000-Ω 저항이 100-Ω로 낮아진다. 그 다음, 직렬로 매칭 소자를 추가하여 부하의 리액턴스 소자를 상쇄 혹은 공진시켜 제거한다. 이때 소스는 원하는 부하 저항을 구동하게 되어 최적 전력 전달이 일어난다. 따라서 임피던스 매칭이란 전혀 '마법'과 같은 것이 아니라, 여러분이 알고 있는 회로이론으로 모든 단계를 설명할 수 있는 것이다.

이제, 그림 4-4의 임피던스 매칭 회로들을 설계하는 방법을 생각해 보자. 다음 식들을 이용하면 쉽게 설계할 수 있다.

$$Q_s = Q_p = \sqrt{\frac{R_p}{R_s} - 1} \qquad \text{식 4-1}$$

$$Q_s = \frac{X_s}{R_s} \qquad \text{식 4-2}$$

$$Q_p = \frac{R_p}{X_p} \qquad \text{식 4-3}$$

여기서, 그림 4-9에 표시한 바와 같이:

Q_s = 직렬부의 Q
Q_p = 병렬부의 Q
R_p = 션트 저항
X_p = 션트 리액턴스
R_s = 직렬 저항
X_s = 직렬 리액턴스

X_p와 X_s는 용량성이나 유도성 리액턴스가 될 수 있지만, 서로(리액턴스 부호가) 반대되는 형태가 되어야 한다. 예를 들어, 일단 X_p를 커패시터(인덕터)로 정하면 X_s는 인덕터(커패시터)가 되어야 한다. 예제 4-1을 참조하라.

예제 4-1

100 MHz에서 100-Ω 소스를 1000-Ω 저항에 매칭하는 회로를 설계하라. 매칭 회로는 DC 전압이 소스에서 부하로 연결되어야 한다.

풀이

소스와 부하 간의 DC 경로가 필요하므로, 그림 4-4A와 같이 직렬부에 인덕터가 있는 회로를 선택한다. 식 4-1로부터,

$$Q_s = Q_p = \sqrt{\frac{1000}{100} - 1}$$
$$= \sqrt{9} = 3$$

식 4-2으로부터,

$$X_s = Q_s R_s = (3)(100)$$
$$= 300\ \Omega\ (\text{유도성})$$

다음으로 식 4-3으로부터,

$$X_p = \frac{R_p}{Q_p}$$
$$= \frac{1000}{3}$$
$$= 333\ \Omega\ (\text{용량성})$$

따라서, 100 MHz에서 소자 값은,

$$L = \frac{X_s}{\omega}$$
$$= \frac{300}{2\pi(100 \times 10^6)}$$
$$= 477\ \text{nH}$$
$$C = \frac{1}{\omega X_p}$$
$$= \frac{1}{2\pi(100 \times 10^6)(333)}$$
$$= 4.8\ \text{pF}$$

최종 결과는 그림 4-10과 같다. 설계한 회로는 앞서 분석한 그림 4-5의 회로와 같음에 주목하라.

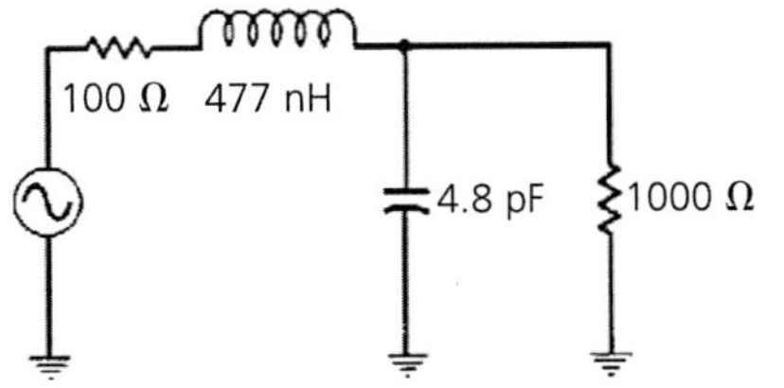

그림 4-10 예제 4-1의 최종 회로.

복소 부하 매칭(Dealing with Complex Loads)

예제 4-1의 설계는 실수 임피던스(순수한 저항)간의 매칭을 다루는 간단한 예다. 이러한 경우는 실제로는 많지 않다. 트랜지스터의 입력과 출력 임피던스는 거의 항상 복소 임피던스다. 즉, 저항 성분과 리액턴스 성분이 모두 존재하는 $R \pm jX$ 형태다. 전송 선로, 주파수 혼합기(mixer), 안테나 등 다른 소스와 부하도 이와 비슷하다. 대부분은 항상 무시하기 힘든 리액턴스 성분을 가지고 있다. 따라서, 이러한 리액턴스를 다루는 방법을 생각해 보자.

복소 임피던스를 다루는 방법은 다음과 같이 2가지가 있다.

1. **흡수(Absorption)** — 원치 않는(stray, 漂遊-표유) 리액턴스를 임피던스 매칭 회로에 흡수시킨다. 이 방법은 각 매칭 소자를 잘 배치해서 커패시터을 원치 않는 커패시턴스와 병렬로 위치시키고, 인덕터는 원치 않는 인덕터와 직렬로 위치시키는 방법이다. 그런 다음 원치 않는 성분 값을 매칭 소자에서 빼 주어면, 매칭 소자 값은 원래 소자 값보다 작은 새로운 매칭 소자 값(C', L')이 된다.
2. **공진(Resonance)** — 원치 않는 리액턴스를 부호가 반대이며 크기가 동일한 리액턴스로 원하는 주파수에서 공진시킨다. 일단 공진으로 제거를 시키게 되면 순수한 저항만 남게 되므로 예제 4-1과 같은 문제가 되어 쉽게 매칭할 수 있다.

물론 이 둘의 방법을 한 번에 모두 사용할 수도 있다. 대다수의 임피던스 매칭 설계는 이 둘을 조금씩 사용하고 있다. 간단한 예제를 살펴보자.

예제 4-2

흡수 방식을 이용하여 그림 4-11의 부하와 소스를 100 MHz에서 매칭하라.

풀이

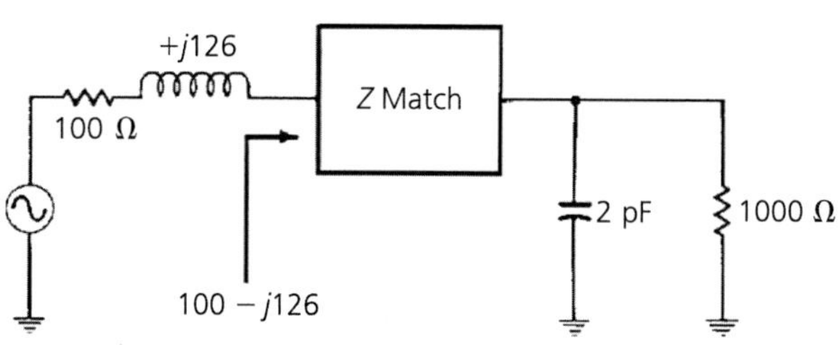

그림 4-11 예제 4-2의 복소값을 갖는 소스와 부하 회로.

먼저, 100 MHz에서 리액턴스가 없다면, 100-Ω의 소스을 1000-Ω의 부하로 매칭하는 문제가 된다. 여기서, 표유 인던턴스를 갖는 인덕터가 직렬로 연결되고, 표유 커패시턴스를 갖는 커패시터가 션트로 연결된 회로를 매칭 회로로 사용해야 한다. 편의상 그림 4-4A의 회로를 선택하고 설계 과정에 대한 자세한 식이 예제 4-1을 참조하자.

표유 리액턴스를 무시한다면, 회로 소자 값은 그림 4-10과 같다. 하지만, 실제로는 표유 리액턴스가 존재하므로, 표유 리액턴스를 매칭 회로에 흡수해야 한다.

다음과 같이 흡수를 한다. 부하의 끝에 매칭을 위해 필요한 값은 커패시턴스는 4.8 pF다. 이미 부하에 2 pF의 표유값이 있으므로, 이것을 이용해야 한다. 따라서, 2.8 pF 커패시터를 이용하면 전체 션트 커패시턴스는 설계 값인 4.8 pF가 된다. 이와 유사하게, 소스에서 매칭 회로에 필요한 인덕터는 직렬 477 nH다. 이미 $j126$ 또는 200-nH가 소스에 존재한다. 따라서 실제 인덕터를 477 nH − 200 nH = 277 nH을 사용하면, 전체 직렬 인덕턴스는 계산한 값인 477 nH가 된다. 최종 설계한 회로는 그림 4-12와 같다.

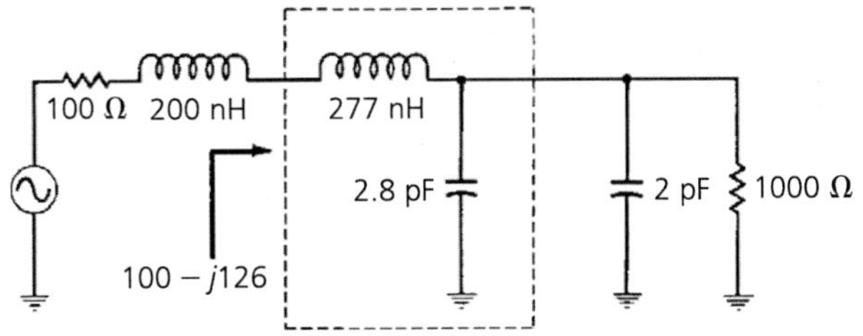

그림 4-12 예제 4-2에 대한 최종 회로.

예제 4-3

그림 4-13에서 소스에서 부하로의 DC 경로가 없는 임피던스 매칭 회로를 설계하라. 동작 주파수는 75 MHz다. '공진' 설계 방법으로 구성하라.

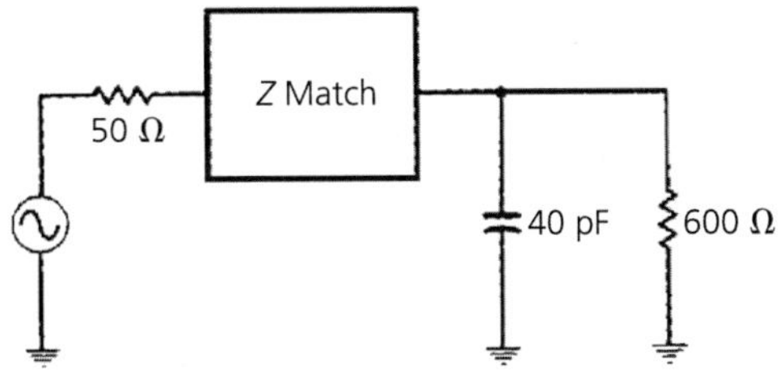

그림 4-13 예제 4-3의 대한 복소 부하 회로.

풀이

소스에서 부하로 DC 경로가 없는 그림 4-4C의 구조를 선택한다. 먼저, 40 pF의 표유 커패시터를 75 MHz에서 션트 인덕터로 공진시켜 제거한다.

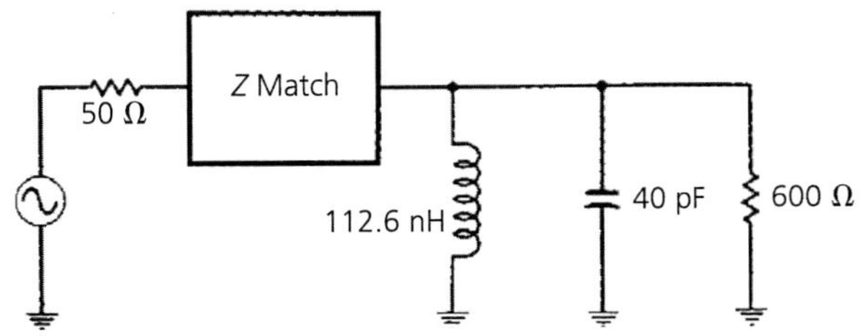

그림 4-14 표유 부하 커패시턴스와 공진.

$$L = \frac{1}{\omega^2 C_{\text{stray}}} = \frac{1}{[2\pi(75 \times 10^6)^2(40 \times 10^{-12})]} = 112.6 \text{ nH}$$

공진 인덕터를 연결하면 그림 4-14의 회로가 된다. 표유 커패시턴스가 제거되었기 때문에 50-Ω 부하와 600-Ω 부하 간의 매칭 회로를 설계한다.

$$Q_s = Q_p = \sqrt{\frac{R_p}{R_s} - 1} = \sqrt{\frac{600}{50} - 1} = 3.32$$

$$X_s = Q_s R_s = (3.32)(50) = 166\ \Omega$$

$$X_p = \frac{R_p}{Q_p} = \frac{600}{3.32} = 181\ \Omega$$

따라서, 소자 값은:

$$C = \frac{1}{\omega X_s} = \frac{1}{2\pi(75 \times 10^6)(166)} = 12.78 \text{ pF}$$

$$L = \frac{X_p}{\omega} = \frac{181}{2\pi(75 \times 10^6)} = 384 \text{ nH}$$

이 소자 값을 표시하면, 그림 4-15와 같다. 이 회로는 두 개의 션트 인덕터를 하나의 인덕터로 대치하여 간략화할 수 있다. 즉,

$$L_{\text{new}} = \frac{L_1 L_2}{L_1 + L_2} = \frac{(384)(112.6)}{384 + 112.6} = 87 \text{ nH}$$

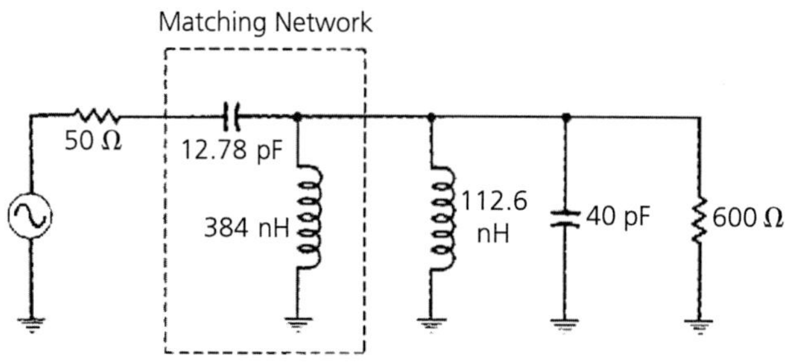

그림 4-15 임피던스 매칭 후의 그림 4-14 회로.

최종 회로는 그림 4-16과 같다.

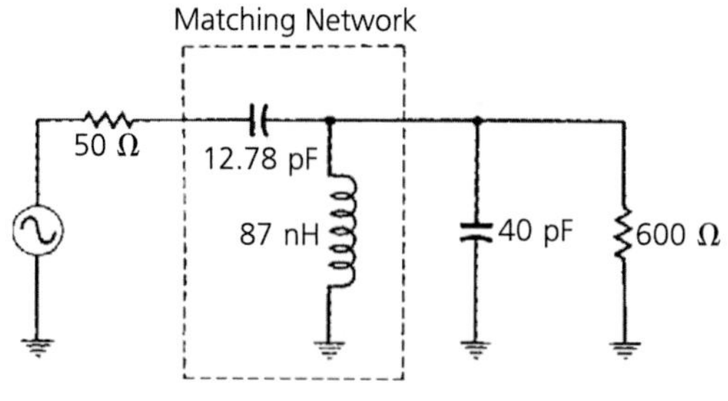

그림 4-16 예제 4-3의 최종 설계 회로.

예제 4-2에서 공핵 매칭이라는 용어를 사용하지 않았다. 하지만, 앞에서 배운 지식으로 간단히 해석해 보면, 소스에서 매칭 회로망 쪽을 바라보는 임피던스는 100 − j126 Ω이 되는데, 실은 이 값은 100 + j126 Ω의 복소 공핵 값이다.

만일 원치 않는 소자의 값이 매칭 소자 값보다 더 크게 되면 '흡수' 방법은 사용할 수 없다. 예를 들어, 그림 4-11에서 원치 않는 커패시터의 값이 20 pF인데 반해, 매칭에 필요한 전체 션트 커패시터는 4.8 pF이다. 이러한 경우 흡수 방식은 사용이 될 수 없고, 흡수 방식과 결합한 공진 개념을 사용해야 한다.

예제 4-2와 4-3은 임피던스 매칭 회로 설계에 관한 몇 가지 중요한 개념을 설명하고 있다. 조금만 매칭에 대해 공부해 보면, 복소 부하 사이 간의 간단한 임피던스 매칭 회로 설계는 간단히 숫자를 세는 것처럼 쉬운 일이다. 소스와 부하에 존재하는 어떠한 표유 리액턴스라도 일반적으로 매칭 회로망에 흡수될 수 있거나(예제 4-2), 부호가 반대이고 크기가 동일한 리액턴스로 공진을 시킨 다음 회로망에 흡수될 수 있다(예제 4-3).

3-소자 매칭(Three-Element Matching)

식 4-1을 살펴보면 앞서 다룬 2-소자 L-회로의 단점을 알 수 있다. R_s와 R_p 또는 소스와 부하 임피던스가 정해지면, 이로부터 회로-Q가 고정적으로 정해지는 단점이 있다. 즉, L-회로는 회로-Q에 대한 선택권이 없이 정해진 값을 취해야 한다. 일반적으로 소스와 부하 임피던스는 설계에서 주어지기 때문에 R_s와 R_p는 변경될 수 없다.

회로-Q를 조정할 수 없다는 것은 단점이다. 특히, 협대역이 요구되는 경우에는 문제가 된다. 3-소자 회로 매칭은 이러한 단점을 극복하고 협대역 high-Q 응용에 적용할 수 있다. 즉, L-매칭 회로만으로 구현할 수 있는 회로-Q 보다 더 높은 회로-Q를 선택할 수 있다. L-회로로 구현하는 회로-Q는 3-소자 매칭을 이용하여 얻을 수 있는 최소 회로-Q가 된다.

그림 4-17의 3-소자 회로는 그 모양이 그리스 문자 'π'을 닮았기 때문에 '*Pi*-회로'라 부른다. 또한, Pi-회로와 쌍을 이루는 그림 4-18의 회로는 그 모양에 따라 '*T*-회로'라 부른다.

Pi-회로(The Pi Network)

Pi-회로는 두 개의 L-회로가 등을 back-to-back(맞대고 있는) 구조로 볼 수 있다. back-to-back 형태로 구성된 두 L회로의 접점에 '가상적인(virtual)' 저항을 가정한 다음, 소스와 부하를 매칭하는 구조다. 그림 4-19를 참조하라. $-X_{s1}$와 $-X_{s2}$의 음수 부호에 유의하라. 이것은

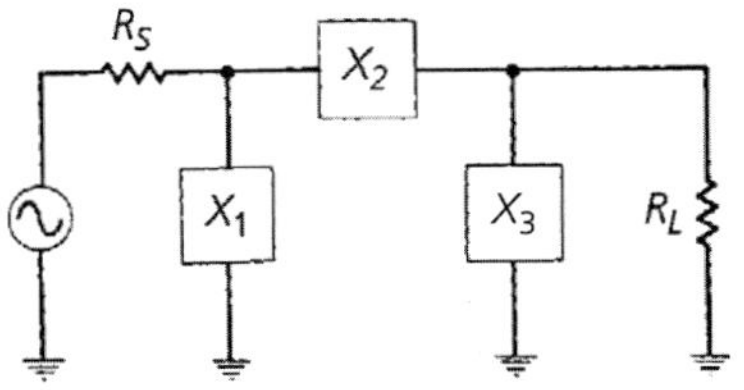

그림 4-17 3-소자 Pi 회로.

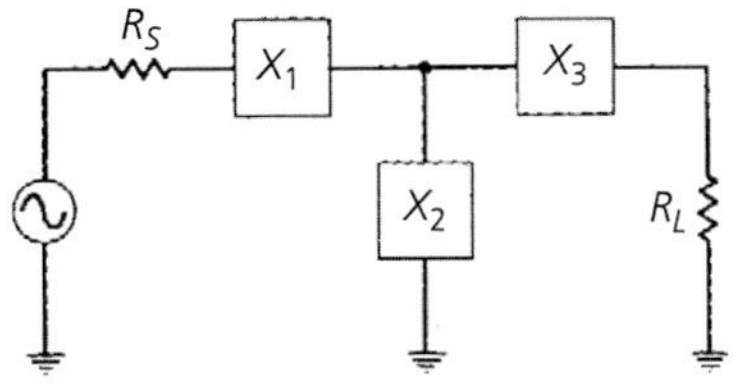

그림 4-18 3-소자 T-회로.

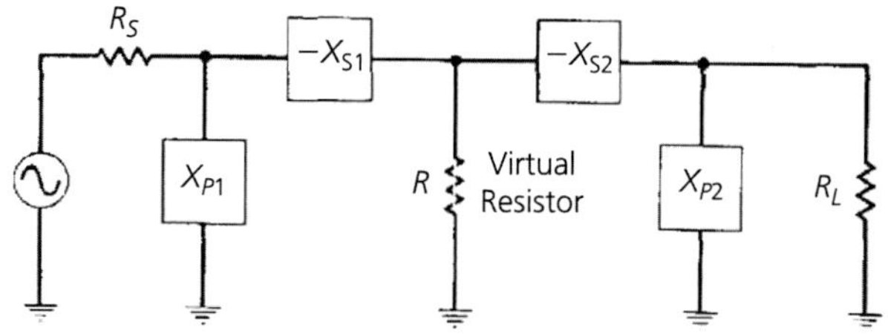

그림 4-19 두 개의 back-to-back L 회로로 해석되는 Pi 회로망.

X_s의 부호가 X_{p1}과 X_{p2}의 리액턴스 부호와는 각각 반대임을 나타낸다. 즉, X_{p1}이 커패시터(인덕터)면 X_{s1}은 인덕터(커패시터)가 되어야 한다. 두 소자가 예를 들어 모두 음수 리액턴스(커패시터)가 될 수는 없다는 것을 의미한다.

Pi-회로의 각 부분에 대한 설계는 앞 절의 L-회로 설계와 같다. 가상 저항이 각 L-회로의 직렬부에 연결되기 때문에 가상 저항 (R)은 R_s와 R_L 보다 작아야 한다. 이 관계가 아니면 이 구조로는 설계가 되질 않는다. 대부분 설계 시작 단계에서 원하는 부하-Q에 의해 R이 정해진다. 설계 회로의 부하-Q는 다음과 같이 정해진다.

$$Q = \sqrt{\frac{R_H}{R} - 1} \qquad \text{식 4-4}$$

여기서

R_H = R_s와 R_L 중 더 큰 종단 저항값,

R = 가상 저항.

이 식은 정확한 것은 아니지만, 설계 회로에서 Q를 정하는 방법으로 널리 사용되고, 대부분의 실제 회로에서 비교적 잘 맞는다. 예제 4-4를 참조하라.

예제 4-4

그림 4-19를 이용하여, 100-Ω 소스를 1000-Ω 부하로 매칭 할 수 있는 4가지 서로 다른 Pi 회로를 설계하라. 각 회로의 부하-Q는 15를 갖는다.

풀이

식 4-4로부터, 매칭하려는 가상 저항을 구한다.

$$R = \frac{R_H}{Q^2 + 1} = \frac{1000}{226} = 4.42\ \Omega$$

X_{p2}를 구하면,

$$X_{p2} = \frac{R_p}{Q_p} = \frac{R_L}{Q} = \frac{1000}{15} = 66.7\ \Omega$$

유사한 과정으로 X_{s2}를 구해보면

$$X_{s2} = QR_{series} = 15\,(R) = (15)(4.42) = 66.3\ \Omega$$

부하 쪽의 L-회로 설계가 이로써 끝났다. 위의 식에서 L-회로부의 직렬부 저항 R_{series}는 가상 저항 R로 대치되었다.

다른 L-회로의 Q는 식 4-1을 이용하며 R에 대한 R_s의 비로 정해진다.

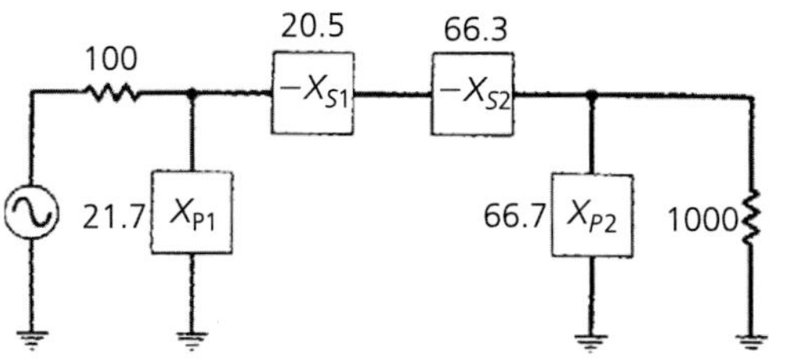

그림 4–20 예제 4–4에서 구한 리액턴스 값.

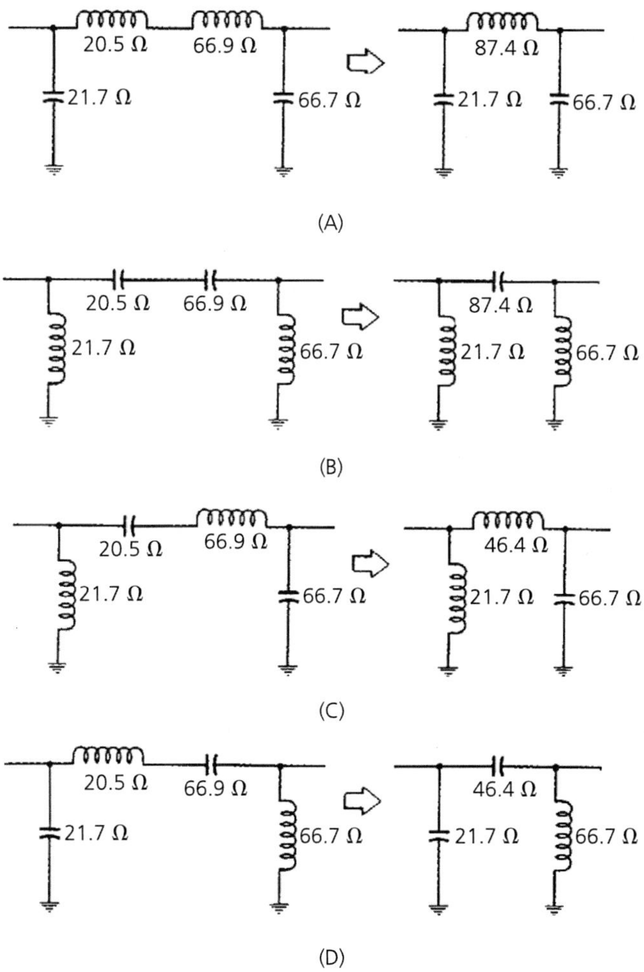

그림 4–21 두 L–회로를 Pi–회로로 변환.

$$Q_1 = \sqrt{\frac{R_s}{R} - 1} = \sqrt{\frac{100}{4.42} - 1} = 4.6$$

여기서, 소스 저항은 L-회로의 션트부에 있는 것으로 간주한다. 따라서 R_s는 R_p로 정의하고,

$$X_{p1} = \frac{R_p}{Q_1} = \frac{100}{4.6} = 21.7\ \Omega$$

유사하게,

$$X_{s2} = Q_1 R_{series} = Q_1 R = (4.6)(4.46) = 20.51\ \Omega$$

지금까지 설계한 회로는 그림 4-20과 같다. 가상 저항 R은 실제 회로에는 실제로 존재하는 것이 아니므로 그림에 표시하지 않는다. 리액턴스 $-X_{s1}$과 $-X_{s2}$는 직렬 결선이 되기 때문에 간단히 두 소자를 합해서 단일 소자로 바꿀 수 있다.

지금까지, 리액턴스만 다루었고 실제 소자 값은 아직 계산하지 않았다. 이렇게 한 이유는 일반적인 설계 과정을 보여주기 위한 것으로, 문제에서 요구한 4가지 최종 회로로 쉽게 변환할 수 있다.

X_{p1}, X_{s1}, X_{p2}, X_{s2}는 유도성이나 용량성 리액턴스 중 하나가 될 수 있다. 단 한 가지 제약 조건은 X_{p1}과 X_{s1}의 부호가 서로 달라야 하고, X_{p2}와 X_{s2}도 서로 부호가 달라야 한다. 따라서 그림 4-21과 같이 4가지 유형이 나온다(여기에서 소스와 부하는 그림에서 생략했다). 그림 4-21에서 각 소자의 리액턴스 값(단위는 Ω)을 표시하였다. dual-L을 Pi-회로로 바꾸고, 직렬로 연결된 두 소자는 같은 종류이면 합해지고, 다른 종류면 빼진다. 마지막으로 각 소자의 리액턴스 값을 동작 주파수에서 커패시터나 인덕턴스 값으로 변환하면 최종 설계가 끝난다.

그림 4-21의 모든 회로는 100-Ω 소스와 1000-Ω 저항 간의 임피던스 매칭 기능을 가지고 있다. 이 중에서 어떤 회로를 선택하는지는 다음 사항을 포함하여 여러 가지를 고려해야 한다.

1. 표유 리액턴스의 제거 용이 여부.
2. 고조파(harmonic, 하모닉) 필터링이 필요한지 여부.
3. DC 전압의 경로가 필요한지 여부.

T-회로(The T network)

3-소자 T 회로의 설계는 Pi-회로 설계에서 모양을 T로 바뀐 것 말고는 동일하다. 부하와 소스 보다 더 큰 중간의 가상 저항에, 부하와 소스를 두 L-회로를 통해 매칭한다. 그림 4-22와 같이 두 L-회로의 션트부는 나중에 합쳐진다.

T-회로는 high-Q를 필요로 하는 낮은 임피던스 간의 매칭에 흔히 사용된다. T-회로의 부하-Q는 더 높은 Q의 L-회로부에 의해 정해진다. 정의에 의해, 더 높은 Q를 갖는 L-회로부는 더 낮은 종단 저항을 갖는 쪽에서 일어나게 된다. 각 종단 저항은 각 회로의 직렬부에 놓여짐을 기억하라. 따라서 T-회로의 부하-Q를 결정하는 식은 다음과 같다.

$$Q = \sqrt{\frac{R}{R_{small}} - 1} \qquad \text{식 4-5}$$

여기서

R = 가상 저항

R_{small} = 둘 중 더 작은 종단 저항값

이 식은 앞서 다룬 Pi-회로 식과 동일하다. L-회로를 뒤집거나 접으면(flip-flopped) T-회로가 되기 때문에, L-회로부와 관계있는 새로운 저항에 대한 Q 공식을 새로 정의해야 한다. 식 4-4와 식 4-5는 일반식 식 4-1의 특별한 경우이다. 여기서 식 4-1을 다시 써 보자.

$$Q_s = Q_p = \sqrt{\frac{R_p}{R_s} - 1}$$

여기서

R_p = L-회로의 션트부의 저항값

R_s = L-회로의 직렬부의 저항값

따라서, 회로-Q의 다른 정의와 혼돈해서는 안 된다. 다른 회로의 정의는 항상 같다.

각 L-회로부는 앞의 예제에서 계산한 것과 동일하게 계산된다. 계산을 해보면 4가지 가능한 구조가 있음을 알 수 있다(예제 4-5).

예제 4-5

그림 4-22를 기준 회로로 이용하여, 10-Ω 소스를 50-Ω 부하에 매칭할 수 있는 4가지 형태의 회로를 설계하라. 각 회로망은 부하-Q는 10이 되도록 하라.

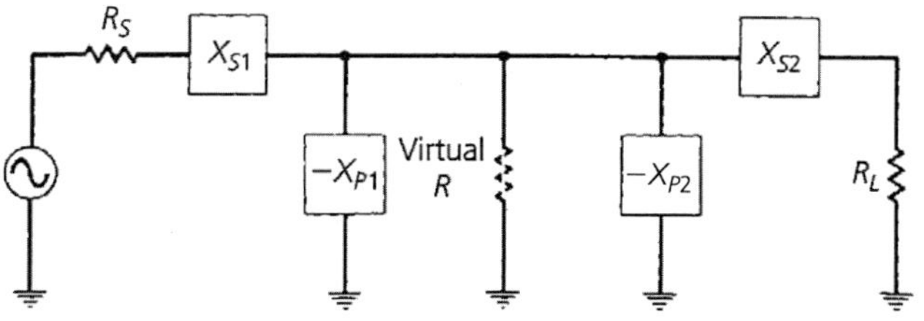

그림 4-22 두 개의 back-to-back L-회로로 구성된 T-회로.

풀이

식 4-5를 이용하여 매칭에 필요한 가상 저항을 구한다.

$$R = R_{small}(Q^2 + 1) = 10(101) = 1010\ \Omega$$

식 4-2로부터:

$$X_{s1} = QR_s = 10(10) = 100\ \Omega$$

식 4-3으로부터:

$$X_{p1} = \frac{R}{Q} = \frac{1010}{10} = 101\ \Omega$$

이제 부하 쪽의 L-회로에 대해 생각해 보자. Q는 가상 저항과 부하 저항에 의해 결정된다. 따라서,

$$Q_2 = \sqrt{\frac{R}{R_L} - 1} = \sqrt{\frac{1010}{50} - 1} = 4.4$$

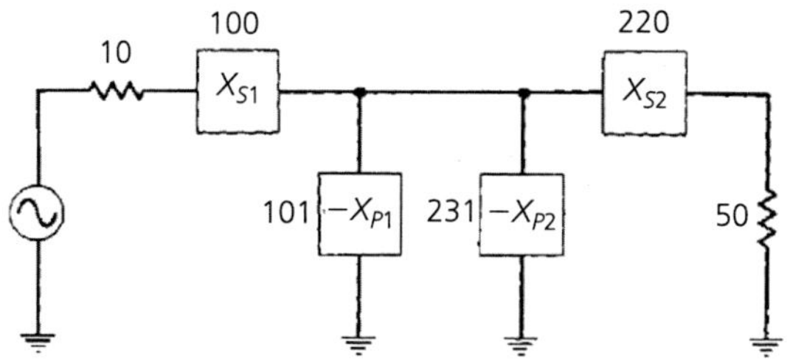

그림 4-23 예제 4-5에서 계산한 리액턴스 값.

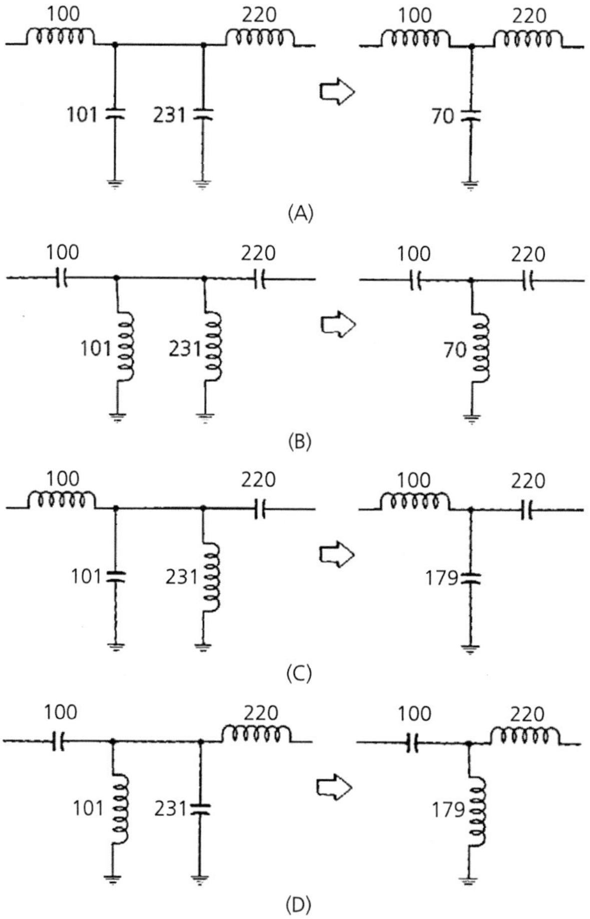

그림 4-24 두 L-회로를 T-회로로 변환.

이를 이용하면,

$$X_{p2} = \frac{R}{Q_2} = \frac{1010}{4.4} = 230\ \Omega$$

$$X_{s2} = Q_2 R_L = (4.4)(50) = 220\ \Omega$$

완성된 설계는 그림 4-23과 같다. 그림에서 가상 저항은 실제로는 존재하지 않기 때문에 생략한다.

그림 4-23의 두 션트 리액턴스는 병렬 회로 계산을 이용하여 단일 소자가 표현될 수 있다. 10-Ω 소스를 50-Ω 부하로 매칭할 수 있는 4가지 가능한 T-회로 그림 4-24와 같다.

Low-Q 또는 광대역 매칭 회로(Low-Q or Wideband Matching Networks)

지금까지의 내용을 정리하면 다음과 같다. (1) L-회로에서 소스와 부하 임피던스가 정해지면 자동으로 회로-Q가 정해진다. (2) Pi와 T 회로에서는 소스와 부하 임피던스와 관계 없이 회로-Q를 선택할 수 있다. 단, 선택한 Q는 L-회로의 Q 보다는 커야 한다. 이는 Pi와 T-회로가 협대역 매칭에 더 적합함을 의미한다. 하지만, 만일 광대역 주파수에서 임피던스 매칭이 필요한 경우에는 어떻게 하는 것이 좋을까. 이에 대한 간단한 답은, 두 개의 L-회로를 그림 4-25와 같이 서로 다른 구성으로 이용하는 것이다. 여기서, 가상 저항은 한쪽 L-회로부에서는 션트에 놓이고, 다른 L-회로부에서는 직렬부에 놓인다는 점에 주목하라. 즉, Pi나 T-회로의 back-to-back 구조가 아닌 두 개의 직렬 결선된 L-회로부로 구성된다. 이러한 새로운 구조에서, 가상 저항(R) 값은 두 종단 임피던스 사이에 있어야 한다. 즉, 이 기준 조건을 만족하는 가상 저항을 선택해야 한다. 결과적으로, 부하-Q 값은 앞서 배운 단일 L-회로나 Pi와 T-회로의 Q 보다는 작아진다.

이 회로로 얻을 수 있는 최대 대역폭(최소-Q)은 가상 저항(R)이 매칭하려는 두 종단 저항의 기하 평균(geometric mean)일 때이다.

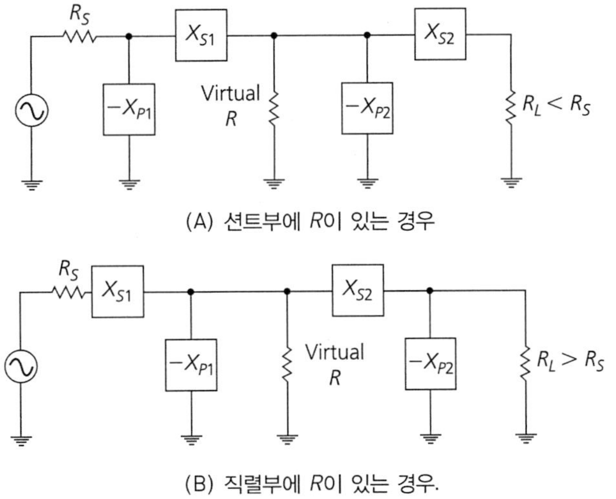

그림 4-25 낮은-Q가 요구되는 응용에 적용할 수 있는 직렬 결선된 두 L-회로.

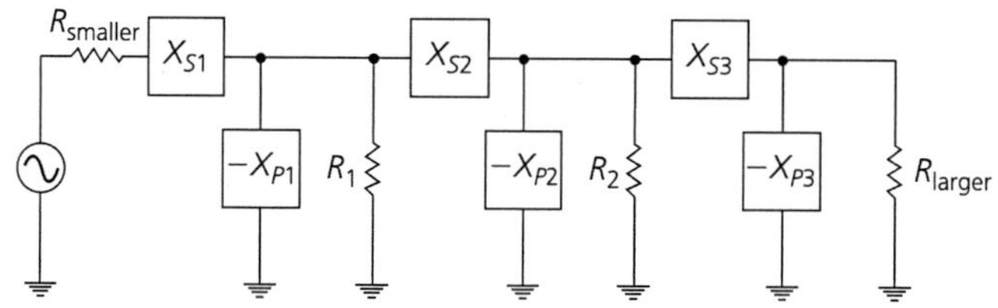

그림 4-26 대역폭을 넓히기 위한 그림 4-25의 일반화.

$$R = \sqrt{R_S R_L} \quad \text{식 4-6}$$

구하려고 하는 회로의 부하-Q는 다음과 같이 정의된다.

$$Q = \sqrt{\frac{R}{R_{smaller}} - 1} = \sqrt{\frac{R_{larger}}{R} - 1} \quad \text{식 4-7}$$

여기서

R = 가상 저항

$R_{smaller}$ = 두 종단 저항 중 작은 값

R_{larger} = 두 종단 저항 중 큰 값

만일 더 넓은 대역폭이 요구된다면, 더 많은 수의 L-회로를 종속(cascade)으로 연결하고 각 L-회로 간의 가상 저항을 정의한다. 이때, 최적의 대역폭은 다음과 같이 연속적으로 저항비가 같을 때 일어난다.

$$\frac{R_1}{R_{smaller}} = \frac{R_2}{R_1} = \frac{R_3}{R_2} \cdots = \frac{R_{larger}}{R_n} \quad \text{식 4-8}$$

여기서

$R_{smaller}$ = 종단 저항 중 가장 작은 저항값

R_{larger} = 종단 저항 중 가장 큰 저항값

$R_1, R_2, \ldots R_n$ = 가상 저항값들

그림 4-26의 그림을 참고하라.

광대역 매칭 회로 설계 과정은 앞의 예제에서 했던 것과 동일하다. 정해진 low-Q를 설계하기 위해 식 4-7을 R에 대해 풀어서 필요한 가상 저항을 구한다. 또는 최적의 광대역을 설계하기 위해 식 4-6을 R에 대해 풀다. 일단 R을 구하면, 설계 과정은 앞에서 행했던 것과 동일하게 진행한다.

스미스 차트(The Smith Chart)

그림 4-27의 Smith Chart는 RF 회로 설계자들에게 가장 활용도가 높은 도식(그림) tool이다. 차트는 1930년대에 Bell Laboratories의 엔지니어인 Phillip Smith에 의해 고안되었다. 그는

RF 이론에서 자주 나오는 반복적이고 지루한 복소수 계산을 좀 더 쉽게 계산하기를 원했다. 그가 고안한 방법이 현재 널리 이용되는 Smith Chart이다.

Smith Chart를 처음 볼 때는 매우 복잡해 보인다. Smith Chart를 알아야 하는 이유는 무엇인가? 답은 간단하다. 일단 Smith Chart와 사용법을 이해하면, RF 회로 설계가 훨씬 덜 지루하고 시간도 절약된다. 매우 긴 복소수 계산도 Chart를 이용하면 수초 안에 계산할 수 있고, 계산에 오류 가능성도 적다.

Smith Chart 구성(Smith Chart Construction)

관심 있는 사람들을 위해, Smith Chart의 구성과 관련된 수학식을 여기서 잠깐 다룬다. 하지만, Smith Chart가 무엇을 의미하고 어떻게 활용하는 지를 이해한다면, Smith Chart의 구성과 관련된 수학식을 알 거나 이해할 필요는 없다. 사실, Chart의 활용 범위는 매우 다양해서 독립적인 책이 될 정도로 분량이 많다. 이 장에서는 다루는 Smith Chart의 범위는 임피던스 매칭으로 한정한다. 그 이외의 용도는 다른 장에서 다룰 것이다.

소스 임피던스가 주어졌을 때, 부하 임피던스의 반사 계수(reflection coefficient)는 다음과 같다:

$$\rho = \frac{Z_s - Z_L}{Z_s + Z_L} \qquad \text{(단계 1)}$$

정규화된 형태로 이 식을 고치면 다음과 같다.

$$\rho = \frac{Z_o - 1}{Z_o + 1} \qquad \text{(단계 2)}$$

여기서 Z_o는 $R + jX$ 형태의 복소 임피던스다.

극좌표 형식(polar form)의 반사 계수는 직각좌표 형식(rectangular coordinates)으로 변환할 수 있다.

$$\rho = p + jq$$

이를 (단계 2)에 대입하면,

$$p + jq = \frac{R + jX - 1}{R + jX + 1} \qquad \text{(단계 3)}$$

식을 $p + jq$의 실수부와 허수부에 대해 풀면,

$$p = \frac{R^2 - 1 + X^2}{(R+1)^2 + X^2} \qquad \text{(단계 4)}$$

그리고

$$q = \frac{2x}{(R+1)^2 + X^2} \qquad \text{(단계 5)}$$

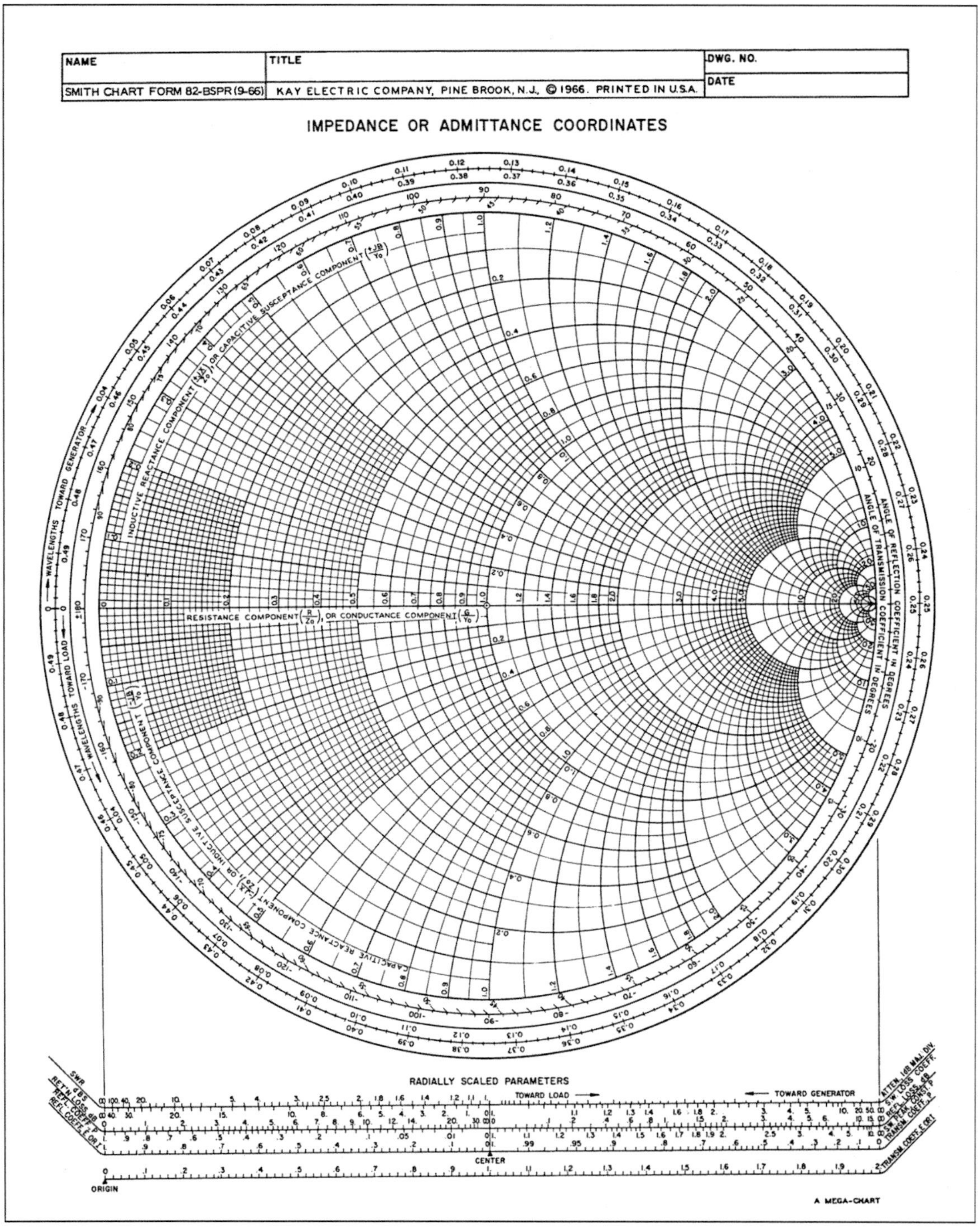

그림 4-27 Smith Chart (출처: Analog Instruments Co.) 더 자세한 컬러 그림은 출판사 웹사이트를 참조.
http://books.elsevier.com/companions/9780750685184

(단계 4)를 X에 대해 풀면,

$$X = \left(\frac{p(R+1)^2 - R^2 + 1}{1-p}\right)^{1/2} \quad \text{(단계 6)}$$

(단계 6)을 (단계 5)에 대입하면,

$$\left(p - \frac{R}{R+1}\right)^2 + q^2 = \left(\frac{1}{R+1}\right)^2 \quad \text{(단계 7)}$$

(단계 7)은 원들(circles)의 방정식이 된다. 각 원은 중심은

$$p = \frac{R}{R+1}$$
$$q = 0$$

이때, 각 원의 반지름은

$$\frac{1}{R+1}$$

그림 4-28A는 상수(constant) 저항 원을 표시하고 있다.
비슷하게, (단계 4)와 (단계 5)에서 R을 제거하면

$$(p-1)^2 + \left(q - \frac{1}{X}\right)^2 = \left(\frac{1}{X}\right)^2 \quad \text{(단계 8)}$$

위의 수식은 원군(圓群, a family of circles)을 의미한다. 중심은 (p = 1, q = 1/X)이고, 반지름은 1/X가 된다. 이 원들은 그림 4-28B의 p축과 jq축 상에 그려진다.

앞의 수식을 살펴보면, Smith Chart는 기본적으로 여러 개의 원과 호(arc)의 집합으로 구성된다. 원과 호의 반지름은 (단계 1) ~ (단계 8)의 식을 통해 주어진다. 그림 4-28은 이러한 원과 호들을 보여주고 있다. 그림 4-28A의 원들은 **상수 저항 원**(constant reactance circles)이라 부른다. 상수 저항 원위의 모든 점은 동일한 저항값을 갖는다. 그림 4-28B의 원의 호들은 **상수 리액턴스 원**(constant reactance circles)이라 부른다. 이 원들의 중심은 차트에서 벗어나 있기 때문에, 차트의 반경 안에 있는 원의 일부만 표시된다. 중심축 위의 모든 호는 $+jX$ 즉, 유도성 리액턴스를 나타내고, 중심축 아래의 모든 호는 $-jX$ 즉, 용량성 리액턴스를 나타낸다. 중심축은 X = 0으로, 실수축(real axis)라 부른다.

그림 4-28A에서 '상수 저항 = 0'에 해당하는 원은 차트의 경계원이 되는 것에 주목하라. 저항값이 증가하면 각 원의 반지름은 줄어들고, 원의 중심은 차트의 오른쪽으로 이동한다. 무한대의 저항에서는 반지름이 0이 되는 원(점)이 되고, 중심은 차트의 오른쪽 끝이 된다. 그림 4-28B는 상수 리액턴스 원을 보여주고 있다. 리액턴스의 크기가 증가하면 ($-jX$ 또는 $+jX$), 각 원의 반지름은 감소하고 원의 중심은 점점 가까워져 차트의 오른쪽으로 끝점에 수렴한다. 무한대 저항과 무한대 리액턴스는 따라서 차트에서 동일한 점으로 표시된다.

차트의 외각 경계는 'R = 0' 원이 되고, R이 더 커지면 차트 안으로 들어오고, 부성(negative) 저항(R < 0)은 차트 밖에 놓인다. 부성 저항의 개념은 발진기에서 유용하게 사용된다. 여기서는

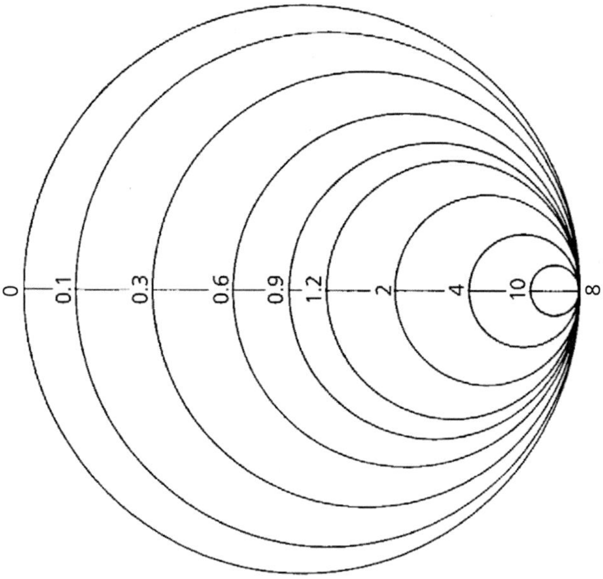

(A) 상수 저항 원

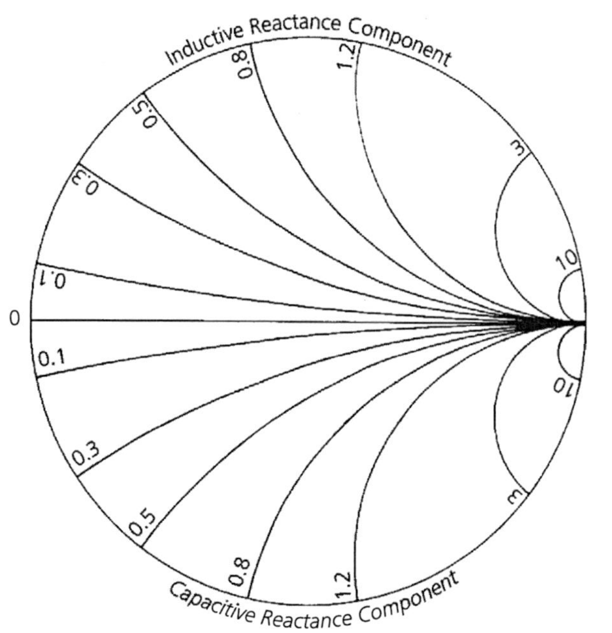

(B) 상수 리액턴스 원

그림 4-28 Smith Chart 구성.

이러한 개념이 있다는 것과 이러한 부성 저항을 다루기 위해서는 Smith Chart를 확장해야 한다는 점만 언급한다.

그림 4-28의 두 차트를 하나로 합하면 그림 4-29와 같이 Smith Chart가 된다. 여기에 RF

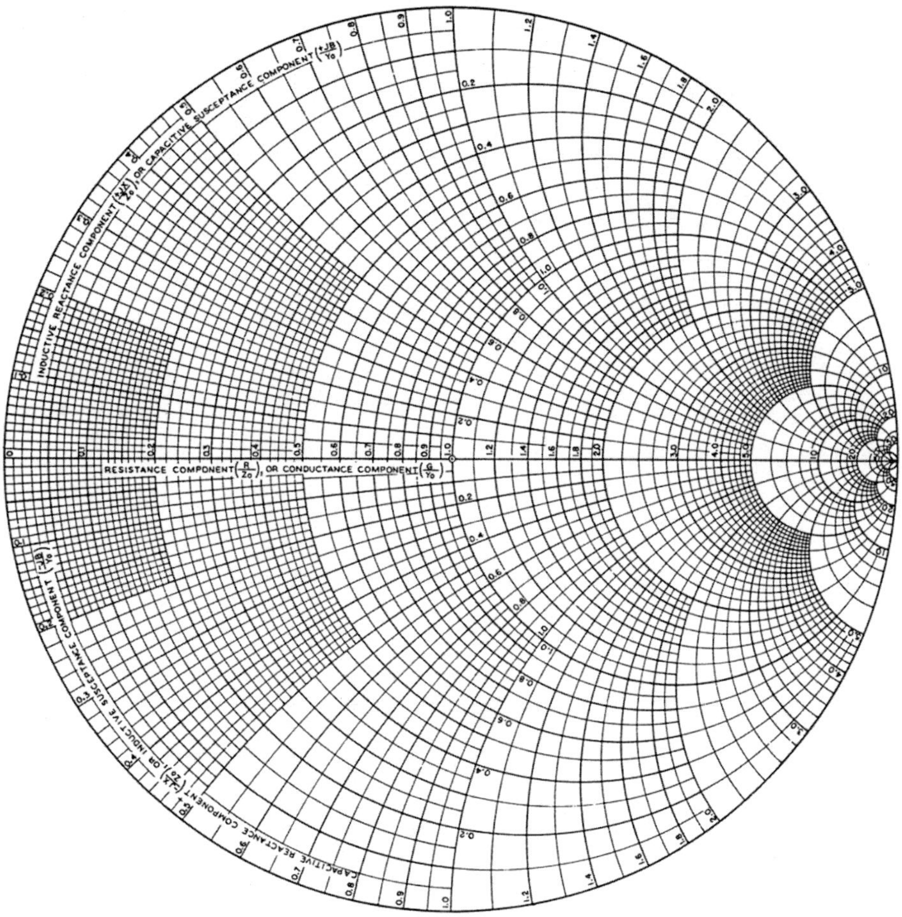

그림 4-29 기본 Smith Chart. 더 자세한 컬러 그림은 출판사 웹사이트를 참조.
http://books.elsevier.com/companions/9780750685184

설계에서 필요로 하는 **정재파비**(standing wave ratio, SWR), 반사 **계수**(reflection coefficient), 전송 선로상의 전송 손실과 같은 것을 덧붙이면 그림 4-27과 같은 Chart가 완성이 된다.

Smith Chart에 관한 몇 가지 기본 사항(Basic Smith Chart Tips)

Smith Chart를 다룰 때 다음과 같은 몇 가지 유의 사항들이 있다.

- 모든 원은 공통적으로 극좌표의 (1,0)을 교차한다.
- 저항이 없는(R = 0)에 해당하는 원이 가장 큰 원이다.
- 저항이 무한대에 해당하는 원은 (1, 0)의 한 점이 된다.
- 부성 저항(negative resistance)은 정규 Smith Chart에 표시되지 않는다. 만일 부성 저항이 존재하면 발진 조건이 될 수 있다.
- 다른 저항값은 그 값에 해당하는 원을 선택하여 표시한다.

임피던스 값의 표시(Plotting Impedance Values)

Smith Chart위의 점은 $Z = R + jX$ 형태의 직렬의 저항과 리액턴스를 나타낸다. 만일, $Z = 1 + j1$의 임피던스를 Smith Chart 상에 표시한다면, 먼저 R = 1인 상수 저항 원상에서 움직이면서 X = 1인 상수 리액턴스 원과 교차하는 점을 찾으면 된다. 이 두 원이 만나는 점이 우리가 원하는 임피던스 값이다. 이 점은 X가 양수 리액턴스 또는 인덕터이므로, 그림 4-30에 표시한 것처럼 차트의 **상반부**(upper half)에 위치한다. 한편, $1 - j1$은 X가 음수이고 커패시터를 의미하므로, 차트의 **하반부**(lower half)에 위치한다. 따라서, R = 1인 상수 저항 원과 $X = -1$인 상수 리액턴스 원의 교점이 우리가 구하는 점이다.

일반적으로, $R \pm jX$ 형태의 **직렬** 임피던스를 Smith Chart 상에 표시한다면, R = 상수 원과 X = 상수 원의 교점을 찾으면 된다. 많은 경우, Chart 상에서 정확하게 원하는 원의 값이 없기 때문에, 차트에 표시된 두 원 사이에서 **보간**(interpolation)해서 표시해야 한다. 따라서 임피던스를 Chart에 표시하고, Chart를 이용하여 연산을 하는 것은 '조작 오차(pilot error)'† 때문에 정확하지 않다. 하지만, 실제로는 이러한 오차는 크지 않아 무시할 만하다. 그림 4-31은 Chart에 여러 가지 임피던스를 표시한 예를 보여주고 있다.

그림 4-31을 살펴보면, 표시된 임피던스 값이 매우 작은 숫자임을 알 수 있다. 만일, $Z = 100 + j150\text{-}\Omega$을 표시하고자 하면, R = 100과 X = 150에 해당하는 원이 차트의 오른쪽 끝점(무한대 임피던스)에 가깝기 때문에 오차가 커질 수 있다. 이처럼, 큰 임피던스를 표시할 때에는 임피던스를 **정규화**(normalization)하는 것이 필요하다. 즉, 각 임피던스를 편리한 숫자로 나누어 새로운 **정규화된** 임피던스를 차트의 중앙 근처에서 표시될 수 있게 한다. 앞의 예에서 $Z = 100 + j150$을 100으로 나누면 정규화된 임피던스 $Z = 1 + j1.5$를 얻을 수 있다. 이 값은 차트에서 쉽게 표시된다. 이와 같은 방법 정규화를 할 때, 차트의 모든 임피던스는 같은 값으로 나누어 정규화를 수행해야 한다.

† 역주: 차트 그래프 위에서 컴퍼스와 자를 이용하여 연산하고 눈금을 읽기 때문에 생길 수 있는 오차를 의미한다.

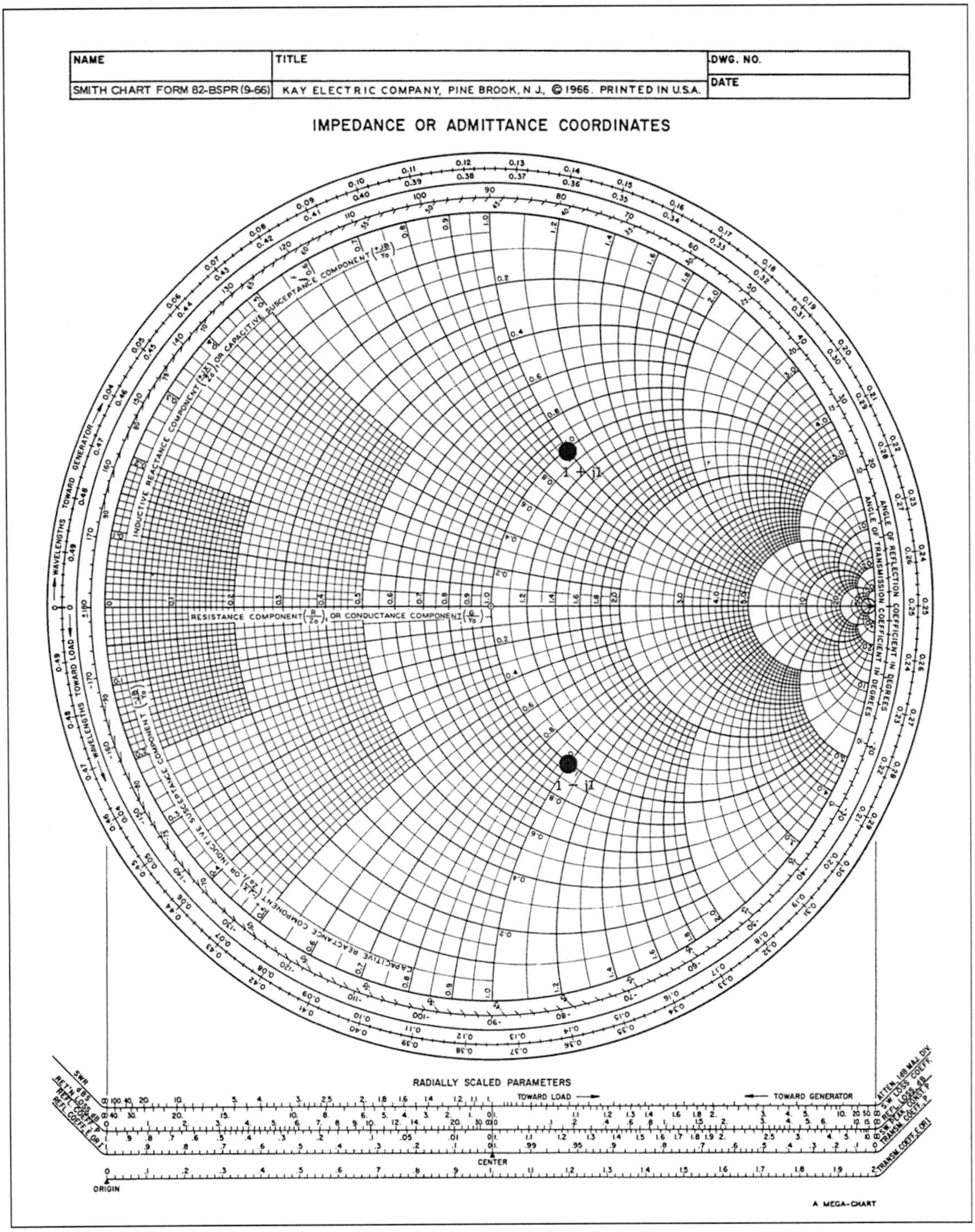

그림 4-30 차트에 임피던스 표시. 더 자세한 컬러 그림은 출판사 웹사이트를 참조.
http://books.elsevier.com/companions/9780750685184

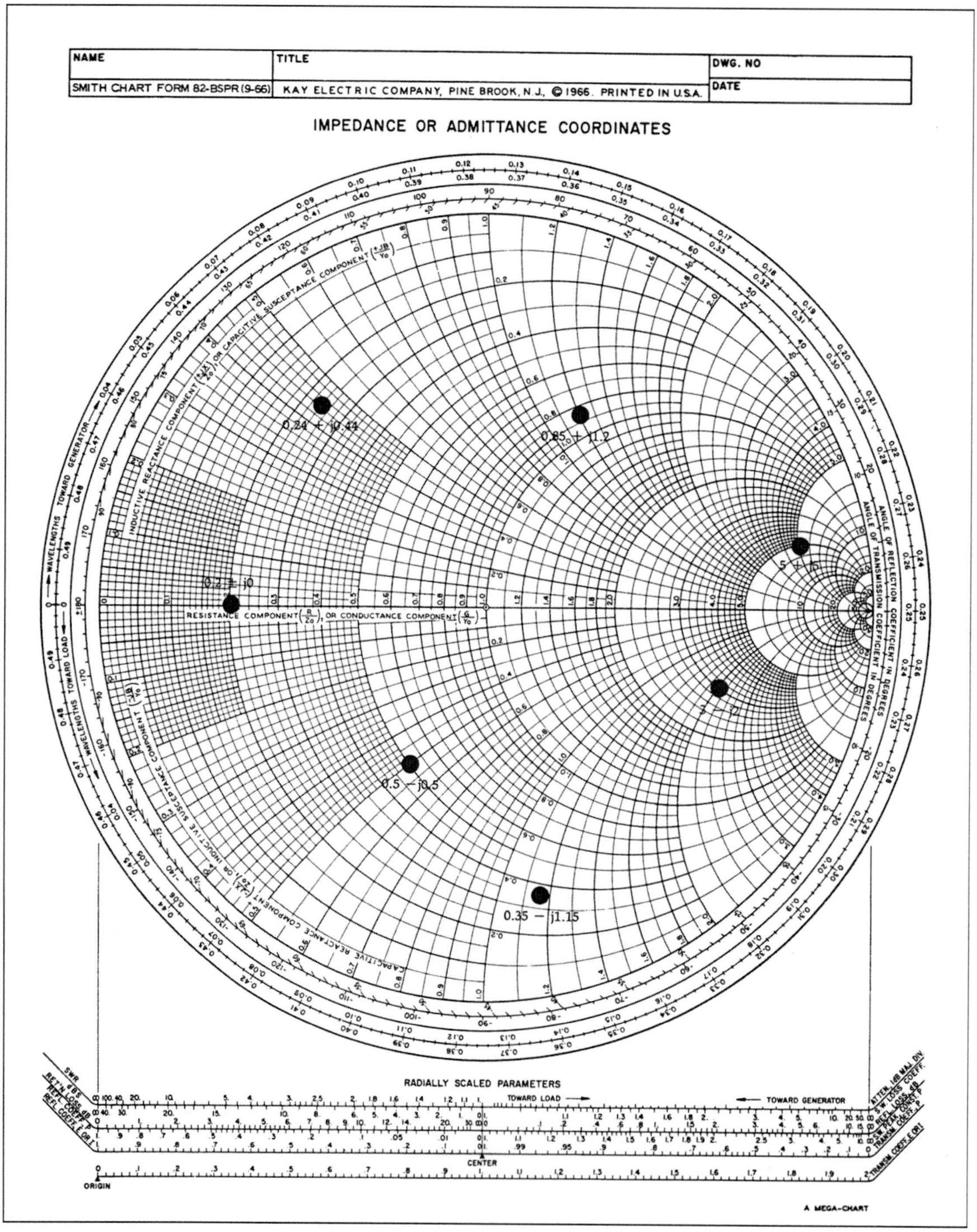

그림 4-31 몇 가지 임피던스 표시를 더 추가한 차트. 더 자세한 컬러 그림은 출판사 웹사이트를 참조. http://books.elsevier.com/companions/9780750685184

차트상에서 임피던스 연산(Impedance Manipulation on the Chart)

그림 4-32는 $Z = 0.5 + j0.7\ \Omega$에 직렬로 용량성 리액턴스 $-j1.0$을 추가했을 때를 표시하고 있다. 수학적으로 계산을 해보면,

$$\begin{aligned} Z &= 0.5 + j0.7 - j1.0 \\ &= 0.5 - j0.3 \text{ ohms} \end{aligned}$$

이 값은 직렬 RC 값을 의미한다. 그림으로 보면 $R = 0.5$ 상수 저항 원주 상에서 $X = -j1.0$의 거리을 아래로(downward) 이동하는 것이다. 이동한 다음 임피던스를 읽어보면 $Z = 0.5 - j0.3$가 된다. 비슷한 방법으로, 그림 4-33에서는 표시된 임피던스에 직렬로 인덕턴스를 추가하면, 위로(upward) 상수 원의 원주를 따라 이동하여 새로운 임피던스가 된다. 이러한 형태는 Smith Chart를 이용하여 임피던스 매칭 회로를 설계할 때, 설계자가 알아야할 매우 중요한 사항이다. 일반적으로, 임피던스에 직렬 커패시터를 추가하면, 저항 상수 원에서 아래로(downward) 또는 반시계방향으로 커패시터의 리액턴스만큼 이동한다. 어떤 임피던스에 직렬로 인덕터를 추가하면, 위로(upward) 또는 시계방향으로 상수 원을 따라 인덕터의 리액턴스만큼 이동한다.

임피던스에서 어드미턴스로의 변환(Conversion of Impedance to Admittance)

Smith Chart를 이용하면 임피던스(Z)를 어드미턴스(Y)로 쉽게 변환하고, 그 역도 가능하다. 이 과정은 단순히 Smith Chart 상에서 원점 대칭(flipping)을 통해 이루어진다. 만일, 임피던스와 어드미턴스를 동시에 겹쳐 그린다면, 이 새로운 차트를 '이미턴스(immittance)[†] Chart'라 한다. 다소 복잡하게 보이긴 하지만, 직렬과 병렬 인덕터와 커패시터를 동시에 사용하여 매칭 회로를 설계할 때 매우 유용하다.

앞서 언급한 것처럼, 부하에 직렬 인덕터가 더해지면 상수 저항 원상에서 시계방향으로 움직이고, 션트 인덕터가 추가되면 상수 어드미턴스 원상에서 반시계 방향으로 움직인다. 이와 유사하게, 부하에 직렬 커패시터를 추가하면 상수 저항 원에서 반시계 방향으로 움직이고, 션트 커패시터는 상수 어드미턴스 원에서 시계방향으로 움직인다[‡].

수학적인 용어로 어드미턴스는 인피던스의 역수다. 즉,

$$Y = \frac{1}{Z} \qquad \text{식 4-9}$$

여기서 임피던스(Z)처럼 어드미턴스(Y)는 실수부와 허수부로 구성된다. 즉,

$$Y = G \pm jB \qquad \text{식 4-10}$$

[†] 역주: impedance와 admittance의 합성어이다.

[‡] 역주: 어드미턴스의 궤적은 임피던스 궤적의 원점 대칭이므로, 이 관계를 생각해 보면 쉽게 기억을 할 수 있다.

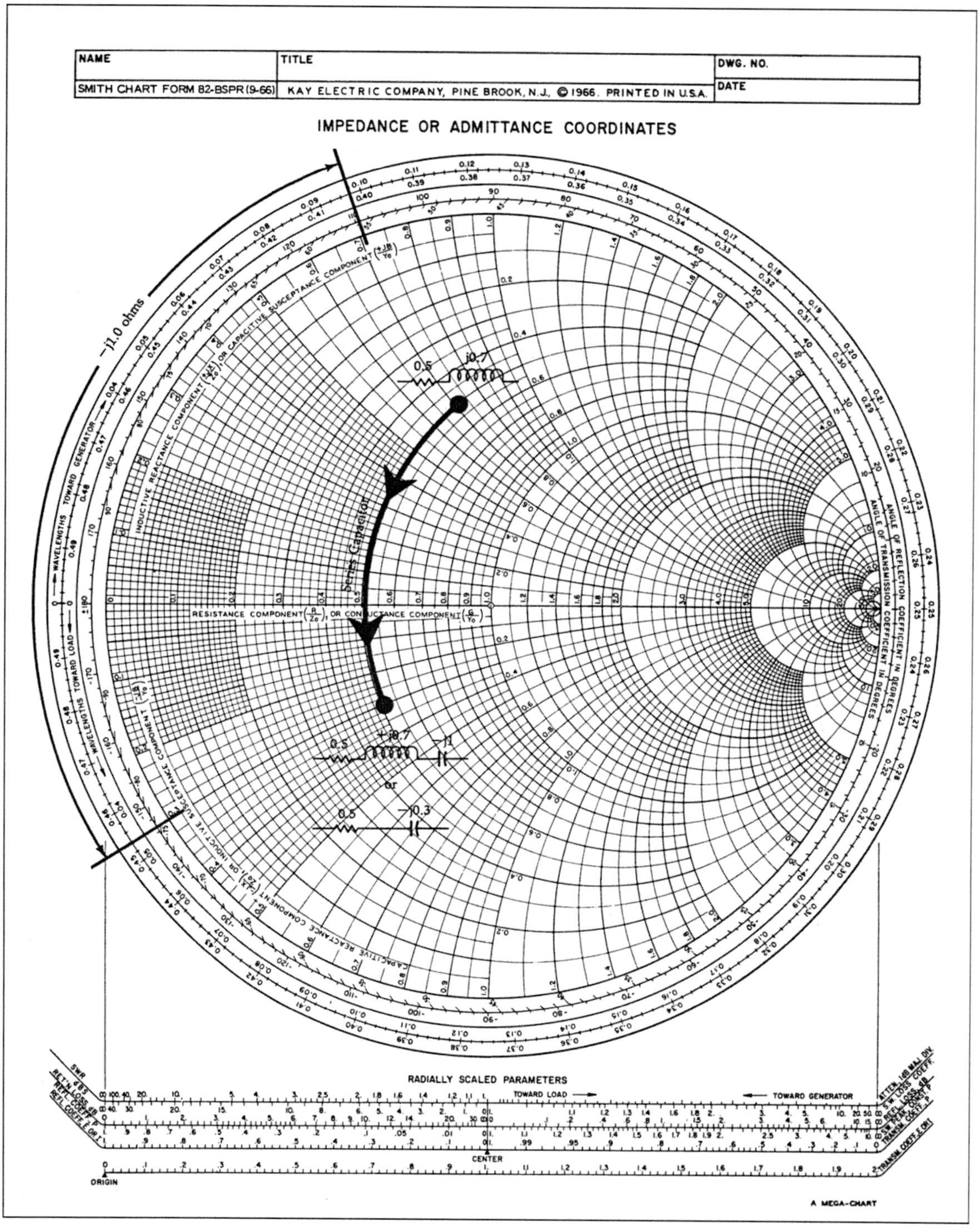

그림 4-32 직렬 커패시터의 추가. 더 자세한 컬러 그림은 출판사 웹사이트를 참조. http://books.elsevier.com/companions/9780750685184

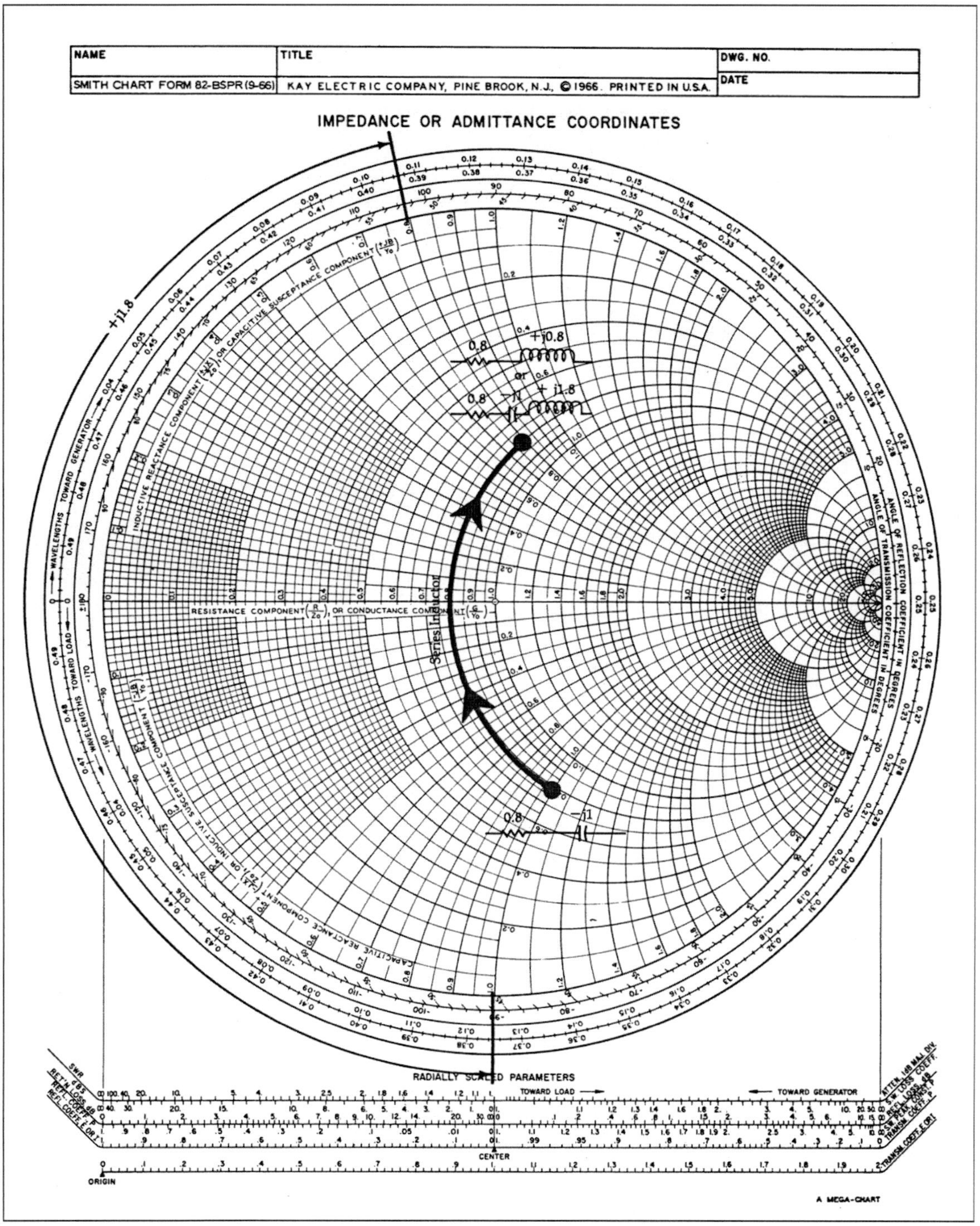

그림 4-33 직렬 인덕터의 추가. 더 자세한 컬러 그림은 출판사 웹사이트를 참조.
http://books.elsevier.com/companions/9780750685184

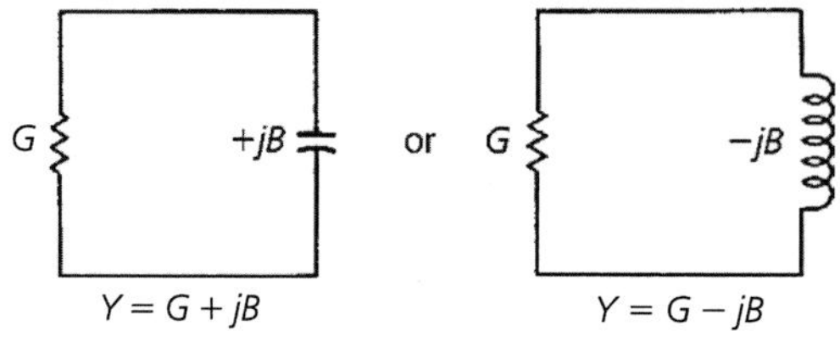

그림 4-34 어드미턴스에 대한 회로 표현.

여기서

G = 컨덕턴스(conductance) (단위: mho 또는 ℧)

B = 서셉턴스(susceptance) (단위: mho 또는 ℧)

그림 4-34는 어드미턴스의 회로의 표현을 보여주고 있다. 커패시터의 서셉턴스(susceptance)는 양수이고, 인덕터의 서셉턴스는 음수인 것에 유의하라. 리액턴스에서는 부호가 그 반대다.

직렬 임피던스 $Z = R + jX$의 역수를 수학적으로 구하는 것은 식 4-9를 이용한다. 계산기 대신에 Smith Chart를 이용하여 어떻게 계산할 수 있을까? 먼저, 어드미턴스를 수학적으로 계산한 다음, 이를 차트에 표시를 하고, 임피던스와 어떤 연관이 있는지를 살펴보자. 실례로, 임피던스 $Z = 1 + j1$ 생각해 보자. Z의 역수는

$$\begin{aligned} Y &= \frac{1}{1+j1} \\ &= \frac{1}{1.414\angle 45°} \\ &= 0.7071\angle -45° \\ &= 0.5 - j0.5\,\text{mho} \end{aligned}$$

Smith Chart에서 $1 + j1$과 $0.5 - j0.5$을 표시해 보면, 임피던스와 어드미턴스의 관계를 쉽게 알 수 있다. 그림 4-35에 두 점과 관계를 표시하였다. 두 점은 서로 정확히 원점으로부터 같은 거리 (d)와 반대 방향 (180°)에 놓여 있다. 이러한 관계는 모든 임피던스와 그 역 관계에서 성립한다. 따라서, 계산기의 도움이 없어도 임피던스 또는 어드미턴스의 역을 찾을 수 있다. 먼저, (1) 임피던스나 어드미턴스를 Smith Chart 상에 표시한다. (2) 원점에서 표시한 점까지의 거리 (d)를 잰다. (3) 원점에서 같은 거리 (d) · 반대 방향(180°)에 점을 표시한다. 이 과정은 간단하므로 매우 빠르게 계산할 수 있다.

임피던스나 어드미턴스의 역을 구하는 다른 방법은 기본 Smith Chart 대신에 이미턴스 차트를 이용하는 것이다. 예를 들어, 원점에 대해 180° 회전을 시키지 않고, 차트 상의 점을 고정한 상태에서 차트를 180° 회전하는 것이다. 결과는 동일하다. 회전된 차트에서 값을 직접 읽을 수 있다. 그림 4-36(Smith Chart Form ZY-01-N)*은 그 과정을 보여주고 있다. 그림에서 180° 회전된 차트는 검정색으로 표시하였다. 임피던스는 붉은선 좌표에 실선으로

* 역주: 'Smith Chart Form ZY-01-N'의 저작권은 Analog Instruments Company, P.O. Box 808, New Providence, NJ에 있다. Smith Chart와 이와 관련한 보조 도구들을 이 회사에서 공급받을 수 있다.

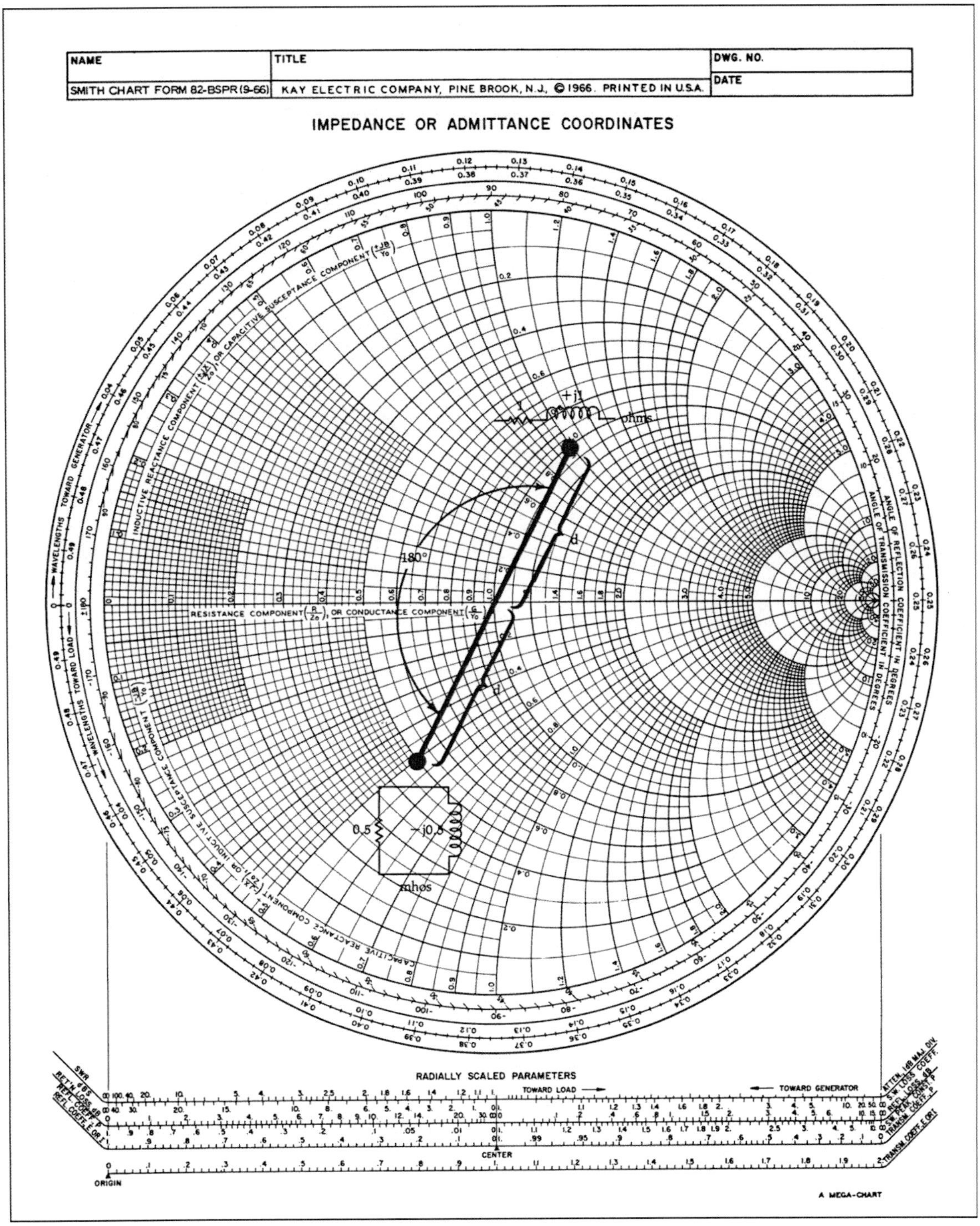

그림 4-35 Smith Chart에서 임피던스-어드미턴스 변환. 더 자세한 컬러 그림은 출판사 웹사이트를 참조. http://books.elsevier.com/companions/9780750685184

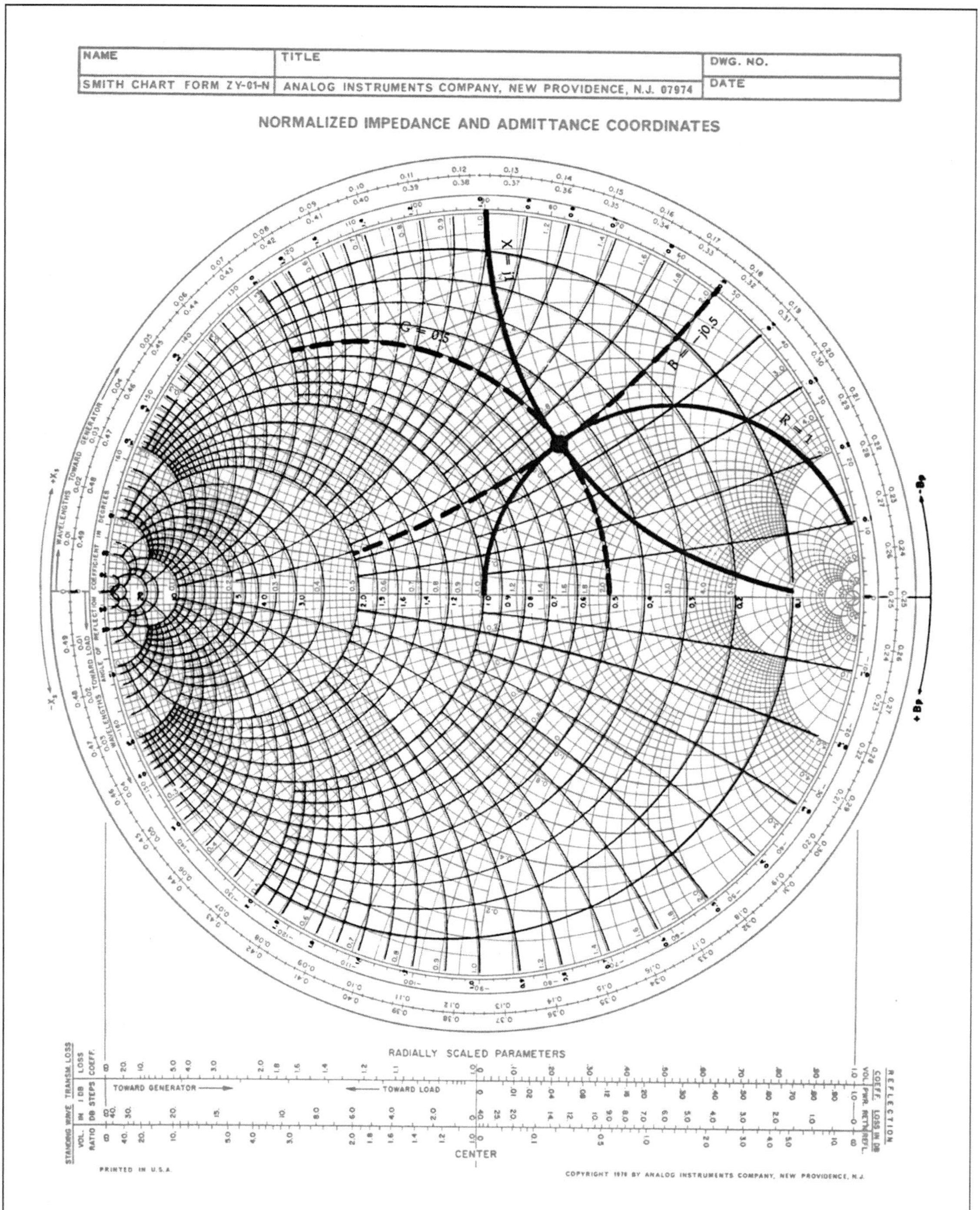

그림 4-36 어드미턴스 좌표를 임피던스에 겹쳐 그린 차트. 더 자세한 컬러 그림은 출판사 웹사이트를 참조. http://books.elsevier.com/companions/9780750685184

$Z = 1 + j1$에 표시하였고, 임피던스의 역수인 어드미턴스는 검정색 좌표에 실선으로 $Y = 0.5 - j0.5$에 표시하였다. 어드미턴스 좌표를 얻기 위해 좌표를 180° 회전하였기 때문에, 어드미턴스의 상반부는 **음수 서셉턴스**인 $-jB$을 나타내고 이는 **유도성**을 의미한다. 어드미턴스 차트의 하반(lower half)부는 **양수 서셉턴스**인 $+jB$를 나타내고 이는 **용량성**을 의미한다. 따라서 좌표를 회전으로 인한 정보 손실은 없다.

그림 4-36의 차트는 임피던스와 어드미턴스 좌표를 겹쳐서 그린 것이다. 이러한 Chart는 매우 유용하므로, 계속해서 이런 차트를 사용할 것이다. 먼저, 차트에서 어드미턴스 좌표만을 살펴보자.

차트에서 어드미턴스 연산(Admittance Manipulation on the Chart)

앞서, 임피던스 좌표인 그림 4-32와 4-33에 임피던스에 직렬 리액턴스를 추가하였을 때의 경로를 표시하였다. 마찬가지로, 어드미턴스 좌표에서 어드미턴스에 션트 소자를 추가할 때의 경로도 이와 같다. 그림 4-37는 션트 커패시턴스를 추가할 때의 경로를 보여주고 있다. 여기서, 경로는 $Y = 0.2 - j0.5$ mho에서 시작하여 $+j0.8$ mho 서셉턴스(리액턴스의 역수) 을 더한다. 이 경우에 수학적으로 병렬 서셉턴스 값은 단순히 두 값을 더하면 된다. 결과적값은 다음과 같다.

$$\begin{aligned} Y &= 0.2 - j0.5 + j0.8 \\ &= 0.2 + j0.3\ \text{mho} \end{aligned}$$

이 점을 어드미턴스 차트에 표시하기 위해, 상수 컨덕턴스 원(G) 상에서 아래(시계) 방향으로 $jB = 0.8$ mho만큼 거리를 이동하면 된다. 다시 말해, 어드미턴스의 실수부는 변함이 없고, 허수부만 변하게 된다. 이와 유사하게, 그림 4-38는 어드미턴스에 션트 인덕터를 추가할 때다. 상수 컨덕턴스 원 상에서 위(반시계) 방향으로 인덕터의 서셉턴스인 jB의 거리만큼 이동한다.

임피던스 좌표와 어드미턴스 좌표를 겹치고, 그 위에 그림 4-32, 4-33, 4-37, 4-38을 표시하면, 그림 4-39와 같이 된다. 이러한 좌표는 원래 임피던스와 어드미턴스에 소자를 직렬이나 션트로 더했을 때의 경로를 표시하고 있다. 예제 4-6을 참조하라.

Smith Chart 상에서의 임피던스 매칭(Impedance Matching on the Smith Chart)

사다리 모양(ladder-type) 회로에서 반복적으로 직렬과 션트 소자가 추가 될 때, Smith Chart를 이용하면 입력 단에서 임피던스의 변화 경로를 시각적으로 볼 수 있다. 이러한 편리성으로 인해, Smith Chart는 임피던스 매칭을 위한 tool로 아주 유용하게 사용된다. 아이디어는 매우 간단하다. 주어진 부하 임피던스와 소스 임피던스가 있고, 소스에서 부하를 바라볼 때, 변환되길 원하는 부하 임피던스 값이 있다고 하자. 먼저 부하 임피던스를 차트에 표시하고, 여기에 직렬과 션트 소자를 연결하여 원하는 임피던스 지점으로 경로를 이동시키면 된다. 예제 4-6을 참조하라.

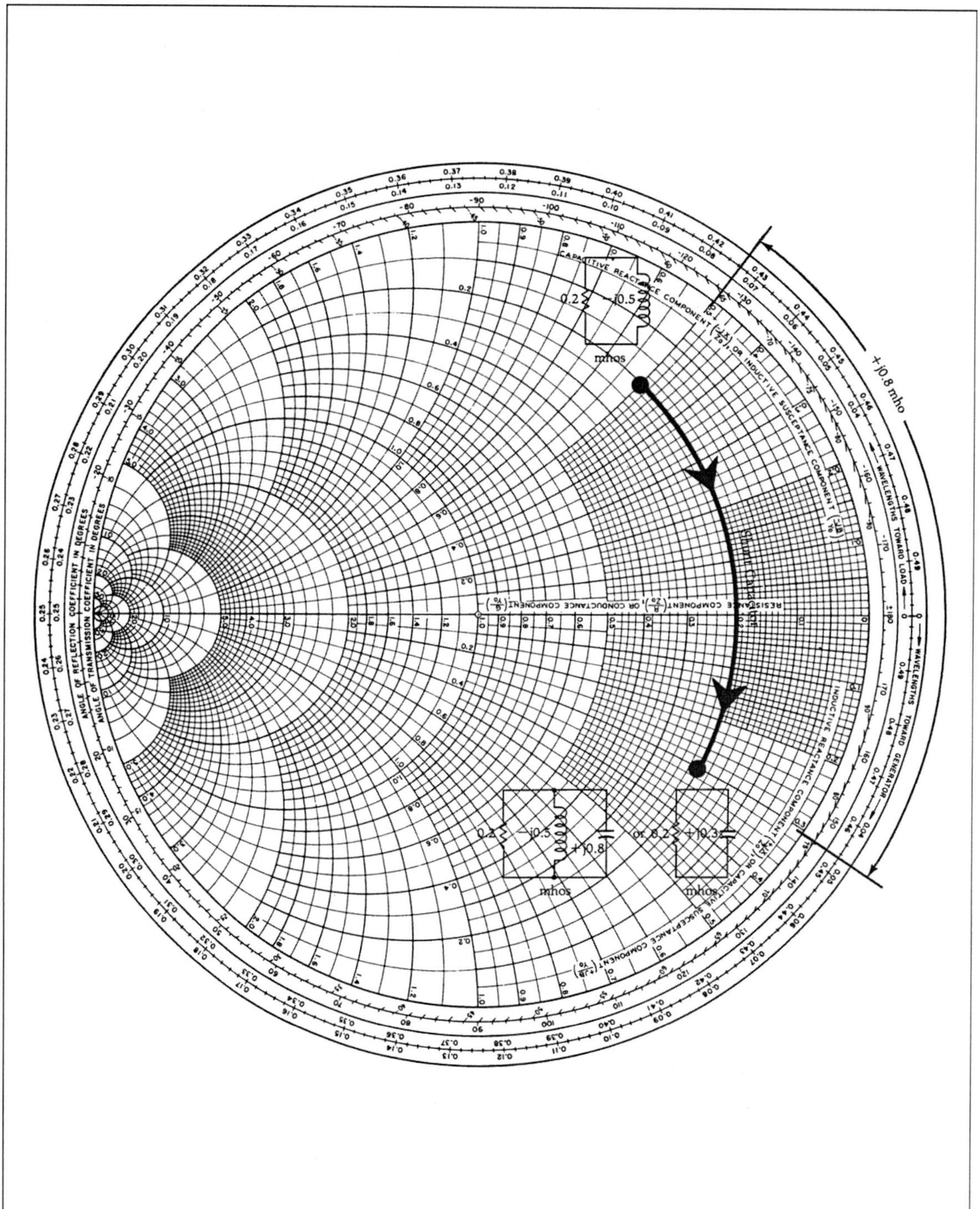

그림 4-37 션트 커패시터를 추가하는 경우의 경로. 더 자세한 컬러 그림은 출판사 웹사이트를 참조. http://books.elsevier.com/companions/9780750685184

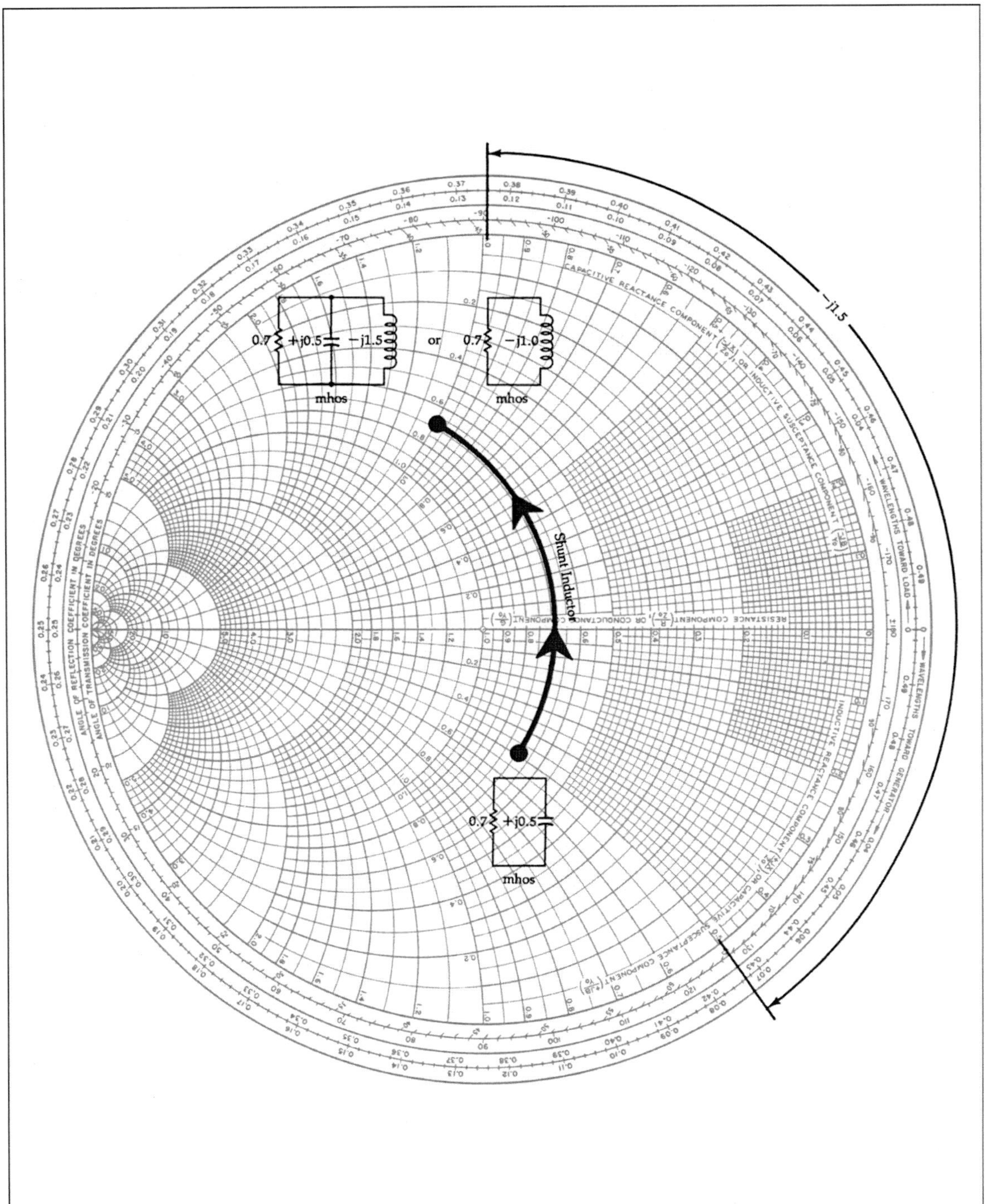

그림 4-38 션트 인덕터를 추가하는 경우의 경로. 더 자세한 컬러 그림은 출판사 웹사이트를 참조.
http://books.elsevier.com/companions/9780750685184

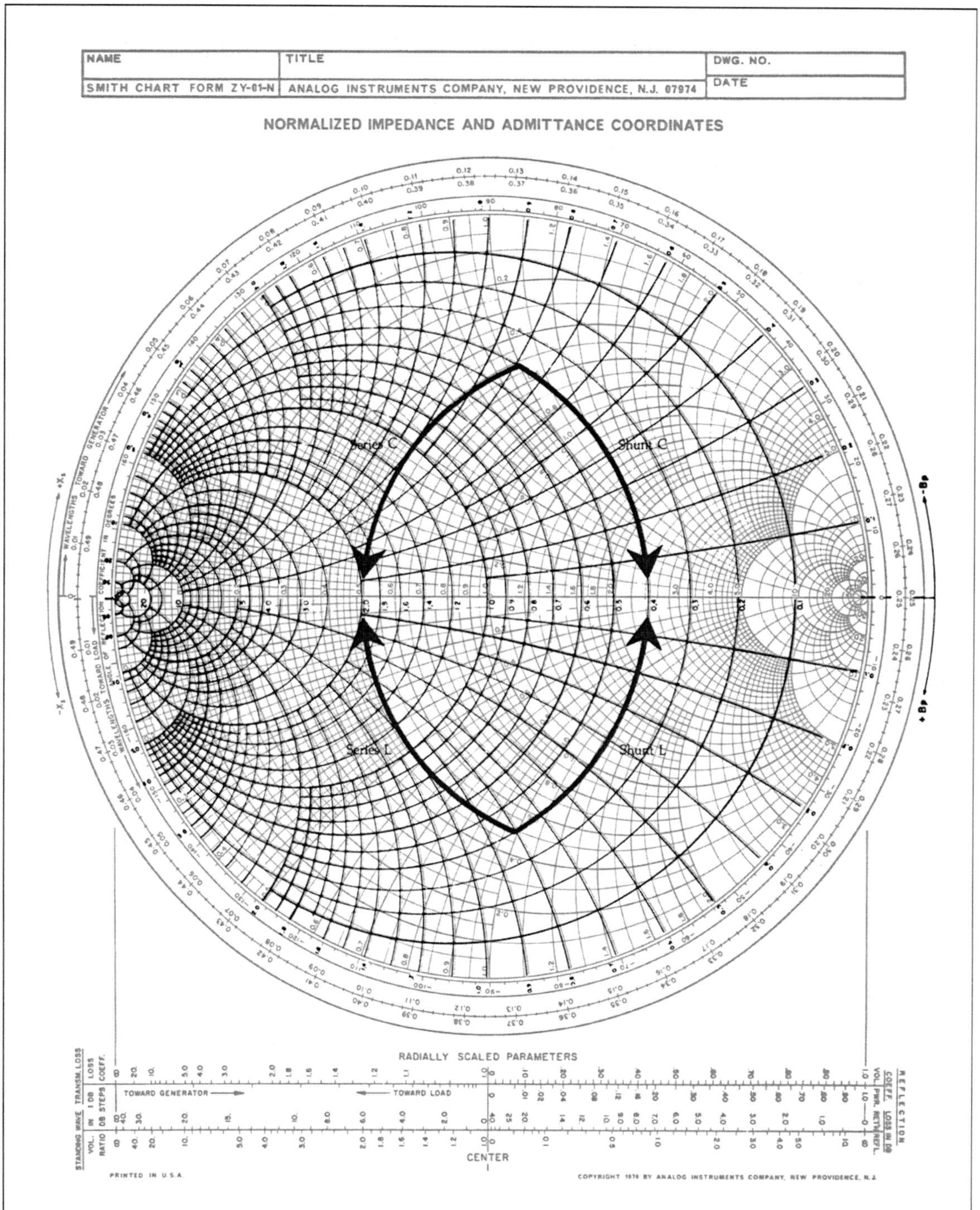

그림 4-39 Smith Chart 상에서 소자를 추가하는 경우 경로. 더 자세한 컬러 그림은 출판사 웹사이트를 참조. http://books.elsevier.com/companions/9780750685184

예제 4-6

그림 4-40의 회로에서 입력 임피던스 Z를 구하라. 션트 소자가 리액턴스가 아닌 서셉턴스로 표시되었음에 유의하라.

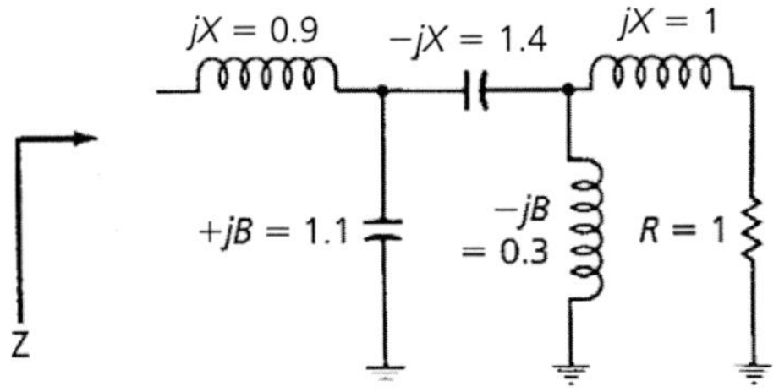

그림 4-40 예제 4-6에 대한 회로.

풀이

이 문제는 계산기를 사용하지 않고 Smith Chart를 이용하면 쉽게 풀 수 있다. 그림 4-42는 풀이 과정을 보여주고 있다. 과정은 다음과 같다.

먼저, 회로를 그림 4-41과 같이 개별 분기(branch)로 나누어라. 직렬 RL 분기 $Z = 1 + j1$을 차트에 표시하라. 그림 4-42에서는 점 'A'로 표시하였다. 다음, 그림 4-39의 그림에서 규칙을 이용하여 각 소자를 순서대로 추가하면서 경로를 잇는다. 이 과정은 그림 4-42에 표시하였다.

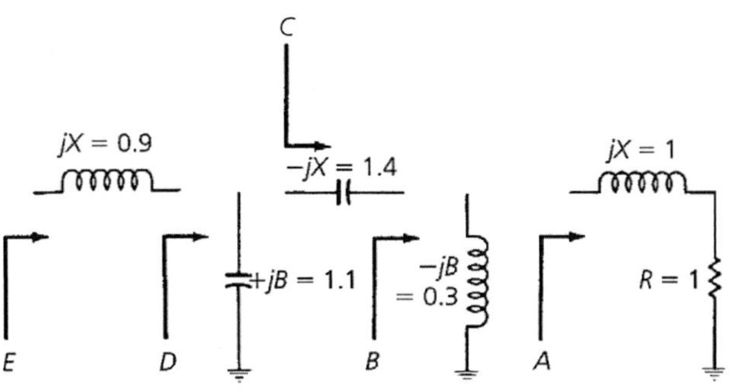

그림 4-41 회로를 개별 분기 소자로 분리.

호 AB = 션트(shunt) L = $-jB = 0.3$ ℧
호 BC = 직렬(series) C = $-jX = 1.4$ Ω
호 CD = 션트(shunt) C = $+jB = 1.1$ ℧
호 DE = 직렬(series) L = $+jX = 0.9$ Ω

그림 4-42에서 점 'E'에서 차트로부터 임피던스를 읽으면 $Z = 0.2 + j0.5$가 된다.

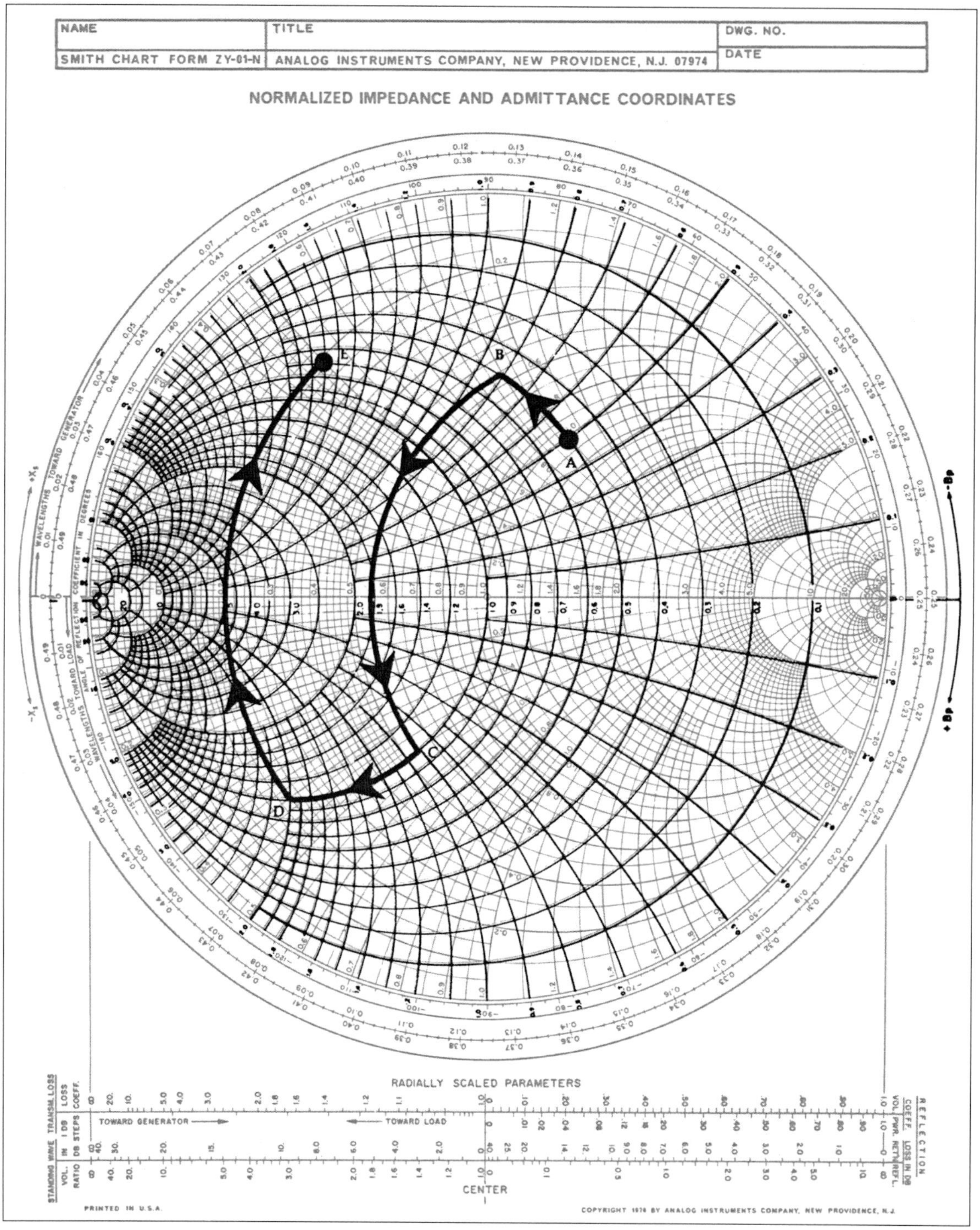

그림 4-42 예제 4-6에 대한 Smith Chart의 풀이. 더 자세한 컬러 그림은 출판사 웹사이트를 참조.
http://books.elsevier.com/companions/9780750685184

2-소자 매칭(Two-Element Matching)

앞 절에서 다룬 수학식을 사용하면, 2-소자 매칭 회로 설계는 매우 쉽다. 이것을 시각적으로 설계하는 것을 살펴보기 위해, 예제 4-7의 간단한 회로에 대해 임피던스 매칭을 해 보자.

Smith Chart로 설계할 때에 다음의 식들이 알고 있으면 매우 편리하다.

직렬-C:

$$C = \frac{1}{\omega XN} \qquad \text{식 4-11}$$

직렬-L:

$$L = \frac{XN}{\omega} \qquad \text{식 4-12}$$

션트-C:

$$C = \frac{B}{\omega N} \qquad \text{식 4-13}$$

션트-L:

$$L = \frac{N}{\omega B} \qquad \text{식 4-14}$$

여기서

$\omega = 2\pi f$,

$X =$ 차트로부터 읽은 리액턴스,

$B =$ 차트로부터 읽은 서셉턴스,

$N =$ 매칭이 되어야 하는 임피던스를 정규화하기 위한 기준값.

앞의 식을 사용하면, 정규화된 임피던스로부터 원래의 임피던스 값을 구하기에 앞서 서셉턴스를 리액턴스로 변환할 필요가 없다. 앞의 식들은 두 경우의 연산에 모두 사용된다. 설계할 때 차트를 이용하면, 션트 소자인 경우 서셉턴스값을, 직렬 소자인 경우 리액턴스 값을 직접 구할 수 있다. 이 값을 앞의 식에 대입하여 실제 소자 값을 구한다.

예제 4-7

60 MHz에서 $25 - j15\ \Omega$의 소스와 $100 - j25\ \Omega$ 부하를 매칭할 수 있는 2-소자 매칭 회로를 Smith Chart를 이용하여 설계하라. 매칭 회로는 소스와 부하 사이에서 저역 통과 필터 구조로 동작해야 한다.

풀이

소스가 복소 임피던스이므로, (앞 절에서 다루었듯이) 부하 임피던스가 소스의 복소 공핵 값으로 변환되어야 한다. 즉, $100 - j25\ \Omega$ 부하를 $25 + j15\ \Omega$으로 보이도록 설계해야 한다.

소스와 부하 임피던스는 차트에 직접 표시하기에는 값이 너무 크다. 따라서 정규화를 한다. 편리한 기준값($N = 50$)을 선택하고 모든 임피던스를 이 값으로 나눈다. 정규화된 소스와 부하 임피던스는 각각 0.5 + j0.3 Ω과 2 − j0.5 Ω이 된다. 이 두 값을 그림 4-44와 같이 Smith Chart 위에 표시한다. 여기서 점 'A'는 정규화된 부하 임피던스 Z_L, 점 'C'는 정규화된 소스 임피던스의 복소 공액 값인 Z_s^*을 나타낸다.

매칭 회로의 구성이 LPF 형태가 되기 위해, 직렬-L과 션트-C로 형태를 사용한다. 점 'A'에서 점 'C'로 이동하면서 저역 통과 조건을 만족해야 한다. 그림 4-39의 조건을 따르면 그림 4-44의 호 AB는 션트 커패시터로 $+jB = 0.73$ ℧가 된다. 호 BC는 직렬 인덕터로 $jX = 1.2$ Ω이 된다.

Smith Chart로부터 읽은 션트 커패시터는 서셉턴스이므로 다음과 같이 간단히 역을 취해 등가 리액턴스로 변환한다.

$$X_o = \frac{1}{+jB} = \frac{1}{j0.73\ ℧} = -j1.37\ \Omega$$

회로를 완성하기 위해, 정규화된 모든 임피던스 값에 기준값 $N = 50$을 곱해서 실제 값으로 바꾼다. 따라서,

$$X_L = 60\ \Omega$$
$$X_C = 68.5\ \Omega$$

소자 값은,

$$\begin{aligned} L &= \frac{X_L}{\omega} \\ &= \frac{60}{2\pi(60 \times 10^6)} \\ &= 159\ \text{nH} \\ C &= \frac{1}{\omega X_c} \\ &= \frac{1}{2\pi(60 \times 10^6)(68.5)} \\ &= 38.7\ \text{pF} \end{aligned}$$

최종 회로는 그림 4-43과 같다.

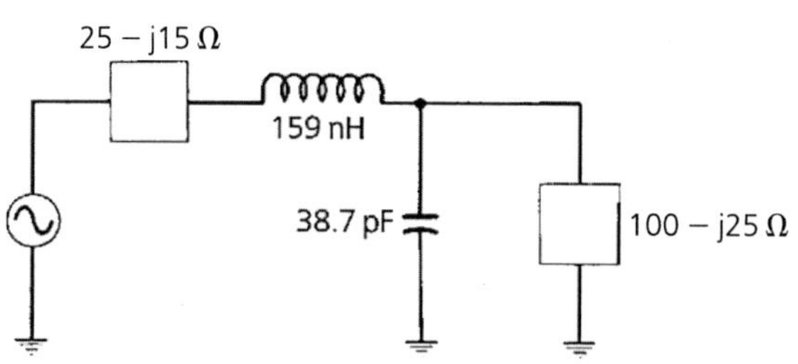

그림 4-43 예제 4-7에 대한 최종 회로.

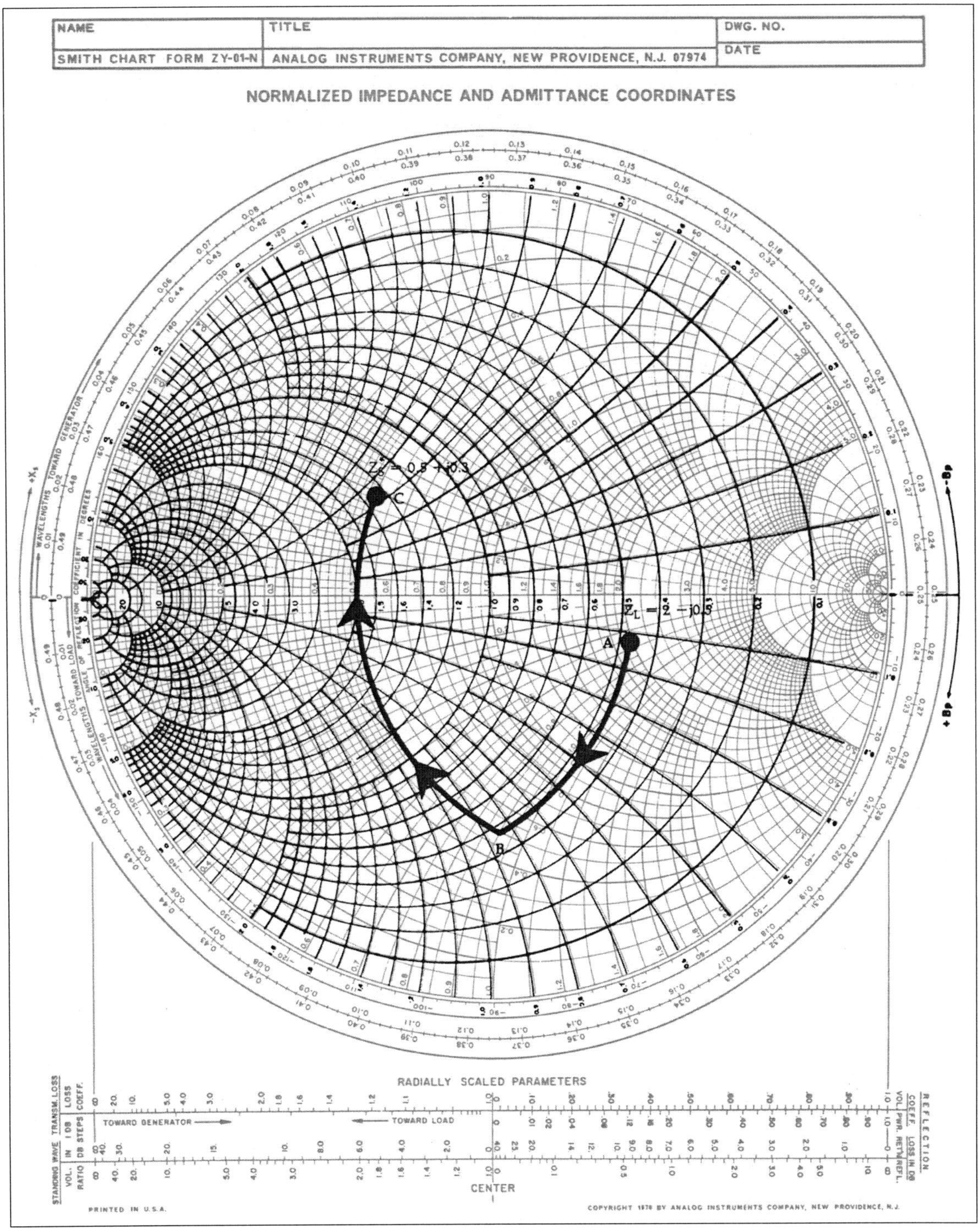

그림 4-44 예제 4-7의 풀이. 더 자세한 컬러 그림은 출판사 웹사이트를 참조. http://books.elsevier.com/companions/9780750685184

3-소자 매칭(Three-Element Matching)

앞 절에서 다룬 2-소자 매칭과 3-소자 매칭의 차이는 회로의 부하-Q를 선택할 수 있는지의 여부였다. 가상 저항 개념을 사용하여 수학적으로 쉽게 설계하는 방법을 배웠다. 여기서는 Smith Chart 상에서 회로-Q는 어떻게 표현되는지를 살펴볼 것이다.

$$\begin{aligned} R + jX &= 1 \pm j5 \\ &= 0.5 \pm j2.5 \\ &= 0.2 \pm j1 \\ &= 0.1 \pm j0.5 \\ &= 0.05 \pm j0.25 \end{aligned}$$

그림 4-45에 이 값을 표시하면 호(arc)의 모양을 형성한다. 즉, 호 위에 있는 모든 임피던스는 동일한 $Q = 5$의 값을 갖는다. 비슷하게, 무한대-Q를 갖는 호는 차트의 외각 원이 되고, $Q = 0$에 해당하는 호는 차트의 중심에 위치한 순수 저항에 해당하는 직선이 된다.

Smith Chart에서 high-Q 3-소자 매칭 회로 설계법은 앞서 다룬 수학적인 방법과 유사하다. 즉, 회로의 한 분기(branch)가 회로의 부하-Q를 결정하고, 회로의 나머지 특성도 이 분기가 한다.

원하는 Q 값을 갖는 3-소자 임피던스 매칭 회로 설계 과정을 요약하면 다음과 같다.

1. 명시한 Q에 해당하는 호를 차트에 그려라.
2. 소스 임피던스의 복소 공핵과 부하 임피던스를 차트에 표시하라.
3. 설계의 부하-Q를 달성할 수 있는 회로의 종단 부분을 결정하라. T-회로인 경우, 더 작은 종단 저항을 갖는 종단부가 회로-Q를 결정한다. Pi-회로에서는 더 큰 종단 저항이 회로의 Q를 결정한다.
4. T-회로인 경우,

   $$R_s > R_L$$

   부하에 직렬 소자를 덧붙여 상수 저항 원에 따라 Q에 해당하는 호까지 이동시킨다. 이 거리에 해당하는 첫 번째 소자 값을 결정한다. 다음, 이 점을 먼저 션트로 연결한 다음 직렬 소자를 덧붙여 Z_s^*까지 이동시킨다. 여기서 $Z_s^* = Z_s$의 공핵.

   $$R_s < R_L$$

   Q-곡선과 소스 임피던스의 $R =$ 상수인 원과의 교점(I)을 구하여 표시한다. 부하 임피던스로부터 교점 I까지 첫 번째 직렬 소자와 두 번째 션트 소자를 이용하여 이동한다. 교점 I로부터 $R =$ 상수 원에서 직렬 소자를 덧붙여 Z_s^*까지 이동한다.
5. Pi-회로에 대해,

   $$R_s > R_L$$

   Q-곡선과 소스 임피던스의 $G =$ 상수 원과의 교점 (I)를 구하고, 이 점을 차트에 표시한다. 부하 임피던스로부터 교점 I까지 먼저 션트 소자를 사용한 다음 직렬 소자를

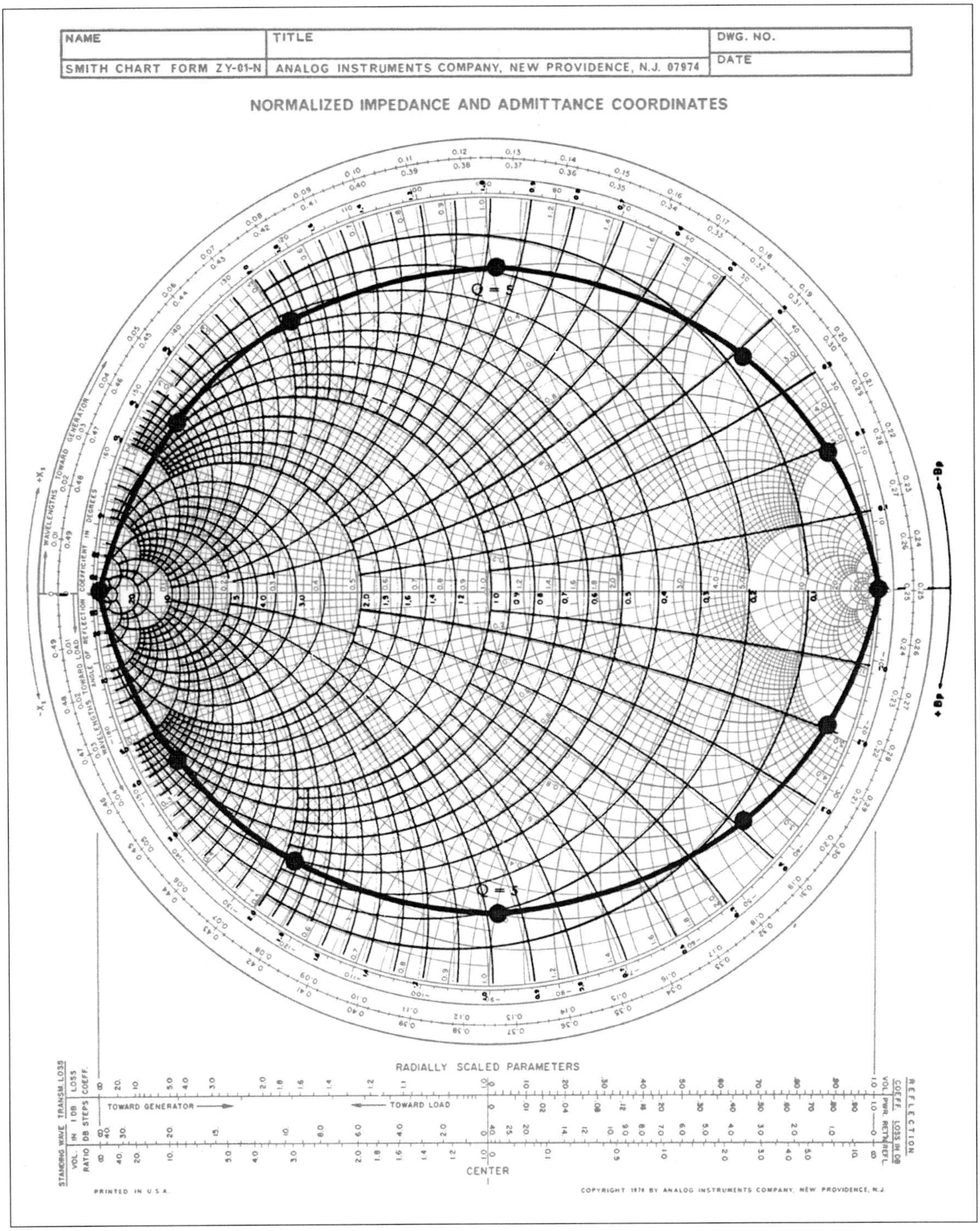

그림 4-45 상수 *Q*에 대한 호(arc). 더 자세한 컬러 그림은 웹사이트를 참조.
http://books.elsevier.com/companions/9780750685184

사용하여 이동시킨다. 교점 I에서 Z_s^*까지 G = 상수 원에서 션트 소자를 사용하여 이동시킨다.

$$R_s < R_L$$

부하로의 상수 G원에서 션트 소자를 이용하여 Q-곡선과 만나도록 이동시킨다. 이 길이에 해당하는 값이 첫 번째 소자 값이 된다. 다음, 먼저 직렬 소자를 사용하고 이후 션트 소자를 사용하여 이 점에서 Z_s^*으로 이동시킨다.

초보자들에게는 이 설계 과정이 복잡하게 보일지도 모르겠지만, 실제로 중요한 것은 Q를 결정하는 종단과 원하는 Q-곡선 사이에 상수—저항 또는 상수—컨덕턴스 호를 위치시키고, 소자 값을 구하기만 하면 된다. 예제 4-8을 통해 설계 과정을 명확히 이해하자.

예제 4-8

30 MHz에서 $Z = 15 + j15\ \Omega$ 소스와 225-Ω 부하를 매칭할 수 있는 $Q = 5$인 T-회로를 설계하라.

풀이

앞서 설명한 과정을 따라, 먼저 $Q = 5$에 해당하는 호를 그려라. 다음, 소스의 복소 공액 임피던스와 로드 임피던스를 차트에 표시한다. 차트에 표시하는 임피던스가 너무 크면 정규화를 한다. 여기서, 편의상 정규화 기준값으로 $N = 75$을 사용한다. 따라서,

$$Z_s^* = 0.2 - j0.2\ \Omega$$
$$Z_L = 3\ \Omega$$

회로 설계에 대한 과정을 그림 4-46에 표시하였다.

문제에서 T-회로를 사용하라고 했다. $R_s < R_L$이므로, 더 작은 값인 소스 종단이 매칭 회로의 Q를 결정한다.

$R_s < R_L$에 대한 설계 과정(위의 단계 4)을 따라, 먼저 $Q = 5$인 호와 $R = Z_s^*$을 지나는 상수 원의 교점 I를 찾는다. 그 다음, 부하 임피던스 점에서 교점 I로 다음 두 개의 소자를 이용하여 이동한다.

소자-1 = 호 AB = 직렬-L = $j2.5\ \Omega$,
소자-2 = 호 BI = 션트-C = $j1.15\ \mho$.

다음, 교점 I에서 Z_s^*로 R = 상수 원을 따라 이동한다.

소자-3 = 호 IC = 직렬-L = $j0.8\ \Omega$

마지막으로 식 4-11~식 4-14까지의 식을 이용하여 실제 소자 값을 구한다.

소자-1 = 직렬-L:

$$L = \frac{(2.5)75}{2\pi(30 \times 10^6)}$$
$$= 995\ \text{nH}$$

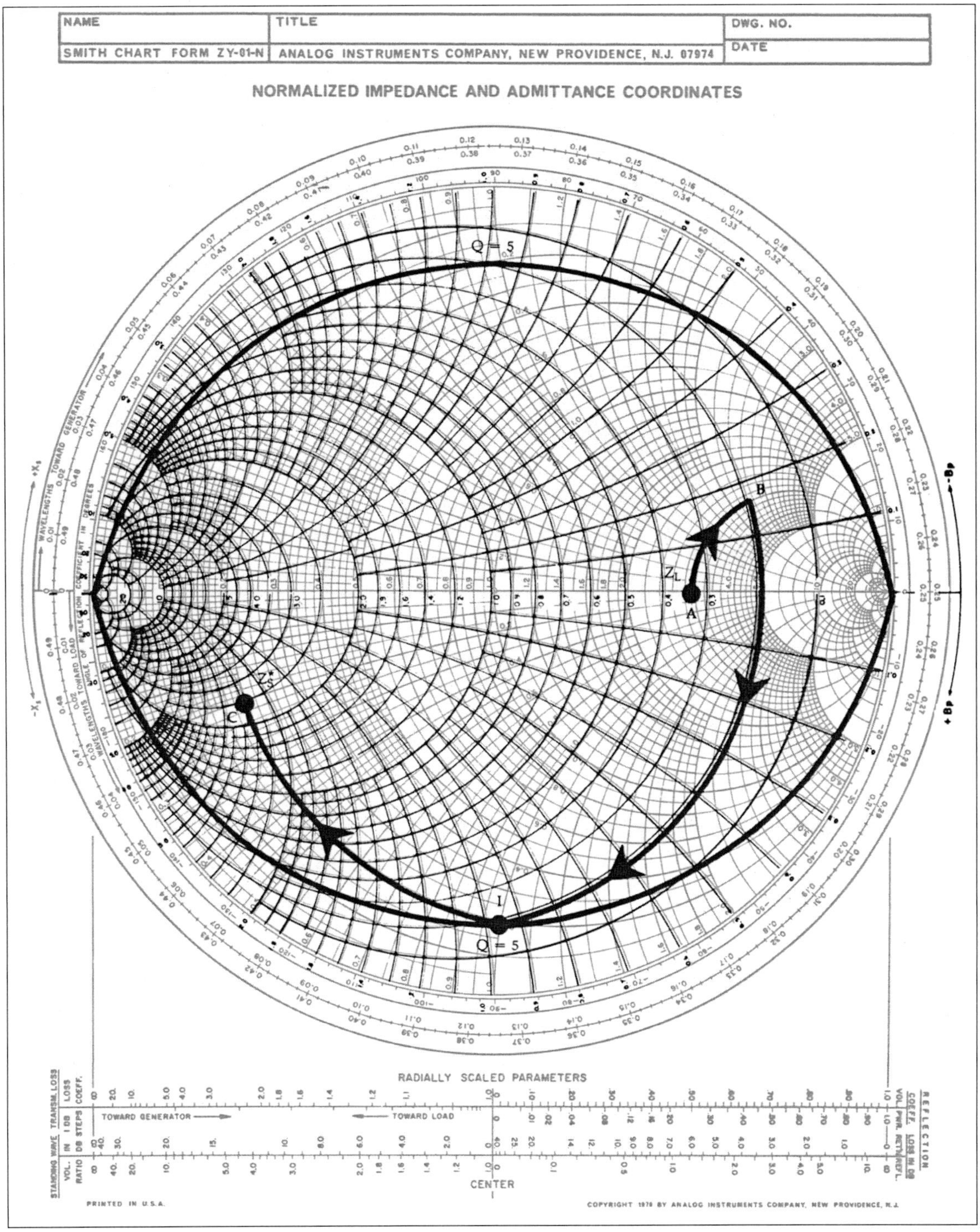

그림 4-46 예제 4-8에 대한 Smith Chart 풀이. 더 자세한 컬러 그림은 출판사 웹사이트를 참조. http://books.elsevier.com/companions/9780750685184

소자-2 = 션트-C:

$$C = \frac{1.15}{2\pi(30 \times 10^6)75}$$
$$= 81\ \text{pF}$$

소자-3 = 직렬-L:

$$L = \frac{(0.8)75}{2\pi(30 \times 10^6)}$$
$$= 318\ \text{nH}$$

최종 회로는 그림 4-47과 같다.

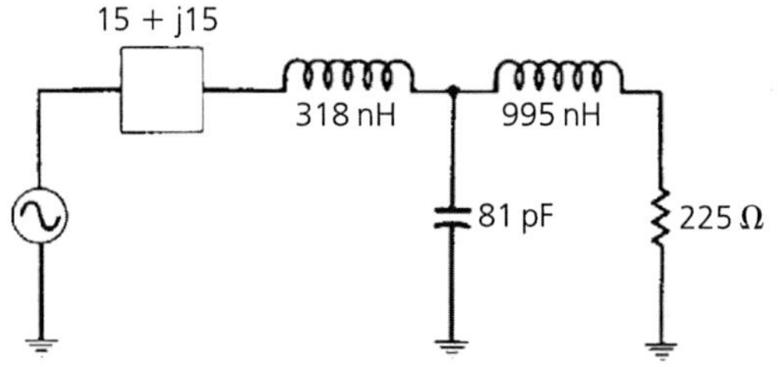

그림 4-47 예제 4-8에 대한 최종 회로.

여러 소자를 이용한 매칭(Multi-Element Matching)

여러 소자를 이용한 매칭 회로는 Q의 제한이 없다. 이러한 매칭에서 Smith Chart는 무수히 많은 가능한 해를 보여주는 유용한 도구다. 물론, Smith Chart에서 점 'A'에서 점 'B'로 가는 경로에 대한 최적의 해는 있다. 하지만, 최적의 해만 있는 것은 아니다. 임의의 점 'A'에서 임의의 점 'B'로 이동 경로를 구성할 때, 2-소자 회로를 이용하면 최소 소자 수로 이동할 수 있으며, 3-소자 매칭 회로를 이용하면 원하는 Q를 만족시킬 수 있다. 하지만, Q가 문제가 되지 않는다면 3-, 4-, 5-, . . . 20- 그 이상의 소자를 이용한 임피던스 매칭도 가능하다. Smith Chart를 이용하여 이 방법을 구현하면, 상수 컨덕턴스와 상수 저항 원을 따라 경로를 움직이면서 최종적으로 점 'B'에 도달하기만 하면 된다. 보통, 점 'B'는 소스 임피던스의 복소 공핵을 말한다. 그림 4-48은 이러한 예를 보여주고 있다. 차트에서 아래 오른쪽 구석이 점 'A'이고 위쪽 왼쪽 구석이 점 'B' 다.

직렬/션트 인덕턴스/커패시턴스를 추가하면서 점 'A' 에서 점 'B'로 이동할 수 있는 무수히 많은 매칭 회로 중, 3가지를 그림에 표시하였다. 첫 번째 매칭은 직렬-L로 시작하여 9개의 소자로 점 'B'에 도달한다. 두 번째 매칭은 션트-L로 시작하여 8개의 소자로 도달하고, 세 번째 매칭은 션트-C로 시작하여 5개의 소자를 사용한다. 리액턴스와 서셉턴스 값은 차트로부터 직접 읽을 수 있다. 식 4-11 ~ 식 4-14를 이용하면 실제 값을 쉽게 계산할 수 있다.

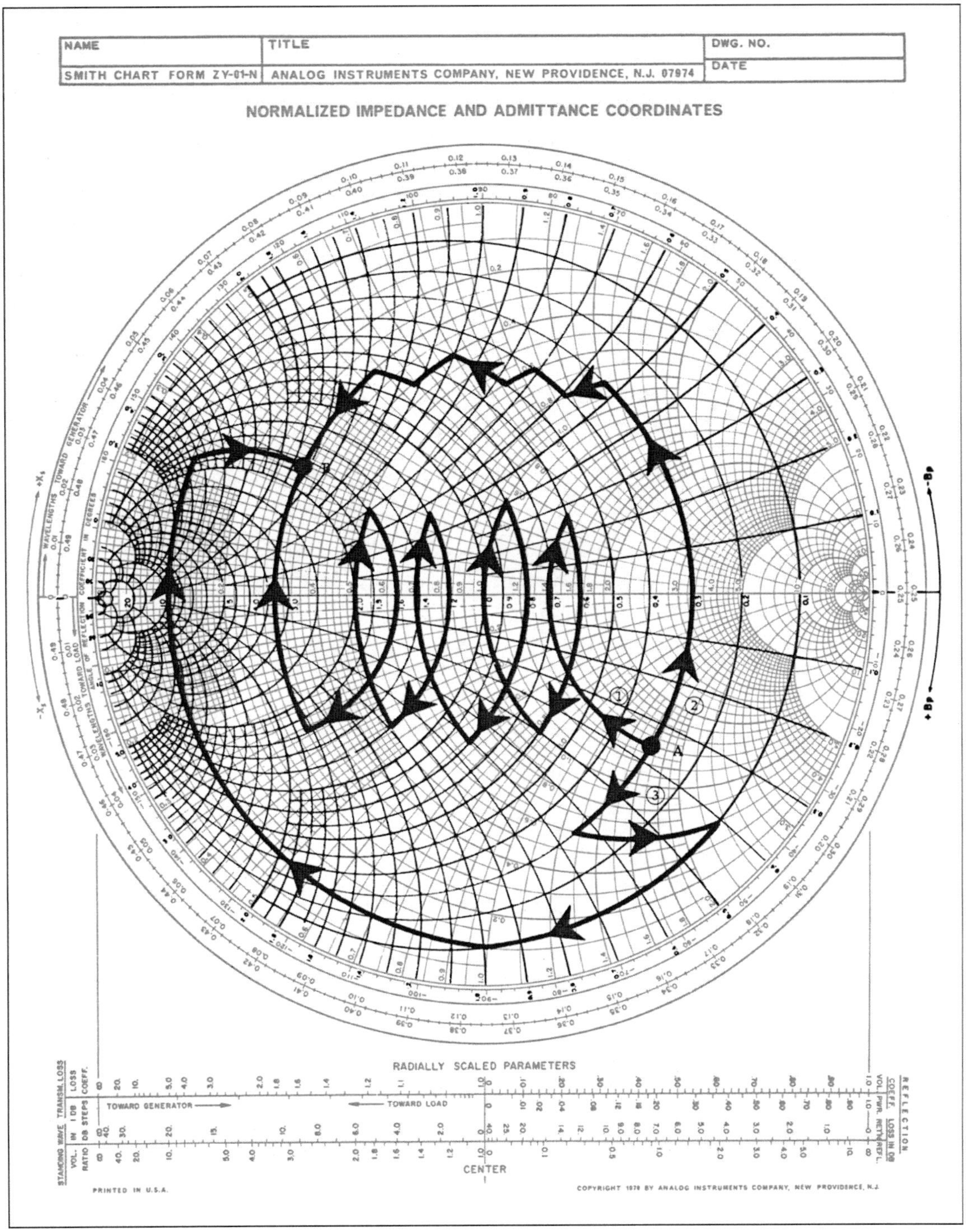

그림 4-48 여러 소자를 이용한 매칭. 더 자세한 컬러 그림은 웹사이트를 참조.
http://books.elsevier.com/companions/9780750685184

소프트웨어 설계 툴(Software Design Tools)

매칭을 위해 소프트웨어 설계 tool(툴, 도구)을 이용할 수 있다. 설계 tool들은 저가의 웹-기판 Smith Chart tool로부터 임피던스 매칭 기능을 갖는 복잡한 통합 tool까지 다양하다.

스미스 차트 도구(Smith Chart Tools)

Smith Chart가 처음 만들어졌을 때에는 마이크로웨이브 엔지니어들에게 필수적인 도구였다. 최근에는 RF 엔지니어뿐 아니라 고속 회로 설계 설계자들도 Smith Chart를 이용하고 있다. 예나 지금이나 Smith Chart를 이용하지만, 이제는 더 이상 연필과 자를 이용하여 Smith Chart를 다루지 않아도 된다. Smith Chart 소프트웨어 tool을 이용하면, 반사 계수 평면에서 임피던스를 변환하는 과정을 시각적으로 볼 수 있다.

종이 대신 컴퓨터의 Smith Chart 도구를 이용하면, 스크린 상에서 모든 작업을 수행할 수 있다—차트의 이름을 기입하고, 주파수, 임피던스, VSWR 데이터를 text table 형태로도 볼 수 있다. 설계를 위해, 라이브러리(library)†에 있는 집중(lumped) 소자와 분포(distributed) 소자 선택하기만 하면 된다. 대부분의 설계 도구들은 설계 시간을 절약할 수 있는 매크로(macro)‡ 명령어와 설계자들에게 유용한 많은 예제를 함께 제공하고 있다. 이러한 도구들의 가격은 일반적으로 수십만 원 정도한다.

설계 예(Design Example)

예제로써, Microwave Software(www.microwavesoftware.com)사의 'SmithMatch' 임피던스 매칭 회로 설계 utility를 사용하여, 2000 ~ 3000MHz의 주파수 대역에서 3-소자 분포 라인 회로에 대해 분석해 보자. 10-Ω 고정 부하를 50-Ω의 소스로 매칭하는 회로다(그림 4-49 참조).

SimthMatch는 저가의 웹기반 소프트웨어지만 매우 유용한 tool이다. 인터넷을 이용하면 더 저렴한 비용으로 설계할 수 있다.

이 예제에서 부하 임피던스 파일을 **"TRL3."**이라 명한다. 이 파일은 2000 ~ 3000 MHz 영역에서 선택한 4개의 주파수에서, 고정 저항 10-Ω에 대한 데이터다. 설계를 시작하기 위해, tool의 메인 메뉴로부터 "(1) SmithMatch" 선택하여 SmithMatch 모듈을 불러온다. 다음의 결과를 나온다.

System Z0 [< Enter >= Quit]?_

system Z0 특성 임피던스 값으로 **"50"**을 입력하고 **<Enter>**를 누른다.

Filename?_

.IMP 부하 임피던스 파일의 이름으로 **"TRL3"**을 입력하고 **<Enter>**를 누른다.

† 역주: library는 인덕터, 커패시터, 저항, 전송 선로, 트랜지스터 등 설계에 필요한 소자를 저장하고 있는 폴더를 말한다.

‡ 역주: macro는 자주 사용하는 몇 가지 명령어의 순서를 미리 저장한 것으로, 설계 시간을 단축할 수 있다.

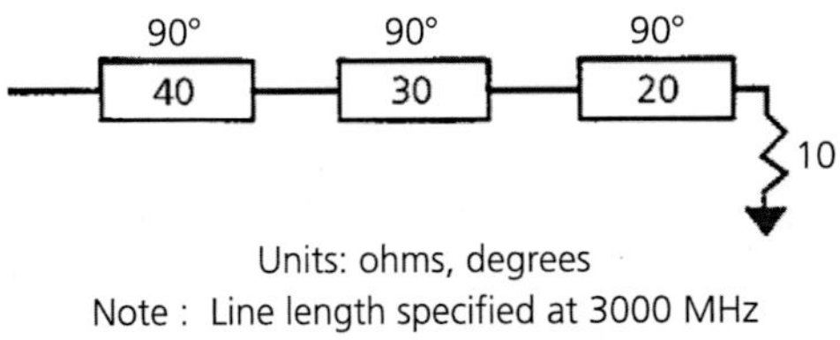

그림 4-49 SmithMatch(www.microwavesoftware.com)을 이용하여 초기 설계 회로.

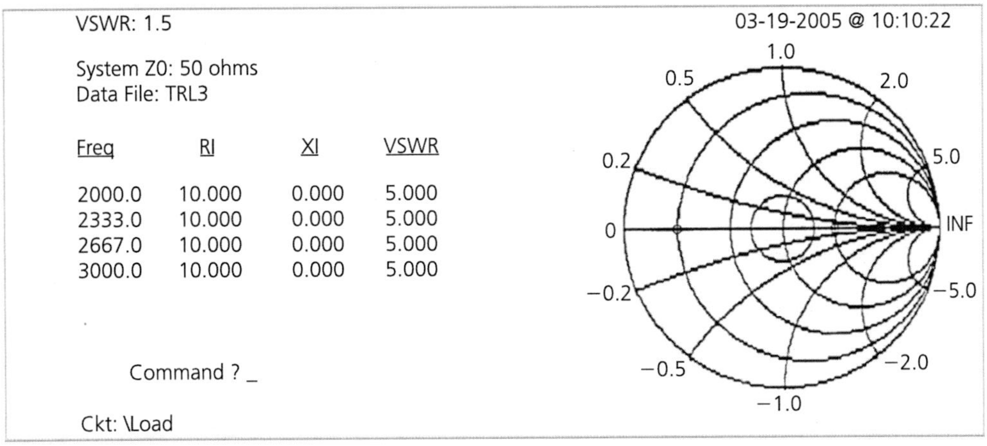

그림 4-50 하한(low end) 주파수는 Smith Chart의 왼쪽의 실수축에 작은 원으로 표시.

10-Ω 부하 파일이 화면에 나타날 것이다. 작은 원은 그림 4-50에 표시된 것처럼 하한(low end) 대역을 표시하고 있다.

VSWR = 1.5 원을 그림 4-50에 추가하고 나면 **"Command ?"** 프롬프트가 나타날 것이다. 다음 전송 선로(TRLs) 3개를 순서대로 추가한다. 초기 설계 회로를 해석한다.

SmithMatch tool은 "TRL"에 대한 소자 code을 16으로 정의한다. 분포 선로는 두 개의 파라미터를 가지고 있다—단위가 Ω인 Z0(특성 임피던스)와 전기 길이 theta(단위 degrees). SmithMatch의 규칙에 따라, Library에서 16, 17, 18과 같은 분포 소자의 전기적 길이 theta을 입력할 때 길이를 degree 단위로 입력하고, 대역의 하한(low end)에서 명시한다.

예제에서는 주파수 대역이 2에서 3 GHz이므로, 선로 길이는 2 GHz에서 명시해야 한다. 계산은 간단하다. degree로 주어진 길이를 2/3의 분수를 곱하면 된다. 여기서 "2"는 대역의 하한 주파수이고, "3"은 90-degree 길이 선로에 대한 기준 주파수다.

"Command ?" 프롬프트에 "16"을 타이프 할 때, Z0 = 20-Ω 선로를 부하 쪽으로 입력하라. 두 TRL 파라미터에 대해 값을 입력하도록 요청받게 될 것이다.

TRL Z0,Theta ? _

위의 두 선로 파라미터를 구분은 comma로 한다. **"20, 60"**이라고 타이프하고 **<Enter>**를 누른다. 분포 소자에 대해서는 항상 comma에 의해 구분되는 두 값을 타이프한다.

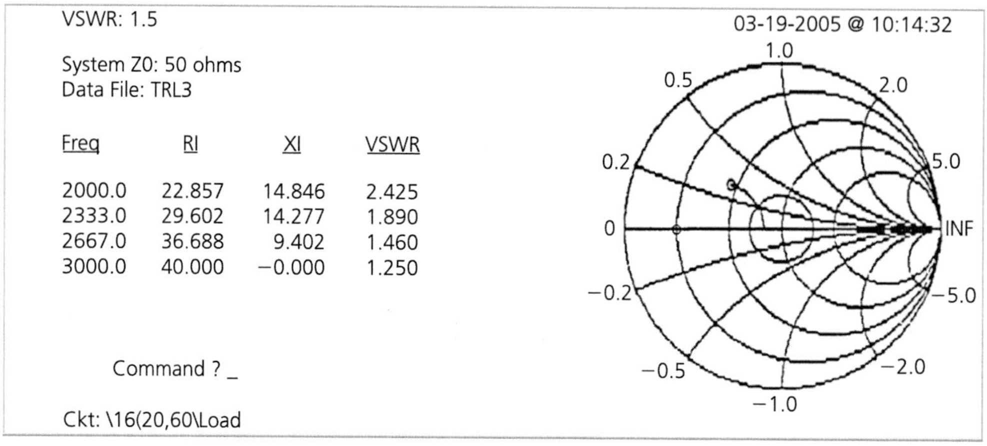

그림 4-51 주파수 변화에 따라 임피던스 변화 경로가 퍼져 있고, 차트의 중심으로 향하고 있음에 유의.

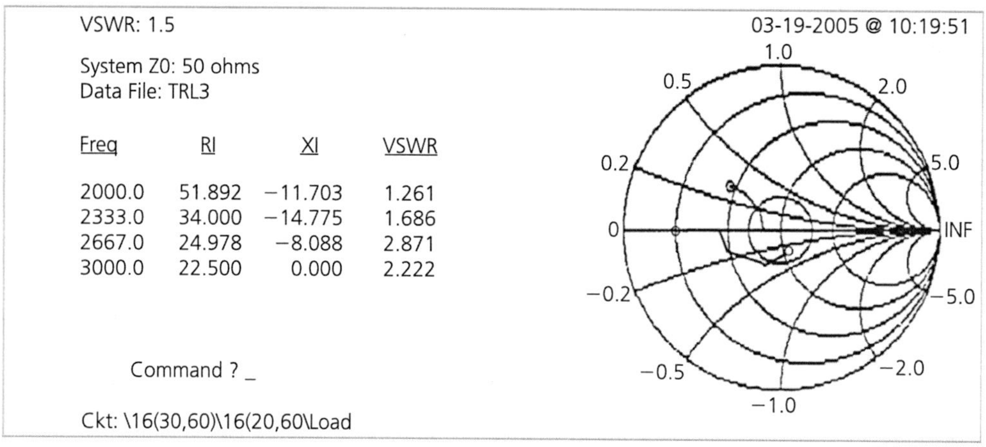

그림 4-52 두 번째 1/4 파장 TRL로 인해 궤적이 180도 회전된다(flip). 대역의 하한에서 차트의 중심에 조금 더 가깝게 다가서고 있다.

그림 4-51은 첫 번째 TRL이 추가된 후의 결과를 화면에 보여주고 있다.

질문에 대한 답으로 **"Y"**를 타이프한다.

Save Element (Y/N) ? _

화면 상의 회로 파일은 계속해서 update된다. 이제 두 번째 선로인 Z0 = 30-Ω TRL을 입력한다. 그림 4-52의 그림을 화면에서 보게 될 것이다.

이제 Smith Chart 화면을 깨끗하게 정리할 필요가 있다. 정리를 위해 "Command ?" 프롬프트에 "C"를 타이프하라. 마지막 결과만 남아 있게 된다. 마지막으로, 3번째 TRL을 추가하고 최종 결과를 본다. 물음에 "40,60"을 타이프한다. 스크린을 다시 정리하면 그림 4-53의 결과를 볼 수 있을 것이다.

초기 설계 결과도 우수하다. 하지만, 최종 최적화를 통해, 하한(low end) 대역에서 뿐

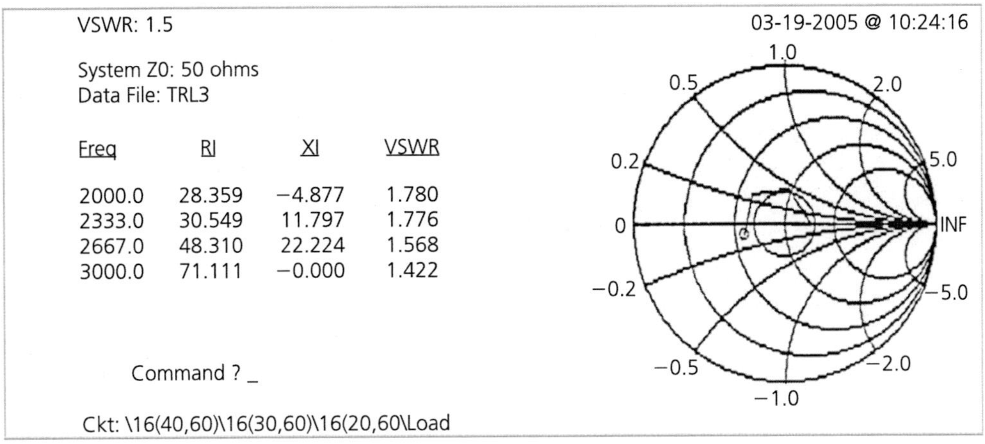

그림 4-53 마지막 1/4 파장 선로로 인해 궤적은 다시 180° 회전된다(flip). 마지막 소자를 저장하면 스크린 상의 회로 파일이 갱신되고 위와 같은 화면이 나타날 것이다.

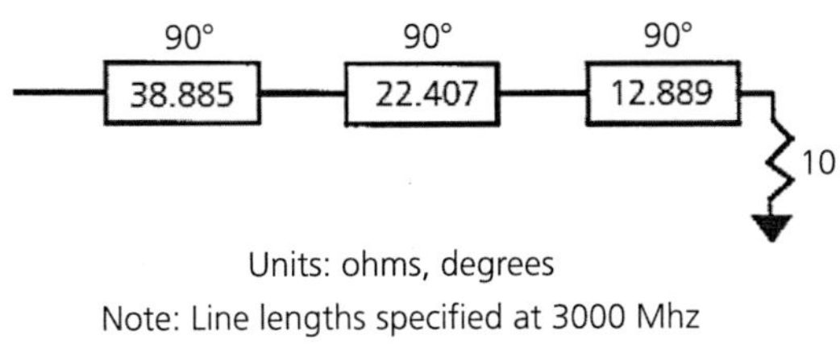

그림 4-54 2~3 GHz 광대역 TRL 매칭.

아니라 전 주파수 대역에서 우수해야 한다. 최적화는 파라미터를 변경거나 Microwave Software OptiMatch 같은 프로그램을 이용할 수도 있다. 최종적으로 최적화된 2 ~ 3 GHz 광대역 TRL 매칭 회로는 그림 4-54와 같다.

통합 설계 tool(Integrated Design Tools)

RF/마이크로파 소자와 시스템을 위한 통합된 EDA(Electronic Design Automation, 설계 자동화) 소프트웨어를 이용하면 단일 설계 환경에서 최상의 설계를 할 수 있다. 설계 엔지니어는 임피던스 매칭 회로뿐만 아니라 시스템 전체의 설계 환경까지도 이해를 해야 한다. 통합 설계 tool은 초기 시스템 구조에서 마지막 문서화 작업까지의 전체 RF 회로 설계 과정 동안 매우 유용한 기능을 제공한다.

이러한 설계 tool은 꽤 유용하고 사용이 쉽지만, 설계자는 많은 입력 데이터를 정확한 포맷으로 입력해야 한다. 또한, 시뮬레이션 결과로 나오는 많은 결과로부터 필요로 하는 유용한 데이터를 찾기 위해 전문 지식이 필요하다. 이러한 tool들의 가격은 일반적으로 수백만 원 이상의 고가다.

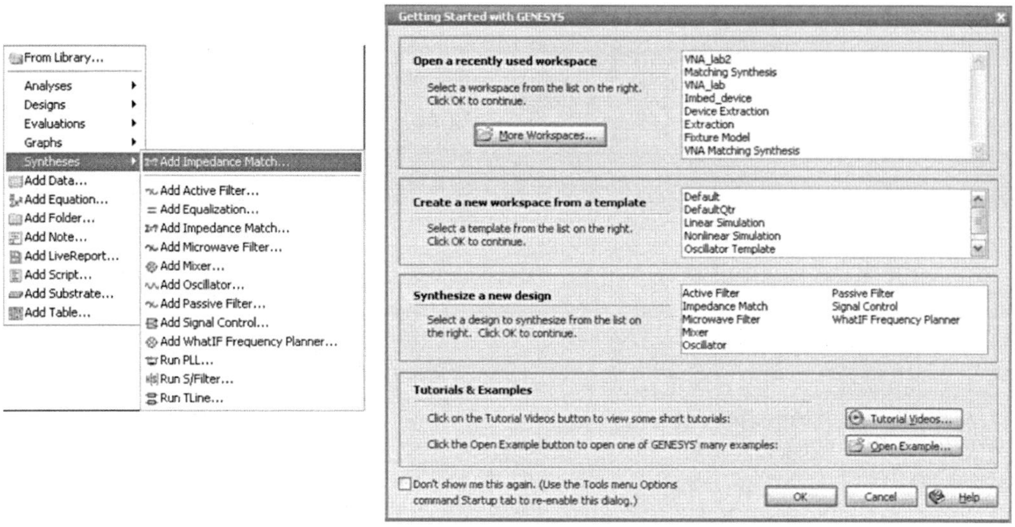

그림 4-55 MATCH을 실행(launch)하는 방법을 보여주는 start-up(시작) 대화창.

설계 예제(Design Example)

설계 예로, 여기서는 Agilent Technologies(www.agilent.com/find/eesof)의 Genesys 소프트웨어를 이용한다. 이 툴은 5가지[†] 서로 다른 설계 tool이 통합되어 있어 엔지니어가 수행하는 RF 업무의 대부분의 영역을 커버하고 있다. 임피던스 매칭 설계 tool의 이름은 MATCH다. 간단한 1/4파장 선로, Pi-구조, T-구조로부터 모든 차수가 가능한 Chebyshev 회로까지 매칭이 가능하다. tool은 단일 stage(단, 스테이지) 또는 다중 stage, 비단방향(non-unilateral) 소자, 임의(arbitrary) 종단 임피던스를 다룰 수 있다. 또한 tool은 광대역 MATCH를 SmithMatch와 비교해서 특징을 파악하기 위해, 다음의 예제를 생각해 보자. 예제에서 Genesys는 먼저 VNA(vector network analyzer)로부터 측정 데이터를 불러와서 de-embedding[‡]을 수행한 다음 정확한 소자의 파라미터를 추출할 수 있다. 다음, 보정된 소자의 데이터를 가지고 증폭기 설계한다. 이때, MATCH는 증폭기의 입력과 출력의 매칭 구조를 동시에 설계할 수 있다. 이 예제에서는 주로 MATCH를 활용하는 것에만 집중한다.

시작을 위해 top menu bar로부터 **'new file'** 아이콘(icon)을 선택한다. 다음, 그림 4-55의 시작 대화창으로부터 MATCH synthesis tool을 시작한다.

Default(디폴트) 이름을 그대로 수용하면, MATCH 대화창과 관련 윈도가 그림 4-56과 같이 나타날 것이다. Default로 마지막으로 사용한 구조가 나타날 것이다. Setting 탭(tab)에서 해석하고자 하는 주파수를 2200 MHz에서 2600 MHz를 입력하고, 해석 포인트(the number of points)를 50으로 한다.

† 역주: 2008년 11월 현재로는 회로 synthesis로 11개의 설계 툴이 있다.

‡ 역주: de-embedding이란 소자나 측정 장비 등에 기생하는 원치 않는 기생 소자의 효과를 제거하고 순수한 소자 특성만을 얻어내는 과정을 말한다.

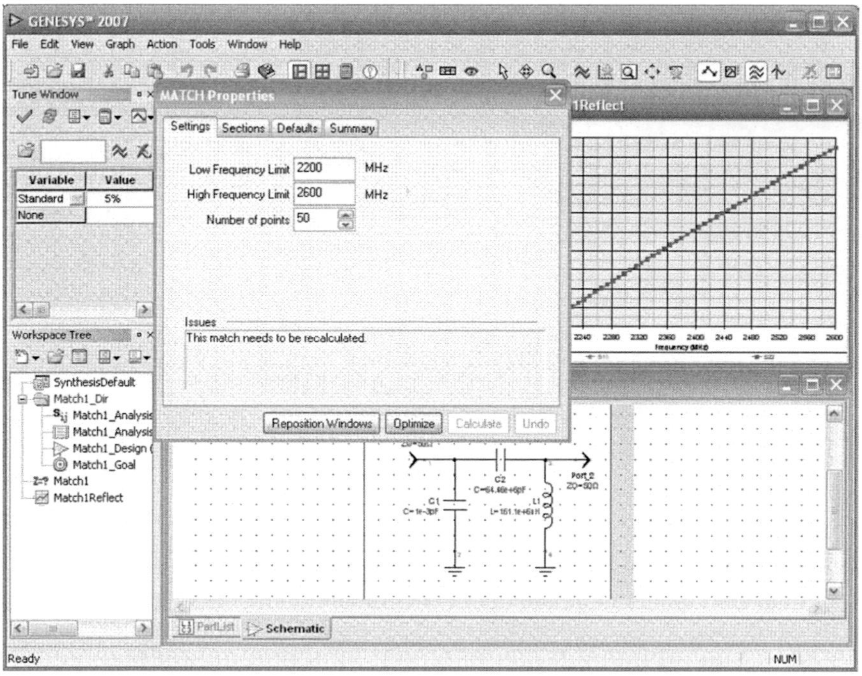

그림 4-56 MATCH 대화창.

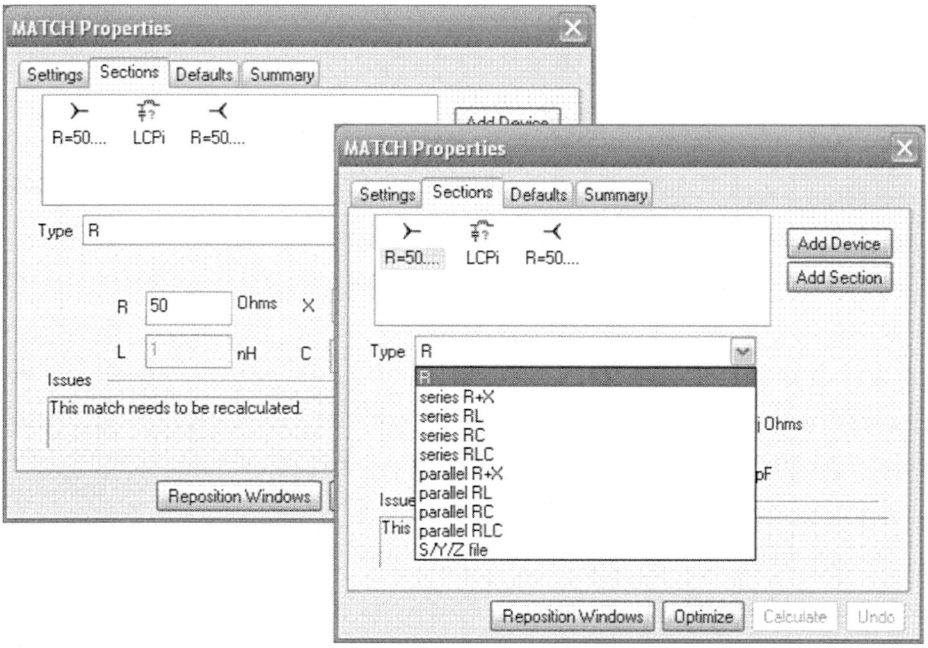

그림 4-57 이 그림에서 입력과 출력의 종단으로 고정된(fixed) 실수 임피던스, S/Y/Z 파라미터 파일, 복소 종단 임피던스를 수동 소자 회로로 모델링한 회로가 모두 가능.

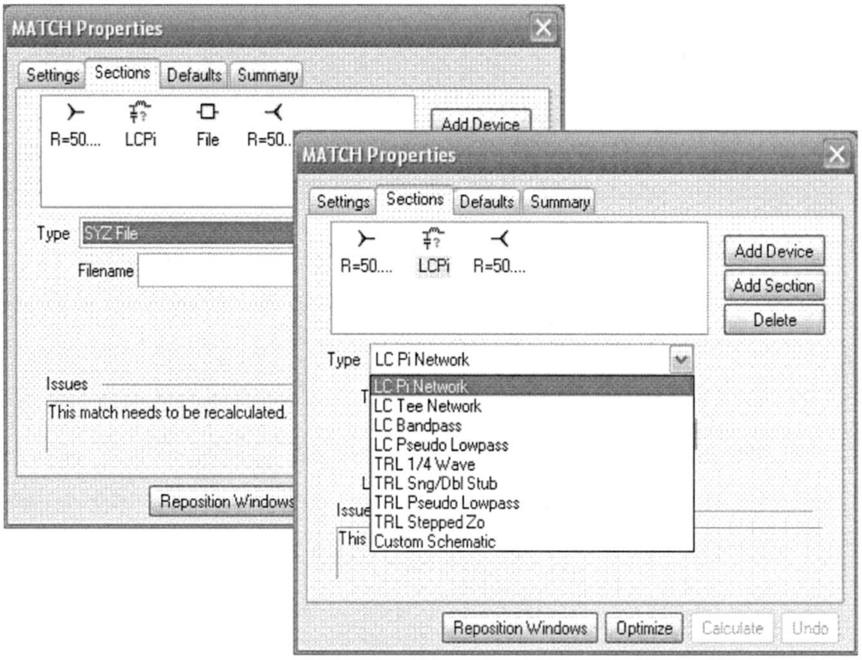

그림 4-58 매칭 특성 화면.

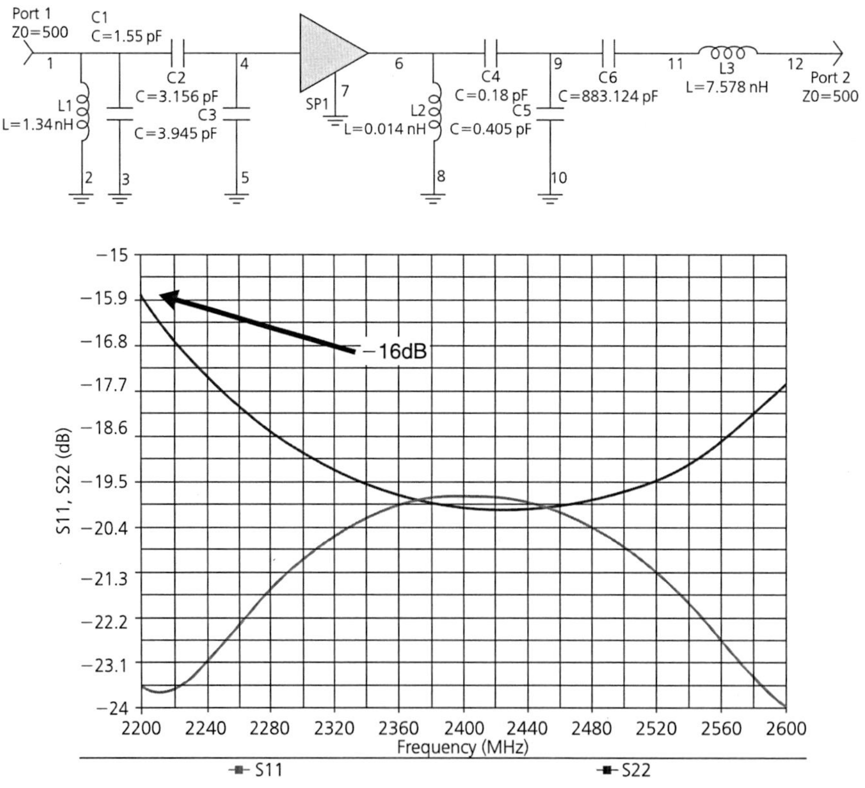

그림 4-59 Genesys에 의해 계산된 매칭 구조 소자 값.

그림 4-57과 같이, **Sections** 탭 아래에 종단 회로 구조, 입출력 매칭 구조, de-embedded 소자의 s-parameters를 정의한다. 입력과 출력 종단을 Default값인 50-Ω으로 한다. **Sections** 탭에서 출력 포트를 클릭하여 활성화한다(activate). **Add Device**을 이용하여 2-포트 de-embedded 파트에 대한 심벌을 놓는다. 만약, **Type** 리스트(drop-down list)를 선택하면, MATCH에서 파일과 sub-network을 참조할 수 있다. Browse 버튼을 사용하여 working directory로부터 'Device.s2p'를 선택한다. Default 매칭 구조에서 'LCPi' 을 클릭하고, 그림 4-58의 Type 리스트(drop-down list)로부터 입력 매칭 구조로 LC Bandpass 선택한다. "**no transformer**" 옵션을 선택한다.

출력 포트를 다시 하이라이트(highlight) 처리한 후, Add Section 버튼을 선택하여 출력 매칭부를 추가하라. 이전과 동일하게, 출력 매칭 회로로 **LC Bandpass**와 '**no transformer**' 옵션을 선택한다. **Calcul**ate 버튼을 눌러서 Genesys의 매칭 구조 소자 값을 결정한다. 초기 응답과 구조는 그림 4-59와 같다. **최적화**(optimization)의 Default goals(목표)를 입력과 출력 매칭에 대해 −30 dB로 설정한다. 최적화 목표는 **workspace tree**에 있는 optimization 아이콘을 더블 클릭하고 **Goals** 탭을 선택하여 원하는 목표를 변경할 수 있다. 추가적으로, 잡음 지수(noise figure), 이득(gain) 등을 목표에 추가할 수 있다. 여기서는 default goals를 그대로 사용하기로 한다.

400 MHz 대역폭에서 초기의 소자 값은 −16 dB(가장 나쁜 경우) 특성을 보인다. 특성을 개선하기 위해, Section 탭에서 **Optimization** 버튼을 클릭한다. 수초 후, 최적화된 매칭은 400 MHz 대역폭에서 −30 dB의 목표치을 만족하게 된다(그림 4-60).

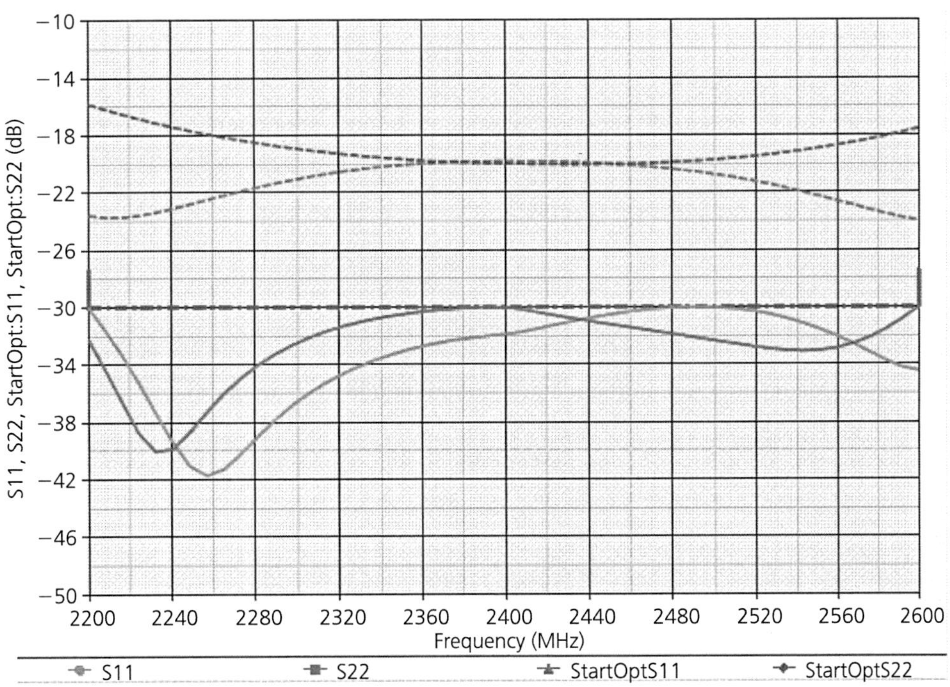

그림 4-60 최적화된 매칭.

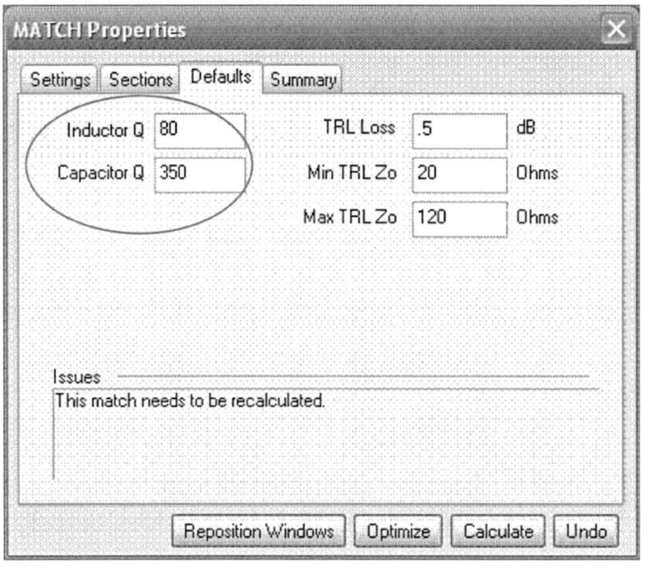

그림 4-61 집중 소자에 의한 손실 제한하는 방법.

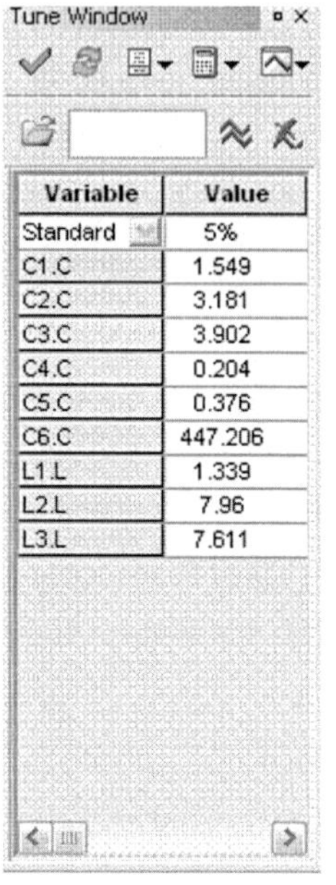

그림 4-62 조정 가능한(tunable) 소자의 목록.

주의해야 하는 것은 소자의 stability(안정도) factor K가 1이상인 소자에 대해서만 입력과 출력에서 동시에 매칭이 된다는 점이다. 소자가 '조건부(conditional)' 안정이면, 입력 또는 출력 매칭 사이에 절충(trade-off)이 필요하다.

MATCH tool의 다른 특징으로 소자 값의 제한을 설정할 수 있다. **Defaults** 탭을 선택하여 분포 소자 값의 제한과 인덕터와 커패시터의 Q의 값을 볼 수 있다. 이 방법은 그림 4-61과 같이 구현 가능한 전송선로 구조를 설정하고, 집중 소자 값에 의한 손실을 제한하는데 도움이 된다.

최적화를 통해 연속 값이 아닌 fractional 소자 값을 얻을 수 있다. 이후, 표준 값(standard value)에 가장 근사한 소자 값으로 tune을 할 필요가 있다. 이 과정에서, 최종 매칭을 위해 복수의 솔루션이 필요할 수 있다.

증폭기와 매칭 구조를 선택해라. 수동 소자를 선택하기 위해 **"crtl+A"** key를 동시에 눌러라. 또는, 다른 선택 방법으로 top 메뉴에서 **Edit/Select/All**을 선택하여 소자를 선택할 수 있다. **Schematic** 메뉴를 선택하고 **Make Components Tunable**을 선택하여, 회로에서 모든 소자가 조정 가능하도록 한다. 그림 4-62와 같이 workspace(작업 공간)에 tunable(조정 가능한) 소자가 **Tune** 창에 나타날 것이다. tune 창에 **Standard 5%** 설정을 확인하고, 스펙을 만족할 수 있도록 매칭을 최적화하라. 값이 선택되면, 마우스 휠(wheel)을 이용하거나, **Page Up or Page Down** 키를 이용하여 각 소자를 tune을 한다.

그림 4-63은 2~3번의 소자 tuning을 통해 얻은 결과다. 이 그림에서 최소 매칭은 대역 내에서 −26 dB였다. 2개의 커패시터 값은 1 pF 이하다. 작은 커패시턴스는 저가의 interdigital(깍지낀 모양)의 커패시터 형태로 구현이 가능하다. 설계를 더 개선하기 위해 MATCH **Section**

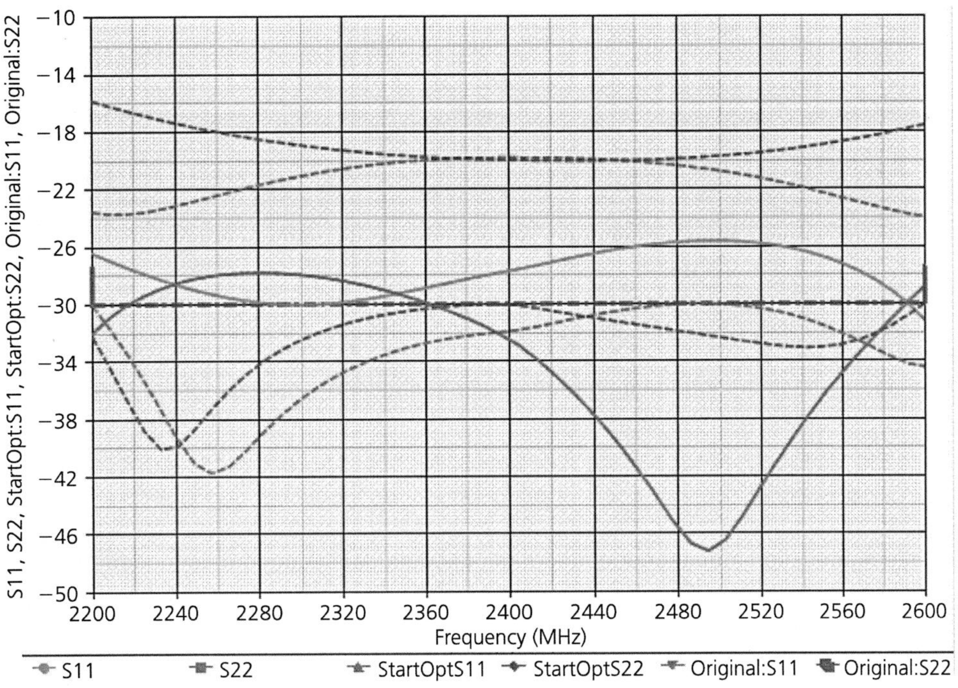

그림 4-63 최적화의 결과.

탭으로 돌아가서 다른 매칭 구조를 이용할 수 있다.

요약(Summary)

임피던스 매칭은 마법(black magic)이 아닌, 소스에서 부하로 최대 전력 전달을 위해 사용되는 체계적이고 논리적인 과정이다. 임피던스 매칭은 수학식을 이용하여 설계할 수도 있고, Smith Chart나 다양한 소프트웨어를 이용하여 시각적으로 설계할 수 있다. 2 ~ 3개의 소자로 구성된 매칭 회로는 수학적으로 다루기가 쉬운데 반해, 4개 이상의 소자로 구성된 매칭은 Smith Chart를 이용하는 것이 편리하다. 설계 소프트웨어는 어떠한 구조도 모두 쉽게 설계할 수 있다.

CHAPTER 5

RF 트랜지스터

The Transistor at Radio Frequeicies

1장에서 저항 · 커패시터 · 인덕터와 이 소자들의 RF 특성에 대해 살펴봤다. 1장에서 언급한 바와 같이, 이 소자들이 고주파에서 동작하면 커패시터는 더 이상 단순한 커패시터로 볼 수 없고, 인덕터도 이상적인 인덕터로 볼 수 없다. 고주파에서 각 소자의 이상적이지 못한 특성은 등가 회로를 통해 표현될 수 있다.

이 장을 통해, 트랜지스터의 특성도 주파수에 따라 이상적인 소자와 차이가 있음을 알게 될 것이다. 이번 장에서는 일반적인 트랜지스터의 등가 회로를 소개하고 분석하게 된다. 등가 회로를 통해, 트랜지스터의 입력 · 출력 · 피드백 · 이득 특성을 살펴볼 것이다. Y와 S-파라미터를 정의하고, 데이터 시트에서 트랜지스터의 특성을 기술하는 방법을 다룰 것이다.

최근, 아날로그/RF 엔지니어들은 주로 IC box나 칩을 연결하는 작업이 주 업무이긴 하지만, 아직도 트랜지스터 레벨에서 설계는 이들에게 중요하다. 트랜지스터 레벨 설계는 IC 모듈을 단순히 연결하는 것에 비해 더 어렵고 시간도 오래 걸리는 일이지만, 트랜지스터 레벨 설계를 공부할 충분한 가치가 있다. 트랜지스터 레벨의 설계가 중요한 이유는 다음과 같다.

1. 설계의 자유도(option) — 트랜지스터 레벨에서는 다양한 설계 옵션(option)이 있다. 이러한 설계 옵션을 습득할 수 있다.
2. 방법론 — 빠르고 효과적인 설계를 위해 최신의 자동화된 설계 소프트웨어 툴(tool)과 설계 방법(methodology)을 이용할 수 있다.
3. 결과 — 트랜지스터 레벨의 설계를 통해 엔지니어의 설계 속도와 능력이 향상되고, 비슷한 설계에 기존 설계를 활용할 수 있다.

회로 설계 방법과 설계 툴은 다른 장에서 소개한다.

RF 트랜지스터의 재료(RF Transistor Materials)

트랜지스터는 저잡음 증폭기(LNA, low noise amplifiers), 전력 증폭기, 믹서, 발진기, 스위치, 감쇠기 등 매우 다양한 RF 부품에 사용된다. 또한, RF 트랜지스터는 다양한 방법과 재료로 제조된다. 사용되는 재료에 따라 트랜지스터의 성능이 달라진다.

RF 분야에 사용되는 트랜지스터의 제조 방법은 기본적으로 두 가지다—BJT(bipolar junction transistor, 쌍극 접합 트랜지스터) 또는 간단히 바이폴라(bipolar)와 FET(field effect transistor, 전계 효과 트랜지스터). 이 둘의 주된 차이는, 바이폴라는 반도체 재료에서 계단 접합(abrupt junction)을 갖는데 반해 FET는 그렇지 않다(그림 5-1 참조).

대신, FET는 대전될 때 전자계(electromagnetic field)를 형성하는 게이트(gate)를 가지고 있다. 게이트는 채널(channel)의 전도도(conductivity)를 변화시켜, 트랜지스터를 OFF와 ON로 조정할 수 있다. 일단 FET의 게이트가 대전 되면, 트랜지스터의 ON(또는 closed) 상태를 유지하기 위한 추가적인 전력(전류)을 필요로 하지 않는다. 즉, FET는 전압-제어(voltage controlled) 소자다.

이에 반해, 바이폴라 트랜지스터는 전류 제어 소자로 트랜지스터가 ON을 유지하는데 작은 양이지만 전류가 필요하다. 한 개의 바이폴라 트랜지스터에서 필요한 전류가 적더라도, 한 chip에서 트랜지스터가 수백만 개가 되면 이 양은 상당하다. 이러한 이유로, FET 계열인

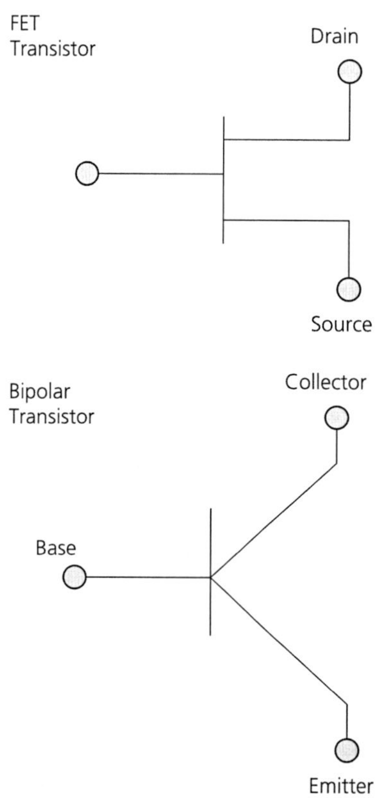

그림 5-1 FET와 BJT의 회로 표시.

실리콘(silicon) chip이 바이폴라보다 적력 소모가 더 적다. FET의 가장 큰 단점은 바이폴라 소자에 비해 스위치가 속도가 조금 느리다는 것이다.

트랜지스터 등가 회로(The Transistor Equivalent Circuit)

저항, 커패시터, 인덕터를 RF 등가 회로 모델로 표현한 것처럼, 트랜지스터의 동작도 그림 5-2의 등가 회로로 나타낼 수 있다. 그림의 등가 모델은 하이브리드-π 모델로 표현한 공통—이미터(common-emitter) 회로다. 하이브리드-π 모델은 해석에 매우 유용하다. 모델의 구성 소자를 정의한 후, 해석에서의 편의를 위해 몇 가지 가정을 할 것이다.

$r_{bb'}$ — 베이스 분포 저항(Base spreading resistance). 이 저항은 베이스 단자(terminal) 간 또는 베이스를 구성하는 반도체 재료와 전극(contact) 간의 접합에서 불가피하게 발생한다. 값은 보통 수십 ohm정도다. 사이즈가 작은 트랜지스터일수록 $r_{bb'}$의 값이 더 커지는 경향이 있다.

$r_{b'e}$ — 입력 저항(Input resistance). 이 저항은 순방향으로 바이어스된 트랜지스터의 베이스와 이미터 접합에서 발생한다. 일반적으로 1000 Ω 근처다.

$r_{b'c}$ — 피드백 저항(Feedback resistance). 이 저항은 트랜지스터의 베이스에서 컬렉터 사이에서 발생하고, 5 MΩ 정도의 매우 큰 값을 갖는다.

r_{ce} — 출력 저항(Output resistance). 이름에서 의미하듯, 트랜지스터의 컬렉터 쪽을 바라볼 때 보이는 저항이다. 일반적 트랜지스터는 100 K 정도의 값을 갖는다.

C_e — 이미터 확산 커패시터(Emitter diffusion capacitance). 이 커패시턴스는 실제로는 이미터 확산 커패시턴스와 이미터 접합 커패시턴스의 두 합으로 구성된다. 이 두 커패시턴스는 반도체 접합 물성과 관련이 있어, 여기서 다루기는 어렵다. 접합 커패시턴스는 일반적으로 매우 작으므로, C_e를 일반적으로 확산 커패시턴스라고 부른다. 일반적인 값은 100 pF 정도다.

C_c — 피드백 커패시턴스(Feedback capacitance). 이 소자는 트랜지스터의 컬렉터와 베이스 간의 역방향 바이어스에서 형성된다. 고주파에서 트랜지스터의 동작은 C_c에 큰 영향을 받는다. 일반적인 값은 3 pF 정도다.

그림 5-2에서 $\beta I_{B'}$의 전류원이 있다. $r_{b'e}$에 $I_{B'}$의 전류가 흐를 때의 트랜지스터의 소신호

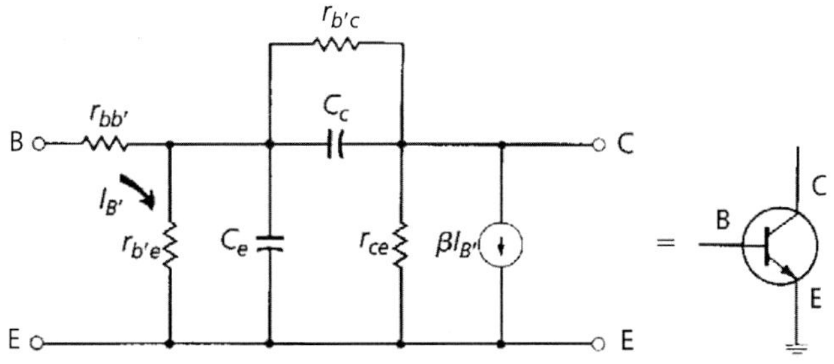

그림 5-2 트랜지스터 등가 회로—공통 이미터 구조.

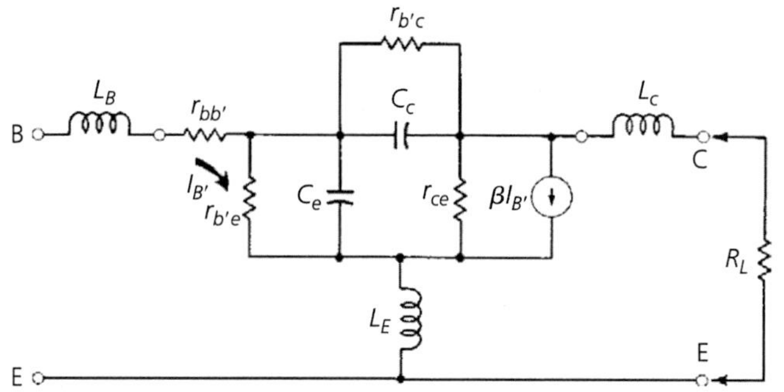

그림 5-3 리드(lead) 인덕턴스를 포함하고 있는 등가 회로.

ac 전류 이득이 베타(β)다. 이 전류원은 트랜지스터의 베이스에 흐르는 전류에 비례하여 컬렉터에 흐르는 전류를 의미한다. 따라서 컬렉터 전류는 베이스 전류에 트랜지스터의 β를 곱한 값인 $I_c = \beta I_{B'}$와 같다.

그림 5-2의 등가 회로는 순수한 반도체 고유의 내부 기생 소자만을 나타내고 있음에 유의하라. 실제로는 고유 반도체 트랜지스터 이외에 리드까지의 연결부도 필요하다. 이것을 본딩 와이어(bonding wire)라 부르고, 아주 가는 와이어로 만들어 진다. 고주파에서 리드 와이어로 인해 등가 회로에 약간의 인덕턴스가 더해진다. 트랜지스터의 리드선은 추가적인 직렬 인덕턴스를 나타내기 때문에, 등가 회로는 그림 5-3과 유사해진다. 여기서, L_B, L_E, L_C는 각각 베이스, 에이터, 컬렉터 리드와 본딩 와이어 인덕턴스를 나타낸다.

일반적인 트랜지스터의 등가 회로는 많은 수의 소자로 구성된다. 등가 회로의 각 소자는 고주파 동작 특성에서 무시할 수 없을 정도의 영향력을 갖는다. 하지만, 몇 가지 단순화할 수 있는 가정을 통해, RF에서 트랜지스터의 동작을 설명할 수 있는 등가 회로를 유도할 수 있다.

입력 임피던스(Input Impedance)

그림 5-3에서 간략화 과정 중 하나로 $r_{b'c}$를 제거해 보자. 5 MΩ 저항은 매우 크기 때문에 이를 무시하면, 개방(open) 회로로 보인다. 이제 'Miller 효과' 원리를 적용하여, 베이스-컬렉터 간의 C_c를 C_e의 병렬로 바꾼다. 이때 변형된 새로운 커패시턴스의 값은 $(C_c)(1 - \beta R_L)$가

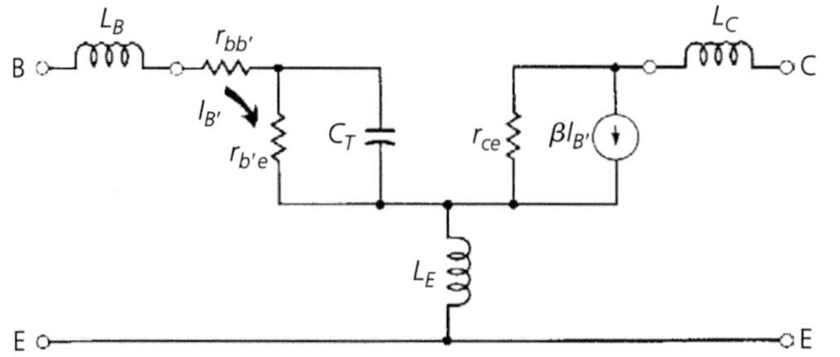

그림 5-4 Miller 효과를 적용한 등가 회로.

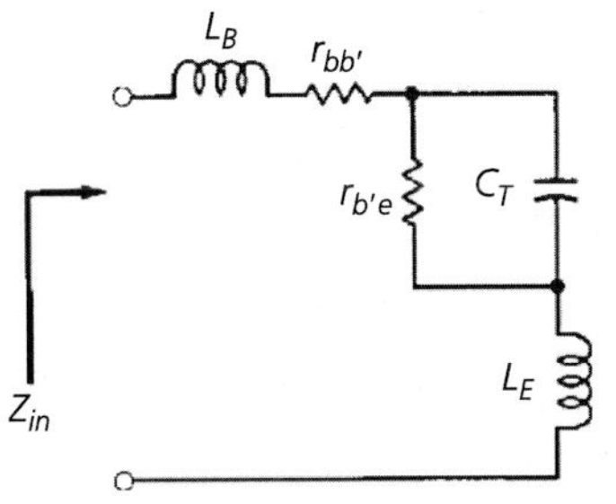

그림 5-5 등가 입력 임피던스.

된다. 여기서 R_L은 부하 저항이다. 이 커패시턴스는 C_e와 결합하여 새로운 커패시턴스 C_T가 된다. 그림 5-4는 변환된 회로를 보여주고 있다.

그림 5-5의 회로를 이용하면, 주파수에 대한 트랜지스터의 입력 임피던스를 쉽게 계산할 수 있다. 그림 5-5는 트랜지스터의 입력 임피던스에 영향을 주는 등가 회로의 소자만을 표시한 것이다. 입력 임피던스에 기여하는 주된 소자는 $r_{b'e}$와 C_T다. 이 두 소자는 설계자가 조정할 수 없는 파라미터들이다. 여기서, $r_{bb'}$는 매우 작은 저항인데 반해, L_B와 L_E는 회로의 레이아웃에 의한 소자 크기에 따라 달라진다. 레이아웃을 잘하면 L_B와 L_E의 값은 앞서 언급한 본딩 인덕턴스에 의해 결정이 된다. 본딩 인덕턴스는 VHF(very high frequencies) 이상에서 영향이 나타난다.

먼저 DC에서 해석해 보면, DC에서 그림 5-5의 회로는 $r_{bb'}$와 $r_{b'e}$가 직렬로 연결되는 회로가 되고 입력 임피던스는 순수한 저항이 된다. 동작 주파수가 높아지면 C_T 중요한 역할을 하게 된다. 이 소자는 $r_{b'e}$와 병렬로 연결되기 때문에 임피던스를 매우 낮추게 되어 매우 높은 주파수에서는 $r_{b'e}$를 회로에서 제거하는 역할을 하게 된다. 이렇게 되면 $r_{bb'}$, L_B, L_E가 트랜지스터의 입력 임피던스에 주된 요인이 된다.

그림 5-5의 단자를 바라보는 입력 임피던스는 다음과 같이 기술된다.

$$
\begin{aligned}
Z_{\text{in}} &= j\omega L_B + r_{bb'} + \frac{\frac{1}{j\omega C_T}(r_{b'e})}{\frac{1}{j\omega C_T + r_{b'e}}} + j\omega L_E \\
&= j\omega(L_B + L_E) + r_{bb'} + \frac{r_{b'e}}{1 + r_{b'e} j\omega C_T} \\
&= j\omega L_T + r_{bb'} + \frac{r_{b'e}}{1 + j\omega r_{b'e} C_T}
\end{aligned}
$$

이 식에 다음 값을 대입한 후, 임피던스를 Smith Chart에 표시하면 그림 5-6과 같다.

$$
\begin{aligned}
L_T &= 20\,\text{nH} \qquad & r_{b'e} &= 1000\,\text{ohms} \\
r_{bb'} &= 50\,\text{ohms} \qquad & C_T &= 100\,\text{pF}
\end{aligned}
$$

편의를 위해, 정규화된 Chart를 사용하였음에 유의하라. 가상적인 트랜지스터의 실제 입력 임피던스는 DC에서 1050-Ω이고 112 MHz에서 50-Ω이다. 이 트랜지스터의 실제 임피던스는 chart에 간단히 100을 곱하면 된다.

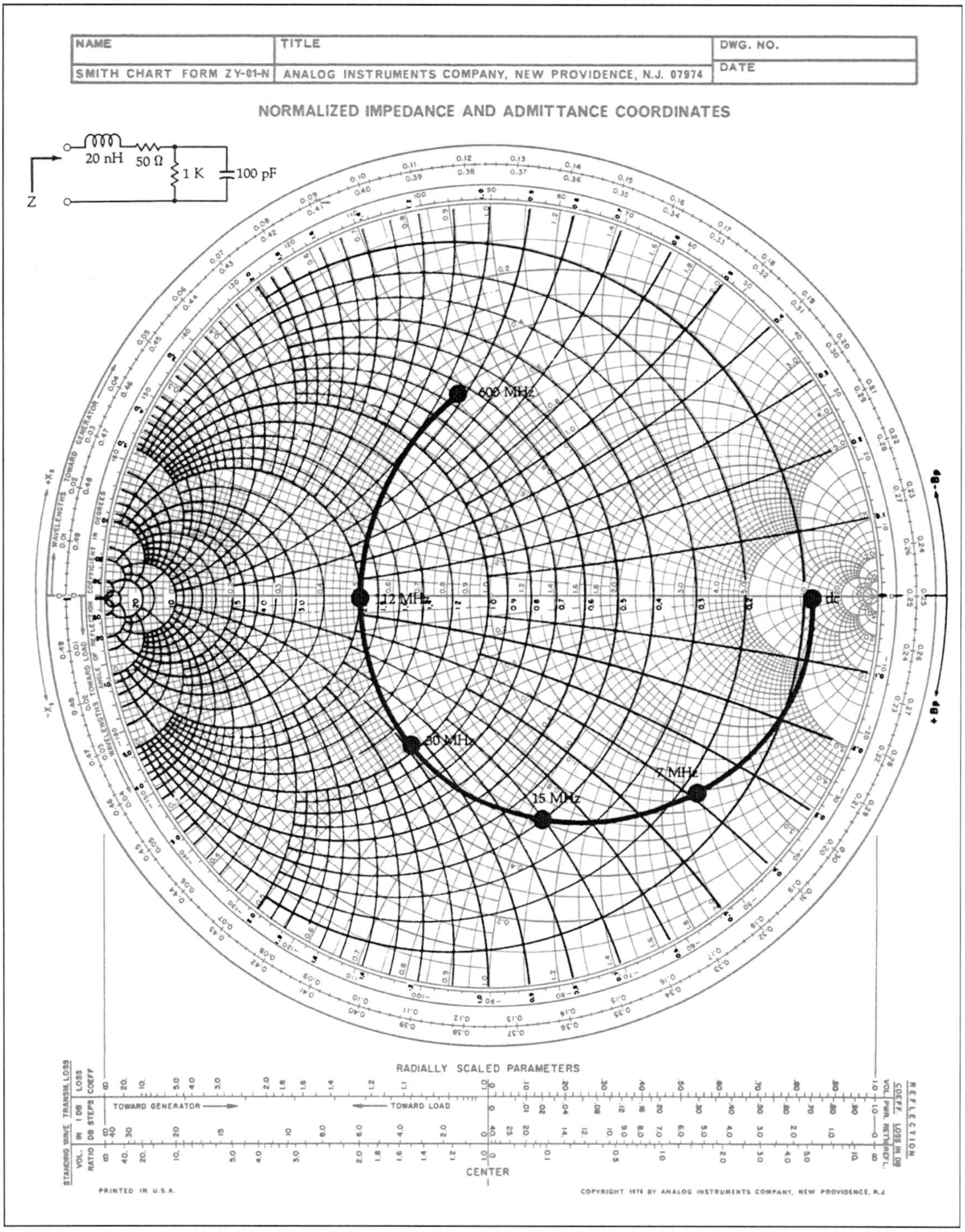

그림 5-6 주파수에 대한 입력 임피던스. 더 자세한 컬러 그림은 출판사 웹사이트를 참조.
http://books.elsevier.com/companions/9780750685184

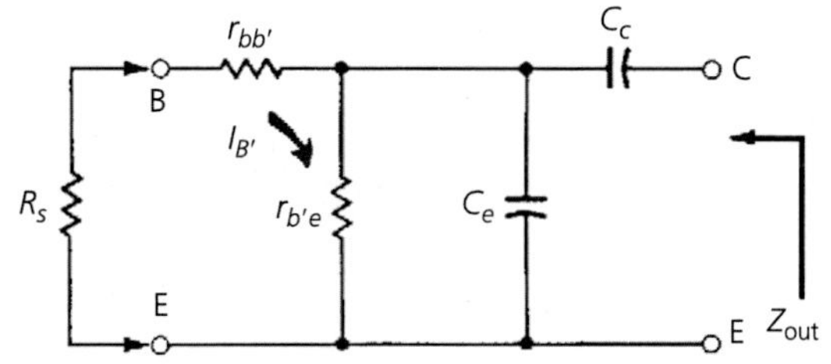

그림 5-7 등가 출력 임피던스.

임피던스를 Smith Chart에 표시하는 것은 두 가지 이유에서다. 첫 번째는 연습을 위한 것이고, 두 번째는 임피던스와 어드미턴스를 차트에서 쉽게 읽을 수 있기 때문이다. 대부분의 제조사들은 트랜지스터의 특성을 데이터 시트에 기술할 때 임피던스가 아닌 어드미턴스 파라미터를 이용한다. 어드미턴스를 다루는데 익숙지 않는 사람들에게는 이런 기술 방법이 혼란을 줄 수도 있다. 하지만, 이제 곧 임피던스와 어드미턴스 모두 익숙하게 될 것이다.

출력 임피던스(Output Impedance)

트랜지스터의 출력 임피던스는 주파수에 따라 일반적으로 감소한다. 그림 5-2의 등가 회로를 통해 그 이유를 알아보자. 그림 5-2를 이전 절에서 한 것과 동일한 방법으로 변환할 수 있다. 이 회로를 통해 출력 임피던스 해석해 보자. 컬렉터 단자를 바라보면, 첫 번째 소자는 r_{ce}인데, 이 값은 약 100 K이다. 이 저항은 회로의 다른 값에 비해 매우 크기 때문에 무시될 수 있다. $r_{b'c}$에 대해서도 동일한 원리를 적용할 수 있다. 따라서 남은 회로는 그림 5-7과 같다.

출력 임피던스를 계산할 때 주목해야 할 것은 C_c와 C_e가 결정적인 요인인 된다는 점이다. 또한 이 커패시턴스들은 주파수에 따라 출력 임피던스가 감소하는 요인이 된다. C_c와 C_e 이외에 출력 임피던스에 큰 영향을 주는 또 다른 메커니즘이 있다. 트랜지스터가 동작할 때 컬렉터의 신호는 C_c를 통해 베이스로 피드백된다. 이러한 상황에서, 신호 전압의 일부가 $r_{b'e}$에 분배되어 전류를 발생시킨다. 이 전류는 베이스 영역에서 트랜지스터의 β 만큼 증폭되어, 컬렉터 전류를 증가시킨다. 컬렉터 전류 증가는 컬렉터 임피던스의 감소를 가져오게 된다. 따라서, C_c와 C_c가 용량성 리액턴스가 주파수에 대해 줄어들기 때문에 트랜지스터의 출력 임피던스를 낮아지기도 하지만, 그 보다는 숨어 있는 피드백 효과 때문에 등가 회로에서 단순하게 보이는 값보다 훨씬 더 작아지는 경향이 있다. 외부 소스 저항(R_s)의 변화 또한 Z_{out}에 영향을 준다. R_s를 증가시키면 피드백되는 신호 전류가 더 많아지고, 이 전류가 $r_{b'e}$에 흐르기 때문에 Z_{out}가 감소한다.

피드백 특성(Feedback Characteristics)

그림 5-2에서 피드백 소자는 $r_{b'c}$와 C_c다. 둘 중에서 C_c는 주파수에 따라 값이 변하므로 더 중요하다. $r_{b'c}$는 매우 크고 변하지 않은 상수이기 때문에, 소자의 피드백 특성에는 거의 영향을 주지 않는다.

동작 주파수가 증가함에 따라, C_c의 리액턴스는 감소하기 때문에 더 중요한 소자가 된다.

즉, 컬렉터에서 베이스로 신호의 피드백 양이 커지게 된다. 저주파에서 피드백은 일반적으로 중요한 문제가 되지 않는다. 저주파에서 회로 주변 또는 회로 보드 면적에 존재하는 기생 부유(stray) 커패시턴스와 C_c의 결합량이 매우 작기 때문에, 회로가 불안해지지 않는다. 하지만, 고주파에서는 C_c와 결합하는 부유 리액턴스는 피드백 경로를 통해 컬렉터에서 베이스로 180° 위상 변위를 발생하게 할 수 있다. 정상적인 증폭에서 베이스에서 컬렉터로 위상이 반전(180°)되기 때문에, 피드백에 의한 다시 180° 위상이 더해지면 회로는 발진을 할 수 있다.

트랜지스터의 내부 피드백과 관련한 또 다른 문제는 컬렉터 쪽의 회로와 베이스 쪽의 회로가 격리되지 않는다는 점이다. 즉, 컬렉터 회로부의 부하 저항이 변하게 되면 트랜지스터의 입력 임피던스에 직접적인 영향을 준다. 마찬가지로, 베이스 회로부의 소스 저항이 변하게 되면 트랜지스터의 출력 임피던스에 직접적으로 영향을 준다. 이러한 문제점은 트랜지스터의 입력과 출력을 동시에 매칭하고자 하는 경우에 매우 중요한 사항이다. 예를 들어, 먼저 트랜지스터의 입력 임피던스를 소스에 매칭하고, 후에 부하를 트랜지스터의 출력에 매칭하는 경우, 출력 임피던스 회로는 원래의 입력 임피던스를 변화시킨다. 따라서 입력 정합 회로를 다시 설계해야 한다. 하지만, 입력 임피던스를 다시 설계하게 되면, 컬렉터를 통해 이 임피던스 변화가 보이게 되므로 출력 임피던스가 변화되어, 이전의 출력 정합 회로가 맞질 않는다. 그러므로 임피던스 정합을 할 때 피드백 소자를 무시하면 완전한 매칭을 할 수 없다. 하지만, C_c가 매우 작다면, 많은 경우에는 입력과 출력 정합에 허용하는 수준에서 정합이 이루어진다.

C_c를 고려해서 트랜지스터의 입력과 출력을 동시에 매칭할 수 있는 방법이 있다. 이에 관해서는 6장에서 자세히 다룬다.

이득(Gain)

RF 트랜지스터에서 일반적으로 관심을 갖는 이득은 소자의 전압이나 전류 이득이 아닌 전력 이득(power gain)이다. RF 회로에서는 다양한 임피던스 레벨이 가능하기 때문에 전력 이득이 중요하다. 회로에서 임피던스 레벨이 변하면, 전압 이득과 전류 이득은 그 자체로는 더 이상 의미가 없다. 예를 들어, 수동 소자의 경우에도 전압 또는 전류 이득을 가질 수 있지만,

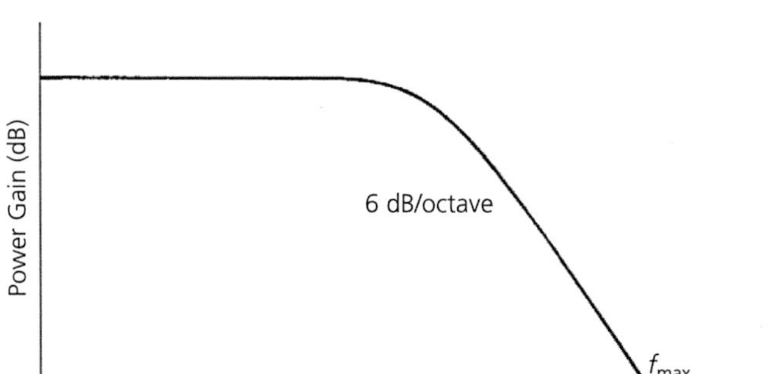

그림 5-8 주파수에 대한 전형적인 전력 이득 곡선.

전압과 전류 이득을 동시에 가질 수는 없다. 즉, 전압 또는 전류 이득 중 하나만으로 트랜지스터가 실제 이득을 갖는지를 판단할 수 없다.

트랜지스터의 전력 이득은 일반적으로 그림 5-8과 비슷한 곡선을 갖는다. 이 곡선은 그림 5-4를 생각해 보면 쉽게 이해할 수 있다. 주의해서 보면, 이 회로는 사실상 RC 저역 통과 필터가 되고, 그 이득은(리드 인덕턴스를 무시한다면) 옥타브당 6 dB의 비율로 감소한다. 트랜지스터가 이득을 갖는 최대 주파수를 그림에서 f_{max}라 표기하였다. 이득 곡선은 f_{max}에서 0 dB (이득 = 1)을 지나고 옥타브당 6 dB의 비율로 감쇠한다.

이득은 일반적으로 단방향(unilateralized), 중화(neutralized), 비중화(unneutralized) 중 하나로 분류를 한다. **단방향 전력 이득**은 두 피드백 소자($r_{b'c}$와 C_c)의 영향이 무시될 때 트랜지스터로부터 가용할 수 있는(available) 이득으로 정의한다. $r_{b'c}$와 C_c은 트랜지스터에 내부적으로 부피드백(negative feedback) 기능을 하고 있기 때문에, 소자의 이득을 감소시킴에 유의하라. **중화 전력 이득**은 피드백 커패시턴스(C_c)만을 무시하거나 중화시켰을 때 발생하는 이득이다. **비중화 이득**은 피드백 소자 중 어떤 소자도 보상되거나 무시되지 않을 때 발생하는 이득으로 정의한다. 숫자 상으로 세 가지 중 단방향 이득이 가장 크고, 비중화 이득이 가장 작다. 단방향과 중화 이득 사이의 전력 이득의 차이는 일반적으로 무시할 정도로 작다. 따라서, 중화를 사용하면 일반적으로 충분하다.

중화하는 방법은 트랜지스터의 컬렉터와 베이스 간에 내부 부피드백을 완전히 상쇄할 수 있도록 정확한 크기와 위상을 갖는 외부 피드백을 인가하여 구현한다. 이에 관한 더 자세한 사항은 6장에서 다루기로 한다.

스위치 기능으로서의 트랜지스터(Transistor as a Switch)

다음 장에서 트랜지스터 증폭기를 다루기 때문에, 여기서 간단히 트랜지스터를 스위치로 사용하는 경우를 살펴보자. 대부분의 전자 소자는 동작에 필요한 충분한 전력을 외부에서 공급받아야 한다. 스위치 기능으로 트랜지스터를 사용하는 경우, 트랜지스터는 접합(베이스나 게이트) 전압에서 작은 변화를 조정하여 큰 전류를 제어할 수 있다—트랜지스터와 다른 회로의 접지가 동일한 경우.

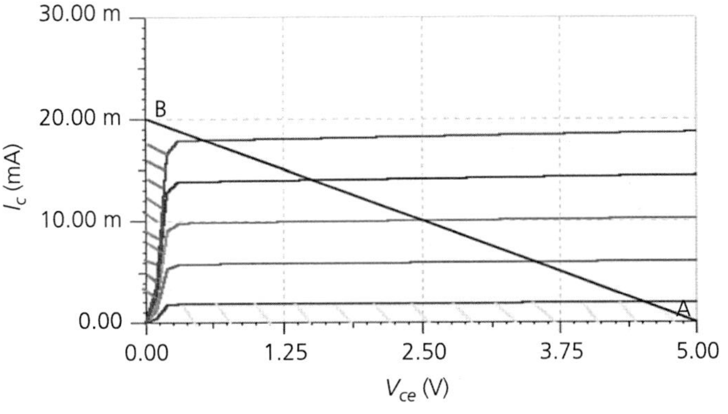

그림 5-9 트랜지스터의 특성 곡선.

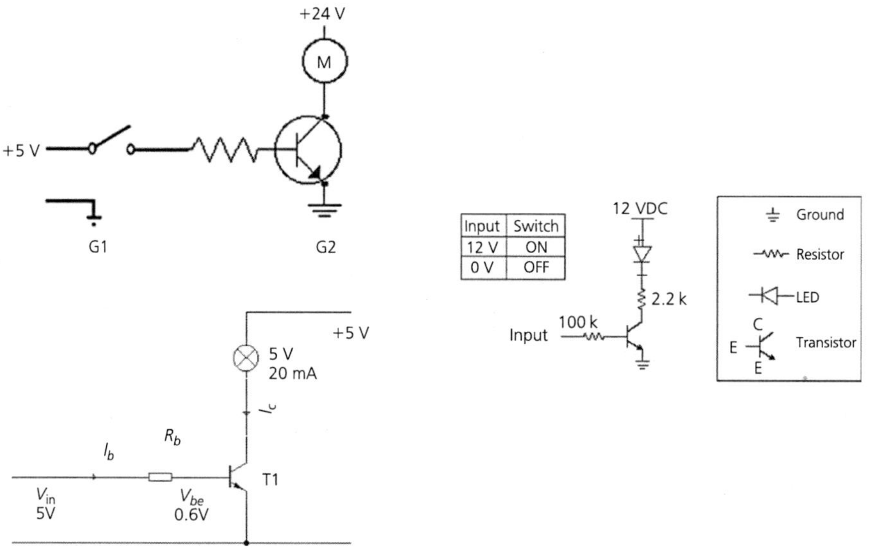

그림 5-10 스위치 기능으로서의 트랜지스터.

바이폴라 트랜지스터에서, 트랜지스터가 스위치 또는 증폭기로 사용되는 것은 그림 5-9의 특성 곡선에 의해 결정된다. 출력 특성 곡선은 다양한 컬렉터 전류 I_c에 대한 출력 전압(컬렉터-이미터 간 전압, V_{ce})을 표시하고 있다. 트랜지스터가 증폭기로 사용된다면, 출력 곡선의 선형 부분(거의 수평인 부분)이 사용되도록 바이어스를 선택한다. 하지만, 트랜지스터를 스위치로 사용하기 위해서는 출력 곡선의 영역이 포화(saturation)와 차단(cut-off) 영역에서 동작하도록 바이어스를 선택한다.

차단 영역에서, 트랜지스터의 동작 조건은 입력 베이스 전류와 출력 컬렉터 전류가 0고, 컬렉터 전압은 최대(공급되는 전압에 의해 결정)가 된다. 이 상태에서 트랜지스터는 스위치 OFF 상태로 동작한다. 즉, 출력에서 전류가 흐르지 않는다. 포화 영역에서는, 트랜지스터의 베이스 전류가 최대가 되도록 바이어스를 한다. 포화 영역에서 동작하면 최대 컬렉터 전류가 흐르고, 최소 컬렉터-이미터 전압이 된다. 이때 트랜지스터는 스위치 ON 상태로 동작한다. 차단과 포화 영역에서 트랜지스터에서 소모되는 전력은 매우 작다.†

간단히 말해, 그림 5-10에서 트랜지스터의 베이스(B)는 ON/OFF 스위치와 같이 동작한다. 만일 베이스에 전류가 흘러 들어가면, 컬렉터(C)에서 이미터(B)로 전류가 흐를 수 있는 경로가 만들어진다. 다시 말해 스위치가 ON이 된다. 베이스에 전류 흐름이 없다면, 컬렉터와 이미터 간의 전류 경로가 없는 즉 스위치 OFF 상태가 된다.

MEMS 스위치(MEMs as a Switch)

스위치를 만드는 다른 방법으로 트랜지스터와는 다른 전통 방식인 릴레이(relay)가 있다.

† 역주: 전력 소모는 전압과 전류의 곱으로 표현된다. 스위치 ON에서는 전류는 높으나 전압이 낮고, 스위치 OFF에서는 전압은 높으나 전류가 낮다.

하지만, 최근 반도체 재료와 기술을 이용하면 이 전통 방식의 릴레이가 완전히 새로운 개념이 된다.

RF 스위치와 같이 상용적인 MEMS 기반 소자들의 사용이 증가하면서 MEMS (Microelectromechanical systems) 기술은 이제 RF 프런트-엔드(front-end) 설계에 영향을 주기 시작했다. MEMS 기술은 기본적으로 반도체 공정을 이용하여 가변 커패시터나 스위치와 같은 기계적인 구조를 제작하는 방법이다. 예를 들어, 스위치를 구현할 때, 이러한 나노 구조는 스위치의 단자를 물리적으로 격리시켜 높은 수준의 OFF 상태(격리)를 구현할 수 있다. 가변 커패시터에 MEMS 기술을 사용하면, 가변 범위가 큰 커패시턴스 특성을 기계적으로 조정하는 것이 가능하다. 이때 소자는 프로그램에 의해 전자적으로 제어된다.

MEMS 기술은 RF 프런트-엔드 설계에 있어서 아직도 초기 단계에 머무르고 있다. 아마도 상용화에 가장 근접한 것은 자동차의 에어백(air-bag) 전자 시스템에 들어가는 가속도계(accelerometer)다. 또한, 군용을 위한 막대한 연구 자금의 지원에 힘입어, MEMS는 군용 전술 무선기기(radio)에서 필요로 하는 스위치드 채널 필터(switched channel filters)에 대한 소형화의 해결 방안이 될 것으로 보인다. MEMS를 이용하면, 기존 스위치드 필터 솔루션에 비해 크기와 부피에서 상당한 진전을 이룰 수 있다.

MEMS 기술은 프로그램에 의해 가변 커패시터와 인덕터 값을 바꿀 수 있는 가변 가능한 장점을 가지고 있다. 이러한 장점에 힘입어 MEMS는 RF 프런트-엔드 설계에 새로운 가능성을 보여주고 있다. 이를 이용하면 기존의 고정된 preselector(전선기-前選機)와 IF 필터를 가변할 수 있다. MEMS 소자를 이용하면 서로 다른 회로의 연결부에서 전자적으로 임피던스를 변환이 가능하다. 이를 기술은 전자적으로 가변이 가능한 안테나 매칭 회로와 필터/증폭기 매칭 회로에 적용이 가능하다. RF 프런트-엔드에서 원하는 기능과 동작 조건에 맞게 최적화를 할 수 있다.

Y-파라미터(Y-Parameters)

4장에서, Smith Chart을 이용하여 임피던스의 역수 관계인 어드미턴스 구하는 방법을 설명하였다. 어드미턴스는 $Y = G \pm jB$의 형태로 표현한다. 여기서 G는 컨덕턴스(conductance)로 단위는 저항의 역수 관계이고, B는 서셉턴스(susceptance)로 단위가 리액턴스의 역수다. 임피던스는 직렬 연결($Z = R \pm jX$)로 표현하는 것인데 반해, 어드미턴스는 G와 jB를 병렬 연결로 취한다.

트랜지스터의 어드미턴스 파라미터는 특정 주파수와 바이어스에서 소자의 특성을 표현하기 위해 도입된 것이다. 또는, 어드미턴스 파라미터는 트랜지스터의 단자(터미널)에 어떤 조건에 의해 다른 소자들이 연결될 때 트랜지스터가 어떻게 보이는지를 계산하기 위한 방법이다. 어드미턴스 파라미터는 트랜지스터에 대한 임피던스 매칭 회로 설계나, 최대 가용 이득을 결정하거나, 안정도(stability)를 계산하데 이용될 수 있다. 즉, 어드미턴스 파라미터로 트랜지스터의 모델을 표현하여 특정한 분야에 소자를 응용하기 위해 사용된다.

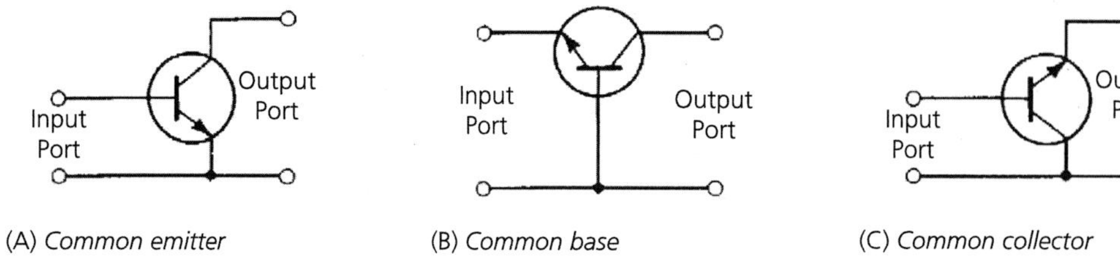

그림 5-11 3단자 트랜지스터에 대한 2-포트 회로망.

트랜지스터의 2-포트 회로망(The Transistor as a Two-Port Network)

트랜지스터는 이미터, 베이스, 컬렉터로 구성된 3단자 소자다. 하지만, 많은 경우, 그림 5-11과 같이 단자 중 하나를 입력과 출력의 공통(common)으로 사용한다. 예를 들어, 5-11A는 공통 이미터 구조로 이미터를 접지시켜 입력과 출력에 공통으로 사용하고 있다. 이러한 소자를 기술할 때는 3단자망이 아닌, 2-포트 'black-box'로 트랜지스터를 기술하는 것이 편리하다. 2-포트에서 하나는 입력 포트이고 다른 하나는 출력 포트다. 그림 5-11을 참조하라. 일단 2-포트로 변환하면, 트랜지스터의 동작은 2-포트로 완전하게 표현할 수 있다.

2-포트 Y-파라미터(Two-Port Y-Parameters)

2-포트 어드미턴스 파라미터는 특정 주파수와 바이어스 포인트에서 트랜지스터의 동작을 완전하게 표현하기 위해 사용된다. 인가하는 신호 레벨이 선형 구간을 유지한다면, Y-파라미터는 신호 레벨과 무관하다. 그림 5-12와 같이 트랜지스터를 'black-box' 구조로 두고, Y-파라미터로 특성을 표현한다.

그림 5-12의 2-포트에 대한 단락 회로(short-circuit)로 구한 Y-파라미터는 다음과 같다.

$$y_i = \frac{I_1}{V_1}\bigg|_{V_2 = 0} \quad \text{식 5-1}$$

$$y_r = \frac{I_1}{V_2}\bigg|_{V_1 = 0} \quad \text{식 5-2}$$

$$y_f = \frac{I_2}{V_1}\bigg|_{V_2 = 0} \quad \text{식 5-3}$$

$$y_o = \frac{I_2}{V_2}\bigg|_{V_1 = 0} \quad \text{식 5-4}$$

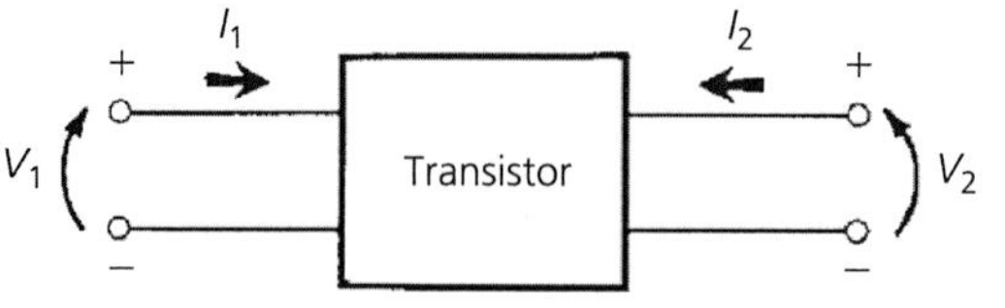

그림 5-12 2-포트 'black-box'로서의 트랜지스터.

여기서

y_i = 단락 회로 입력 어드미턴스

y_r = 단락 회로 역방향 전달 어드미턴스

y_f = 단락 회로 순방향 전달 어드미턴스

y_o = 단락 회로 출력 어드미턴스

여기서 V_1과 V_2를 0으로 만드는 단락은 신호 또는 측정 주파수에서 단락을 의미한다. 즉, DC 단락을 의미하는 것이 아니다. 단락이 필요한 곳에 매우 큰 커패시터를 단자와 접지 사이에 연결하여 구현한다. 예로, 식 5-1를 살펴보면 y_i를 측정하기 위해 매우 큰 커패시터를 소자의 출력 단자와 접지 사이에 연결한다. 이것은 $V_2 = 0$을 의미한다. 다음, 신호 전압(V_1)을 입력 포트에 인가하고 I_1을 측정한다. V_1에 대한 I_1의 비를 계산하면, 소자의 단락 회로 입력 어드미턴스가 된다. 이 값은 일반적으로 복소수 $G \pm jB$의 형태로 표시한다. 이와 비슷한 방법으로, y_f는 출력 단자를 단락시키고, 입력 신호 전압 V_1을 인가한 다음 I_2를 측정한다. V_1에 대한 I_2의 복소비가 전달 어드미턴스가 된다. 유사한 방법으로 y_o와 y_r을 측정한다.

2-포트 모델의 정의에 의해 Y-파라미터를 측정하기 위해서는 단락 회로가 필요하다. 그림 5-12를 살펴보면, 소자의 입력 단자에서 전류 I_1은 전압 V_1의 함수가 되는 것은 명백하다. 하지만, V_2와 I_1이 어떤 관계가 있는지는 명백히 보이지 않다. 이것은 트랜지스터의 내부 피드백 ($r_{b'c}$와 C_c) 에 의해 관련성을 갖는다. 수학적으로 기술하면 다음과 같다.

$$I_1 = y_i V_1 + y_r V_2 \qquad \text{식 5-5}$$

위 식은 I_1이 입력 어드미턴스(y_i), 역방향 (피드백) 어드미턴스(y_r), V_1, V_2의 함수임을 의미한다. 하지만, V_2을 0으로 하면, I_1은 V_1과 소자의 입력 어드미턴스만의 함수가 된다. 다시 말해, 입력 어드미턴스는 V_1을 인가하고 I_1을 측정하여 구할 수 있다. 유사하게 y_r은 식 5-5에서 V_1을 0으로 하여 측정할 수 있다. 출력 포트에서 식은 다음과 같다.

$$I_2 = y_f V_1 + y_o V_2 \qquad \text{식 5-6}$$

식 5-3과 식 5-4는 식 5-6으로부터 V_1과 V_2을 0으로 설정하여 유도할 수 있다.

제조사들은 회로 설계를 위해 주파수에 대한 트랜지스터의 어드미턴스 파라미터의 변화를 제공한다. 이것은 매우 유용하지만, 때로는 고주파에서 어드미턴스 파라미터를 측정하는 것이 매우 어려울 수 있다. 고주파에서는 단락 회로를 구현하기가 어렵다. 1장에서 다루었듯이 고주파에서 큰 커패시터는 단순히 단락 회로가 되지 않고, 동작 주파수에서 기생 리액턴스가 존재한다. 어떠한 리액턴스라도 '단락 회로' 에 영향을 주어 포트에서 전압을 0으로 만들기가 어렵다. '단락되어야 할 ' 포트에서 임피던스가 증가할수록 측정 에러는 더 커진다. 물론 측정하고자 하는 주파수에서 단락되는 특성의 커패시터가 존재할 수 있지만, 매번 주파수가 바뀔 때마다 이를 구현하는 것은 매우 귀찮은 일이다. 고주파에서 완전한 단락 회로를 만드는 문제 때문에 최근에는 고주파 트랜지스터를 S-파라미터(산란-scattering 파라미터)로 제시하는 경향이 있다.

S-파라미터(S-Parameters)

산란 또는 S-파라미터는 활용도가 매우 높은 파라미터로, 대부분의 제조사들은 고주파 트랜지스터에 대해 S-파라미터를 제공하고 있다. S-파라미터는 측정이 Y-파라미터에 비해 훨씬 쉽기 때문에 사용 빈도가 점점 높아지고 있다. S-파라미터는 이해하기 쉽고, 사용하기가 편리하며, 많은 정보를 전달할 수 있다.

Y-파라미터에는 입력과 출력 전압과 전류를 이용하여 2-포트 회로망을 기술하는데 비해, S-파라미터는 각 회로망의 포트에 정규화된 입사(incident)와 반사(reflected) 전송파(traveling waves)를 이용한다. 또한, S-파라미터를 측정하기 위해 단락 회로가 필요 없다. S-파라미터를 측정하기 위해서는 회로를 항상 측정 시스템의 특성(characteristic) 임피던스로 종단(termination)시켜야 한다. 대부분의 측정 시스템에서 종단 저항으로 50-Ω(순수 저항)을 사용한다. 50-Ω 종단 조건은 Y-파라미터에서 요구하는 단락 회로보다 구현이나 조정이 쉬워 측정이 쉽다. 또한, 2-포트 회로에서 보이는 50-Ω 소스와 부하는 일반적으로 측정하고자 하는 소자(DUT, device under ther test)가 능동인(active) 경우, 회로가 안정되고(stable) 발진을 억제하는 데 유리하다. 단자 중에 하나를 단락하여 능동 회로를 측정해야 하는 단락 회로 측정 시스템(Y-파라미터)에서는 종종 회로의 안정도와 발진 우려가 문제가 된다. 단락 종단은 트랜지스터와 같은 능동 소자를 불안전하게 하여 측정을 불가능하게 만들기도 한다. 따라서, S-파라미터는 제조사에서 측정을 하기가 Y-파라미터에 비해 일반적으로 훨씬 쉽다. 또한 S-파라미터는 개념적으로 이해하기가 쉽다. 이러한 이유로, S-파라미터는 트랜지스터 증폭기나 발진기의 설계에 널리 이용된다.

전송 선로의 기초(Transmission Line Background)

S-파라미터의 개념을 이해하기 위해 간단한 전송 선로 이론에 관한 지식이 필요하다. 이와 관련한 수학식은 책의 말미에 있는 많은 참고 문헌에서 다루고 있어, 여기서는 다루지 않을 것이다. 대신, 여기서는 전송 선로 시스템에서 입사와 반사 전송파(traveling wave)에 대해 개념적으로 이해하도록 한다.

그림 5-13에서 보듯, 소스 임피던스(Z_s)에서 부하(Z_L)에 전달되는(특성 임피던스(Z_o)을 갖는 전송 선로에서의) 전압 · 전류 또는 전력은 서로 다른 방향으로 진행하는 입사와 반사파의 합으로 표현할 수 있다. 만일 부하 임피던스(Z_L)가 Z_o와 정확히 같으면, 입사파는 모두

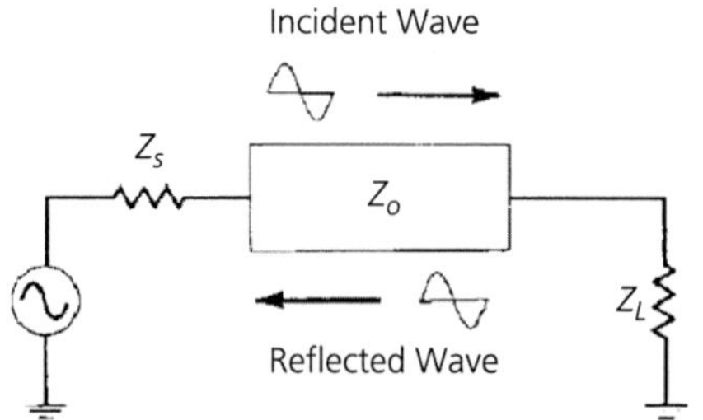

그림 5-13 전송 선로위의 입사와 반사파.

부하에 전달되고 반사파는 발생되지 않는다. 만일 Z_L이 Z_o와 다르면, 입사파의 일부는 부하에 흡수되지 않고 반사되어 소스로 돌아간다. 만일 소스 임피던스 Z_s가 Z_o와 같으면, 부하에서 반사된 파는 소스에서 모두 흡수되고 반사가 일어나지 않는다. 물론, Z_s가 Z_o와 같지 않으면, 부하에서 반사된 파의 일부는 다시 소스에서 부하 쪽으로 반사되면서(무손실 전송 선로의 경우라면) 무한히 반사가 지속된다. Z_o, Z_L, Z_s 간의 부정합(mismatch) 정도가 입사파에서 반사되는 정도를 결정한다. 입사파에 대한 반사파의 정도를 반사 계수(reflection coefficient)라 부르고, 전송 선로와 종단 임피던스 간의 매칭 정도를 측정하는 척도가 된다. 반사 계수는 복소량으로 극좌표 형식(polar form)으로 크기(magnitude)와 각도(angle)로 표시한다.

$$\begin{aligned}\Gamma &= \text{reflection coefficient} \\ &= \frac{V_{\text{reflected}}}{V_{\text{incident}}} \\ &= \rho\angle\theta\end{aligned} \qquad \text{식 5-7}$$

전송 선로의 특성 임피던스와 종단 임피던스 간의 매칭이 개선되면, 반사파는 더 작아진다. 즉, 식 5-7의 반사 계수는 줄어든다. 완전 매칭이 되면, 반사파가 없어지고 반사 계수는 0이 된다. 만일 부하 임피던스가 개방(open) 또는 단락(short) 회로라면, 입사파는 부하에 전혀 전달되지 않고 모두 소스 쪽으로 반사된다. 이 경우, 반사 계수의 크기는 1 또는 완전 부정합(mismatch)이 된다. 따라서, 반사 계수 크기의 일반적인(normal) 범위는 0과 1 사이가 된다. '일반적인' 이라고 강조한 이유는 반사 계수가 1보다 크기 위해서는 부하 임피던스로부터 반사되는 반사파가 입사파보다 더 커야 하기 때문이다. 이러한 경우가 발생하기 위해서는 부하가 전력원(source)이 되어야 하는 것을 의미한다. 이 개념은 발진기의 설계에 유용하게 사용되지만, 증폭기의 입력 회로에서 1보다 큰 반사 계수는 피해야 하는 일이다.

4장에서 배웠듯이, 반사 계수는 임피던스로부터 계산된다. 예를 들어, 그림 5-13 회로의 부하에서의 반사 계수는 다음과 같다.

$$\Gamma = \frac{Z_L - Z_o}{Z_L + Z_o} \qquad \text{식 5-8}$$

만일 Z_L이 Z_o와 같으면, 식 5-8에서 반사 계수는 0이 된다. 또한, Z_L이 0(단락)이 되면, 반사 계수의 크기는 1이 된다. 따라서, 식 5-8은 지금까지 설명한 개념에 잘 부합한다.

식 5-8은 종종 전송 선로의 특성 임피던스로 정규화하여 사용한다. 식 5-8의 분자와 분모를 Z_o로 나누면,

$$\begin{aligned}\Gamma &= \frac{\frac{Z_L}{Z_o} - 1}{\frac{Z_L}{Z_o} + 1} \\ &= \frac{Z_n - 1}{Z_n + 1}\end{aligned} \qquad \text{식 5-9}$$

여기서

Z_n은 정규화된 부하 임피던스다.

식 5-9는 4장에서 Smith Chart를 유도하기 위해 사용한 식과 같다. 실제로는, 식 5-8과 식 5-9를 계산하지 않고도 Smith Chart 위에 표시하면 반사 계수를 찾거나, 차트로부터 반사 계수에 해당하는 부하 임피던스를 직접 읽을 수 있다. 전송 선로의 특성 임피던스와 부하 임피던스가 주어지면, 차트로부터 직접 반사 계수를 읽을 수 있다. 어떠한 계산도 필요 없다. 예제 5-1을 참조하라.

예제 5-1

그림 5-14 회로에 대한 부하의 반사 계수를 구하라.

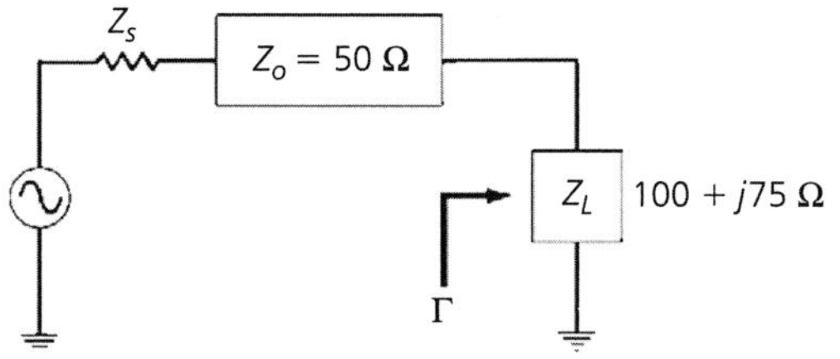

그림 5-14 예제 5-1에 대한 전송 선로 회로.

풀이

먼저, 부하 임피던스를 정규화하여 4장에서 했던 것처럼 Smith Chart에 점을 표시한다. 이 경우 전송 선로를 다루고 있기 때문에 정규화를 임의로 정하는 것이 아니라, 선로의 특성 임피던스에 맞춰 정규화를 해야 한다.

$$Z_L = \frac{100 + j75}{50}$$
$$= 2 + j1.5$$

이 점을 그림 5-15의 차트에 표시하라. 차트의 중심으로부터 2 + j1.5을 지나 차트의 외각에 보정된 각도가 있는 외각 모서리까지 선을 이어라. 여기서는 혼란을 피하기 위해 차트 외각에 표시된 많은 눈금들을 생략했다. 이제 반사 계수를 차트로부터 직접 읽는다. 차트 중심에서 Z = 2 + j1.5까지의 거리가 반사 계수의 **크기**다. 이 값을 구하기 위해서는 거리 (d)를 Smith Chart의 밑에 표시한 **전압 반사 계수** 눈금으로 변환한다. 크기에 해당하는 이 값은 0.54다. 각도를 degree로 읽기 위해 앞서 그린 선과 차트의 외각 모서리의 교점에서 각도를 읽는다. 이 각도는 대략 29.7°다. 따라서 50-Ω 시스템에서 100 + j75의 부하 임피던스에 해당하는 부하 반사 계수는

$$0.54\angle 29.7^\circ$$

가 된다.

만약 차트에 익숙하다면 예제 5-1의 과정은 30초 이내에 진행할 수가 있다. 물론, 다른 방법으로 식 5-8과 식 5-9를 이용하여 수학적으로 계산할 수도 있다. 하지만, 차트를 이용하면 성능 좋은 계산기의 도움 없이도 복소수 계산이 가능하다. 계산기를 누르는 것은 시간도

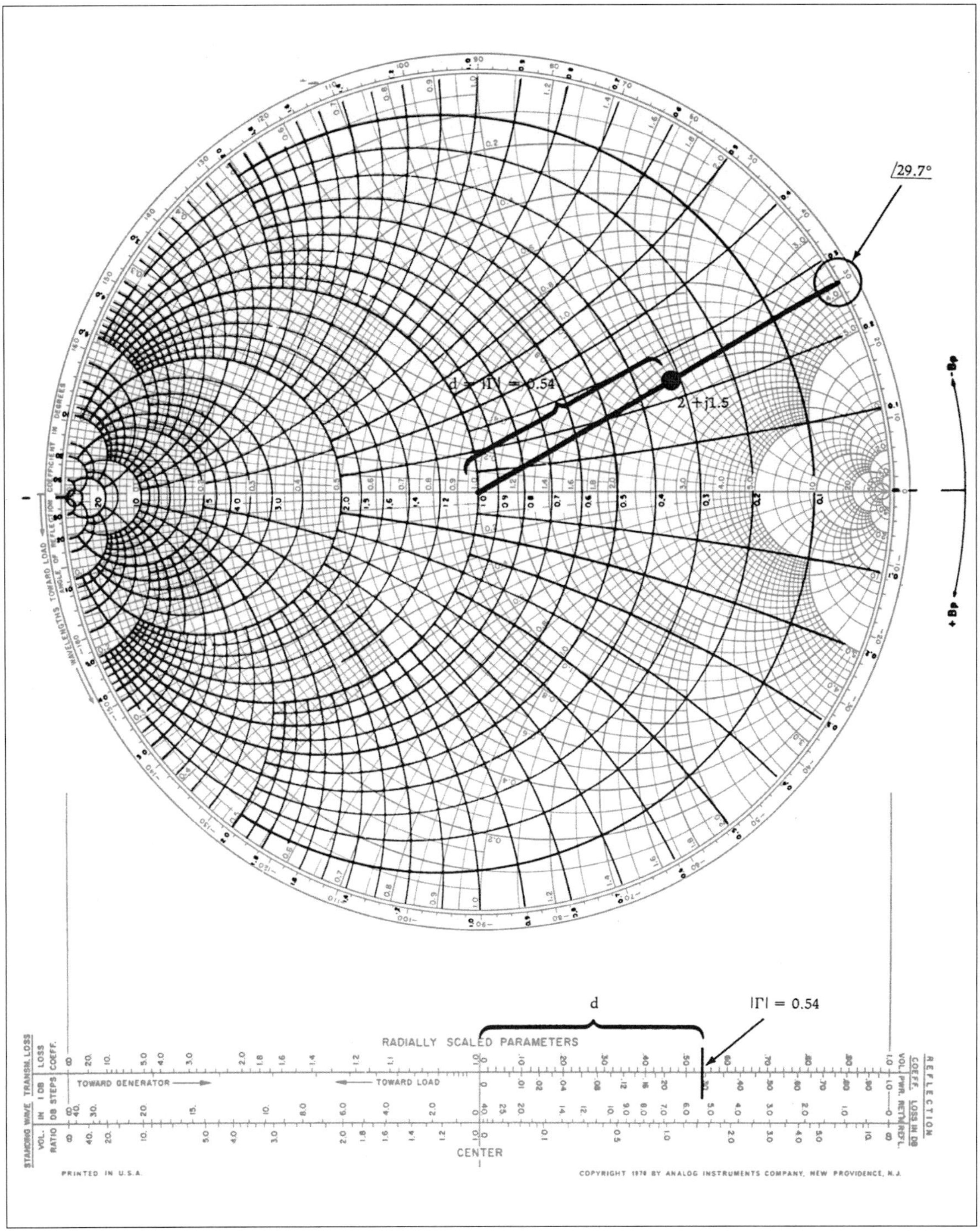

그림 5-15 예제 5-1의 풀이. 더 자세한 컬러 그림은 출판사 웹사이트를 참조.
http://books.elsevier.com/companions/9780750685184

소요되고 지루하다. 이것이 Mr. Smith가 처음에 차트를 개발한 이유다. 즉, 복소수 계산을 하지 않고서도 임피던스와 반사 계수와의 상호 변환을 쉽게 계산할 수 있다.

정규화된 시스템에서 어떤 반사 계수에 해당하는 임피던스를 찾기 위해서는 예제 5-1의 과정을 역으로 수행하면 된다. 이 과정은 다음과 같다.

1. 차트의 중심으로부터 주어진 반사 계수의 각도로 선을 그려라. 정규화된 임피던스는 선 위의 어느 한 점에 위치한다.
2. 차트의 밑 부분에 표시된 전압 반사 계수 눈금으로부터, 반사 계수의 크기에 해당하는 거리(d)의 값을 찾아 step-1에서 그린 선에 표시한다. 차트의 중심으로부터 step-1에 그린 선을 따라 거리 (d)에 해당하는 점을 표시한다.
3. step-2에서 표시한 점의 정규화된 임피던스를 차트로부터 직접 읽는다.

S-파라미터와 2-포트 회로(S Parameters and the Two-Port Network)

이제, 그림 5-13의 회로에서 소스와 부하 사이에 2-포트 회로망을 삽입해 보자. 결과는 그림 5-16과 같이 된다. 이때 소스에서 나오는 전송파(traveling wave)는 다음과 같이 정리된다.

1. 소스에서 2-포트 소자에 인가되는 파(a_1)의 일부는 반사(b_1)되고, 일부는 2-포트 소자를 투과할 것이다.
2. 투과된 신호의 일부는 부하에서 반사되어, 2-포트 소자의 출력에 입사(a_2)된다.
3. 신호(a_2)의 일부는 출력 포트에서 반사되어 다시 부하를 향해 진행(b_2)한다. 반면, 2-포트 소자를 통과한 투과 신호의 일부는 소스로 돌아간다.

앞의 논의에서 그림 5-16 회로에서 전송파는 두 성분으로 구성됨을 알 수 있다. 예를 들어, 2-포트 소자의 출력에서 흘러나와서 부하로 향하는 총 전송파 성분은 2-포트 소자 출력에서 반사되는 a_2의 일부 성분과 2-포트 소자를 통과하여 투과된 a_1의 일부 성분의 합으로 구성된다. 이와 유사하게, 2-포트 소자의 입력으로부터 흘러나와서 소스로 향하는 총 전송파는 입력 포트에서 반사되는 a_1의 일부와 2-포트 소자를 투과하는 a_2의 일부 성분의 합으로 구성된다.

Y-파라미터의 식과 유사하게, 이러한 사실을 식으로 정리하면 다음과 같다.

$$b_1 = S_{11}a_1 + S_{12}a_2 \qquad \text{식 5-10}$$

$$b_2 = S_{21}a_1 + S_{22}a_2 \qquad \text{식 5-11}$$

여기서

S_{11} = 입력 반사 계수

S_{12} = 역방향 전송 계수

S_{21} = 순방향 전송 계수

S_{22} = 출력 반사 계수

식 5-10에서 a_2가 0이면 다음과 같이 됨에 유의하라.

$$S_{11} = \frac{b_1}{a_1}\bigg|a_2 = 0 \qquad \text{식 5-12}$$

이것은 반사파를 입사파로 나눈 것이다. 앞서 다룬 입력 반사 계수의 정의가 된다. 따라서 S_{11}은 Smith Chart에 표시할 수 있고, 이로부터 2-포트 소자의 입력 임피던스를 쉽게 계산할 수 있다.

유사하게 식 5-11을 이용하면,

$$S_{22} = \frac{b_2}{a_2}\bigg|a_1 = 0 \qquad \text{식 5-13}$$

이 식은 반사 계수이고, Smith Chart에 표시할 수 있다. 즉, 이 값으로부터 2-포트 소자의 출력 임피던스를 계산할 수 있다.

다른 두 S-파라미터는 다음과 같이 계산된다.

$$S_{21} = \frac{b_2}{a_1}\bigg|a_2 = 0 \qquad \text{식5-14}$$

$$S_{12} = \frac{b_1}{a_2}\bigg|a_1 = 0 \qquad \text{식5-15}$$

식 5-12 ~ 식 5-15에서 개별 S-파라미터를 측정하기 위해서는 a_1 또는 a_2를 0으로 만들어야 한다. 이는 Z_s와 Z_L을 측정 시스템의 특성 임피던스와 동일하게 하면 된다. 이 경우, Z_s 또는 Z_L에 입사되는 파는 모두 흡수되어 2-포트 소자 쪽으로 반사되지 않는다. 예를 들어, 입력 반사 계수 S_{11}의 측정을 생각해 보자. 이상적으로는 2-포트 소자에 입력 신호를 인가하고 소스 쪽으로 반사되는 입력 신호의 일부를 측정하면 된다. 하지만, 실제로는 입사 신호의 일부는 2-포트 소자를 통과하여 부하에서 반사(a_2)된 다음 2-포트 소자를 역방향으로 통과하여 소스 쪽으로 되돌아온다. 따라서 측정된 반사 신호는 a_1의 일부와 역방향 전송된 a_2의 일부의 합이 된다. 이것은 우리가 원하는 것이 아니다. 만일 Z_L을 Z_o와 동일하게 종단시키면 부하에서 반사가 생기지 않는다. 이 경우, 입력 포트에서 반사된 측정 신호를 입사 신호로 나누어 주면 원하는 입력 반사 계수 S_{11}가 된다. 다른 S-파라미터에 대해서도 비슷하게 측정할 수 있다. 따라서 2-포트 회로망의 S-파라미터를 측정하기 위해 회로는 항상 측정 시스템의 특성 임피던스로 소스와 부하를 종단(termination)해서 소스와 부하로 부터의 모든 반사를 제거해야 한다.

식 5-14와 식 5-15에서 알 수 있듯이, S_{21}과 S_{12}의 중요성은 측정 시스템의 특성 임피던스로 2-포트 회로망이 종단되었을 때의 순방향과 역방향 이득(또는 손실)을 각각 의미한다. 이는 앞서 소개한 등가 Y-파라미터 y_f과 y_r 보다 중요한 의미를 갖는다. 예를 들어, y_f는 순방향 전달-어드미턴스(trans-admittance)이고, y_r는 역방향 전달-어드미턴스로, 2-포트 회로망의 삽입(insertion) 이득 또는 손실과 직관적으로 연결하여 생각하기가 어렵다.

Y-파라미터와 마찬가지로, S-파라미터도 소자를 사용하려는 사람에게 소자의 특성을 제시하는 편리한 도구다. 사용자의 편의를 위해 제조사에서 주파수에 대해 이 두 파라미터를 모두 제시하는 경우도 있다. 하지만, 일반적으로는 하나의 파라미터만 제시한다. 제시한

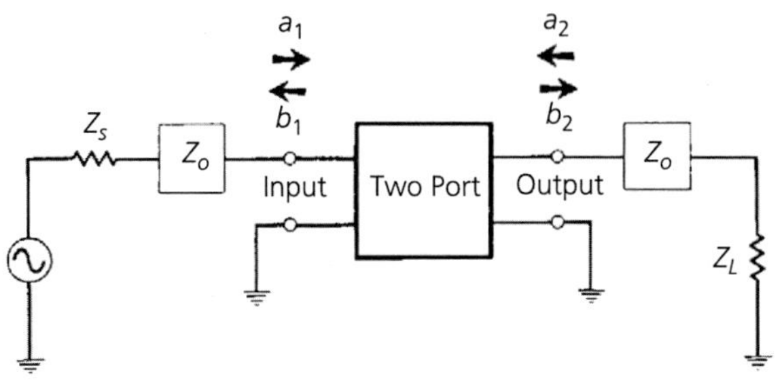

그림 5-16 2-포트 소자에 대한 입사와 반사파.

파라미터가 친숙한 파라미터가 아닐 경우, 다음의 변환 식을 참조하라.

1. $S_{11} = \dfrac{(1-y_i)(1+y_o)+y_r y_f}{(1-y_i)(1+y_o)-y_r y_f}$

2. $S_{12} = \dfrac{-2y_r}{(1+y_i)(1+y_o)-y_r y_f}$

3. $S_{21} = \dfrac{-2y_f}{(1+y_i)(1+y_o)-y_r y_f}$

4. $S_{22} = \dfrac{(1+y_i)(1-y_o)+y_f y_r}{(1+y_i)(1+y_o)-y_r y_f}$

5. $y_i = \dfrac{(1+S_{22})(1-S_{11})+S_{12}S_{21}}{(1+S_{11})(1+S_{22})-S_{12}S_{21}} \times \dfrac{1}{Z_o}$

6. $y_r = \dfrac{-2S_{12}}{(1+S_{11})(1+S_{22})-S_{12}S_{21}} \times \dfrac{1}{Z_o}$

7. $y_f = \dfrac{-2S_{21}}{(1+S_{11})(1+S_{22})-S_{12}S_{21}} \times \dfrac{1}{Z_o}$

8. $y_o = \dfrac{(1+S_{11})(1-S_{22})+S_{12}S_{21}}{(1+S_{22})(1+S_{11})-S_{12}S_{21}} \times \dfrac{1}{Z_o}$

만일 Y-파라미터에서 S-파라미터로 변환을 하려면 첫 4개의 식에서, 식에 대입 전에 각각의 Y-파라미터에 Z_o을 곱한 다음 대입을 해야 한다.

RF 트랜지스터 데이터 시트의 이해(Understanding RF Transistor Data Sheets)

RF 트랜지스터에 대한 데이터 시트는 저주파 트랜지스터 데이터 시트에 비해 다소 복잡하다. RF 트랜지스터에 대한 데이터 시트에는 저주파의 정보 이외에도, Y-파라미터 또는 S-파라미터로 기술한 트랜지스터의 RF 특성과 기타 관련 정보를 데이터 시트에 포함하고 있다. 여기서, 독자는 저주파 데이터 시트에 이미 익숙해져 있다고 가정한다. 따라서 여기서는 RF 트랜지스터에 일반적으로 더해지는 정보만을 다루기로 한다.

NPN RF Transistor

2N5179

The RF Line

4.5 dB @ 200 MHz

HIGH FREQUENCY TRANSISTOR

NPN SILICON

NPN SILICON RF HIGH FREQUENCY TRANSISTOR

. . . designed primarily for use in high-gain, low-noise amplifier, oscillator, and mixer applications. Can also be used in UHF converter applications.

- High Current-Gain – Bandwidth Product – f_T = 1.4 GHz (Typ) @ I_C = 10 mAdc
- Low Collector-Base Time Constant – $r_b'C_c$ = 14 ps (Max) @ I_E = 2.0 mAdc
- Characterized with Scattering Parameters
- Low Noise Figure – NF = 4.5 dB (Max) @ f = 200 MHz

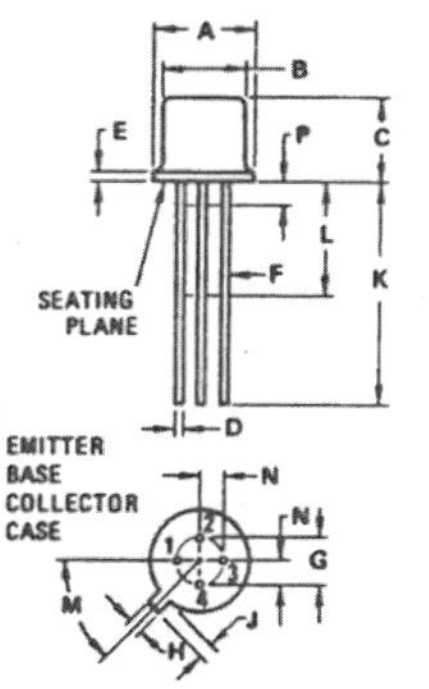

STYLE 10
PIN 1. EMITTER
2. BASE
3. COLLECTOR
4. CASE

DIM	MILLIMETERS MIN	MILLIMETERS MAX	INCHES MIN	INCHES MAX
A	5.31	5.84	0.209	0.230
B	4.52	4.95	0.178	0.195
C	4.32	5.33	0.170	0.210
D	0.41	0.53	0.016	0.021
E	–	0.76	–	0.030
F	0.41	0.48	0.016	0.019
G	2.54 BSC		0.100 BSC	
H	0.91	1.17	0.036	0.046
J	0.71	1.22	0.028	0.048
K	12.70	–	0.500	–
L	6.35	–	0.250	–
M	45° BSC		45° BSC	
N	1.27 BSC		0.050 BSC	
P	–	1.27	–	0.050

ALL JEDEC dimensions and notes apply

CASE 20-03
TO-72

*MAXIMUM RATINGS

Rating	Symbol	Value	Unit
Collector-Emitter Voltage Applicable 1.0 to 20 mAdc	V_{CEO}	12	Vdc
Collector-Base Voltage	V_{CB}	20	Vdc
Emitter-Base Voltage	V_{EB}	2.5	Vdc
Collector Current	I_C	50	mAdc
Total Device Dissipation @ T_A = 25°C Derate above 25°C	P_D	200 1.14	mW mW/°C
Total Device Dissipation @ T_C = 25°C Derate above 25°C	P_D	300 1.71	mW mW/°C
Storage Temperature Range	T_{stg}	-65 to +200	°C

*Indicates JEDEC Registered Data.

그림 5-17 데이터 시트 예. Freescale사(이전에는 Motorola의 the Semiconductor Product Section) 제공.

2N5179

*ELECTRICAL CHARACTERISTICS (T_A = 25°C unless otherwise noted)

Characteristic	Symbol	Min	Max	Unit
OFF CHARACTERISTICS				
Collector-Emitter Sustaining Voltage (I_C = 3.0 mAdc, I_B = 0)	$V_{CEO(sus)}$	12	–	Vdc
Collector-Base Breakdown Voltage (I_C = 0.001 mAdc, I_E = 0)	BV_{CBO}	20	–	Vdc
Emitter-Base Breakdown Voltage (I_E = 0.01 mAdc, I_C = 0)	BV_{EBO}	2.5	–	Vdc
Collector Cutoff Current (V_{CB} = 15 Vdc, I_E = 0) (V_{CB} = 15 Vdc, I_E = 0, T_A = 150°C)	I_{CBO}	– –	0.02 1.0	μAdc
ON CHARACTERISTICS				
DC Current Gain (I_C = 3.0 mAdc, V_{CE} = 1.0 Vdc)	h_{FE}	25	250	–
Collector-Emitter Saturation Voltage (I_C = 10 mAdc, I_B = 1.0 mAdc)	$V_{CE(sat)}$	–	0.4	Vdc
Base-Emitter Saturation Voltage (I_C = 10 mAdc, I_B = 1.0 mAdc)	$V_{BE(sat)}$	–	1.0	Vdc
DYNAMIC CHARACTERISTICS				
Current-Gain – Bandwidth Product ① (I_C = 5.0 mAdc, V_{CE} = 6.0 Vdc, f = 100 MHz)	f_T	900	2000	MHz
Collector-Base Capacitance (V_{CB} = 10 Vdc, I_E = 0, f = 0.1 to 1.0 MHz)	C_{cb}	–	1.0	pF
Small-Signal Current Gain (I_C = 2.0 mAdc, V_{CE} = 6.0 Vdc, f = 1.0 kHz)	h_{fe}	25	300	–
Collector-Base Time Constant (I_E = 2.0 mAdc, V_{CB} = 6.0 Vdc, f = 31.9 MHz)	$r_b'C_c$	3.0	14	ps
Noise Figure (See Figure 1) (I_C = 1.5 mAdc, V_{CE} = 6.0 Vdc, R_S = 50 ohms, f = 200 MHz)	NF	–	4.5	dB
FUNCTIONAL TEST				
Common-Emitter Amplifier Power Gain (See Figure 1) (V_{CE} = 6.0 Vdc, I_C = 5.0 mAdc, f = 200 MHz)	G_{pe}	15	–	dB
Power Output (See Figure 2) (V_{CB} = 10 Vdc, I_E = 12 mAdc, f≥500 MHz)	P_{out}	20	–	mW

*Indicates JEDEC Registered Values.

① f_T is defined as the frequency at which $|h_{fe}|$ extrapolates to unity.

NPN RF Transistor

그림 5-17 데이터 시트 예. Freescale사(이전에는 Motorola의 the Semiconductor Product Section) 제공. (계속)

2N5179

FIGURE 1 – 200 MHz AMPLIFIER POWER GAIN AND NOISE FIGURE CIRCUIT

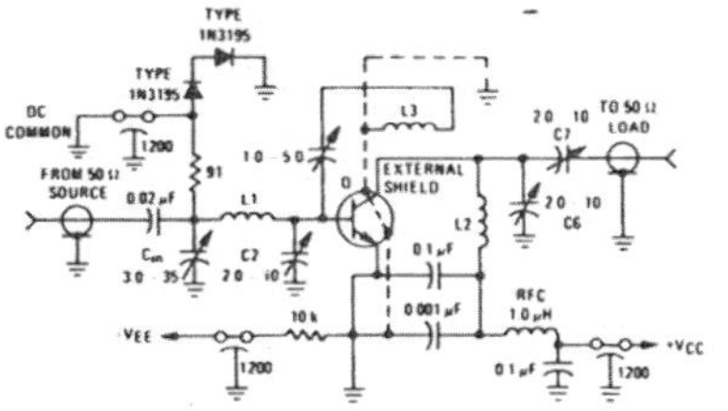

L1 1-3/4 Turns, #18 AWG, 0.5" L, 0.5" Diameter
L2 2 Turns, #16 AWG, 0.5" L, 0.5" Diameter
L3 2 Turns, #13 AWG, 0.25" L, 0.5" Diameter (Position 1/4" from L2)

FIGURE 2 – 500 MHz OSCILLATOR CIRCUIT

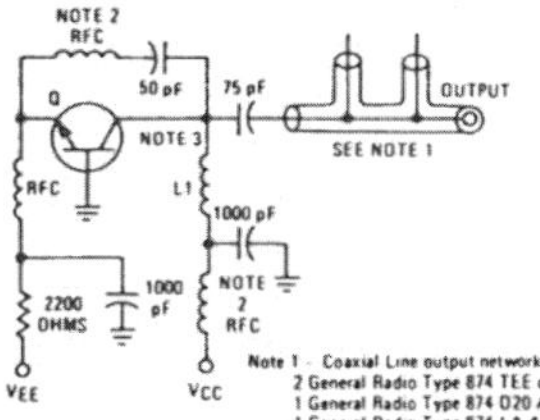

Note 1 – Coaxial Line output network consisting of
2 General Radio Type 874 TEE or equivalent
1 General Radio Type 874 D20 Adjustable Stub or equivalent
1 General Radio Type 874-LA Adjustable Line or equivalent
1 General Radio Type 874 WN3 Short-circuit termination or equivalent
Note 2 – RFC = 0.2 μH Ohmite #2-460 or equivalent
Note 3 – Lead Number 4 (case) floating
L1 – 2 turns #16 AWG wire, 3/8 inch OD, 1 1/4 inch long
Q = 2N5179

FIGURE 3 – NOISE FIGURE versus FREQUENCY

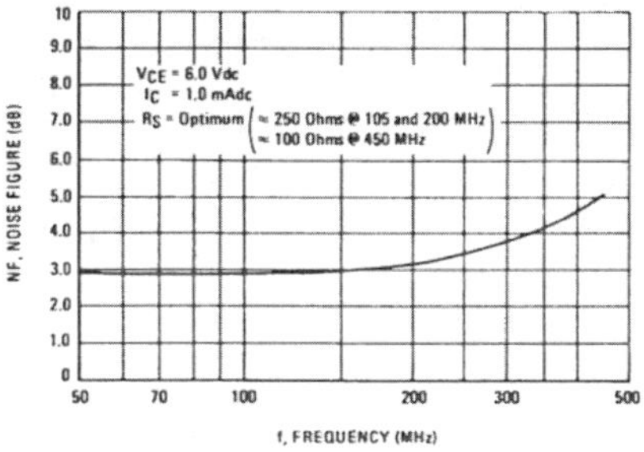

FIGURE 4 – NOISE FIGURE versus SOURCE RESISTANCE and COLLECTOR CURRENT

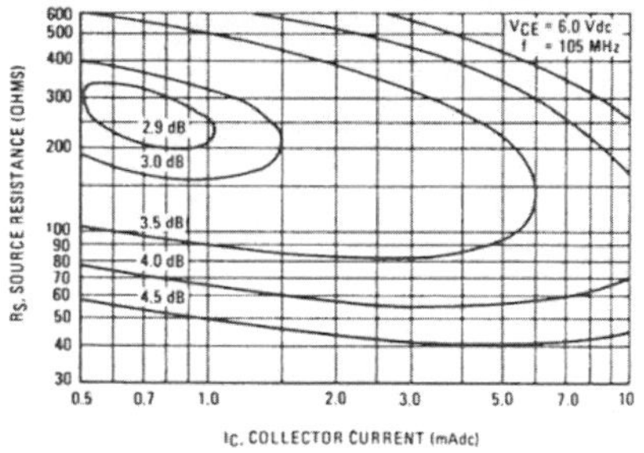

FIGURE 5 – NOISE FIGURE versus SOURCE RESISTANCE and COLLECTOR CURRENT

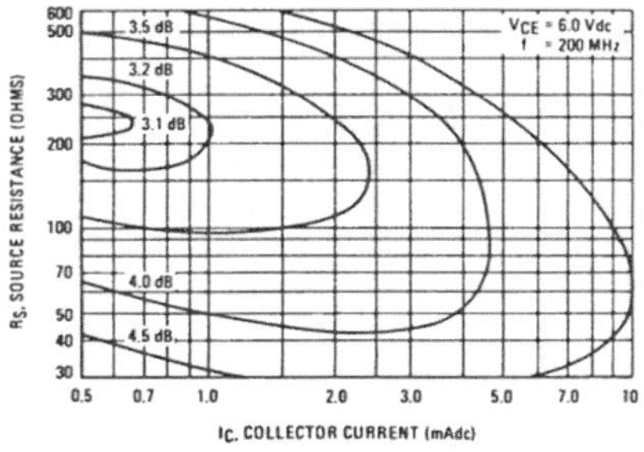

NPN RF Transistor

그림 5-17 데이터 시트 예. Freescale사(이전에는 Motorola의 the Semiconductor Product Section) 제공. (계속)

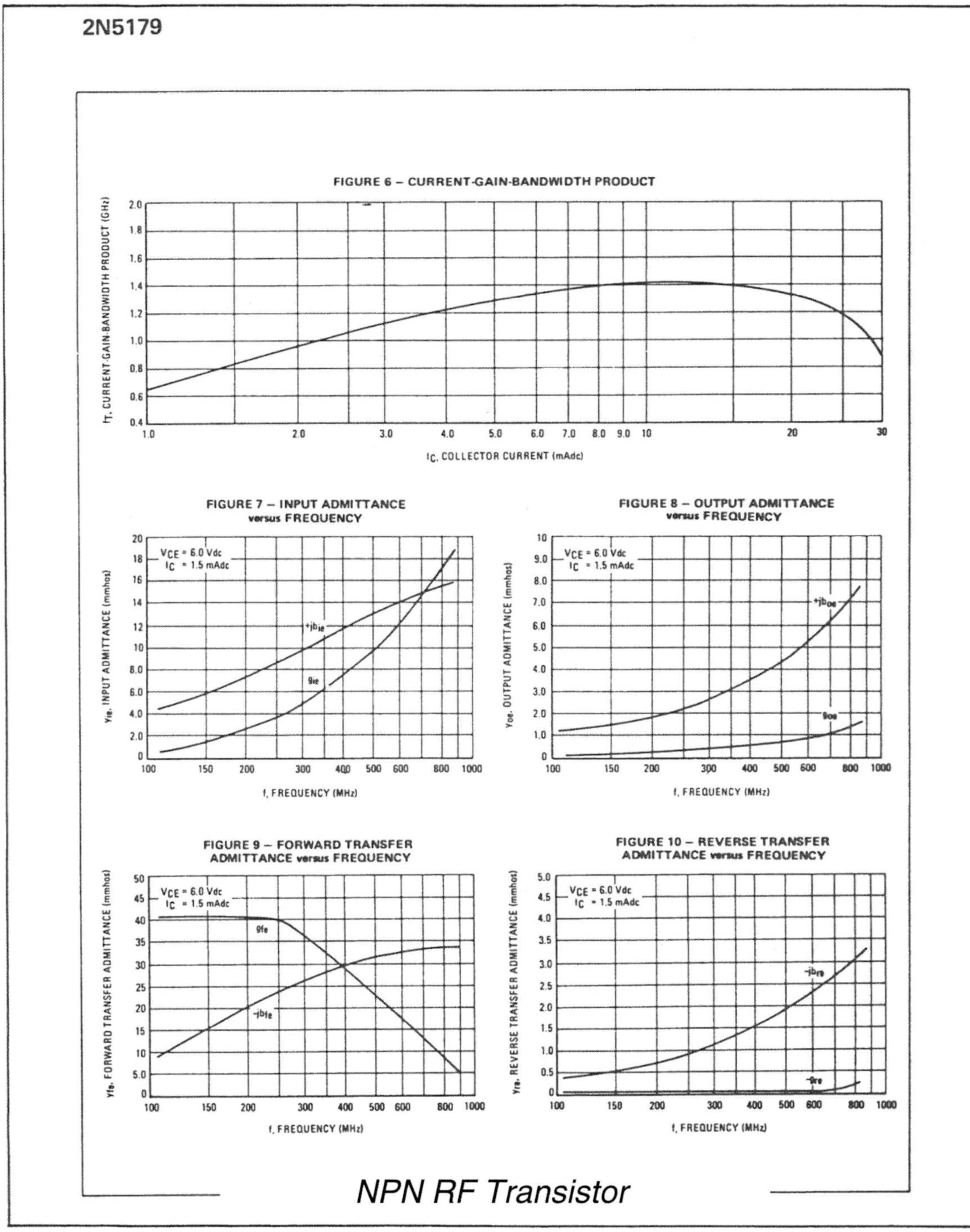

그림 5-17 데이터 시트 예. Freescale사(이전에는 Motorola의 the Semiconductor Product Section) 제공. (계속)

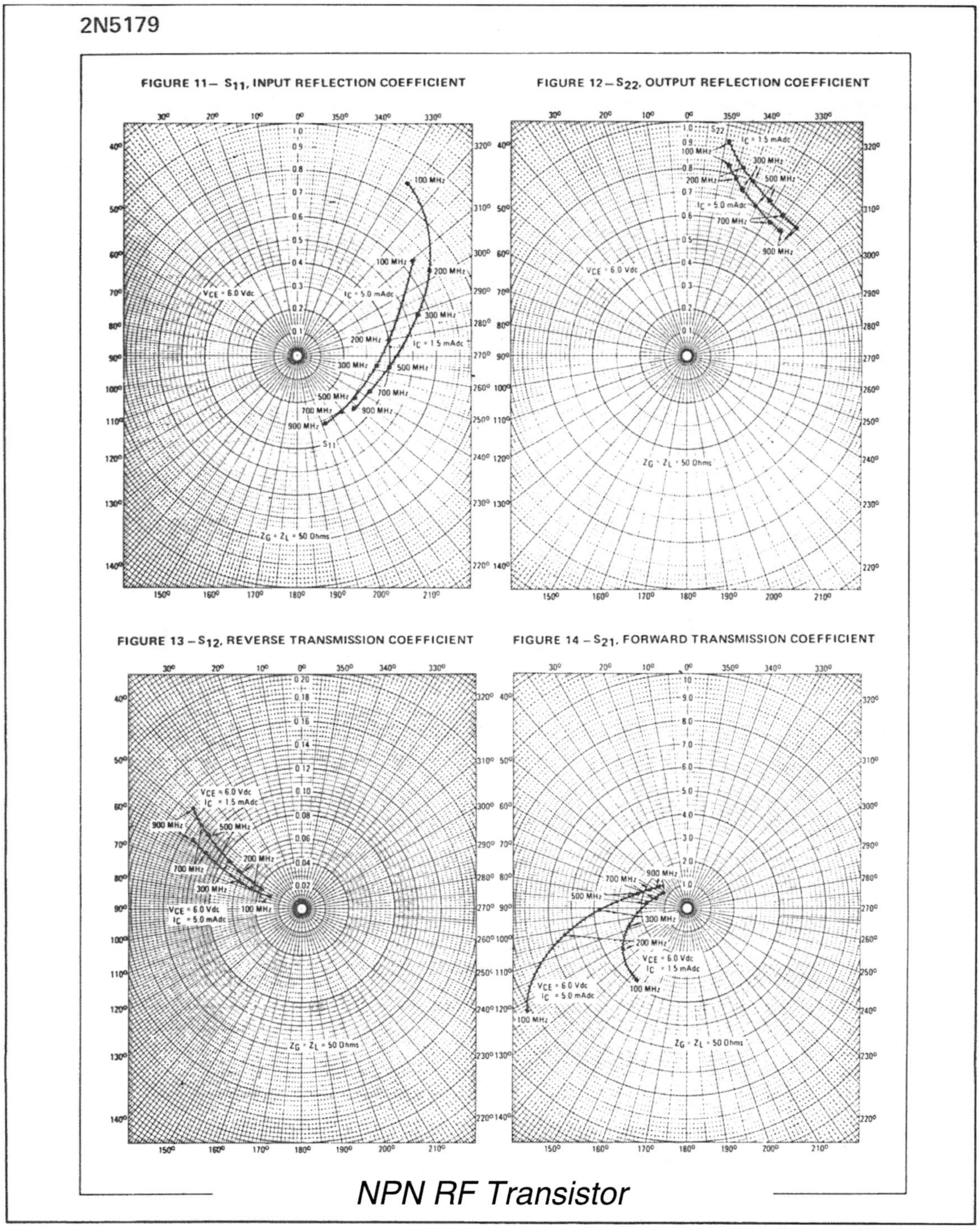

그림 5-17 데이터 시트 예. Freescale사(이전에는 Motorola의 the Semiconductor Product Section) 제공. (계속)

2N5179

FIGURE 15 – S_{11}, INPUT REFLECTION COEFFICIENT AND S_{22}, OUTPUT REFLECTION COEFFICIENT

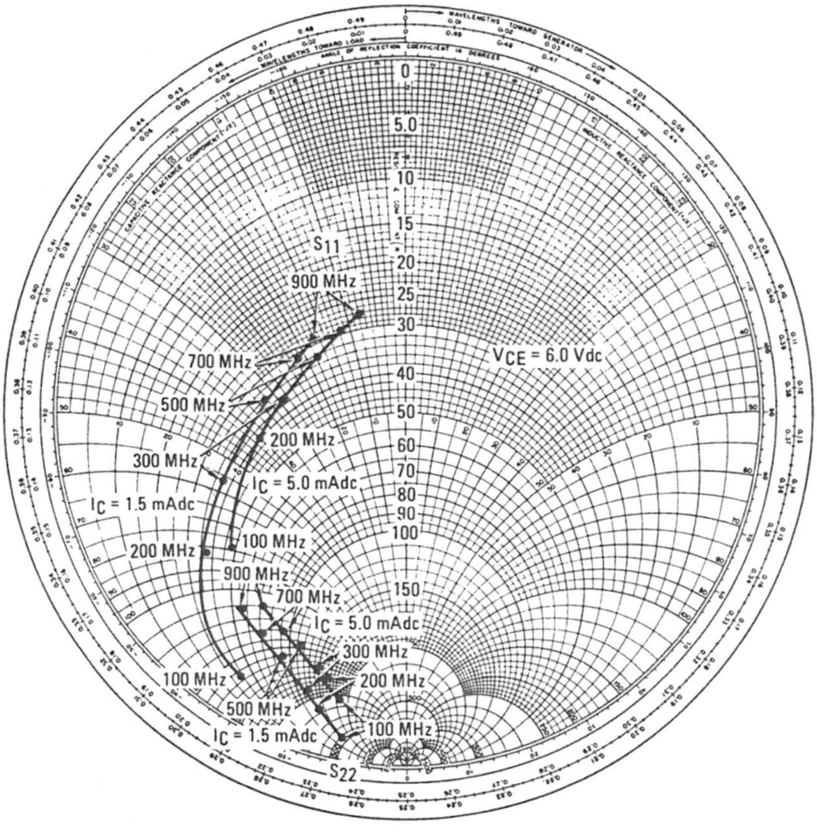

NPN RF Transistor

그림 5-17 데이터 시트 예. Freescale사(이전에는 Motorola의 the Semiconductor Product Section) 제공. (계속)

그림 5-17의 데이터 시트는 Freescale(이전에는 Motorola의 the Semiconductor Product Section)사의 2N5179 npn silicon RF 고주파 트랜지스터에 관한 것이다. 이 트랜지스터를 선택한 이유는 데이터 시트에 Y와 S-파라미터가 모두 다루어져 있기 때문에 교육적으로 적합하기 때문이다.

이 트랜지스터의 특색은 리드(lead)가 4개인 소자라는 것이다. 부가적인 리드는 소자에 내부적으로 연결된 것이 아니고 금속 캔 케이스(can case)에 연결되어 있다. 일반적인 회로 동작에서, 부가적인 핀(pin)은 접지되어 소자 주변을 차폐함으로써 원치 않는 부유(stray) 장(field)을 줄여주는 데 도움이 된다.

데이터 시트의 첫 번째 페이지는 매우 명료하게 기술되어 있다. 여기서, 트랜지스터의 최대 동작에 관한 정격(rating)을 표시한다. 이것은 저주파 트랜지스터에서도 비슷하다. 트랜지스터의 적합한 응용 분야도 명시하고 있음을 유의하라. 여기서 예제로 보고 있는 소자는 고이득(high gain) · 저잡음(low noise) 증폭기, 발진기, 믹서 등에 사용되기에 적합하다.

데이터 시트의 2 페이지에서는 능동 동작 특성(Dynamic Characteristics)을 맨 위에 기술하고, RF 설계자에게 관심이 있을 여러 개의 파라미터가 제시되어 있다.

f_T — 전이(轉移) 주파수(transition frequency) 또는 소자의 이득-대역폭-곱(gain bandwidth product)이라 부른다. f_T는 트랜지스터의 공통 이미터 전류 이득이 1 또는 0 dB가 되는 이론적인 주파수다.

트랜지스터가 동작할 수 있는 최대 주파수의 한계를 증명하는 것을 제외하고는 f_T 근처에서 RF 증폭기 설계하는 것은 매우 드물다. f_T는 소자의 전류 이득이 0 dB로 떨어지는 주파수를 의미하는 것임에 유의하라. 문제의 주파수에서 소자로부터 가용(available) 전압 이득에 따라 이 주파수에서 전력 이득을 가질 수 있다. 일반적으로 f_T는 고주파 트랜지스터에 대해 직접 측정하는 것이 아니라, 저주파의 데이터로부터 유추된(외삽된-extrapolated) 값이다. 따라서 측정의 정확도가 높지 않고, 한 제조사가 언급한 바와 같이 데이터 시트 상의 f_T는 단지 관례적인 이유 때문에 제공되고 있다.

C_{cb} — 트랜지스터의 컬렉터-베이스 간 커패시턴스로 1 MHz에서 컬렉터-베이스 간에 10 V 전압을 가하고 이미터는 개방하여 측정한다.

트랜지스터를 증폭기로 사용하는 경우, 이 값이 작을수록 좋다. 이 커패시턴스는 그림 5-1의 트랜지스터 등가 회로에서 C_c다.

h_{fe} — 1 kHz에서 측정한 공통 이미터 전류 이득 또는 트랜지스터의 β를 의미한다.

RF 회로 설계에서 h_{fe}는 그 다지 많은 정보를 주지 않는다. 트랜지스터의 DC(직류)-$\beta(h_{FE})$는 DC 컬렉터나 바이어스 전류를 조정하는데 필요한 정보를 제공한다. 이 파라미터는 소자에 대한 'On Characteristics' (데이터 시트 2 페이지) 아래 제시되어 있다.

$r_{b'}C_c$ — 트랜지스터에 대한 컬렉터-베이스 간의 시정수로 피드백 특성을 나타내는 또 다른 척도다.

이 값이 작을수록 좋다. 가끔 무시되는 정보다.

NF — 트랜지스터의 잡음 지수로 트랜지스터가 증폭 과정에서 신호에 더해지는 잡음의 정도를 나타내는 척도다(다음 website의 잡음 계산을 참조하라. http://books.elsevier.com/companions/9780750685184). 예제의 데이터 시트에서 최대 잡음 지수 4.5 dB는 측정 소자를 매우 엄격한 조건에 측정한 결과임에 유의하라.

데이터 시트 3 페이지의 그림 1은 (V_{CE} = 6 V, I_C = 1.5 mA)로 바이어스되고 소스 저항이 50 Ω인 조건에서 트랜지스터에 대한 잡음 측정에 관한 것이다. 트랜지스터에 대한 NF을 제시하는 이 방법은 현실적으로 별로 쓸모가 없다. 정확하게 이러한 동작 조건에서 트랜지스터가 사용되는 것은 매우 드물기 때문이다. 이 조건에서 어떤 변화가 생기면 측정된 잡음 지수는 크게 변한다. 이러한 이유로, 제조사는 잡음 지수를 다양한 사용 조건에 대해 등고선(contour) 그림 형태로 제공하기도 한다. 데이터 시트 그림 3, 4, 5는 이러한 잡음 지수 곡선을 보여주고 있다. 그림 3은 주파수에 대한 잡음 지수 그래프다. 동일한 바이어스 조건에서 여러 주파수에 대해 NF를 측정한 것이다. 하지만, 이러한 측정은 R_s를 최소 잡음 지수에 해당하는 최적의 값으로 변경하면서 측정한 것임에 유의하라. 최소 잡음 지수에 대한 최적 소스 저항의 개념은 이 책의 6장에서 다룰 것이다. 주파수가 증가함에 따라 최소 잡음 지수가 증가하고 있음에 주목하라. 이러한 경향은 RF 트랜지스터의 일반적인 현상이다.

데이터 시트 상의 그림 4는 V_{CE} = 6 V와 105 MHz에서 트랜지스터의 컬렉터 전류와 소스 저항에 대한 잡음 지수 그림이다. 그림으로 부터 동일한 잡음 지수를 제공하는 R_s와 I_c 조합은 무수히 많다. 예를 들어, 다음과 같은 R_s와 I_c의 조합은 모두 3.5 dB의 잡음 지수를 제공한다.

I_c (mA)	R_s (ohms)
0.5	105 or 600
1.0	90 or 500
1.5	85 or 430
2.0	82 or 390
3.0	81 or 320
5.0	94 or 250

각각의 컬렉터 전류에 대해 동일한 잡음 지수를 제공하는 2개의 소스 저항값이 있음에 주목하라. 이는 의도했던 바이어스 전류나 소스 저항값에서 변화가 발생하면 잡음 지수가 상당히 변할 수 있음을 의미한다.

그림 5는 200 MHz의 동일한 주파수에서 서로 다른 바이어스 레벨에 대한 측정한 등고선들을 보여주고 있다. 만일 트랜지스터를 300 MHz에서 원하는 잡음 지수를 제공하는 바이어스와 소스 저항을 알고자 한다면 그림 5는 의미가 없다. 그 주파수에 대해 제공되는 잡음 지수 등고 그래프가 없기 때문이다.

데이터 시트 4 페이지의 그림 6은 컬렉터 전류에 대한 f_T 그래프다. 가장 높은 f_T는

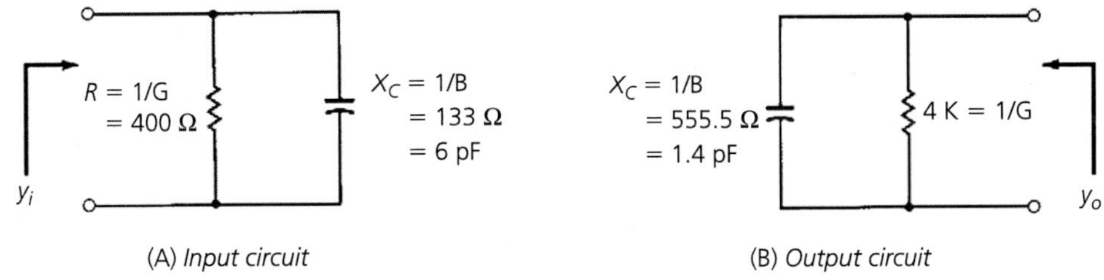

그림 5.18 200 MHz에서 2NN5179의 등가 회로.

약 12mA의 컬렉터 전류에서 발생한다. 이 곡선은 소자의 이득을 높여야 할 때 f_T에 근접할수록 더 중요해진다. 이 곡선은 소자를 동작시킬 수 있는 최적의 컬렉터 전류를 나타낸다. 일단 컬렉터 전류가 정해지면, 샘플 소자를 컬렉터 전류에 맞게 바이어스를 하고, 설계에 필요한 Y나 S-파라미터를 측정한다.

그림 7, 8, 9, 10은 2N5179의 Y-파라미터에 대한 주파수 특성 그래프다. 이때 바이어스는V_{CE} = 6V와 I_c = 1.5 mA다. 만일, 다른 바이어스를 원한다면 데이터 시트에서 제공하고 있지 않으므로 필요한 Y-파라미터를 측정해야 한다.

각 그림의 수직축의 눈금은 m℧(milli-mho)로 되어있다. 따라서, 200 MHz에서 2N5179의 입력 어드미턴스(그림 7)는 약 $y_i = 2.5 + j7.5$ mmho가 되는데, 이것을 등가 회로로 표현하면 그림 5-15A가 된다. 양수의 서셉턴스(susceptance) $+jB$는 션트 커패시터를 의미하고, 음수 서셉턴스 $-jB$는 인덕터를 의미함을 기억하라. 비슷하게, 200 MHz에서 트랜지스터의 출력 어드미턴스는 그림 8로부터 $y_o = 0.25 + j1.8$ m℧가 된다. 출력 어드미턴스의 등가 회로는 그림 5-18B와 같다. 트랜지스터의 순방향과 역방향 전달 어드미턴스는 데이터 시트의 그림 9와 그림 10에 각각 제시되어 있다.

6장에서, 데이터 시트로부터 Y-파라미터 정보를 RF 소신호 증폭기 설계에 적용하는 방법을 배울 것이다.

데이터 시트 상의 그림 11, 12, 13, 14, 15는 서로 다른 바이어스 조건에서 트랜지스터의 주파수 변화에 대한 S-파라미터를 그린 것이다. 바이어스 조건은(V_{CE} = 6.0 volts, I_c = 1.5 mA)과 (V_{CE} = 6.0 volts, I_c = 5.0 mA)다. 그림 5의 4개의 그림은 S-파라미터를 극좌표 형식(polar form)으로 그린 것이다. 차트의 중심에서 호의 길이는 크기이고, 각도는 차트의 둘레로부터 읽는다. 예를 들어, 100 MHz에서 (V_{CE} = 6.0 volts, I_c = 1.5 mA)에 바이어스가 된 2N5179의 S-파라미터는 다음과 같다.

$$S_{11} = 0.65\angle 309^\circ$$
$$S_{22} = 0.84\angle 348^\circ$$
$$S_{12} = 0.03\angle 70^\circ$$
$$S_{21} = 8.2\angle 123^\circ$$

S_{21}과 S_{12} 파라미터의 크기는 소자의 순방향과 역방향 이득을 나타낸다. 이득을 dB로 읽기 위해 숫자에 로그(logarithm)을 취하고 20을 곱한다.

$$\begin{aligned} S_{12}(\text{dB}) &= 20\log_{10} 0.03 \\ &= -30.5\ \text{dB} \\ S_{21}(\text{dB}) &= 20\log_{10} 8.2 \\ &= 18.3\ \text{dB} \end{aligned}$$

앞의 계산으로부터 트랜지스터의 출력에서 입력 포트로의 격리(S_{12})는 -30.5 dB로 매우 우수함을 알 수 있다. 또한, 임피던스 매칭 회로가 없이 50-Ω으로 소스와 부하가 종단되었을 때의 트랜지스터의 이득(S_{21})은 18 dB 이상이다. 각 이득은 전압 이득으로 계산되었음에 유의하라. 이런 경우, 입력과 출력 임피던스가 모두 50-Ω으로 동일하기 때문에 전압과 전력 이득은 동일하다.

데이터 시트의 마지막 그림(데이터 시트 상의 그림 15)은 트랜지스터의 입력과 출력 반사 계수를 표시하고 있다. 이번에는 Smith Chart을 사용하였다. 앞에서 언급한 것처럼, S_{11}과 S_{22}는 반사 계수를 의미하므로, 다른 반사 계수처럼 Smith Chart에 표시할 수 있다. 일단 Chart에 표시하면, 소자의 입력과 출력 임피던스를 Chart로부터 직접 읽을 수 있다.

데이터 시트 상의 그림 15는 지금까지 책에서 사용한 것과 약간 다르다. 지금까지는 1-Ω이 아닌 50-Ω으로 정규화된 것을 사용했었다. 따라서 차트의 중심은 $1 \pm j0\ \Omega$이 아닌 $50 \pm j0\ \Omega$을 사용했었다. 이러한 차트의 정규화는 사용자가 주로 다루는 임피던스가 있을 때 주로 사용된다. 이 경우는 50-Ω을 사용하였다.

100 MHz 주파수에서 5 mA의 컬렉터 전류와 $V_{CE} = 6$ volt로 바이어스된 2N5179의 입력 임피던스는 Smith Chart로부터 다음과 같다.

$$Z_{\text{in}} = 48 - j79\ \Omega$$

이 값은 동일한 동작 조건에서 그림 11의 S_{11}과 오차 안에서 일치한다. 이 값은 Z_L과 Γ에 대한 식인 식 5-8으로부터 구한 S_{11}으로부터 수학적으로 증명할 수 있다.

요약(Summary)

다른 소자들과 마찬가지로, 트랜지스터는 RF주파수에서 특성은 이상적이지 못하다. 즉, 트랜지스터도 고주파 성능을 제한하는 부유(stray) 인덕턴스와 커패시턴스를 가지고 있다. Y와 S-파라미터는 주파수에 대해 복잡한 트랜지스터의 동작을 최소의 노력으로 표현하기 위한 수단으로 고안된 것이다. 제조사는 일반적으로 Y와 S-파라미터 정보를 데이터 시트의 형태로 제시한다. Y와 S-파라미터는 RF 설계 작업에서 처음 시작점으로 생각할 수 있다. 제조사는 Y와 S-파라미터를 모든 가능한 바이어스 포인트와 모든 가능한 회로 구조에 대해 제시할 수 없다. 대신에 문제의 소자에 대한 대표적인(typical) 동작 조건들에 대해 제시하려고 한다. 하지만, 데이터 시트가 설계자에게 동작 조건이 맞질 않아 아무런 도움이 안될 때가 있다. 이런 경우에는 설계 작업을 위해 직접 파라미터를 측정하고 고유의 데이터 시트를 만들어야 할 것이다.

CHAPTER 6

소신호 RF 증폭기 설계

Small-Signal RF Amplifier Design

소신호 RF 증폭기 설계는 논리적으로 잘 정리된 순서대로 진행된다. 시중에 각종 회로도와 구성 부품 값을 명시하고 있는 책들도 있다. 이 책을 참조하면 설계하고자 하는 특정 동작 조건에 맞는 회로를 찾을 수도 있을 것이다. 하지만, 그 회로들은 원하는 요구사항을 정확하게 만족하지 않을 수도 있다. 이러한 책에는 어떠한 설계 과정도 첨부되지 않기 때문에, 독자가 원하는 동작 조건으로 수정하기에는 많은 어려움이 따른다.

이번 장은 각종 회로도를 보여주는 그런 식이 아닌 증폭기의 설계 과정을 다룰 것이다. 원하는 트랜지스터를 선택하고, 원하는 실제 동작 환경에 동작하도록 자세한 단계별 설계과정을 제시할 것이다. 이 과정을 통하면, 더 이상 다른 사람의 회로를 원하는 요구 사항에 맞추어 수정하지 않아도 될 것이다. 당신 고유의 RF 증폭기를 설계하고, 개인적인 응용에 맞게 그 회로를 최적화시킬 수 있을 것이다.

트랜지스터의 다양한 바이어스 방법으로부터 논의를 시작할 것이다. 바이폴라와 FET 모두를 다룰 것이다. 지난 장에서 살펴보았듯이, Y와 S-파라미터는 트랜지스터의 DC 바이어스에 따라 크게 달라진다. 따라서 트랜지스터의 바이어스는 매우 중요한 문제로 중요하게 다루어져야 한다.

다음으로, Y와 S-파라미터를 이용하여 증폭기의 RF 측면인 다음과 같은 사항들을 살펴볼 것이다—안정도(stability-발진 경향성), 이득, 임피던스 매칭, 일반 증폭기 설계.

몇 가지 정의(Some Definitions)

먼저 소신호 설계에 사용되는 두 종류의 트랜지스터에 대해 자세히 살펴보자.

1. 바이폴라 트랜지스터(Bipolar Transistor) — 바이폴라 또는 바이폴라 접합 트랜지스터(BJT, bipolar junction transistor)는 아날로그와 디지털 신호 증폭에 널리 사용되는 3단자 반도체 소자다. BJT는 반도체 물질에 샌드위치 형태로 도핑하여 구성한다. 가운데 부분을 트랜지스터의 베이스라 부른다. 베이스와 이미터 단자 사이의 전류를 조정

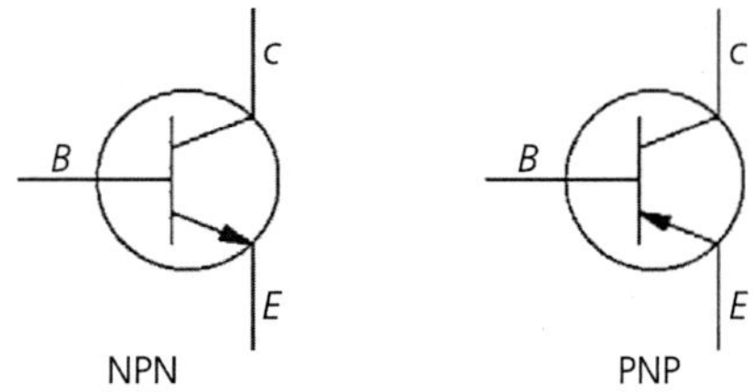

그림 6-1 PNP와 NPN 타입 BJT의 기호. Wikipedia 참조. (www.wikipedia.org/wiki/Bipolar_junction_transistor).

함으로써, 이미터와 컬렉터라 부르는 제 3단자 사이의 전류를 조정할 수 있다. 결과적으로 컬렉터에 신호를 증폭시킬 수 있다.

바이폴라 트랜지스터는 PNP와 NPN(그림 6-1 참조)의 두 가지 형태가 있다. PNP 트랜지스터는 P-타입 레이어(layer) 사이에 N-타입 반도체 레이어가 위치한다. NPN 트랜지스터는 P-타입 레이어가 두 N-타입 레이어 사이에 위치한다. P-타입 물질에서 전하의 이동은 주로 홀(hole)이라 부르는 전자의 결핍 형태로 진행된다. 이에 반해, N-타입 물질에서는 전하 캐리어(carrier)는 주로 전자다. 두 BJT 타입 중에서 NPN이 전류 증폭과 동작 속도 면에서 더 우수한 성능을 보이므로 대부분은 NPN을 사용한다.

예로써, 그림 6-2를 생각해 보자. 트랜지스터의 일반적인 동작 모드에서, 베이스-이미터 접합은 순방향으로 바이어스가 되고 베이스-컬렉터 간 접합은 역방향으로 바이어스가 된다. 양(positive) 전압이 베이스-이미터 접합에 가해지면, 열적으로 생성된 캐리어와 공핍(depletion) 영역에 존재하는 밀어내는(repelling) 전기장(electric field) 사이의 평형 상태(equilibrium)는 밸런스가 깨져서 열적으로 여기된(exicited) 전자들이 베이스 영역으로 주입된다. 이 전자들이 이미터 근처의 고농도 영역으로 부터 베이스를 통과하여 컬렉터 근처의 저농도 영역으로 이동(또는 확산-diffusion)한다.

컬렉터-베이스 간 접합은 역방향으로 바이어스가 되어 컬렉터에서 베이스로 전자 주입은 거의 없다. 컬렉터-베이스 간 접합 사이의 역바이어스로 인해 강한 전기장이 존재한다. 이 전기장에 의해 베이스에서 컬렉터로 확산되는 전자는 컬렉터로 끌려들어 간다.

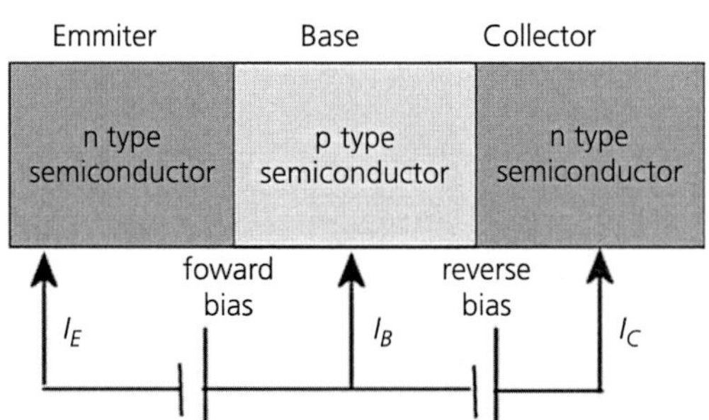

그림 6-2 E-B 간은 순방향으로 B-C 간은 역방향으로 바이어스된 NPN BJT. Wikipedia 참조. (www.wikipedia.org/wiki/Bipolar_junction_transistor).

바이폴라 트랜지스터는 FET와 비교하여 장단점을 가지고 있다. 바이폴라 소자는 고속으로 신호를 스위칭할 수 있다. 또한, 오디오 장비나 무선 송신기에서 고출력 증폭기로 동작하는데 필요한 큰 전류를 감당할 수 있도록 제조할 수 있다. 하지만, BJT는 작은 신호의 증폭이나 높은 (입력) 회로 임피던스를 요구하는 응용에 있어서는 FET만큼 효과적이지 못하다.

바이폴라 트랜지스터를 개선한 것이 HBT(heterojuction bipolar transistor, 이종 접합 바이폴라 트랜지스터)다. HBT는 수백 GHz까지 매우 높은 주파수 신호를 증폭할 수 있어, 최근 초고속 회로와 RF 시스템에 널리 사용된다. 이러한 소자 중 널리 이용하는 것이 SiGe(silicon germanium) HBT다. 이 소자는 표준 실리콘 디지털 공정과 양립할(compatible) 수 있기 때문에, 복잡한 저속의 디지털 회로와 초고속 회로를 동시에 집적화할 수 있다.

2. FET(Field-effect Transistor, **전계 효과 트랜지스터**) — 전계 효과 트랜지스터 또는 FET는 무선 신호와 같이 작은(약한) 신호 증폭에 흔하게 사용하는 트랜지스터의 종류다. BJT처럼 아날로그 또는 디지털 신호를 증폭할 수 있다. 또한, DC 스위치나 발진기와 같은 기능도 할 수 있다.

FET는 전계(electric field)를 이용하여 반도체 물질 내의 경로(path) 또는 채널(channel)의 전도도(conductivity)를 조정한다. 동작하는 동안, 채널이라 부르는 반도체의 경로를 따라 전류가 흐른다. 채널의 한쪽 끝의 전극을 소스(source)라 하고, 다른 한쪽 끝의 다른 전극을 드레인(drain)이라 한다. 채널의 물리적 직경은 고정되어 있으나 실효(effective) 전기(electrical) 직경은 게이트(gate)라 부르는 조정 전극에 가해지는 전압에 따라 변한다. 게이트는 소스와 드레인 사이의 채널을 형성하거나 제거함으로써, 전자를 흐르게 하거나 흐르지 못하게 방해한다. 주어진 어느 한 순간에서, FET의 전도도는 채널의 전기(electrical) 직경에 의해 정해진다. 게이트 전압에 작은 변화로 소스에서 드레인으로 흐르는 전류가 크게 변화한다. 이것이 FET의 신호 증폭 원리다.

FET는 크게 다음의 두 종류로 구분할 수 있다 — 접합 FET(JFET, junction FET)와 금속 산화 반도체 FET(MOSFET, metal-oxide-semiconductor FET)다. JFET를 제외한 모든 FET(예를 들어 MOSFET, MESFET, MODFET, IGBT)는 4개의 단자(게이트, 드레인, 소스, 바디/베이스/벌크-body/base/bulk)를 갖는다. JFET는 body 단자가 없다.

JFET는 게이트를 body로부터 분리하기 위해 역방향으로 바이어스된 P-N 접합을 사용한다. 채널의 N-타입 반도체(N-채널) 또는 P-타입 반도체(P-채널) 재료로 구성되고, 게이트는 상대적인 반도체 타입으로 만들어진다. P-타입 물질에서, 전하(electric charge)는 홀(hole)이라 부르는 전자 결핍을 이용하여 전달된다. N-타입 재료에서는 전하 캐리어는 주로 전자다. JFET에서 채널과 게이트 사이의 경계에 접합이 있다. 정상적으로 이 P-N 접합은 역바이어스(역방향으로 DC 전압을 가함)가 되어 채널과 게이트 사이에는 전류의 흐름은 없다. 하지만, 어떤 조건에서 입력 신호 사이클의 일부 동안 작은 전류가 접합 사이에 존재하기도 한다.

최근 가장 흔하게 사용하는 FET는 MOSFET다. MOSFET는 핸드폰에서 무선

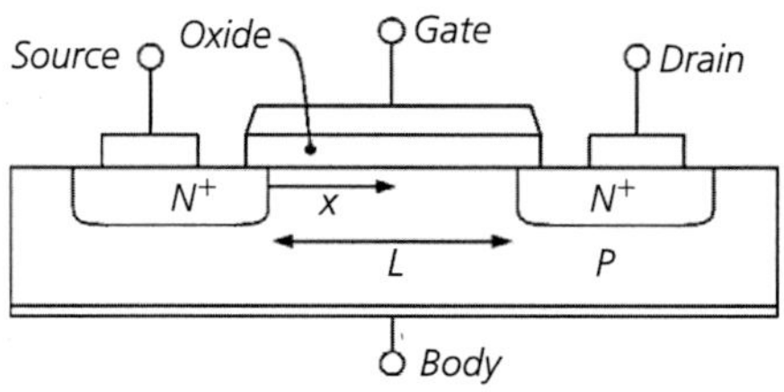

그림 6-3 N-타입 MOSFET의 단면, Wikipedia 참조. (www.wikipedia.org/wiki/Field_effect_transistor).

기지국까지 다양한 곳에 응용된다. MOSFET는 N-타입 또는 P-타입 반도체 중 하나인 채널을 가지고 있다. 그림 6-3은 N-타입 MOSFET의 예다. 게이트 전극은 표면이 산화된(oxidized) 금속의 일부다. 매우 얇은 산화막 레이어(일반적으로 SiO_2)는 전기적으로 채널 또는 body로부터 게이트를 전기적으로 절연시킨다. 산화막이 유전체처럼 동작하기 때문에 케이트와 채널 사이에 전류는 근본적으로 흐르지 않는다. 결과적으로 MOSFET는 매우 큰 입력 임피던스를 갖는다.

BJT와 비교하면, FET는 무선 통신과 방송에서 높은 입력 임피던스가 요구되거나 약한 신호를 증폭하려는 회로나 시스템에서 더 선호된다. 일반적으로 FET는 큰 무선 출력 통신이나 방송 송신기와 같은 고출력 증폭에는 사용되지 않는다.

트랜지스터 바이어스 기법(Transistor Biasing)

대부분의 RF 증폭기 설계할 때 개별 트랜지스터의 바이어스 회로 설계에는 거의 관심을 갖지 않는 경향이 있다. 하지만, 바이어스 회로로 인해 종종 문제들이 발생한다. 예를 들어, 어떤 증폭기가 상온(room temperature)에서만 동작한다면, DC 동작점을 온도에 따라 안정화시킬 필요가 없다. 하지만 증폭기가 넓은 온도 조건에서 스펙(이득, 잡음 등)을 만족해야 한다면, DC 바이어스 회로는 반드시 주의 깊게 고려되어야 한다. 예를 들어, 지난 장에서 제시된 Freescale사의 2N5179 데이터 시트를 생각해 보자. 소자의 Y와 S-파라미터 곡선을 살펴보면 트랜지스터의 바이어스 점의 변화에 따라 모든 RF 동작 특성이 변한다는 것을 알 수 있다. 따라서 DC 동작점을 특정한 동작 조건하에 안정되게 유지해야 한다. 그렇지 않는 경우, 증폭기의 RF 특성은 심하게 변할 수 있다.

트랜지스터의 온도에 대한 DC 동작점에 영향을 주는 내부 파라미터는 다음 2가지다— ΔV_{BE}와 $\Delta\beta$. 온도 안정 바이어스 설계(그림 6-4 참조)의 목적은 이 두 파라미터의 영향을 최소화하는 것이다.

온도가 증가하면, 트랜지스터의 베이스-이미터 전압 V_{BE}는(CMOS나 SiGe 소자와 달리 실리콘의 경우) 0.7 V에서 약 2.5 mV/°C의 비율로 감소한다. V_{BE}가 감소하면서 더 많은 양의 베이스 전류가 흐르게 되어, 컬렉터 전류가 증가한다. 우리는 컬렉터 전류가 변하지 않기를 원한다. 주어진 온도 변화에 대한 V_{BE}의 총 변화를 ΔV_{BE}라 부른다. ΔV_{BE} 효과를 최소화하기 위해 조정하는 중요한 외부 회로 인자로 이미터 전압 V_E을 이용한다. 그림 6-4를 살펴보자. 여기서, 온도에 따른 V_{BE}의 감소는 이미터 전류 상승을 가져오고, 결과적으로 V_E가 상승

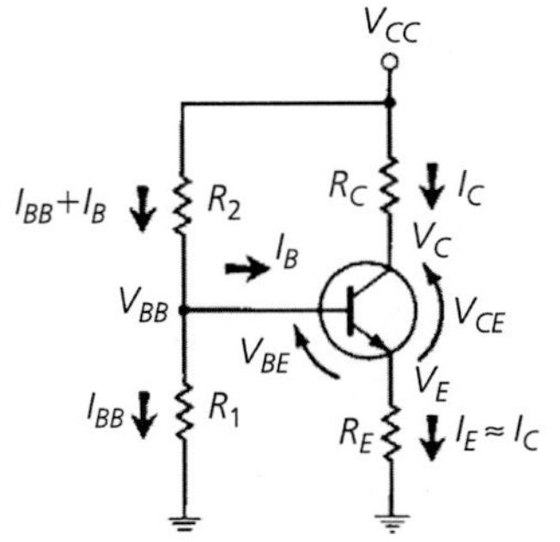

1. 트랜지스터의 동작점을 선택하라.

$I_c = 10\,\text{mA},\ V_c = 10\,\text{V},\ V_{cc} = 20\,\text{V},\ \beta = 50$

2. 바이어스 안정도를 고려하여 V_E의 값을 가정하라.

$$V_E = 2.5\,\text{V}$$

3. β가 높은 트랜지스터에 대해 $I_E \approx I_c$를 가정하라.
4. I_E와 V_E로부터 R_E를 계산하라.

$$R_E = \frac{V_E}{I_E} = \frac{2.5}{10 \times 10^{-3}} = 250\ \Omega$$

5. V_{cc}, V_c, I_c로부터 R_c를 계산하라.

$$R_c = \frac{V_{cc} - V_c}{I_c} = \frac{20 - 10}{10 \times 10^{-3}} = 1000\ \Omega$$

6. I_c와 β로부터 I_B를 계산하라.

$$I_B = \frac{I_c}{\beta} = 0.2\ \text{mA}$$

7. V_E와 V_{BE}로부터 V_{BB}를 계산하라.

$$V_{BB} = V_E + V_{BE} = 2.5 + 0.7 = 3.2\ \text{V}$$

8. I_{BB}의 값을 가정하라. 큰 값을 가정하는 것이 좋다(본문 참조).

$$I_{BB} = 15\ \text{mA}$$

9. I_{BB}와 V_{BB}로부터 R_1을 계산하라.

$$R_1 = \frac{V_{BB}}{I_{BB}} = \frac{3.2}{1.5 \times 10^{-3}}\ \Omega = 2133\ \Omega$$

10. V_{CC}, V_{BB}, I_{BB}, I_B로부터 R_2를 구하라.

$$R_2 = \frac{V_{CC} - V_{BB}}{I_{BB} + I_B} = \frac{20 - 3.2}{1.7 \times 10^{-3}} = 9882\ \Omega$$

그림 6-4 바이어스 회로 설계 1.

한다. V_E의 상승은 부귀환(negative feedback) 구조를 형성한다. 따라서 베이스-이미터 접합이 역바이어스로 낮아져서, 컬렉터 전류는 감소된다. 즉, V_{BE}의 감소는 V_E의 상승에 의해 상쇄되어, 온도 변화만큼의 컬렉터 전류가 증가되지 않는다. 이러한 현상을 식으로 표현하면 다음과 같다.

$$\Delta I_C \approx -\frac{\Delta V_{BE} I_C}{V_E} \qquad \text{식 6-1}$$

여기서

ΔI_C = 컬렉터 전류의 변화

I_C = 컬렉터 DC 동작(quiescent) 전류

ΔV_{BE} = 베이스-이미터 전압 변화

V_E = 이미터 DC 동작(quiescent) 전압

따라서 V_E가 ΔV_{BE}의 20배가 되도록 설정하면, ΔV_{BE}로 인한 온도 변화에 의해 컬렉터 전류는 5%만 변하게 된다. 바이어스 설계에서 중요한 것이 이미터 저항 R_E가 아니고 이미터 전압 V_E임에 주목하라.

식 6-1에 의하면 V_E가 높을수록 좋다. 이것은 바이어스만 고려한다면 맞는 말이지만, 회로 설계에서 고려해야 하는 사항은 바이어스 이외에도 많다. 예를 들어, 이미터 전압을 높이면 전력 소모가 증가하고 AC 신호 이득이 감소된다. R_E에 병렬로 신호 주파수에서 바이패스 커패시터를 사용하여 이득 손실은 방지할 수 있지만, 전력 낭비는 여전히 문제가 될 수 있다.

증폭기가 ±50°C 이내의 온도에서 동작하다고 가정하면, 2.5 V의 이미터 전압은 ΔV_{BE}로 인해 I_C에서 ± 5% 변화가 발생한다. 그림 6-4와 비슷한 대부분의 트랜지스터 바이어스 회로는 V_{CC}와 V_C에 따라 V_E가 2에서 4 V 사이다. 물론, 요구하는 안정의 정도에 따라 더 큰 값도 가능하다.

온도에 대한 트랜지스터의 DC 전류 이득 β의 변화는 회로 설계자들에게 매우 중요한 파라미터다. β의 변화는 DC 컬렉터 동작 전류 변화시키고, 결과적으로 트랜지스터의 동작점을 처음 설계치를 벗어나게 한다. 실리콘 트랜지스터의 β는 일반적으로 온도당(/°C) 0.5%씩 상승한다. 따라서, ±50°C의 온도 변화가 있을 경우 트랜지스터의 β 변화로 인한 컬렉터 전류는 ±25%가 변한다.

일반적으로 온도뿐 아니라 제조 과정에서 발생하는 트랜지스터들 간의 β 편차는 매우 심하다. 예를 들어, 제조사는 데이터 시트 상에서 β에 대해 50에서 500과 같이 10:1 정도의 범위를 명시하는 경우가 있는 데, 이러한 경우가 특이한 것이 아니다. 물론, 이러한 편차를 갖는 소자를 이용하여 양산하는 경우, 안정된 바이어스 회로를 설계하는 것은 매우 어렵다. 따라서, 온도와 양산을 고려하여 β에 대해 안정된 동작점을 설계하는 것은 매우 어렵다.

β 변화에 대한 컬렉터 전류 변화는 다음과 같이 근사화할 수 있다.

$$\Delta I_C = I_{C1}\left(\frac{\Delta\beta}{\beta_1\beta_2}\right)\left(1+\frac{R_B}{R_E}\right) \qquad \text{식 6-2}$$

여기서

I_{C1} = β가 β_1인 경우 컬렉터 전류

β_1 = β의 값 중 가장 작은 값

β_2 = β의 값 중 가장 큰 값

$\Delta\beta$ = $\beta_2 - \beta_1$

R_B = 그림 6-4에서 R_1과 R_2의 병렬 조합

R_E = 이미터 저항

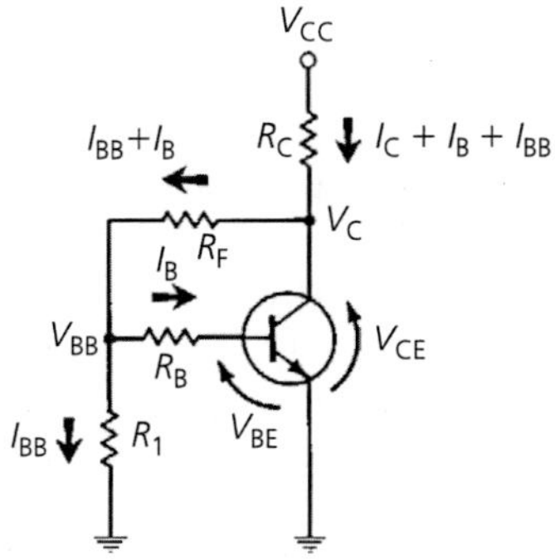

1. 트랜지스터의 동작점을 정하라.

   $I_c = 10\ \text{mA},\ V_c = 10\ \text{V},\ V_{cc} = 20\ \text{V},\ \beta = 50$

2. 상수 전류 I_B를 공급할 수 있는 V_{BB}와 I_{BB}의 값을 가정하라.

$$V_{BB} = 2\ \text{V}$$
$$I_{BB} = 1\ \text{mA}$$

3. I_c와 β 값으로부터 I_B를 계산하라.

$$I_B = \frac{I_C}{\beta} = 0.2\ \text{mA}$$

4. V_{BB}, $V_{BE} = 0.7$ V, I_B 값으로부터 R_B를 구하라.

$$R_B = \frac{V_{BB} - V_{BE}}{I_B} = \frac{2 - 0.7}{0.2 \times 10^{-3}} = 6500\ \Omega$$

5. V_{BB}와 I_{BB} 값으로부터 R_1을 구하라.

$$R_1 = \frac{V_{BB}}{I_{BB}} = \frac{2}{1 \times 10^{-3}} = 2000\ \Omega$$

6. V_{BB}, I_{BB}, I_B, V_C 값으로부터 R_F를 계산하라.

$$R_F = \frac{V_C - V_{BB}}{I_{BB} + I_B} = \frac{10 - 2}{1.2 \times 10^{-3}} = 6667\ \Omega$$

7. V_{CC}, V_C, I_C, I_B, I_{BB} 값으로부터 R_C를 계산하라.

$$R_C = \frac{V_{CC} - V_C}{I_C + I_B + I_{BB}} = \frac{20 - 10}{11.2 \times 10^{-3}} = 893\ \Omega$$

그림 6-5 바이어스 회로 설계 2.

이 식은 저항비 R_B/R_E가 정해진 트랜지스터의 컬렉터 전류 편차에 영향을 주는 β를 조정할 수 있는 유일한 방법임을 말해준다. 이 비율을 작게 하면 컬렉터 전류 변화도 줄어든다. 하지만, 추가적으로 몇 가지를 더 고려해야 한다. 저항비 R_B/R_E를 줄이면, 증폭기의 전류 이득이 줄어드는 원치 않는 현상이 발생한다. 또한, 이 비율이 1에 근접하면 동작점의 안정도는 급격히 줄어든다. 실제로 안정된 설계를 위한 경험식(rule of thumb)으로 R_B/R_E의 비율을 10보다 작게 유지해야 한다.

그림 6-4, 6-5, 6-6은 바이폴라 트랜지스터에 대한 3가지 가능한 바이어스 구조에 대한 설계 예들이다. 바이어스 안정도는 그림 순서대로 더 나빠진다. 자주 사용하는 구조에 대한 예제에서 단계별로 설계 순서를 기술하고 있다. 그림 6-5와 6-6의 바이어스 구조는 이미터 저항 R_E를 포함하지 않는 구조다. 이미터 저항은 음의 피드백(negative feedback)을 형성하여 온도에 따른 컬렉터 전류 변화를 상쇄하게 되는 역할을 한다. 대신 R_F가 컬렉터와 베이스

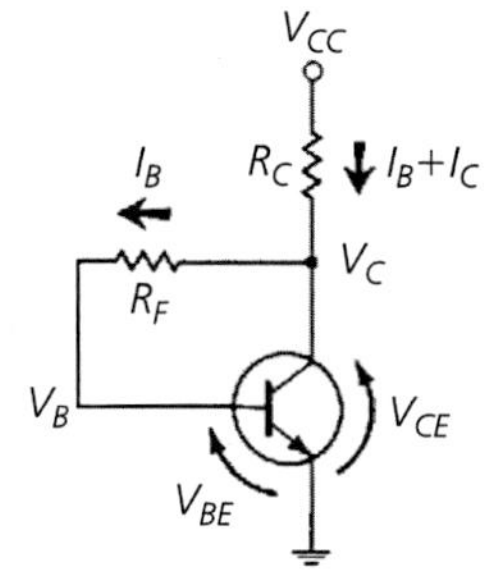

1. 트랜지스터의 동작점 V_C, I_C를 정하라.

   $I_C - 10$ mA, $V_C = 10$ V, $V_{CC} = 20$ V, $\beta = 50$

2. I_C와 β 값으로부터 I_B를 구하라.

$$I_B = \frac{I_C}{\beta} = 0.2 \text{ mA}$$

3. V_C, $V_B = V_{BE} = 0.7$ V, I_B 값으로부터 R_F를 계산하라.

$$R_F = \frac{V_C - V_B}{I_B} = \frac{10 - 0.7}{200 \times 10^{-6}} = 46.5 \text{ K}$$

4. I_B, I_C, V_{CC}, V_C 값으로부터 R_C를 계산하라.

$$R_C = \frac{V_{CC} - V_C}{I_B + I_C} = \frac{20 - 10}{10.2 \times 10^{-3}} = 980\ \Omega$$

그림 6-6 바이어스회로 설계 3.

사이에 연결되어 음 피드백이 형성된다. 이 두 구조에서는 저항비 R_B/R_E 혹은 전압 V_E를 조정할 수 없다. 따라서 이러한 설계는 DC 안정도가 문제가 덜한 경우에 궁여지책이라고 볼 수 있다. 기본적으로 원하는 사양에 맞게 구조를 택해야 한다. 하지만, R_F는 온도에 대한 트랜지스터 파라미터의 변차를 줄이는데 꽤 효과가 있다.†

그림 6-7과 6-8은 FET에 대한 바이어스 구조 설계 과정을 기술하고 있다. 바이어스 회로 설계에 사용되는 기본 식은 다음과 같다.

$$I_D = I_{DSS}\left(1 - \frac{V_{GS}}{V_p}\right)^2 \qquad \text{식 6-3}$$

여기서

I_D = 드레인 전류
I_{DSS} = V_{GS}가 0일 때의 드레인 전류
V_{GS} = 게이크-소스 전압
V_p = 핀치-오프(pinch-off) 전압

I_D는 일반적으로 바이어스 사양 중 하나로 선택하는 값이고, I_{DSS}와 V_p는 트랜지스터의

† 역주: V_{CC}가 높을 때 R_F의 효과가 좋아진다. 저전압 IC 설계와 같이 V_{CC}가 낮은 경우에는 전류원(current source)을 이용한 바이어스를 이용한다.

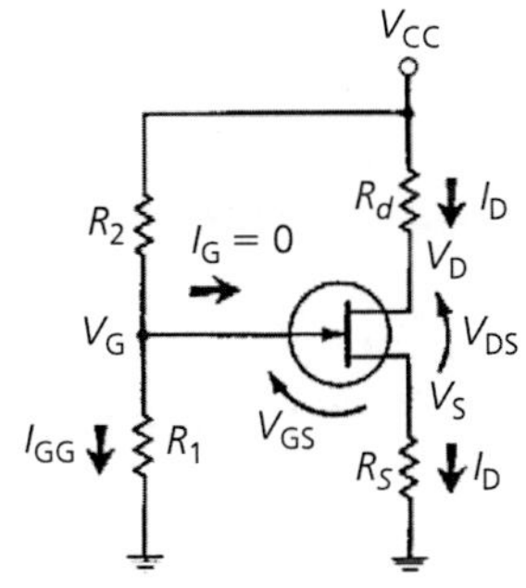

1. 트랜지스터의 동작점을 정하라.

$$I_D = 10\text{ mA},\ V_D = 10\text{ V}, V_{CC} = 20\text{ V}$$

2. V_{CC}, V_D, I_D 값으로부터 R_d를 계산하라.

$$R_d = \frac{V_{CC} - V_D}{I_D} = \frac{10\text{ V}}{10\text{ mA}} = 1000\ \Omega$$

3. 데이터 시트로부터 V_P와 I_{DSS}를 찾아라.

$$V_P = -6\text{ V}$$
$$I_{DSS} = 5\text{ mA}$$

4. I_D, I_{DSS}, V_P 값으로부터 V_{GS}를 계산하라.

$$V_{GS} = V_P\left(1 - \sqrt{\frac{I_D}{I_{DSS}}}\right) = -6\left(1 - \sqrt{\frac{10 \times 10^{-3}}{5 \times 10^{-3}}}\right) = 2.48\text{ V}$$

5. V_S를 2~3 volt 사이에서 정하라.

$$V_S = 2.5\text{ V}$$

6. V_S와 I_D 값으로부터 R_S를 계산하라.

$$R_S = \frac{V_S}{I_D} = \frac{2.5}{10 \times 10^{-3}} = 250\ \Omega$$

7. V_S와 V_{GS} 값으로부터 V_G를 계산하라.

$$V_G = V_{GS} + V_S = 2.48 + 2.5 = 4.98\text{ V}$$

8. 원하는 DC 입력 저항을 고려하여 R_1을 가정하라.

$$R_1 = 220\text{ K}$$

9. R_1, V_G, V_{CC} 값으로부터 R_2를 계산하라.

$$R_2 = \frac{R_1(V_{CC} - V_G)}{V_G} = \frac{220 \times 10^3(20 - 4.98)}{4.98} = 664\text{ K}$$

그림 6-7 바이어스 회로 설계 4.

데이터 시트에 명시된 공정 파라미터다. 일단 이 3가지 값이 알려지면, 식 6-3을 이용하여 V_{GS}을 구할 수 있고, 이것을 적절한 바이어스 회로로 구현할 수 있다.

Y-파라미터를 이용한 설계(Design Using Y-Parameters)

트랜지스터의 RF 소신호(small-signal) 성능은 2-포트 어드미턴스(Y) 파라미터에 의해 완전하게 기술될 수 있다. Y-파라미터를 이용하여 설계에 필요한 트랜지스터를 선택하고 그 트랜지스터를 이용한 설계를 마무리할 수 있다.

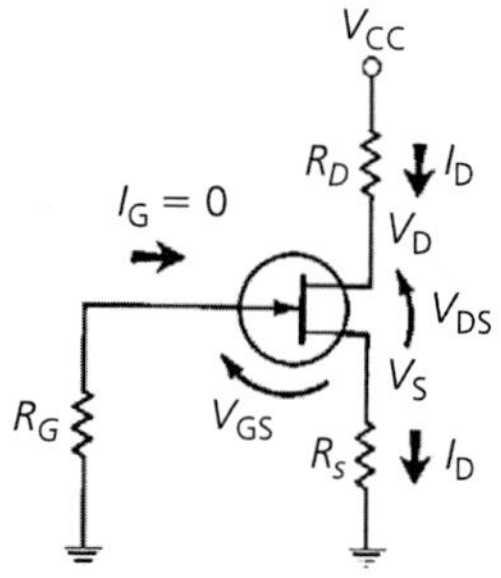

1. 트랜지스터의 동작점을 정하라.

$I_D = 10$ mA, $V_D = 10$ V, $V_{CC} = 20$ V

2. V_{CC}, V_D, I_D 값으로부터 R_D를 계산하라.

$$R_D = \frac{V_{CC}}{V_D} = \frac{20 - 10}{10 \times 10^{-3}} = 1000\ \Omega$$

3. 데이터 시트로부터 V_P와 I_{DSS}를 찾아라.

$V_P = -6$ V

$I_{DSS} = 5$ mA

4. I_D, I_{DSS}, V_P 값으로부터 V_{GS}를 계산하라.

$$V_{GS} = V_P\left(1 - \sqrt{\frac{I_D}{I_{DSS}}}\right) = -6\left(1 - \sqrt{\frac{10 \times 10^{-3}}{5 \times 10^{-3}}}\right) = 2.48\ \text{V}$$

5. $I_G = 0$, $V_{GS} = V_S$, I_D 값으로부터 R_S를 계산하라.

$$R_S = \frac{V_S}{I_D} = \frac{V_{GS}}{I_D} = \frac{2.48}{10 \times 10^{-3}} = 248\ \Omega$$

6. $I_G = 0$이므로, R_G는 약 1 megohm 정도의 충분히 큰 값을 선택할 수 있다.

그림 6-8 바이어스 회로 5.

증폭기 설계에 첫 번째 작업은 원하는 목적에 적합한 트랜지스터를 선택하는 것이다. RF 증폭기 설계에서 목적에 맞지 않는 능동 소자를 선택해서 설계가 잘못되는 경우가 흔하다. 원하는 목적에 적합한 소자를 선택하는데 약간의 시간이라도 투자해야 한다. 실제 설계의 시작 전에 소자 선택에 더 주의한다면, 설계를 시작한 후에 훨씬 수월하게 일이 풀릴 수 있다. 증폭기 설계에 사용되는 트랜지스터를 선택할 때 고려해야 할 두 가지 사항은 안정도(stability)와 최대 가용 이득(MAG, maximum available gain)이다. 여기서 '안정도'는 트랜지스터의 발진 경향성을 나타내는 척도다. MAG는 소자를 소스와 부하를 공핵 조건으로(conjugately) 매칭할 때 소자로부터 얻을 수 있는 이론적인 최대 전력 이득을 나타낸다. 실제로는 MAG까지의 이득은 나오지 않는다. 그럼에도 불구하고 트랜지스터의 성능 평가에 MAG는 매우 유용한 파라미터로 사용된다.

안정도 계산(Stability Calculations)

'발진기를 만드는 가장 쉬운 방법은 증폭기를 설계하면 된다' 우스개 소리가 있다. 경험적으로 봤을 때 원하는 것이 아니긴 했지만 이런 일은 흔하게 일어난다. 미리 계획을 세우고 설계에 사용되는 트랜지스터에 대한 선험적(priori) 지식을 조금이라도 갖는다면 발진이 없이 증폭기 설계를 할 수있다.

트랜지스터를 회로 설계에 적용하기 전에, 트랜지스터의 안정 정도(또는 안정도가 부족한지 정도)를 예측할 수 있다. 'Linvill 안정도 계수(stability factor), *C*'를 계산하면 된다.

$$C = \frac{|y_r y_f|}{2g_i g_o - \mathrm{Re}(y_r y_f)} \qquad \text{식 6-4}$$

여기서

| | = 괄호 안의 물리량에 대한 크기
y_r = 역방향 전달 어드미턴스
y_f = 순방향 전달 어드미턴스
g_i = 입력 컨덕턴스
g_o = 출력 컨덕턴스
Re = 괄호 안의 복소량에 대한 실수부

*C*가 1보다 작으면, 트랜지스터는 선택한 바이어스에서 무조건 안정(unconditionally stable)이라고 부른다. 이것의 의미는 외부의 피드백이 없다면, 소스와 부하 임피던스를 어떠한 조건으로 해도 증폭기는 안정된다는(stable) 것을 말한다[†].

*C*가 1보다 크면, 트랜지스터는 조건적 불안정(potentially unstable)이 되어 소스와 부하 임피던스의 조건에 따라 발진할 수 있다. 하지만, *C*-factor가 1보다 크다고 해서 트랜지스터가 증폭기로 사용될 수 없음을 의미하는 것은 아니다. 이는 소스와 부하 임피던스를 설계할 때 발진을 피하기 위해 매우 주의해야 함을 의미한다. 그렇지 않는 경우 발진할 수 있다는 의미다.

Linvill 안정도 계수는 발진 가능성(potential stability) 문제를 예측하는데 사용된다. 즉, 트랜지스터가 불안정해지는 실제 임피던스 값들을 의미하지는 않는다. 물론, 실제 설계에서 선택된 트랜지스터의 *C*-factor가 1보다 작다면(무조건 안정), 발진 가능성이 있는 트랜지스터보다 다루기가 훨씬 쉽다. 트랜지스터의 *C*가 1보다 작지만 거의 1에 가깝다면, 온도 변화에 의해 바이어스 점이 이동하여 트랜지스터는 조건적 불안정(potentially unstable)과 특정 주파수에서 발진 가능성이 높아진다. Y-파라미터는 온도에 따라 변하는 특정한 바이어스 점에서 명시되기 때문이다. 이 점은 기억해야 할 매우 중요한 개념이다. *C*가 작을수록, 안정도는 더 좋아진다.

특정한 부하와 소스 임피던스 값이 주어지면, Y-파라미터는 증폭기의 안정도를 예측하는데 사용될 수 있다. 이것을 Stern 안정도 계수라고 부르고 정의는 다음과 같다.

[†] 역주: 이때 소스와 부하 임피던스는 RLC나 전송 선로 등으로 구성된 수동 회로를 말한다.

$$K = \frac{2(g_i + G_S)(g_o + G_L)}{|y_r y_f| + \text{Re}(y_r y_f)} \qquad \text{식 6-5}$$

여기서
G_S = 소스 컨덕턴스
G_L = 부하 컨덕턴스

이 경우, K가 1보다 크면, 주어진 소스와 부하 임피던스 값에 대해 회로는 안정된다. 만일 K가 1보다 작으면, 회로는 불안해질 가능성이 있고 특정 주파수에서 발진할 수 있다. K-factor는 특정 회로에 대해 안정도를 예측할 때 더 많은 정보를 나타냄에 주목하라. 반면, C-factor는 어디서 불안정이 일어날 수 있는지에 대한 정보 없이 불안정에 대한 모호한 가능성만을 나타낸다.

물론, Linvill 안정도 계수는 안정된 트랜지스터를 찾는데 유용하고, 반면 Stern 안정도 계수는 회로가 발진 문제를 가지고 있는지를 예측하는데 유용하다.

최대 가용 이득(MAG, Maximum Available Gain)

트랜지스터의 MAG는 다음 식에 의해 계산된다.

$$\text{MAG} = \frac{|y_f|^2}{4 g_i g_o} \qquad \text{식 6-6}$$

MAG는 원하는 설계에 대해 처음 트랜지스터를 조사할 때 유용하게 사용된다. MAG를 이용하면 트랜지스터가 원하는 목적에 충분한 이득을 가졌는지 여부를 예측할 수 있다.

트랜지스터의 최대 가용 이득은 $y_r = 0$이고 Y_L과 Y_S가 y_o와 y_i에 각각 복소 공핵 조건일 때 일어난다. 여기서, y_r은 트랜지스터 내부에서 음의 피드백(negative feedback) 경로로 동작한다. 이러한 이유 때문에 최대 이득을 위해 y_r이 0이 되어야 하는 조건이 생긴다. $y_r = 0$이 되면 피드백이 없고, 따라서 이득이 최대가 된다.

실제 상황에서는, y_r을 0으로 만드는 것은 불가능하기 때문에 MAG보다는 작은 이득을 가질 것이다. 하지만, 트랜지스터의 입력과 출력 어드미턴스를 **동시 공핵 매칭**(simultaneous conjugate match)을 하면 식 6-6으로 계산한 MAG에 거의 근사한 값을 갖는다. 따라서 식 6-6은 이러한 제한 조건을 알고 있다면 적합한 트랜지스터를 수배하는데 유용하게 사용된다. 예를 들어, 200 MHz에서 최소 전력 이득이 18 dB를 요구하는 증폭기 설계에서 MAG가 19 dB인 트랜지스터는 적합하지 않다. 실제 존재하는 y_r 값과 매칭 회로에서 구성 소자의 손실, 온도에 따른 바이어스 점의 변화 등을 극복할 수 있는 최소 마진을 생각해야 한다.

동시 공핵 매칭-무조건 안정 트랜지스터(Simultaneous Conjugate Matching-Unconditionally Stable Transistors)

최적의 전력 이득은 y_i와 y_o가 각각 Y_S와 Y_L에 복소 공핵으로 매칭될 때 일어난다. 5장에서 다루었지만, 트랜지스터의 역방향 전달 어드미턴스(y_r)는 한쪽 포트에서의 임피던스 변화를 다른 쪽 포트로 일부 전달하여, 다른 쪽 포트에서 임피던스 변화를 발생시킨다. 입력과 출력 어드미턴스만을 이용하고 y_r의 영향을 완전히 무시하고 설계하면, y_r의 영향으로 계속해서 임피던스가 변해 트랜지스터에 대한 매칭을 매우 어렵게 만든다. Y_L은 트랜지스터의 입력 어드미턴스에 영향을 주고 Y_S는 출력 어드미턴스에 영향을 주긴 하지만, 다음 식을 이용하면 소스에서 부하로 최대 전력 전달을 위한 동시 공액 매칭을 갖는 증폭기 설계가 가능하다.

$$G_S = \frac{\sqrt{[2g_i g_o - \mathrm{Re}(y_f y_r)]^2 - |y_f y_r|^2}}{2g_o} \qquad \text{식 6-7}$$

$$B_S = -jb_i + \frac{\mathrm{Im}(y_f y_r)}{2g_o} \qquad \text{식 6-8}$$

$$G_L = \frac{\sqrt{[2g_i g_o - \mathrm{Re}(y_f y_r)]^2 - |y_f y_r|^2}}{2g_i} \qquad \text{식 6-9}$$

$$= \frac{G_S g_o}{g_i} \qquad \text{식 6-10}$$

$$B_L = -jb_o + \frac{\mathrm{Im}(y_f y_r)}{2g_i} \qquad \text{식 6-11}$$

여기서

G_S = 소스 컨덕턴스
B_S = 소스 서셉턴스
G_L = 로드 컨덕턴스
B_L = 로드 서셉턴스
Im = 괄호 안의 복소량에 대한 허수부

위의 식은 복잡해 보이지만, 실제로 사용해 보면 그렇지 않다. 연습을 위해 동시 공액 매칭을 위한 예제 6-1을 살펴보자.

예제 6-1

트랜지스터가 V_{CE} = 10 V, I_C = 5 mA의 바이어스에서 동작하고, 100 MHz에서 다음의 Y-파라미터를 갖는다.

$$y_i = 8 + j5.7 \text{ m℧}$$
$$y_o = 0.4 + j1.5 \text{ m℧}$$
$$y_f = 52 - j20 \text{ m℧}$$
$$y_r = 0.01 - j0.1 \text{ m℧}$$

50-Ω 소스와 50-Ω 부하를 사용할 때 100 MHz에서 최대 전력 이득을 갖도록 증폭기를 설계하라.

풀이

먼저 식 6-4를 이용하여 Linvill 안정도 계수를 계산한다.

$$\begin{aligned} C &= \frac{|y_f y_r|}{2g_i g_o - \mathrm{Re}(y_f y_r)} \\ &= \frac{|(52 - j20)(0.01 - j0.1)|}{2(8)(0.4) - \mathrm{Re}[(52 - j20)(0.01 - j0.1)]} \\ &= \frac{5.57}{6.4 - (-1.47)} \\ &= 0.71 \end{aligned}$$

여기서 C가 1보다 작기 때문에, 소자는 무조건 안정이다. 만일 C가 1보다 크다면 회로가 불안정해질 수 있으므로 트랜지스터를 소스와 부하에 매칭하는데 매우 주의를 기울여야 한다.
사용하는 트랜지스터의 MAG는 식 6-6으로부터 계산한다.

$$\begin{aligned} \mathrm{MAG} &= \frac{|y_f|^2}{4g_i g_o} \\ &= \frac{|52 - j20|^2}{4(8)(0.4)} \\ &= 242.5 \\ &= 23.8 \text{ dB} \end{aligned}$$

달성할 수 있는 실제 이득은 y_r과 소자 손실로 인해 이보다 다소 작아질 것이다.

식 6-7에서 식 6-11까지의 식을 이용하여, 동시 공핵 매칭을 위한 소스와 부하 어드미턴스를 계산한라. 식 6-7을 이용하여 소스를 계산하면,

$$\begin{aligned} G_S &= \frac{\sqrt{[2g_i g_o - \mathrm{Re}(y_f y_r)]^2 - |y_f y_r|^2}}{2g_o} \\ &= \frac{\sqrt{[6.4 + 1.47]^2 - (5.57)^2}}{2(.4)} \\ &= 6.95 \text{ m}\mho \end{aligned}$$

식 6-8을 계산하면,

$$\begin{aligned} B_S &= -jb_i + \frac{\mathrm{Im}(y_f y_r)}{2g_o} \\ &= -j5.7 + j\frac{-5.37}{2(.4)} \\ &= -j12.41 \text{ m}\mho \end{aligned}$$

따라서 최대 전력 전달을 위해 소스 어드미턴스는 트랜지스터 쪽으로 $0.95 - j12.41$ m℧로 변환되어야 한다. 이때, 트랜지스터의 실제 입력 어드미턴스는 이 값의 공핵인 $0.95 + j12.41$ m℧가 된다. 식 6-10을 이용하여 부하에 대한 값을 구하면,

$$G_L = \frac{G_S g_o}{g_i}$$

$$= \frac{(6.95)(0.4)}{8}$$
$$= 0.347 \text{ m℧}$$

식 6-11을 계산하면,

$$B_L = -jb_o + \frac{\text{Im}(y_f y_r)}{2g_i}$$
$$= -j1.5 + j\frac{-5.37}{2(8)}$$
$$= -j1.84 \text{ m℧}$$

따라서 최대 전력 전달을 위해서 부하 어드미턴스는 0.347 − j1.84 m℧가 되어야 한다. 이때, 트랜지스터의 실제 출력 어드미턴스는 부하 어드미턴스의 공핵인 0.347 + j1.84 m℧가 된다.

다음 단계는 최대 전력 전달을 위해 50-Ω의 소스와 부하 임피던스를 트랜지스터 쪽에서 원하는 입력과 출력 임피던스로 변환할 수 있는 매칭 회로 설계를 설계하는 것이다. 입력 매칭 회로 설계 과정은 그림 6-9의 스미스 차트에 표시하였다. 차트는 정규화 값을 사용하고 있다. 즉, 차트 중심이 50-Ω 즉 20-m℧가 된다. 따라서 Y_S = 6.95 − j12.42 m℧의 정규화 값은 실제로 다음과 같다.

$$Y_S = 50(6.95 - j12.41) \text{ m℧}$$
$$= 0.34 - j0.62$$

정규화된 어드미턴스를 그림 6-9에 표시하였다. 어드미턴스에 대응하는 임피던스는 차트로부터 Z_S = 0.69 + j1.2 Ω가 된다. 입력 매칭 회로는 50-Ω 소스 임피던스를 Z_S = 0.69 + j1.2 Ω로 변환해야 한다. 4장에서 살펴본 바와 같이, 이러한 변환 회로는 무수히 많다. 여기서는 2-소자 L-매칭 회로가 간단하고 편리하므로 이를 선택한다.

$$\text{Arc AB} = \text{series C} = -j1.3\ \Omega$$
$$\text{Arc BC} = \text{shunt L} = -j1.1\ \text{℧}$$

그림 6-10에 출력 회로 설계 과정을 표시하였다. 출력 매칭에 필요한 어드미턴스 값은 매우 작기 때문에, 정규화 값을 200-Ω(5-m℧)를 사용한다. 따라서 차트에 표시한 정규화된 어드미턴스는 다음과 같다.

$$Y_L = 200(0.347 - j1.84) \text{ m℧}$$
$$= 0.069 - j0.368\ \text{℧}$$

또는,

$$Z_L = 0.495 + j2.62\ \Omega$$

정규화된 50-Ω 부하는 최대 전력 전달을 위해 이 값으로 변환되어야 한다. 이를 위해 여기서는 2-소자 L-매칭 회로를 선택하였다.

$$\text{Arc AB} = \text{series C} = -j1.9\ \Omega$$
$$\text{Arc BC} = \text{shunt L} = -j0.89\ \text{℧}$$

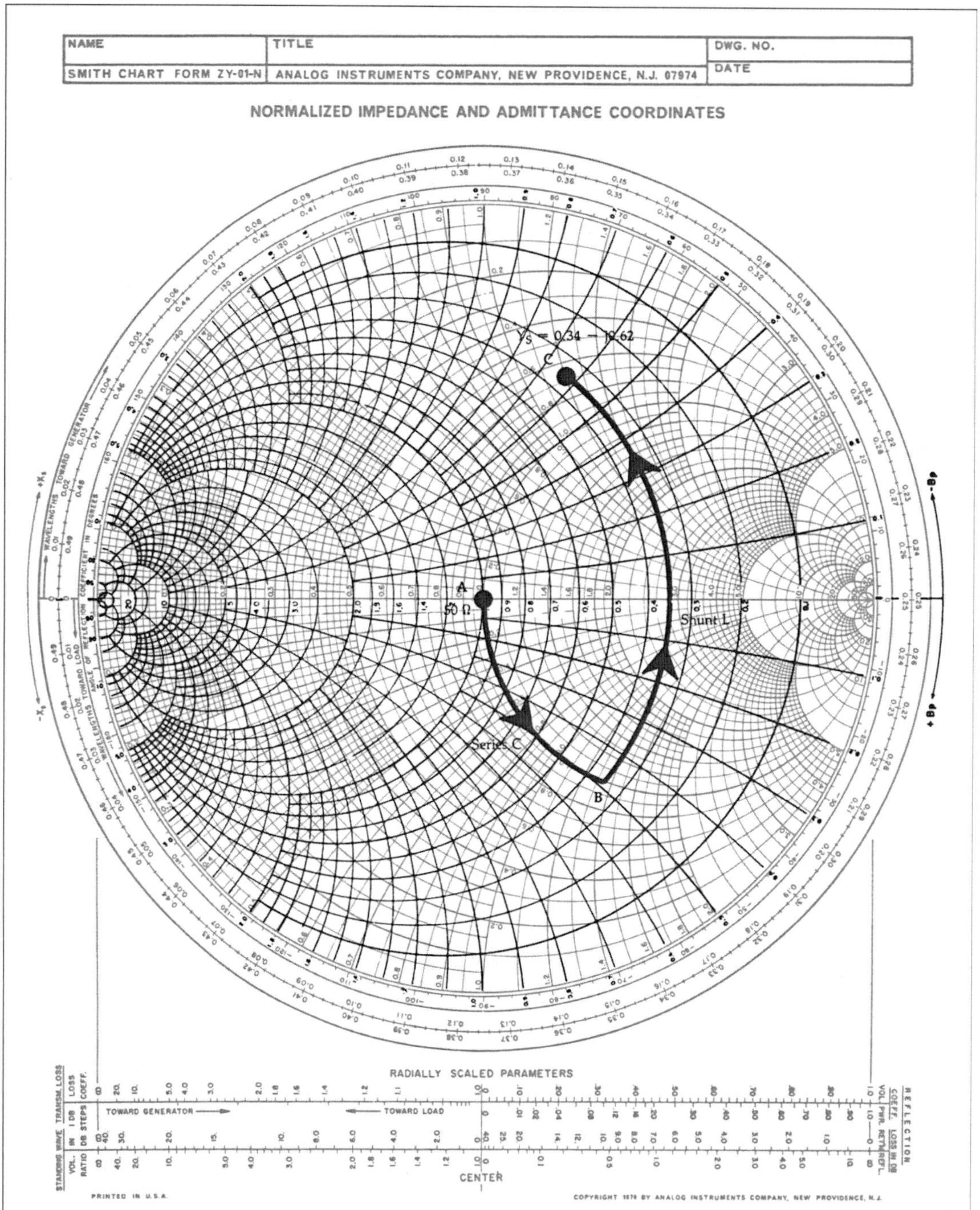

Cont. on next page

그림 6-9 예제 6-1에 대한 입력 매칭 회로 설계. 더 자세한 컬러 그림은 출판사 웹사이트를 참조. http://books.elsevier.com/companions/9780750685184

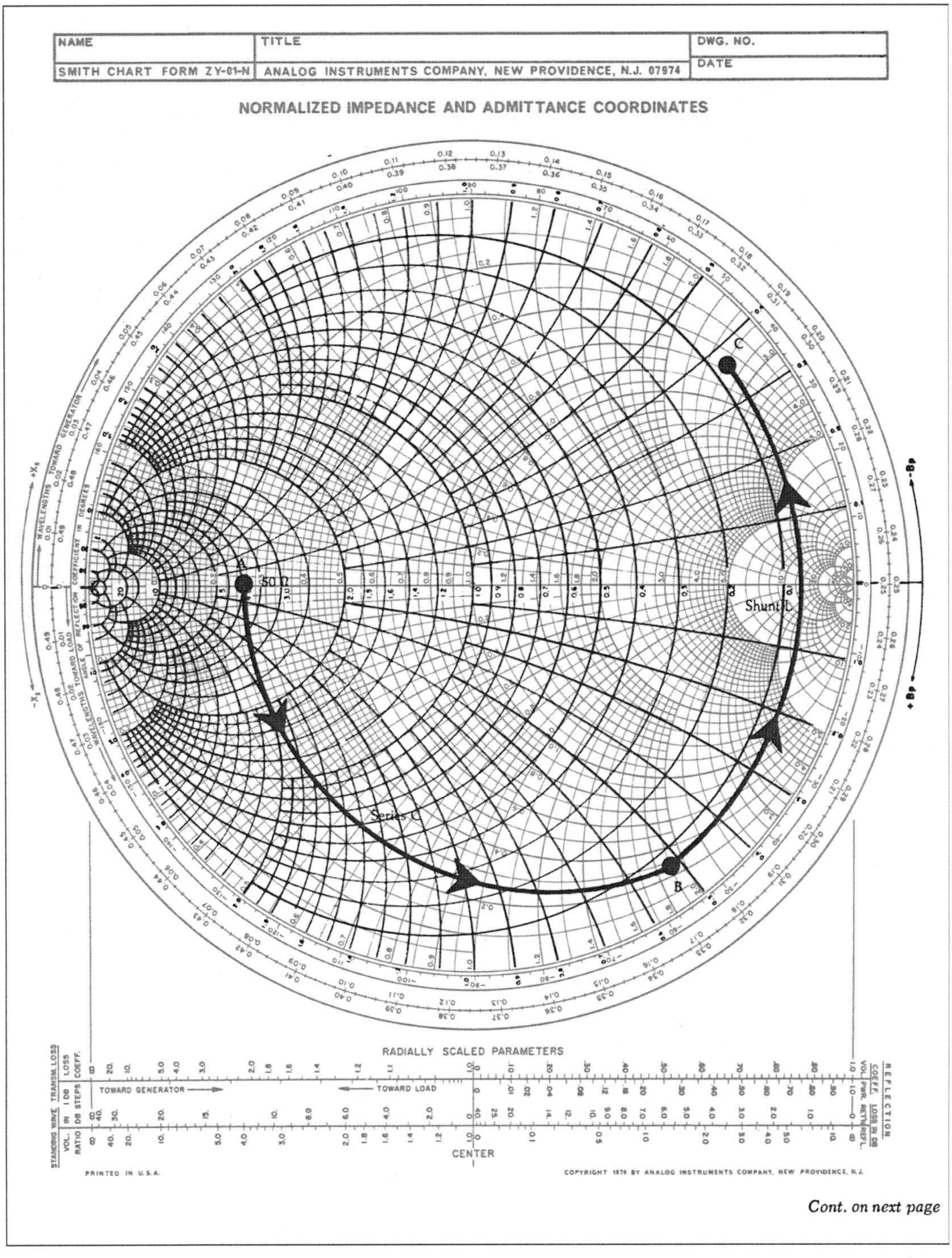

Cont. on next page

그림 6-10 예제 6-1에 대한 출력 매칭 회로 설계. 더 자세한 컬러 그림은 출판사 웹사이트를 참조.
http://books.elsevier.com/companions/9780750685184

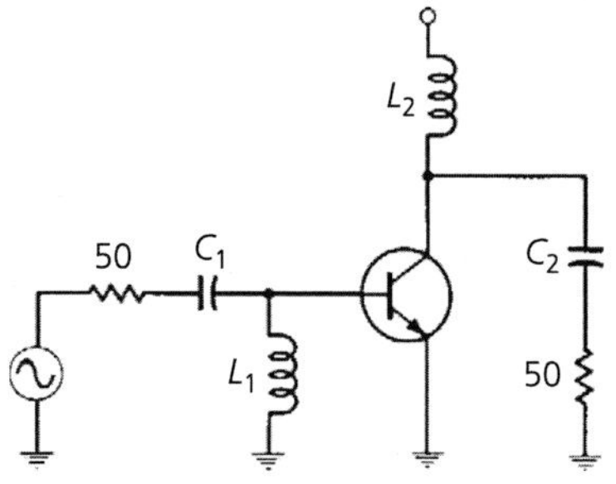

그림 6-11 예제 6-1에 대한 회로 구조.

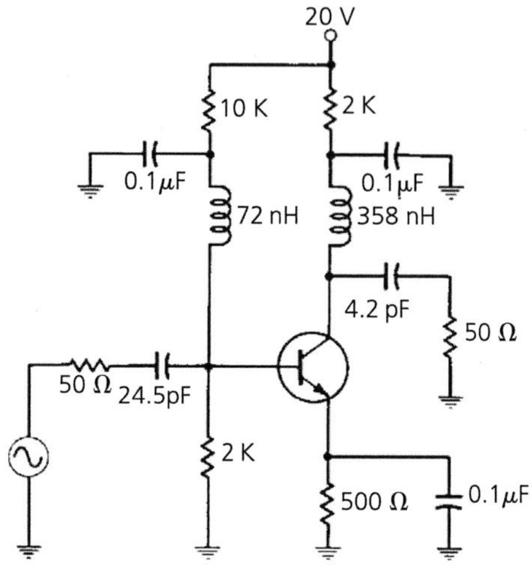

그림 6-12 예제 6-1에 대한 최종 회로.

입력과 출력 매칭 회로는 그림 6-11과 같다. 간략하게 표현하기 위해, 바이어스 회로는 생략했다. 식 4-11~식 4-14를 이용하여 실제 소자 값들을 구할 수 있다. 입력 회로 소자 값은

$$\begin{aligned} C_1 &= \frac{1}{\omega XN} \\ &= \frac{1}{2\pi(100 \times 10^6)(1.3)(50)} \\ &= 24.5\ \text{pF} \end{aligned}$$

그리고

$$\begin{aligned} L_1 &= \frac{N}{\omega B} \\ &= \frac{50}{2\pi(100 \times 10^6)(1.1)} \\ &= 72\ \text{nH} \end{aligned}$$

이와 유사한 방법으로, 출력 회로 소자 값을 계산하면

$$\begin{aligned} C_2 &= \frac{1}{2\pi(100 \times 10^6)(1.9)(200)} \\ &= 4.18\ \text{pF} \end{aligned}$$

그리고

$$\begin{aligned} L_2 &= \frac{200}{2\pi(100 \times 10^6)(0.89)} \\ &= 358\ \text{nH} \end{aligned}$$

바이어스 회로를 포함하는 최종 회로는 그림 6-12와 같다. 0.1 μF 커패시터는 100 MHz에서 RF 바이패스로 동작한다.

동시 공핵 매칭은 상용 소프트웨어들을 이용하면 쉽게 할 수 있다. 예를 들어, RF 소자 해석 및 설계를 위해 MathWorks사의 MATLAB toolbox[†]의 예제를 이용할 수 있다. 특히, 이 예제에서 50-Ω 부하에 최대 전력 전달을 위한 입출력 매칭 회로를 설계하기 위해 스미스 차트를 이용하였다. 먼저, 단일-스터브(single-stub) 매칭 회로에 대한 전송 선로 길이를 입력한다. 다음, 이것을 증폭기의 매칭 회로에 다단 연결한 다음 결과를 그래프로 볼 수 있다.

Step 1. samplebjt2.s2p 데이터 파일에 있는 데이터로 RFCKT.AMPLIFIER Object을 만든다.

```
close all;
clear all;
amp = rfckt.amplifier;
read(amp, 'samplebjt2.s2p');
```

원하는 중심 주파수인 1.9 GHz에서 회로 object의 ANALYZE와 CALCULATE 방법을 이용하여 증폭기를 해석하고 증폭기 S-파라미터를 구한다.

```
analyze(amp, 1.9e9);
data = calculate(amp, 'S11', 'S12',
'S21', 'S22', 'none');
[s11, s12, s21, s22] = deal(data{1},
data{2}, data{3}, data&#
123;4);
```

Step 2. 증폭기 안정도를 확인한다.

설계를 시작하기 전에, 증폭기의 안정도를 체크하라. 무조건 안정을 위해서는 K가 1보다 크고 Δ의 절대값이 1보다 작아야 한다.

```
delta = s11*s22-s12*s21;
K = (1-abs(s11)^2-
abs(s22)^2+abs(delta)^2)/(2*abs(s12*s21))
abs_delta = abs(delta)
```

$$K = 1.0599$$

$$\text{abs\_delta} = 0.6776$$

두 조건이 만족하므로 증폭기는 무조건 안정이다. 따라서 어떠한 수동 소스나 부하를 연결해도 회로는 안정된다.

[†] 역주: www.mathworks. com/products/rftoolbox 참조하라.

Step 3. 동시 공핵 매칭 값을 계산한다.

입력과 출력 매칭 회로를 설계하기 위해 동시 공핵 매칭을 위한 소스와 부하의 반사 계수를 demo로부터 계산한다. 증폭기의 S-파라미터를 이용하여 출력 매칭 회로 설계에 필요한 부하 반사 계수를 계산한다.

```
B = 1+abs(s22)^2-abs(s11)^2-abs(delta)^2;
C = s22-delta*conj(s11);
gammaL = (B-sqrt(B^2-4*abs(C)^2))/2/C;
```

Step 4. SWR원을 그린다.

부하 반사 계수에 대응되는 정재파비(SWR, standing wave ratio)를 정의한다. 원의 반지름은 부하 반사 계수 크기에 의해 구해진다. demo로부터 원점 중심인 반지름을 이용하여 원상의 점을 계산한다.

```
theta = 0:pi/50:2*pi;
xin = abs(gammaL)*cos(theta);
yin = abs(gammaL)*sin(theta);
```

다음, 그림 6-13의 YZ 스미스 차트상의 SWR원 상의 부하 반사 계수에 해당하는 출력 임피던스 회로에서 원하는 입력 임피던스를 그리고 표시한다.

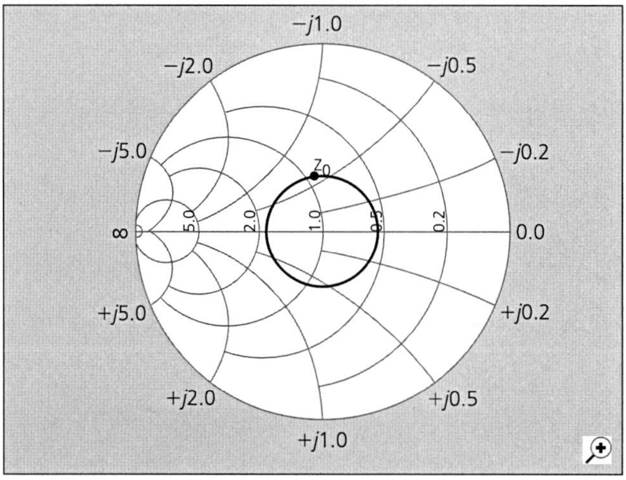

그림 6-13 출력 매칭 회로에서 원하는 입력 임피던스의 YZ 스미스 차트 그림.

```
hs = smithchart;
set(hs, 'Type', 'yz');
hold on
plot(xin, yin, '-', real(gammaL),
imag(gammaL), 'k.', ...
'LineWidth', 2, 'MarkerSize', 20);
text(-0.05, 0.35, 'z_{in}', 'FontSize',
12, 'FontUnits', 'normalized');
```

Step 5. 상수 컨덕턴스 원을 그린다.

50-Ω 부하 어드미턴스를 SWR원 상의 값으로 옮기는 데 필요한 서셉턴스를 구하기 위해, demo는 상수 컨덕턴스 원을 정의한다. 이를 위해, demo로부터 전송 선로에 대한 정규화된 부하 임피던스와 50-Ω에 대응하는 부하 어드미턴스를 계산한다.

```
zL = 50/50; % zL = 1
yL = 1/zL; % yL = 1
```

demo로부터 컨덕턴스 값을 이용하여 원의 직경과 중심을 계산한다.

```
g = real(yL); % g = 1
d = -(g-1)/(g+1)+1; % d = 1
C = -1+d/2; % C = -1/2
```

다음으로 상수 컨덕턴스의 반지름과 중심을 이용하여 원주상의 점을 계산한다.

```
xg = d/2*cos(theta)+C;
yg = d/2*sin(theta);
```

다음, demo로부터 그림 6-14와 같이 스미스 차트 중심에 위치한 부하 임피던스 점과 부하 임피던스에 대응하는 상수 컨덕턴스 원을 표시하고 라벨을 표시한다.

```
plot(xg, yg, 'r', 0, 0, 'k.',
'LineWidth', 2, 'MarkerSize', 20);
text(0.05, 0, 'z_L', 'FontSize', 12,
'FontUnits', 'normalized');
```

Step 6. 교점을 찾는다.

이제, SWR과 상수 컨덕턴스 원을 demo를 이용하여 표시하였다. 교점을 살펴보면 두 가지 해가 존재하고, 스터브 형태로 요구되는 서셉턴스를 알 수 있다. 그 중 하나로, 그림 6-15와 같이 하반부 교점을 선택한다.

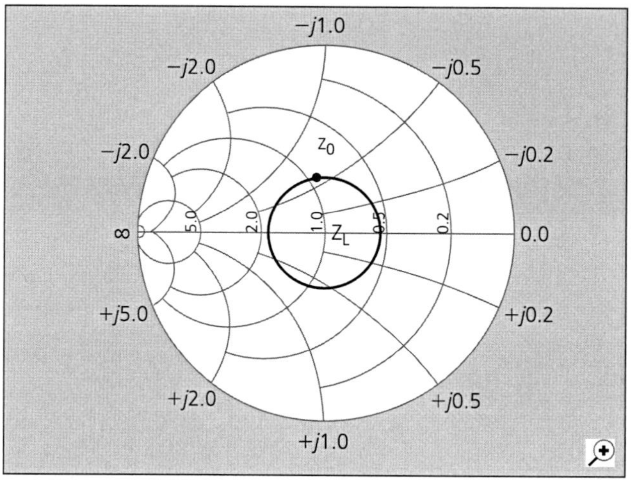

그림 6–14 부하 임피던스 점과 상수 컨덕턴스를 표시한 스미스 차트.

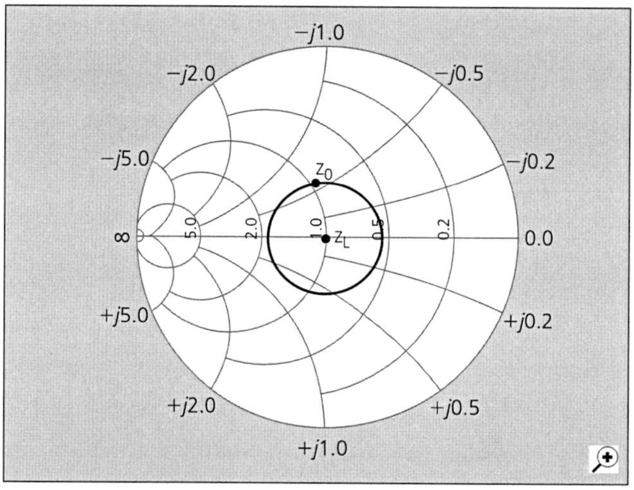

그림 6–15 스미스 차트상에 표시한 교점.

```
yA = 1+0.62j;
```

어드미턴스 값으로부터 계산된 반사 계수를 이용하여 스미스 차트상의 교점을 demo를 이용하여 표시하고 라벨을 기입한다.

```
gammaA = (1/yA-1)/(1/yA+1);
plot(real(gammaA), imag(gammaA), 'k.',
'MarkerSize', 20);
text(-0.09, -0.35, 'A', 'FontSize', 12,
'FontUnits', 'normalized');
hold off
```

Step 7. 요구되는 전송 선로 길이를 계산한다.

사용하고 있는 demo를 이용하여 직렬 전송 선로와 교점을 구현하는 개방 회로(open-stub) 스터브의 요구되는 길이와 구한다. 여기서 스터브의 길이는 서셉턴스 값과 이에 대응하는 반사 계수로부터 계산한다.

```
jbSA = yA-yL;
gammaSA = (1/jbSA-1)/(1/jbSA+1);
```

다음, 개방(open) 회로 점 $y = 0$에서 계산된 서셉턴스 점까지의 회전각으로부터 스터브의 길이를 구한다.

```
stubAng = -angle(gammaSA)*180/pi;
stubLengthA = stubAng/360/2
```

stubLengthA = 0.0883

마지막으로, 점 A에서 Zin까지의 회전각으로부터 직렬 전송 선로의 길이를 구한다.

```
seriesAng = 360-(angle(gammaL)-angle
(gammaA))*180/pi;
seriesLengthA = seriesAng/360/2
```

seriesLengthA = 0.2147

필요한 전송 선로(파장 단위) 길이는 위와 같다. 비슷하게, 입력 매칭 회로에 대한 선로 길이는 다음과 같다.

```
stubLengthin = 0.0763;
seriesLengthin = 0.2266;
```

Step 8. 설계를 검증한다.

50-Ω 특성 임피던스를 갖는 마이크로스트립 전송 선로를 이용하여 매칭 회로를 구성하라. 1.9 GHz의 설계 주파수에서 default 설정으로 마이크로스트립 회로를 분석하라.

```
hstubOutput = rfckt.microstrip;
analyze(hstubOutput, 1.9e9);
Z0 = get(hstubOutput, 'Z0')
```

*Z*0 = 50.2561

이 특성 임피던스는 원하는 임피던스(50-Ω)에 가깝다. demo에서는 설계를 위해 이 값을 이용한다. 요구되는 전송 선로 길이를 meter로 계산하기 위해, demo로부터 파장 길이를 계산하는 데 필요한 위상 속도 값을 구한다.

```
phase_vel = get(hstubOutput, 'PV');
```

입출력 매칭 회로에 필요한 두 개의 직렬 마이크로스트립 전송 선로에 대해 적당한 전송 선로 길이를 정한다.

```
hseriesOutput = rfckt.microstrip( ...
   'LineLength', phase_vel/1.9e9*series
   LengthA);
hseriesInput = rfckt.microstrip( ...
   'LineLength', phase_vel/1.9e9*series
   Lengthin);
```

비슷하게, 입력과 출력 매칭 회로에 필요한 두 개의 스터브에 대해 전송 선로 길이와 스터브 모드를 정한다.

```
set(hstubOutput, 'LineLength',
phase_vel/1.9e9*stubLengthA, ...
   'StubMode', 'shunt', 'Termination',
   'open');
hstubInput = rfckt.microstrip( ...
   'LineLength', phase_vel/1.9e9*stub
   Lengthin, ...
   'StubMode', 'shunt', 'Termination',
   'open');
```

다음, 회로 소자를 종속 연결하고, 1.5에서 2.3 GHz의 주파수 범위에서 매칭 회로가 있을 때와 없을 때의 증폭기를 해석하고, 그래프를 그려서 결과를 비교한다.

```
matched_amp = rfckt.cascade('Ckts', ...
   {hstubInput, hseriesInput, amp,
hseriesOutput, hstubOutput});
analyze(matched_amp, 1.5e9:1e8:2.3e9);
analyze(amp, 1.5e9:1e8:2.3e9);
```

증폭기의 입력과 출력에서 동시 공액 매칭을 증명하기 위해, 그림 6-16과 6-17과 같이 두 회로에 대해 S11과 S22 파라미터를 dB 스케일로 그래프를 그린다.

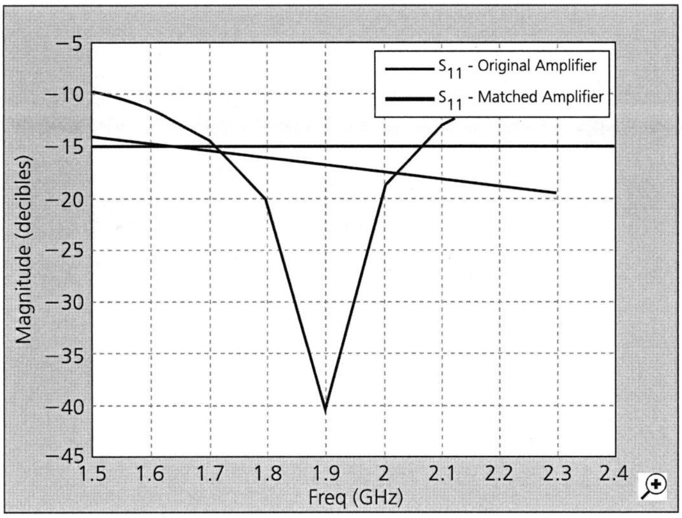

그림 6-16 dB 스케일로 그린 S11.

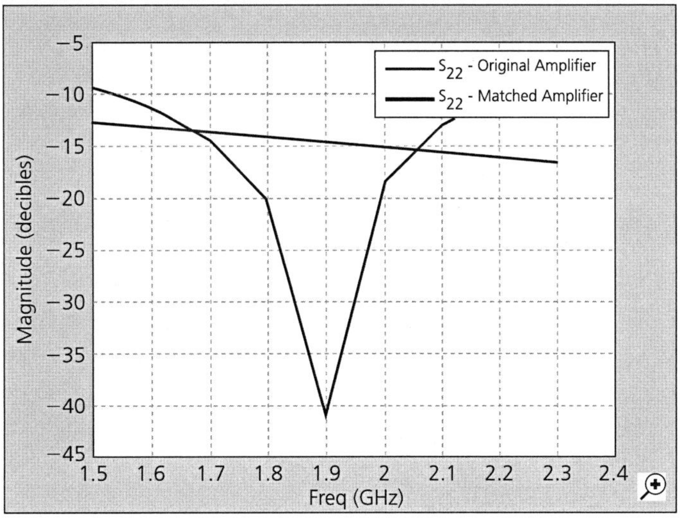

그림 6-17 dB 스케일로 그린 S22.

```
hls = zeros(1,2);
hls(1) = plot(amp, 'S11', 'dB');
hold on;
hls(2) = plot(matched_amp, 'S11', 'dB');
set(hls(2), 'Color', [1 0 0]);
legend(hls,'S_{11} - Original Amplifier',
'S_{11} - Matched Ampli
fier');
hold off
```

```
hls(1) = plot(amp, 'S22', 'dB');
hold on;
hls(2) = plot(matched_amp, 'S22', 'dB');
set(hls(2), 'Color', [1 0 0]);
legend(hls,'S_{22} - Original Amplifier',
'S_{22} - Matched Ampli
fier');
hold off
```

마지막으로, 그림 6-18과 같이 두 회로에 대해 dB 스케일로 S21 그래프를 그린다.

```
hls(1) = plot(amp, 'S21', 'dB');
hold on;
hls(2) = plot(matched_amp, 'S21', 'dB');
set(hls(2), 'Color', [1 0 0]);
legend(hls,'S_{21} - Original Amplifier',
'S_{21} - Matched Ampli
fier');
hold off
```

매칭된 증폭기 결과와 예상되는 트랜스듀서(transducer) 이득†을 dB로 비교할 수 있다. S21 그래프로부터, 1.9 GHz에서 매칭된 증폭기의 이득은 19 dB와 19.5 dB 사이에 있다. 기대되는 이득은 다음과 같다.

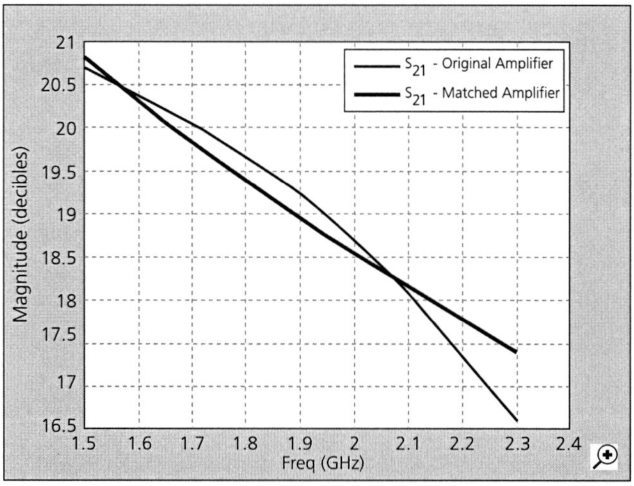

그림 6-18 dB 스케일로 그린 S21.

† 역주: 트랜지스터에 입력과 출력 매칭 회로를 연결한 다음 50-Ω 소스와 부하로 계산한 이득이다.

```
Gt = 10*log10(abs(s21)/abs(s12)*
(K-sqrt(K^2-1)))
```

Gt = 19.2407

따라서 매칭된 증폭기의 이득은 예산되는 transducer 이득에 매우 근접함을 알 수 있다.

트랜스듀서 이득(Transducer gain)

소스에서 부하로 전달되는 출력 전력을 소스로부터 가용할 수 있는 최대 전력으로 나눈 값을 트랜스듀서 이득으로 정의한다. RF 증폭기 설계에서 가장 자주 언급하는 이득이다. 트랜스듀서 이득은 증폭기의 전체 이득에 영향을 주는 트랜지스터뿐만 아니라 입력과 출력 임피던스 매칭의 영향을 포함하고 있다. 소자의 저항성 손실은 무시한다.

주어진 트랜지스터에서 보이는 소스 어드미턴스(Y_S)와 부하 어드미턴스(Y_L)가 주어질 때, 트랜스듀서 이득은 다음과 같다.

$$G_T = \frac{4G_S G_L |y_f|^2}{|(y_i + Y_S)(y_o + Y_L) - y_f y_r|^2} \qquad \text{식 6-12}$$

예제 6-2

예제 6-1에서 설계한 회로의 이득을 구하라. 소자의 손실은 무시하라.

풀이

증폭기의 트랜스듀서 이득을 구하기 위해 예제 6-1의 값을 식 6-12에 대입한다.

$$\begin{aligned} G_T &= \frac{4(6.95)(0.347)|52 - j20|^2}{\left(\begin{array}{c}|(8 + j5.7 + 6.95 - j12.41)(0.4 + j1.5 + 0.347 \\ - j1.84) - (52 - j20)(0.01 - j0.1)|^2\end{array}\right)} \\ &= \frac{29943}{|8.88 - j10.1 + 1.47 + j5.37|^2} \\ &= 231.2 \\ &= 23.64\ \text{dB} \end{aligned}$$

예제 6-2에서 계산한 트랜스듀서 이득은 예제 6-1에서 계산한 MAG와 매우 근사한 값이다. 이 경우는 트랜지스터의 역방향 전달 어드미턴스(y_r)는 전체 이득에 거의 영향을 주지 않음을 알 수 있다. 하지만, 많은 경우 y_r은 전제 이득에 상당한 영향을 주기도 한다. 이러한 이유 때문에, 트랜지스터의 부하와 소스 어드미턴스가 결정이 되면 G_T를 계산하는 것이 좋다. G_T의 계산은 증폭기의 실제 이득을 예측하는 데 매우 유용하다.

조건적 안정 트랜지스터를 이용한 설계(Designing with Potentially Unstable Transistors)

식 6-4로 계산한 Linvill 안정도 계수 C가 1보다 크면, 선택한 트랜지스터는 조건적으로(potentially) (불)안정하여 소스와 부하 임피던스 조건에 따라 발진을 할 수 있다. 이러한 경우, 트랜지스터를 이용하여 안정한 증폭기로 설계할 수 있는 몇 가지 방법은 다음과 같다.

1. 트랜지스터에 대한 새로운 바이어스 점을 선택한다.
2. 트랜지스터를 단방향(unilateral) 혹은 중화(neutralization)하여 피드백을 상쇄(neutral)시킨다.
3. 트랜지스터의 입력과 출력 임피던스를 선택적으로 부매칭(mismatch, 부정합)하여 증폭기의 이득을 낮춘다.

안정도 문제를 개선하기 위한 가장 쉬운 방법은 **1**이다. **1**은 C가 1보다 크지만 그 값이 1에 매우 가까울 때 유용하다. 트랜지스터의 바이어스 점이 변하면 RF 특성이 직접적으로 영향을 받는다는 사실을 기억하라. 즉, 간단하게 DC 바이어스 점을 바꾸면, 트랜지스터의 Y-파라미터가 변하고, 이로 말미암아 안정도도 변화하게 된다. 물론, 이 방법을 선택한다면, 트랜지스터가 동작하는 온도 범위에서 바이어스 점이 안정화가 되어야 한다.

일반적으로 소자의 불안정은 트랜지스터 역방향 전달 어드미턴스(y_r)을 통한 피드백 경로에 의해 발생되므로, 소자를 단방향화나 중화시키면 안정화할 수 있다. 단방향화(unilateralization) 시키는 방법은 외부의 출력에서 입력으로 피드백 경로(Y_f) 만들어 구현한다. 이때 $Y_f = -y_r$ 조건이 되도록 한다. 즉, Y_f가 y_r을 상쇄하기 때문에 역방향 전달 어드미턴스(y_{rc})는 0이 된다. y_{rc}가 0이면, 소자는 무조건 안정이 된다. 이것은 식 6-4에서 y_r에 대해 $y_{rc} = 0$을 대입하여 증명할 수 있다. 이 경우, Linvill 안정도 계수는 0이 되어 무조건 안정이 된다.

y_r이 복소 어드미턴스 ($g_r \pm jb_r$)인 경우에는, 이를 상쇄할 수 있는 정확한 외부 역방향 어드미턴스를 구현하는 것은 매우 어려운 문제다. 이러한 경우, 중화(neutralization) 방법이 사용된다. 중화는 y_r의 허수부만을 상쇄하는 것을 제외하고는 단방향(uniateralization) 방법과

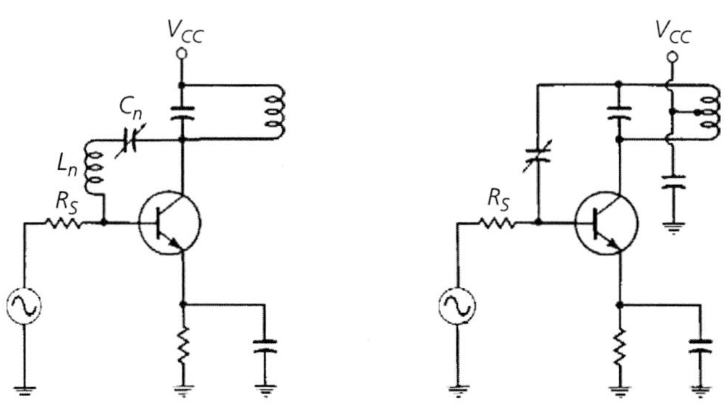

(A) $y_r = +jb$ (B) $y_r = -jb$

그림 6-19 중화 회로.

유사하다. 외부 피드백 경로는 출력에서 입력 방향으로 $B_f = -b_r$의 값을 형성한다. 따라서, 역방향 전달 서셉턴스 (b_{rc})는 0이 된다. 대부분의 트랜지스터에서 g_r은 b_r와 비교하면 무시될 만하기 때문에, 중화는 증폭기를 안정화시키는 경향이 있다. 즉, b_r을 제거하는 것은 y_r을 제거는 것과 거의 같은 효과가 있다. 이러한 이유로 중화 방법이 단방향화 방법에 비해 더 자주 사용된다. 그림 6-19는 2가지 형태의 중화 회로를 보여주고 있다. 그림 6-19A에서, 트랜지스터 내부 역방향 전달 서셉턴스(+)를 상쇄하기 위해 직렬 인덕턴스와 커패시터를 조정(tuning)하여 정확한 역방향 서셉턴스(−)를 구현한다. 그림 6-19B는 트랜지스터 내부의 $-jb$를 상쇄시키기 위해 외부에 양수 값의 서셉턴스를 구현하는 경우다.

증폭기를 중화하기 위해 외부 소자를 추가하는 것은 회로의 가격과 복잡성을 증가시키는 경향이 있다. 또한, 증폭기의 최대 중화는 동작 주파수에서만 일어나게 되어 다른 주파수에서는 불안정 문제가 발생할 수 있다. 외부에 소자를 추가하지 않고도 증폭기를 안정화 시킬 수 있는 방법이 있다. 식 6-5의 Stern 안정도 계수 K를 다시 살펴보자.

K가 1보다 클 수 있도록 G_S와 G_L이 충분히 큰 값을 취하면, 증폭기는 이러한 조건에서 안정을 유지할 것이다. 이것은 트랜지스터를 안정화하기 위한 선택적인 부매칭 조건이 된다. 즉, 증폭기의 이득은 동시 매칭을 했을 때보다는 작아진다. 불안정 소자를 이용하여 설계하는 과정은 다음과 같다.

1. 트랜지스터 데이터 시트에서 최적의 잡음 지수에 해당하는 G_S를 선택하라. 또는 입력 매칭에 유리하거나 입력 회로 Q에 맞춰 G_S를 선택하다.
2. 안정된 증폭기($K > 1$)가 보장되는 K 값을 선택하다.
3. 식 6-5에 K와 G_S를 대입하고 G_L에 대해 정리하라.
4. G_S와 G_L이 정해졌으면, B_S와 B_L만 정하면 된다. B_L을 트랜지스터의 $-b_o$과 같도록 선택하라. 이렇게 구한 Y_L은 이론적으로 설계에 필요한 실제 Y_L과 매우 가까운 값이 된다.
5. step-4에서 선택한 부하와 식 6-13을 이용하여 트랜지스터의 입력 어드미턴스 Y_{in}을 계산하라.

$$Y_{\text{in}} = y_i - \frac{y_r y_f}{y_o + Y_L} \qquad \text{식 6-13}$$

여기서

$$Y_L = \mathrm{G}_L \pm jB_L(\text{step-3과 4에서 구한 값})$$

6. Y_{in}을 정했으면, B_S는 Y_{in}의 허수부에 음수를 취하는 것과 같다. 또는

$$B_S = -B_{\text{in}}$$

7. 식 6-12를 이용하여 증폭기의 이득을 구하라.

남은 것은 계산한 Y_S와 Y_L을 트랜지스터에 보이도록 입력과 출력 회로를 구성하면 된다. 예제 6-3은 이러한 과정 보여주고 있다.

예제 6-3

200 MHz에서 다음과 같은 Y-파라미터를 갖는 트랜지스터가 있다.

$$y_i = 2.25 + j7.2$$

$$y_o = 0.4 + j1.9$$

$$y_f = 40 - j20$$

$$y_r = 0.05 - j0.7$$

위의 파라미터의 단위는 m℧다. 안정한 설계를 보장할 수 있는 소스와 부하 어드미턴스를 구하라. 이때 증폭기의 이득을 구하라.

풀이

식 6-4를 이용하여 트랜지스터의 **Linvill 안정도 계수** C를 계산하면 2.27이다. 따라서, 소자는 조건적 불안정이 되어 트랜지스터에 대한 소스와 부하 어드미턴스를 정하는 데 매우 주의해야 한다. 앞서 설명한 step-1에서 step-7을 순서적으로 진행해 보자.

2N5179 트랜지스터에 대한 데이터 시트를 살펴보면, 최저 잡음 지수에 해당하는 최적 소스 저항은 250-Ω이다. 따라서, $G_S = 1/R_S = 4$ m℧이 된다. 적당한 안정도 마진을 고려하여 $K = 3$의 Stern 안정도 계수를 선택한다.

G_S와 K를 식 6-5에 대입하고, G_L에 대해 풀어라.

$$K = \frac{2(g_i + G_S)(g_o + G_L)}{|y_r y_f| + \mathrm{Re}(y_r y_f)}$$

$$3 = \frac{2(2.25 + 4)(0.4 + G_L)}{31.35 + (-12)}$$

따라서

$$G_L = 4.24 \text{ m℧}$$

B_L이 트랜지스터의 $-b_o$가 되도록 정하라.

$$B_L = -j1.9 \text{ m℧}$$

이제 부하 어드미턴스는 다음과 같이 정해진다.

$$Y_L = 4.24 - j1.9 \text{ m℧}$$

식 6-13과 Y_L을 이용하여 트랜지스터의 입력 어드미턴스를 계산하라.

$$\begin{aligned} Y_{in} &= y_i - \frac{y_r y_f}{y_o + Y_L} \\ &= 2.25 + j7.2 - \frac{(0.701 \angle -85.9°)(44.72 \angle -26.6°)}{0.4 + j1.9 + 4.24 - j1.9} \\ &= 4.84 + j13.44 \text{ m℧} \end{aligned}$$

B_S가 Y_{in}의 허수부의 음수를 취한 것과 같게 정하라.

$$B_S = j13.44 \text{ m℧}$$

설계에 필요한 소스 어드미턴스가 이제 다음과 같이 정해졌다.

$$Y_S = 4.84 - j13.44 \text{ m℧}$$

이제, Y_S와 Y_L이 정해졌으므로, 식 6-12를 이용하여 증폭기의 예상 이득을 계산할 수 있다.

$$\begin{aligned} G_T &= \frac{4(4.84)(4.24)|(44.72)|^2}{|(7.08 - j6.24)(4.64) - (-12 - j28.96)|^2} \\ &= \frac{135{,}671.7}{2011} \\ &= 67.61 \\ &= 18.3 \text{ dB} \end{aligned}$$

따라서, 트랜지스터가 공핵 매칭이 되지 않더라도, 안정한 증폭기로 동작하면서도 만족할만한 정도의 이득을 구현할 수 있다. 소자 값은 예제 6-1의 과정을 따라 결정될 수 있다.

S-파라미터를 이용한 설계(Design Using S Parameters)

5장에서 언급한 것처럼, 트랜지스터는 산란(또는 S)-파라미터로 완전하게 기술될 수 있다. S-파라미터를 이용하여 발진 가능성과 최대 가용 이득, 입력과 출력 매칭, 트랜지스터의 이득을 계산하는 것이 가능하다. 또한, 동시 공핵 매칭이나 혹은 원하는 트랜지스터 이득을 위한 소스와 부하 임피던스를 계산하는 것도 가능하다.

Y-파라미터와 마찬가지로, S-파라미터는 주파수와 바이어스에 따라 변한다. S-파라미터를 이용한 설계는 먼저 트랜지스터와 안정된 동작점을 선택을 선택한 후, 그 동작점에서 측정이나 데이터 시트로부터 S-파라미터를 추출한다. 이후 아래 과정을 통해 설계를 진행한다.

안정도(Stability)

Y-파라미터에서 수행했던 동일한 방법으로 트랜지스터의 발진 경향성은 S-파라미터를 통해 계산할 수 있다. 안정도 계산은 증폭기 설계 이전에 수행된다. 따라서 트랜지스터가 사용하려는 응용에 적합한지를 안정도 평가를 통해 확인할 수 있다.

S-파라미터를 이용한 트랜지스터의 안정도를 계산하기 위해, 중간 단계로 D_S를 먼저 계산해야 한다.

$$D_S = S_{11}S_{22} - S_{12}S_{21} \qquad \text{식 6-14}$$

Rollett 안정도 계수 K는 다음과 같이 계산된다.

$$K = \frac{1 + |D_s|^2 - |S_{11}|^2 - |S_{22}|^2}{2 \cdot |S_{21}| \cdot |S_{12}|} \qquad \text{식 6-15}$$

K가 1보다 크면, 소자는 어떠한 수동 소스와 부하 임피던스에 대해서도 무조건 안정이 된다. 만일, K가 1보다 작으면, 소자는 조건적으로 불안정하고, 특정한 소스와 부하 임피던스에 대해 발진하게 된다. K가 1보다 작은 경우, 트랜지스터에 대한 소스와 부하 임피던스를 선택할 때 매우 주의해야 한다. 하지만, K가 1보다 작다고 해서 사용할 없다는 것이 아니고, 단지 사용에 좀 더 어렵다는 이야기다.

K가 1보다 작은 작은 트랜지스터를 이용한 몇 가지 설계 방법은 다음과 같다.

1. 트랜지스터의 바이어스 점을 변경한다.
2. 트랜지스터를 다른 것으로 바꾼다.
3. 다음에 설명하는 설계 과정을 따른다.

최대 가용 이득(Maximum Available Gain)

트랜지스터를 공핵 매칭하여 얻을 수 있는 최대 이득을 최대 가용 이득(MAG, Maximum Available Gain)이라 부른다. MAG를 계산하기 위해, 먼저 중간 단계의 B_1을 계산하다.

$$B_1 = 1 + |S_{11}|^2 - |S_{22}|^2 - |D_S|^2 \qquad \text{식 6-16}$$

여기서 D_S는 식 6-14을 이용하여 계산한 값이다.

MAG는 다음과 같이 계산된다.

$$\text{MAG} = 10 \log \frac{|S_{21}|}{|S_{12}|} + 10 \log |K \pm \sqrt{K^2 - 1}| \qquad \text{식 6-17}$$

여기서

MAG의 단위는 dB이고,
K는 식 6-15를 이용하여 계산한 안정도 계수다.

B_1을 먼저 계산하는 이유는 식 6-17의 근호의 부호 사인(±)을 결정하기 위해서다. 만일 B_1이 음수면, 양의(plus) 부호를 사용하고, B_1이 양수이면 음의 부호를 사용하라.

위의 식은 무조건 안정 조건에서만 정의된다. 즉, K는 1보다 커야 한다. 그렇지 않는 경우 식 6-17은 정의되지 않는다. K가 1보다 작은 경우 식의 근호는 허수가 나오게 되어 MAG는 더 이상 의미가 없다. 따라서, MAG는 불안정 트랜지스터에 대해서는 정의되지 않는다.

동시 공핵 매칭-무조건 안정 트랜지스터(Simultaneous Conjugate Match -Unconditionally Stable Transistors)

먼저 적당히 안정된 트랜지스터를 선택한 후, 선택한 소자의 이득이 원하는 사양을 만족할 수 있으면, 설계를 진행한다.

아래 설계 과정은 실제 출력과 입력 임피던스에 대한 공핵 매칭을 할 수 있는 트랜지스터의 부하와 소스 반사 계수를 정하는 것이다. 트랜지스터의 실제 출력 임피던스는 트랜지스터가 바라보는 소스 임피던스에 영향을 받는다는 사실에 유의하라. 반대로, 트랜지스터의 실제 입력 임피던스는 트랜지스터가 바라보는 부하 임피던스의 영향을 받는다. 이러한 연관성은 트랜지스터의 역방향 이득 S_{12}와 관련이 있다. S_{12}가 0이면, 부하와 소스 임피던스는 트랜지스터의 입력과 출력 임피던스에 영향을 주지 않는다.

공핵 매칭을 위한 원하는 부하 반사 계수를 구하기 위해, 다음의 계산을 한다.

$$C_2 = S_{22} - (D_S S_{11}^*) \qquad \text{식 6-18}$$

여기서 asterisk(*)는 S_{11}의 복소 공핵 즉, 크기는 동일하고 각도는 반대 부호를 의미한다. D_S의 값은 식 6-14에서 계산하듯이 중간 단계의 계산 값이다.

B_2를 계산하면,

$$B_2 = 1 + |S_{22}|^2 - |S_{11}|^2 - |D_S|^2 \qquad \text{식 6-19}$$

반사 계수의 크기는 다음 식에 의해 계산된다.

$$|\Gamma_L| = \frac{B_2 \pm \sqrt{B_2^2 - 4|C_2|^2}}{2|C_2|} \qquad \text{식 6-20}$$

근호 앞의 부호는 식 6-19에서 계산한 B_2 부호와 상반된다. 부하 반사 계수의 각도는 C_2 각도에 단순히 음수를 취하면 된다.

일단 원하는 부하 반사 계수를 구했으면, 스미스 차트에 표시하고, 반사 계수에 해당하는 부하 임피던스를 구한다. 또는 식 5-8에 Γ_L을 대입하고 수학적으로 Z_L을 구한다.

이제, 원하는 부하 반사 계수를 가지고, 트랜지스터의 입력을 적절하게 종단하기 위해 필요한 소스 반사 계수를 계산할 수 있다.

$$\Gamma_S = \left[S_{11} + \frac{S_{12} S_{21} \Gamma_L}{1 - (\Gamma_L \cdot S_{22})} \right]^* \qquad \text{식 6-21}$$

여기서 asterisk(*)는 괄호 안의 복소량의 공핵을 취하는 것을 의미한다. 즉, 크기는 같고 각도의 부호를 바꾼다. 즉, 식 6-21의 괄호 안을 계산한 후에 크기를 그대로 두고 각도만을 반대 부호를 취한다.

일단, Γ_S가 구해졌으면, 이를 스미스 차트나 식 5-8을 이용하여 소스 임피던스를 구한다. 예제 6-4는 이 과정에 대한 예제다.

예제 6-4

200 MHz에서 다음과 같은 S-파라미터를 가지고 있는 트랜지스터가 있다. 바이어스 조건은 V_{CE} = 10 V, I_C = 10 mA다.

$$S_{11} = 0.4\angle 162°$$
$$S_{22} = 0.35\angle -39°$$
$$S_{12} = 0.04\angle 60°$$
$$S_{21} = 5.2\angle 63°$$

증폭기 외부의 입력과 부하의 종단 저항은 50-Ω이다. 입출력 매칭 회로를 동시 공핵 매칭을 하여 최대 이득이 되도록 설계하라.

풀이

먼저 식 6-14와 식 6-15을 이용하여 트랜지스터가 동작 주파수와 바이어스에서 안정인지를 조사한다.

$$\begin{aligned} D_s &= (0.4\angle 162°)(0.35\angle -39°) - (0.04\angle 60°)(5.2\angle 63°) \\ &= 0.14\angle 123° - 0.208\angle 123° \\ &= 0.068\angle -57° \end{aligned}$$

D_S의 크기를 이용하여 K를 계산하라.

$$\begin{aligned} K &= \frac{1 + (0.068)^2 - (0.4)^2 - (0.35)^2}{2(5.2)(0.04)} \\ &= 1.74 \end{aligned}$$

K가 1보다 크기 때문에 트랜지스터는 무조건 안정이다.

다음, 식 6-16을 이용하여 B_1을 계산하라.

$$\begin{aligned} B_1 &= 1 + (0.4)^2 - (0.35)^2 - (0.068)^2 \\ &= 1.03 \end{aligned}$$

식 6-17을 이용하여 최대 가용 이득을 계산하라.

$$\begin{aligned} \text{MAG} &= 10\log\frac{5.2}{0.04} + 10\log|1.74 - \sqrt{(1.74)^2 - 1}| \\ &= 21.14 + (-5) \\ &= 16.1\ \text{dB} \end{aligned}$$

B_1이 양수이므로 근호 앞의 부호는 음(−)을 취한다.

최소 이득이 16.1 dB보다 큰 설계 사양을 요구하면, 다른 트랜지스터를 선택한다. 여기서는 16.1 dB가 적당한 것으로 가정한다.

다음, 공핵 매칭에 필요한 부하 반사 계수를 구한다. 중간 단계의 계산으로 C_2와 B_2가 필요하다. 식 6-18로부터,

$$\begin{aligned} C_2 &= 0.35\angle -39° - [(0.068\angle -57°)(0.4\angle -162°)] \\ &= 0.272 - j0.22 - [-0.021 + j0.0017] \\ &= 0.377\angle -39° \end{aligned}$$

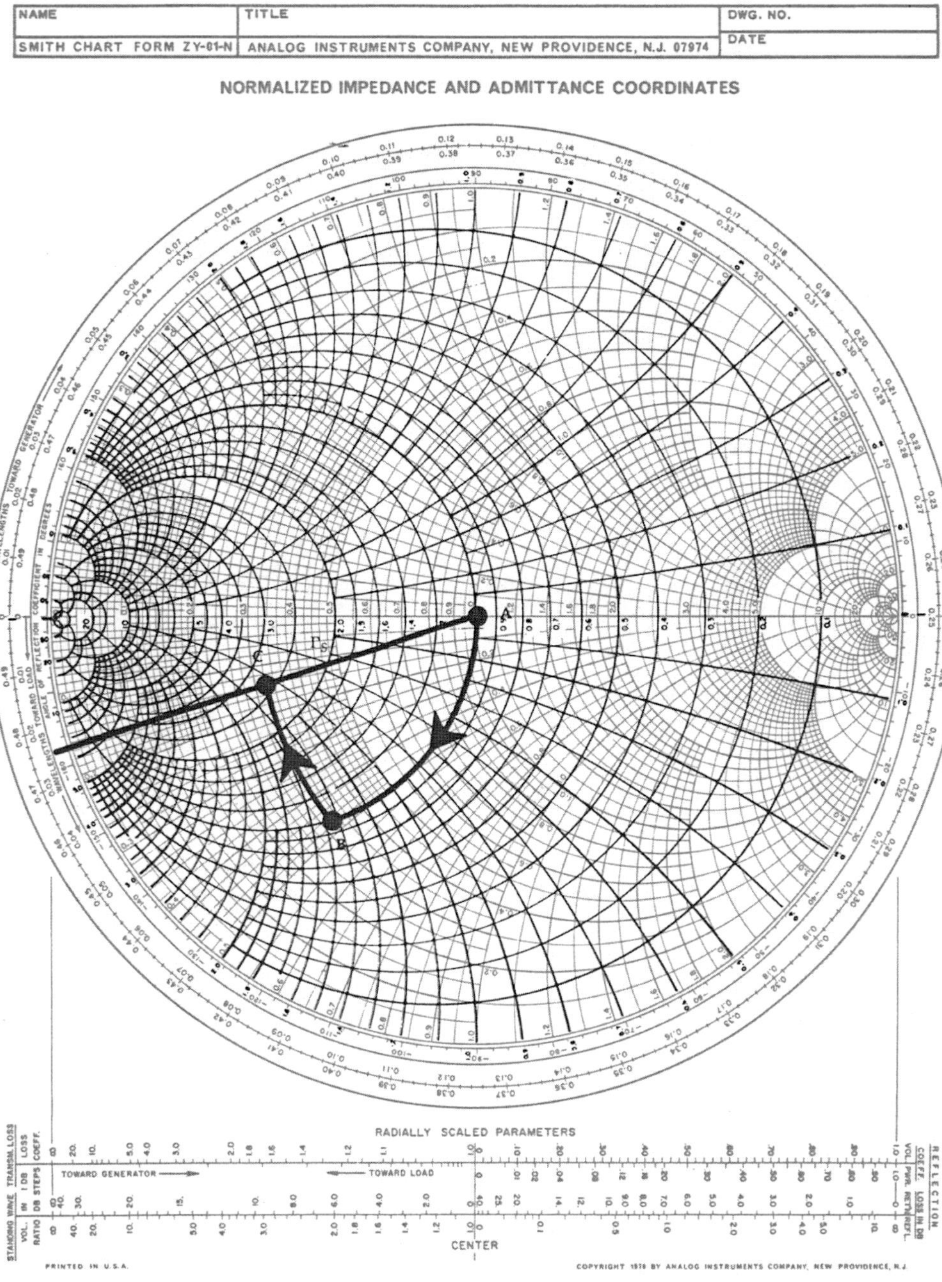

Cont. on next page

그림 6-20 예제 6-4에 대한 입력 회로 설계값. 더 자세한 컬러 그림은 출판사 웹사이트를 참조. http://books.elsevier.com/companions/9780750685184

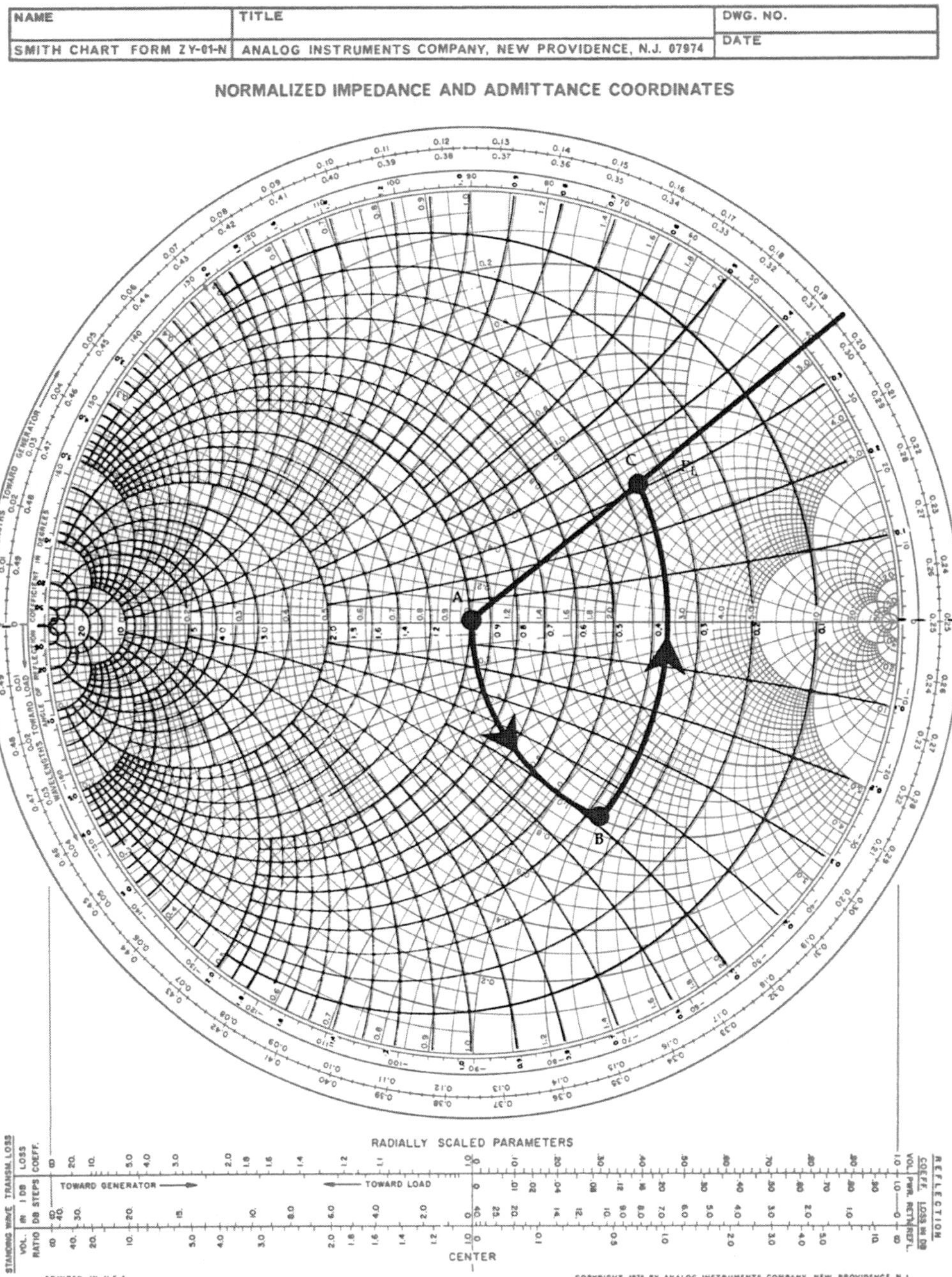

Cont. on next page

그림 6-21 예제 6-4에 대한 출력 회로 설계값. 더 자세한 컬러 그림은 출판사 웹사이트를 참조.
http://books.elsevier.com/companions/9780750685184

식 6-19로 부터,

$$B_2 = 1 + (0.35)^2 - (0.4)^2 - (0.068)^2$$
$$= 0.958$$

이제, 부하 반사 계수의 크기는 식 6-20을 이용하여 계산할 수 있다.

$$|\Gamma_L| = \frac{0.958 - \sqrt{(0.958)^2 - 4(0.377)^2}}{2(0.377)}$$
$$= 0.487$$

부하 반사 계수는 각도는 C_2의 각도에 음수를 취하여, +39°가 된다. 따라서,

$$\Gamma_L = 0.487\angle 39°$$

Γ_L을 식 6-21에 대입하여 Γ_S를 구한다.

$$\Gamma_S = \left[0.4\angle 162° + \frac{(0.04\angle 60°)(5.2\angle 63°)(0.487\angle 39°)}{1 - (0.487\angle 39°)(0.35\angle -39°)}\right]^*$$
$$= [0.522\angle -162°]^*$$
$$= 0.522\angle 162°$$

일단 원하는 Γ_S와 Γ_L을 구했으면, 소자를 이용하여 트랜지스터에서 보이기 원하는 입력과 출력 회로를 구현한다.

스미스 차트상에서 입력 매칭 회로는 그림 6-20과 같다. 설계의 목적은 50-Ω 소스를 0.522 $\angle -162°$ 의 반사 계수로 보이도록 변환하는 것이다. Γ_S를 스미스 차트에 표시하고 정규화된 임피던스를 읽으면, Z_S = 0.32 − j0.14 Ω가 된다. 이 값은 50-Ω에 **정규화된** 임피던스임에 유의하라. Γ_S로 표현되는 실제 임피던스는 50(0.32 − j0.14 = 16 − j7 Ω이다. 50-Ω 소스를 트랜지스터에서 16 − j7 Ω으로 보이도록 하기 위해, 그림 6-20의 차트 위에 션트(shunt)와 직렬(series) 리액티브 소자를 추가하기만 하면 된다. 소스로부터 진행하면 다음과 같다.

$$\text{Arc AB} = \text{Shunt C} = j1.45\ \mho$$
$$\text{Arc BC} = \text{Series L} = j0.33\ \Omega$$

식 4-12과 식 4-13을 이용하여 실제 소자 값을 구한다.

$$C_1 = \frac{1.45}{2\pi(200 \times 10^6)50}$$
$$= 23\ \text{pF}$$
$$L_1 = \frac{(0.33)(50)}{2\pi(200 \times 10^6)}$$
$$= 13\ \text{nH}$$

최종 입력 매칭 회로 설계가 완성되었다.

그림 6-21은 부하 반사 계수를 표시하고 있다. 원하는 부하 임피던스를 차트로부터 읽으면 Z_L − 50(1.6 + j1.28 Ω 또는 80 + j64 Ω가 된다. 매칭 회로는 다음과 같다. 부하로부터 시작한다.

$$\text{Arc AB} = \text{Series C} = -j1.3\ \Omega$$

$$\text{Arc BC} = \text{Shunt L} = -j0.78\ \mho$$

식 4-11과 식 4-14를 이용하여 소자 값을 구할 수 있다.

$$C_2 = \frac{1}{2\pi(200 \times 10^6)(1.3)(50)}$$

$$= 12 \text{ pF}$$

$$L_2 = \frac{50}{2\pi(200 \times 10^6)(0.78)}$$

$$= 51 \text{ nH}$$

바이어스 회로를 제외한 최종 설계는 그림 6-22와 같다.

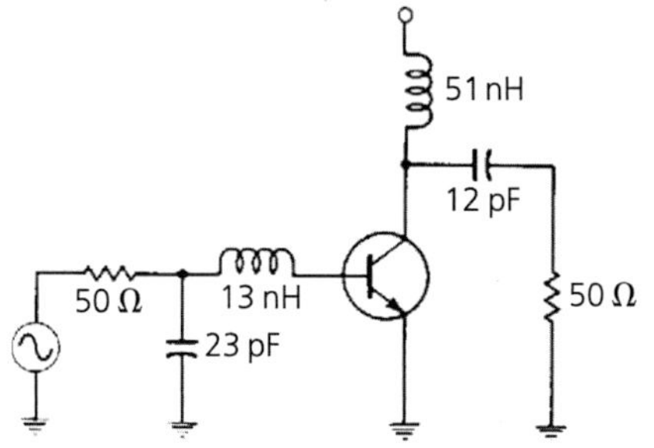

그림 6-22 예제 6-4에 대한 최종 회로.

트랜스듀서 이득(Transducer Gain)

트랜스듀서 이득은 앞장에서 정의한 바와 같이 증폭기의 입력과 출력 매칭 효과와 트랜지스터의 이득의 영향을 모두 포함하는 증폭기의 실제 이득이다. 하지만, 매칭 회로를 구성하는 소자의 손실은 포함하지 않는다.†

트랜스듀서 이득의 다음과 같이 정의된다.

$$G_T = \frac{|S_{21}|^2(1 - |\Gamma_S|^2)(1 - |\Gamma_L|^2)}{|(1 - S_{11}\Gamma_S)(1 - S_{22}\Gamma_L) - S_{12}S_{21}\Gamma_L\Gamma_S|^2} \qquad \text{식 6-22}$$

여기서

Γ_S와 Γ_L은 소스와 부하 반사 계수를 각각 의미한다.

G_T의 계산은 회로를 제작하기 전에 증폭기의 전력 이득을 체크하는 유용한 방법이다. 예제 6-5를 살펴보자.

† 역주: 트랜스듀서 이득은 트랜지스터에서 바라본 입력과 출력 매칭 회로의 반사 계수로 정의하기 때문에 매칭 회로의 구성 소자의 손실은 포함할 수 없다.

예제 6-5

예제 6-4에서 설계한 증폭기의 트랜스듀서 이득을 계산하라.

풀이

식 6-22를 이용하여 구하면,

$$G_T = \frac{(5.2)^2(1-(0.522)^2)(1-(0.487)^2)}{|(1-0.2088)(1-0.170)-(0.04\angle 60°)(5.2\angle 63°) \times (0.487\angle 39°)(0.522\angle -162°)|^2}$$

$$= 41.15$$

$$= 16.1 \text{ dB}$$

계산한 트랜스듀서 이득이 MAG와 거의 유사함에 주목하라. 만일, 계산을 소수점 이하로 계속 내려간다면 약간의 차이가 생길 것이다. 차이의 원인은 S_{12}가 0이 아니기 때문에 아주 작은 양이지만 트랜지스터에 내부적으로 음의 피드백을 형성하기 때문이다.

특정 이득을 갖는 설계(Design for a Specified Gain)

증폭기를 설계할 때, 1단으로 특정한 이득 값을 구현해야 하는 경우가 있다. 이러한 경우, 트랜지스터를 동시 공핵 매칭을 하게 되면 이득이 너무 커져 부하 또는 다음 단을 포화시킬 가능성이 있다. 다른 종류의 트랜지스터를 조사해서, 동시 공핵 매칭을 통해 원하는 이득을 얻는 것을 생각해 볼 수도 있으나, 이것은 현실적으로 불가능한 이야기다. 이러한 트랜지스터가 있다 하더라도 소자 간의 이득 편차가 있을 수 있다. 이러한 문제를 아주 쉽게 피하는 현실적인 방법으로 선택적 부매칭(selective mismatching) 방법이 있다.

선택적 부매칭은 트랜지스터를 부하에 부매칭을 통해 이득 감소를 통해 이득을 조정하는 방법이다. 다소 이상하게 들릴지 모르지만, 이것은 현실적이고, 논리적이고, 매우 잘 정립된 이론을 가지고 있다. RF 주파수에서 트랜지스터는 반드시 소스와 부하에 매칭이 되어야 한다고 믿는 사람들이 있을 수 있다. 하지만 이것은 사실이 아니다. 트랜지스터가 동시에 소스와 부하에 매칭되는 경우는 최대 이득만을 고려할 때만 사용한다. 증폭기 설계에서 고려해야 할 스펙은 이득 이외에도 많다—잡음 지수, 대역폭 등.

트랜지스터를 선택적으로 부매칭하는 가장 쉬운 방법 중 하나는 스미스 차트상에 상수 이득 원(constant-gain circle)을 그리는 것이다. 상수 이득 원의 원주는 증폭기의 이득이 특정한 값이 되는 부하 임피던스의 궤적을 나타낸다. 예를 들어, 10-dB 상수 이득 원의 원주 상에 무수히 많은 임피던스는 모두 증폭기 단의 이득이 10-dB가 된다. 스미스 차트에 원을 그리고 나면, 손으로 계산하거나 컴퓨터를 이용한 스미스 차트를 통해 원하는 이득을 제공하는 부하 임피던스를 구할 수 있다.

상수 이득 원은 다음의 계산을 통해 스미스 차트에 표시된다.

1. 원의 중심의 위치.
2. 원의 반지름.

관련 정보는 다음과 같이 계산된다.

1. 식 6-14를 이용하여 D_S를 계산하라
2. D_2를 계산하라.

$$D_2 = |S_{22}|^2 - |D_S|^2 \qquad \text{식 6-23}$$

3. C_2를 계산하라.

$$C_2 = S_{22} - D_S S_{11}^* \qquad \text{식 6-24}$$

4. G를 계산하라.

$$G = \frac{\text{원하는 이득 (절대값)}}{|S_{21}|^2} \qquad \text{식 6-25}$$

식 6-25에서 분자는 dB가 아닌 절대 이득으로 표현되어야 한다.

5. 원의 중심의 위치를 계산하라.

$$r_o = \frac{GC_2^*}{1 + D_2 G} \qquad \text{식 6-26}$$

6. 원의 반지름을 계산하라.

$$p_o = \frac{\sqrt{1 - 2K|S_{12}S_{21}|G + |S_{12}S_{21}|^2 G^2}}{1 + D_2 G} \qquad \text{식 6-27}$$

식 6-26은 반사 계수와 유사하게 크기와 각도 형태로 표시되는 복소수다. 반사 계수를 스미스 차트에 표시하듯이 값을 차트에 정확히 표시한다.

식 6-27을 통해 계산된 원의 반지름은 스미스 차트와 관련하여 원의 크기로 0과 1 사이의 값을 갖는다. 반지름이 1인 원은 스미스 차트와 동일한 반지름이 되고, 0.5는 스미스 차트 반지름의 반이 된다.

원주 상에서 반사 계수 값 즉 부하 임피던스를 선택하고 난 다음, 설계를 완성하기 위해 소스 반사 계수를 결정한다. 소스 반사 계수에서는 이득 감소가 일어나지 않는다. 따라서, 소스 반사 계수 값은 부하가 있는 상황에서 트랜지스터의 실제 입력 반사 계수인 식 6-21에 의해 계산한 값의 공핵이 된다. 예제 6-6은 이 과정을 설명하고 있다.

예제 6-6

V_{CE} = 5 V, I_C = 5 mA의 바이어스 조건에서 동작하고 250 MHz에서 다음과 같은 S-파라미터를 갖는 트랜지스터가 있다.

$$S_{11} = 0.277\angle{-59°}$$

$$S_{22} = 0.848\angle{-31°}$$

$$S_{12} = 0.078\angle{93°}$$

$$S_{21} = 1.92\angle{64°}$$

250 MHz에서 9 dB 이득을 갖는 증폭기를 설계하라. 소스 임피던스는 $Z_S = 35 - j60\ \Omega$, 부하 임피던스는 $Z_L = 50 - j50\ \Omega$이다. 트랜지스터의 $K = 1.033$로 무조건 안정이다.

풀이

식 6-14와 식 6-23 ~ 식 6-27에, 숫자를 대입하면,

$$\begin{aligned} D_S &= S_{11}S_{22} - S_{12}S_{21} \\ &= (0.277\angle{-59°})(0.848\angle{-31°}) \\ &\quad - (0.078\angle{93°})(1.92\angle{64°}) \\ &= 0.324\angle{-64.8°} \end{aligned}$$

$$\begin{aligned} D_2 &= (0.848)^2 - (0.324)^2 \\ &= 0.614 \end{aligned}$$

$$\begin{aligned} C_2 &= 0.848\angle{-31°} - (0.324\angle{-64.8°})(0.277\angle{59°}) \\ &= 0.768\angle{-33.9°} \end{aligned}$$

$$\begin{aligned} G &= \frac{7.94}{(1.92)^2} \\ &= 2.15 \end{aligned}$$

원의 중심은 다음과 같다.

$$\begin{aligned} r_o &= \frac{2.15(0.768\angle{33.9°})}{1 + (0.614)(2.15)} \\ &= 0.712\angle{33.9°} \end{aligned}$$

이점을 스미스 차트에 표시한다.

9-dB 이득 원의 반지름은 다음과 같다.

$$\begin{aligned} p_o &= \frac{\sqrt{1 - 2(1.033)(0.078)(1.92)(2.15) + (0.150)^2(2.15)^2}}{1 + (0.614)(2.15)} \\ &= 0.285 \end{aligned}$$

이것을 스미스 차트에 표시하면 그림 6-23과 같다. **트랜지스터의 입력 임피던스가 공액 매칭되면**, 원의 원주 상에 놓여 있는 모든 부하 임피던스는 모두 9-dB 이득을 갖는 증폭기의 부하가 될 수 있다.

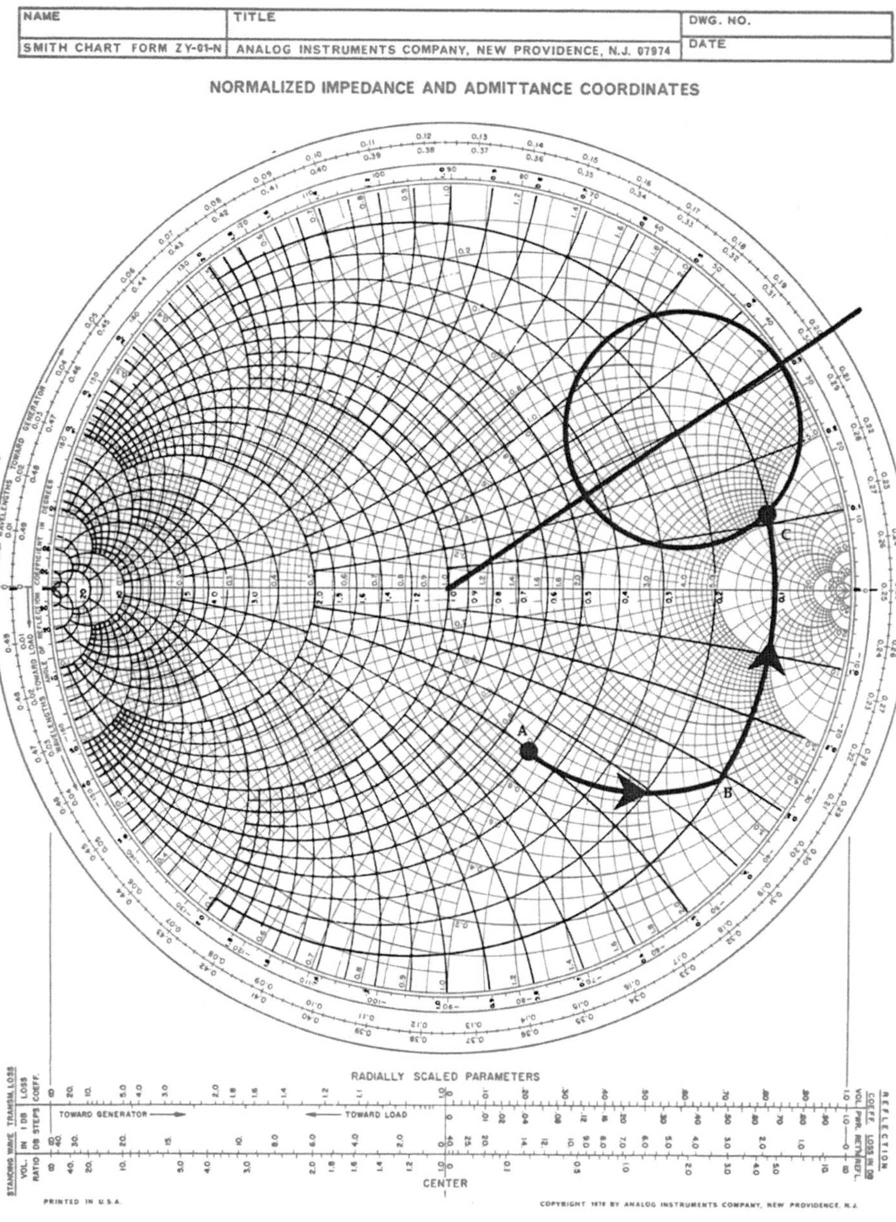

Cont. on next page

그림 6-23 예제 6-6에 대한 출력 매칭 회로 설계값. 더 자세한 컬러 그림은 출판사 웹사이트를 참조. http://books.elsevier.com/companions/9780750685184

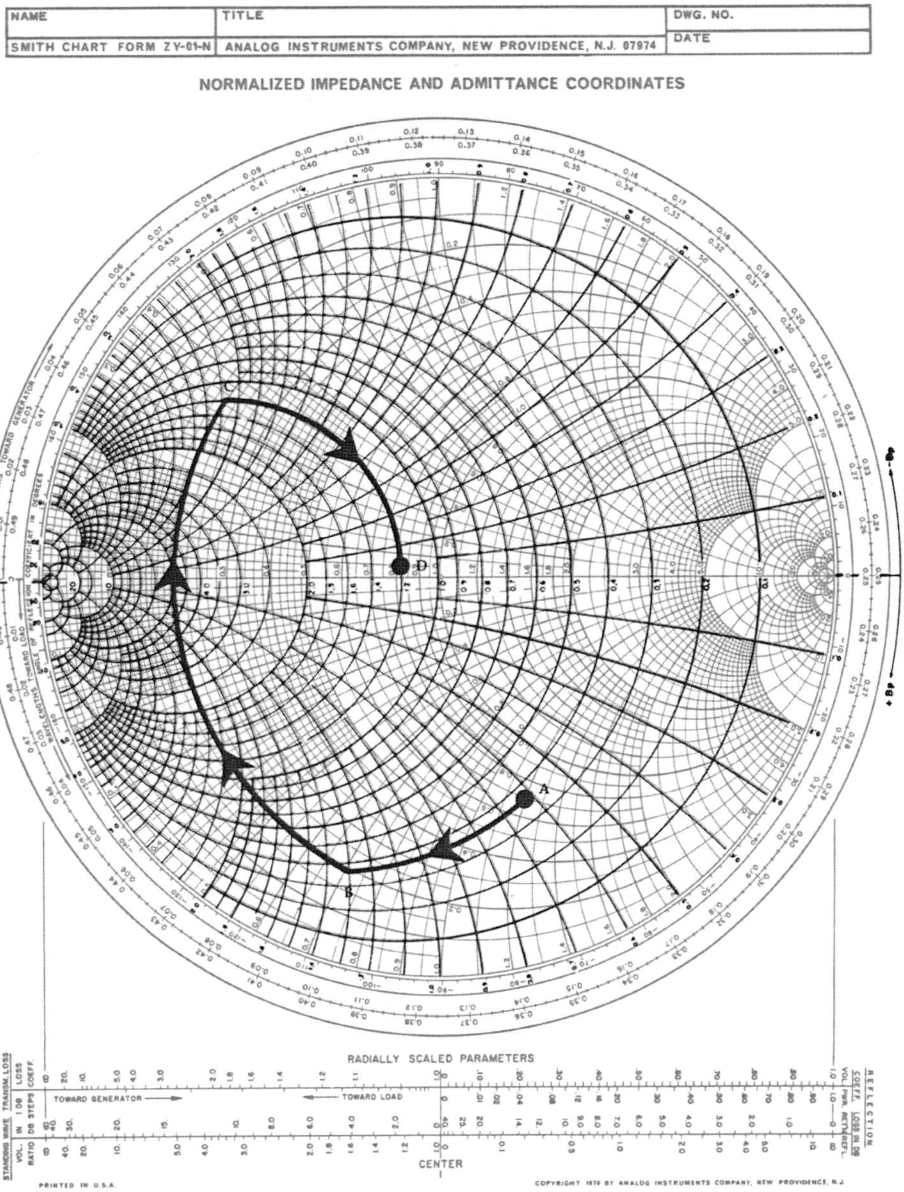

Cont. on next page

그림 6-24 예제 6-6에 대한 입력 매칭 회로 설계값. 더 자세한 컬러 그림은 출판사 웹사이트를 참조.
http://books.elsevier.com/companions/9780750685184

실제 부하 임피던스는 문제에서 언급했듯이 $50 - j50\ \Omega$으로 작업해야 한다. 그림 6-23에서 점-A가 정규화된 값 $1 - j1$이다. 트랜지스터의 출력 매칭은 실제 부하 임피던스를 상수 이득 원주 상으로 옮겨야 한다. 편의상, 원주 상의 점에서 가장 매칭하기 쉬운 점을 선택한다. 부하로부터 매칭을 시작한다.

$$\text{Arc AB} = \text{Series C} = -j2\ \Omega$$
$$\text{Arc BC} = \text{Shunt L} = -j0.425\ \mho$$

식 4-11~식 4-14를 이용하여 실제 소자 값을 구한다.

$$C_1 = \frac{1}{2\pi(250 \times 10^6)(2)(50)} = 6.4\ \text{pF}$$

그리고

$$L_1 = \frac{(50)}{2\pi(250 \times 10^6)(0.425)} = 75\ \text{nH}$$

점-C($\Gamma_L = 0.82\angle 14.2°$)의 부하를 갖는 트랜지스터의 입력에서 공핵 매칭을 위해, 원하는 소스 반사 계수는 식 6-21을 이용하면 다음과 같아야 한다.

$$\Gamma_S = \left[\frac{0.277\angle -59° + (0.078\angle 93°)(1.92\angle 64°)(0.82\angle 14.2°)}{1-(0.82\angle 14.2°)(0.848\angle 31°)}\right]^* = 0.105\angle 160°$$

이 점은 그림 6-24에서 점-D로 표시하였다. 실제 정규화된 소스 임피던스는 점-A($0.7 - j1.2\ \Omega$)에 표시하였다. 따라서, 입력 회로는 점-A에 있는 실제 임피던스를 점-D의 원하는 임피던스로 변환해야 한다. 3-소자 매칭 회로로 이 과정을 설계해 보자.

$$\text{Arc AB} = \text{Shunt } C_2 = j0.62\ \mho$$
$$\text{Arc BC} = \text{Series } L_2 = j1.09\ \Omega$$
$$\text{Arc CD} = \text{Shunt } C_3 = j2.1\ \mho$$

식 4-11 ~ 식 4-14의 식으로부터,

$$C_2 = \frac{(0.62)}{2\pi(250 \times 10^6)(50)} = 7.9\ \text{pF}$$

$$C_3 = \frac{2.1}{2\pi(250 \times 10^6)50} = 27\ \text{pF}$$

$$L_2 = \frac{(1.09)(50)}{2\pi(250 \times 10^6)} = 34.7\ \text{nH}$$

바이어스 회로를 제외한 최종 회로는 그림 6-25와 같다.

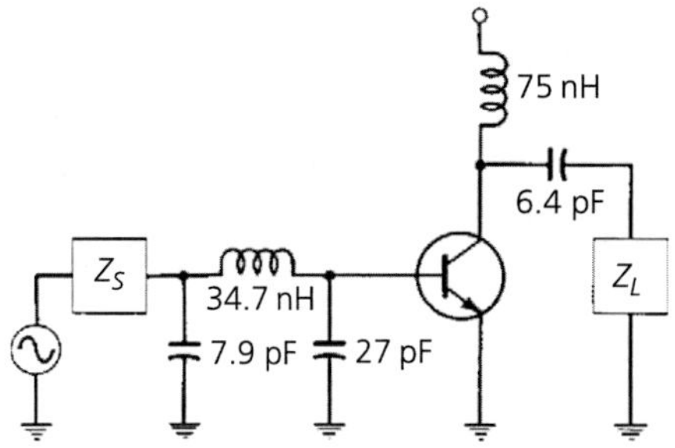

그림 6-25 예제 6-6에 대한 최종 회로.

안정도 원(Stability Circles)

식 6-15로 계산한 Rollett 안정도 factor가 조건부 불안정을 나타내면, 소스와 부하 임피던스의 값에 따라 발진할 가능성이 있다. 즉, K가 1보다 작을 때, 소스와 부하 임피던스의 선택에 매우 주의를 해야 한다. 트랜지스터가 불안정해질 수 있는 소스와 부하 임피던스를 결정하는 가장 좋은 방법은 스미스 차트상에 **안정도 원**(stability circles)을 그리는 것이다. 안정도 원은 손으로 계산해서도 표시할 수도 있고, 소프트화된 스미스 차트 툴을 이용해서도 가능하다.

안정도 원은 소스와 부하 임피던스의 값에 따라 회로가 불안정해지거나 안정해지는 경계를 나타내는 스미스 차트상의 원이다. 즉, 원주는 $K = 1$이 되는 궤적이다. 원의 안과 밖 중에서 불안정한 영역은 추후에 결정 된다.

입력과 출력 안정도 원의 중심과 반지름은 다음과 같이 정해진다.

1. 식 6-14을 이용하여 D_S를 계산하라.
2. C_1을 계산하라.

$$C_1 = S_{11} - D_S S_{22}^* \qquad \text{식 6-28}$$

3. 식 6-18을 이용하여 C_2을 계산하라.
4. 입력 안정도 원의 중심을 계산하라.

$$r_{s1} = \frac{C_1^*}{|S_{11}|^2 - |D_S|^2} \qquad \text{식 6-29}$$

5. 입력 안정도 원의 반지름을 계산하라.

$$p_{s1} = \left| \frac{S_{12}S_{21}}{|S_{11}|^2 - |D_S|^2} \right| \qquad \text{식 6-30}$$

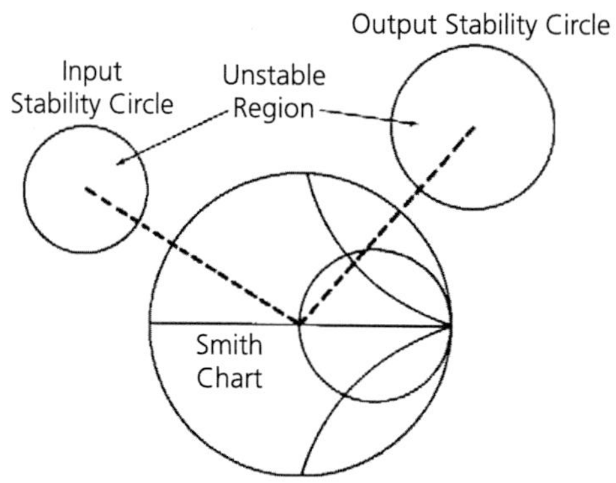

그림 6-26 무조건 안정 증폭기에 대한 일반적인 안정도 원. 더 자세한 컬러 그림은 출판사 웹사이트를 참조. http://books.elsevier.com/companions/9780750685184

6. 출력 안정도 원의 중심을 계산하라.

$$r_{s2} = \frac{C_2^*}{|S_{22}|^2 - |D_S|^2} \qquad \text{식 6-31}$$

7. 출력 안정도 원의 반지름을 계산하라.

$$p_{s2} = \left| \frac{S_{12}S_{21}}{|S_{22}|^2 - |D_S|^2} \right| \qquad \text{식 6-32}$$

계산 후에, 안정도 원을 스미스 차트에 표시한다. 만약에 무조건 안정인 트랜지스터에 대한 안정도 원을 스미스 차트에 표시하려 하면, 할 수 없다는 것을 알게 될 것이다. 무조건 안정 증폭기는 그림 6-26과 같이 스미스 차트 전체가 안정 영역이기 때문이다.

조건적 불안정 트랜지스터의 안정도 원은 그림 6-27과 비슷하다. 그림에서 보듯, 안정도 원의 일부는 차트와 교차하게 된다.

차트에 안정도 원을 표시한 후, 원의 안과 밖 중 어느 영역이 안정 영역인지를 결정해야 한다. 이 과정은 트랜지스터의 S_{11}과 S_{22}가 1 보다 작은지를 가지고 쉽게 할 수 있다. 50-Ω 소스와 부하 조건에서 측정된 S-파라미터의 S_{11}과 S_{22}의 크기가 1보다 작은 경우, 트랜지스터는 이러한 점에서 안정되어야 하기 때문에, 정규화된 스미스 차트의 중심은 안정도 원에 의해 안정 영역이 되어야 한다. 즉, 이 경우 차트의 중심을 포함하는 원이 있으면, 원의 안쪽이 그 포트에 대해 안정 영역을 표시한다. 원이 차트의 중심을 포함하지 않으면, 원의 밖의 영역이 그 포트에 대해 안정 영역을 표시한다.

아주 드물게 50-Ω 소스와 부하에서 트랜지스터가 불안정인 경우가 있다. 이런 경우, 다른 트랜지스터를 선택하는 것이 좋다.† 지금까지 설명한 방법으로 대부분의 안정 영역을 찾을 수 있다. 예제 6-7은 이 과정에 관한 예제다.

† 역주: 발진기 전용으로 출시되는 트랜지스터가 있는데, 이러한 트랜지스터는 S_{11}과 S_{22}가 1보다 큰 경우가 있다.

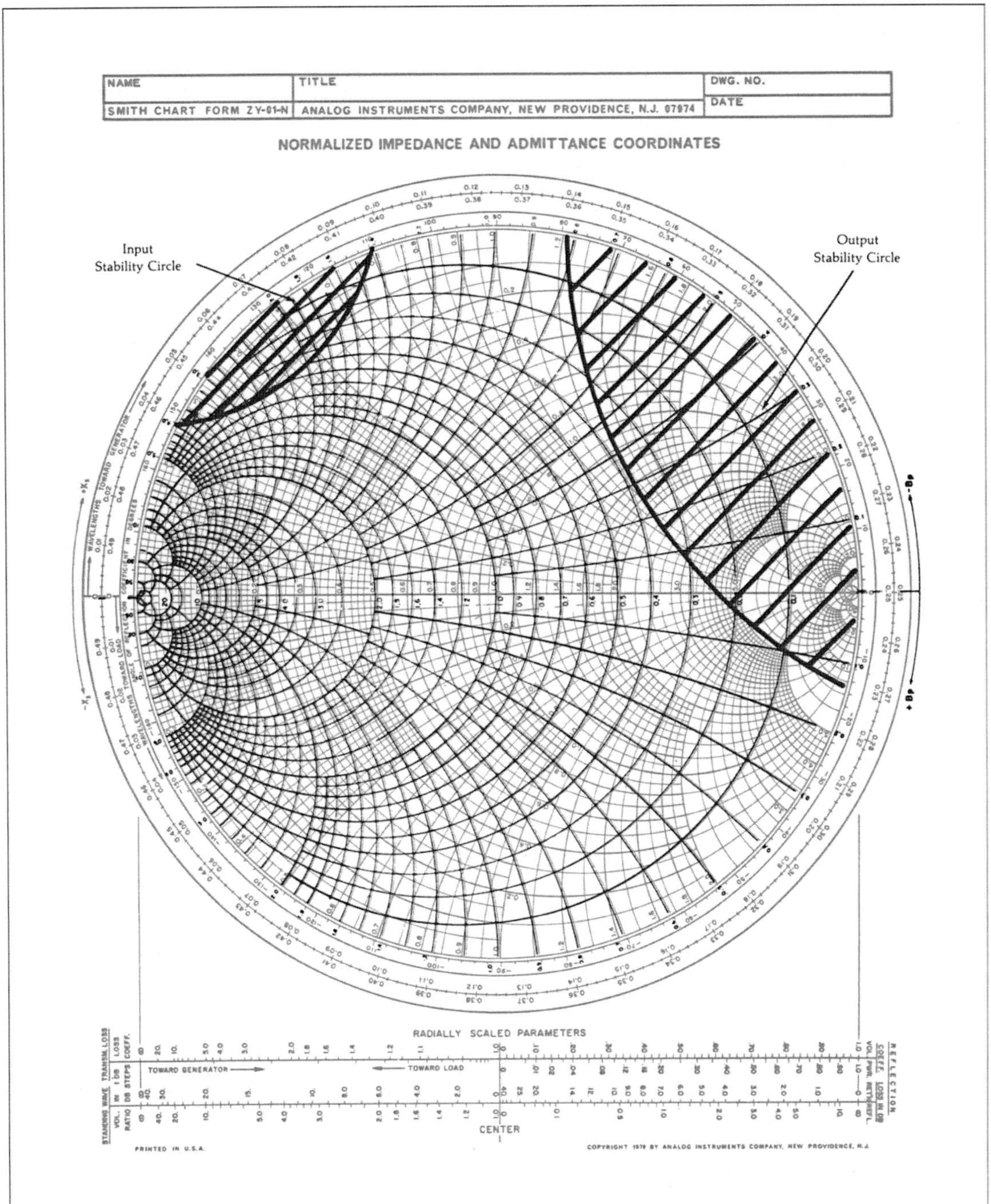

그림 6-27 조건부 불안정 트랜지스터의 일반적인 안정도 원. 더 자세한 컬러 그림은 출판사 웹사이트를 참조. http://books.elsevier.com/companions/9780750685184

예제 6-7

200 MHz에서 2N5179 트랜지스터에 대한 S-파라미터는 다음과 같다. 바이어스 조건 V_{CE} = 5 V, I_C = 5 mA다(데이터 시트는 5장 참조).

$$S_{11} = 0.4\angle 280°$$
$$S_{22} = 0.78\angle 345°$$
$$S_{12} = 0.048\angle 65°$$
$$S_{21} = 5.4\angle 103°$$

200 MHz에서 12 dB의 전력 이득을 갖도록 안정된 부하와 소스 반사 계수를 선택하라.

풀이

트랜지스터에 대한 Rollett 안정도 계수를 구해보면 K = 0.802가 된다. 따라서, 트랜지스터가 발진하는 것을 방지하기 위해 소스와 부하 임피던스를 선택할 때 매우 주의해야 한다. 스미스 차트에서 안정 영역을 구하기 위해, 입력과 출력 안정도 원을 그린다. Step-1부터 진행하여 보자.

$$\begin{aligned} D_S &= (0.4\angle 280°)(0.75\angle 345°) - (0.048\angle 65°)(5.4\angle 103°) \\ &= 0.429\angle -58.18° \\ C_1 &= 0.4\angle 280° - (0.429\angle -58.2°)(0.78\angle -345°) \\ &= 0.241\angle -136.6° \\ C_2 &= 0.78\angle 345° - (0.429\angle -58.2°)(0.4\angle -280°) \\ &= 0.65\angle -24° \end{aligned}$$

입력 안정도 원의 중심은 다음과 같다.

$$\begin{aligned} r_{s1} &= \frac{0.241\angle 136.6°}{(0.4)^2 - (0.429)^2} \\ &= 10\angle 136.6° \end{aligned}$$

원의 반지름은 다음과 같이 계산된다.

$$\begin{aligned} p_{s1} &= \left| \frac{(0.048\angle 65°)(5.4\angle 103°)}{(0.4)^2 - (0.429)^2} \right| \\ &= 10.78 \end{aligned}$$

비슷하게, 출력 안정도 원에 대해 중심과 반지름을 구하면 다음과 같다.

$$\begin{aligned} r_{s2} &= \frac{0.65\angle 24°}{(0.78)^2 - (0.429)^2} \\ &= 1.53\angle 24° \\ p_{s2} &= \left| \frac{(0.048\angle 65°)(5.4\angle 103°)}{(0.78)^2 - (0.429)^2} \right| \\ &= 0.610 \end{aligned}$$

그림 6-28은 안정도 원을 표시하고 있다. 입력 안정도 원은 반지름이 매우 커서 거의 직선에 가깝게 표시되고 있음에 유의하라. S_{11}과 S_{22}가 모두 1보다 작기 때문에 **입력** 안정도 원의 **안쪽**이 **안정** 소스 임피던스인데 반해, **출력** 안정도 원의 밖이 소자의 **안정** 부하 임피던스 영역이 된다.

12-dB 이득 원을 그림 6-28에 표시하였다. 식 6-14와 식 6-23~식 6-27을 이용하여 상수 이득 원을 계산한다. D_S와 C_2는 이미 계산하였다. 원의 중심은 다음과 같다.

$$r_o = 0.287\angle 24^\circ$$

반지름은

$$p_o = 0.724$$

출력 안정도 원의 **안쪽 영역에서** 부하 임피던스로 선택해서는 안 된다. 12-dB 이득 원 상의 다른 모든 부하 임피던스는 소자의 입력 단을 공핵 매칭을 하면 원하는 이득을 원을 수 있다. 이때, 입력 안정도 원의 안쪽에서 공핵 매칭 임피던스가 놓여야 된다.

12-dB 이득 원 상의 편한 곳에 Γ_L을 선택한다.

$$\Gamma_L = 0.89\angle 70^\circ$$

식 6-21을 이용하여, 공핵 매칭에 필요한 소스 반사 계수를 계산하고 스미스 차트에 표시한다.

$$\Gamma_S = 0.678\angle 79.4^\circ$$

Γ_S는 입력 안정도 원의 안쪽에 놓여 있음에 유의하라. 이는 트랜지스터에 대해 안정된 종단(termination)이 됨을 의미한다.

최적 잡음 지수를 위한 설계(Design for Optimum Noise Figure)

2-포트 회로의 잡음 지수는 신호가 2-포트를 통과할 때 더해지는 잡음 양을 표시하는 파라미터다. 모든 실제 회로는 출력에서 신호대잡음(signal-to-noise)은 입력에 비해 더 작아진다. 즉, 악화된다. 하지만, 회로 설계에서 최적 조건의 동작점과 소스 저항을 선택하면 2-포트 회로에서 대해지는 잡음을 최소화할 수 있다.

5장에서, 2-포트로 모델링되는 각 트랜지스터는 최소 잡음 지수를 갖는 최적의 소스 저항이 존재하는 것에 대해 간략히 언급했다(부록 B를 또한 참조하라). 많은 제조사는 5장에서 제시한 2N5179 트랜지스터와 같이 데이터 시트에 최적 소스 저항을 명시하고 있다. 어떤 회사는 최적 소스 반사 계수를 명시하기도 한다. 그림 6-29의 Microwave Associates사의 MA-42120-Series 트랜지스터가 이런 경우다. 데이터 시트의 3페이지에 있는 스미스 차트에 컬렉터 전류에 대한 최적 잡음 소스 임피던스를 의미하는 “Typical Optimum Noise Source Impedance vs. Collector Current”을 표시하고 있다. 하지만, 만일 60 MHz 또는 450 MHz가 아닌 다른 주파수에서 이 트랜지스터를 사용한다면, 최적의 잡음 지수에 대한 값을 데이터 시트에서 얻을 수 없다. 대부분의 데이터 시트는 이처럼 모든 주파수에 대해 잡음 정보를 제공하지 않는다. 이것은 설계자에게 필요한 모든 주파수와 바이어스 점에 대해 잡음 정보를 모두 데이터 시트에 표현하기에는 너무 분량이 많기 때문이다. 데이터 시트는 단지 설계할 때 처음 참조하는 것이다. 어떤 경우는 설계자는 설계 전에 소자를 원하는 사양에 맞춰

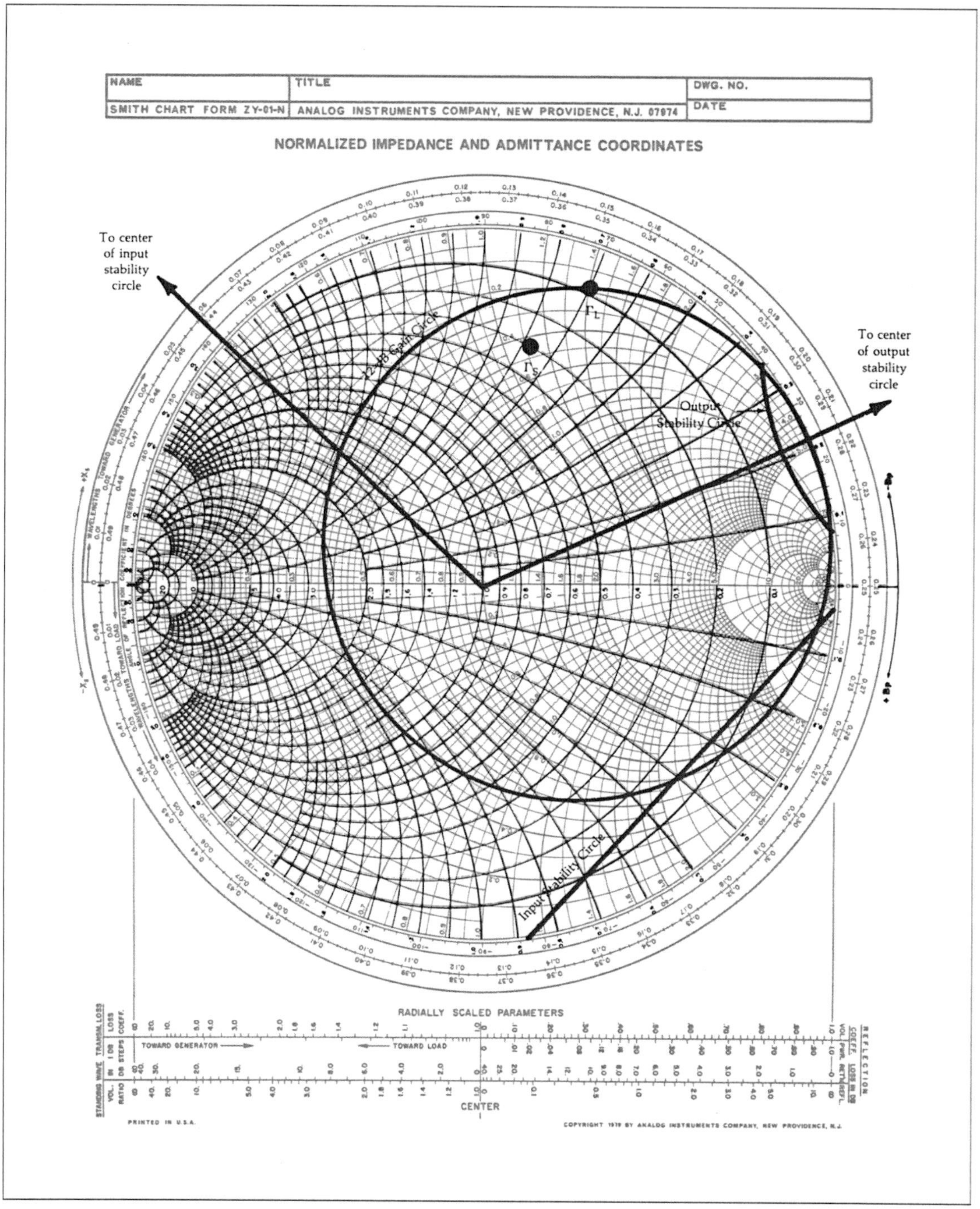

그림 6-28 예제 6-7에서 트랜지스터에 대한 안정도와 이득 원. 더 자세한 컬러 그림은 출판사 웹사이트를 참조. http://books.elsevier.com/companions/9780750685184

MA-42120 SERIES

specification sheet

npn silicon planar transistors

FEATURES

- HIGH GAIN BANDWIDTH PRODUCT (1.5 GHz)
- HIGH f_{max} (4.2 GHz @ I_C = 20 mA)
- GOLD METALLIZATION
- HIGH RELIABILITY
- DIRECT INTERCHANGABILITY WITH THE FMT 1060 SERIES OF FAIRCHILD TRANSISTORS

DESCRIPTION

This series of NPN Epitaxial Silicon Planar Transistors is designed for VHF/UHF service. The performance of this series is comparable to the Fairchild FMT-1060 series. The high gain bandwidth products make the MA-42122 and MA-42123 useful to 1.0 GHz while the MA-42120 and MA-42121 have a maximum frequency of oscillation of 4.0 GHz. Two packages are offered, the TO-46 (ODS-508), for low power oscillator applications and the TO-72 (ODS-509) for small signal UHF amplifiers.

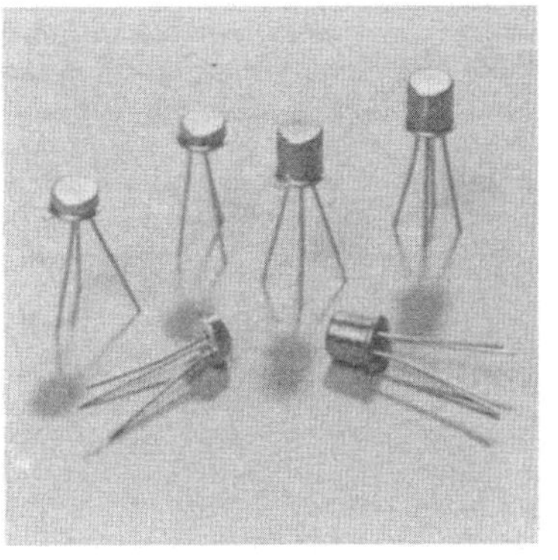

APPLICATIONS

VHF, UHF Low Level Oscillators
IF and RF Amplifiers

MA-42120 SERIES R.F. SPECIFICATIONS

MODEL NO.	MA-42120	MA-42121	MA-42122	MA-42123
CASE STYLE	508	508	509	509
Test Frequency (MHz)	450	450	450	450
Max Noise Fig. @ I_C (dB)	– –	– –	3.5	3.0
Gu (max) Typ. (dB)	13	13	14	14
I_C (mA)	– –	– –	1.5	1.5
1 dB Compression Point (dBm)	– –	– –	−12	−12
Fairchild Equivalent	FMT 1060	FMT 1060A	FMT 1061	FMT 1061A

MA-42120 SERIES HIGH FREQUENCY SPECIFICATIONS (25°C Ambient Temperature Unless Otherwise Noted)

Symbol	Characteristics	Type	Min.	Typ.	Max.	Units	Test Conditions
f_t	Gain Bandwidth Product	MA42121	1.3	1.5		GHz	V_{CE} = 10V, I_C = 20 mA
		MA42120	1.0	1.3		GHz	f = 500 MHz
		MA42123	1.3	1.5		GHz	
		MA42122	1.0	1.3		GHz	
$G_{A\ max}$	Maximum Available Gain	MA42121		12.8		dB	V_{CE} = 10V, I_C = 20 mA
		MA42123		13.8			f = 1.0 GHz
NF	Noise Figure	MA42123		2.3	3.0	dB	V_{CE} = 10V, I_C = 1.5 mA
		MA42122		2.7	3.5	dB	f = 450 MHz, R = 50 ohms
G_{pe}	Neutralized Power Gain	MA42123		17.0		dB	V_{CE} = 10V, I_E = 1.5 mA
							f = 450 MHz, R = 50 ohms
f_{max}	Maximum Frequency of Oscillation[1]	MA42121		4.2		GHz	V_{CE} = 10V, I_C = 20 mA
		MA42120		3.8		GHz	V_{CE} = 10V, I_C = 20 mA

NOTE:
1. Calculated from S-Parameters, f_{max} is the frequency at which the extrapolated GA_{max} is 0 dB.

그림 6-29 Microwave Associates' MA-42120 시리즈 트랜지스터에 대한 데이터 시트. Microwave Associates 제공.

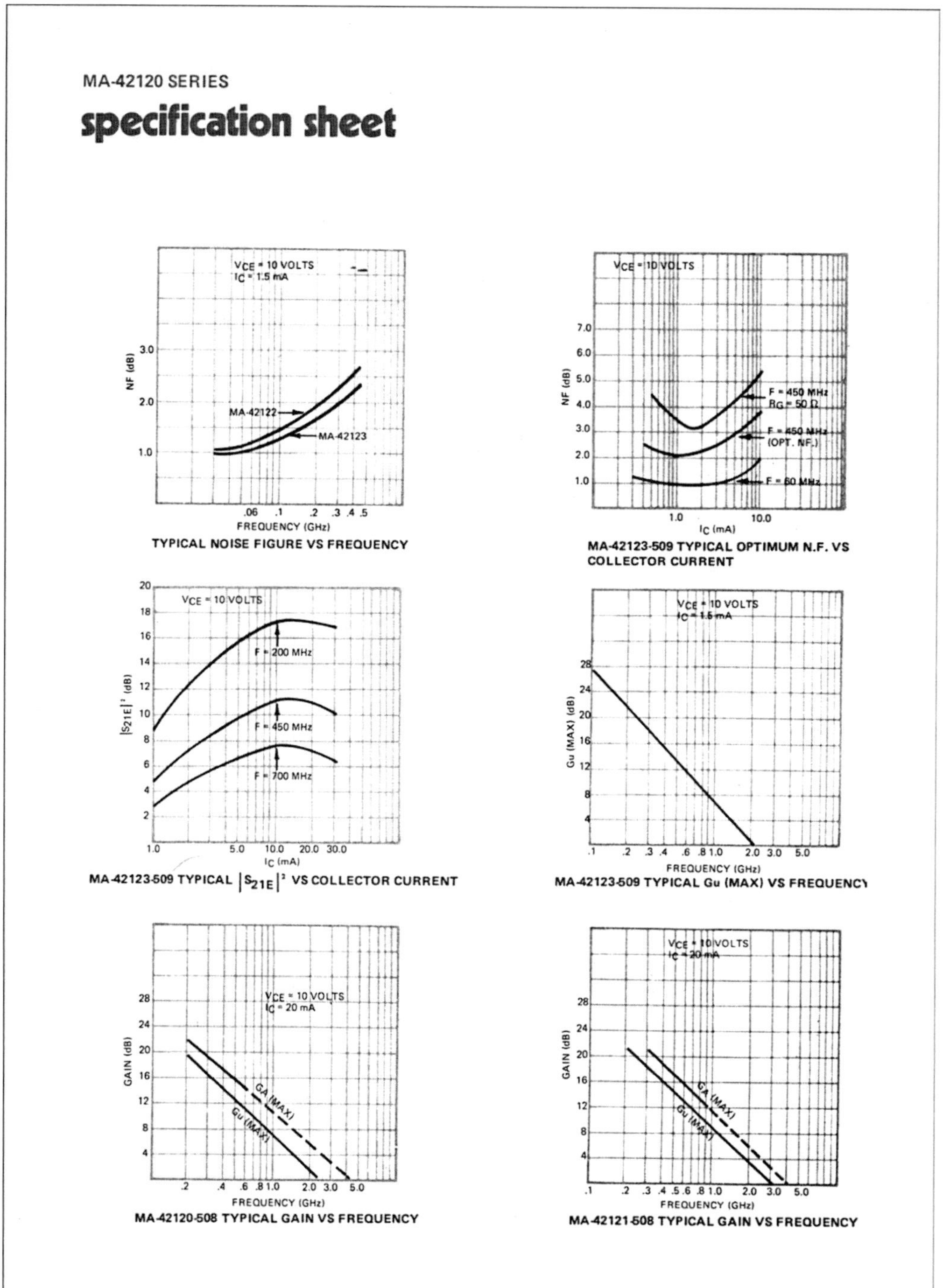

그림 6-29 Microwave Associates' MA-42120 시리즈 트랜지스터에 대한 데이터 시트. Microwave Associates 제공. (계속)

MA-42120 SERIES

specification sheet

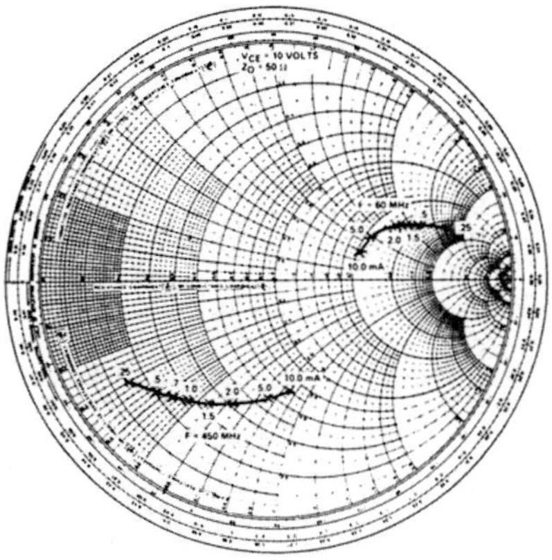

TYPICAL OPTIMUM NOISE SOURCE IMPEDANCE VS COLLECTOR CURRENT

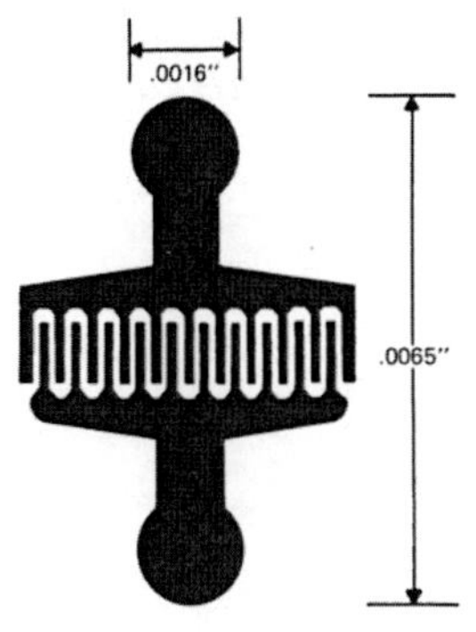

GEOMETRY 70

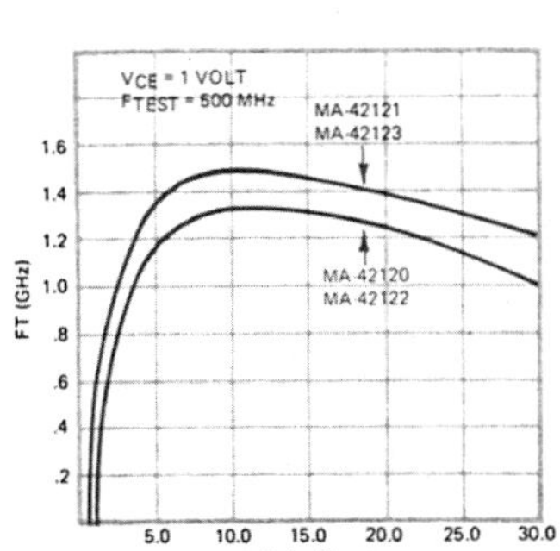

MA-42120 SERIES TYPICAL F_T VS COLLECTOR CURRENT

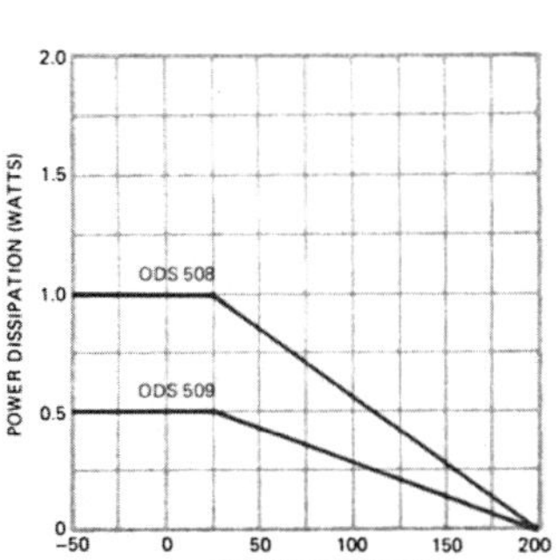

MA-42120 SERIES POWER DISSIPATION VS. CASE TEMPERATURE

그림 6-29 Microwave Associates' MA-42120 시리즈 트랜지스터에 대한 데이터 시트. Microwave Associates 제공. (계속)

MA-42120 SERIES

specification sheet

ELECTRICAL CHARACTERISTICS (25°C Ambient Temperature Unless Otherwise Noted)

Symbol	Characteristics	MA42120 MA42122 Min	Typ	Max	MA42121 MA42123 Min	Typ	Max	Units	Test Conditions
h_{FE}	DC Current Gain	20	45	110	40	75	185		I_C = 5.0 mA, V_{CE} = 5.0
V_{CE} (sat)	Pulsed Collector Saturation Voltage[1]		0.30	0.38		0.25	0.35	V	I_C = 80 mA, I_B = 8.0 mA
V_{BE} (sat)	Pulsed Base Saturation Voltage[1]		0.95	0.98		0.93	0.96	V	I_C = 40 mA, I_B = 20 mA
BV_{CBO}	Collector to Base Breakdown	30	35		30	35		V	I_C = 10 μA, I_E = 0
V_{CEO} (sus)	Collector to Emitter Sustaining Voltage	14	16.5		14	16.5		V	I_C = 1.0 mA, I_B = 0
I_{EBO}	Emitter Cutoff Current		20	100		20	100	μA	I_C = 0, V_{EB} = 4.0V
I_{CBO}	Collector Cutoff Current		0.01	50		0.01	50	nA	V_{CB} = 10V, I_E = 0
I_{CBO}	Collector Cutoff Current		0.3	1.0		0.3	1.0	μA	V_{CB} = 10V, I_E = 0 T_A = 125°C
C_{cb}	Collector to Base Capacitance (MA42120, MA42121)		1.0	1.4		1.0	1.4	pF	V_{CB} = 10V, I_E = 0
C_{eb}	Collector to Base Capacitance (MA42122, MA42123)		0.85	1.0		0.85	1.0	pF	V_{CB} = 10V, I_E = 0
C_{eb}	Emitter to Base Capacitance		1.5	3.0		1.5	3.0	pF	V_{EB} = 0.5V, I_C = 0
$\|h_{fe}\|$	Magnitude of High Frequency Current Gain	2.0	2.6		2.6	3.0			V_{CE} = 10V, I_C = 20 mA, f = 500 MHz

NOTE:
1. Pulse Conditions: Length = 300 μs; duty cycle = 1%

MAXIMUM RATING
(Case Temperature 25°C unless otherwise noted)

	Total Power Dissipation	508 case – 1.0 W 509 case – .5 W
V_{CBO}	Collector to Base Voltage	30 V
V_{EBO}	Emitter to Base Voltage	4.0 V
V_{CES}	Collector to Emitter Voltage	30 V
I_C	Collector Current	80 mA
	Storage Temperature	–65° to +200°C
	Operating Junction Temperature	+200°C
	Lead Temperature (Soldering – 10 seconds each lead)	+250°C
	Hermeticity	5 x $(10)^{-8}$ cc/sec of He

ENVIRONMENTAL RATINGS PER MIL-STD-750

	Method	Level
Storage Temperature	1031	–65 to +200°C
Temperature Cycle	1051	10 cycles –65 to +200°C
Shock	2016	500 g's
Vibration	2056	15 g's
Constant Acceleration	2006	20,000 g's
Humidity	1021	10 days

그림 6-29 Microwave Associates' MA-42120 시리즈 트랜지스터에 대한 데이터 시트. Microwave Associates 제공. (계속)

MA-42120 SERIES

specification sheet

MA-42120-508
TYPICAL COMMON-EMITTER S-PARAMETERS AT 25°C LEAD TEMPERATURE
V_{CE} = 10 VOLTS, $Z_G = Z_L$ = 50 Ω

FREQUENCY (MHz)	COLLECTOR CURRENT (mA)	INPUT REFLECTION COEFFICIENT		FORWARD TRANSMISSION COEFFICIENT		REVERSE TRANSMISSION COEFFICIENT		OUTPUT REFLECTION COEFFICIENT	
		$\|S_{11E}\|$	ϕS_{11E}	$\|S_{21E}\|$	ϕS_{21E}	$\|S_{12E}\|$	ϕS_{12E}	$\|S_{22E}\|$	ϕS_{22E}
100	1.5	.89	−44°	3.8	146°	.05	65°	.94	−13°
	5.0	.69	−79°	8.6	126°	.03	55°	.81	−18°
	20.0	.50	−127°	12.0	107°	.02	52°	.67	−16°
200	1.5	.80	−72°	3.3	128°	.06	51°	.86	−20°
	5.0	.60	−113°	6.1	107°	.04	49°	.71	−21°
	20.0	.50	−150°	7.4	92°	.02	62°	.61	−16°
300	1.5	.72	−95°	2.7	112°	.07	43°	.82	−25°
	5.0	.55	−134°	4.3	95°	.04	50°	.68	−23°
	20.0	.51	−161°	5.0	83°	.03	68°	.61	−18°
400	1.5	.66	−115°	2.2	101°	.08	38°	.79	−29°
	5.0	.53	−148°	3.4	86°	.05	54°	.66	−25°
	20.0	.52	−169°	3.8	75°	.04	72°	.62	−20°
450	1.5	.64	−123°	2.1	95°	.07	38°	.77	−30°
	5.0	.53	−154°	3.1	81°	.05	58°	.66	−27°
	20.0	.53	−172°	3.4	71°	.04	77°	.63	−21°
500	1.5	.63	−130°	1.9	90°	.07	39°	.76	−32°
	5.0	.53	−159°	2.7	77°	.05	62°	.66	−28°
	20.0	.54	−175°	3.0	67°	.05	79°	.63	−23°
600	1.5	.61	−143°	1.6	83°	.07	40°	.73	−35°
	5.0	.53	−167°	2.3	72°	.06	66°	.65	−31°
	20.0	.55	178°	2.5	63°	.06	82°	.63	−26°
700	1.5	.61	[illegible]	1.5	76°	.07	46°	.70	−39°
	5.0	.55	−174°	2.0	65°	.06	74°	.63	−34°
	20.0	.57	174°	2.2	56°	.06	87°	.62	−29°
800	1.5	.61	−162°	1.3	70°	.06	55°	.68	−44°
	5.0	.56	179°	1.8	61°	.07	79°	.62	−38°
	20.0	.59	170°	1.8	52°	.08	91°	.62	−34°
900	1.5	.61	−169°	1.2	66°	.07	64°	.68	−50°
	5.0	.56	174°	1.6	57°	.08	84°	.62	−44°
	20.0	.60	166°	1.6	49°	.09	94°	.62	−41°
1000	1.5	.61	−176°	1.1	60°	.07	77°	.68	−55°
	5.0	.56	169°	1.4	52°	.09	91°	.63	−50°
	20.0	.61	160°	1.5	44°	.10	99°	.63	−47°

MA 42121-508
TYPICAL COMMON-EMITTER S-PARAMETERS AT 25°C LEAD TEMPERATURE
V_{CE} = 10 VOLTS, $Z_G = Z_L$ = 50

FREQUENCY (MHz)	COLLECTOR CURRENT (mA)	INPUT REFLECTION COEFFICIENT		FORWARD TRANSMISSION COEFFICIENT		REVERSE TRANSMISSION COEFFICIENT		OUTPUT REFLECTION COEFFICIENT	
		$\|S_{11E}\|$	ϕS_{11E}	$\|S_{21E}\|$	ϕS_{21E}	$\|S_{12E}\|$	ϕS_{12E}	$\|S_{22E}\|$	ϕS_{22E}
100	1.5	.92	−36°	3.8	150°	.04	67°	.95	−13°
	5.0	.74	−67°	9.1	131°	.03	59°	.82	−19°
	20.0	.51	−118°	13	109°	.02	55°	.66	−18°
200	1.5	.83	−59°	3.4	133°	.07	55°	.86	−21°
	5.0	.61	−98°	6.7	111°	.04	48°	.69	−24°
	20.0	.49	−142°	8.0	93°	.03	59°	.59	−18°
300	1.5	.74	−81°	2.9	117°	.08	47°	.81	−27°
	5.0	.54	−120°	4.9	99°	.05	50°	.65	−26°
	20.0	.49	−156°	5.5	84°	.03	65°	.58	−19°
400	1.5	.67	−99°	2.5	106°	.09	41°	.77	−31°
	5.0	.51	−136°	3.9	89°	.06	51°	.62	−28°
	20.0	.50	−164°	4.2	77°	.04	67°	.59	−22°
450	1.5	.65	−106°	2.3	100°	.09	40°	.75	−33°
	5.0	.50	−142°	3.5	85°	.06	53°	.62	−29°
	20.0	.51	−167°	3.7	73°	.05	71°	.59	−23°
500	1.5	.62	−114°	2.1	95°	.09	40°	.74	−35°
	5.0	.50	−147°	3.1	81°	.06	55°	.62	−30°
	20.0	.51	−170°	3.3	69°	.05	74°	.60	−24°
600	1.5	.59	−127°	1.8	88°	.09	38°	.71	−37°
	5.0	.49	−157°	2.6	75°	.06	58°	.61	−32°
	20.0	.53	−176°	2.7	64°	.06	76°	.60	−26°
700	1.5	.58	−138°	1.6	80°	.09	39°	.68	−41°
	5.0	.50	−164°	2.3	68°	.07	63°	.59	−35°
	20.0	.55	179°	2.4	58°	.06	81°	.59	−30°
800	1.5	.58	−147°	1.5	74°	.08	43°	.65	−45°
	5.0	.51	−170°	2.0	63°	.08	68°	.57	−39°
	20.0	.57	175°	2.0	54°	.07	84°	.59	−35°
900	1.5	.58	−154°	1.3	69°	.08	47°	.65	−51°
	5.0	.52	−174°	1.8	60°	.08	71°	.57	−44°
	20.0	.58	171°	1.8	51°	.08	88°	.59	−41°
1000	1.5	.57	−161°	1.2	64°	.08	56°	.65	−56°
	5.0	.52	−179°	1.6	55°	.09	78°	.59	−49°
	20.0	.59	166°	1.6	46°	.09	93°	.61	−46°

그림 6-29 Microwave Associates' MA-42120 시리즈 트랜지스터에 대한 데이터 시트. Microwave Associates 제공. (계속)

MA-42120 SERIES

specification sheet

MA 42122-509
TYPICAL COMMON-EMITTER S-PARAMETERS AT 25°C LEAD TEMPERATURE
V_{CE} = 10 VOLTS, $Z_G = Z_L = 50\ \Omega$

FREQUENCY (MHz)	COLLECTOR CURRENT (mA)	INPUT REFLECTION COEFFICIENT		FORWARD TRANSMISSION COEFFICIENT		REVERSE TRANSMISSION COEFFICIENT		OUTPUT REFLECTION COEFFICIENT	
		$\|S_{11E}\|$	ϕS_{11E}	$\|S_{21E}\|$	ϕS_{21E}	$\|S_{12E}\|$	ϕS_{12E}	$\|S_{22E}\|$	ϕS_{22E}
100	1.5	.87	−43°	3.7	145°	.03	63°	.96	−10°
	5.0	.66	−70°	8.1	127°	.02	53°	.87	−12°
	20.0	.43	−103°	11.2	109°	.02	55°	.78	−12°
200	1.5	.76	−69°	3.2	127°	.04	54°	.89	−15°
	5.0	.52	−102°	5.7	107°	.03	56°	.79	−16°
	20.0	.37	−132°	7.0	93°	.02	66°	.73	−13°
300	1.5	.66	−94°	2.6	110°	.05	47°	.86	−19°
	5.0	.45	−126°	4.1	94°	.03	58°	.77	−18°
	20.0	.36	−149°	4.8	83°	.03	70°	.73	−15°
400	1.5	.69	−115°	2.2	99°	.05	45°	.84	−23°
	5.0	.41	−144°	3.3	84°	.04	62°	.76	−21°
	20.0	.37	−162°	3.7	75°	.04	73°	.73	−17°
450	1.5	.56	−124°	2.0	93°	.05	47°	.83	−25°
	5.0	.40	−151°	2.9	79°	.04	66°	.76	−22°
	20.0	.37	−167°	3.3	70°	.04	76°	.73	−19°
500	1.5	.54	−132°	1.8	88°	.05	49°	.82	−26°
	5.0	.40	−157°	2.6	75°	.05	69°	.75	−23°
	20.0	.37	−172°	2.9	66°	.05	79°	.73	−21°
600	1.5	.61	−148°	1.6	80°	.05	53°	.80	−29°
	5.0	.40	−169°	2.2	69°	.05	74°	.74	−26°
	20.0	.39	179°	2.4	60°	.06	81°	.73	−23°
700	1.5	.50	−160°	1.4	72°	.05	63°	.77	−33°
	5.0	.40	−179°	2.0	62°	.06	79°	.72	−29°
	20.0	.41	172°	2.1	53°	.06	84°	.72	−27°
800	1.5	.50	−171°	1.3	66°	.08	72°	.74	−38°
	5.0	.41	173°	1.7	57°	.07	83°	.71	−34°
	20.0	.43	166°	1.8	49°	.08	87°	.70	−32°
900	1.5	.49	178°	1.2	61°	.07	80°	.74	−43°
	5.0	.41	166°	1.6	52°	.08	85°	.70	−39°
	20.0	.43	159°	1.6	45°	.09	88°	.70	−37°
1000	1.5	.48	168°	1.1	55°	.08	89°	.74	−48°
	5.0	.41	167°	1.4	47°	.10	90°	.71	−45°
	20.0	.44	151°	1.5	39°	.11	93°	.70	−42°

MA 42123-509
TYPICAL COMMON-EMITTER S-PARAMETERS AT 25°C LEAD TEMPERATURE
V_{CE} = 10 VOLTS, $Z_G = Z_L = 50\ \Omega$

FREQUENCY (MHz)	COLLECTOR CURRENT (mA)	INPUT REFLECTION COEFFICIENT		FORWARD TRANSMISSION COEFFICIENT		REVERSE TRANSMISSION COEFFICIENT		OUTPUT REFLECTION COEFFICIENT	
		$\|S_{11E}\|$	ϕS_{11E}	$\|S_{21E}\|$	ϕS_{21E}	$\|S_{12E}\|$	ϕS_{12E}	$\|S_{22E}\|$	ϕS_{22E}
100	1.5	.89	−39°	3.8	147°	.04	54°	.95	−11°
	5.0	.68	−85°	8.6	128°	.03	56°	.85	−15°
	20.0	.43	−121°	10.9	104°	.02	57°	.67	−16°
200	1.5	.79	−63°	3.3	129°	.05	56°	.87	−17°
	5.0	.53	−95°	6.1	108°	.04	55°	.75	−17°
	20.0	.40	−144°	6.6	89°	.03	66°	.61	−16°
300	1.5	.69	−86°	2.7	113°	.06	48°	.84	−21°
	5.0	.45	−118°	4.4	95°	.05	57°	.72	−20°
	20.0	.41	−158°	4.5	80°	.04	70°	.61	−18°
400	1.5	.61	−105°	2.3	101°	.07	44°	.81	−25°
	5.0	.41	−135°	3.5	86°	.05	58°	.71	−22°
	20.0	.41	−168°	3.5	72°	.06	72°	.61	−21°
450	1.5	.58	−114°	2.2	96°	.07	45°	.79	−27°
	5.0	.40	−141°	3.2	81°	.05	62°	.70	−23°
	20.0	.42	−172°	3.1	67°	.06	73°	.61	−22°
500	1.5	.55	−121°	2.0	91°	.07	45°	.79	−28°
	5.0	.39	−148°	2.8	77°	.06	65°	.70	−24°
	20.0	.43	−176°	2.7	64°	.07	76°	.62	−24°
600	1.5	.52	−136°	1.7	83°	.07	46°	.76	−31°
	5.0	.39	−159°	2.4	71°	.06	66°	.69	−27°
	20.0	.45	177°	2.3	58°	.08	77°	.62	−27°
700	1.5	.50	−148°	1.6	74°	.07	51°	.73	−34°
	5.0	.39	−168°	2.1	64°	.07	70°	.67	−29°
	20.0	.47	171°	2.0	51°	.09	80°	.61	−31°
800	1.5	.50	−159°	1.4	68°	.07	57°	.71	−39°
	5.0	.39	−176°	1.9	59°	.08	74°	.66	−33°
	20.0	.48	166°	1.7	47°	.11	83°	.60	−36°
900	1.5	.49	−167°	1.3	63°	.07	64°	.70	−43°
	5.0	.39	178°	1.7	55°	.09	76°	.65	−38°
	20.0	.49	160°	1.5	43°	.12	84°	.59	−43°
1000	1.5	.47	−176°	1.2	57°	.08	74°	.70	−49°
	5.0	.39	171°	1.5	49°	.10	81°	.66	−43°
	20.0	.50	154°	1.4	37°	.14	87°	.60	−49°

그림 6-29 Microwave Associates' MA-42120 시리즈 트랜지스터에 대한 데이터 시트. Microwave Associates 제공. (계속)

측정해야 하는 경우도 있다.

데이터 시트 2페이지에서 컬렉터 전류에 대한 일반적인 최적 잡음 지수를 의미하는 “Typical Optimum N.F. vs. Collector Current”을 표시하고 있다. 이 소자에 대해서는 450 MHz에 대해 최소 잡음 지수를 갖는 최적의 컬렉터 전류가 1.5 mA임을 알려주고 있다. 이 컬렉터 전류는 2 dB 이상의 잡음 지수가 된다. 이 데이터는 60 MHz와 450 MHz에서만 제시된 것이다.

최소 잡음 지수를 갖는 증폭기 설계는 실험이나 데이터 시트를 통해 최소 잡음 지수와 관련한 소스 저항과 바이어스를 결정해야 한다(예제 6-8). 일단, 소스 임피던스가 결정이 되면 트랜지스터에 이 값이 보이도록 회로를 구성하면 된다. 물론, 모든 안정도 조건을 고려해야 한다. 만일 Rollett 안정도 계수 K가 1보다 작으면, 소스와 부하 반사 계수를 선택할 때 주의를 해야 한다. 이런 경우, 안정도 원을 그리고 매칭 영역이 안정 영역에 있는지를 확인한다.

트랜지스터의 최적 소스 임피던스를 정한 후 트랜지스터의 출력 종단을 위한 최적의 부하 반사 계수를 결정한다. 이 값은 다음과 같이 주어진다.

$$\Gamma_L = \left[S_{22} + \frac{S_{12}S_{21}\Gamma_S}{1 - S_{11}\Gamma_S} \right]^* \qquad \text{식 6-33}$$

여기서

Γ_S는 최소 잡음 지수에 대한 소스 반사 계수다.

예제 6-8

최소 잡음 지수에 대한 최적 바이어스 점은 V_{CE} = 10 V, I_C = 5 mA로 결정되었다. 이에 대한 데이터 시트의 최적 소스 반사 계수는 다음과 같다.

$$\Gamma_S = 0.7\angle 140^\circ$$

트랜지스터가 주어진 바이어스에서 동작하고 200 MHz에서 S-파라미터는 다음과 같다.

$$S_{11} = 0.4\angle 162^\circ$$
$$S_{22} = 0.35\angle -39^\circ$$
$$S_{12} = 0.04\angle 60^\circ$$
$$S_{21} = 5.2\angle 63^\circ$$

200 MHz에서 75-Ω 소스와 100-Ω 부하 사이에서 동작하는 저잡음 증폭기를 설계하라. 실제 구성하였을 때 증폭기의 예상 이득은 얼마인가?

풀이

식 6-15를 이용하여 계산한 Rollett 안정도 계수 K는 1.74로, 트랜지스터는 무조건 안정이다. 따라서, 설계를 계속 진행한다. 입력 매칭의 설계값은 그림 6-30에 표시하였다. 여기서 정규화된 75-Ω

소스 저항은 다음과 같은 2-소자 매칭 회로를 이용하여 Γ_S로 변환된다.

$$\text{Arc AB} = \text{Shunt C} = j1.7\ ℧$$

$$\text{Arc BC} = \text{Series L} = j0.86\ \Omega$$

식 4-11 ~ 식 4-14를 이용하면, 소자 값을 계산할 수 있다.

$$C_1 = \frac{1.7}{(50)(2\pi)(200 \times 10^6)}$$

$$= 27\ \text{pF}$$

$$L_1 = \frac{(0.86)(50)}{2\pi(200 \times 10^6)}$$

$$= 34\ \text{nH}$$

트랜지스터를 종단하는데 필요한 부하 반사 계수는 식 6-33을 이용하여 계산한다.

$$\Gamma_L = \left[0.35\underline{/-39^\circ} + \frac{(0.04\underline{/60^\circ})(5.2\underline{/63^\circ})(0.7\underline{/140^\circ})}{1-(0.4\underline{/162^\circ})(0.7\underline{/140^\circ})}\right]^*$$

$$= 0.427\underline{/60.7^\circ}$$

정규화된 부하 저항값과 함께, 이 값을 그림 6-31에 표시한다. 100-Ω 부하는 Γ_L로 변환되어야 한다. 그림 6-31은 그 중 한 가지 방법을 보여주고 있다. 단일 션트 인덕터로 필요한 임피던스 변환을 할 수 있음에 유의하라.

$$\text{Arc AB} = \text{Shunt L} = -j0.48\ ℧$$

식 4-11 ~ 식 4-14를 이용하면, 인덕터 값을 구할 수 있다.

$$L_2 = \frac{50}{2\pi(200 \times 10^6)(0.48)}$$

$$= 83\ \text{nH}$$

일반적인 바이어스 회로를 포함하는 최종 설계는 그림 6-32와 같다. 0.1-μF의 커패시터는 바이패스와 결합 소자로만 사용된다. 증폭기의 이득은 식 6-22을 이용하여 계산하면 13.3 dB가 된다.

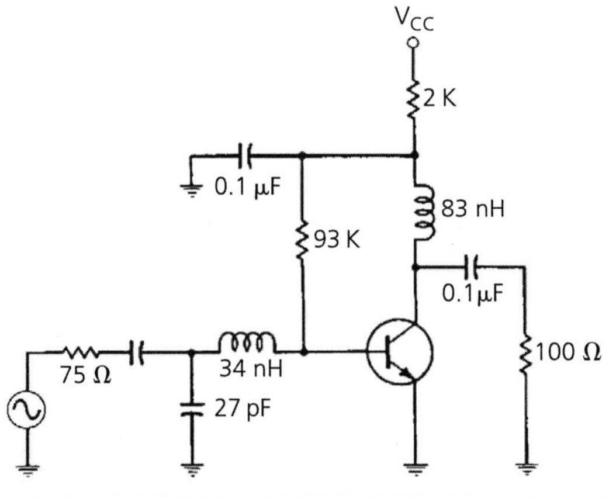

그림 6-32 예제 6-8에 대한 최종 회로.

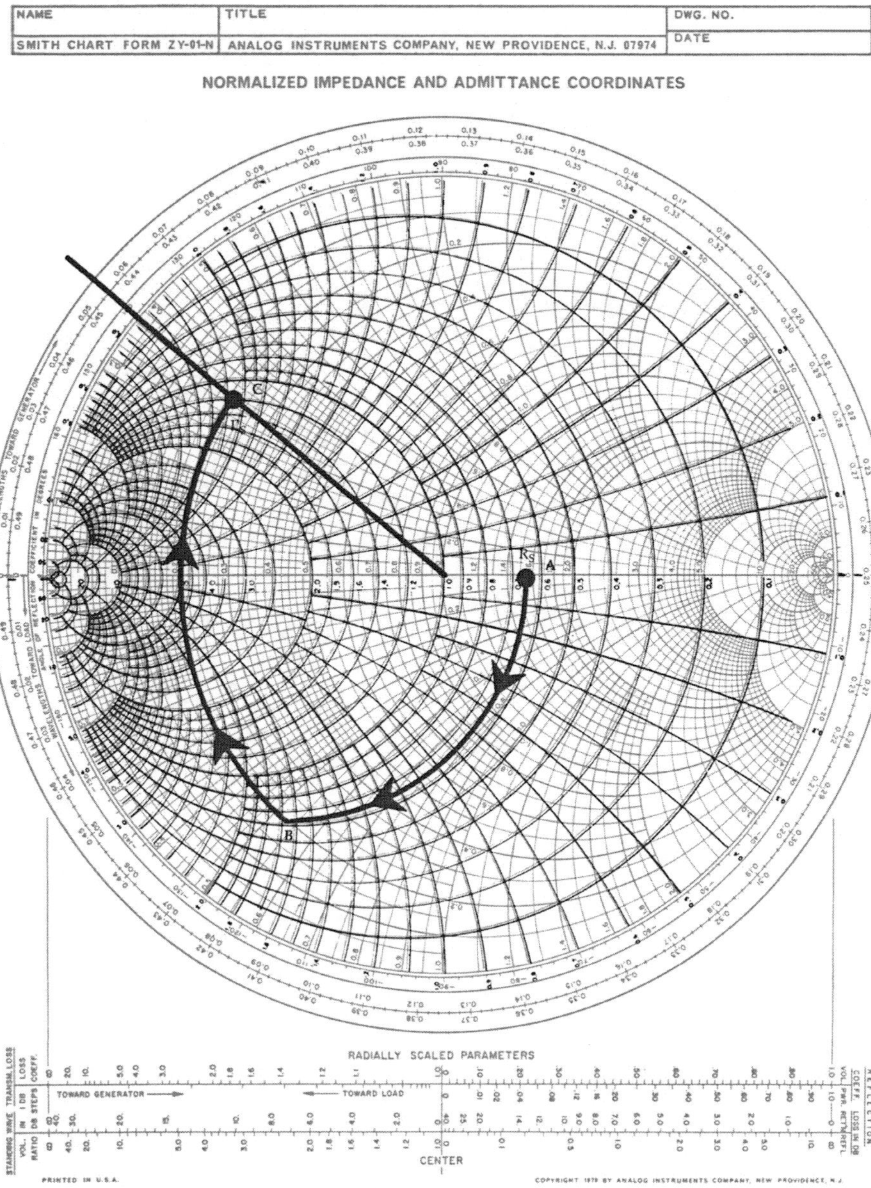

Cont. on next page

그림 6-30 예제 6-8에 대한 입력 회로 설계값. 더 자세한 컬러 그림은 출판사 웹사이트를 참조. http://books.elsevier.com/companions/9780750685184

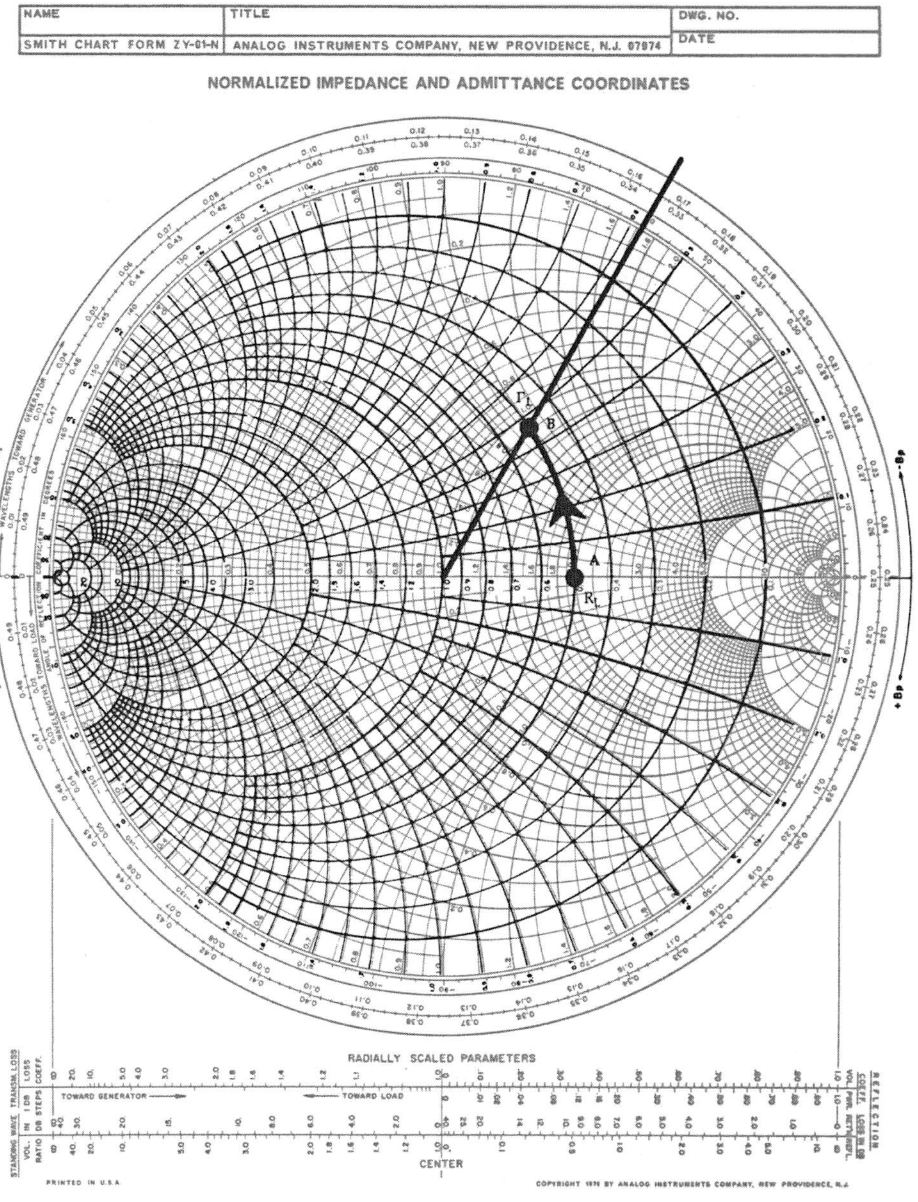

Cont. on next page

그림 6-31 예제 6-8에 대한 출력 회로 설계값. 더 자세한 컬러 그림은 출판사 웹사이트를 참조.
http://books.elsevier.com/companions/9780750685184

설계 예제(Design Example)

이 장에서 다룬 많은 설계 방법은 소프트웨어 설계 tool들을 이용하여 쉽게 설계할 수 있다. 여기서, 설계 tool의 이해를 위해 설계 예제로 이중(dual) 대역 하향 변환기(down converter)에 사용되는 저잡음 증폭기 블록을 다룰 것이다. 설계에 사용하는 tool은 Agilent Technologies (www.agilent.com/find/eesof)사의 Genesys environment(환경)이다. Genesys 소프트웨어는 RF/마이크로파 설계를 위해 개발된 통합 설계 자동화(EDA, integrated electronic design automation) platform을 가지고 있다. Genesys를 이용하여 초기 설계부터 마지막 문서 작업까지를 모두 수행할 수 있으며, Genesys는 빠르고 강력하고 정확하고 사용하기 쉬운 설계 환경에서 최상의 성능을 제공한다.

표 6-1은 설계 스펙과 목표를 요약한 것이다. 요구되는 30 dB 이득은 단일 소자로는 달성하기 어렵다. 따라서, 여기서는 트랜스듀서 이득이 15 dB 이상 되는 최소 2단을 사용할 것이다. 이득, 잡음 지수, 전력, 매칭 등을 모두 고려하여 설계할 것이다. 여기서는 NEC사의 NE23418 소자를 선택하였다. 그 이유는 2400 MHz에서 17 dB 이상의 이득을 갖고 잡음 지수가 1 dB 미만이기 때문이다.

우선 Genesys workspace를 열고, NEC SPICE Parts library로부터 NE23418을 선택한다.

표 6-1 설계 사양.

주파수 영역	2200-2600 MHz, 400 MHz BW
이득(Gain)	30 dB ± 1 dB
잡음 지수(Noise Figure)	< 2 dB
입력/출력 매칭	−20 dB
P_{1dB}	0 dBm
P_{Sat}	+3 dBm
TOI	+10 dBm

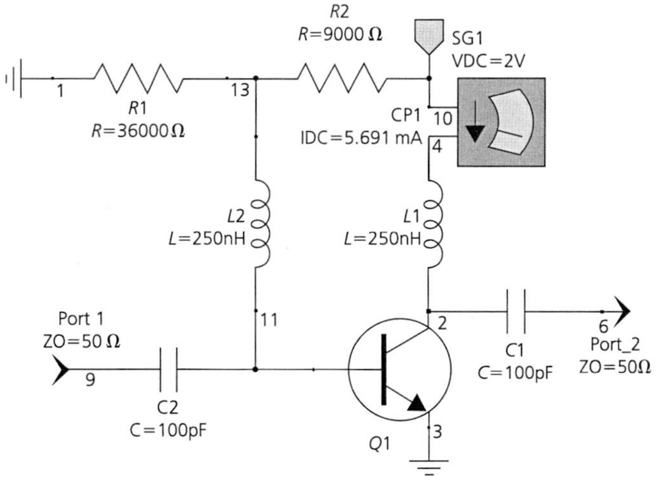

그림 6-33 설계 회로.

표 6-2 소자 값.

R1	36000
R2	9000
SG1	2V
L1	250 nH
L2	250 nH
C1	100 pF
C2	100 pF

선택한 소자를 schematic window에 놓는다. 그림 6-33과 같이 바이어스 소자들을 source들과 port들과 함께 놓는다. 표 6-2는 소자들의 값을 나타내고 있다.

다음은 회로를 simulation하여, 정확한 바이어스 값과 선형 S-파라미터를 추출한다. 이를 위해, Analyses/Add Linear Analysis를 선택한다. 선형 해석 dialog가 나타나면, start와 stop 주파수를 각각 1500 MHz과 3000 MHz로 설정하고 주파수 개수를 101 points로 한다. 다른 default settings는 그대로 둔다. DC analysis와 선형 회로 simulation이 자동으로 수행될 것이다.

Simulation이 끝나면, schematic에서 출력 포트의 오른쪽을 클릭하고, measurement 항목에서 S[2,1]을 선택하여 그래프로 그린다. 그래프가 나타나면, 그래프 상에서 아무 위치에서나 더블 클릭하여 그래프의 특성 dialog를 불러온다. Measurement Wizard 버튼을 선택한 다음, dataset을 나타내는 Linear1_Data를 선택한다. 3번째 dialog가 나타나면, 그래프로 보고자 하는 measurement를 선택한다. 잡음 지수를 위해 NFMIN을 선택하고 Finish 버튼을 누른다. 이때 다른 부가적인 선택은 그대로 둔다. 그래프 속성을 닫으면, 그림 6-34와 비슷하게 나타날 것이다.

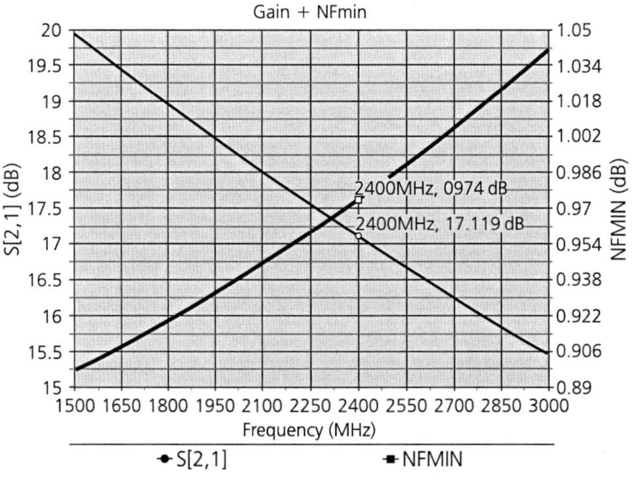

그림 6-34 측정 그림.

Marker를 추가하기 위해 그래프 라인을 클릭한다. 1 dB 미만의 잡음 지수에서 이득 값이 약 17-dB가 되어야 한다.

다음 단계로 Gopt, S11, S22, 입력 출력 안정도 원과 상수 잡음 지수를 그릴 것이다. 우선, 스미스 차트 그래프를 위해 Graphs/Add Smith Chart를 선택한다. 차트상에서 더블 클릭하여 그래프 속성을 불러온다. 다음, Measurement Wizard 버튼을 선택한 후 Linear1_Data set을 선택하여 측정 dialog를 불러온다. NCI 상수 잡음 원이 나올 때까지 scroll down 한다. 그래프 dialog를 닫고, 그래프를 본다. Gopt는 해석하고자 하는 주파수 영역에서 최소 잡음에 대한 최적의 반사 계수를 나타낸다. 상수 잡음 원들을 보기 위해, 그래프에 클릭한다. marker가 가리키는 것은 이러한 원에 대한 주파수이다. marker를 활성화한 상태로, 커서를 사용하여 대역 내에서 옮겨본다. 원의 위치와 직경이 어떻게 변하는지 주목하라. 원은 상수 잡음 지수의 궤적을 나타낸다. Genesys help로부터 알 수 있듯이, 첫 번째 원은 0.25 dB가 저하된 것을 나타내고, 그 다음은 0.5 dB, 그 다음은 1 dB, 그 다음은 1.5 dB 이런 식으로 잡음 지수가 저하된다. 증폭기의 입력을 50-Ω으로 종단하는 값을 선택하면, 잡음 지수는 최저 잡음 지수에 비해 0.25 dB이하로 저하될 것이다.

앞의 방식으로 다른 스미스 차트를 추가하라. 이번에는 Gopt, S11, S22, 입력과 출력의 안정도 원을 그릴 것이다. 시간을 절약하기 위해, 측정 항목을 입력하여 그래프의 속성 dialog 스크린에 직접 그려라. 안정도 원들에 대한 S11, S22, Gopt, SB1, SB2를 측정 항목으로 한다.

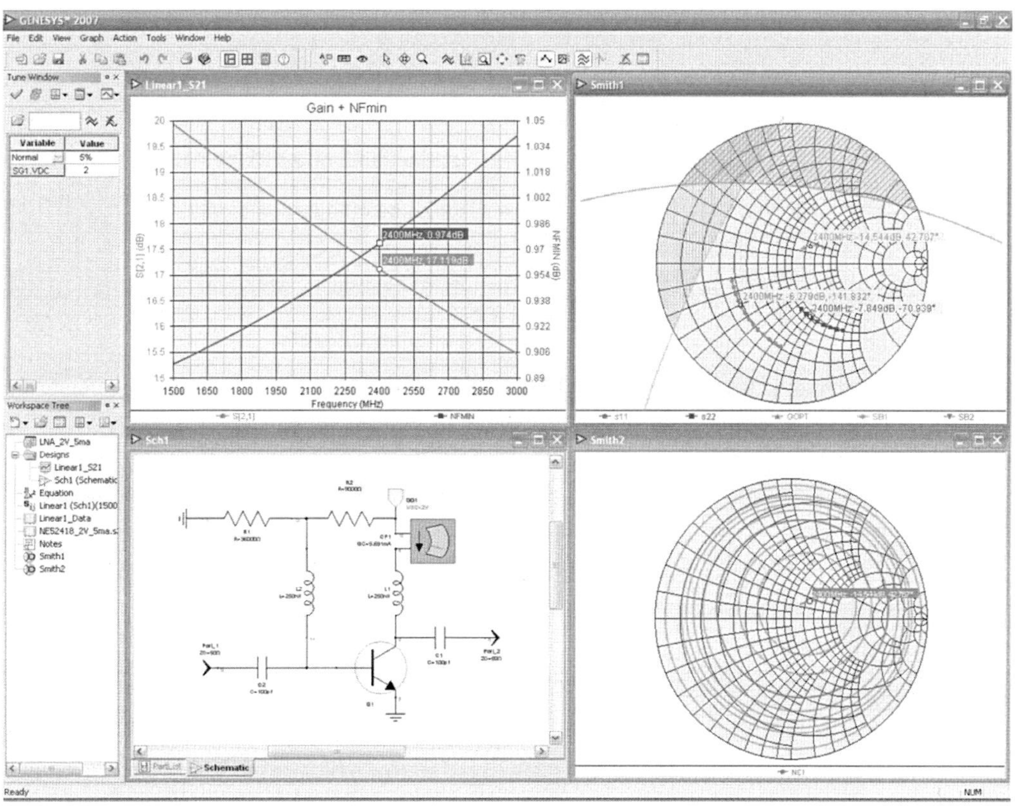

그림 6-35 안정도 원의 그림.

그래프 속성 dialog를 닫아라. Window/Tile 함수를 사용하여 4개의 윈도를 스크린 상에 불러 띄운다. 결과 화면은 그림 6-35와 유사할 것이다.

Schematic SG1에서 DC source를 더블 클릭하고, tune box를 체크하고 닫아라. Tune 윈도를 사용하여 소스 전압을 1에서 3 V까지 변화시켜라. 안정도 원뿐만 아니라 선형 파라미터도 변함에 주목하라. 바이어스를 증가함에 따라 안정도 원은 단위 원에 근접하게 되어, 매칭이 더 쉬어지지만 잡음 지수는 악화된다. 이득과 잡음을 위해 제조사가 권하는 값인 2 V로 전압을 리셋하라. 단위 원 안에 안정도 원이 있고 중심을 포함하고 있지 않다는 것은 원 내부 영역에서 부하나 소스를 취할 수 없다는 것을 말한다. 즉, 그 영역은 발진 가능성이 있다 것이다. 다시 말해, 선택한 트랜지스터에 입력과 출력을 동시에 공핵 매칭을 할 수 없다는 것을 의미한다. 안정도 계수 K를 그래프나 테이블로 구해보면 이 사실이 명확해진다. 즉, 소자의 Gmax를 취할 수는 없고, 대신에 Gmsg 즉 최대 안정 이득(maximum stable gain)을 취해야 한다.

소자를 이미 선택했기 때문에, 이제 바이어스된 단을 2단 증폭기 설계에 결합한다. 메뉴로부터 Synthesis/Add Impedance Match를 선택하여 MATCH dialog를 불러온다. 증폭기를 매칭하고자 하는 start와 stop 주파수를 선택한다. 하한(start) 주파수로 2200 MHz를 상한(stop) 주파수로 2400 MHz를 선택하고, 주파수 포인트를 50으로 정한다. Section 탭을 눌러서 network/topology 윈도를 불러오고 값을 setting한다. 입력과 출력 종단으로 50-Ω인 default 값은 변경하지 않는다.

입력 포트를 선택한 상태로, Add Device 버튼을 클릭하여, 심벌 모양의 2-포트 블록을 윈 구조에 추가한다. Type drop-down을 선택하여 블록의 데이터를 가지고 올 위치를 정한다. 지금 예제에서는 이전에 만들어진 sub circuit을 사용할 것이다. Type drop-down으로부터 Design option을 선택한 다음, Design drop-down으로부터 바이어스된 회로의 이름인 "SCH1"을 선택한다. 출력 포트를 활성화하기 위해 출력 포트를 클릭한다. 다음 Add Device 버튼을 선택하여 두 번째 단을 불러온다. 앞서 한 것처럼, Type drop-down에서 Design을 선택하고, 동일한 sub network인 "SCH1"을 선택한다. 중간 default 매칭 회로 "LCPi"을 선택한다. Type drop-down

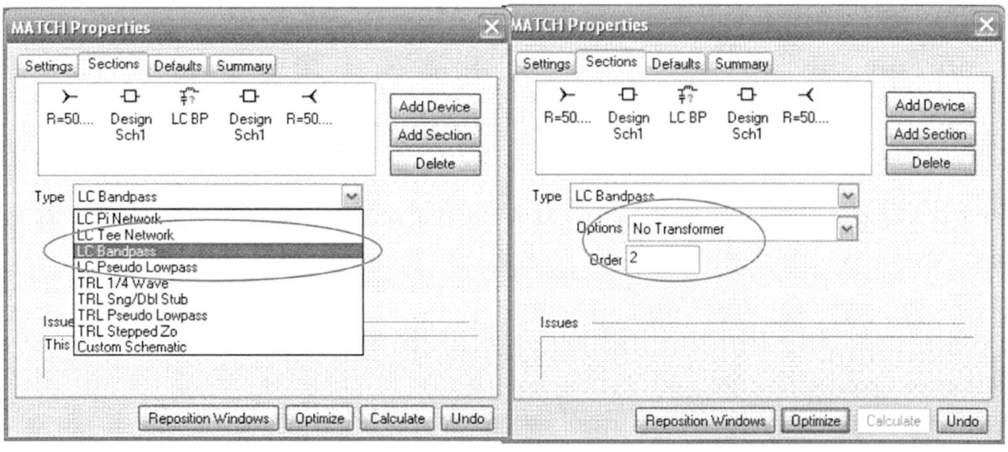

그림 6-36 매칭 특성 화면.

으로부터 "LC Bandpass"를 선택한다. Options drop-down가 "No Transformer"라고 나오면 Order를 2로 설정한다. 구조는 그림 6-36과 유사하게 될 것이다.

Optimization(최적화) icon을 더블 클릭하라. Optimization dialog 박스로부터 Goals(최적화 설계 목표) tab을 선택하라. Goal 속성에 S21의 측정을 추가하고, 그 값을 30 dB로 설정하라. S11과 S22에 대한 goal을 −15 dB로 다시 설정하고 weight[†]를 설정하라. Optimization dialog를 닫아라.

MATCH 속성 dialog에서 Calculate 버튼을 눌러서, Genesys를 통해 중간 단(inter-stage) 매칭 회로를 해석한다. 몇 초 후 중간 단 구조를 갖는 회로와 관련 소자는 MATCH에 의해 심벌로 나타날 것이다. 매칭 회로에서, 출력 포트에 오른쪽을 클릭하여 'Add New Graph/Table/New Graph of S21'를 선택한다. 2단 증폭기에 대한 이득과 주파수 직각(rectangular) 도표가 나타날 것이다. 그림 6-37을 참조하라.

새로운 그래프를 더블 클릭하여 Properties(속성) dialog를 열어라. "S[2,1]" 항목 밑에

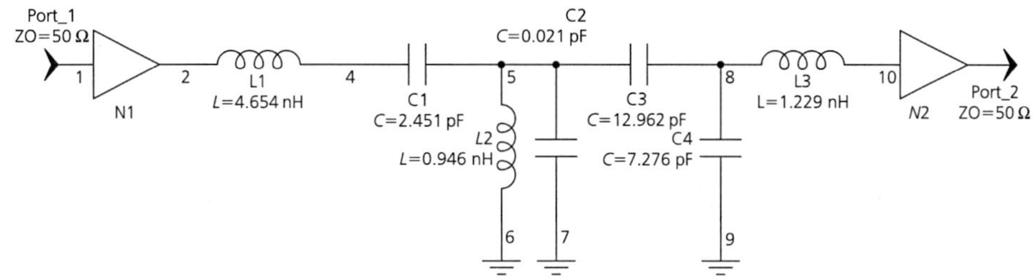

그림 6-37 중간 단 구조 회로.

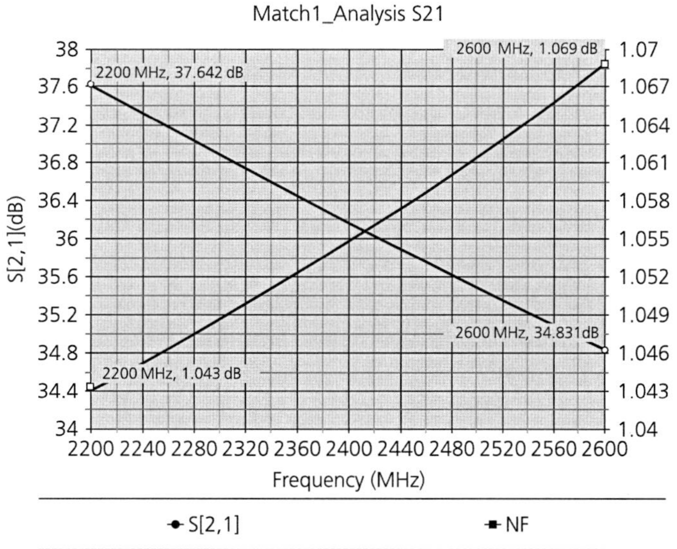

그림 6-38 잡음 지수 그래프.

† 역주: goal이 여러 개가 있을 때 각 goal 간의 중요도 즉, 가중치 개념이다.

잡음 지수에 대한 “NF”을 타이핑하여 새로운 측정 항목을 추가하라. 축의 오른쪽에 잡음 지수를 표시하기 위해서는 ‘NF measurement check box On Right’을 체크하라. 나타난 그래프는 그림 6-38과 유사할 것이다.

최적화되지 않은 이득은 약 37.6에서 34.8 dB까지 변한다. 이때 매칭 특성은 −6 dB에서 −2 dB다. 이득이 ±1 dB의 설계 사양 범위에서 30 dB ± 1 dB로 평탄해졌다. 잡음 지수는 대역 내에서 2 dB 미만(최대 약 1.07)을 유지하고 있다. 입력과 출력 매칭은 목표인 대역 내 −20 dB에 아직 미달한다. 하지만 이를 위해 여러 가지의 option들이 있다. 추가적인 회로를 입력과 출력에 더할 수도 있고, 커플러를 도입하여 광대역 매칭을 할 수도 있다. 그림 6-39는 이득, 잡음 지수, 매칭 특성을 보여주고 있다.

여기서 설계 goal들을 다시 살펴보면, 이득과 잡음 지수는 요구 사항을 만족하고 있지만, 매칭 특성은 4 dB 정도 미달한다. 불행하게도, 안정도 마진을 나타내는 소자를 사용하는

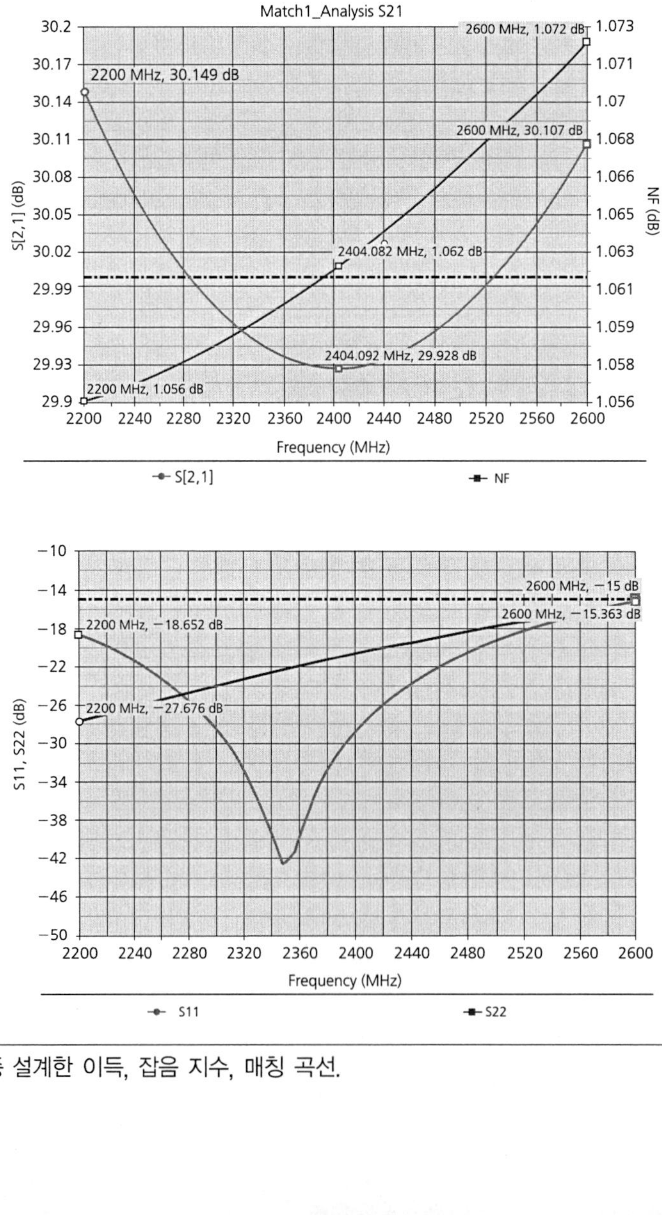

그림 6-39 최종 설계한 이득, 잡음 지수, 매칭 곡선.

경우, 한쪽 포트의 매칭 특성을 개선하면 다른 쪽 매칭 특성이 나빠진다. 다음 단계는 앞서 언급한 이중 대역 수신기에 증폭기 블록을 설계한 회로로 대치하는 것이다. 시스템 블록 다이어그램에서 설계한 증폭기로 대치하면 전체 시스템 성능이 저하된다. 이를 위해 반사 손실(return loss) 사양을 만족할 수 있는 다른 방법을 찾아야 한다. 추가적으로, 전력, 포화 특성 등을 만족할 수 있는지를 확인하기 위해 증폭기의 비선형 특성에 대한 테스트가 필요하다. Genesys 환경에서, 비선형 특성을 검증하는 것은 harmonic balance simulator를 통해서 수행된다. 검증 결과 설계한 증폭기는 +10 dBm의 TOI 사양을 만족하는 것으로 가정하자. 결과적으로 설계한 회로는 매칭 특성을 제외한 모든 사양을 잘 만족하고 있다.

소자 간의 간섭을 억제하려면 우수한 매칭이 필요하다. 설계한 증폭기는 필터와 주파수 혼합기(믹서, mixer)의 앞에 놓인다. 일반적으로 주파수 혼합기의 출력 포트에서 큰 반사가 일어난다. 이때 증폭기 출력 포트에서 매칭이 나쁘면, 증폭기 출력에서 반사된 신호가 다시 주파수 혼합기로 다시 인가되어 이득 저하와 대역 내의 불요파(spurious)를 발생시킨다. Genesys를 통해 시스템의 증폭기 블록을 설계한 증폭기로 대치하여 전체 성능을 테스트하면서 설계를 개선할 수 있다.

입력과 출력 매칭 문제를 해결할 수 있는 몇 가지 다른 방법이 있다. 매칭 구조를 다시 살펴보고 추가적으로 소자를 입력과 출력에 덧붙일 수 있다. 하지만 만일 다른 설계 목표를 만족해야 한다면 거의 얻는 것이 없을 것이다. 두 번째 방법으로 충분한 이득을 갖고 매칭 특성을 개선할 수 있는 다른 소자를 선택하는 것을 생각해 볼 수 있다. 세 번째 방법은 서큘레이터(circulator, 순환기)나 아이솔레이터(isolator) 소자를 입력과 출력에 두는 것이다. 이것은 사이즈와 가격 때문에 좋은 방법은 되지 못한다. 또 다른 방법으로 하이브리드(hybrid) 증폭기 구조를 사용하는 것이다. 하이브리드 증폭기는 동일한 증폭기 2개를 하이브리드 또는 90° 결합기로 결합하여 구동한다. 이 구조는 대역 내에서 매우 우수한 매칭 특성과 전력 결합에 의한 출력 전력을 개선할 수 있고, 구조에 따라 짝수(even, 우) 또는 홀수(odd, 기) 하모닉을 억제할 수 있다. 또한 두 증폭기중 하나가 고장난 경우에도 성능 저하는 있지만 이득을 갖는 것이 장점이다.[†]

† 역주: 이러한 개념의 설계는 시스템의 reliability 측면에서 중요하다. 위성 탑재 부품이나 군용에서 중요한 개념이다.

CHAPTER 7

RF(대신호) 전력 증폭기

RF(Large Signal) Power Amplifiers

5장과 6장에서는 트랜지스터를 소신호(small-signal) 소자로 다루었다. 증폭기 설계를 위해 Y와 S-파라미터를 도입하여 설계 수식을 유도하였다. 트랜지스터가 대신호 소자(large-signal device)로 사용되면, 이러한 수식은 더 이상 유효하지 않다. Y와 S-파라미터는 소신호(small-signal) 파라미터[†]라 부르고, RF 전력 증폭기 설계에 사용되지 않는다. 이번 장에서는 기본 전력(파워) 트랜지스터 특성을 자세히 살펴보고, 최근 RF 전력 IC에 사용되는 최신 반도체 기술을 살펴볼 것이다.

RF 전력 트랜지스터 특성(RF Power Transistor Characteristics)

전력 트랜지스터를 기술하기 위해 Y와 S-파라미터를 사용하는 대신에, 제조사는 일반적으로 대신호 입력 임피던스와 대신호 출력 임피던스를 제공한다. 이러한 파라미터는 원하는 DC 공급(supply) 전압과 RF 전력 출력 레벨에서 매칭된 증폭기로 동작할 때 측정된 파라미터다. 여기서 매칭된 증폭기란 입력과 출력 임피던스가 소스와 부하에 각각 공핵 매칭된 상태를 말한다.

RF 전력 트랜지스터 데이터 시트(The RF Power Transistor Data Sheet)

RF 전력 트랜지스터에 대한 설계 정보는 그림 7-1과 같이 일반적으로 대신호 입력과 출력 임피던스의 형태로 제시된다. 그림 7-1은 Freescale(이전에는 Motorola사) MRF233 RF 전력 트랜지스터에 대한 데이터 시트다. 이 소자를 교육용으로 선택한 이유는 데이터 시트가 직렬과 병렬 임피던스 정보를 모두 포함하고 있기 때문이다. 이러한 데이터 시트는 데이터를 다른 형태로 변환할 필요 없이 회로 설계자들에게 익숙한 임피던스 형태를 제공하고 있다.

[†] 역주: Y, S-파라미터는 소신호 파라미터지만, 하모닉 특성을 무시하고 대 전력에서 정의할 수도 있다, 이를 대신호 Y, S-파라미터라 부른다. 대신호 Y, S-파라미터를 이용하면 전력 포화 특성을 관측할 수 있다.

NPN RF Power

MRF233

The RF Line

15 W – 90 MHz
RF POWER
TRANSISTOR
NPN SILICON

NPN SILICON RF POWER TRANSISTORS

. . . designed for 12.5 Volt, mid-band large-signal amplifier applications in industrial and commercial FM equipment operating in the 40 to 100 MHz range.

- Specified 12.5 Volt, 90 MHz Characteristics –
  Output Power = 15 Watts
  Minimum Gain = 10 dB
  Efficiency = 55%
- 100% Tested for Load Mismatch at all Phase Angles with 30:1 VSWR
- Characterized with Series Equivalent Large-Signal Impedance Parameters
- Characterized with Parallel Equivalent Large-Signal Impedance Parameters

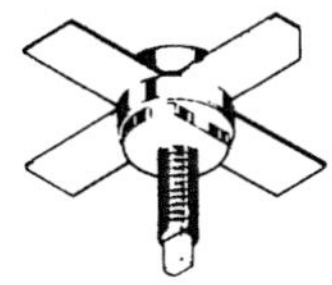

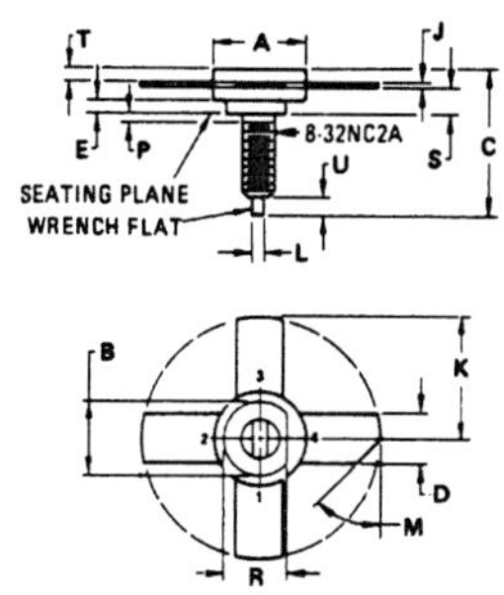

STYLE 1:
PIN 1. EMITTER
2. BASE
3. EMITTER
4. COLLECTOR

DIM	MILLIMETERS		INCHES	
	MIN	MAX	MIN	MAX
A	9.40	9.78	0.370	0.385
B	8.13	8.38	0.320	0.330
C	17.02	20.07	0.670	0.790
D	5.46	5.97	0.215	0.235
E	1.78	–	0.070	–
J	0.08	0.18	0.003	0.007
K	12.45	–	0.490	–
L	1.40	1.78	0.055	0.070
M	45° NOM		45° NOM	
P	–	1.27	–	0.050
R	7.59	7.80	0.299	0.307
S	4.01	4.52	0.158	0.178
T	2.11	2.54	0.083	0.100
U	2.49	3.35	0.098	0.132

145A-09

MAXIMUM RATINGS

Rating	Symbol	Value	Unit
Collector-Emitter Voltage	V_{CEO}	18	Vdc
Collector-Base Voltage	V_{CBO}	36	Vdc
Emitter-Base Voltage	V_{EBO}	4.0	Vdc
Collector Current – Continuous	I_C	3.5	Adc
Total Device Dissipation @ $T_C = 25°C$ (1) Derate Above 25°C	P_D –	50 285	Watts mW/°C
Storage Temperature Range	T_{stg}	-65 to +200	°C
Stud Torque (2)	–	6.5	In-lb

THERMAL CHARACTERISTICS

Characteristic	Symbol	Max	Unit
Thermal Resistance, Junction to Case	$R_{\theta JC}$	3.5	°C/W

(1) These devices are designed for RF operation. The total device dissipation rating applies only when the devices are operated as Class C RF amplifiers.
(2) For Repeated Assembly use 5 In. Lb.

그림 7-1 데이터 시트(Freescale사 제공).

MRF233

ELECTRICAL CHARACTERISTICS (T_C = 25°C unless otherwise noted).

Characteristic	Symbol	Min	Typ	Max	Unit
OFF CHARACTERISTICS					
Collector-Emitter Breakdown Voltage (I_C = 100 mAdc, I_B = 0)	BV_{CEO}	18	–	–	Vdc
Collector-Emitter Breakdown Voltage (I_C = 50 mAdc, V_{BE} = 0)	BV_{CES}	36	–	–	Vdc
Emitter-Base Breakdown Voltage (I_E = 5.0 mAdc, I_C = 0)	BV_{EBO}	4.0	–	–	Vdc
Collector Cutoff Current (V_{CB} = 15 Vdc, I_E = 0)	I_{CBO}	–	–	1.0	mAdc
ON CHARACTERISTICS					
DC Current Gain (I_C = 1.0 Adc, V_{CE} = 5.0 Vdc)	h_{FE}	5.0	–	–	–
DYNAMIC CHARACTERISTICS					
Output Capacitance (V_{CB} = 12.5 Vdc, I_E = 0, f = 1.0 MHz)	C_{ob}	–	100	120	pF
FUNCTIONAL TESTS (Figure 1)					
Common-Emitter Amplifier Power Gain (V_{CC} = 12.5 Vdc, P_{out} = 15 W, f = 90 MHz)	G_{PE}	10	–	–	dB
Collector Efficiency (V_{CC} = 12.5 Vdc, P_{out} = 15 W, f = 90 MHz)	η	55	–	–	%
Load Mismatch (V_{CC} = 12.5 Vdc, P_{out} = 15 W, f = 90 MHz, $T_C \leqslant$ 25°C)	–	VSWR > 30:1 Through All Phase Angles in a 3 Second Interval After Which Devices Will Meet G_{PE} Test Limits			

FIGURE 1 – 90 MHz TEST CIRCUIT SCHEMATIC

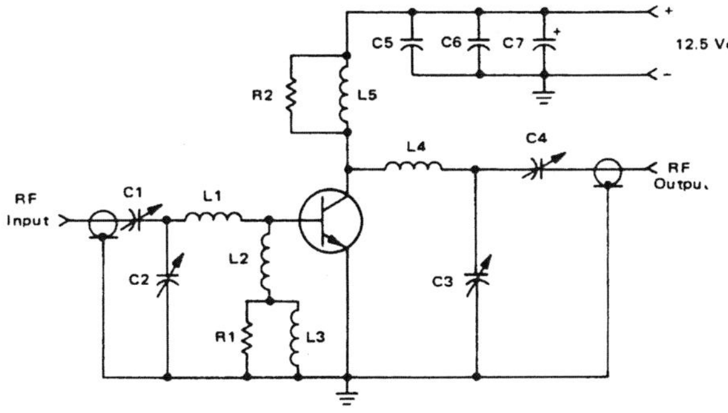

C1,C3 9.0-180 pF, ARCO 463
C2,C4 25-280 pF ARCO 464
C5 1000 pF UNELCO
C6 0.01 μF ERIE Disc Ceramic
C7 1.0 μF, 35 Vdc TANTALUM
L1 2 Turns, #18 AWG, 3/8" I.D., 1/4" Long
L2 0.22 μH, 9230-04 MILLER Molded Choke
L3 2.2 μH, 9230-200 MILLER Molded Choke
L4 2 Turns, #18 AWG, 3/8" I.D., 3/8" Long
L5 10 Turns, #16 AWG, Wound On R2.
R1 15 Ohm, 1/2 W, 10% Carbon
R2 68 Ohm, 1 Watt, 10% Carbon
Input/Output Connectors – Type BNC

그림 7-1 데이터 시트(Freescale사 제공). (계속)

MRF233

FIGURE 2 – OUTPUT POWER versus INPUT POWER

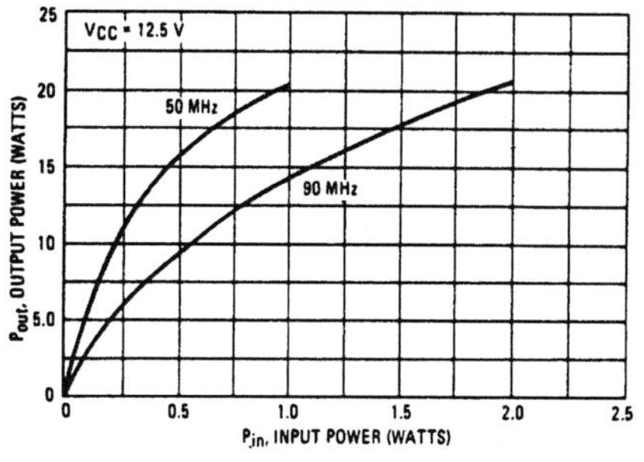

FIGURE 3 – OUTPUT POWER versus FREQUENCY

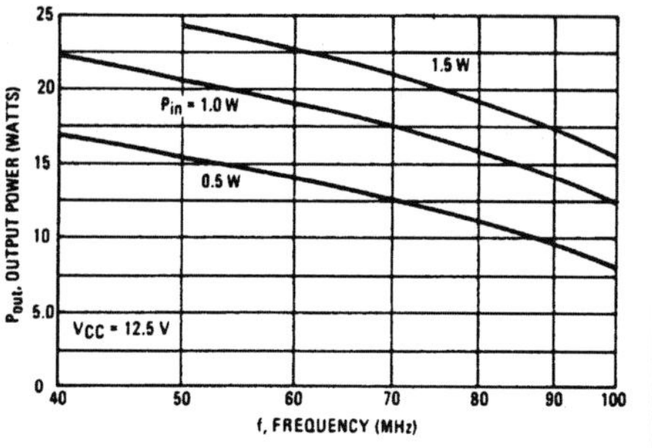

FIGURE 4 – OUTPUT POWER versus SUPPLY VOLTAGE

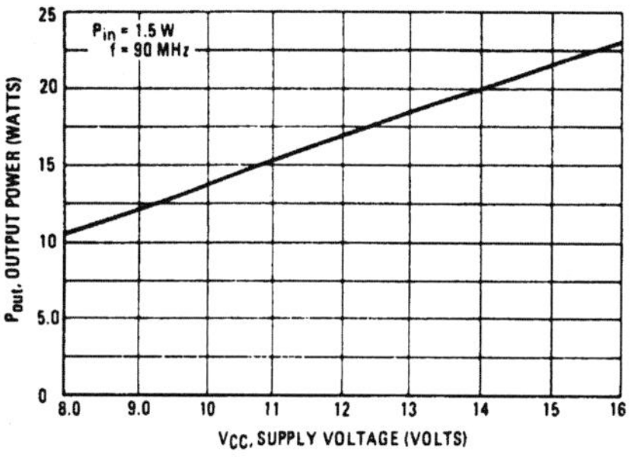

FIGURE 5 – SERIES EQUIVALENT IMPEDANCE

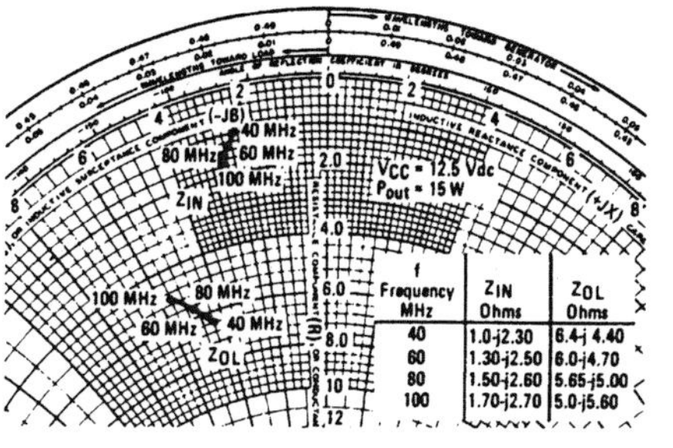

f Frequency MHz	ZIN Ohms	ZOL Ohms
40	1.0-j2.30	6.4-j 4.40
60	1.30-j2.50	6.0-j4.70
80	1.50-j2.60	5.65-j5.00
100	1.70-j2.70	5.0-j5.60

그림 7-1 데이터 시트(Freescale사 제공). (계속)

MRF233

FIGURE 6 – PARALLEL EQUIVALENT INPUT RESISTANCE versus FREQUENCY

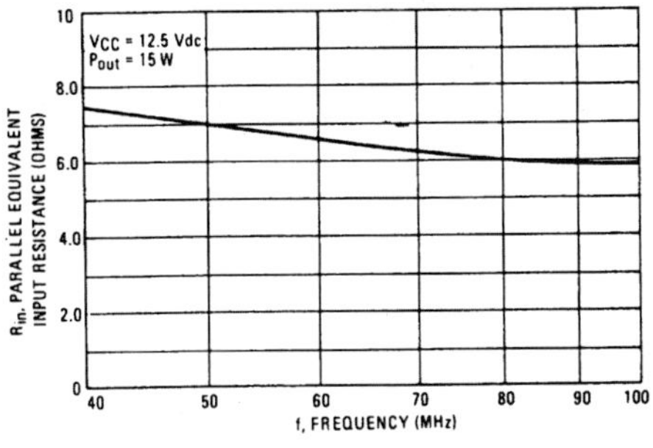

FIGURE 7 – PARALLEL EQUIVALENT INPUT CAPACITANCE versus FREQUENCY

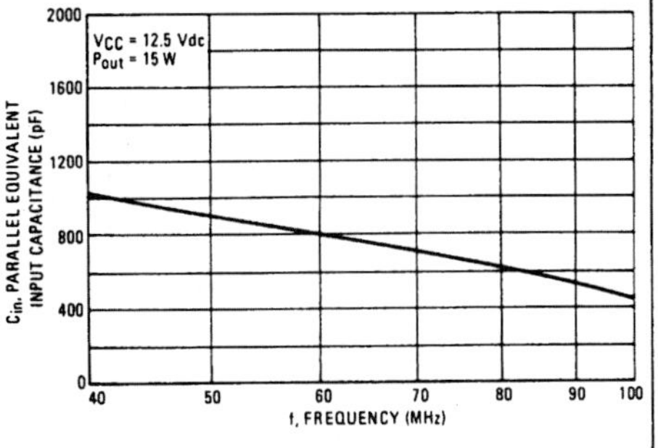

FIGURE 8 – PARALLEL EQUIVALENT OUTPUT RESISTANCE versus FREQUENCY

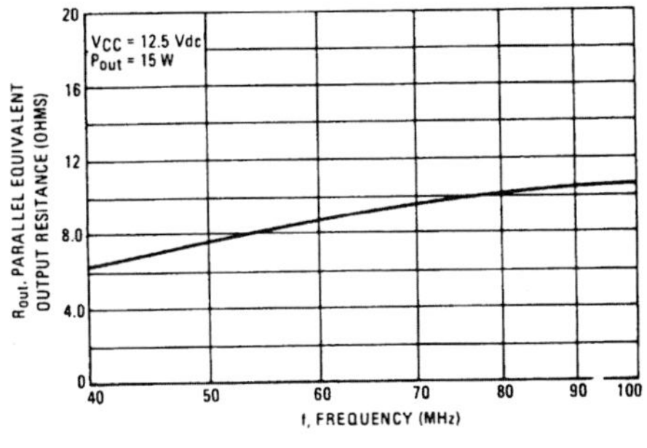

FIGURE 9 – PARALLEL EQUIVALENT OUTPUT CAPACITANCE versus FREQUENCY

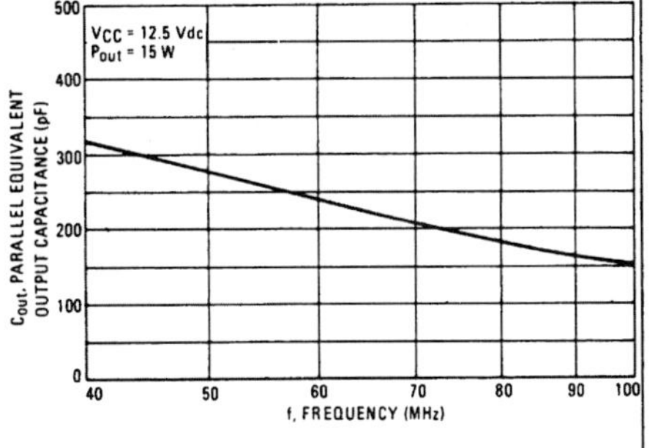

그림 7-1 데이터 시트(Freescale社 제공). (계속)

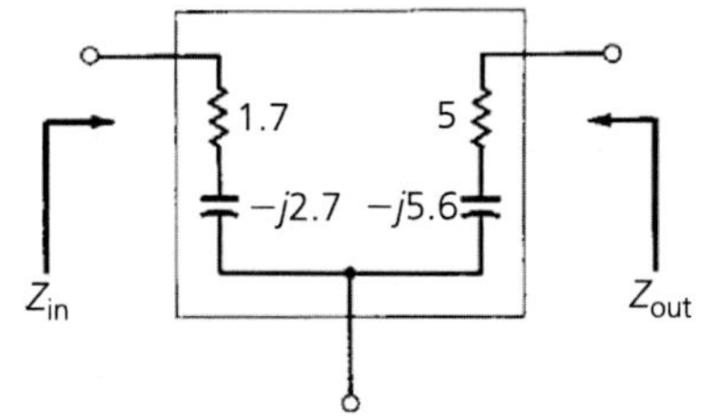

그림 7-2 100 MHz에서 직렬 입력과 출력 임피던스에 대한 등가 회로.

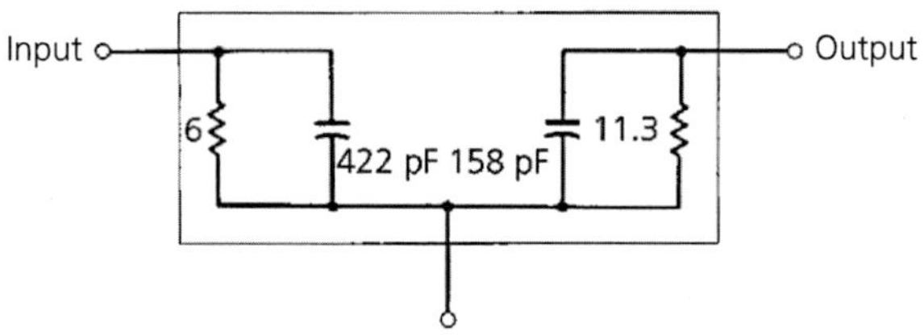

그림 7-3 100 MHz에서 션트(혹은 병렬) 입력과 출력 임피던스에 대한 등가 회로.

데이터 시트에 있는 3페이지의 그림 5는 40 MHz에서 100 MHz 주파수 범위에서 트랜지스터의 직렬 입력과 출력 임피던스를 스미스 차트 위에 표시하고 있다. 이 정보는 편의를 위해 표 형태로 차트 오른쪽에 다시 기재되어 있다. 임피던스는 $Z = R \pm jX$ 형태로 주어짐에 유의하라. 따라서 100 MHz에서, 트랜지스터의 입력 임피던스는 $Z_{in} = 1.7 - j2.7\ \Omega$이고, 출력 임피던스는 $Z_{out} = 5 - j5.6\ \Omega$이다. 트랜지스터에 대한 등가 직렬 표현은 그림 7-2와 같다.

데이터 시트에서 그림 6, 7, 8, 9는 병렬 형태로 표현한 동일한 임피던스 값이다. 트랜지스터의 입력과 출력 임피던스는 커패시터와 병렬로 놓인 션트 저항으로 표시된다. 데이터 시트의 그림 6과 7을 살펴보면, 트랜지스터의 입력 임피던스는 422 pF 커패시터가 병렬로 연결된 6-Ω 션트 저항으로 표현된다. 그림 8과 9는 트랜지스터의 등가 병렬 출력 임피던스를 나타내는 그래프로 100 MHz에서 11.3-Ω 저항이 158-pF 커패시터와 병렬로 연결되어 있다. 션트 조합으로 표현된 등가 회로는 그림 7-3과 같다.

식 2-6과 식 2-7을 이용하면 직렬을 션트로 혹은 션트를 직렬로 변환할 수 있다. 이와 관련해서 예제 2-2의 과정을 참조하라.

데이터 시트 3페이지의 그림 2는 주어진 출력 전력을 얻기 위해 어느 정도의 입력 신호 전력을 인가해야 하는지를 정하는데 도움이 된다. 동작 주파수가 증가함에 따라 요구되는 입력 구동 레벨이 증가함에 주목하라. 500 MHz에서 트랜지스터에 1 W의 입력 전력을 인가하면 출력은 20 W가 되어 13 dB의 이득이 되지만, 주파수가 900 MHz가 되면 동일한 입력 전력은 14 W 즉 11.5 dB의 이득으로 낮아진다.

그림 3은 그림 2와 마찬가지로 동일한 기본 정보를 다른 형태로 나타내고 있다. 동일한 입력 전력 레벨에 대해 동작 주파수에 따라 출력 전력이 감소함에 주목하라.

데이터 시트의 나머지는 소신호 트랜지스터와 유사한 정보들이다.

트랜지스터 바이어 방법(Transistor Biasing)

RF 전력 트랜지스터에 인가되는 바이어스의 형태는 설계자가 원하는 증폭의 "급(class)"에 의해 결정된다. 전력 증폭기에서 이용할 수 있는 급의 종류는 다양하다. 설계에서 어떤 급을 선택하느냐는 응용에 따라 달라진다.

이 장에서 C-급(class-C) 증폭기를 강조하여 다룰 것이다. 하지만, A-급과 B-급 증폭기의 바이어스도 범위에 포함을 시킬 것이다.

A-급 증폭기와 선형성(Class-A Amplifiers and Linearity)

A-급 증폭기는 항상 출력 전류가 흐르도록 바이어스하는 증폭기로 정의한다. 따라서 증폭기를 구동하는 입력 신호 레벨은 트랜지스터가 차단(cutoff)되지 않을 정도로 작게 유지해야 한다. 즉, 트랜지스터의 도전 각(또는 도통 각, conduction angle)이 360°가 되어 입력 신호의 전-주기(full cycle) 동안 트랜지스터에 전류가 흐른다.

A-급 증폭기는 증폭기의 종류 중에서 선형성(linearity)이 가장 우수하다. 선형성은 간단히 말해 증폭기의 출력과 입력 신호에 대한 파형의 닮은 정도를 측정하는 척도다. 선형 증폭기는 그림 7-4와 같이 출력 신호가 입력 신호에 비례하는 것을 말한다. 그림의 예에서 출력 신호 레벨은 입력 신호 레벨의 두 배고, 입력과 출력의 전달 함수는 직선이다.

트랜지스터가 완전하게 선형적일 수는 없다. 즉, 증폭기의 출력 신호와 입력 신호의 파형이 완전히 같을 수는 없다. 불요(spurious) 성분이 하모닉 또는 상호 변조 왜곡(IMD, intermodulation distortion) 형태로 더해진다. 이러한 종류의 비선형성로 인해 증폭기의 전달 함수는 더 이상 직선 형태가 되지 않는다. 실제로는 그림 7-5A와 같이 곡선 형태로 표현된다. 증폭기의 입력 신호에 왜곡이 발생하면 그림 7-5B와 같이 된다. 출력 파형의 한쪽 극성이 낮아진

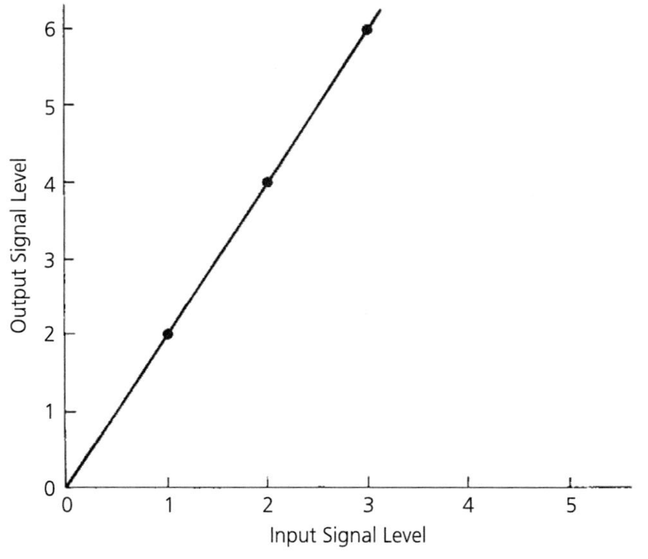

그림 7-4 선형 증폭기의 전달 특성.

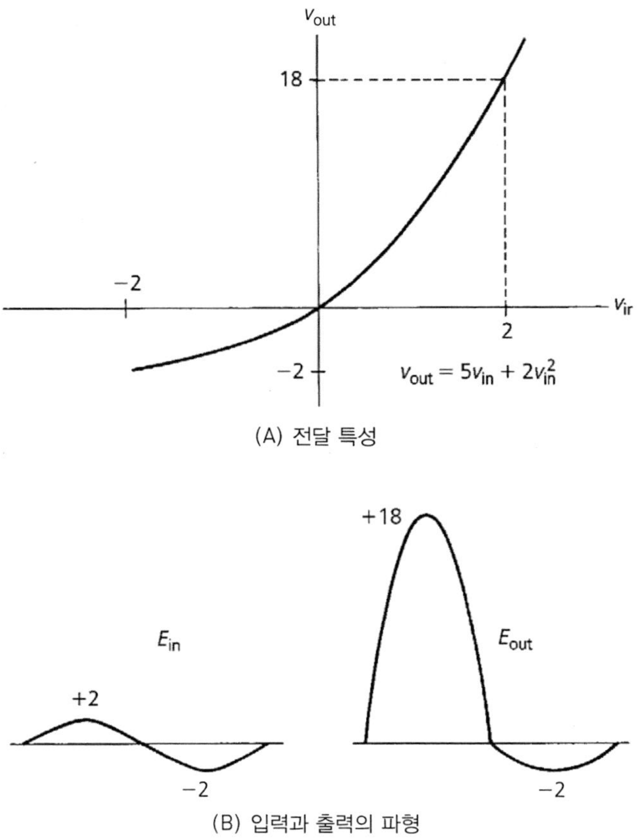

그림 7-5 비선형 증폭기의 특성.

것(flat topping)은 증폭기에서 발생한 2차 하모닉에 의한 결과다. 이러한 종류의 왜곡을 하모닉 왜곡(harmonic distortion)이라 부르고 다음의 식에 의해 표현된다.

$$V_{out} = AV_{in} + BV_{in}^2 + CV_{in}^3 + \cdots\cdots \qquad \text{식 7-1}$$

식 7-1의 두 번째 항은 2차 하모닉(second harmonic) 또는 2차 왜곡(second-order distortion)라 부른다. 세 번째 항은 3차 하모닉 또는 3차 왜곡이라 부른다. 물론, 이상적인 선형 증폭기에서는 신호에 왜곡을 주는 2차, 3차, 그 이상의 고차 항은 발생되지 않는다.

그림 7-5에서 증폭기의 전달 함수가 $V_{out} = 5V_{in} + 2V_{in}^2$로 주어져 있을 때, 2차 왜곡 성분은 입력 신호의 제곱으로 증가한다. 따라서 입력 신호 레벨이 증가함에 따라, 출력 신호에서 2차 성분은 1차 기본 성분보다 훨씬 빠르게 증가한다. 궁극적으로 출력의 2차 성분은 기본 성분의 진폭과 같아질 것이다. 이 효과를 그래프로 보면 그림 7-6과 같다. 출력 신호의 2차 성분과 1차 성분이 만나는 지점을 2차 교차점(second-order intercept point)이라 부른다. 이와 유사하게 증폭기에 대해 3차 왜곡 특성을 그릴 수 있다. 이 경우, 3차 항을 증폭기의 기본 이득 변화에 따라 그린다. 증폭기의 2차와 3차 교차점은 소자의 성능비교척도(FOM, figure of merit)로 사용된다. 교차점이 높을수록 증폭기는 큰 신호를 더 잘 증폭할 수 있다.

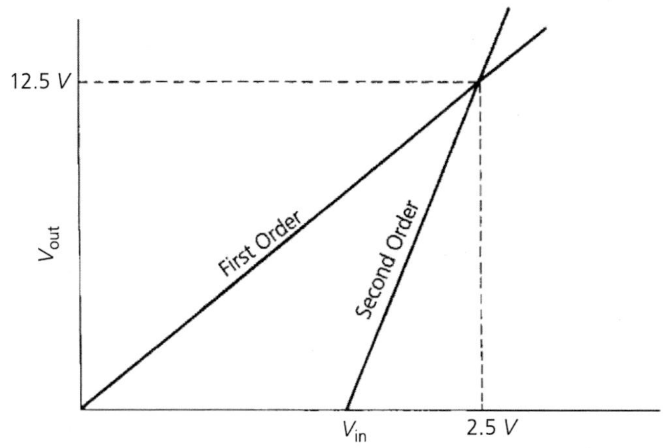

그림 7-6 2차 교차점.

2개 이상의 신호가 증폭기에 입력에 동시에 인가되면, 인가되는 신호의 기본 성분과 하모닉 성분들 간의 주파수 합과 차 성분에 의해 2차와 고차 **상호 변조 성분**(intermodulation)이 발생된다. 예를 들어, 2개의 이상적인 사인파(sinusoidal) 신호 f_1과 f_2가 비선형 증폭기의 입력에 인가되면, 다음과 같은 출력 신호가 발생된다.

기본 성분: f_1, f_2
2차 성분: $2f_1$, $2f_2$, $f_1 + f_2$, $f_1 - f_2$
3차 성분: $3f_1$, $3f_2$, $2f_1 \pm f_2$, $2f_2 \pm f_1$, 고차 성분들

일반적인 회로 동작에서 2차, 3차, 고차 성분은 기본 성분에 비해 매우 작고, 시간 영역에서 왜곡으로 나타난다. f_1와 f_2가 매우 근접한 주파수라면, $2f_1 - f_2$과 $2f_2 - f_1$ 성분은 두 기본 주파수 성분과 매우 가까운 주파수가 된다. 따라서 3차 왜곡 성분은 일단 증폭기에서 발생하면 필터를 통해 제거하기가 매우 어렵다.

A-급 전력 증폭기에 대한 바이어스는 6장에서 다룬 소신호 증폭기와 동일하다. 실제로 A-급 증폭기와 소신호 증폭기와의 차이는 거의 없다. 입력과 출력 신호 레벨을 제외하고는 모든 면에서 동일하다.

B-급 전력 증폭기(Class-B Power Amplifiers)

B-급 증폭기의 도전(導電, conduction)각은 약 180°다. 즉, 입력의 양수 값이든 음수 값이든 반 주기 동안만 트랜지스터에 전류가 흐른다. 다시 말하지만, 트랜지스터에 가해지는 DC 바이어스로 B-급 동작이 결정된다.

A-급 증폭기는 50% 미만의 효율을 갖는데 비해, B-급 증폭기는 이보다 높은 약 70%의 효율을 갖는다. 하지만 선형성은 A-급에 비해 훨씬 나쁘다. 따라서 일반적인 B-급 증폭기에서 발생한 하모닉 왜곡은 필터로 제거해야 한다.

가장 널리 사용되는 B-급 증폭기는 그림 7-7과 같은 푸시-풀(push-pull) 구조다. 이 구조에서

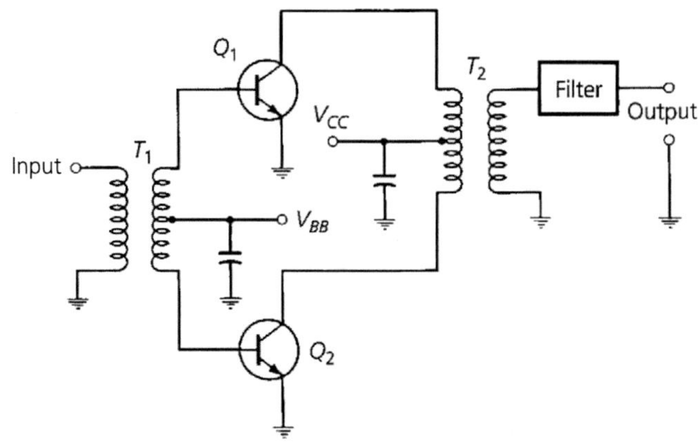

그림 7-7 푸시-풀(push-pull) B-급 증폭기.

Q_1은 입력 신호가 양(positive) 주기 동안만 전류가 흐르고, Q_2는 음 주기 동안만 전류가 흐른다. 이러한 방법으로, 입력 신호는 2차 변환기 T_2에서 완전히 재생된다. 즉, 각 소자는 입력 신호를 그대로 그 재생하지 않지만, 신호의 주기를 반으로 나누어서 반 주기 동안 각각 증폭한 후에 출력에서 다시 합쳐진다.

물론, 단일 트랜지스터로 B-급 구조를 구현할 수 있다. 이 경우, 입력 신호의 나머지 '반 주기'의 파형을 재생하기 위해 공진 회로가 출력 회로에 필요하다.

B-급 증폭기의 바이어스 방법에는 몇 가지가 있다. 가장 널리 사용되는 방법은 그림 7-8과 같다. 이 방법은 외부 실리콘 다이오드를 이용하여 트랜지스터에 0.7 V의 베이스 전압을 공급한다. 이 바이어스 다이오드는 트랜지스터에 연결되어 **열 폭주**(thermal runaway)를 방지하는데 도움이 된다. 열 폭주는 잘못 바이어스된 전력 증폭기에서 종종 문제가 된다. 일반적으로 CR1에 전류가 많이 흐르도록 저항 R 값을 정하기 때문에 다이오드 CR1은 일반적으로 고출력(heavy-duty) 소자다. 이렇게 해야 트랜지스터의 바이어스가 안정된다. 다른 방법으로 그림 7-9와 같이 구성할 수 있다. 여기서 실리콘 다이오드 2개를 사용하여 이미터 폴로어(emitter-follower)를 순방향(forward) 바이어스한다. 이때 이미터 폴로어는 전류 증폭기로 사용된다. Q_1의 이미터 전압과 Q_2의 베이스 전압은 Q_1의 V_{BE}로 인해 0.7 V를 유지한다. 그림 7-8과 7-9에 사용된 RF 초크(choke)와 커패시터는 RF 신호가 바이어스 회로로 흘러들어가는 것을 방지한다.

그림 7-8 B-급 동작을 위한 간단한 다이오드 바이어스.

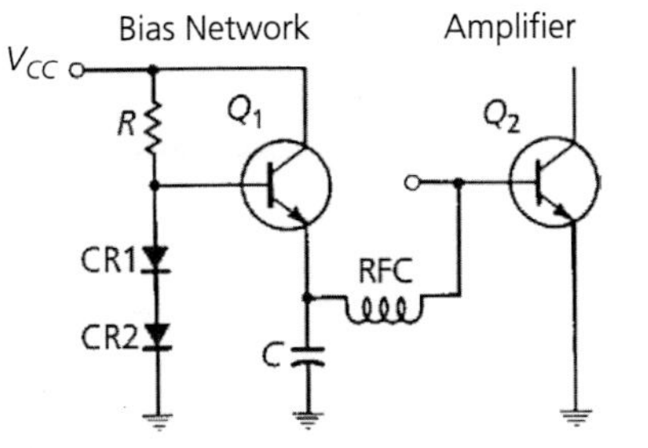

그림 7-9 B-급 동작을 위한 이미터 폴로어 바이어스.

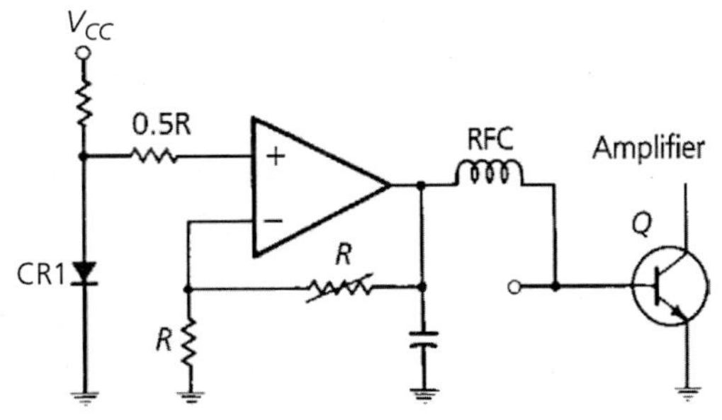

그림 7-10 B-급 동작을 위한 연산 증폭기 바이어스 회로.

그림 7-10은 B-급 동작을 위한 또 다른 바이어스 회로이다. 여기서, 바이어스 전압을 가변하여 최적의 IMD 성능이 되도록 설정한다. 3가지 바이어스 회로 구성에서 최적 동작을 위해 RFC(RF 초크)가 low-Q 초크인지 주의해야 확인해야 한다.

C-급 전력 증폭기(Class-C Power Amplifiers)

C-급 전력 증폭기는 180°보다도 훨씬 작은 도전 각을 갖는 증폭기를 말한다. 정상 상태(steady-state) 조건에서 트랜지스터의 컬렉터 바이어스 전류는 흐르지 않는다. 즉, 트랜지스터는 차단(cutoff) 상태에서 머물러 있다. C-급 증폭기의 선형성은 증폭기의 다른 급과 비교하면 가장 나쁘다. 하지만, 효율은 85% 정도까지 가능하여 B-급이나 A-급 증폭기에 비해 매우 우수하다.

C-급 동작을 위한 트랜지스터의 바이어스는 베이스-이미터 접합에 역방향 바이어스(reverse bias)를 가해서 구현한다. 외부 바이어스는 일반적으로 필요치 않고, 트랜지스터 스스로 바이어스를 공급하는 것이 가능하다. 그림 7-11을 참조하라. 트랜지스터의 베이스가 RFC(RF 초크)를 통해 접지되어 있고, 내부 베이스 분포 저항 $r_{bb'}$에 베이스 전류가 흐르면 베이스-이미터 접합은 역방향 바이어스가 된다. 역방향 바이어스를 위한 목적이므로 이렇게 구현한다. 물론, 외부 DC 전압을 통해 베이스-이미터 간의 접합을 역방향 바이어스를 가할 수도 있다.

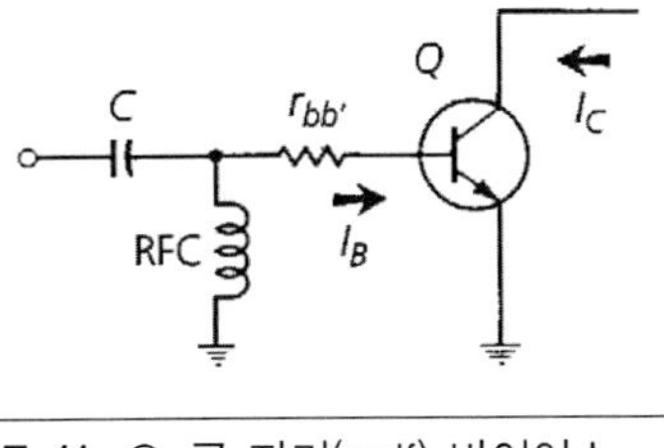

그림 7-11 C-급 자기(self) 바이어스.

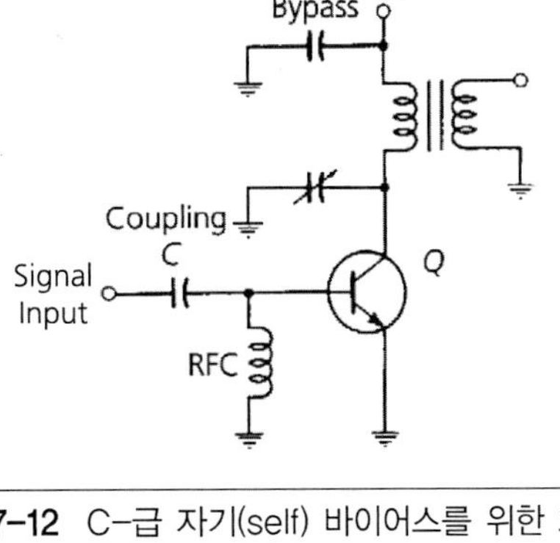

그림 7-12 C-급 자기(self) 바이어스를 위한 회로.

하지만, 굳이 트랜지스터 자체로 모든 것을 할 수 있는데 시간과 비용을 더 드릴 필요는 없지 않겠는가? 그림 7-12는 전형적인 C-급 증폭기의 바이어스 구성을 보여주고 있다.

RF 반도체 소자(RF Semiconductor Devices)

RF 소자 특히 전력 증폭기 제작에 가장 흔하게 사용되는 반도체 재료는 Si(Silicon, 실리콘)과 GaAs(Gallium Arsenide, 갈륨아세나이드)다. 일반적으로 Si 소자는 GaAs에 비해 제조 단가가 저렴하다. 하지만, 고주파나 전력 분야에서 실리콘 기반의 RF 소자는 GaAs에 비해 성능이 우수하지 못하다. 하지만, LDMOS, SiGe는 이에 대한 예외에 해당한다. LDMOS (lateral double-diffused MOSFET)는 무선 기지국용의 고출력 증폭기(100 W 이상)에 사용된다. 또 다른 소자로 실리콘 기반의 SiGe(Silicon Germanium)이 있다. 이 소자는 이동 전화기의 프런트-엔드(front-end)의 저전력, 고주파 응용 등과 같은 몇 가지 분야에서 GaAs 소자 보다 성능이 우수하다(그림 7-13 참조). SiGe 전력 증폭기는 GaAs에 비해 더 우수한 선형성과 전력 효율을 나타낸다. 이 기술은 저가의 실리콘 제조 장점과 결합하여 더 우수한 효율로 인해 최근 인기가 더 좋아졌다.

SiGe 이외에도 최근 몇 가지 새로운 반도체 소자들이 주목받고 있다(표 7-1 참조). 먼저 InP(Indium Phosphide, 인듐포스파이드)는 고주파 특히 40GHz 이상의 밀리미터파 영역에서

표 7-1 새롭게 등장하고 있는 반도체 화합물들(compounds).

반도체	응용 분야
Silicon (Si)	VLSI, 전력 증폭기
Gallium Arsenide (GaAs)	RF, 마이크로파, mm-wave
Silicon Germanium (SiGe)	혼성 신호, DSP, RF, 마이크로파, mm-wave
GaN	RF/마이크로파 전력 증폭기

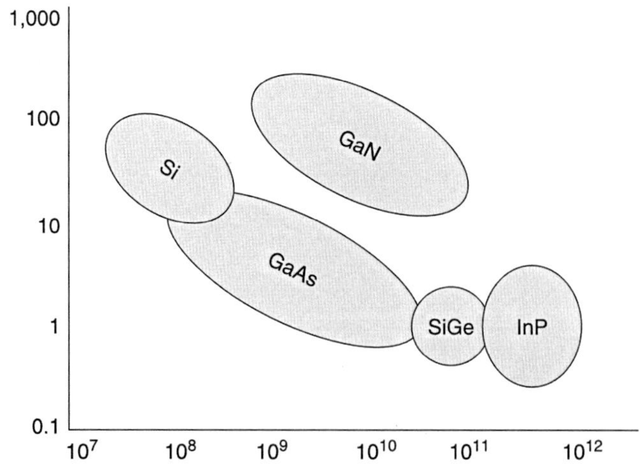

그림 7-13 RF 전력 반도체에 대한 주파수(Hz)와 RF 전력(W) 그래프.

우수한 저잡음 성능을 가지고 있다. 또한, InP 전력 증폭기는 SiGe에 비해 고가이긴 하지만, 동작 주파수가 더 높다.

GaN(Gallium Nitride, 갈륨-나이트라이드) 화합물은 무선 송신기에서 고주파와 100 W 이상의 고출력 증폭기에 매우 유망한 기술이다. 이동 단말기에서 RF 수신기와 결합하면 GaN 증폭기로 통신 위성과 직접 통신이 가능하다. GaN 소자의 전력 밀도는 GaAs나 InP에 비교하여 몇 배나 크다. GaN의 주 단점은 Gallium 기반의 화합물이 그러하듯이 제조 비용이 높다.

MMIC(미믹, Monolithic Microwave Integrated Circuits)

집적 회로(IC, integrated circuit)는 여러 개의 소자(트랜지스터, 다이오드, 기타 전자 소자 등)들을 하나의 반도체 기판 위에 집적하는 것을 말한다. 소자가 1 GHz에서 300 GHz까지의 마이크로파 주파수에서 동작하고, 주파수 혼합, 전력 증폭, 저잡음 증폭, 스위치 등의 기능을 수행하면, 이러한 소자를 MMIC(미믹, mimic이라 읽음)라 부른다. MMIC은 GaAs, InP 또는 SiGe 으로 구현된다(그림 7-14 참조)†.

다른 양산 IC 소자와 마찬가지로, MMIC는 대량 물량과 적은 칩 면적(대략 1 mm^{2}에서 10 mm^2)의 장점을 갖는다. MMIC의 주 단점으로는 개별 부품과 비교하여 성능 저하를 들 수 있다. 예를 들어, 저잡음 증폭기에서 낮은 수준의 잡음이 필수적인데, 다(multi)기능 MMIC를 이용하는 것보다, 개별 소자 증폭기 혹은 단일 트랜지스터를 이용하는 것이 가장 좋다. 또한, MMIC는 단일 반도체 소자로 집적화되기 때문에, PCB에 장착된 개별 소자들보다 MMIC의 각 부품을 조정하는 것은 매우 어렵다. MMIC가 일단 설계되면, 칩의 성능은 결정된 것이다. 자동화된 소프트웨어를 이용하여 집적 회로를 설계하는 것은 9장에서 다룬다.

필터와 MMIC(Filters and MMICs)

현재 RF 프런트-엔드와 IF 필터에 사용되는 기술은 다양하지만, 작고 우수한 성능을 가지며 전력 핸들링(power-handling) 능력이 좋은 필터가 일반적으로 설계에 요구된다. RF/마이크로파 필터는 다양한 재료와 슬래브라인(slabline), 콤라인(combline), 웨이브가이드(waveguide) 등의 다양한 구조로 구현되고 있다. 여기에 사용되는 공진기의 종류도 다양하다—세라믹

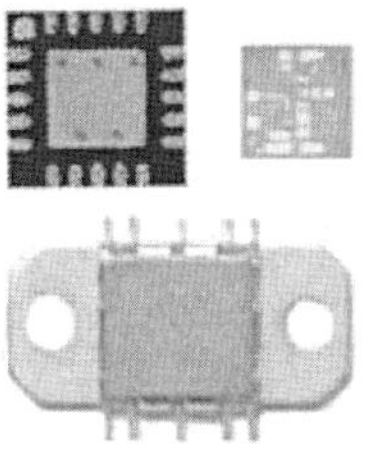

그림 7-14 군용, 우주, 특수한 상업 시장에서 사용되는 GaAs MMIC들(M/A COM사 제공).

† 역주: 최근 CMOS 기술의 발전에 힘입어 RF와 마이크로파 주파수까지 CMOS IC로 구현되는 예가 자주 있다. RF와 마이크로파 CMOS IC는 전통적으로 RFIC라 부른다. 기능적으로 MMIC와 같지만, 구분하여 RFIC라 부른다.

공진기, 크리스탈 공진기, 유전체 공진기(DR, dielectric resonator, 유전체 공진기), FBAR(film-bulk-acoustic resonator), SAW(surface-acoustic-wave, 표면 탄성파), YIG(yttrium-iron-garnet) 공진기 등.

칩에서 다른 반도체 소자와 함께 필터를 제작하는 것을 IC 필터라 한다. IC 필터는 RF/마이크로파 필터에서 기본 구조인 수동 인덕터(L)와 커패시터(C)로 공진 회로를 구성하는 방법으로 설계한다. 하지만, 칩에서 L과 C의 값이 제한적이고 수동 소자의 크기는 파장 혹은 필터 중심 주파수에 의해 결정되기 때문에 IC 필터의 성능은 매우 제한된다. 따라서 RF 프런트-엔드에서 필터 설계자들은 FBAR, SAW, 혹은 다른 종류의 필터에 관심을 갖고 있다. 연산 증폭기(op-amp)와 저항(R)과 커패시터(C)를 이용하여 구현하는 능동 필터는 IF 신호에 대한 높은 제거 특성을 가지고는 있지만, 주파수 문제로 RF 프런트-엔드에는 사용이 어렵다.

전력 증폭기 설계(Power Amplifier Design)

이 장을 시작할 때, RF 전력 트랜지스터에 대한 주요 설계 정보는 대신호 임피던스 파라미터 형태로 제시된다는 사실을 배웠다. 소신호 트랜지스터 설계를 위해 6장에서 제시한 Y와 S-파라미터를 이용한 식들은 여기서는 사용할 수 없다. 대신, 데이터 시트를 이용하여 관심 주파수에서 트랜지스터의 입력과 출력 임피던스가 어떻게 보이는지를 결정해야 한다. 입출력 임피던스가 정해지면, 전력 증폭기 설계는 입력과 출력 임피던스를 각각 매칭하기만 하면 된다. 설계는 두 단계로 이루어진다: (1) 데이터 시트로부터 입력과 출력 임피던스 값을 읽고, (2) 4장에서 배운 이론을 활용하여 매칭 회로를 구성한다. 데이터 시트에서 값을 읽을 때는 직렬 또는 션트(병렬) 중 적당한 형태를 주의해서 확인해야 한다.

어떤 경우는 트랜지스터의 출력 정보를 직렬 또는 션트 저항과 커패시터로 제시하지 않고, 출력 커패시터만을 제공하는 경우가 있다. 이렇게 값을 제시하는 이유는 트랜지스터에 대한 최적 부하 저항은 간단하게 계산할 수 있기 때문이다.

최적 컬렉터 부하 저항(Optimum Collector Load Resistance)

컬렉터 출력 저항 정보가 데이터 시트에 없는 경우, 설계를 위해 트랜지스터에 대한 최적 부하 저항을 간단히 계산을 통해 결정해야 한다(예제 7-1 참조). 부하 저항값은 다음과 같이 출력 전력 레벨과 관련이 있다.

$$R_L = \frac{(V_{CC} - V_{\text{sat}})^2}{2P} \qquad \text{식 7-2}$$

여기서

V_{CC} = 공급 전압

V_{sat} = 트랜지스터의 포화 전압

P = 원하는 출력 전력 레벨

예제 7-1

트랜지스터로부터 2.0 W의 RF 출력 전력을 얻기 위한 출력 부하 저항값을 구하라. 여기서 트랜지스터의 공급 전압은 12 V, 포화 전압은 2 V다.

풀이

식 7-2를 이용하면,

$$R_L = \frac{(12-2)^2}{2(2)}$$
$$= 25\,\Omega$$

식 7-2는 부하 저항만을 제공하고 있음에 유의하라. 즉, 부하의 리액티브(허수) 성분에 관한 정보는 없다. 데이터 시트에서 제조사는 트랜지스터에 대해 주파수별로 션트 출력 커패시터를 일반적으로 제공한다. 전력 증폭기 설계에서는 트랜지스터의 부하가 부유(stray) 또는 기생 커패시턴스를 흡수하여 트랜지스터에 순수한 저항으로만 보이도록 하면 된다(4장 참조). 예제 7-2는 이 과정에 관한 것이다.

예제 7-2

그림 7-1 데이터 시트를 이용하여 C-급 전력 증폭기를 설계하라. 전력 증폭기는 50-Ω 소스와 부하 사이에서 100 MHz 주파수에서 15 W 출력을 갖는다.

풀이

MRF233 트랜지스터의 데이터 시트는 입력과 출력 임피던스 정보를 직렬과 병렬 형태로 제공하고 있다. 따라서 어떤 형태를 선택할지를 정해야 한다. 입력 매칭 설계는 다음과 같은 방법으로 수행한다.

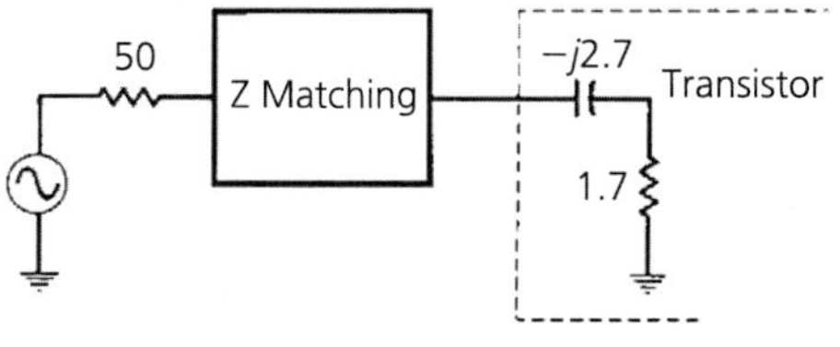

그림 7-15 예제 7-2의 트랜지스터 입력 임피던스.

데이터 시트의 그림 5로부터 읽은 트랜지스터의 입력 임피던스는 그림 7-15와 같다. 입력 매칭 회로의 목적은 트랜지스터의 입력 임피던스를 50-Ω으로 변환하여 소스에 대해 최적의 부하가 되도록하는 것이다.

4장의 매칭 기술을 이용하여, 먼저 직렬 커패시터를 동일한 크기의 직렬 인덕턴스 $+j2.7\ \Omega$로 공진시킨다. 다음, 1.7-Ω 저항 부하를 다음과 같이 소스에 매칭한다. 식 4-1~식 4-3을 이용하여, L-매칭 회로를 구성하면,

$$Q_s = Q_p = \sqrt{\frac{R_p}{R_s} - 1} = \sqrt{\frac{50}{1.7} - 1} = 5.33 \qquad \text{식 4-1}$$

$$X_s = R_s Q_s = (1.7)(5.33) = 9.06\ \Omega \qquad \text{식 4-2}$$

$$X_p = \frac{R_p}{Q_p} = \frac{50}{5.33} = 9.38\ \Omega \qquad \text{식 4-3}$$

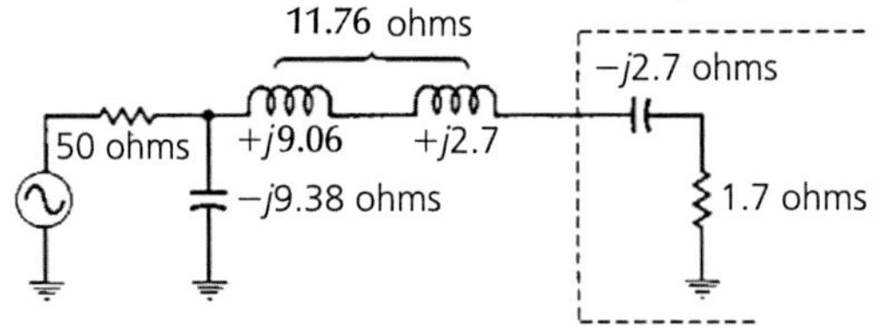

그림 7-16 예제 7-2에 대한 입력 매칭 회로.

매칭 회로는 그림 7-16과 같다. $+j2.7\ \Omega$ 인덕터는 쉽게 직렬-L 매칭 회로에 흡수될 수 있다. 따라서 두 인덕터는 실제 설계에서 하나의 인덕터로 구현된다.

트랜지스터의 출력 임피던스는 데이터 시트 그림 5에 제시되어 있다. 이 값을 50-Ω에 매칭하면 된다. 이전과 비슷하게, 먼저 $-j5.6\ \Omega$ 직렬 커패시터를 동일한 값의 인덕터로 공진시킨다. 다음 남아 있는 5-Ω 저항을 부하에 매칭한다.

$$Q_s = Q_p = \sqrt{\frac{R_p}{R_s} - 1} = \sqrt{\frac{50}{5} - 1} = 3$$

$$X_s = Q_s R_s = (3)(5) = 15\ \Omega$$

$$X_p = \frac{R_p}{Q_p} = \frac{50}{3} = 16.7\ \Omega$$

출력 회로는 그림 7-17과 같다. $+j5.6\ \Omega$ 인덕터는 직렬 인덕터에 흡수될 수 있다.

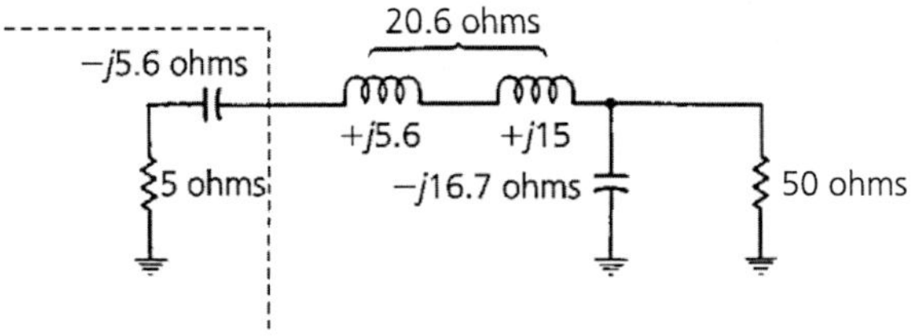

그림 7-17 예제 7-2에 대한 출력 매칭 회로.

최종적으로 설계한 실제 회로는 그림 7-18과 같이 될 것이다.

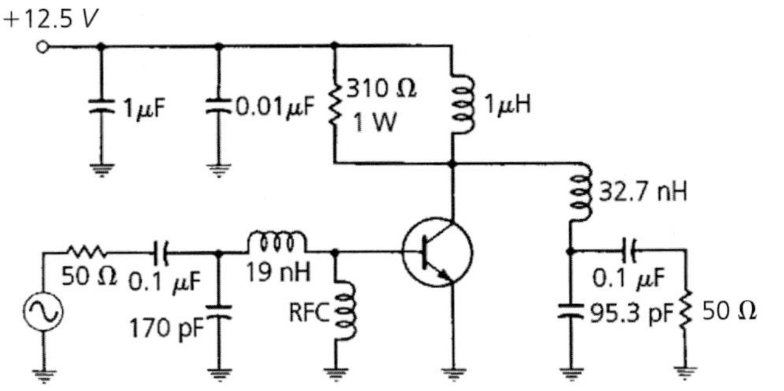

그림 7-18 예제 7-2에 대해 최종 구현된 회로.

데이터 시트가 출력 저항 정보를 제공하지 않으면, 식 7-2를 이용하여 R_L을 계산한다. 저항을 계산한 후, 출력 매칭 회로는 예제 7-2의 방법으로 설계한다. 50-Ω 부하를 원하는 출력 전력에 대해 트랜지스터에 보이길 원하는 임피던스로 간단히 변환하는 것이다.

구동 증폭기와 중간 단 매칭(Driver Amplifiers and Interstage Matching)

부하에 원하는 출력 전력을 공급하기 위해 여러 개의 증폭기 단에 전력 이득을 분배를 해야 하는 경우가 있다. 큰 전력을 안테나를 통해 송신하는 송신기 분야가 이러한 경우에 해당한다.

다단(multi-stage) 전력 증폭기의 설계 과정은 먼저 요구되는 출력 전력을 다룰 수 있는 출력 트랜지스터를 선정하고, 최종 트랜지스터를 구동하는 구동 증폭기를 설계한다. 그림 7-19는 이득 분배에 관한 예다. 최종 증폭기로부터 요구되는 출력 전력 레벨은 15 W다. 이 전력을 다룰 수 있는 최종 트랜지스터를 선정한다. 최종 트랜지스터는 10 dB의 이득을 갖는다. 따라서 요구되는 구동 전력은 1.5 W가 되고, 15 dB의 이득을 갖는 트랜지스터로 공급된다. 이로부터 계산하면 신호 소스는 구동 단에 47 mW의 전력을 공급해야 하는데, 이 정도의 전력은 대부분의 발진기에서 발생할 수 있는 전력이다.

Stage-A와 Stage-B 사이의 중간 단을 자세히 살펴보자. 전력 증폭기에서는 종종 전력 증폭기와 부하 사이에 정말로 임피던스 매칭이 일어나고 있는지가 불분명한 경우가 있다. 증폭기에

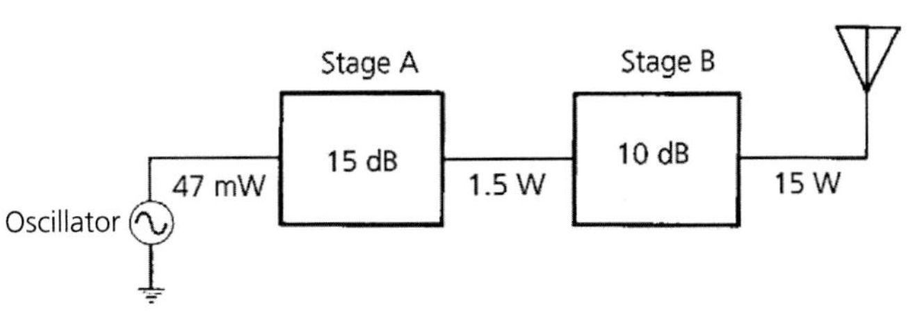

그림 7-19 15-W 송신기를 위한 시스템 구동 요구 사항.

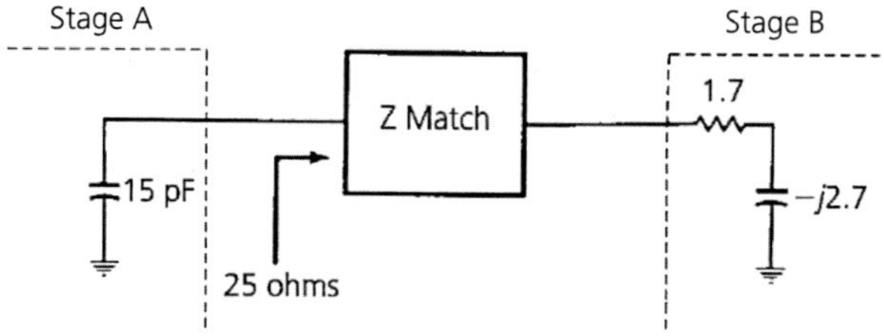

그림 7-20 중간 단 임피던스 매칭 회로를 위한 요구 사항.

대해 임피던스 매칭은 트랜지스터의 출력 임피던스의 공액 매칭이 되는 부하와 관련이 있다. 하지만, 전력 증폭기를 설계할 때 부하는 전력 증폭기 단으로부터 원하는 전력 이득을 얻기 위한 부하(식 7-2로 부터 계산)를 말한다. 이것은 단순히 부르는 용어의 차이로, 회로 설계 관점에서 살펴보면 실제로는 문제가 되지 않는다. 그림 7-20은 이러한 점을 보여주고 있다. Stage-B는 입력 임피던스로 $Z_{in} = 1.7 - j2.7\ \Omega$라고 가정해 보자. Stage-A가 필요한 1.5 W의 RF 구동 전력을 공급하기 위해 필요한 부하 저항은 25-Ω이다. 임피던스 매칭의 역할은 Stage-B의 낮은 입력 임피던스를 Stage-A에서 요구되는 25-Ω으로 변환하는 것이다. 또한, 매칭 회로는 Stage-A의 출력 임피던스에 있는 15-pF을 흡수 또는 공진해서 제거해야 한다.

동축 공급선으로 매칭(Matching to Coaxial Feedlines)

4장에서 공부한 T와 Pi 회로는 동축 공급선을 전력 증폭기에 매칭하기 위해 사용할 수 있는 좋은 회로들이다. 이러한 회로는 저역 통과 필터로 구성되어 송신기에서 발생하는 하모닉을 제거하는 기능도 한다.

그림 7-21은 안테나의 공진 주파수에서 안테나에 동축 선로가 연결된 것을 보여주고 있다. 저항 R_a는 안테나의 방사 저항을 나타낸다. 공진 주파수에서 특성이 좋은 접지면(ground plane)위의 1/4 파장 수직(vertical) 안테나의 방사 저항은 약 35-Ω인 반면, 중심에서 급전되는 반파장 다이폴(dipole)은 약 70-Ω의 방사 저항을 갖는다. 이 저항은 동축 케이블에서 안테나를 볼 때 보이는 저항이다. 안테나의 공진 주파수보다 높거나 낮은 주파수에서, 방사 저항은 리액티브 성분이 보이기 시작한다. 그림 7-22를 참조하라. 그림 7-22A와 같이 공진 주파수보다 높으면, 안테나는 유도성(inductive)으로 보이고, 그림 7-22B와 같이 공진 주파수보다 낮으면 안테나는 용량성(capacitive)으로 보인다.

송신기의 끝 부분인 동축 공급선에서 트랜지스터의 임피던스는 안테나의 방사 저항뿐 아니라 동축선의 길이에 영향을 받는다. 동축 선로 상에서 임피던스는 안테나로부터 멀어지면서

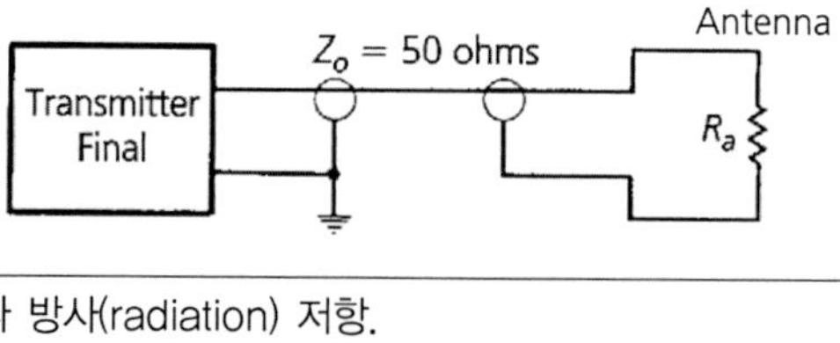

그림 7-21 공진에서 안테나 방사(radiation) 저항.

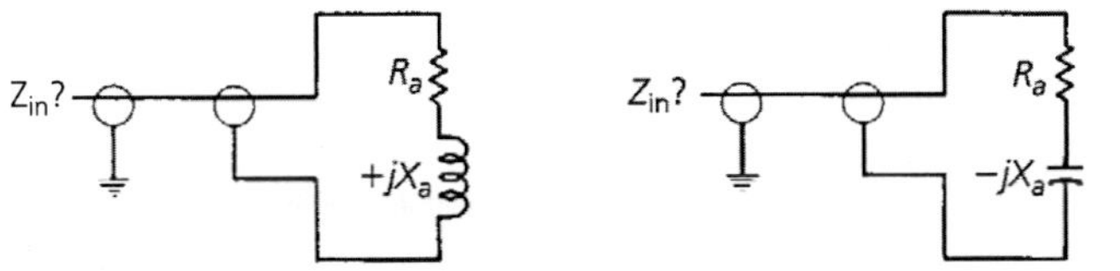

그림 7-22 안테나의 방사 저항.

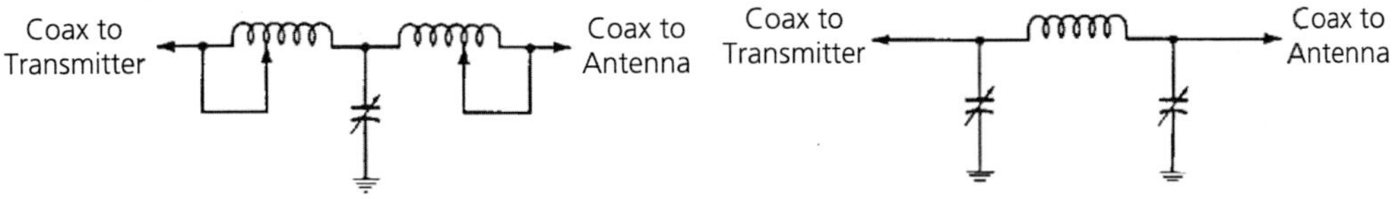

그림 7-23 동축 공급선에 매칭하기 위한 가변 매칭 회로.

주기적으로 변한다. 안테나로부터 반파장이 되는 거리에서는 안테나의 방사 저항과 동일한 임피던스가 된다. 안테나로부터 다른 거리에서는 임피던스는 안테나와 공급 선로 사이의 부정합(mismatch) 정도에 따라 입력 임피던스는 상당이 달라질 수 있다. 따라서 동축 선로가 특성 임피던스로 종단되지 않는 경우, 실제 입력 임피던스를 정확하게 예측하는 것은 매우 어렵다. 즉, 50-Ω 특성 임피던스의 동축 케이블에 50-Ω으로 종단되지 않으면 50-Ω의 입력으로 보이지 않는다. 이것은 실제 안테나 시스템을 구동할 때 매우 어려운 문제이기 때문에 매칭 회로를 가변할 수 있게 설계하는 것이 좋다. 덧붙여, 많은 안테나는 동작 주파수 범위 내에서 방사 저항이 변하기 때문에 동축 케이블의 입력 임피던스도 또한 변한다. 매칭 회로는 이러한 변화를 보상해야 한다.

그림 7-23은 전송 선로에 대한 두 종류의 가변 임피던스 매칭 회로다. 그림 7-23A의 T-회로는 탭드(tapped) 인덕터와 가변 커패시터를 사용한다. 그림 7-23B의 Pi-회로는 가변 커패시터만을 이용한다. 두 경우 모두 저역 통과 구조로 송신 신호의 하모닉을 억제하는데 도움이 된다. 그림 7-23의 회로는 4장에서 다룬 방법으로 설계된다. 물론, 송신 신호의 하모닉들이 기본 주파수에 비해 특정한 값(예를 들어 50 dB)보다 작은 값을 요구하는 경우, 3장에서 배운 필터 설계를 적용하는 것이 가장 좋다.

자동 차단 회로(Automatic Shutdown Circuitry)

전력 증폭기는 안테나 시스템에 매우 큰 전력을 공급하도록 설계되기 때문에, 증폭기에 임피던스 부정합이 발생하면 심각한 문제를 일으킨다. 4장에서 배웠듯이, 소스와 부하 사이의 임피던스 부정합은 입사 전력 중 일부가 반사된다. 반사된 신호는 궁극적으로 소스로 되돌아가고, 큰 전력 송신기에서는 2차 브레이크다운(breakdown)의 형태로 트랜지스터 파괴와 같은 심각한 상황을 만들 수 있다. 이러한 이유로, 많은 전력 증폭기 제조 회사에서는 송신기에 VSWR 모니터링 회로를 포함시킨다. VSWR 모니터링 회로는 출력 회로의 정재파비

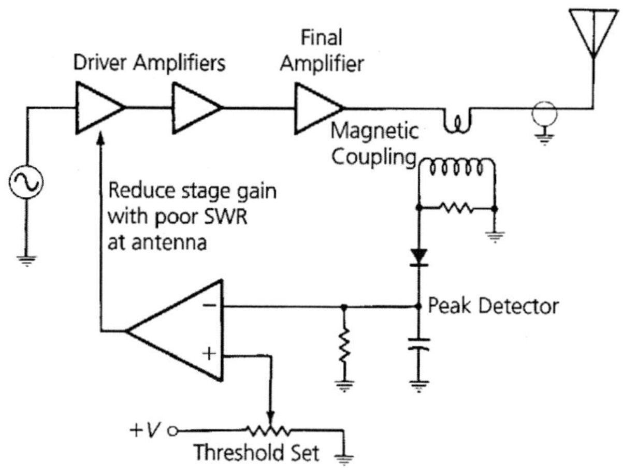

그림 7-24 자동 차단 회로.

(standing wave ratio)를 모니터한다. VSWR이 매우 커지면 심각한 부매칭을 의미하는 것으로 회로가 자동으로 최종 증폭기를 구동하는 RF 구동 회로의 전력을 낮춰서 부하에서 반사되는 전력을 줄인다. 결과적으로 출력 트랜지스터를 보호하게 된다. 그림 7-24는 간단한 자동 차단 회로의 구조를 보여주고 있다 .

광대역 트랜스포머(Broadband Transformers)

그림 7-25는 전력 증폭기 설계에 사용되는 몇 종류의 광대역 트랜스포머(transformer, 임피던스 변환기)다. 그림 7-25A는 1:1 발룬(balun)이라 부르는 구조다. 주로 평형(balanced) 소스를 불평형(un-balanced) 부하에 연결하기 위해, 혹은 그 반대로 연결하기 위해 사용된다. 임피던스 변환 기능은 없다.

그림 7-25B는 4:1 트랜스포머 구조다. 즉, 4R의 임피던스를 R의 임피던스 혹은 그 반대로 변환하는 구조다. 각 권선에 표시된 작은 점(dot)은 극성을 표시한 것이다. 그림 7-25B를 자세히 살펴보면 4:1 변환의 원리를 알 수 있다. 먼저 전압 V가 부하 저항에 가해진 경우를 가정하면, 같은 전압이 트랜스포머의 밑의 쪽의 권선에도 동일한 전압이 가해져야 한다. 그 이유는 부하와 밑의 쪽 권선이 병렬로 연결되어 있기 때문이다. 밑의 쪽의 권선에 인가된 전압은 극성 방향으로 동일한 전압이 위쪽 권선에도 나타나야 한다. 따라서 입력 단자의 전압은 부하 저항에 인가된 전압과 위쪽 권선에 가해진 전압의 합인 2 V가 된다. 이제 트랜스포머의 입력 단자에 인가되는 $I/2$의 전류를 가정하자. 이 전류는 트랜스포머의 위쪽 권선을 흐르고, 밑의 권선에 그림에 표시한 방향으로 $I/2$의 전류를 유도한다. 따라서 부하 저항에서 전류는 $I/2 + I/2$가 되어 I가 된다. 부하 저항이 1-Ω이라면, 트랜스포머의 입력 단자에 보이는 저항은 다음과 같이 계산된다.

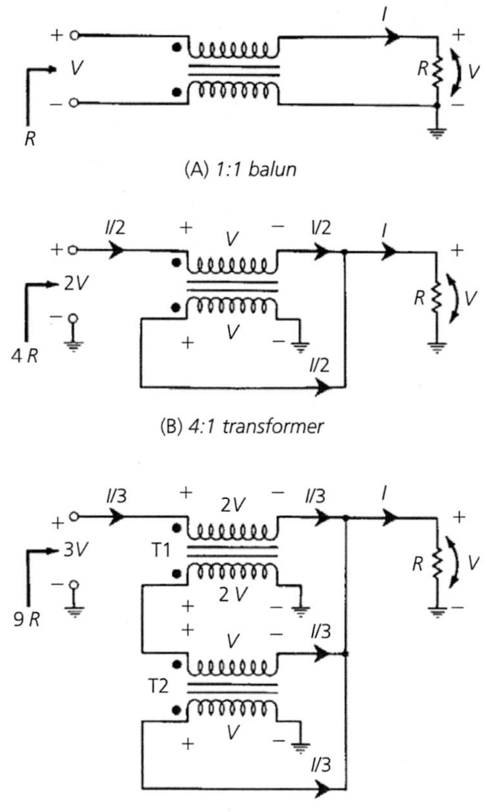

(A) *1:1 balun*

(B) *4:1 transformer*

(C) *9:1 transformer*

그림 7-25 광대역 트랜스포머 형태.

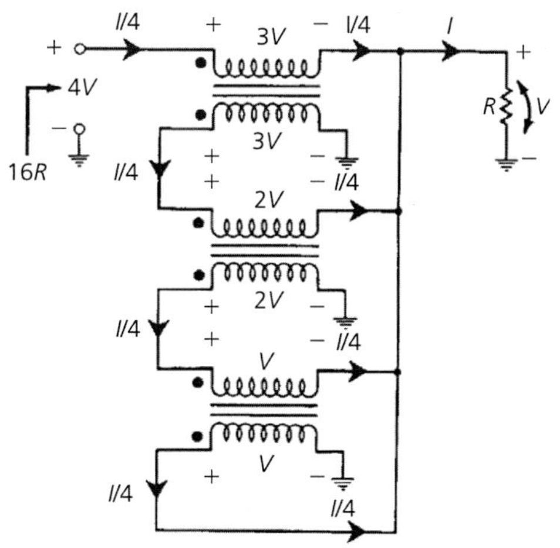

그림 7-26 16:1 광대역 트랜스포머.

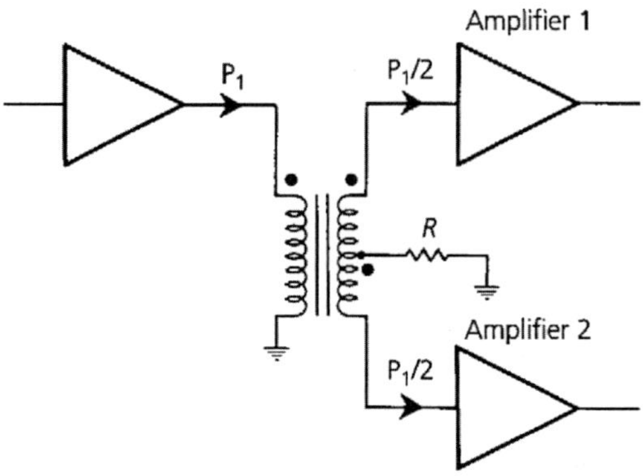

그림 7-27 전력 분배기.

$$\text{저항} = \frac{\text{전압}}{\text{전류}} = \frac{2V}{I/2} = 4R$$

그림 7-25C는 9:1 트랜스포머의 구조를 보여주고 있다. 이 트랜스포머는 실제로 두 개의 개별 트랜스포머 T1과 T2로 구성되었다. 9:1 변환의 해석은 앞서 과정과 유사하다. 해석을 위해 그림에 전압과 전류를 표시하였다. 변환 비율을 높이기 위해 이와 같이 여러 개의 트랜스포머가 결합할 수 있다. 예를 들어 그림 7-26은 3개의 개별 트랜스포머를 이용하여 16:1 임피던스 트랜스포머를 만드는 과정이다.

전력 분배기(Power Splitters)

그림 7-27은 기본적인 전력 분배기를 보여주고 있다. 이상적으로 트랜스포머의 주 권선에 입사되는 전력은 증폭기 No. 1과 증폭기 No. 2에 균일하게 분배된다. 하지만, 두 증폭기 간의

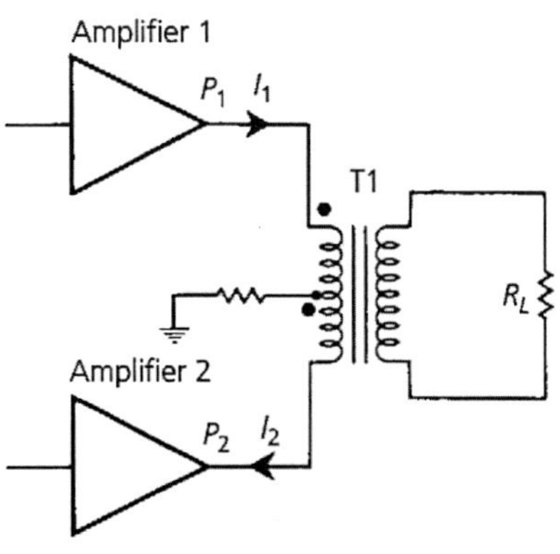

그림 7-28 전력 결합기.

입력 임피던스의 차이가 있을 수 있으므로 전력이 균일하게 분배되는 것은 이상적인 상황이다. 실제로는 한 증폭기가 다른 증폭기에 비해 다소 전력이 더 공급된다. 동일한 전력 분배를 위해, 2차 코일의 중앙에 저항 R을 회로 밖으로 연결한다. 여기서 극성의 표시를 위해 점(dot)을 사용했다.

전력 결합기(Power Combiners)

그림 7-28은 일반적인 전력 결합기를 보여주고 있다. 여기서, 각 증폭기의 출력 전력은 트랜스포머 T1에 결합되어 출력 전력은 $P_1 + P_2$가 된다. 전력 결합은 종종 단일 증폭기로 원하는 출력을 얻기가 힘들 때 사용된다. 이 경우에, 두 증폭기는 180° 위상차로 동작하고, 출력에서 요구되는 전력의 절반에서 동작한다. 따라서 각 출력을 결합하면 원하는 출력 레벨이 된다.

실제 권선 방법에 대한 팁(Practical Winding Hints)

광대역 트랜스포머는 권선의 전송 선로 성질을 이용하기 때문에 '전송-선로 트랜스포머'라 불리기도 한다. 광대역 트랜스포머는 일반적인 권선보다는 바이필라(bifilar, 두 가닥으로 감기는) 또는 트리필라(trifilar, 세 가닥으로 감긴) 형태의 권선이 사용된다.

일반적인 트랜스포머는 개별 권선 두 개로 구성된다. 권선 중 하나를 코어에 먼저 감고, 다른 권선은 첫 번째 권선 위에 감는다. 일반적으로, 편의상 권선 수가 큰 것을 먼저 감는다. 그림 7-29의 토로이달(toroidal, 도너스형) 트랜스포머 그림에 권선 방법을 표시하였다. 임피던스 변환은 1차와 2차 트랜스포머 사이에 일어남에 유의하라. 변환 값은 1차와 2차 권선의 비와 관련이 있다. 전송 선로 트랜스포머는 그림 7-30과 같이 권선 기법과는 전혀 다른 방법을 사용한다. 먼저 1차와 2차 권선은 인치당 정해진 권선 수만큼 두 선을 꼬아서 구성한다. 이렇게 하면 특정한 특성 임피던스가 만들어져 동축 케이블의 성질과 비슷한 '전송 선로'가 된다. 동축 케이블의 특성 임피던스는 중앙 도체와 외각 도체 사이의 간격에 영향을 받는다. Twisted pair(꼬인 쌍)의 실제 특성 임피던스는 인치당의 권선 수, 권선의 모양, 사용된 와이어의 굵기와 관련이 있다. 낮은 임피던스 라인은 인치당 권선 수를 높여 빈틈없이 꼬아서 사용하는 반면, 높은 임피던스 라인은 전혀 꼬지 않은 상태로 사용한다. 대신, 두 권선은 코어 주변에 나란히(side-by-side) 놓는다. 최적의 동작을 위한, 권선의 특성 임피던스는 다음과 같다.

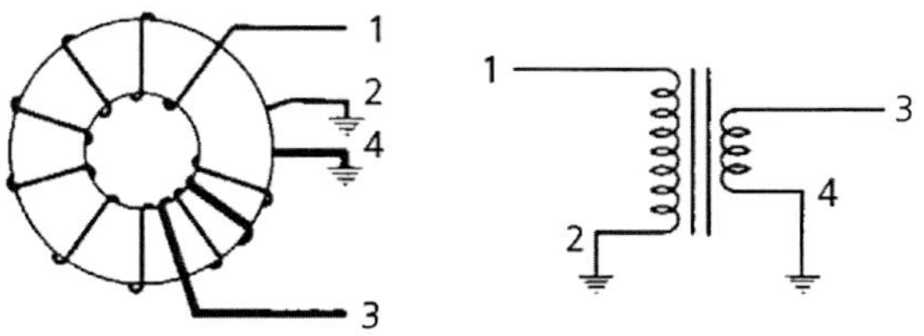

그림 7-29 일반적인 트랜스포머.

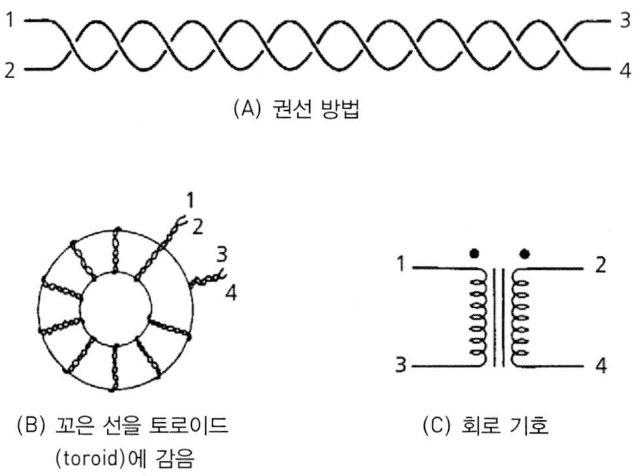

그림 7-30 바이필러(bifilar) 권선의 광대역 트랜스포머.

$$Z_o = \sqrt{R_s R_L} \qquad \text{식 7-3}$$

여기서
R_s = 1차 임피던스
R_L = 2차 임피던스

일반적으로 Z_o는 실험적으로 결정되어야 한다.

그림 7-30의 트랜스포머는 바이필라 권선(bifliar-wound) 트랜스포머라 부른다. 그 이유는 두 개의 도체를 꼬는 모양으로 구성되기 때문이다. 트리필라(trifilar) 트랜스포머는 3개의 도체를 사용한 것을 말한다.

그림 7-30은 1:1 광대역 트랜스포머이다. 하지만, 그림 7-25B와 같이 연결된다면, 4:1 광대역 트랜스포머가 된다. 이 작업은 2번과 3번 선을 연결한 다음, 묶은 선을 출력 포트로 사용하면 된다. 선-4는 접지되고 선-1은 입력 포트가 된다.

꼬인 선 대신 동축 케이블을 사용할 수 있다. 동축의 중앙 도체와 외곽 도체가 꼬인 선의 각 선을 대신할 수 있다. 동축의 특성 임피던스는 정확하고 안정되어 꼬인 선의 특성 임피던스처럼 실험적으로 결정할 필요가 없다. 물론 표준 동축 케이블은 트리필라(trifilar) 권선 트랜스포머로는 사용할 수 없다. 일반적으로 광대역 트랜스포머는 low-Q, 고 투자율, 페라이트 토로이달(toroidal) 코어(1장 참조) 위에 감아서 제작한다. 고 투자율(permeability)은 주파수가 낮은 영역에서 필요하다. 이 대역에서 주어진 인덕턴스를 구현하기 위해 고 투자율 재료를 이용하면 권선 수를 줄일 수 있다.

요약(Summary)

전력 증폭기 설계 과정은 소신호 증폭기와는 달리 잘 정의되지 않는 면이 있다. 따라서 최적 설계를 위해 많은 실험이 필요하다. 표준 Y와 S-파라미터는 전력 증폭기 설계에서 정의되지 않는다. 대신, 설계를 돕기 위해 제조사는 일반적으로 대신호 임피던스 파라미터를 제공한다. 4장의 임피던스 매칭을 이용하여 소스를 트랜지스터의 입력에 매칭하고, 트랜지스터로부터 원하는 출력 레벨에 의해 주어지는 값으로 부하 임피던스를 변환해야 한다. 소스는 요구되는 RF 구동 레벨로 출력해야 한다. 구동 전력이 달라지면, 원하는 RF 출력 전력을 얻을 수 없다.

CHAPTER 8

RF 프런트-엔드 설계

RF Front-End Design

지금까지 RF 회로를 구성하는 구성 부품에 대해 공부하였다. 이제 이러한 부품을 조합하여 통신 시스템에서 가장 중요한 부시스템(subsystem) 중 하나인 RF 프런트-엔드(front-end, 전치 단)를 구성해 보자. RF 프런트-엔드가 최신 응용에서 어디에 사용되는지에 대해 알아보는 것으로 시작하자. 다음으로 프런트-엔드 시스템을 각 구성 부품과 기능으로 나누어 본다. 각 구성 부품은 대부분 지금까지 이미 살펴본 것들이다. 이러한 접근법을 통해 핵심 수신기의 구조와 다음과 같은 관련 성능 사양에 대해 논리적으로 이해할 수 있다—신호대 잡음비(SNR, signal-to-noise ratio), 수신기 감도, 선택도 등.

RF 프런트-엔드는 무선(radio) 수신기(receiver)-송신기(transmitter) 혹은 송수신기(transceiver, 트랜시버) 시스템의 한 부분이다. 일반적으로 RF 프런트-엔드는 안테나와 디지털 베이스밴드 시스템 사이의 모든 것을 말한다. 수신기에서 안테나를 통해 인가되는 변조된 신호를 베이스밴드(baseband, 기저 대역) ADC(analog-to-digital converter, 아날로그 디지털 변환기)에 적합한 신호로 변환하는데 필요한 모든 필터, 저잡음 증폭기(LNA, low-noise amplifier), 하향 변환 믹서(down-conversion mixer) 등이 이와 관련된 부품이다. 이러한 이유로 RF 프런트-엔드를 수신기의 아날로그-디지털 변환(analog-to-digital) 또는 RF-베이스밴드 변환(RF-to-baseband)이라고 부르기도 한다.

무선 기기(Radio)는 RF 송신기에 의해 송신되는 변조된 RF 신호를 수신한다. 수신기는 기본적으로 인가된 신호를 하향 변환하는 저잡음 증폭기다. 따라서 감도(sensitivity)와 선택도(selectivity)가 수신기 설계의 주된 관심사다.

반대로, 송신기는 신호를 상향 변환한 다음 고 출력 전력 증폭기를 통해 외부로 내보낸다. 여기서는 증폭기의 비선형이 주된 관심사다. 이러한 차이들이 있지만, 수신기 프런트-엔드와 송신기 백엔드(back-end, 후치 단) 설계는 국부 발진기(local oscillator) 등 많은 부품을 공유한다. 이 장에서는 수신기에 집중해서 다룰 것이다.

집적 회로(IC) 설계와 제작 기술의 발전에 힘입어, 전통적인 아날로그 IF 신호 처리 업무 중 많은 부분이 디지털로 처리할 수 있게 되었다. 필터링과 상향 변환과 같은 IF에서의 전통적인 아날로그 업무는 이제 디지털 필터와 DSP(digital signal processor, 디지털 신호 처리)에 의해 처리되고 있다. Texas Instruments사에서는 이러한 종류의 회로에 대해 'digital radio processors'라는 새로운 용어를 사용한다. 프런트-엔드 기능을 아날로그와 디지털 중 어떤 것으로 구현하는지는 요구되는 성능, 가격, 크기, 전력 소모 등에 의해 결정된다. 아날로그와 디지털 기술이 혼재되어 있기 때문에, 혼성 신호(mixed-signal) 기술이 적용된 RF 프런트-엔드 칩(chip)을 RF-to-digital 혹은 RF-to-baseband(RF/D)이라 부르기도 한다.

그럼 프런트-엔드가 왜 중요한지 살펴보자. 전체 수신기에서 가장 중요한 부분이 어디인지는 논란이 있을 수 있다. 전체 시스템 성능과 전력 소모, 크기에서 trade-offs(절충 관계)는 수신기 프런트-엔드와 베이스밴드(또는 미들밴드)의 ADC 사이에서 결정된다. 좀 더 자세히 살펴보면, 최종 비트(bit) 검출에서 어느 정도의 BER(bit-error-rate, 비트-오류율) 성능이 가능한지는 아날로그 프런트-엔드에 의해 결정된다.

높은 수준의 집적화(Higher Levels of Integration)

무선 신호를 수신하고 송신하는 기능을 갖는 최신 이동 단말기, 멀티미디어 소자, 가정오락기기(home-entertainment) 제어 시스템 등의 내부를 살펴보면 RF 프런트-엔드를 찾을 수 있다. 예를 들어, RIM Blackberry PDA에서 통신 시스템은 송수신 칩과 RF 프런트-엔드 모듈로 구성되어 있다(그림 8-1 참조). 프런트-엔드 모듈은 여러 개의 집적 회로(IC)로 구성되어 있다. 각 IC 들은 실리콘 CMOS와 고성능 SiGe(silicon germanium) 기술과 같은 다양한 반도체 기술로 제작될 수 있다. 이러한 멀티칩 모듈(MCM, mulichip module)[†]을 이용하여 신호의 필터링, 검출, 증폭, 복조 등 대부분의 아날로그 신호 처리가 가능하다. SIP(system-in-package)는 MCM과 비슷한 용어다.

MCM 프런트-엔드 모듈은 'RF 수신기 설계에서 여러 개의 기능을 단일 칩에 구현하기 위한 시스템 집적도의 증가' 라는 중요한 경향(trend, 트랜드)을 보여준다. 특히, 소비자 가전 분야에서는 더 낮은 가격과 (특히, 이동 단말기에서) 더 낮은 전력 소모, 더 작은 제품 크기가 요구되기 때문에 이러한 경향은 더욱 두드러진다. 집적화의 수준이 높아짐에도 불구하고 신호의 필터링, 검출, 증폭, 복조 등 기본적인 RF 구조는 크게 변하지 않는다. 변조된 RF 캐리어 신호는 특정한 주파수 대역에서 설계된 안테나에 결합된다. 안테나를 통해 변조된 신호는 RF 수신기의 프런트-엔드로 전달된다. 프런트-엔드 회로에서 많은 아날로그 신호 처리를 거친 후, 변조된 신호는 ADC를 통해 디지털로 변환된다. 일단 디지털 신호로 변환 된 후에는 디지털화된 캐리어 파형으로부터 정보 추출이 가능해져 음성, 비디오, 혹은 데이터 등으로 바뀐다.

고집적화된 모듈이 출현하기 전에는, RF 프런트-엔드의 각 기능 블록은 개별 소자로 구성되고 설계되었었다. 여기에 사용되는 부품은 RF 필터, 검출기(detector), 믹서-복조기, 증폭기 등이 있다. 이 개별 부품들은 서로 독립적인 기술로 구성되었었다. 신호 감쇠와 왜곡을 방지하고 기능 블록 간 임피던스 차로 인한 신호 반사를 방지하기 위해, 부품들은 특성 임피

† 역주: 여러 개의 칩으로 구성된 하나의 모듈이다.

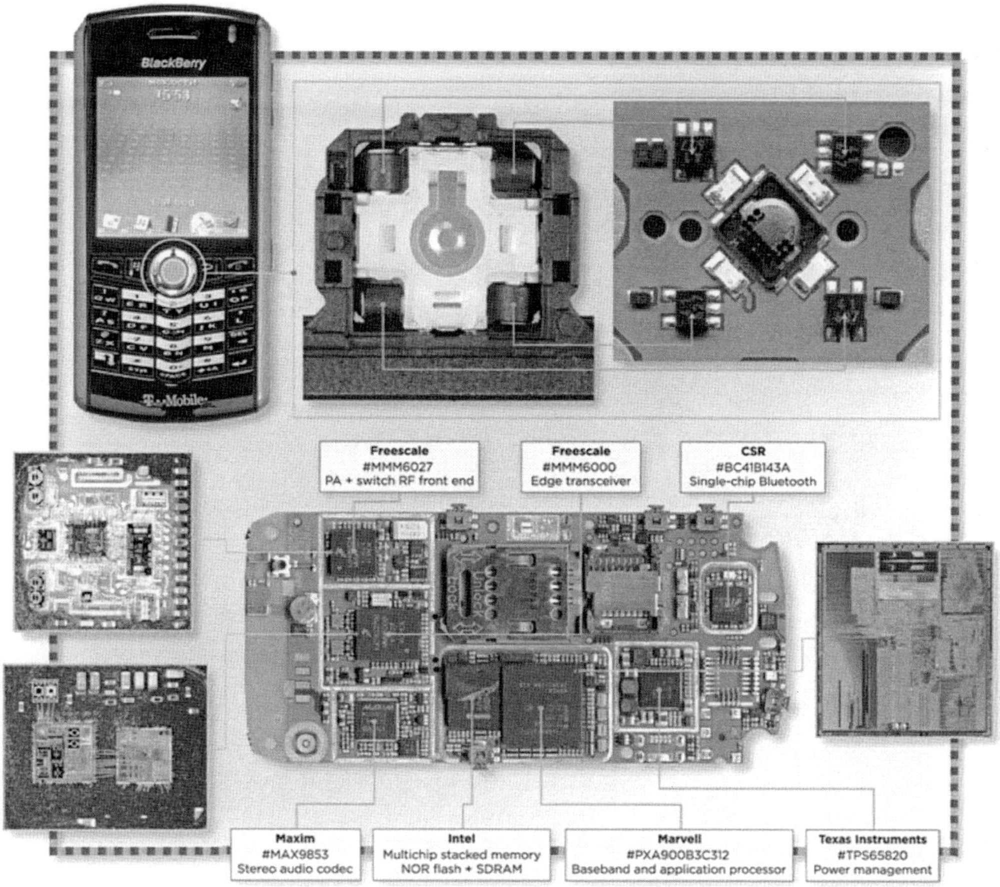

그림 8-1 최신 이동 단말기는 여러 종류의 RF 프런트-엔드 칩으로 구성(iSuppli사 제공).

던스를 50-Ω으로 표준화하여 사용한다. 이 특성 임피던스가 고주파 측정 장비의 임피던스다. RF 필터, LNA, 믹서 등 독립적으로 설계한 부품 간에는 신호 감쇠를 최소화하고, 최대 전력(또는 신호 에너지) 전달을 위해 50-Ω 동축 케이블로 연결하였다. 기능을 고도로 집적화하여 가격을 낮추기 위해서는 이러한 RF 기능 블록들을 CMOS IC 공정과 같은 표준 반도체 공정을 이용하여 설계하고 제작할 필요가 있다.

하지만, CMOS 기술은 50-Ω 입력 임피던스를 구현하기가 어렵다는 단점이 있다. 부-회로(sub-circuit)들 사이의 연결선이 캐리어 파장에 비해 긴 경우에는 여전히 50-Ω의 매칭된 입력과 출력 임피던스가 필요하다. GHz 주파수에서 IC와 MCM에 연결선이 짧으면 부-회로 간의 50-Ω 특성은 문제가 되지 않는다. 하지만, PCB(printed circuit board)의 입출입 선로에 연결하기 위해서는 50-Ω 특성이 그래도 여전히 필요하다.

이러한 사항이 IC화된 프런트-엔드에서 일어나는 최근의 변화 중 하나다. 여기서 이러한 변화를 다루지는 않을 것이다. 대신, SNR, 수신기 감도, 수신기와 채널 필터의 선택도, ADC의 비트 분해도(resolution)와 같이 RF 프런트-엔드 설계에 영향을 줄 수 있는 중요한 설계 파라미터에 대해 살펴볼 것이다. RF 프런트-엔드에 대해 이러한 개략적인 기술(high-level description)을 통해 기본 기능과 부품과 시스템 간의 절충 관계를 이해할 수 있을 것이다.

앞서 언급했듯이, RF 프런트-엔드의 기본적인 블록은 안테나, 필터, 검출기-복조기, 증폭기 등을 포함하고 있다. 이러한 신호 처리 단은 나름의 회로 구성 소자를 포함하는데, 이미 많은 부분은 이 책의 앞 부분에서 다루었다. 이 소자들은 단독으로 동작할 수 없고, 하나의 부품의 성능은 다른 성능에 영향을 주게 된다. 이것이 여러 가지 무선 송수신 구조에서 각 부품 기능 블록을 살펴보는 이유다. 무선 송수신 구조로는 검출기, 직접 변환, 슈퍼헤테로다인(superheterodyne) 수신기 구조 등이 있다.

수신기 구조의 기초(Basic Receiver Architectures)

RF 프런트-엔드의 기본 동작은 매우 단순하다. RF 프런트-엔드는 특정 주파수 또는 주파수 대역을 갖고 이미 알려진 변조된 송신 전파를 처리한다. 변조 신호는 목소리, 오디오, 데이터, 비디오 등 관심 있는 정보를 전달한다. 수신기는 송신된 주파수(대역)에 공진하도록 조정되어 정보를 검출해야 한다. 수신된 신호는 신호가 잡음에 둘러싸여 있으므로 이를 필터링하고 증폭한 후 복조한다. 복조는 전송된 무선 전파로부터 원하는 정보를 추출하는 것이다.

수신 과정은 필터링, 증폭, 복조의 3단계로 진행된다. 하지만 이 과정을 물리적으로 실제 구현하는 것은 변조 형태(type), 복잡성(complexity), 송신된 데이터의 양에 따라 달라진다. 예를 들어, 간단한 진폭 변조(AM, amplitude-modulated) 신호를 수신하기 위한 RF 프런트-엔드는 3G(3세대) 이동 통신 단말기보다 하드웨어나 소프트웨어에서 훨씬 단순한다.

IC 공정이 발전하고, 고성능 DSP 기술들의 가격이 내려감에 따라, 다양한 RF 프런트-엔드 구조가 등장하고 있다. 하지만, 주파수 영역과 수신되는 캐리어의 형태, RF 링크 버짓(link budget), 전력, 성능, 프런트-엔드 설계의 크기 제한 등 RF 프런트-엔드에 대한 기본적인 요구 사항은 다양한 무선 구조의 출현에 상관없이 별로 변한 것이 없다. 매우 간단한 무선 기기 구조를 먼저 살펴보자.

AM 검출 수신기(AM Detector Receivers)

변조 신호의 검출을 위한 간단한 RF 수신기 중 하나는 그림 8-2와 같은 진폭 변조(AM, amplitude modulation) 검출 수신기다. 음성이나 음악은 캐리어의 진폭(전압) 변조 신호로 바꿀 수 있기 때문에 AM(진폭 변조)라 부른다. AM 변조된 RF 신호는 간단한 다이오드 검출기(detector)를 통해 수신기에서 복조(demodulation)할 수 있다. 간단한 크리스털 라디오 같은 기본적인 AM 수신기의 구성 부품은 안테나, RF 필터, 검출기, 증폭기 등이 있다. 증폭기는 복원된 정보를 증폭하여 스피커나 헤드폰을 구동하기 위한 옵션 사항이다. 안테나는 AM 방송에 사용되는 낮은 주파수에서 용량성(capacitive)이기 때문에 직렬 인덕터로 매칭한다. 매칭 회로를 통해 공진기의 전류는 최대화되어, 이에 결합된 2차 코일의 전압이 최대가 된다(2장 참조). 가변 커패시턴스 필터를 통해 원하는 주파수 밴드(또는 채널)를 선택하고 원치 않는 잡음은 제거한다. 필터된 신호는 검출기를 통해 AM 신호를 복조하고 정보를 복원한다. 그림 8-3은 그림 8-2의 블록 다이아그램에 대한 회로다.

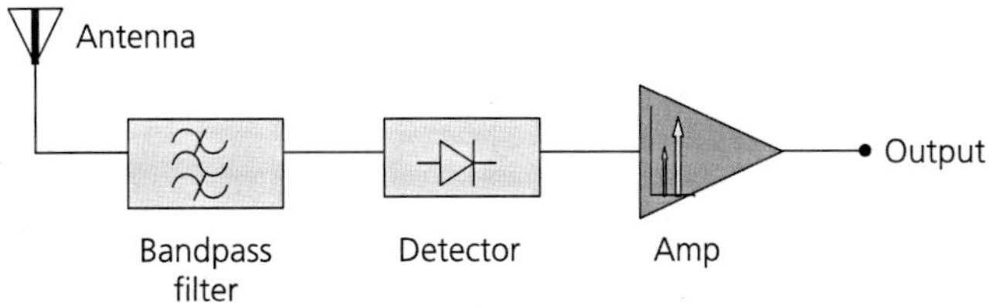

그림 8-2 간단한 진폭 변조(AM) 라디오 구조.

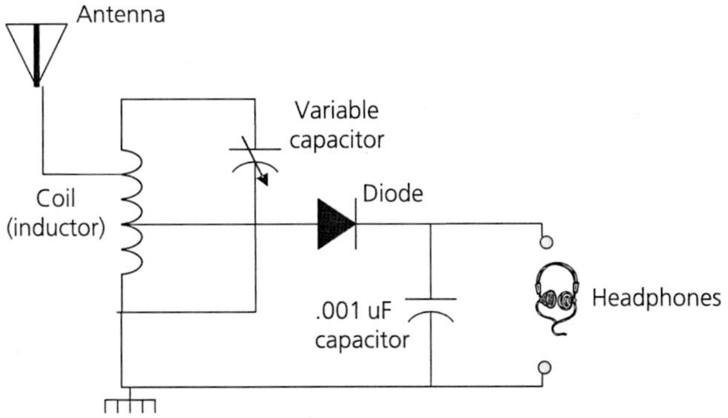

그림 8-3 간단한 AM 라디오의 회로도.

AM 구조의 핵심은 검출-복조기(detector de-modulator)다. 초기 크리스털 라디오에서는 검출기를 방연광(galena, lead sulfide) 크리스털에 정교한 금속 와이어을 연결하여 점 접촉(point contact) 정류기 또는 '크리스털 검출기'로 구현하였다. 초기 설계에서 정교한 금속 접촉을 'cat-whisker(고양이 수염)'라고도 불렀다. 점 접촉 다이오드는 최근 통신 수신기와 레이더에서도 아직도 사용되고 있지만, 신뢰성이나 제조 문제로 대부분은 pn-접합 다이오드로 대치되고 있다.

간단한 AM 수신기에서 검출 다이오드는 반파 정류기(half-wave rectifier)로 동작한다. 파형의 음수 또는 양수 부분을 제거됨으로써 수신된 AC 신호를 DC 신호로 변환한다(그림 8-4 참조). 반파 정류기 정류기의 극성에 따라 AC 파형에서 음의 반주기 또는 양의 반주기 중 하나가 다이오드를 통과하여 입력 신호가 잘린다(clip). 션트 인덕터는 검출기의 앞 부분에 위치하여 2장에서 배운 RF 초크로 동작한다. 인덕터는 검출기 다이오드의 입력을 DC 접지하고, 다이오드에 높은 임피던스로 병렬로 연결되어 RF 성능을 유지시킨다.

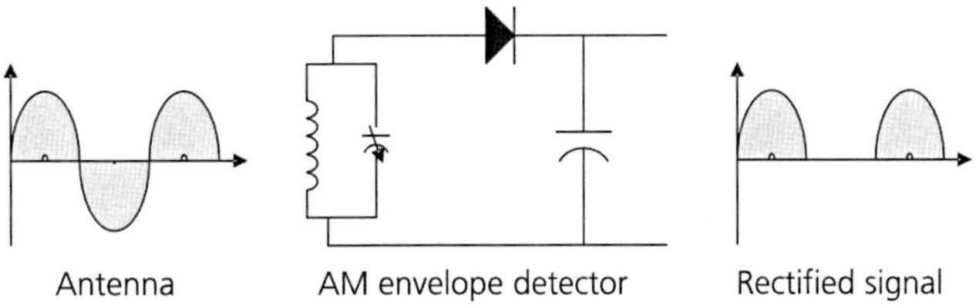

그림 8-4 반파 정류기의 회로도.

간단한 검출기 수신기에서, AM 캐리어는 LC 탱크(tank) 회로와 공진을 일으킨다. LC 탱크는 인덕터와 동조(tuned) 커패시터로 구성되고, LO(local oscillator, 국부 발진기)와 같은 동작을 한다. 다이오드에 흐르는 전류는 공진의 진폭에 비례하여 베이스밴드 신호(일반적으로 아날로그 오디오)로 바뀐다. 베이스밴드 신호는 AM 캐리어를 변조할 때 사용된 원 정보에 따라 아날로그 또는 디지털 형태가 될 수 있다. 앞으로 보게 되겠지만, 신호가 베이스밴드로 변환되는 과정이 최신 라디오에서 매우 중요한 기술이다. 시간 영역이나 펄스 위치 변조(PPM, pulse position modulation)는 예외다. 흥미로운 것은 이러한 구조(PPM)는 스파크 갭(spark gap)을 사용하는 초기 라디오 송신기에 이미 사용되었다. 역사는 반복된다. 초기 라디오는 아날로그가 아닌 Morse 부호를 사용한 디지털이었다. 당시 아날로그 음성 전송은 매우 우수한 기술로 인식되었다. 지금 다시 디지털 시대로 돌아왔다.

일반적인 AM 검출 시스템의 마지막 단은 증폭기로 구성되어, 헤드셋이나 스피커를 구동하는데 필요한 크기로 신호를 증폭한다. 신호 다이오드 검출기의 단점은 전력 전달 효율이 낮다는 것이다. 효율이 낮은 것을 이해하기 위해서는, 수신기에서 반파 정류기를 사용하는 AM의 한계를 먼저 이해해야 한다. 소스에서 AM 신호 변조할 때 캐리어에 두 개의 동일한 정보(음성 또는 음악)가 만들어진다. 예를 들어, 900 kHz의 캐리어 주파수로 방송하는 AM 라디오 방송국을 생각해 보자. 전송은 1-kHz 신호 또는 톤(tone)으로 변조된다고 하자. AM 라디오 수신기에서 RF 프런트-엔드는 그림 8-5와 같이 900-kHz 캐리어와 캐리어 ±1-kHz 신호인 901-kHz와 899-kHz를 수신하게 된다. 변조된 이 두 주파수를 각각 상한 사이드밴드(upper sideband)와 하한 사이드밴드(lower sideband)라 부른다. 하지만, 수신 신호를 복조할 때는 사이드밴드(sideband, 측대파) 중 하나만 있어도 된다. 다른 쪽 사이드밴드는 동일한 정보를 가지고 있다. 따라서 AM 송신기의 단점은 2가지다. (1) 주어진 정보 대역폭에 대해 AM 변조 시 정보의 2배의 대역폭이 필요하다. (2) 사용되지 않는 사이드밴드를 전송하는데 송신 전력(송신 전력의 약 50%)이 낭비된다.

다이오드를 이용한 수신 구조 이외에 다른 방법으로도 복조가 가능하다. 여기서는 AM 수신기에 가장 널리 사용되는 구조를 다룬 것이다. 다이오드 검출기를 다른 검출기 형태로 바꾸면 FM(frequency-modulation, 주파수 변조) 또는 PM(phase-modulation, 위상 변조) 신호를 검출할 수 있다. PM은 디지털 데이터 전송에 흔히 사용하는 변조다. 예를 들어, 많은 최신 원거리 수신기는 위상(각도) 변조의 형태인 PSK(phase-shift keying, 위상 천이 키잉)을 사용하고 있다. 'shift keying(천이 키잉)' 이라는 용어는 개념적으로 Morse 코드 시대부터

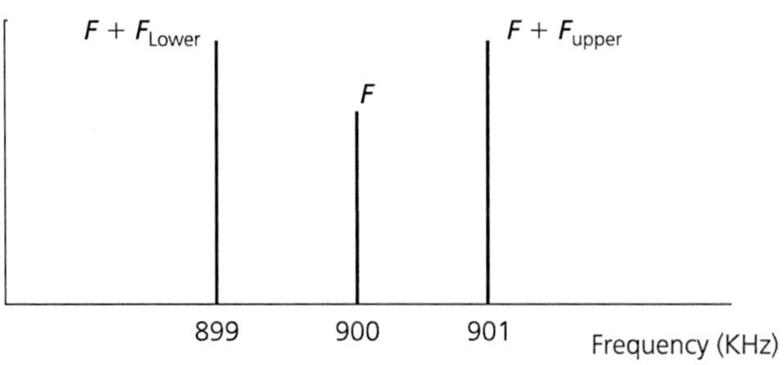

그림 8-5 변조된 AM 신호의 스펙트럼.

사용하던 '디지털'에 대한 옛날 용어다.

모든 검출 회로는 인접(adjacent) 신호 대역 또는 채널(channel)을 구별하는데 한계가 있다. 원하는 채널을 구별하는 능력을 수신기의 **선택도**(selectivity)라 한다. 주로 원하지 않는 신호를 걸러내고 원하는 신호를 선택하는 입력 RF 필터에 의해 선택도가 결정된다. 2장으로부터 이미 예상하고 있겠지만, 선택도는 RF 필터의 **품질 계수** 또는 *Q*와 관련이 있다. High-Q는 회로의 차단 특성이 우수하므로 현대 통신 시스템에서 필수적으로 사용되는 채널 간을 구분하는 능력이 좋다는 것을 의미한다. 불행하게도, 넓은 대역폭을 갖고 인접 채널 사이를 잘 구별할 수 있는 필터 설계는 최신 이동 단말기 주파수인 고주파에서 매우 어렵다. 넓은 대역폭에서 선택도는 수신기의 **감도**(sensitivity) 규격에 의해 제한된다. 감도란 잡음이 존재하는 상황에서 얼마나 작은 신호를 감지할 수 있는지에 대한 척도다. 여기서 잡음이란 수신기 자체가 만들어내는 것뿐만 아니라 대지(earth)로부터 발생되는 열잡음을 포함한다. 수신기의 감도는 허용하는 SNR(signal-to-noise ratio, 신호 대 잡음비)를 만족하는 최소 신호로 정의한다.

수신기의 선택도와 감도는 핵심 TPM(technical performance measure, 기술 성능 척도)이다. 여기서, AM 다이오드 검출기 구조는 선택도와 감도에 제한을 받음에 주목하라.

TRF 수신기(TRF Receiver)

이제 좀 더 복잡한 회로를 살펴보자. 그림 8-6은 TRF(tuned-radio-frequency, 동조 라디오 주파수) 수신기다. 오래전부터 사용되어온 이 설계는 수신 신호의 품질 개선을 위한 증폭 회로 중 하나다. TRF 수신기는 여러 개의 RF 단으로 구성되는데, 모두 동시에 수신 주파수에 동조(tuned)되어 오디오 신호의 증폭이 일어난다. 각 동조 단은 대역통과 필터에 증폭기가 연결되어 신호는 증폭하고 간섭 신호(interferer)와 같이 원치 않는 신호는 제거하게 된다. 이때 필터는 꼭 LC 필터만을 의미하는 것은 아니다. SAW(surface acoustic wave, 표면 탄성파) 필터나 유전체 공동(dielectric cavity) 필터도 이용될 수 있다. 설계의 마지막 단은 다이오드 정류기와 오디오 증폭기로 구성된다. 정류기와 오디오를 그리드-누설 검출기(grid-leak detector)라 부른다. 이 회로가 다른 라디오 구조와 다른 점은 믹서(mixer)와 LO(국부 발진기)을 이용한 입력 신호의 주파수 변환(translation, 천이) 과정이 없다는 것이다. 원래의 입력 신호는 검출기 단에서 복조된다. 이 구조의 장점은 이미지(image, 영상) 신호가 발생되지 않는다. 이미지 신호는 다음에 다루게 될 슈퍼헤테로다인(superheterodyne)과 같이 믹서(주파수 혼합기)를 사용하는 구조에서 일반적으로 발생한다.

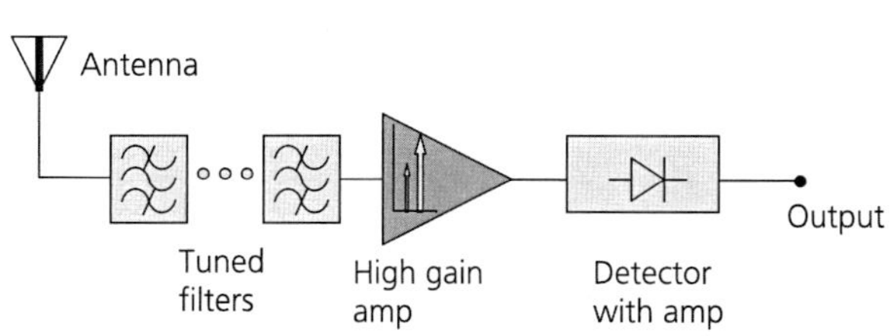

그림 8-6 다중 동조 필터가 결합된 TRF(Tuned Radio Frequency, 동조 라디오 주파수) 구조.

TRF 수신기에 LC 필터 증폭기 단을 추가하면 선택도가 증가한다. 이 구조의 단점은 각 단이 이전 단을 좇아가기 때문에 각 단은 개별적으로 원하는 주파수에 동조되어야 한다. 이것은 물리적으로도 어려울 뿐 아니라, 수신 전력이 주파수에 따라 증가함을 의미한다. 예를 들어, AM 대역의 낮은 쪽 주파수 대역인 550 kHz에서 회로의 Q가 50이라면, 수신기의 대역폭은 550/50 즉 11 kHz가 되어 적당한 값이 된다. 하지만, 1650 kHz와 같이 AM 스펙트럼의 위쪽에서는 대역폭이 1650/50 즉 33 kHz가 되어 대역폭이 증가한다.

결과적으로, 수신기는 낮은 주파수 대역에서는 선택도가 높고 높은 쪽에서는 선택도가 낮아져서, TRF 수신기의 선택도는 주파수에 대해 일정하지 않다. 이러한 선택도의 변화는 동조 회로에서 원치 않는 발진과 모드의 원인이 된다. 또한 증폭률이 동조 단에서 일정하지 않다. 이러한 TRF 수신기 구조의 단점으로 인해 다양한 구조의 수신기가 등장 하였다. 다양한 수신기의 예로 최신 무선 응용에서 사용되고 있는 직접 변환(direct-conversion), 슈퍼헤테로다인(superheterodyne) 등이 있다.

직접 변환 수신기(Direct-Conversion Receiver)

TRF 수신기에서 동조 RF 필터를 개별적으로 동조해야 하는 문제를 극복하기 위해 원래의 신호를 매우 낮은 베이스밴드 주파수로 직접 변환하는 방법이 있다. 직접 변환 수신기(DCR, direct-conversion receiver) 구조에서는 주파수 변환은 변조된 캐리어의 높은 입력 주파수를 검출이나 복조가 쉬운 변조된 낮은 주파수 캐리어로 변환한다. 주파수 변환은 그림 8-7과 같이 입력 주파수와 동일한 주파수 또는 거의 동일한 기준 신호를 혼합(믹싱, mixing)하여 구현한다. 두 신호의 비선형 믹싱으로 베이스밴드 신호가 발생하면 이를 검출 또는 복조하게 된다.

기준 신호는 국부 발진기(LO)에 의해 발생된다. 입력 RF 신호와 LO 신호가 다이오드나 FET 믹서와 같은 비선형 소자에 의해 결합되면, RF와 LO 신호의 주파수 합 또는 차 신호인 중간 주파수(IF, intermediate-frequency) 신호가 발생된다. LO 주파수를 RF 입력과 동일한 주파수 신호를 선택하는 수신기를 호모다인(homodyne, 동일 주파수) 구조 또는 zero-IF 수신기라 부른다. 역으로, 기준 신호가 RF와 다르면 이를 헤테로다인(heterodyne, 차이 주파수) 수신기라 부른다. 슈퍼헤테로다인(superheterodyne)과 헤테로다인은 동의어다. '슈퍼'의 의미는 '높다', '더 좋다'라는 의미다.[†]

호모다인이든 헤테로다인이든 트랜지스터나 다이오드와 같은 비선형 소자에서 신호의 믹싱에 의해 둘 이상의 새로운 주파수가 만들어진다. 두 주파수를 믹싱하면 새로운 두 주파수의 합과 차의 두 주파수가 만들어진다. 더 낮은 주파수를 '비트(beat)' 주파수라 부른다. 이 용어는 오디오 비트에서 따온 용어다. 두 주 신호의 주파수가 매우 가까울 때 발생되는 '비트(beat)'는 실제 오디오 주파수(AF, audio-frequency) 톤이 된다.

예를 들어, 2000 Hz와 2100 Hz 주파수가 믹싱되면, 가청 비트 주파수인 100 Hz가 발생된다. 결과적으로 높은 주파수에서 베이스밴드의 낮은 주파수로 주파수 변환이 일어난다.

직접 변환 또는 호모다인(zero-IF) 수신기는 캐리어 주파수와 동일한 동기화된(synchronized)

[†] 역주: superheterodyne은 초기 통신 회로 설계에 많은 업적을 남긴 Edwin Armstrong이 개발한 것으로, 이전에 heterodyne 수신기에 비해 성능이 개선된 것을 강조하는 의미로 신조어를 만들어 명명한 것이다.

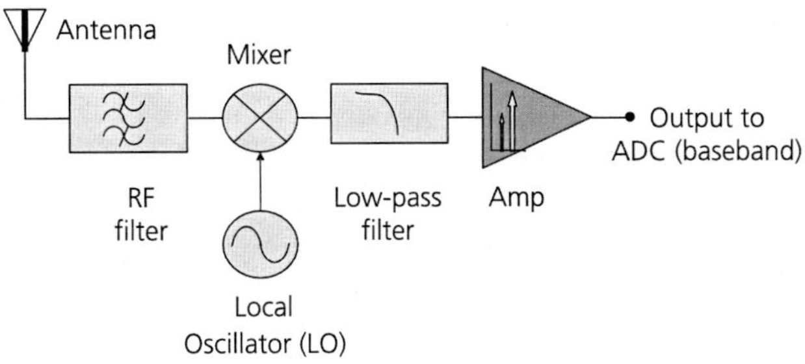

그림 8-7 직접 변환 수신기(DCR) 구조.

LO를 사용하여 입력 신호를 베이스밴드 주파수로 변환한다. 이론적으로, 직접 변환 방법은 필터, 믹서, LO 등으로 구성된 다중 주파수 하향 변환 단을 간략화할 수 있다. 즉, 안테나 다음에 TRF 수신기에서 여러 동조 RF 필터들을 사용하는데 비해 여기서는 고정된 하나의 RF 필터를 연결할 수 있다. 따라서 고정된 RF 필터는 high-Q로 설계돼야 한다.

직접 변환 설계에서, LO를 원하는 주파수로 동조시킴으로써 원하는 신호를 얻을 수 있다. 원치 않는 다른 채널의 주파수는 하향 변환 후에 더 높은 주파수 밴드에 위치하기 때문에 믹서 다음의 저역 통과 필터를 이용하여 이를 제거할 수 있다.

입력 신호가 디지털로 인코딩된 것이면, RF 수신기는 DSP 내의 디지털 필터를 사용하여 복조할 수 있다. 원래 변조된 신호의 진폭과 위상 정보를 잃지 않기 위해서는 두 개의 믹서가 필요하다—I(in-phase) 믹서와 Q(quadrature) 믹서. 직교(quadrature) 하향 변환이 필요한 이유는 RF 캐리어 주파수 주변에 두 개의 사이드밴드(sideband)가 있기 때문이다. 이미 살펴보았듯이, 두 개의 사이드밴드는 서로 다른 주파수에 위치한다. 따라서 디지털 인코딩된 신호에 대해 단일 믹서를 이용하면, 한쪽 사이드밴드를 잃어버리게 된다. 이것이 I와 Q 신호 성분을 갖는 정보를 복조하기 위해 *I/Q* 복조기를 사용하는 이유다.

많은 직접 변환 수신기에서 안테나 또는 다른 경로에 의해 LO 신호가 *I/Q* 복조기에 결합되면, 불행하게도 수신기의 성능은 누설된 LO 스퓨리어스에 영향을 받는다. 누설된 LO는 원래의 LO와 믹싱하여 DC 오프셋(offset)을 발생시켜 주파수 변환된 베이스밴드 신호에 큰 DC 오프셋이 나타난다. 직접 변환 수신기에서 LO 누설을 최소화하기 위해서는 LO와 RF 포트간의 격리도(isolation)가 매우 높은 믹서가 필요하다.

직접 변환 수신기의 가장 큰 문제는 DC 근처에 다양한 잡음 원에 영향을 받아 DC 오프셋이 발행하는 것이다. 원치 않는 신호 원은 증폭기와 믹서 간의 임피던스 부정합(mismatching)에 의해 발생된다.

앞 장에서 주목했듯이, 반도체 제조 공정의 발전으로 인해 IC 집적화에서는 소자들 간의 부정합과 관련된 DC 오프셋 문제는 어느 정도 해결이 되었다.

DC 오프셋 문제를 해결하는 다른 방법은 zero(영)가 아닌 중간 주파수로 변환을 함으로써 해결할 수 있다. IF(중간 주파수)로 하향 변환함으로써 잡음 플로어(floor)보다 큰 RF 변조 특성을 유지하고 원치않는 신호로부터 분리할 수 있는 Low-IF† 수신기가 이러한 방법이다.

† 역주: 원문에서는 Near-zero IF로 표기되어 있다.

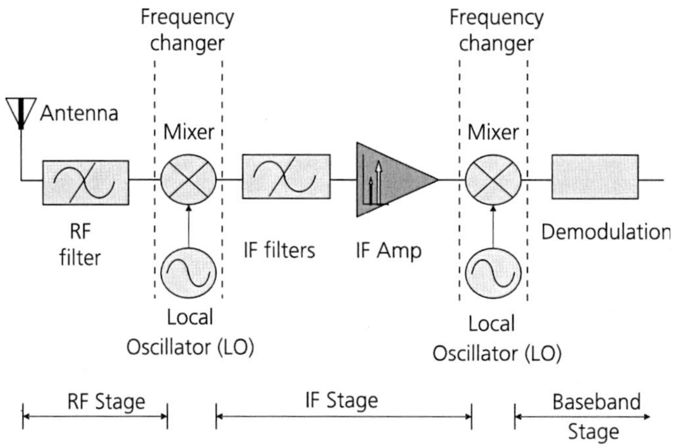

그림 8-8 슈퍼헤테로다인 구조.

하지만, 이 방법은 새로운 문제가 발생한다. 이미지 주파수와 내부(inherent) 신호 왜곡에서 기인한 베이스밴드 비트 신호는 모두 IF 대역으로 변환된다. 이미지 주파수가 원하는 신호 주파수보다 더 클 수 있어서 ADC(아날로그-디지털 변환기)의 분해능(resolution) 문제를 발생시킬 수 있다.

슈퍼헤테로다인 수신기(Superheterodyne Receivers)

구조적으로 간단한 직접 변환 수신기에 비해, 슈퍼헤테로다인 수신기 구조는 그림 8-8과 같이 여러 번의 주파수 변환 과정과 이와 관련된 필터, 증폭기, 믹서, 국부 발진기 등으로 구현된다. 이러한 과정을 통해 수신기 구조는 선택도와 감도를 모두 개선할 수 있다. LO 주파수를 입력 RF 신호에 동기하는 직접 변환 수신기와는 달리, 슈퍼헤테로다인 수신기에서 LO 주파수는 입력 신호에서 원하는 차만큼 오프셋이 된다. 이 오프셋 차가 다이오드나 FET 믹서와 같은 비선형 소자에서 LO와 RF 주파수 혼합에 의한 중간 주파수(IF)가 된다.

국부 발진 신호 발생(Generating local oscillators)

LO는 입력 RF 신호를 원하는 IF 범위로 변환은 위한 위상 동기된(phase-locked) 전압 제어 발진기(VCO, voltage-controlled oscillator)로 구현된다. 최근, 아날로그 분수-N(fractional-N) 주파수 합성기와 정수-N(integer-N) 주파수 합성기뿐만 아니라 직접 주파수 합성기(DDS, direct-digital-synthesis)와 같은 많은 주파수 안정화 방법들이 수신기의 LO 신호를 발행에 사용되고 있다.

모든 LO는 시스템의 채널 대역폭에 대한 주파수 간격을 튜닝할 수 있는 주파수 밴드를 제공할 수 있어야 한다. 예를 들어, 최소 주파수 스텝 간격이 1 MHz인 LO 주파수 합성기는 25 kHz 채널을 갖는 시스템에서는 사용될 수 없다. 또한, LO의 SSB(single-sideband, 단측) 위상 잡음(phase noise)은 허용 사양을 만족해야 한다. 위상 잡음은 시스템 채널 간격의 주파수 오프셋에서 명시한다. 캐리어로부터 1 MHz 오프셋에서 명시한 LO의 SSB 위상 잡음은 캐리어 근처의 위상 잡음과 채널 간격이 좁은 시스템 성능에 미치는 영향에 대한 충분한 정보를 제공하지 못한다. 캐리어 주변의 위상 잡음은 일반적으로 1 kHz 미만의 오프셋 주파수로 명시한다.

LO 소스는 프런트-엔드 믹서를 구동하기에 충분한 전력을 가져야 한다. 어떤 경우 믹서에서 최소 변환 손실에서 요구되는 전력으로 LO를 구동하기 위해, LO의 버퍼 증폭기를 통해 신호를 증폭한다. 포터블(portable, 이동) 응용에서 LO의 공급 전압과 전력이 전력 버짓(budget) 설계 시 중요한 고려사항이 된다.

믹서(Mixers)

그림 8-9의 믹서는 최신 무선 프런트-엔드에 사용되는 소자 중 하나다. 주파수 믹서는 다이오드와 FET 등과 같은 비선형 반도체 소자를 이용하여 구현한다†. 다이오드 믹서는 구조가 단순하고 동작 성능이 우수하고 DC 바이어스를 필요치 않기 때문에 많은 무선 시스템에 널리 활용되고 있다. 다이오드로 구현한 믹서는 SEM(single-ended mixer, 단일 종단 믹서), SBM(single-balanced mixer, 단-평형 믹서), DBM(double-balanced mixer, 양-평형 믹서) 등 여러 가지 구조가 있다. 이러한 기본 구조를 변형하면 IRM(image-reject mixer, 이미지-제거 믹서)과 밀리미터파와 같은 고주파에서 사용하는 하모닉 믹서 등 다양한 믹서의 구조가 된다.

구조적으로 가장 간단한 다이오드 SEM은 입력 발룬(balanced-unbalanced) 트랜스포머, 단일 다이오드, RF 초크, 저역 통과 필터로 구성된다. 단일 다이오드 믹서에서, 삽입 손실은 변환 손실, 다이오드 손실, 트랜스포머 손실에서 기인된다. 믹서의 사이드 밴드 변환 손실은 3 dB이고, 트랜스포머 손실(발룬 손실)은 각 사이드(side)에서 약 0.75 dB이고, 다이오드 손실은 다이오드의 직렬 저항에서 발생된다. 다이오드의 등가 회로는 직렬 저항과 시변(time-variable) 저항으로 구성된다.

좀 더 복잡한 SEM은 단일 다이오드, 입력 매칭 회로, 발룬 트랜스포머 또는 RF 입력 신호와 혼합된 신호를 주입(injection)할 수 있는 구조, 원하는 믹싱 성분을 통과시키고 원치 않는 성분을 제거하기 위한 저역 통과 또는 대역 통과 필터로 구성된다. SEM는 가격이 저렴하고 움직임 검출기(motion detector)와 같은 저가 검출기에 사용된다. 입력 발룬은 LO 신호가 RF 포트와 안테나로 주입되는 것을 억제하기 위한 목적으로 사용된다.

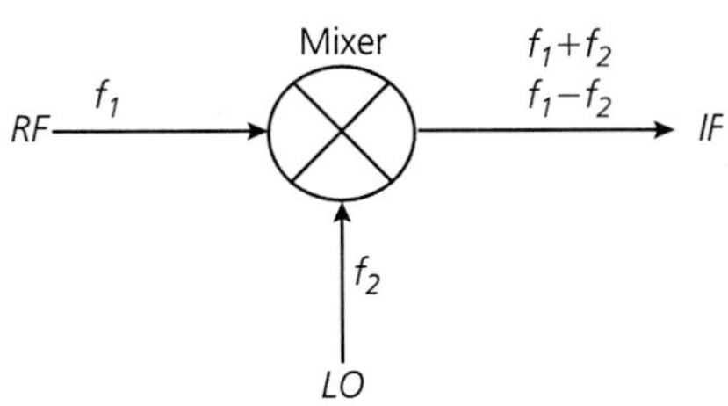

그림 8-9 RF 믹서 회로 표시.

† 역주: 주파수 믹서는 반드시 비선형 소자만을 이용하는 것은 아니다. 선형 소자를 LO 전력에 변조시켜서 시변(time-variant) 소자로 동작시키면 주파수 혼합이 된다. 더 자세한 사항은 B. Razavi저 'RF microelectronics'를 참조하라.

다이오드의 특성은 LO 전력 레벨에 따라 변한다. 변환 손실을 줄이고 평탄도(flatness)를 개선하기 위해서는 LO 주파수에 다이오드를 매칭하는 것이 좋다. 변환된 주파수는 IF 포트에서 취한다. 이때 필터로 믹싱에 의한 원치 않는 고주파 신호를 제거한다. 이때 믹서의 종류에 따라 동작에 필요한 최적의 LO 구동 전력이 존재한다. 다이오드의 크기에 의해 동작 주파수가 정해지는데, 밀리미터파 주파수와 같이 높은 주파수에서 사용하기 위해서는 다이오드의 크기는 매우 작아야 한다.

어떤 SEM 믹서는 단일 다이오드 대신 APD(antiparallel diode, 상호 역방향 병렬 다이오드)를 이용하여 LO 주파수를 내부적으로 체배함으로써 2차 하모닉을 이용한 IF 필터링을 단순화시킬 수 있다. 이 경우 LO의 2차 하모닉 신호에 의해 충분한 믹싱이 일어나기 위해서는 큰 LO 전력 레벨이 요구된다.

SBM는 두 개의 다이오드를 백투백(back-to-back, 서로 마주 바라보는)으로 연결하여 사용한다. 백투백 구조에서 LO 또는 RF에서 발생되는 잡음은 두 다이오드의 서로 다른 방향으로 인해 IF 포트에서 상쇄된다.

일반적으로 DBM는 4개의 다이오드를 그림 8-10과 같이 링(또는 quad) 구조로 연결한다. 링 구조는 믹싱에 의한 불요 스퓨리어스(spurious)를 억제하고 모든 포트 간의 우수한 격리 특성을 제공한다. 대칭성에 의해, LO 전압은 RF 입력 포트로부터 충분히 격리되고 LO 포트에 RF 전압이 나타나지 않는다. 충분히 큰 LO 구동 전력이 인가되면, 다이오드 쌍은 교대로 도통(conduction)되어, LO 주파수의 주기의 반 동안 다이오드는 낮은 임피던스와 높은 임피던스 상태 사이를 교대로 천이한다.

4개의 다이오드 사이에 RF 전압이 분배되기 때문에, 1-dB 압축점은 SBM보다 더 높지만, 믹싱을 위한 LO 전력도 더 높게 요구된다. DBM의 변환 손실은 SBM와 비슷하지만, DBM의 동적 영역(dynamic range)은 교차점(intercept point)이 높기 때문에 더 넓다(앞 장에서 배운 IP를 생각해 보라).

FET 또는 BJT를 IC 믹서 구조에 적용하면, 변환 손실이 아닌 이득을 갖는 능동 믹서가 가능하다. 일반적으로 이러한 종류의 믹서는 수동 FET나 다이오드 믹서에 비해 낮은 LO 구동 전력으로 동작이 가능하다. 하지만, 능동 믹서에서 LO 구동 전력이 너무 크면 왜곡이 발생된다.

Gilbert 셀(cell) 믹서는 IC 반도체 공정으로 제작된 RF 프런트-엔드, 무선 수신기,

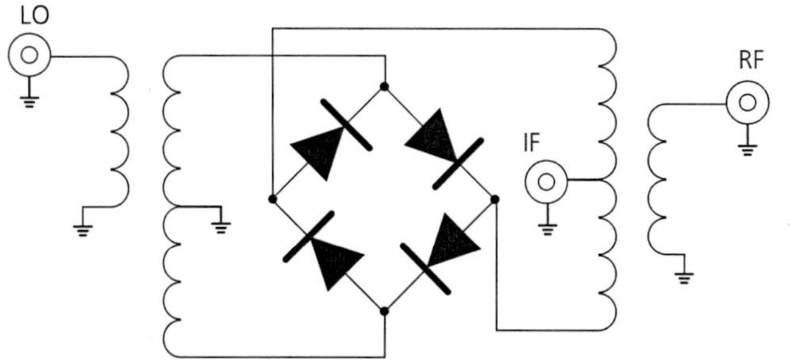

그림 8-10 다이오드 링(ring)구조 양 평형(double-balanced) 믹서에 대한 회로도.

송수신기에서 가장 일반적인으로 사용되는 구조다. Gilbert 셀 믹서는 낮은 전력 소모, 높은 이득, 넓은 대역폭을 갖는다. 원래 이 구조는 소신호 응용에서 아날로그 주파수 4-체배기로 설계된 것인데, 스위칭 모드 동작하여 믹서로 사용된 것이다. Gilbert 셀 믹서는 차동 신호가 필요하기 때문에, 일반적으로 DBM 형태에 입력과 출력 트랜스포머로 구현한다.

상호 변조와 교차점(Intermodulation and intercept points)

LO와 RF 신호가 믹서에서 결합되면 두 주파수의 합과 차로부터 IF 신호를 얻을 수 있다.

$$f_{IF} = f_{LO} \pm f_{RF} \qquad \text{식 8-1}$$

IF 포트에서 신호의 합과 차 신호는 크기는 동일하지만 일반적으로 차 신호만을 복원한다. 따라서 이미지 신호로 알려진 합 주파수는 IF 대역 통과 필터나 저역 통과 필터로 제거해야 한다(그림 8-11 참조). f^*_{IF}라고 부르는 2차 IF 신호도 IF 포트에서 발생된다. 이 신호는 합 주파수가 믹서로 다시 반사되어 LO의 2차 하모닉과 결합하여 발생된다. 수학적으로 2차 신호는 다음과 같다.

$$f^*_{IF} = \pm[2f_{LO} - (f_{LO} + f_{RF})] \qquad \text{식 8-2}$$

2차 IF 신호는 1차(primary) IF 신호와 동일한 주파수를 갖는다. 하지만, 두 신호 사이의 위상 차이로 인해 일반적으로 믹서의 변환 손실 응답의 평탄도가 나빠진다. IF 평탄도를 개선하기 위해서는 IF 포트와 다음에 연결되는 IF 필터나 증폭기 사이에 상수(constant) 임피던스를 유지하면 믹서로 다시 인가되는(re-entering) 합 주파수 신호를 줄일 수 있다. 몇 제조사는 개별(discrete) 소자 형태로 상수 임피던스를 갖는 IF 대역 통과 필터 제공하기도 하는데, 이러한 소자를 사용하면 반사를 최소화하여 2차 IF 신호를 줄일 수 있다. 이러한 필터는 원치 않는 합 주파수 신호를 흡수하여 감쇠시킨다. 근본적으로, 필터의 반사 손실이 믹서로 반사되는 합 주파수 신호의 크기를 결정한다.

만일 믹서의 IF 포트가 대역통과나 저역 통과와 같이 일반적인 IF 필터로 종단되면, 합 주파수 신호는 믹서로 다시 인가되어 상호 변조 왜곡이 발생한다. 관심 있는 상호 변조 성분

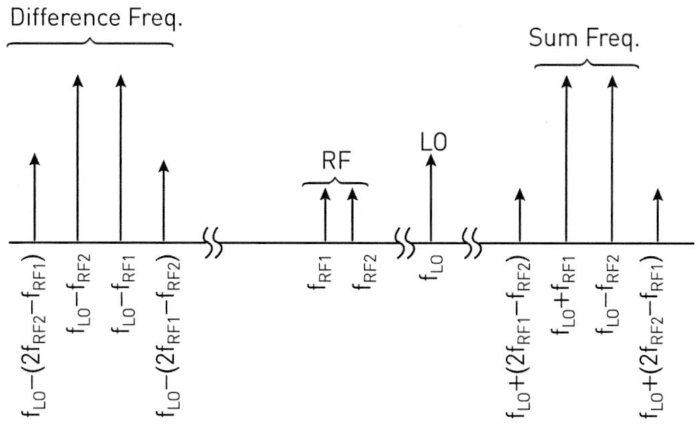

그림 8-11 믹싱에 의해 나타나는 원치 않는 주파수와 이미지 신호.

중 하나는 2-톤 3차 성분으로 IF에서 RF 신호만큼 주파수가 떨어진 주파수 성분이다. 이러한 상호 변조 주파수는 RF 입력과 LO의 스퓨리어스(spurious)와 하모닉의 믹싱에 의해 나타난다. 즉,

$$f_{LO} \pm (2f_{RF1} - f_{RF2}) \quad \text{식 8-3}$$

$$f_{LO} \pm (2f_{RF2} - f_{RF1}) \quad \text{식 8-4}$$

믹서의 IF 포트와 IF 필터 간에 임피던스 매칭 특성이 좋을수록, 합 주파수 성분과 상호 변조 왜곡은 줄어든다.

예제: 상호 변조 왜곡과 교차점(Intermodulation and Intercept Points)

상호 변조 성분의 이해를 위해, f_1과 f_2의 두 주파수가 인가되는 경우를 생각해 보자. 두 신호의 곱을 정의하기 위해 두 주파수의 하모닉 체배 상수를 고려한다. 예를 들어 2차 상호 변조 성분은 $(f_1 + f_2)$, 3차 성분은 $(2f_1 - f_2)$, 4차 성분은 $(2f_1 + 2f_2)$, 5차 성분은 $(3f_1 - 2f_2)$를 생각해 볼 수 있다. 만일 f_1과 f_2가 100 kHz와 101 kHz로 1 kHz 떨어진 주파수라면 상호 변조 성분은 표 8-1과 같다.

표 8-1 상호 변조(intermodulation) 성분.

차 수	상호 변조 항		예 f_1 = 100 kHz, f_2 = 101 kHz	
1차 항	f_1	f_2	100 kHz	101 kHz
2차 항	$f_1 + f_2$	$-f_1 + f_2$	201 kHz	1 kHz
3차 항	$2f_1 - f_2$	$-f_1 + 2f_2$	99 kHz	102 kHz
	$2f_1 + f_2$	$f_1 + 2f_2$	301 kHz	302 kHz
4차 항	$2f_1 + 2f_2$	$-2f_1 + 2f_2$	402 kHz	2 kHz
5차 항	$3f_1 - 2f_2$	$-2f_1 + 3f_2$	98 kHz	103 kHz
	$3f_1 + 2f_2$	$2f_1 + 3f_2$	502 kHz	503 kHz
기타				

표로부터, 홀수(odd, 기수)차 상호 변조 성분들만이 기본 주파수 f_1과 f_2에 가깝게 위치한다는 사실을 알 수 있다. 3차 성분 $(2f_1 - f_2)$는 f_1보다 단지 1 kHz가 낮게 위치하고, $(2f_2 - f_1)$는 f_2보다 단지 1 kHz가 높다. 5차 성분도 짝수 차 성분에 비해 기본 주파수에 가깝게 위치한다.

헤테로다인 수신기의 첫 번째 믹서에서는 홀수 차 상호 변조 성분이 관심 성분들이다. 이전에 살펴보았듯이, LO와 입력 신호의 합과 차 성분 중에서 차 성분을 중간 주파수로 취하는 믹서의 함수는 비선형 특성을 갖는다. 따라서 원치 않는 상호 변조 성분의 원인이 바로 믹서라는 것은 놀랄만한 사항이 아니다. 예를 생각해 보자. 1000 kHz의 신호에 동조된 수신기에 f_1 = 1020 kHz과 f_2 = 1040 kHz의 두 큰 신호가 함께 인가되고 있다고 가정하자. 가장 가까운 신호는 20 kHz 밖에 떨어져 있지 않다. IF 필터의 차단 특성은 2.5 kHz 대역폭을 가지고 있어서 원치 않는 1020 kHz 신호는 충분히 제거할 수 있다. 하지만, 믹서 앞의 RF 단은 선택도가 높지 않아서 f_1과 f_2는 믹서의 입력에 그대로 보이게 된다. 이러한 경우, 상호 변조가 발생하게 된다. 3차 상호 변조 성분 $(2f_1 - f_2) = (2 \times 1020 - 1040)$ = 1000 kHz에서 발생된다. 이 상호 변조 성분은 입력 신호와 동일한 주파수를 갖는다. 이 상호 변조 성분 또는 대역 밖의 신호는 수신기의 동작 대역 안에서 쉽게 간섭을 일으킨다.

2톤(two-tone)에 의한 3차 상호 변조의 측정은 RF 시스템에서 상호 변조 간섭파(interference)를 측정하는 것이다. 동일한 전력 레벨을 갖고 비슷한 주파수의 두 개의 캐리어를 인가하여 측정한다. 측정 결과를 통해 3차 상호 변조 교차점(IIP3, third-order intermodulation intercept point)을 결정한다. 이 이론적인 IIP3 값은 교차점 보다 충분이 낮은 3차 상호 변조 레벨을 계산하는데 사용된다.

IP3는 RF 입력과 IF 출력 곡선에서 RF 입력 전력 레벨을 상승시킬 때 원하는 입력 신호와 3차 성분이 동일해지는 이론적인 점을 말한다.

표 8-2 교차점들.

교차점 차수	의미
P1 dB—1 dB 압축점	압축점(compression point)은 소자의 선형성을 측정하는 척도다. RF 입력 신호가 증가함에 따라 믹싱에 의한 IF 출력도 증가한다. IF 출력의 증가가 입력 선형성에서 1 dB의 차이가 발생할 때 이 값을 1 dB 압축점이라 한다.
IP2—2차 교차점	2차 교차점은 RF 입력과 IF 출력 곡선에서 정의한 이론적인 값이다. RF 입력을 증가시킬 때 원하는 입력 신호와 2차 성분의 크기가 이론적으로 같아지는 점을 말한다.
IP3—3차 교차점	3차 교차점은 RF 입력과 IF 출력 곡선에서 정의한 이론적인 값이다. RF 입력 신호를 증가시킬 때 원하는 입력 신호와 3차 상호 변조 성분의 크기가 이론적으로 같아지는 점을 말한다. IIP3는 출력 IP3(OIP3)를 소신호 이득으로 나눈 값이다.

Preselection 필터(Preselection filters)

일반적인 슈퍼헤테로다인 구조에서 LO는 IF 주파수 차만큼 RF 주파수에 오프셋된다. IF 신호의 '이미지'는 원하는 신호로부터 IF 주파수의 2배 떨어진 곳에 위치한다. 주파수 변환 믹서에 원치 않는 이미지 신호가 들어오는 것을 최소화하기 위해, 슈퍼헤테로다인 수신기는 프런트-엔드에 preselection 필터를 사용하여 원치 않는 이미지 신호를 제거한다. 입력 매칭 회로는 안테나로부터 preselector 필터와 RF 증폭기에 전력을 최대로 전달하기 위해 사용된다. 안테나와 preselector 필터 간의 손실은 수신기의 감도를 저하시킬 수 있다. 매칭 회로의 목적 중 하나는 안테나 결합 회로에서 preselector 필터에 손실을 최소화하기 위한 것이다.

수신 안테나와 수신기의 프런트-엔드 회로 사이의 임피던스 매칭 특성은 쉽게 변화된다. 예를 들어, 어떤 수신기는 다양한 안테나를 사용하기도 한다. 이때 매칭은 안테나에 따라 달라진다. 이동 통신의 경우, 건물, 수목(foliage), 주변 환경에 의해 안테나의 임피던스가 변경될 수 있다. 결과적으로 프런트-엔드 소자의 매칭 특성도 달라진다. 안테나와 프런트-엔드 소자간의 임피던스 매칭은 주파수에 따라 달라지고 통신 시스템에서 사용하는 특별한 주파수 대역에 최적화되어 있다. 어떤 경우 안테나는 광대역으로 설계되어 있고, 다양한 수신 주파수에서 최적 임피던스 매칭 특성을 위해 기계적 또는 전기적으로 매칭 회로를 조정(tuning)을 할 필요가 있다.

필터 손실은 슈퍼헤테로다인 수신기의 잡음 지수에 영향을 준다. 수신기에서 원하지 않는 스퓨리어스나 이미지 신호를 제거하기 위해서는 높은 선택도가 필요하기 때문에, preselection 필터를 여러 단의 LNA들 사이에 삽입하여 사용한다. LNA는 수신기 잡음 지수에서 필터 손실에 의한 효과를 최소화시킨다. 기본적으로 슈퍼헤테로다인 수신기 프런트-엔드에서 필터 손실(들)과 LNA(들)의 이득이 수신기의 선택도와 감도를 결정한다.

슈퍼헤테로다인 수신기에서 통신 채널은 IF에서 필터링된다. 일반적으로 이 필터는 가변 필터를 사용하지 않고 고정된 형태로 IF에서 사용된다. 고정 필터에 비해 가변 필터는 일정한 대역폭을 유지하기가 어렵기 때문이다. 다양한 종류의 신호와 변조를 다룰 때, IF 대역폭은 서로 다른 고정 필터 사이에서 스위칭되어 사용될 수 있다. 일반적으로 슈퍼헤테로다인 수신기는 IF에서 강력한 신호 처리로 인해 높은 선택도와 감도를 갖는다. IF에서 필터링과 증폭은 마이크로파 주파수 대역에서 수행하는 것보다 훨씬 쉽고 가격도 싸다.

다른 수신 구조와 비교하여 슈퍼헤테로다인 수신기는 스퓨리어스 응답 문제에도 불구하고 IF에서 쉽고 저가격으로 필터링과 증폭을 할 수 있는 장점 때문에 무선 응용에 매우 매력적인 구조이다. 슈퍼헤테로다인 프런트-엔드의 성능의 특성인 감도와 선택도에 대해, 두 특성이 각 파라미터에 어떤 영향을 주고 각 파라미터는 전체 수신기 성능에 어떤 영향을 주는지에 대해 살펴보자.

슈퍼헤테로다인 수신기의 감도는 허용 가능한 성능에 따라 달라진다. 아날로그 무선 기기 프런트-엔드에서 감도는 SNR에 의해 계산되고, 디지털 무선 기기의 감도는 BER(bit-error rate, 비트-오류율)에 의해 계산된다. 감도는 프런트-엔드가 신호 처리할 때 허용 가능한 SNR 또는 BER이 되는 최소 RF 신호 레벨로 정의한다. 감도는 외부에서 인가되는 잡음과 수신기 내부에서 발생되는 잡음 레벨에 영향을 받는다. 외부 잡음이 충분히 작으면 수신기 감도는 수신기 자체 소자들에서 발생되는 잡음에 의해 제한된다. 잡음은 수신 안테나, RF preselector 필터, 프런트-엔드 LNA를 포함한 수신 시스템의 능동 시스템 등 그 경로가 다양하다.

시스템 감도와 잡음(System sensitivity and noise)

프런트-엔드의 각 소자들에서 발생하는 잡음은 수신기 잡음 바닥(floor)에 더해진다. 이 잡음 바닥이 검출 가능한 최소 신호 레벨을 제한한다. 잡음은 PSD(power spectral density, 전력 스펙트럼 밀도)로 기술된다. PSD는 주어진 대역폭 내에 존재하는 전력으로 단위는 W/Hz를 사용한다. 모든 전자 소자들은 수신 시스템의 잡음에 기여를 한다. 최저 잡음 레벨은 시스템의 열잡음 kTB로 알려진 온도에 의해 결정된다. 시스템 열잡음 kTB에서 k는 1.38×10^{-20} mW/K, T는 절대 온도 Kelvin(K), B는 잡음 대역폭(단위 Hz)다.

상온에서, 1 Hz 대역폭에 존재하는 열잡음은

$$\begin{aligned} \mathrm{kTB} &= (1.38 \times 10^{-23} J/K)(293K)(1\,Hz) \\ &= 4.057 \times 10^{-21}\ \mathrm{W} = -174\ \mathrm{dBm} \\ &\text{또는}\ -174\ \mathrm{dBm/Hz}\ (\mathrm{PSD}) \end{aligned}$$

대역폭이 증가하면 잡음 전력도 증가하기 때문에, 슈퍼헤테로다인 수신기에서 필터링은 잡음 전력을 제한하는 수단으로 중요하다. 이러한 이유로, 슈퍼헤테로다인 수신기에서 최종 IF 필터는 최대한 좁게 설계하여 복조와 검출 전에 채널 내의 신호는 수신하고 채널 내의 잡음은 제한한다. 최종 IF 필터는 아날로그 신호처리에서 가장 협대역 소자이기 때문에 수신기의 잡음 대역폭은 IF 필터에 의해 결정된다.

프런트-엔드 수신기 소자들의 특성화는 NF(noise figure, 잡음 지수)와 F(noise factor, 잡음 인자)를 포함하여 몇 개의 파라미터로 기술된다. 전체 수신기에서 F는 수신기의 출력에서 SNR에 대한 입력 SNR의 비로 정의한다. 비슷하게 각 소자의 F는 출력에서 SNR에 대한 입력에서 SNR의 비다. NF는 F를 dB로 표현한 것이다. F는 다음과 같이 정의된다.

$$\text{Noise factor} = (\text{Input SNR}_2)/(\text{Output SNR}_1) \qquad \text{식 8-5}$$

잡음 지수 NF는 여기에 로그를 취한 것이다.

$$\text{NF} = 10\log(\text{SNR}_1/\text{SNR}_2) \qquad \text{식 8-6}$$

여기서 SNR_2는 소자나 수신기의 출력에서 SNR을 나타낸 것이고 SNR_1은 입력에서의 SNR을 나타낸 것이다.

만일 증폭기가 이상적거나 소자가 잡음이 없는 완전한 것이라면, 잡음 지수는 0 dB가 될 것이다. 현실에서 증폭기와 소자의 잡음 지수 NF는 항상 양의 값을 갖는다. 수동 소자에서 잡음 지수는 소자의 삽입 손실과 같다. 예를 들어, 1-dB 감쇠기(attenuator)가 감쇠 이외의 손실이 없다면 감쇠기의 잡음 지수는 1-dB가 된다.

슈퍼헤테로다인 프런트-엔드에서 소자가 입력에서 출력으로 서로 종속(cascade)적으로 연결될 때 잡음 전력은 입력으로부터 점점 상승하여 시스템 잡음에 더해진다. Friis 식으로 알려진 간단한 계산을 통해 어떻게 프런트-엔드에 잡음이 더해지는 과정을 살펴보자.

$$\text{NFcascade} = 10\log\{[F_1 + (F_2 - 1)]/A_1\} \qquad \text{식 8-7}$$

여기서 F = 잡음 인자(factor)로 $10^{NF/10}$, A는 전력 이득으로 G가 dB로 표현 될 때 $10^{G/10}$이다. 식으로부터, 시스템의 첫 번째 단의 잡은 인자 F_1이 수신기 시스템의 잡음 성능에 가장 영향을 주는 인자임을 알 수 있다.

종속 연결된 소자로 구성된 수신기에서 각 소자의 이득과 잡음 인자를 이용하면, 소자 전체의 잡음 인자를 계산할 수 있다.

$$F = F_1 + \frac{F_2 - 1}{A_1} + \frac{F_3 - 1}{A_1 A_2} + \frac{F_n - 1}{A_1 A_2 \ldots A_{n-1}} \qquad \text{식 8-8}$$

여기서 F는 프런트-엔드 단의 잡음 인자를 나타내고 A는 각 단의 전력 이득을 log 값이 아닌 numeric으로 나타낸 전력 이득이다. 이 식을 간단히 살펴보면 전체 잡음 인자에 대한 첫 번째 잡음 인자의 중요성을 알 수 있다. 예를 들어, 5단 (n = 5) 수신기에서 마지막 단의 잡음은 그 이전 단의 소자 이득만큼 줄어들어 시스템에 대한 영향이 매우 작아진다.

수신기의 잡음 바닥(floor)이 신호가 작을 때의 감도를 결정하고, 신호를 검출하고 복원할 수 있는지를 결정한다. 수신기 프런트-엔드의 다른 아날로그 소자에 의해 잡음이 더해지기 전에, 안테나에 의한 잡음이 먼저 더해진다. 이 입력 변환 잡음 레벨을 MDS(minimum detectable signal, 최소 검출 신호)라 부른다. 어떤 경우에는 SINAD(signal in noise and distortion, 잡음과 왜곡에 대한 신호 비)로 수신기의 잡음을 특성화한다. 특히, 잡음과 유사 특성을 나타내는 왜곡 성분을 신호와 같이 다룰 필요가 있을 때 사용한다. 이 파라미터를 이용하면 캐리어가 만든 하모닉들과 다른 비선형 왜곡 성분을 수신기 감도를 계산할 때 고려할 수 있다.

디지털 시스템에서, 신호가 약할 때 잡음을 발생시켜 BER을 쉽게 측정할 수 있다. BER은 데이터율(rate)에 영향을 주기 때문에 수신기 감도를 평가할 때 SNR보다 훨씬 유용한 성능 척도가 된다. 수신기의 감도는 특정한 BER 값에 대해 정의한다. GSM 표준을 포함하여 일반적으로 BER 값으로 0.1%(10^{-3}) 사용하고, 수신기 감도는 입력 신호 레벨을 조정하여 수신기의 출력에서 0.1%의 BER값이 되는 입력 신호 레벨로 측정한다.

프런트-엔드의 잡음 바닥은 열잡음, 산탄 잡음(shot noise), 플리커 잡음(flicker noise)과 같은 성분들에 의해 정해진다. 또한 이득이 감소하면 잡음 바닥이 증가한다. 따라서 시스템 SNR에서 충분한 마진(margin)이 있어야 큰 신호를 증폭할 때 발생하는 이득 저하를 대비할 수 있다.

프런트-엔드 증폭기(Front-End Amplifiers)

RF나 IF 필터에 가장 흔하게 연결되는 RF 프런트-엔드 부품이 증폭기다. 시스템의 기능에 따라 달라지지만, 증폭기는 송신기의 경우 고출력 설계가 필요하고, 수신기에서는 저잡음 증폭기가 필요하다. 수신기 안테나에서 수신기의 감도는 광대역 잡음을 제한할 수 있는 preselctor 필터와 허용 가능한 SNR에 필요한 신호를 얻기 위해 증폭하는 LNA에 의해 결정된다. 필요한 SNR을 얻기 위해 LNA는 믹서, 복조기, ADC 등의 신호 처리에 필요한 수준까지 신호를 증폭해야 한다.

필터와 함께 RF 프런트-엔드 LNA는 신호 체인(chain)에서 위치에 따라 광대역으로 사용할 것인지 IF 단에서 채널 증폭용으로 사용할 것인지가 정해진다. LNA의 특성은 대역폭, 잡음 지수, 소신호 이득, 공급 전력과 전력 소비, 1-dB 압축점에서의 출력 전력, 요구되는 선형성 등으로 정해진다. 선형성은 상대적으로 큰 입력 신호가 인가될 때 증폭기의 특성을 예측하기 위한 것으로 일반적으로 3차와 2차 교차점으로 판단된다. 이상적인 경우, LNA는 작은 신호로 프런트-엔드 믹서에서 동작하도록 충분한 이득을 제공할 수 있어야 하고, 큰 신호 입력에 대해서도 왜곡이 없어야 한다.

예전에는 RF와 마이크로파 통신 시스템에 사용되는 낮은(우수한) 잡음 지수와 높은 이득을 갖는 LNA를 화합물 GaAs 공정 기술로 제작하였다. 하지만, SiGe-HBT 기술이 향상되어 지금은 약 10 GHz까지 GaAs LNA와 비슷하거나 더 우수한 잡음 지수와 이득 특성을 나타내고 있다.

슈퍼헤테로다인 수신기의 잡음 특성은 신호가 작을 때 문제가 된다. 이에 반해, 다이나믹 레인지(DR, dynamic range, 동적 영역)는 수신기가 왜곡이나 디지털인 경우 BER 특성의 저하 없이 처리할 수 있는 큰 신호에 의해 제한된다. 매우 큰 신호에 의해 수신기 부품 중

특히 믹서와 LNA가 비선형적인 동작을 할 수 있다. 이러한 비선형 특성은 이득 압축, 상호 변조 왜곡, 혼변조(cross modulation)†, AM-PM 변환 등으로 나타난다.

큰 신호 입력에서 하모닉과 상호 변조 왜곡은 수신기가 처리할 수 있는 가장 큰 신호를 제한하는 이득 압축과 간섭의 원인이 된다. 수신기의 다이나믹 레인지는 MDS와 최대 신호 레벨 간의 차이를 말한다. 신호 채널 시스템에서, 다이다믹 레인지는 근본적으로 1-dB 압축 출력 전력과 출력 잡음 바닥간의 차이가 된다. SFDR(spurious-free dynamic range, 스퓨리어스 없는 능동 영역)는 출력 신호가 출력 잡음 바닥보다 커지는 순간부터 왜곡 성분이 잡음 바닥을 넘어서는 순간까지의 출력 전력 차이로 정의한다.

3차 교차점 (IP3)

에서 나타나는 3차 상호 변조 성분을 외삽(extrapolation)하여 두 선이 만나는 입력 전력 레벨을 IP3(3차 교차점)로 정의한다. 이 점에서 출력 전력을 OIP3(출력 3차 교차점)라 한다. 교차점은 가상적인 것으로, 선형적으로 기본파 성분을 확장 외삽하여 정의하고, 3차 상호 변조 성분은 3:1 기울기로 증가하는 것을 가정하여 정의한다. 실제로는 부품의 1-dB 압축점에서 실제 출력과 3차 교차점과의 차이는 적게는 6 dB에서 많게는 20 dB 정도 차이가 난다. 3차 교차점과 함께, IP2(2차 교차점)도 다이나믹 레인지에서 다룰 수 있는 전력에 대한 척도로 사용된다. 2차 하모닉 출력 전력과 기본 주파수 출력 전력의 가상적인 교차점을 IP2라 부른다.

수신기의 다이나믹 레인지를 해석할 때, 신호의 크기에 대한 정의가 달라질 수 있음에 유의하라. 예를 들어 다중 캐리어 통신 시스템에서 피크(peak) 전력 레벨은 평균 전력 레벨보다 훨씬 커질 수 있다. 커질 수 있는 이유는 다중 캐리어의 위상이 임의적이어서 어떤 위상으로 결합되는지에 따라 입력 전력이 크게 달라진다. 다중 캐리어 시스템에서 명시된 평균 전력이 시스템의 선형 영역에 범위에 있더라도 피크 전력은 시스템을 비선형 영역에서 동작하게 할 수 있다. 이러한 비선형 현상으로 Spectral Regrowth(스펙트럼 재성장)가 발생한다. Spectral Regrowth는 송신 전력이 상호 변조 왜곡으로 인해 인접 채널로 누설되어 나타나는 ACPR(Adjacent-Channel Power Ratio, 인접 채널 전력비)로 특성화된다.

슈퍼헤테로다인 프런트-엔드에 큰 신호가 들어오면 수신기가 포화 또는 왜곡된다. 이를 방지하기 위해 위해서는 SNR 특성은 나빠질 수 있지만 이득을 낮춰야 한다. 이처럼 큰 신호에 대해 이득을 낮추는 목적으로 AGC(automatic gain control, 자동 이득 제어)가 사용된다. 수신기 프런트-엔드에서 LNA 앞에서 감쇠가 이루어지면, 앞에서 1-dB 감쇠기 예제에서 주목했듯이 감쇠로 인해 잡음 지수는 증가하지만 큰 신호에 의해 발생되는 비선형의 위험은 감소된다. 큰 신호를 처리하기 위해 사용되는 AGC로 인해 소신호 특성은 약간 저하될 수 있다.

† 역주: 약한 신호와 강한 간섭 신호가 비선형 시스템에 동시에 입력될 때 발생하는 현상으로 간섭 신호의 진폭 변조(혹은 잡음)가 원하는 신호의 진폭에 전달되는 현상을 말한다.

선택도(Selectivity)

지금까지 프런트-엔드의 감도와 다이나믹 레이지에 관해 살펴보았다. 수신기 설계의 또 다른 중요한 측면으로 우수한 선택도(selectivity)가 요구된다. 우수한 선택도란 원하는 신호는 처리하고 원치 않는 스퓨리어스나 간섭 신호는 적절하게 제거하거나 감쇠시키는 것을 말한다. 선택도는 여러 주파수 중에서 원하는 주파수(또는 대역폭)에 있는 신호를 분리해 낼 수 있는 수신기의 능력으로 생각할 수 있다. 선택도는 일반적으로 프런트-엔드 설계에서 부품, 필터, 증폭기들 간의 매칭 회로의 함수다. 예를 들어, 좋은 선택도를 갖기 위해 필터는 원하는 신호와 변조를 통과시킬 수 있는 충분한 통과대역을 갖고 통과대역 밖의 원치 않는 신호를 제거하기 위해 높은 제거 특성을 가져야 한다. 선택도는 원하는 통과대역의 주파수에서 요구되는 신호 크기에 대한 원치 않는 신호를 제거할 수 있는 비로 생각할 수 있다. 슈퍼헤테로다인에서 선택도는 주파수 선택적인 소자를 RF, IF, 베이스밴드 단 등 여러 단에 사용하여 개선할 수 있다.

안테나 근처에서 프런트-엔드 선택도는 가능한 높아야 한다. 큰 간섭파가 안테나를 통해 들어오면 그 뒷단에 위치한 능동 소자는 왜곡과 포화 문제가 발생한다. 안테나는 선택도가 높은 RF 필터와 임피던스 매칭이 어렵기 때문에 다른 부품(특히 믹서)에 부담이 높아진다.

필터는 대역 통과(bandpass), 대역 제거(band-reject), 저역 통과(lowpass), 고역 통과(highpass)의 4가지 종류가 있다. 필터에 대한 더 자세한 논의는 3장을 참고하라. 대역 통과 필터는 통과대역에서는 최소 감쇠를 갖고 신호를 통과시키고, 통과대역의 위와 아래 주파수에서의 신호는 제거한다. 노치(notch) 필터로 알려진 대역 제거 필터는 통과대역과 반대되는 응답 곡선을 갖는다. 저지(stop) 대역이라 부르는 대역의 신호는 제거하고, 저지 대역의 위와 아래 주파수에서의 신호는 최소의 감쇠를 갖고 통과시킨다. 저역 통과 필터는 명시한 차단(cutoff) 주파수 이하의 주파수에서의 신호는 최소 감쇠로 통과시키고, 차단 주파수 이상의 신호는 제거한다. 차단 주파수는 일반적으로 신호 감쇠가 3 dB가 되는 주파수로 정의한다. 고역 통과 필터는 저역 통과 필터와 반대되는 응답 곡선을 갖는다. 즉, 차단 주파수보다 낮은 주파수에서의 신호는 제거하고 차단 주파수 이상의 신호는 최소 감쇠로 통과시킨다.

필터의 특성은 삽입 손실, 반사 손실(또는 VSWR), 제거율, 리플(ripple), 선택도(진폭 대 주파수 응답), 그룹 지연(group delay, 필터를 통과하는데 걸리는 시간), 위상 응답, 품질 계수 Q 등 다양한 성능 파라미터로 기술된다. 대역 통과 필터에서 삽입 손실은 필터 대신 이상적인 전송 선로일 때 나타나는 0-dB 응답보다 큰 신호 감쇠를 말한다. 삽입 손실은 저항, 인덕터, 커패시터, 전송 선로 등의 필터의 손실 소자들로 인해 발생된다. 제거율은 통과대역(또는 중심 주파수) 이상이나 이하에서 명시된 주파수에서의(삽입 손실 포함한) 신호 감쇠로 정의한다.

대역 통과 필터는 중심 주파수와 통과대역폭으로 정의한다. 대역 통과 필터의 중심 주파수는 산술 평균이나 기하 평균으로 정의한다. 일반적으로 기하 평균의 정의는 필터 설계에서 사용되는데 반해, 산술 평균은 필터 특성을 명시할 때 사용된다. 산술 평균에 의한 중심 주파수는 상한과 하한 대역 모서리(bandedge)의 합을 2로 나눈 값이다. 예를 들어, 3-dB

주파수가 900 MHz와 1000 MHz인 경우, 산술 평균 중심 주파수는 (950 + 1000)/2 = 950 MHz가 된다.

필터의 Q는 대역폭에 대한 중심 주파수의 비로 정의한다. 예를 들어 3-dB 모서리가 950과 1000 MHz인 경우 중심 주파수는 975 MHz이므로, 협대역 필터의 Q는 975/50 = 19.5 가 된다. 3-dB 대역폭이 500과 1000 MHz인 대역 통과 필터의 Q는 750/500 = 1.5로 훨씬 낮다. 필터 Q는 대역폭과 관련이 있다. 대역폭이 좁을수록 필터의 Q 값은 더 커진다.

필터를 제작할 때, 전송 선로, 커패시터, 인덕터를 high-Q 회로 소자로 사용하는 것이 성능에 바람직하다. Low-Q 회로 소자를 사용하면 통과대역 삽입 손실이 증가하고 저지 대역 감쇠가 더 낮아진다. Q가 낮을수록 필터의 응답은 무뎌져서 필터의 스커트(skirt) 특성이 나빠진다.

통과대역 밖의 저지(또는 감쇠) 특성은 필터의 단이 증가할수록 증가한다. 이때 추가된 공진기로 인해 삽입 손실도 함께 증가한다. 동일 리플(equi-ripple)이나 선형 위상(linear-phases) 응답과 같이 넓은 주파수 범위에서 필터 응답이 최근 설계에서 이용된다. 예를 들어, 동일 리플 응답은 통과대역에서 최소 진폭 변동을 제공한다. 선형 위상 필터는 WiMAX 시스템에 사용되는 OFDM(Orthogonal Frequency Division Multiplex, 직교 주파수 분할)과 같은 최근 통신 시스템에 사용되는 펄스 파형 성분을 유지하는데 적용된다.

프런트-엔드 설계에 대한 ADC의 영향(ADC's Effect on Front-End Design)

ADC(Analog-to-Digital Converter, 아날로그 디지털 변환기)는 무선 응용 수신기에서 IF 또는 베이스밴드 신호를 샘플링하는 목적으로 흔하게 사용된다. 사용하는 ADC의 종류는 수신기 구조에 의해 일반적으로 결정된다. ADC의 선택할 때 여러 가지 사항을 고려해야 한다—필터의 선택도, 프런트-엔드 증폭기에 의한 다이나믹 레인지, 처리하려는 변조 대역폭과 형태 등. 예를 들어, ADC의 입력에서 처리해야 하는 신호의 레벨(또는 다이나믹 레인지)에 의해 변환기에 필요한 비트 분해능(resolution)이 결정된다. 예를 들어, IEEE 802.16 WiMAX 표준을 이용하여 BWA(broadband wireless access, 광대역 무선 액세스) 응용에 적용되는 이중 하향 변환 수신기 구조를 생각해 보자. 여기서 사용하는 IF 샘플링은 12-b ADC로 수행될 수 있다.

단일 하향 변환 구조는 높은 IF를 갖는다. 이때 단일 변환 수신기의 낮은 선택도를 보상하고 큰 간섭 신호가 존재할 때, ADC의 포화를 방지하기 위해서는 높은 분해능인 14-b 변환기를 사용하는 것을 추천한다. ADC의 파라미터로 가장 높은 IF를 처리할 수 있는 입력 대역폭과 비트 분해능 이외에도 고려해야 하는 파라미터로 SFDR(스퓨리어스 없는 다이나믹 레인지)가 있다. ADC의 감도는 스퓨리어스 잡음을 포함하여 광대역 잡음에 영향을 받기 때문에, ADC 입력 단에(에일리어싱을 제거하는) anti-aliasing 필터를 사용하여 잡음과 고주파 스퓨리어스를 제거하면 감도를 개선할 수 있다.

아날로그 신호를 디지털 영역으로 변환할 때 발생하는 에일리어싱을 제거하기 위해, ADC는 입력 아날로그의 최대 주파수의 적어도 2배 이상으로 샘플링을 해야 한다. Nyquist 정리에서 유도된 최소 샘플링 조건을 만족해야만 입력 아날로그 파형의 정보를 손상하지 않고 다시 복원할 수 있다.

IF 또는 베이스밴드 샘플링을 위해 ADC를 선택할 때 고려해야 할 또 다른 사항은 변환기 입력에 신호를 인가하기 위한 버퍼 증폭기다. 버퍼 증폭기는 주어진 샘플링 구조에 따라 성능에 영향을 줄 수 있다. 버퍼 증폭기는 IF 또는 베이스밴드 신호의 변조 신호를 수용할 수 있는 상승/하락(rise/fall) 시간과 트랜지스터의 응답을 제공해야 한다. 또한, ADC의 샘플링에 적당한 입력 레벨의 신호 진폭을 위해 우수한 진폭 정확도와 평탄도 특성을 제공해야 한다.

이제 대역폭이 0(DC)에서 f_{MAX}인 저역 통과 신호에 대한 예제를 생각해 보자. Nyquist 정리에 의하면, 샘플링 주파수는 최소 $2f_{\mathrm{MAX}}$가 되어야 한다. 만일 ADC가 20 MHz 클록 레이트로 샘플링이 된다면, 이 ADC로 수용할 수 있는 최대 주파수는 10 MHz이다. 하지만, 어떻게 91.5 MHz와 같은 FM 라디오 방송 신호가 이처럼 낮은 샘플링 레이트(rate)를 이용하여 변환될 수 있을까? 이점이 바로 RF 프런트-엔드 설계가 중요한 이유이다. IF 구조를 갖는 RF 수신기를 이용하여 높은 입력 주파수(RF)는 상대적으로 낮은 주파수(IF) 출력으로 변환된다. 88에서 108 MHz의 FM 라디오 주파수는 RF 프런트-엔드를 통해 10 MHz보다 낮은 IF 주파수로 바뀐다. 이 과정을 통해 앞서 언급한 20-MHz ADC로 에일리어싱 없이 IF 신호를 처리하는 것이 가능하다.

SDR(소프트웨어로 기능이 정의되는 무선 기기)(Software Defined Radios)

지금까지, RF 프런트-엔드의 하드웨어 구현에 관해 설명하였다. 하지만, 아날로그 기능이 디지털 칩으로 구현이 되고 DSP 기술이 발전하면서, 소프트웨어에 의해 제어되는 RF 프런트-엔드 구조가 현실화되고 있다. 최근에 전통적으로 아날로그와 RF 프런트-엔드 회로에 의해 처리되던 RF 신호를 소프트웨어로 기능 정의되는 SDR(software defined radio)로 처리가 가능해지고 있다. 무선 기지국, 이동 (군용) 통신 소자, IPTV 셋톱(set-top)과 같이 프런트-엔드의 유연성이 요구되는(약 6GHz) 고주파 응용 등의 분야에 이러한 SDR의 개념이 차세대에 구현될 것이다.

'Frequency Agile' 시스템으로 알려진 SDR 기술은 주파수에 관계없이 어떠한 아날로그 무선 신호도 직접 디지털 베이스밴드 데이터로 변환하기 위한 연구이다. RF-to-Digital (RF/D) 변환 칩을 개발하기 위해 반도체 제조 공정은 일반적으로 GaAs 재료를 사용하였으나, 앞으로는 이러한 설계는 저가 CMOS와 BiCMOS 기술로 바뀔 것이다.

SDR 시스템의 가장 큰 장점은 서로 다른 통신 주파수들을 상호 운용(interoperability)하는 것이 가능하다는 것이다. 다시 말해, 서로 다른 신호를 수신, 변환, 처리하기 위해 소프트웨어만을 이용하여 단일 RF 수신기로 서로 다른 주파수 대역에서 동작하는 서로 다른 디바이스(device)들과 직접적으로 통신할 수 있다는 의미이다.

사례 연구—최신 통신 수신기

지금까지 RF 프런트-엔드 수신기에서 자주 사용되는 설계 구조를 소개하였다. 또한 수신기의 특성을 기술하기 위해 감도와 선택도를 포함하여 여러 파라미터를 정의하였다.

이제 지금까지의 개념과 파라미터들이 최신 통신 송수신기의 개발에 어떻게 적용되는지를 살펴보자. 이러한 통신 프런트-엔드/백엔드(front-end/back-end)는 2세대(2G), 협대역 CDMA 또는 3세대(3G), 멀티미디어가 가능한 광대역 CDMA(W-CDMA) 시스템과 같은 미국 무선 규격(air-interface)을 지원하는 데 사용될 수 있다. 신호 복조는 베이스밴드 디지털부에서 수행되기 때문에, RF 부분을 약간만 수정하면 동일한 구조로 이중 대역 GSM(dual-band, 유럽에서 사용되고 있음) 또는 동일한 무선 대역인 TDMA 시스템에도 사용될 수 있다.

여기서는 TDMA 설계에서 사용되는 전통적인 아날로그 수신기를 위주로 다루고 있기 때문에, 마지막에 지적한 점이 중요하다. 이름에서 의미하듯, TDMA(time division multiple access, 시간 분할 다중 접속)는 무선 기기 채널을 연속적인 시간 슬라이스(slice)로 나눈다. 각 채널 사용자는 순환 순차(round-robin) 방식으로 송신과 수신의 기회를 갖는다. TDMA는 이전의 FDMA(frequency division multiple access, 주파수 분할 다중 접속)보다 더 큰 채널 용량을 가지기 때문에 셀룰러 전화 기술에서 선호하는 기술이다. 아시아와 유럽에서 이동통신 기술로 사용되는 GSM(global system for mobile communications)이 TDMA 기술을 사용한다.

사례 연구에서는 다음 2가지 이유로 CDMA(Code Division Multiple Access, 코드 분할 다중 접속 설계) 위주로 다룰 것이다. 첫째, 기본 수신기가 TDMA와 유사하다. 둘째, CDMA 수신기 설계가 US에서 사용되고 있고 세계적으로 점점 시장이 좋아지고 있다.†

CDMA 시스템에서 수신 신호는 1930에서 1990 MHz의 60 MHz 스펙트럼 내에서 상대적으로 협대역 채널(channel)을 사용한다. W-CDMA 채널은 표준 CDMA 시스템보다 넓은 3.84 MHz에서 동작한다. 모든 CDMA 사용자는 동일한 캐리어 주파수를 공유하면서 동시에 송신할 수 있다. 사용자의 신호는 수신하려는 단말기 이외에는 모두 잡음처럼 동작한다.

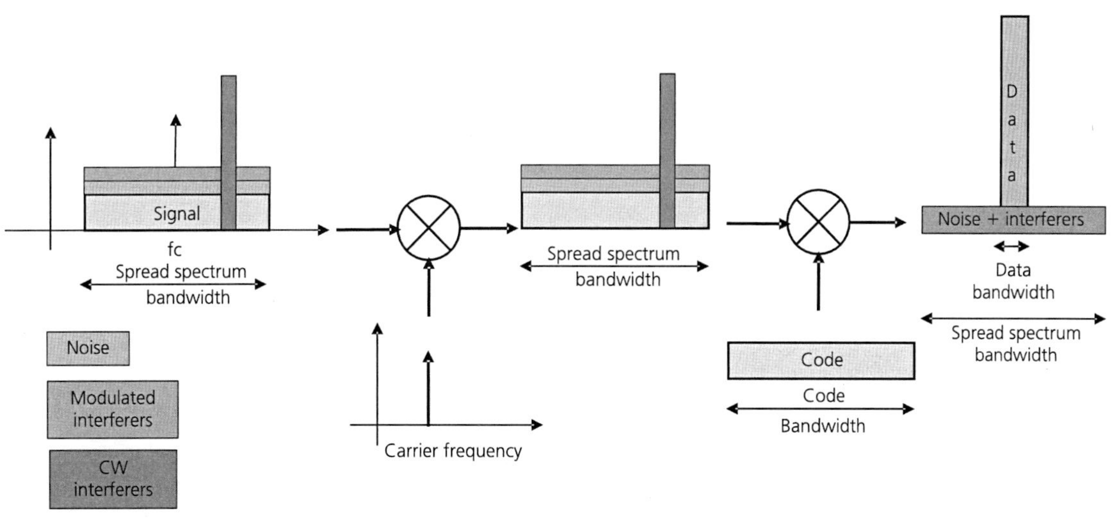

그림 8-12 CDMA 수신 과정(Agilent사 제공).

† 역주: 3세대 통신은 다중 접속 기술로 W-CDMA를 사용한다.

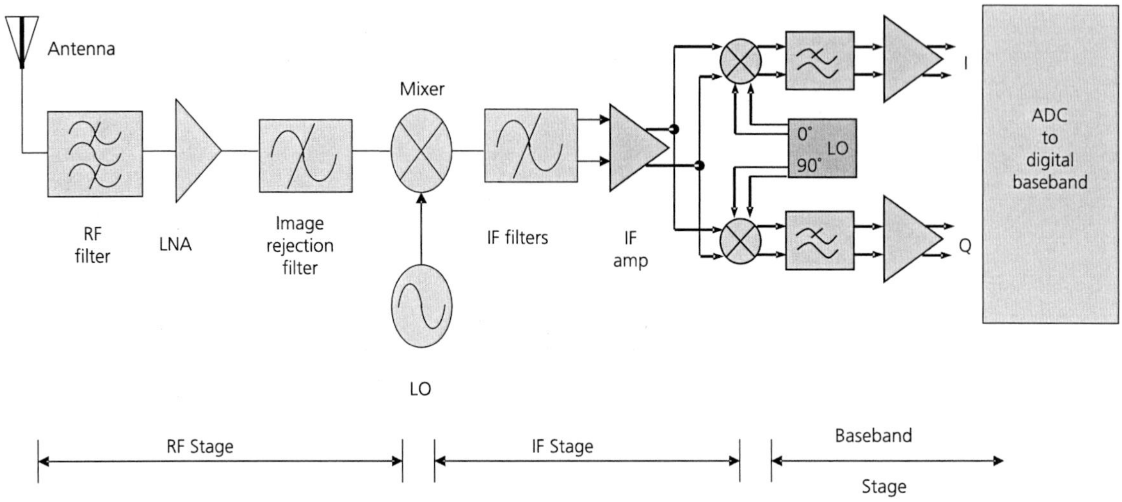

그림 8-13 최신 RF 통신 수신기의 블록 다이어그램.

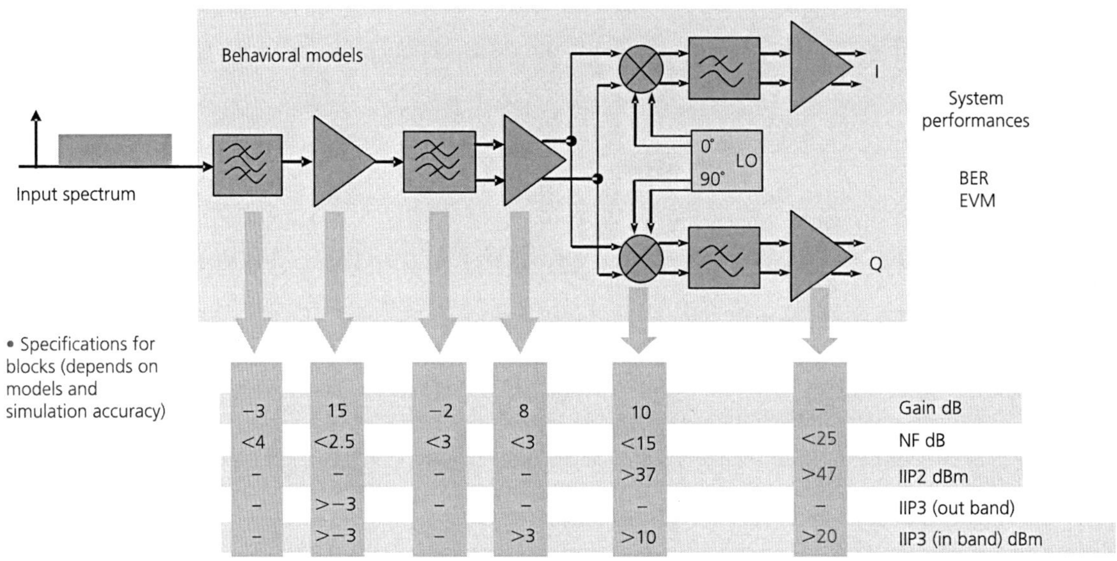

그림 8-14 일반적인 CDMA 시스템 사양.

따라서, 수신기 회로는 상관(correlation) 기술을 이용하여 동일한 캐리어 주파수에서 동일한 시간에 송신된 많은 신호 중에서 하나의 신호를 디코드(decode)해야 한다.

그림 8-12는 CDMA의 수신 과정을 보여주고 있다. 캐리어 주파수와 코드 대역폭을 분리하기 위해서는 여러 믹서 단이 필요하다. 모든 과정 후에, 원하는 데이터 신호에 '잡음' 처럼 동작하는 다른 채널들과 간섭 신호로부터 분리될 수 있다.

최신 수신기 프런트-엔드에서 신호 처리 과정은 먼저 수신 신호가 증폭되고 혼합(mixing)되어 IF 단으로 내려가고, 거기서 필터를 거쳐 베이스밴드로 하향 변환된 후 복조를 위해 디지털화된다(그림 8-13 참조). 이중(double, 다단 믹서) 슈퍼헤테로다인 구조가 일반적으로 CDMA에 사용된다. RF 프런트-엔드에서 듀플렉서(duplexer)와 LNA(저잡음 증폭기)로 구성된다. LNA의 추가적인 이득을 통해 이미지 제거 필터와 믹서에서 발생하는 신호 손실을 보상한다. 두 개의 하향 변환 단을 거쳐 RF에서 베이스밴드로 내려간다. 첫 번째 믹서는 신호를 188-MHz의 첫 번째 IF로 하향 변환한다. 두 번째 믹서는 IF 단을 베이스밴드로 하향 변환한다. 두 번째 믹서의 *I*/*Q* 출력은 디지털로 디코드(decode)된 후 베이스밴드 DSP 단에서 복조된다.

수신기 구조에서 *I*/*Q* 복조기는 베이스밴드 입력(이전의 직접 변환 기술을 기억하라) 전의 *I*(in-phase)와 *Q*(quadrature) 신호 성분에 담겨 있는 정보를 분리한다. CDMA 시스템에 대한 IS-95/IS-98 표준으로부터 도출된 수신기의 핵심 사양은 다음과 같다(그림 8-14 참조).

- 기준 감도는 (BER) <= 10^{-3}을 만족하는 최소 안테나에서 입력 전력 값이다. 이 값으로 채널 대역폭 내에서 허용 가능한 잡음 전력 P_n을 계산하면 -99 dBm이 된다. 채널 대역폭 내에서 허용 잡음 전력(−99 dBm)으로 수신기 잡음 지수 NF를 계산하면 9 dB가 된다. 수신기의 잡음 지수는 입력 SNR과 출력에서 SNR의 비로 정의한다. NF는 수신 시스템에 의한 SNR의 저하를 나타낸 것이다.
- 인접 채널 선택도(ACS, adjacent channel selectivity)는 인접 채널 주파수에서 수신기 감쇠에 대한 할당된 채널 주파수에 수신기 필터 감쇠의 비로 정의한다.
- 상호 변조(Intermodulation)는 두 개의 입력 신호에 대해 비선형 변조로부터 발생된다. 7장에서 언급했듯이, 두 개 또는 그 이상의 입력이 증폭기에 동시에 인가되면, 입력 신호들의 기본 주파수 신호들과 그 신호의 하모닉 신호들의 주파수의 합과 차에 의해 2차, 3차, 고차의 상호 변조 성분이 발생된다. CDMA 수신기 설계에서 특히 중요한 것은 3차 교차점 IP3다.

이제 RF 신호 전력을 측정하고 제어하는 이슈에 대해 살펴보자. 수신 측면에서, 입력 신호의 크기는 다이나믹 레인지 내에서 다양하게 변한다. 다양하게 변하는 원인은 날씨 조건이나 이동 단말기가 차량에서 이동하는 경우와 같이 움직임에 의해 변한다. 앞서 언급한 바와 같이, ADC의 적절한 분해능을 유지하기 위해 ADC 입력에 고정된 신호 레벨이 제공되어야 한다. 이렇게 하면 또한 SNR이 최대화된다. 이를 위해 결과적으로 수신 신호 시스템은 한 개 이상의 VGA(variable gain amplifier, 가변 이득 증폭기)를 사용한다. AGC(automatic gain control, 자동 이득 제어) 루프의 한 구성 부품인 VGA는 전력 측정 소자에 의해 제어된다. 수신부에서 신호 처리는 IF와 ADC 이후에 이루어진다.

RSSI(received signal strength indication, 수신 신호 세기 표시) 측정이 부정확하면 ADC에 인가되는 전력 레벨이 정확하지 않게 된다. 이 경우, 입력 신호가 너무 크면 ADC가 포화되거나, 입력 신호가 너무 작으면 소중한 다이나믹 레인지가 낭비된다.

IF 증폭기 설계(IF Amplifier Design)

대부분의 수신기의 IF 단에는 여러 단의 증폭기가 사용된다. 그림 8-15에서 두 단의 *I*/*Q* 믹서 바로 앞에 원으로 표시한 증폭기를 주목하라. 이 증폭기는 아날로그 또는 디지털 AGC

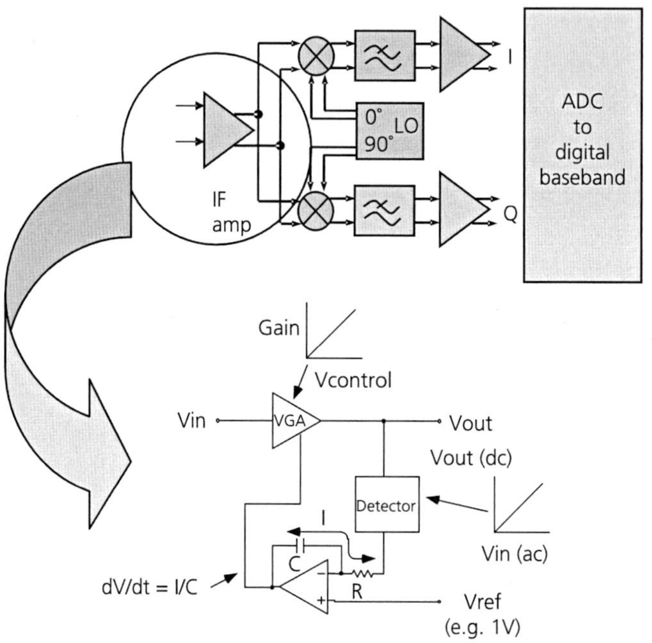

그림 8-15 AGC 아날로그 증폭기 루프의 일반 구성 부품.

루프로 설계된다. 빠른 이득 조정이 필요하면, 디지털로 제어되는 AGC 구조보다는 아날로그 AGC 루프를 사용한다(그림 8-15 참조).

그림에서 VGA 출력의 신호는 방향성 결합기(directional coupler)를 통해 검출기(detector)에 인가된다. 검출기의 출력은 적분기로 구성된 OP-Amp의 입력을 구동한다. 기준 전압이 OP-Amp의 비반전 입력에 연결되어 있다. 최종적으로 OP-Amp 적분기의 출력은 VGA의 이득 조정 입력을 구동한다. 이제 이 회로가 어떻게 동작하는지 살펴보자.

VGA의 출력은 처음에 임의의 낮은 값으로 가정하고 적분기의 기준 전압은 1 V라 하자. 검출기 출력 전압이 낮기 때문에 적분기 저항 *R*의 전압이 낮아진다. 저항에 흐르는 전류는 적분기 커패시터 *C*에서 흘러 나온다†. 이 방향으로 흐르는 전류는 적분기의 출력 전압을 상승시킨다. 이 전압이 VGA를 구동 입력에 연결되어 이득을 증가시킨다. 여기서 VGA의 이득 조정 입력과 증폭기의 이득은 positive(양) 즉 구동 전압이 증가하면 이득이 증가한다고 가정한다. 이득은 증가하기 때문에 증폭기의 출력 레벨도 함께 증가하여 검출기의 출력이 1 V가 될 때까지 출력 레벨이 상승한다. 1 V가 되면 저항/커패시터에 흐르는 전류는 0이 되고 적분기의 출력은 변하지 않아서 루프가 안정화된다. 만일 커패시터 전하가 시간에 따라 감소하면 이득도 감소하게 된다. 이러한 누설은 검출기 전압을 줄어들게 만들기 때문에, 추가적으로 적분기 전류가 발생하여 원 상태로 복구된다.

이 회로가 유용한 것은 VGA 이득 조정 기능에서 발생되는 변화에 대한 면역(immunity) 기능 때문이다. 적어도 정적 동작에서 보면, 이득과 이득 제어 전압의 관계는 전체 전달

† 역주: OP-Amp 입력 저항은 무한대라고 가정한다.

함수에 영향을 주지 않는다. V_{ref}의 값이 주어지면 원하는 출력 레벨에 필요한 전압에 적분기의 이득 제어 전압이 정해진다. 이득 제어 기능에서 온도에 대한 의존성은 모두 제거된다. 또한 VGA의 이득 전달 함수에서의 비선형성은 전체 전달 함수 V_{out}/V_{ref}에 나타나지 않는다. 이런 동작을 위한 필요 조건은 VGA의 이득 제어 함수가 단조(monotonic) 함수이어야 한다. 검출기가 온도에 안정되어야 하는 것이 관건이다.

지금까지 기술한 바와 같이, AGC 회로는 변하는 입력 레벨에 대해 고정된 출력 레벨을 발생시킨다. 출력 전력이 고정되어 있으므로, 검출기는 넓은 다이나믹 레인지를 요구하지 않는다. 기준 전압 V_{ref}에 해당하는 입력 레벨이 온도에 안정화되는 것만 요구된다. 예를 들어 다이오드 검출기 회로는 낮은 레벨에서 온도 안정도가 나쁘지만, 높은 레벨에서는 안정도가 좋기 때문에, 출력 레벨이 높은 응용에서는 잘 동작한다.

만일 우리가 사용하는 다이오드가 높은 다이나믹 레인지를 갖는다면, 이 회로를 넓은 다이나믹 레인지에서 VGA의 출력 레벨을 정확하게 조정하기 위해 사용할 수 있다. 이를 위해, 적분기의 기준 전압 V_{ref} 값을 변화시키면 된다. V_{ref} 값이 취할 수 있는 전압 범위는 검출기의 전달 함수로부터 정해진다. 예를 들어, 검출기의 입력이 −20 dBV일 때 0.5 V의 출력을 갖는다면, 0.5 V의 기준 전압은 검출기의 입력이 −20 dBV이 될 때 루프를 안정화 시킨다. 실제로는 VGA와 검출기 사이에 결합 계수가 있기 때문에 그 양만큼 VGA의 출력이 커진다.

가변 V_{out}경우에 대한 다이나믹 레인지는 최소 다이나믹 레인지를 갖는 소자에 의해 결정된다. 예를 들어, VGA의 이득 제어 레인지나 검출기의 선형 다이나믹 레인지에 의해 결정될 수 있다. 다시 강조하면 VGA는 정밀한 이득 제어 기능을 필요로 하지 않는다. 이 경우 VGA의 이득 제어의 '다이나믹 레인지'는 이득 제어 전압으로 이득을 증가시킬 수 있는 영역으로 정의된다.

루프의 응답 시간은 적분기의 *RC* 시정수(time constant)에 의해 조정될 수 있다. 이 값을 낮게 설정하면 출력 정착(settling)이 빨라지지만, 출력 포락(envelope)에 출렁거리는 현상(ringing)이 발생할 수 있다. *RC* 시정수를 높게 설정하면 루프의 안정도는 좋아지지만, 정착 시간이 길어진다.

AGC 용어는 기본적으로 잘못된 것이다. 'AGC'라는 용어는 이득이 자동으로 조정된다는 의미다. 실제로는 자동으로 정해지는 것은 출력 레벨이다. 따라서 ALC(automatic level control, 자동 레벨 제어)라는 용어가 더 정확하다.

이번 사례 연구는 통신 수신기 시스템을 설계할 때 고려해야 하는 많은 이슈 중에서 몇 가지만을 다루었다. RF 프런트-엔드에 관해 더 자세히 알고 싶으면 많은 참고 서적과 자료들을 참고해라.

CHAPTER 9

RF 설계 소프트웨어

RF Design Tools

EDA(electronic design automation, 전자 설계 자동화)는 자동화된 설계 툴(tool)의 범주로 FPGA(field programmable gate Array)/PLD(programmable logic device), IC(integrated circuit), PCB(printed circuit board), SoC(systems-on-a-chip)와 같은 전자 시스템의 하드웨어 부품을 개발하고 제작하기 위해 사용된다. 이러한 시스템은 아날로그, 디지털, RF 회로를 모두 포함하고 있는 경우가 많다. 시스템 설계에서 아날로그와 RF부가 차지하는 부분이 디지털부에 비교하여 훨씬 작음에도 불구하고, 지금까지 설계에 많은 문제점들이 존재하고, 시간과 전문적인 지식을 필요로 하고 있다. 실제로 시스템 설계의 약 75%를 RF 설계에 보내고 있다. 75% 중에서 25%는 실제 설계 작업에 소모하고, 나머지 75%를 인터페이스(interface), 라이브러리(library, 설계 소자의 모델링), 집적화(integration) 이슈에 보내고 있다.

이러한 사실로부터 유추해 보면 RF 설계를 위해 아주 고급의 EDA 툴, 설계 flow(순서도, 흐름도), 방법론(methodology)의 도움을 받고 있을 것 같으나, 실제로는 그렇지 않다. EDA 툴과 방법론은 대부분 아날로그와 RF 설계보다는 디지털 영역에서 훨씬 발달해 있다. 하지만, EDA 툴은 RF 설계를 최적화하는 데 있어 과거에 매뉴얼(수작업) 기술로 수행하던 것 보다 중요한 역할을 할 수 있다.

이번 장에서는 RF 설계 초보자나 전문가들에게 도움이 될 수 있는 몇 가지 툴에 대해 소개할 것이다. 먼저, 설계 과정에 필요한 RFIC flow와 language(설계 언어)를 살펴보는 것으로 시작한다.

설계 툴 기초(Design Tool Basics)

RF 엔지니어는 RF 회로의 설계, 검증, 측정을 위해 상품의 라이프사이클 내내 다양한 EDA 툴을 사용한다. 수작업으로 반복적으로 수행하던 모든 설계 작업과 회로 레이아웃 과정들을 툴을 이용하여 대치하고 있다. 과거에는, 엔지니어가 회로를 설계한 다음, 회로를 벽 너머의 검증 엔지니어에게 넘기고, 검증된 설계는 레이아웃 엔지니어에게 넘기는 식으로 일을 진행하였다.

설계 툴은 이 과정을 자동화하였을 뿐만 아니라, 이 과정을 동시 공정(concurrent process)으로 바꾸어 놓았다. 최근 '협동 설계(co-design)' 라고 알려진 방법론을 통해, 다양한 분야의 많은 엔지니어가 동시에 설계의 다양한 부분의 일을 진행할 수 있다. 설계 과정도 회로 레벨이 아닌 시스템에서 시작한다. 결과적으로 비용을 절감할 수 있고 시행착오를 줄일 수 있을 뿐만 아니라 생산성이 늘어나고 제품 개발 기간이 짧아졌다. EDA 툴을 이용하면 전 과정을 최적으로 자동화할 수 있고, 툴에 공학적 경험이 축적되어 있기 때문에 초보자들도 툴을 잘 활용하면 생산성을 높일 수 있다.

최근 사용되는 EDA 툴의 타입(type)은 다음과 같다.

- Schematic Capture(입력) tool — Component Library†에서 선택한 Component‡를 이용하여 설계 회로를 구성한다.
- Logic Synthesis tool — high-level(고급) 설계 언어를 netlist*로 변환한다.
- Place-and-Route(P&R) tool — netlist를 읽어서 설계 layout(배치, 레이아웃)에서 와이어와 트랜지스터를 어디에 놓을 것인지를 결정한다.
- Simulation(모의시험) tool — 회로 netlist로부터 회로가 어떻게 동작할지를 simulation(모의시험)을 수행한다. 처음 설계한 회로가 맞는지를 확인하는 데 매우 중요한 툴이다.
- Verification(검증) tool — 회로가 예상했던 것처럼 동작하는지를 검증한다(verify). DRC(design rule checker)**와 회로 netlist와 레이아웃으로부터의 netlist가 일치하는지를 검증하는 등가 checker***를 포함한다.

설계 언어(Design Languages)

설계 언어는 회로를 기술하거나 모델링하기 위해 사용된다. 최근 RF 설계의 대부분은 일반적으로 수기(手記)에 의한 본문 기술 방식으로 시작하거나, MATLAB이나 C/C++ 객체(object) class에서 모델과 같이 데이터 변환의 알고리즘적인 기술로 시작한다. 이러한 언어는 특히 개별적인(아직 완성되지 않은) 알고리즘을 개발하는 데는 유용하지만, 시스템의 구성을 동시에 수정하는 것이 어렵기 때문에 시스템 레벨 설계 툴로는 좋은 결과를 기대할 수 없다.

이동 통신 시스템에서 여러 알고리즘이 서로 다른 속도(rate)로 한 기지국에서 동작하는 경우를 생각해 보자. 핸드셋에서도 여러 알고리즘들이 동작하고 있다. 동시에 RF 전파가 건물이나 나무 등에 반사되어 빠르게 변하는 페이딩(fading) 채널이 형성된 경우, 이러한 조건에서 RF 시스템의 성능을 실제적으로 모델링하기 위해 설계자들은 이러한 모든 변화와 중요한 물리적인 특성을 동시에 캡처(capture)해야 한다. 이것은 불가능한 작업이다.

---

† 역주: 소자를 모델링하여 저장하는 Folder이다.

‡ 역주: R, L, C, 트랜지스터와 같은 회로를 구성하는 부품이다.

* 역주: 보통 text 형태의 입력 파일이다.

** 역주: 설계 규칙 준수 여부를 체크하는 tool이다.

*** 역주: LVS(Layout Versus Schematic)이라고 한다.

'SystemC'나 'System Verilog'와 같은 시스템 레벨 설계 언어는 이러한 문제를 어느 정도 해결해 준다. 예를 들어 SystemC는 클래스 라이브러리와 커널을 C++에 더해서 TLM(transaction-level model)을 제공한다.

설계를 system-level의 형태로 했건 procedural language로 시작했건 간에, 일단 구현이 구체화되면 HDL(hardware description language) 코딩에 도움이 되는 다양한 툴을 최대한 활용할 필요가 있다.

HDL은 전자 시스템의 temporal behavior와(또는) spatial 회로 구조를 텍스트 기반으로 표현하는 표준이다. HDL 중에서 가장 유명한 두 가지 표준은 Verilog와 VHSIC VHDL(Hardware Description Language)이다. 확장된 Verilog-AMS와 VHDL-AMS을 이용하면 RF를 포함하여 아날로그와 혼성 신호(mixed-signal) 설계가 가능하다. 하지만 일반적으로 RF 시스템 설계는 추가적인 구조를 더 많이 요구한다. 아날로그/혼성 신호 Verilog와 VHDL을 RF 영역으로 확장한 대안 언어가 있긴 하다. 하지만 이러한 추가 구조(constructs)는 특정 회사에 소속된 것으로, 특정 회사의 설계 데이터베이스만을 지원한다.

어떤 언어를 선택하든지 간에 설계-기술(design description)이나 모델은 궁극적으로 아날로그, 디지털, RF 시뮬레이션과 같은 혼성-레벨(mixed-level) 시뮬레이션을 위해 사용된다. 따라서 다양한 설계 툴이나 다른 설계 팀들에 의해 광범위하게 지원되는 언어를 채택하는 것이 좋다. 많은 표준 EDA 툴은 다양한 표준 프로그래밍과 HDL을 제공한다.

다음으로 최근 RF 설계에 사용되는 언어를 좀 더 자세히 살펴보자.

Verilog

Verilog는 전자 회로와 시스템을 기술하기 위한 하드웨어 기술 언어(hardware description language)다. Verilog는 다양한 추상화 단계(levels of abstraction)로 아날로그, 디지털, 혼성 신호 회로의 설계, 검증, 구현을 지원하고, 타이밍(timing) 해석, 시험성(testability) 해석과 결합 분류(fault grading)와 같은 테스트 해석, 논리 합성(logic synthesis) 시뮬레이션을 통한 검증에 사용된다.

Verilog-AMS

Verilog-AMS는 Verilog에 대한 확장으로 연속 시간(continuos time)과 이벤트 중심(event-driven) 모델링 시맨틱스(semantics)를 이용하여 아날로그와 혼성 신호 모델링을 지원한다. 설계자는 상위 기능 기술(high-level behavioral description)뿐만 아니라 시스템과 구성 부품의 구조 기술(structural description)을 포함하는 모듈을 사용할 수 있다.

Verilog-A

Verilog-A는 산업 표준 모델링 언어로 Verilog-AMS 중에서 연속-시간(continuous-time)부분을 말한다. 아날로그 부품의 기능(behavior) 모델링[†]을 위해 특별히 제작된 것이다. 각 모듈의

† 역주: 입력과 출력으로만 함수로 기술하는 모델이다.

```
HPEESOFSIM (*) 2003C.day Dec 14 2003 (built: 12/14/03 21:28:57)
Copyright Agilent Technologies, 1989-2003.
A verilog-A compiled model library (CML) cache has been created at
    '/users/bobl/hpeesof/agilent-model-cache/cml/0.99/hpux11'
Compiling Verilog-A file
'/rfdeExamples/VerilogA_Tutorial/sinRampSrc/veriloga/veriloga.va'
AGILENT-VACOMP (*) 2003C.day Dec 14 2003 (built: 12/15/03 01:49:33)
Tiburon Design Automation (R) Verilog-A Compiler Version 0.99.121203.
Copyright (C) Tiburon Design Automation, Inc. 2002-2003. All rights
reserved.
Loading Verilog-A module 'sinRampSrc' from
'/users/bobl/hpeesof/agilent-model-cache/cml/0.99/hpux11/veriloga_09106/1
ib.hpux11/veriloga.cml'.
TRAN Tran1[1] <input.ckt> time={0 s->100 ms)
Resource usage:
    Total stopwatch time: 23.21 seconds.
```

그림 9-1 먼저 Verilog-A cell view가 시뮬레이션되고, Agilent사의 RFDE Verilog-A Compiler는 관련된 Verilog-A 코드를 컴파일한 다음, 그 결과를 임시 저장(cache)하여 차후에 시뮬레이션을 할 때 이를 바로 이용할 수 있도록 함.

behavior는 터미널과 모듈에 적용되는 외부 파라미터들로 표현되는 수학식으로 기술될 수 있다. 각 부품의 구조는 상호 연결된 하부-부품들(sub-components)로 기술될 수 있다.

Verilog-A의 한 예로 Agilent사(www.agilent/com/find/eesof)의 ADS(Advanced Design System)와 RFDE(RF Design Environment) solution을 생각해 보자. 둘 다 RF 회로와 시스템 설계에 적합한 Verilog-A solution—Verilog-A 컴파일러—의 특징을 나타낸다.

Verilog-A 컴파일러는 Tiburon Design Automation의 기술에 기반하고 있고 시뮬레이션 속도가 C로 작성한 모델과 비슷하다. Verilog-A는 MOSFET, BJT, HBT와 같이 트랜지스터를 모델링하거나 믹서, 증폭기와 같이 RF 블록의 기능(behavioral) 모델을 만들 수 있다. 많은 트랜지스터 모델들이 제품과 함께 제공된다. 이러한 트랜지스터 모델들은 소자 모델을 좀 더 정교하게 구현할 때 이용된다.

그림 9-1은 캐시(cache) 생성 메시지와 compilation/load 메시지를 나타내는 시뮬레이션 상태를 보여주는 화면의 예다.

System Verilog

SystemVerilog는 산업계의 첫 번째 HDVL(hardware description and verification language, 하드웨어 기술 및 검증 언어) 표준(IEEE 1800)으로, IEEE 1364 Verilog 언어를 확장한 것이다. Verilog의 확장을 기본으로 처음 Accellera에 의해 개발되었다. Gate 수가 많고 IP(Intellectual Property, 지적 자산) 기반, 버스-인텐시브(bus-intensive) 칩 설계의 생산성을 크게 향상했다. SystemVerilog는 시스템-레벨의 설계 플로(flow)에 강력히 연동되어 있고 주로 칩의 구현과 검증 플로(flow)에 목표가 맞추어져 있다.

VHDL

코드를 실행하는 시뮬레이터가 필요하긴 하지만, VHDL은 매우 범용 특성의 언어다. 호스트 컴퓨터의 파일을 읽고 쓸 수 있다. VHDL 프로그램은 다른 VHDL 프로그램을 생성하여 개발이 진행되고 있는 설계에 편입되도록 작성될 수 있다. 결과적으로, VHDL은 testbench를 작성하는 것이 가능하다. Stimuli을 정의하는 호스트 컴퓨터에 있는 파일을 이용하여 testbench는 설계의 기능을 검증하고 사용자와 쌍방향으로 교류하며 결과를 예측치와 비교한다.

VHDL-AMS

VHDL-AMS(Analog Mixed Signal, 아날로그 혼성 신호)은 IEEE 1076.1 표준 모델링 언어로 아날로그 혼성 신호 설계를 위해 다목적으로 쉽게 호환이 되고 개방(open) 언어를 목적으로 만들어졌다. 모델들은 VHDL-AMS 표준을 준수하는 모든 시뮬레이션 툴 사이에 교환 가능하다. 그림 9-2의 예제는 기초적인 증폭기 구조를 VHDL-AMS로 작성한 예다.

```
-- This model contains simultaneous conditional use statements, but
-- the conditions are such that all quantities are continuous over the
-- switch between equations; thus no "break" is required.
--
library IEEE;
architecture basic of amplifier is
   terminal Cout: electrical;
   constant c1: real := imax/(sr*1.0e6);
   constant gmnom: real := 2.0 * IEEE.math_real.math_pi * ugf * c1;
   constant r1: real := gain/gmnom;
   constant dvmax: real := imax/gmnom;
--
-- The reader will find that diagraming these quantities as the edges of
-- a directed graph on the terminals will aid in understanding the
-- design.
--
   quantity Iinput through Vinput across vin to vinb;
   quantity Ivin through refer to vin;
   quantity Ivinb through refer to vinb;
   quantity Icout through Vcout above refer to cout;
   quantity Icout_vout through Vcout_vout above cout to vout;
   quantity Vvout_vp above vout to vp;
   !
quantity Vvout_vn above vout to vn;
--
-- These non-branch quantities are used as temporaries in building up
-- the equation for Icout
--
   quantity gain_current, dp_current, outstage_current: current;
begin
--
-- local terminal Cout
   Icout == gain_current + dp_current - outstage_current;
   Icout_vout == Vcout_vout/r0;
```

그림 9-2 VHDL-AMS로 작성한 증폭기. 이 코드 예제는 Compass Design Automation(Synopsys의 전신)의 Kenneth Bakalar가 학회에서 발표한 "Mixed-Mode Simulation"에서 인용.

```
--
-- input stage.
   Iinput == Vinput/rin;
   Ivin == iin;
   Ivinb == iin;
--
-- gain stage.
-- The following relationship must hold between gmnon,dvmax and imax
-- to prevent a discontinuity in gain_current
   assert abs(gmnon*dvmax) = abs(imax);
   if Vinput > dvmax use
      gain_current == imax;
   elsif Vinput < -dvmax use
      gain_current == -imax;
   else
      gain_current == gmnom * Vinput;
   end use;
--
-- dominant pole.
   dp_current == c1 * Vcout'dot + Vcout/r1;
--
-- output stage limiting.
-- outstage_current is zero when Vvout_vp=-so!
ft or Vvout_vn=+soft
-- so there is no discontinuity at the transit

ion points
   if Vvout_vp > -soft use
      outstage_current == gmnom * (Vvout_vp+soft);
   elsif Vvout_vn < soft use
      outstage_current == gmnom * (Vvout_vn-soft);
   else
      outstage_current == 0.0;
   end use;
end basic;
```

그림 9-2 VHDL-AMS로 작성한 증폭기. 이 코드 예제는 Compass Design Automation(Synopsys의 전신)의 Kenneth Bakalar가 학회에서 발표한 "Mixed-Mode Simulation"에서 인용. (계속)

VHDL-AMS/FD

이것은 고주파 설계를 위한 VHDL-AMS의 또 다른 확장 언어이다(그림 9-3 참조). VHDL-AMS/FD(Frequency Domain, 주파수 영역)는 주파수 영역 해석을 위한 하모닉 밸런스(harmonic balance) 시뮬레이션을 지원하는 확장 언어이다. RF 설계자는 이를 이용하여 무선 시스템과 같이 복잡한 마이크로파와 RF 소자를 시스템 구조에서 트랜지스터까지 기술할 수 있다. 현재 RICON 하모닉 밸런스 시뮬레이터가 VHDL-AMS/FD 확장을 사용하는 유일한 VHDL-AMS 시뮬레이터이다.

VHDL-RF/MW

VHDL-RF/MW는 RF와 마이크로파 설계를 위한 VHDL-AMS의 확장 언어이다. VHDL-RF/MW에서는 비집중 단자(non-lumped terminal), 유한 요소(finite-element) 모델링, 기생 효과(parasitics), 주파수 영역 모델링을 할 수 있다. VHDL-RF/MW는 FTL Systems' Auriga 모델링과 시스템 레벨까지 확장한 검증 솔루션, RTL(register-transfer-level), 아날로그/혼성

```
entity nonlinear_amp is
generic (k1, k2, k3: real); port (quantity a_in, a_out : real);
end entity amp;
architecture eq of amp is
begin
a_in*k1+a_in**2*k2+a_in**3*k3==a_out; - nonlinear effects included
end architecture;
...
The example shows that the entity "nonlinear_amp" contains the parameters k1, k2, k3
The test bench for the amplifier is the following:
# amplifier jobs: - comment line
res1=HBparametric([3.e6,5,0.01,1000])# - performs HB
print "================= results ================="
print res1; # - print res1 (complex structure)
print "================= tout.H1 =================".
print res1.getX("tout'reference",[1]) # of "tout'reference" variable
# - gets and prints only spectrum
# of "tout'reference" variable at first harmonic
```

그림 9-3 VHDL-FD를 이용하여 증폭기를 정의하는 코드. 이 코드 예제는 High Frequency Electronics magazine의 2004년 3월호에 Ridgetop Group의 Mark Rencher가 저술한 "VHDL-AMS Extensions Enable RF Harmonic Balance Simulation"에서 발췌.

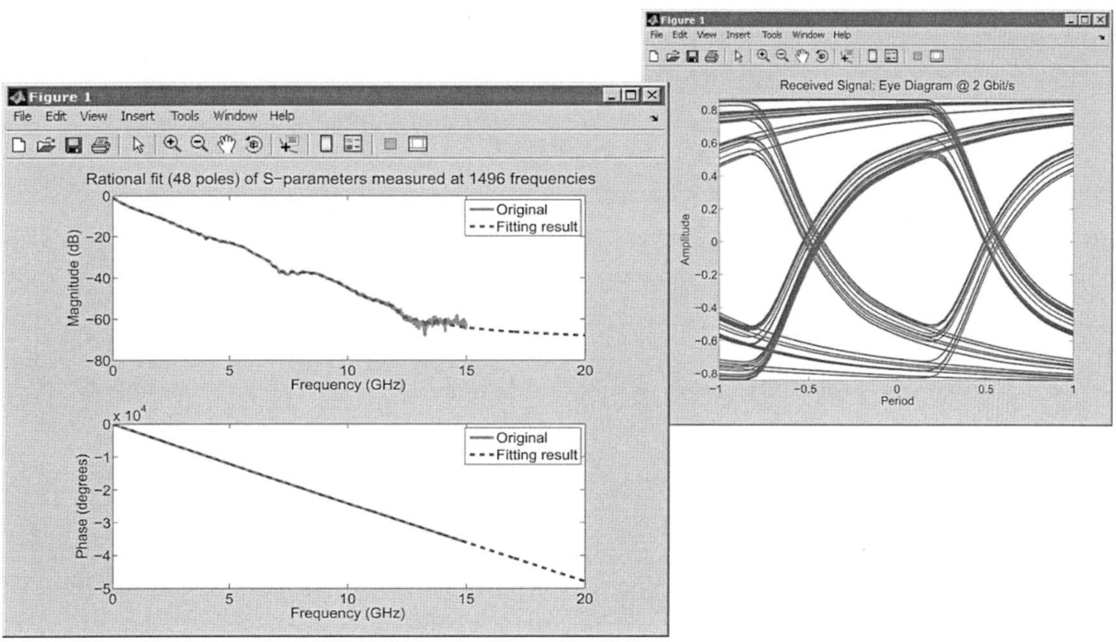

그림 9-4 RF 소자 회로의 설계, 모델링, 해석, 시각화가 가능한 MathWorks사의 Toolbox.

신호, 기생 효과와 마이크로파 효과를 다룰 수 있는 RF 현상을 지원한다.

C/C++

C는 범용적이고 순차적이며 활용도가 높은 컴퓨터 프로그래밍 언어다. C++는 C의 확장판으로

C와 비슷한 문법 체계로 객체 지향 기능을 제공한다. C++는 더 긴 타이핑 길이, 유효 범위와 객체 지향 프로그래밍에서 유용한 다른 툴들을 제공하고, 대규모 프로그래밍에 적합하다. C++는 또한 C에 비해 더 많은 특징과 복잡성을 가진 더 큰 언어지만, C++는 많은 특징들을 이용하여 생산성을 개선할 수 있다. C에는 없는 C++의 특징은 다음과 같다.

Classes	Inline functions
Member functions	Default arguments
Constructors and destructors	Function overloading
Derived classes	Namespaces
Virtual functions	Exception handling
Abstract classes	Run-time type identification
Access control (public, private, protected)	// comments
Friend functions	True const
Pointers to members	Declarations as statements
Static members	Automatically typedef struct tags
Mutable members	Type safe linkage
Operator overloading	New and delete
References	Bool keyword
Templates	Safer and more robust casting

SystemC

SystemC는 표준 C++로 구현된 클래스 라이브러리(class library)로 C++콘텍스트(context)로 구현된 하드웨어 지향(hardware-oriented) 언어다. 하드웨어와 소프트웨어에서 이 언어는 구현에 대한 개념에서부터 설계와 검증까지를 다룰 수 있다. SystemC는 상호 운용 가능한(interoperable) 모델링 플랫폼을 제공하는데, 이를 통해 매우 빠른 시스템 레벨 C++ 모델을 개발하고 교환하는 것이 가능해진다. 시스템 레벨 툴 개발을 위한 안정된 플랫폼을 또한 제공한다.

MATLAB/RF Toolbox/Simulink

MATLAB은 MathWorks(www.mathworks.com/products/matlab/)사에 의해 개발된 상위(high-level) 프로그래밍 언어로 대화식(interactive)의 통합 환경을 가지고 있다. MATLAB을 이용하면 C와 C++와 같은 전통적인 프로그램 언어를 사용할 때보다 개념적으로 더 빠르게 검증할 수 있다. MATLAB은 단순 숫자 연산, 심벌(symbolic) 연산, 해석 결과의 시각화(visualizations)에 사용되고, 컴파일된 모드에 반대되는 인터프리티드(interpreted) 모드에서 동작한다.

RF toolbox는 RF 엔지니어들이 설계, 모델링, 해석, 해석 결과의 시각화(그림 9-4 참조)를 위해 사용하는 MATLAB 기능과 클래스 라이브러리이다. RF toolbox는 Simulink 환경에서 동작하고, RF 증폭기, 믹서, 필터, 전송 선로의 기능을 모델링하기 위한 블록 라이브러리를 사용자에게 제공한다.

Simulink는 모델링, 시뮬레이션, 다이나믹 시스템의 해석을 위한 블록 라이브러리 툴(block library tool)이다. MATLAB에 연동되어 동작한다.

SPICE

SPICE는 University of California, Berkeley에서 개발한 강력한 범용 아날로그 회로 시뮬레이터이다. 회로 설계를 증명하고 회로 동작을 예측하기 위해 사용된다. 이 소프트웨어는 등가 회로 모델(equivalent-circuit model) 소프트웨어 패키지(package) 범주에 들어간다. SPICE 시뮬레이터는 오랫동안 컴퓨터를 이용한(computer-aided) 회로 해석에서 사실상 산업 표준으로 인식되어 왔다. 하지만, SPICE의 여러 가지 한계로 인해 Verilog와 VHDL-AMS와 같은 새로운 언어들이 탄생하였다.

RFIC 설계 순서(RFIC Design Flow)

개념에서 양산까지의 칩 설계 과정을 설계 플로(design flow, 설계 순서)라 부른다. 설계 방법론은 특정한 결과물을 얻기 위해 설계 플로를 수행하는 일련의 과정이다. 예를 들어, 신호

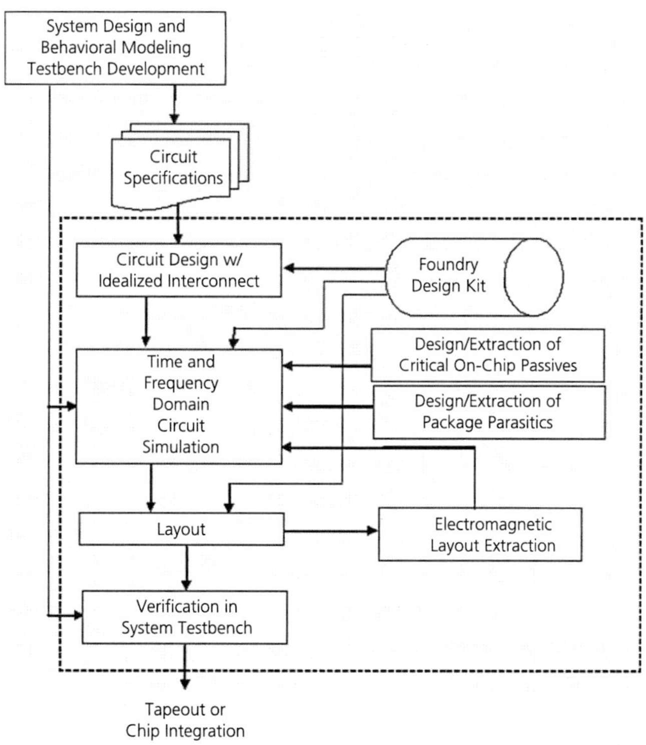

그림 9-5 일반적인 RFIC 설계 검증 순서도(UMC사 제공).

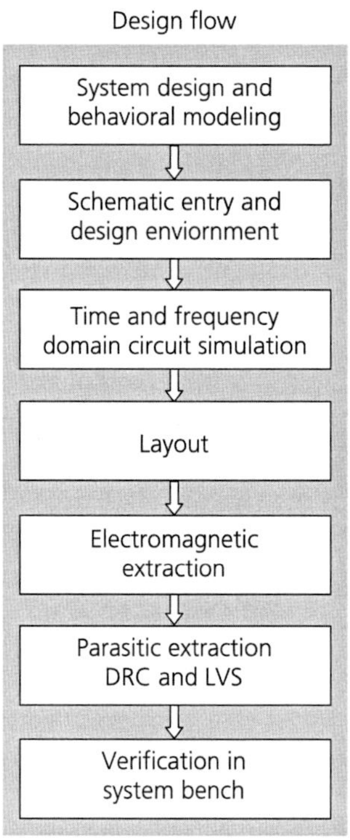

그림 9-6 설계 기능 순서도.

무결성(SI, signal integrity) 이슈를 찾고 해석하는 전문 설계 툴 회사를 생각해 보자. 이 회사는 더 쉽게 찾고 더 적은 비용으로 수정하기 위해 가상적인 SI 이슈를 설계 순서 초기에 제거할 수 있는 방법론을 개발한다. R&D에서 양산까지의 전 제품 공정을 다룰 수 있는 솔루션을 제공하는 대부분의 설계 회사는 그 회사만의 고유 순서와 방법론을 제시한다.

그림 9-5는 일반적인 RFIC 설계 순서도의 한 예다. 디지털 설계자들은 통일된 설계 흐름에 익숙한 데 비해, RF 설계자는 설계를 위한 통합된 플로(흐름, 순서)를 완성하기 위해서는 여러 회사의 다양한 설계 툴들을 이용하는 것이 필요하다. Agilent Technologies, Ansoft, Applied Wave Research (AWR), Cadence Design Systems, Mentor Graphics 사와 같은 EDA 회사들은 그들 자신의 RF 설계 툴과 플랫폼을 중심으로 RFIC 개발 플로를 제시한다. 즉, 그림 9-5의 순서도는 일반적이긴 하지만 유일한 RFIC 설계 순서는 아니다.

설계 기능에 대한 순서도는 그림 9-6과 같다. 순서를 구성하는 핵심적인 단계는 시스템 설계, 회로 설계(회로 입력과 시뮬레이션), 회로 레이아웃, 기생 효과 추출, full-chip 검증 순이다.

시스템 설계(System Design)

시스템 레벨 설계 단계에서 MATLAB, C 혹은 다른 시스템 레벨 설계 언어 중 하나로 RF 스펙(specification, 사양)을 기능 모델(behavioral model) 형태로 표현한다. 기능 모델은 기본적으로 시스템이 어떤 동작을 하는지를 기술하는 모델이다. 이 모델을 만들기 위해, 아주

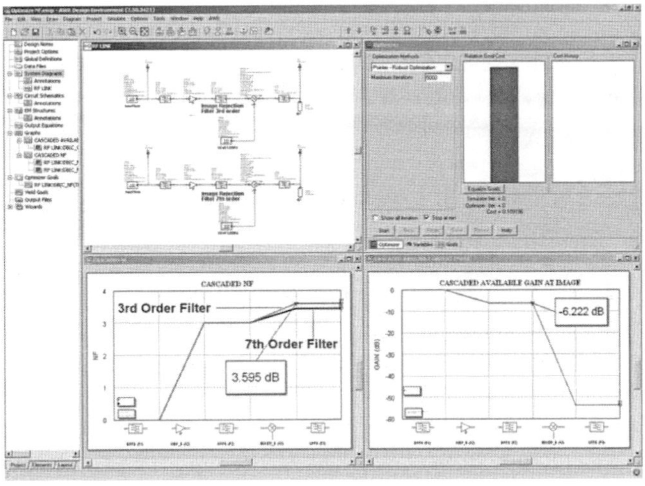

그림 9-7 Applied Wave Research사의 VSS(Visual System Simulator)는 통신 시스템의 전 과정을 설계하는데 적합한 종합 소프트웨어이다. 여기서 예로 보인 RFA RF 버짓 해석(Budget Analysis) 모듈은 설계 과정 중에서 초기에 발생할 수 있는 오류를 발견하는 데 도움이 되기 때문에 시스템 레벨 설계 단계에서 설계 시간을 단축하여 시장 진입까지 걸리는 시간을 줄여준다. 이미지 잡음을 포함하여 이득, 잡음 지수, 3차 교차점과 같은 전통적인 RF 측정을 캐스케이드 단을 따라 수행.

우수한(이상적인) RF 구성-부품(components)에서 시작하여 시스템 성능 저하가 발생할 때까지 RF 구성 부품의 성능 스펙을 조정한다. 이 과정의 목표는 시스템이 허용할 수 있는 잡음, 비선형, 주파수 영역 왜곡 레벨을 결정하는 것이다.

이 단계에서 또한 기능 테스트벤치(behavioral testbench)를 만든다. 기능 테스트벤치는 아날로그, 디지털, RF와 같이 복잡한 혼성(mixed) 레벨 시뮬레이션을 위한 프레임워크(framework)를 제시할 것이다. 트랜지스터 레벨로 블록들을 삽입하여 시스템 레벨에서(system context) 검증할 수 있다. 기능 모델과 테스트벤치를 실행 가능한 스펙(executable specification)이라 부르기도 하고 스펙을 검증하는데 사용된다. 일단 스펙이 검증을 통과하면, 회로 설계자에게 넘어가서 세부 설계, RTL 또는 보드 레벨 회로를 생성하고 원래의 기능 스펙과 비교한다. 스펙을 만족하면 이 설계는 '기능적으로(functionally)' 완성되었다고 간주한다.

이때 설계자는 그림 9-7과 같이 설계 스펙을 결정하는 데 도움이 되는 툴(advanced architectural planning tool)을 이용할 수도 있다. 이러한 툴들을 통해 엔지니어는 정확한 시스템 구조를 정할 수 있다. 이로부터 복잡한 통신 설계에서의 각 구성 부품에 대한 적당한 스펙을 도출할 수 있다. 이러한 툴을 이용하면 설계자는 설계를 반복하는 시행착오를 줄이고 부품을 최적으로 배치함으로써 시스템 비용을 줄이고 시장에 대한 출시 시간을 단축할 수 있다.

회로 설계(Circuit Design)

회로 설계 단계에서는 실제 회로 설계를 통해 검증된 실행 가능한 사양(executable specification)을

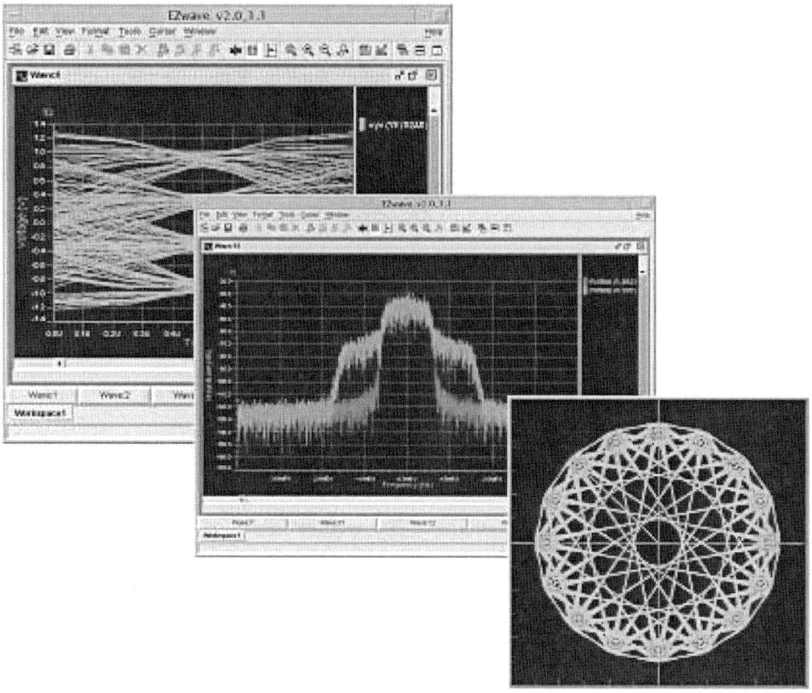

그림 9-8 Mentor Graphics사의 Eldo RF 시뮬레이터는 최신 무선 통신 응용에서 고주파(multi-GHz) 신호를 정확하고 효율적으로 다루기 위한 전용 알고리즘들을 가지고 있다. Eldo RF 시뮬레이터는 Smith Chart 다이어그램, 이득과 안정도 원, 최소 잡음 지수 등의 RF toolbox 뿐만 아니라 주기적인 단일 또는 멀티 톤 소스가 인가되는 RFIC 회로의 정상-상태를 해석할 수 있다. Eldo RF는 Mentor IC 설계 순서도의 한 부분으로, 프런트-엔드와 백엔드 아날로그 혼성 신호 설계를 위한 Design Architect IC와 IC Station을 포함.

좀 더 미세 수정한다. 이 과정은 스펙을 회로가 수행해야 할 다양한 기능 블록도로 변환하는 것으로 시작한다. 여러 블록들은 여전히 추상적인 단계에 있지만, 전기적 기능에 중점을 두고 블록들을 고려한다. 블록 다이어그램은 이후 시뮬레이션을 위해 netlist로 합성된다(synthesized). 시뮬레이션을 통해 엔지니어는 물리적 소자(device)를 제작하기에 앞서 설계 초기 단계에서 오류를 찾을 수 있다.

시간과 주파수 영역에서 회로 시뮬레이션을 수행하여 주요 성능 매트릭스(metrics)를 얻는다. 시간과 주파수 중 어떤 영역을 선택하는지는 회로의 종류와 크기, 시뮬레이션과 원하는 출력의 종류, 설계자의 만족 수준, 설계자의 개인적인 선호도 등의 다양한 요소에 따라 달라진다(그림 9-8). 블록 레벨에서 회로 설계가 끝나면, 기능 스티뮬러스(behavioral stimulus)와 칩 주변의 상태를 포함하고 있는 톱 레벨 콘텍스트(context)에서 검증된다. 어떤 구성 부품이 스펙에 미달하면, 시스템-레벨 모델과 실행 가능한 사양은 거기에 맞춰 수정되어야 한다.

회로 설계 단계에서 주목해야 할 두 가지 사항이 있다. 첫째, 설계 단계에서 스파이럴 인덕터와 같이 모델링 툴을 사용하는 경우가 흔하게 발생한다. 이 작업은 나중에 더 자세히 다룰 예정이다. 하지만, 이러한 툴을 이용하여 회로에서 설계한 인덕터와 같은 소자들이 실제 구현될 수 있는지 여부를 판단할 수 있다. 이 과정을 통해 얻은 정보는 이전 설계 과정에 반영되어 시스템 레벨 성능을 검증을 할 수 있다.

두 번째로 회로 설계 단계 전에, 0.18이나 0.25 μm와 같은 공정 기술을 선택해야 한다. 일단 공정이 선택되면, PDK(Process Design Kit, 공정 설계 키트)를 적당한 파운드리(foundry)나 IC 공정 회사로부터 구해서, 설계 환경(컴퓨터)에 설치를 한다. PDK는 회로 설계에 필요한 모든 파운드리 공정 모델과 데이터를 제공하기 때문에, 이를 이용하면 설계를 편하게 시작할 수 있다. PDK는 사용하는 설계 환경(IC 설계 flow와 툴)에 호환이 되는 파일 형태로 제공된다.

회로 레이아웃(Circuit Layout)

다음 단계는 회로의 레이아웃이다. 여기서 시스템에서 각 기능을 수행하기 위해 선택한 개별 회로 구성 부품을 물리적으로 레이아웃(layout, 배치)하고, 각 구성 부품 간의 전기적인 연결을 정한다. 자동화된 설계규칙에 의한 레이아웃(design-rule-driven layout)과 연결선에 의한 레이아웃(connectivity-driven layout) 툴들을 사용할 때는 주의해야 한다. 특히 스키매틱(schematic)과 DRC에 대한 직접 연동을 이용할 때는 주의를 해야 한다. 아주 중요하고 예민한 아날로그 블록은 스펙을 만족시키기 위해 일반적으로 수작업으로 작업을 한다.

기생 성분 추출(Parasitic Extraction)

다음 단계로 기생 성분(parasitics) 값을 추출한다. 이 과정은 고속으로 동작하는 RF 회로와 같이 기생 효과에 특히 민감한 회로에서는 매우 중요하다. 기생 효과는 기생 인덕턴스와 수동 소자 모델링뿐만 아니라 SI(signal integrity) 이슈를 모두 포함한다. 일단 기생 성분을 추출했으면, 이 값을 회로 시뮬레이션에 다시 반영한다.

VCO와 주요 무선 블록과 같이 예민한 블록들은 3D EM 시뮬레이션을 수행하여 블록 레벨에서 전체 레이아웃에 대해 기생 성분을 추출한다. On-chip 인덕터, 인터커넥트(interconnect, 상호 연결), 수동 소자 간의 결합, 다른 구조와의 인터커넥트, 기판(substrate) 결합과 같은 고주파 레이아웃 효과를 정밀한 해석에 의해 추출해야 한다. 기생 효과와 결합에 관한 가정은 없다. 기생 효과들에 대한 정확한 모델을 이용하여 이전 단계에서 수행한 회로 설계에서의 모델을 대치한다.

RFIC 설계 순서에서 RLC 추출 소프트웨어를 이용한 작업이 있긴 하지만, 추출 과정에서 어떤 기생 효과를 설계에 반영할지를 정해야 한다. 하지만, 어떤 기생 효과가 회로에서 결정적으로 중요한지가 항상 명확한 것은 아니다. 이러한 의심이 생기면 블록 전체를 EM 시뮬레이션을 하는 것이 필요하다.

Full-Chip 검증(Full-Chip Verification)

테이프-아웃(tape-out) 또는 추가적인 칩 통합 전에 이루어지는 설계에서 마지막 단계는 시스템(예를 들어 behavioral) 테스트벤치에서의 칩 전체(Full-Chip) 검증이다. 이 검증은 추출한 모든 기생 효과를 반영한 여러 개의 블록들에 대한 트랜지스터-레벨 회로에서 수행된다.

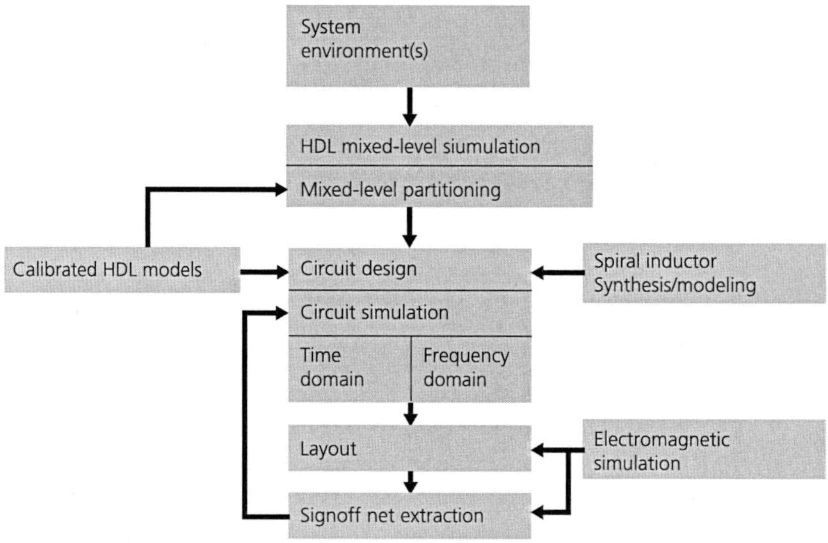

그림 9-9 Cadence Design Systems사의 RF Design Methodology Kit을 활용한 무선 RFIC 순서도.

정확도와 시뮬레이션 시간 사이에서의 합리적인 절충이 필요하다. 이를 위해 개별 회로 블록 중 일부를 기능 모델을 사용할 수 있다.

RFIC 설계 순서에 대한 예(RFIC Design Flow Example)

다음은 무선 RFIC 설계 순서에 대한 예다. 이 예는 Cadence Design System의 RF 설계 방법 키트의 일부로 Advanced Custom Design Methodology(ACD) 기반에서 수행되었다.

그림 9-9는 무선 RFIC 순서도다. 이 순서에서 시스템 설계 과정으로부터 부가된 설계를 가장 먼저 최상위 추상(abstraction) 레벨로 사용한다. 시스템 레벨 기술로부터 최상위(top) 레벨 칩에 대한 실행 가능한 테스트벤치(executable testbench)를 만든다. 시스템 주변의 모델을 칩의 상위(high-level) 모델과 결합시켜 실행 가능한 사양(executable specification)을 만든다. 시스템 스펙으로부터 칩 레벨(chip-level) 스펙을 만들고 이것으로부터 다시 테스트벤치를 만들어 다시 시뮬레이션을 하고 이 과정을 반복한다.

일단 상위 레벨 스펙이 달성되면, 설계에서 관심 부분을 정하여 설계를 계속 진행한다. 어떻게 각 관심 부분을 검증할 것인가에 대한 계획을 세운다. 이 계획에서는 어떻게 테스트를 수행하고 어떤 블록들을 테스트 과정에서 트랜지스터-레벨로 수행할지를 정한다. 이때 필요 이상으로 복잡한 모델을 사용하지는 않는다. 간단하면서도 꼭 필요한 정도의 효과를 설명하는 모델로 시작한다.

HDL 멀티-레벨 시뮬레이션(HDL Multi-Level Simulation)

HDL 멀티-레벨 시뮬레이션은 HDL 모델링으로부터 시작한다. HDL 모델링은 시스템-레벨 테스트벤치에 덧붙여진 모든 RFIC에 대한 RF 블록들과 아날로그/디지털 블록을 모두 포함한다. 먼저 최상위 테스트벤치에 있는 칩 전체의 기능 모델을 만든다. 처음에는 IC를 파트별로 나누고, 블록 기능과 이상적인 특성들을 정의한다. 이 과정은 혼성 레벨 시뮬레이션을 수월하게 하는 기능을 한다. 혼성-레벨 시뮬레이션에서 블록들은 트랜지스터-레벨로 삽입되어 최상위 레벨 콘텍스트(context)로 검증된다. 이 기능 모델/testbench를 반복적인 템플릿으로 활용하여 블록이 완성될 때까지 계속해서 검증하게 된다.

전체 시뮬레이션 환경에서, 동일한 회로가 여러 가지 형태로 등장한다. 예를 들어, 기능(behavioral) 회로, 레이아웃 전의 트랜지스터 레벨 회로, 기생 성분을 포함하는 회로 등으로 동일한 회로가 표시될 수 있다. 블록이 완성되어감에 따라, RF/아날로그와 RF/디지털 인터페이스를 테스트를 위해 트랜지스터-레벨에서 몇 가지가 더 추가될 필요가 있다. 이때 아날로그, 디지털, RF, 트랜지스터-레벨을 함축(abstract)한 혼성 기능 레벨을 모두 다룰 수 있는 혼성-신호 시뮬레이터를 사용해야 한다. 이 과정에서 회로의 여러 가지 형태 중에서 적당한 형태를 선택하고, 시뮬레이션 옵션을 통해 정확도와 실행 시간과의 절충 관계를 고려한다. 예를 들어 정확도와 실행 시간의 절충을 위해 시뮬레이션 옵션으로 트랜지스터들을 FastSPICE simulator로 보내거나 트랜지스터를 full SPICE mode로 유지할 수 있다.

블록 회로 설계(Block Circuit Design)

블록 설계 동안 예비-회로-설계(preliminary circuit design)가 이루어진다. 예비 회로 설계를 통해 초기 회로의 가능성과 성능 달성 여부를 간단하게 확인한다. 초기에 회로에서 최상위-레벨의 부품 배치(floorplan)를 한다. RFIC에서 부품 배치는 잡음과 블록-레벨 인터커넥트에 민감하다. 스파이럴 인덕터(spiral inductors)와 같은 수동 소자들을 설계하고 칩에 배치한다.

이 과정을 통해 두 가지 중요한 작업이 이루어진다. 블록-레벨 레이아웃 전에 시뮬레이션에서 사용될 수 있는 스파이럴 인덕터의 초기 모델을 만드는 것과, 스파이럴 간의 상호 인덕턴스에 대한 초기 해석을 하는 것이다.

그 다음에는 시뮬레이션을 수행한다. 단일 PDK와 관련 환경을 통해 적당한 시뮬레이션 알고리즘을 정하고 선택한다. 결과는 선택한 시뮬레이션의 종류에 따라 화면으로 표시된다. 블록 레벨에서 회로가 완성이 되면, 기능 스티뮬러스(behavioral stimulus)와 주변 칩에 대한 정보를 이용하여 최상위-레벨 콘텍스트에서 검증한다.

물리적 구현(Physical Implementation)

회로를 구현하기 위해 자동화된 라우팅(routing), 연결선에 의한(connectivity-driven) 레이아웃, 설계 규칙에 의한(design-rule-driven) 레이아웃, 배치(placement)와 같은 자동 레이아웃(layout automation)을 사용한다. 아날로그 라우터(analog-capable router)를 이용하면 차동쌍과 차폐(shielding) 와이어 작업이 수월하고 수동으로 라인에 대한 제한 조건을 설정할 수 있다. 매우 민감한 회로는 수동으로 레이아웃을 한다.

기생 효과 추출(Parasitic Extraction)

레이아웃이 끝나면, EM 시뮬레이션을 이용하여 수동 소자들에 대한 정확한 모델을 구한다.

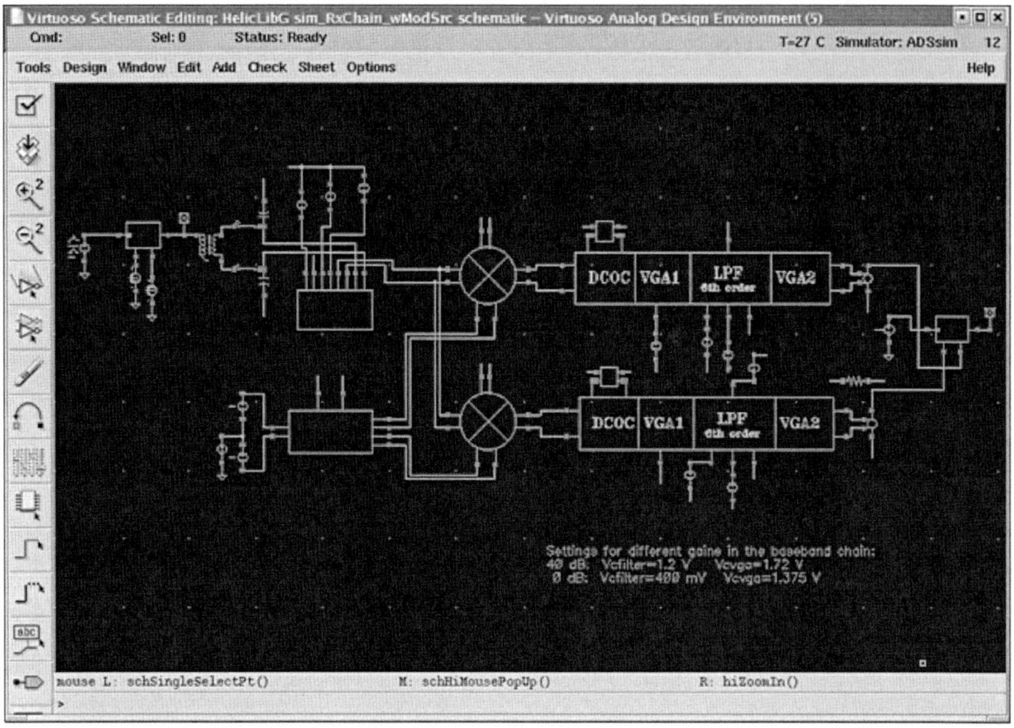

그림 9-10 대규모 RF/혼성 신호 IC 설계를 위한 Agilent Technologies사의 RFDE 소프트웨어 설계 플랫폼. 화면의 회로는 직접 변환 수신기에 대한 예.

넷-기반(net-based) 기생 효과 추출은 레이아웃에서 중요한 기능이다. 민감하지 않는 인터커넥트는 RC로만 추출하고, 민감한 라인은 RLC로 추출한다. 스파이럴 모양의 라인은 RLC에 추가적으로 인덕터 소자를 합하여 추출한다. 아주 민감한 라인은 기판 효과도 고려한다. 완벽하게(full) 추출한 라인은 앞서 생성한 수동 소자들에 대한 모델과 함께 사용한다.

기생 효과 추출 과정에서 잡음-회로(noisy circuits, 예로 디지털 로직 PLL 회로)가 예민한 RF 회로에 영향을 주고 있는지를 확인할 수 있다. 영향을 많이 주는 경우 배치(floorplan)를 수정하거나 잡음이 많은 회로 주변에 'guardbands(보호대역)'을 추가한다.

전체 회로를 트랜지스터-레벨에서 시뮬레이션하거나 모든 기생 효과를 다 포함하여 시뮬레이션하는 것은 현실적이지 않다. 현실적인 한 가지 방법으로 설계 블록의 추출된 결과를 이용하여 보정된(calibrated) 기능 모델을 추출하는 것이다. 이 방법은 블록 간의 인터커넥트에 존재하는 기생 효과를 포함하지는 않는다. 따라서, 설계 블록 간의 인터커넥트 기생 효과만을 추출하는 계층적인(hierarchical) 추출이 필요하다.

보정된 모델(Calibrated Models)

블록 설계가 끝나면, 좀 더 정확한 HDL 레벨 시뮬레이션을 위해 초기 기능 모델은 핵심 회로 성능 파라미터가 부가적으로 추가되어 사용된다. 따라서 혼성-레벨 시뮬레이션에 의한 블록 검증은 3단계가 된다.

첫째, 제안한 블록 기능은 이상적인 모델로 시스템-레벨 시뮬레이션에서 검증된다. 다음, 구현된 블록의 기능은 이상적인 모델을 네트리스트(netlist)로 대치되어 검증된다. 마지막으로, 블록의 네트리스트는 추출된 모델로 대치된다. 네트리스트를 이용한 결과와 추출된 모델에 의한 결과를 비교하여 추출된 모델의 기능과 정확도를 검증할 수 있다. 이후에는 이상적인 모델인 아닌 블록의 검증된 추출 모델을 이용하여 다른 블록의 혼성-신호 시뮬레이션을 수행한다.

시뮬레이션 예제 1(Simulation Example 1)

증폭기, 믹서, 주파수 분주기, 베이스밴드 체인으로 구성된 RFIC의 블록들이 정확하게 결선되었다는 것을 검증하는 예제로 그림 9-10의 WLAN 802.11b의 수신기를 생각해 보자. 예제에서 Agilent Technologies사의 RFDE((RF Design Environment)를 활용하였다.

예제의 직접 변환 수신기는 LNA, I/Q 믹서, 베이스밴드 수신 체인, 직교 LO 신호를 발생하기 위한 주파수 분주기로 구성되어 있다. WLAN 802.11b의 입력 신호를 LNA에 인가하고,

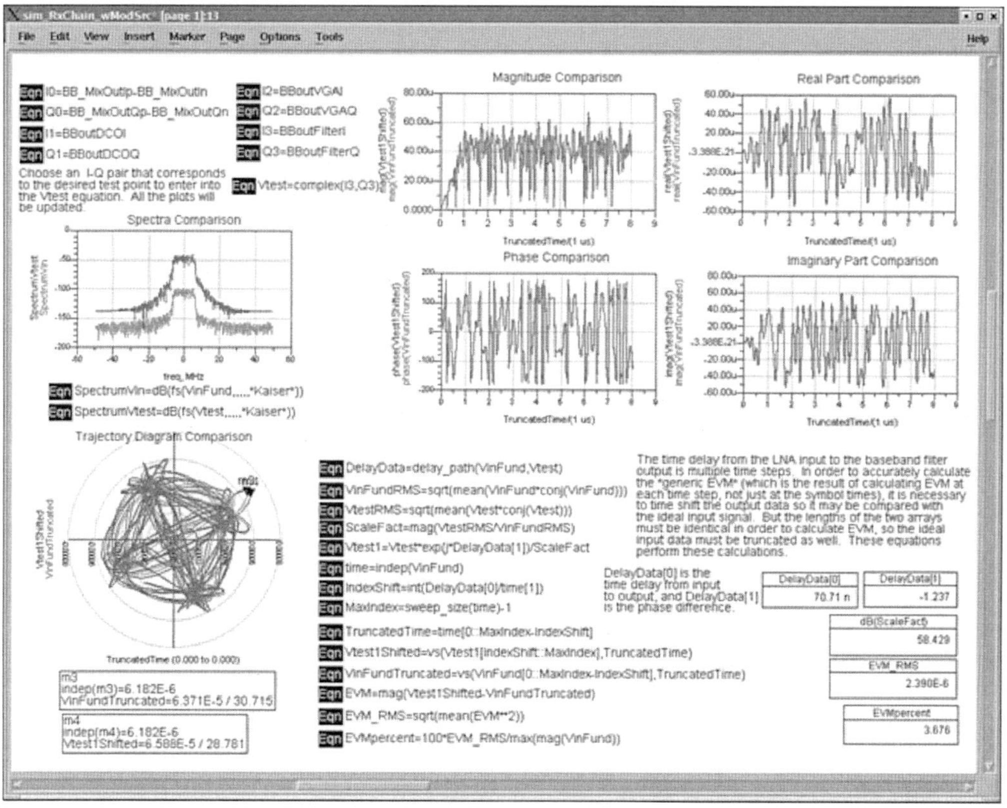

그림 9-11 Agilent사의 RFDE 소프트웨어 설계 플랫폼을 이용하여 시뮬레이션을 수행한 WLAN 802.11b의 신호의 데이터 출력 화면. 출력 화면에서 'generic' EVM을 계산할 수 있다. 이 값을 계산할 때(심벌 샘플이 아닌) 모든 시간 포인트에서 수행하는 것에 유의하라. 이 데이터는 Cadence 시뮬레이션 환경의 일부로 디스플레이됨.

I/Q 베이스밴드 출력 신호가 입력의 변조를 트랙(track)할 수 있는지를 검증하는 것이 예제의 목적이다. 이때 베이스밴드 체인상의 믹서, DC 오프셋 상쇄 회로, VGA와 가변 필터 등 여러 노드에서 출력 신호들을 관찰한다.

시뮬레이션에서는 시간 영역의 베이스밴드 데이터 소스를 이용하여 WLAN 802.11b 신호의 I/Q 데이터를 발생시킨다. 입력에서 테스트 신호를 발생하기 위해 데이터 소스는 이상적인 변조기를 통해 사인파를 변조한다. I와 Q의 시간 영역 데이터 파형이 다른 변조 포맷으로 되어 있다면, Cadence Envelope Follower 시뮬레이터 또는 Agilent Circuit Envelope 시뮬레이션을 가지고 변조된 테스트 신호를 발생시킬 수 있다.

요구된 시뮬레이션 시간은 원하는 정지(stop) 시간에 직접적으로 관련이 있다. 유용한 정보를 얻기 위한 최소 시간은 약 10분 정도 소요된다. 회로는 2547개의 소자를 가지고 있고 그 중 1377개가 비선형 소자다.

그림 9-11의 데이터 출력 화면은 선형 신호와 수신기 체인 상의 다양한 테스트 위치에서 신호에 대한 비교를 보여주고 있다. Vtest 식을 변화시켜서 믹서, DC 오프셋 상쇄 회로, 첫 번째 가변 이득 증폭기, 베이스밴드 필터의 출력과 같이 다양한 위치의 테스트 점을 선택할 수 있다. 그림은 스펙트럼, 크기, 위상, 실수부와 허수부, 입력과 Vtest 신호의 궤적 등을 비교하고 있다.

Vtest 식을 변화시키면, 수신기 체인에서 EVM 특성이 현저히 저하되는 블록을 찾을 수 있다. 또한 블록을 변화시켜 EVM이 개선될 수 있는지도 확인할 수 있다.

BER을 최소화하기 위한 좋은 방법은 EVM과 같이 시뮬레이션 시간이 상대적으로 짧은 것을 먼저 시뮬레이션을 해보는 것이다. EVM이 최소화되면, BER도 또한 최소화된다. EVM 시뮬레이션은 BER 시뮬레이션보다 훨씬 빠르다. 이러한 종류의 시뮬레이션을 이용하여, 수신기와 송신기가 바르게 연결되고 어떤 블록이 성능 저하를 일으키는지를 쉽게 확인할 수 있다.

시뮬레이션 예제 2(Simulation Example 2)

RFIC의 고주파 특성은 인터커넥트와 결합과 같은 물리적인 기생 효과뿐만 아니라 이득 저하, 잡음, 왜곡, 위상 잡음 같은 회로의 성능 저하를 발생시킨다. 이러한 이슈를 제대로 다루기 위해서는 추출된 기생 효과와 고주파 비선형 설계를 할 수 있는 시뮬레이터가 필요하다.

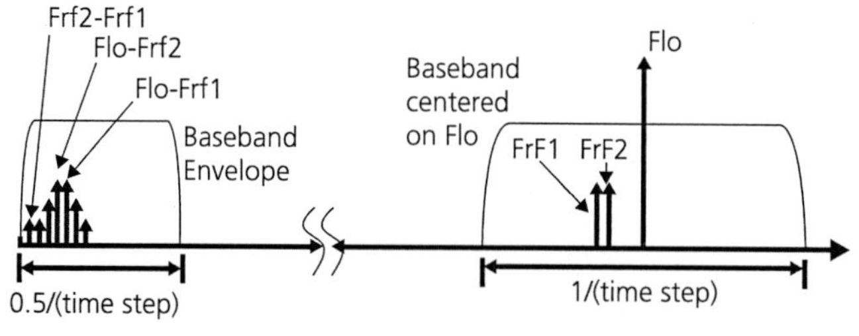

그림 9-12 직접 하향 변환에 대한 스펙트럼.

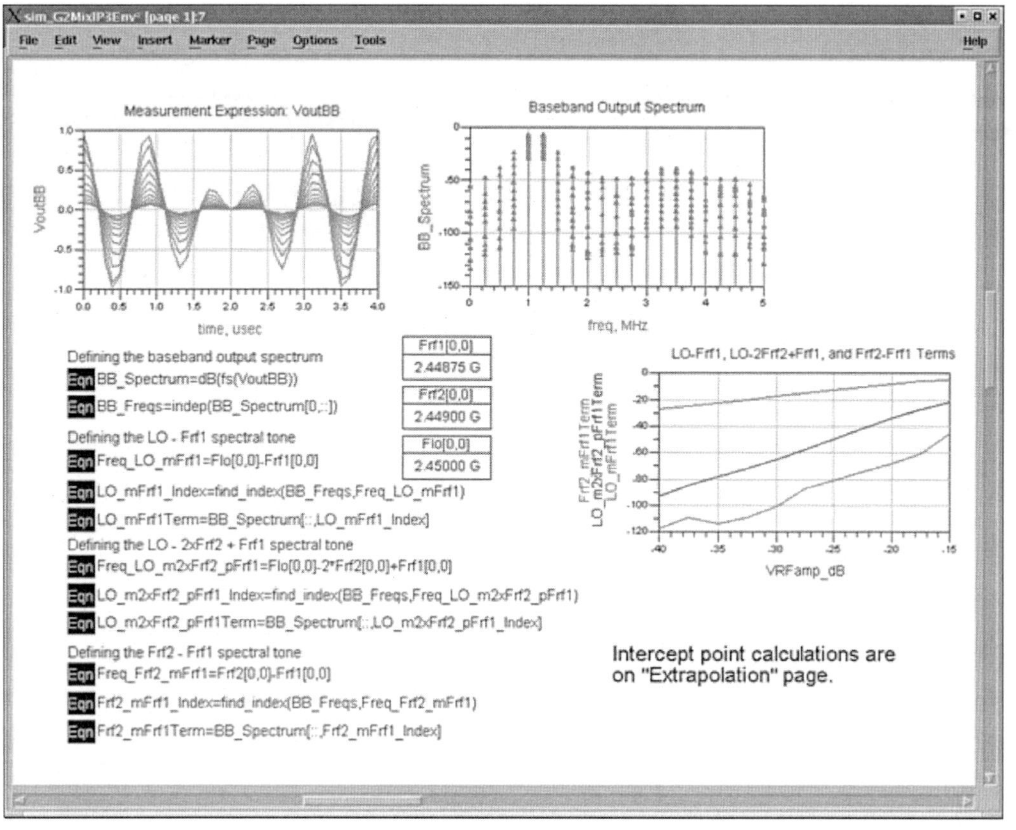

그림 9-13 이 그림은 Agilent사의 Advanced Design System (ADS)/{RFDE}의 일부인 Circuit Envelope를 이용하여 하향 변환 믹서의 시뮬레이션 결과를 보여주고 있다. RF 톤은 2.44875 GHz와 2.44900 GHz를 이용하고 LO는 2.45 GHz다. 시뮬레이션 시간은 약 4.5분이 소요.

시뮬레이터는 원하는 주파수에서 신호를 시뮬레이션을 할 수 있어야 하고, 임의의 레이아웃 모양에 대해 해석 모델(analytical models)보다 더 정확한 EM 시뮬레이션을 수행할 수 있어야 한다. 또한 포스트 레이아웃(post-layout) 추출을 할 수 있어야 한다. 회로의 형태나 범위 또는 시뮬레이션의 능력에 제한이 있으면 정확도, 유연성(flexibility), 회로 해석에 제한이 발생한다.

RFIC 시뮬레이션에 필요한 유연성(flexibility)의 예로, 그림 9-12를 생각해 보자. 그림은 직접 하향 변환에 대한 스펙트럼을 보여주고 있다. 두 입력 신호들은 LO(국부 발진기) 주파수 근처에 위치하여 출력에서 베이스밴드로 하향 변환된다. 시뮬레이션은 Agilent Harmonic Balance나 Circuit Envelope 시뮬레이터로 수행될 수 있다. 소프트웨어는 Cadence사의 SpectreRF나 Agilent사의 Agilent Advanced Design System (ADS)를 이용한다.

Harmonic Balance 알고리즘으로 3개의 대신호 톤(LO와 2개의 RF 톤)을 해석한다. Flo와 Frf1의 주파수 차가 Frf1와 Frf2의 주파수 차의 정수배가 된다면 2톤 시뮬레이션을 이용할 수 있다.

Circuit Envelope를 이용할 때 한 개의 대신호(large signal) LO 톤만을 사용한다. Circuit

Envelope 시뮬레이션은 하이브리드 시간/주파수 영역 시뮬레이션 기법이다. 각 대신호 해석 톤의 중앙에 위치한 포락선(envelope) 대역폭 내의 신호는 추가적인 대신호 해석이 없이 발생된다. 포락선 대역폭은 1/(시뮬레이션 시간 간격)과 같다. 0 Hz 이상의 0.5(시뮬레이션 시간 간격) 내의 톤들이 또한 만들어진다.

Circuit Envelope 시뮬레이션에서 대신호 해석 주파수는 LO 주파수와 LO의 하모닉들이다. LO 신호는 발진기와(또는) 주파수 분주기에 의해 생성되는데, 발진기나 주파수 분주기의 주파수는 그 회로를 해석하는 동안 시뮬레이터에 의해 자동으로 결정된다.

그림 9-13은 Circuit Envelope 시뮬레이션 결과를 보여주고 있다. 식들은 특정 스펙트럼 톤이 입력 신호 진폭의 함수로 그려질 수 있는지를 보여주고 있다. 설계 변수들인 Flo, Frf1, Frf2는 스펙트럼 톤을 표시하고 있다. 입력 신호 진폭은 VRFamp_dB다.

이 예제에서 LO와 LO 하모닉들은 신호 주파수들에서 큰 차이 때문에 DC 근처의 베이스밴드 신호를 따라 시뮬레이션이 되어야 한다. 시간 영역 시뮬레이터는 이러한 회로를 효율적으로 시뮬레이션을 할 수 없는 반면, Harmonic Balance와 Circuit Envelope와 같은 주파수 영역 시뮬레이터는 이러한 타입의 회로에 매우 적합하다.

모델링(Modeling)

시스템-레벨의 기능 모델링은 시스템이 어떻게 동작하는지를 기술하기 위한 목적인 것에 반해, 회로 설계 도중에 능동과 수동 온-칩(on-chip) 소자 모델링은 시뮬레이션의 충실도(fidelity)를 높이기 위하여 사용한다. RFIC 회로에서 스파이럴 인덕터는 특히 문제가 되는 것으로 필터와 튜닝에서 중요하다(그림 9-14). 이러한 소자를 모델링할 때, 인덕터의 Q와 공진을 정확하게 모델링하는 것이 중요하다. 복잡한 구조 때문에 이 작업은 매우 어렵다(그림 9-15).

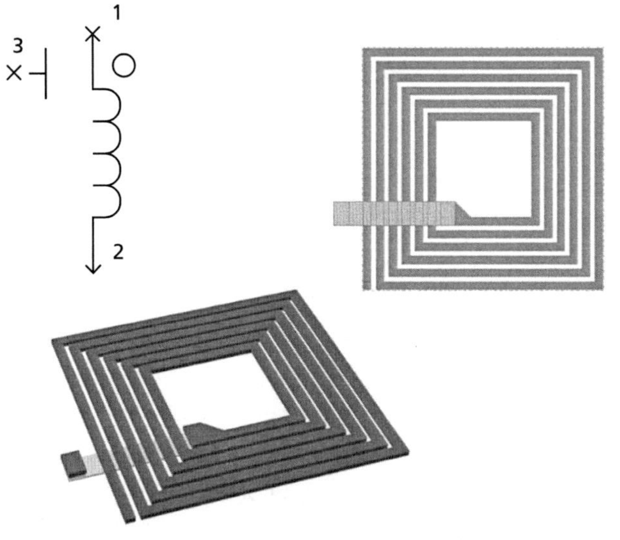

그림 9-14 스파이럴 필터는 0이 아닌 라인 두께, 밑으로 배선, 여러 개의 메탈 레이어 등 구조가 복잡하다. 그림은 Applied Wave Research사가 제공.

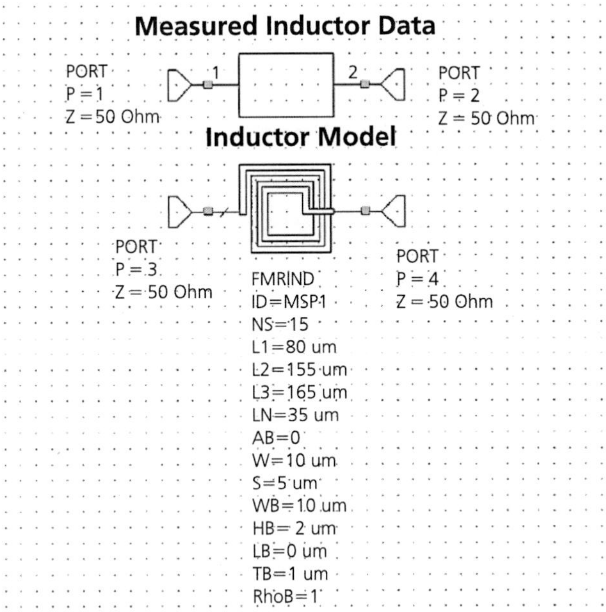

그림 9-15 인덕터 모델은 매우 복잡하다. 단일 레이어 스파이럴에 대한 모델은 실험 결과를 정확하게 매치하기 위한 13개의 물리적인 파라미터를 가지고 있다. 그림은 Applied Wave Research사가 제공.

Cadence SpectreRF 시뮬레이터에서는 스파이럴 인덕터와 트랜스포머의 합성(synthesis), 검증, 모델링를 위해 Virtuoso Passive Component Modeler(VPCM)라는 툴을 포함하고 있다. 이 툴은 Virtuoso Schematic 에디터와 레이아웃 슈트(suite, 함께 따라다니는 것)를 통합하여 한 번에 작업을 끝낼 수 있고, Assura와 호환이 된다. 또한 이 툴은 Schematic, 심벌, pcell 레이아웃, S-파라미터 파일과 Spectre 모델이 포함된 완전한 PDK 부품으로 제공된다.

FDK(Foundry Design Kit)는 RFIC 설계에 필요한 메탈-절연-메탈(metal-insulator-metal)이나 메탈-옥사이드-메탈(metal-oxide-metal) 커패시터와 같은 여러 가지 수동 모델을 제공한다. Cadence사의 RF Design Methodology Kit는 설계의 레이아웃과 전기적인 모델을 생성하는 데 도움이 된다. 설계 규칙을 따르고 파라미터 범위를 벗어나지 않는 한, 제공한 모델은 꽤 정확하다. 대부분의 제조사들은 소자 모델에 대해 극한(corner-case)† 소자 모델을 제공하기 때문에, 이러한 모델들은 RF 설계에 적합한 것은 아니다. 이상적으로, 모델 라이브러리는 다음의 과정을 포함해야 한다—극한 상황(corner case), 통계 모델, 디지털/아날로그 부정합 모델, RF ESD 기능을 갖는 패드(pad) 모델. 플리커 노이즈 모델, 기판 저항 모델. 라이브러리는 또한 well 주변과 얇은 트렌치(trench) 격리 스트레스 효과를 포함하고 있어야 한다.

모델링 이슈(Modeling Issues)

적당한 FDK가 제공되지 않는다면, 엔지니어 스스로 모델을 만들어야 한다. 스파이럴 인덕터 모델을 만들 때 고려해야 할 몇 가지 이슈들은 다음과 같다.

† 역주: corner-case는 파라미터의 정상 동작 범위를 벗어나서 발생되는 현상을 말한다.

- 도체 손실 모델을 만들기 위해 모델에서 주파수 의존(frequency-dependent) 저항을 사용해야 한다.

  일반적으로 스파이럴 인덕터는 톱 레이어 메탈로 구현된다. 메탈 두께와 폭은 일반적으로 각각 수 마이크론(microns) 정도다. GHz 주파수에서 알루미늄이나 구리의 표피 두께(skin depth)가 이 정도의 치수를 갖기 때문에 도체에서 전류 분포가 변한다. 즉, 선로의 표피 쪽으로 전류가 밀집된다. 전류의 밀집은 도체에서 저항을 증가시키고 Q를 저하시킨다.
- 인덕턴스 효과를 고려해야 한다.

  밀집된 전류는 인덕턴스에 영향을 주어 인덕턴스는 주파수 함수가 된다. 주파수가 높아짐에 따라, 전류와 자교(flux)가 선로의 내부로부터 배척되므로 내부 인덕턴스는 낮아진다. 따라서 주파수 의존 인덕턴스 효과가 발생되어 Q에 영향을 준다.
- 인턱터를 기판에 격리시켜 기판 효과를 최소화하기 위해 차폐(shielding)를 사용할 수 있다.

  손실 기판에 의한 저항성 손실 메커니즘에 의해 Q가 매우 저하될 수 있다. 차폐를 인덕터 밑에 두어 기판으로부터 인덕터를 격리시키면 Q에 대한 기판의 영향을 줄일 수 있다.
- 접지 귀환(ground return)의 위치를 가정하라.

  인덕턴스는 전류 루프가 존재할 때 정확하게 정의된다. 불행하게도, 모델을 만드는 사람들은 전류의 귀환이 어디인지를 정확히 알지를 못한다. 따라서 전류 귀환 위치를 가정해야 한다. 예를 들어, 기판 또는 중간에 삽입된 전원판(power plane)으로 가정할 수 있다.
- 커패시턴스를 정확하게 예측하기가 힘들다.

  스파이럴의 턴(turn) 수가 커지면 자체로 용량성 결합이 증가한다. 용량성 결합은 주파수에 따라 많이 변하지는 않는다. 전하는 양도체(good conductor)의 표면에 머무른다. 예를 들어 알루미늄은 100 GHz 이상까지도 양도체로 동작한다. 하지만, 도선이 3차원 구조이기 때문에 정확하게 커패시턴스를 예측하기는 쉽지 않다. 이때는 경험과 직관이 중요하다.
- SPICE에서 모델을 사용할 때는 주의하라.

  리액턴스와 인덕턴스는 주파수에 따라 변하게 될 것이다. 결과적으로, 주파수 의존 저항과 인덕턴스로 모델을 만들어야 한다. 이 모델을 SPICE로 옮기면 원치 않는 동작이 일어날 수 있다. 물리적이지 않은 응답이 일어날 수 있다.
- 모델에서 밑으로 배선(underpass)한 효과를 고려하라.

  스파이럴 인덕터의 신호는 중앙 포트에서 나와야 한다. 일반적으로 밑의 메탈 레이어를 통해 신호를 연결한다. 밑으로 배선할 때 발생되는 효과를 모델에 반영해야 한다.

EM(전자기) 시뮬레이션 소프트웨어는 인덕터 모델링과 설계를 위해 사용될 수 있다. 다양한 전자기 해석 방법을 적용한 다양한 상업 제품들이 있다. 이러한 제품들은 범용 시뮬레이터로부터 RFIC에서 스파이럴 인덕터 모델만을 위한 전용 툴까지 매우 다양하다.

PCB 설계(PCB Design)

PCB(printed circuit board)는 유전체 기판위에 압착(lamination)한 구리판(copper sheet)에 에칭(etching)을 통해 전자 구성 부품을 전기적으로 연결하고 기계적으로 지지하기 위해 사용된다. 대용량 양산 시 PCB는 저렴하고 구조적으로 튼튼하며 재현성이 우수하다.

순서(The Flow)

일반적인 PCB 기능 설계 순서는 그림 9-16과 같다. 시스템 스펙(specification) 단계에서 구체적인 모든 설계 요구사항을 모아서 스펙을 만든다. 다음, 다양한 회로 입력(schematic capture) 툴을 이용하여 스펙의 Schematic(회로도)을 만들고 입력한다. Schematic에 대한 구성 소자는 가격, 구입 가능한지 여부 등 여러 가지 기준을 근거로 엔지니어가 선택한다. 자동으로 생성된 네트리스트(netlist)는 PCB 레이아웃 툴의 입력이 된다.

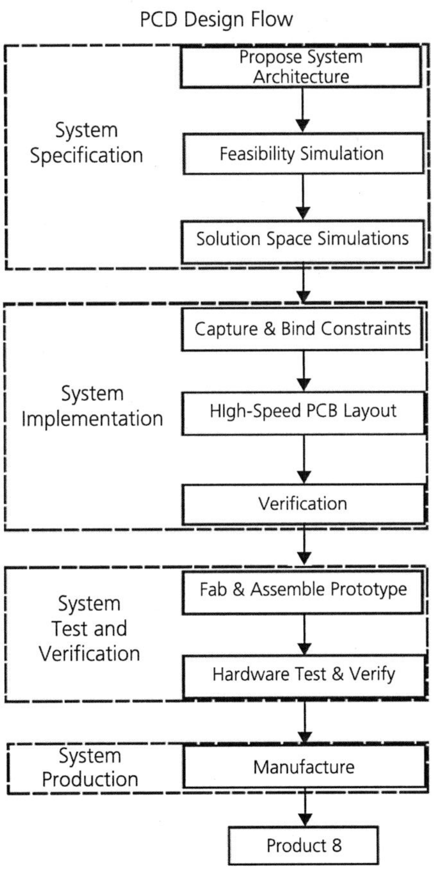

그림 9-16 일반적인 PCB 설계 순서.

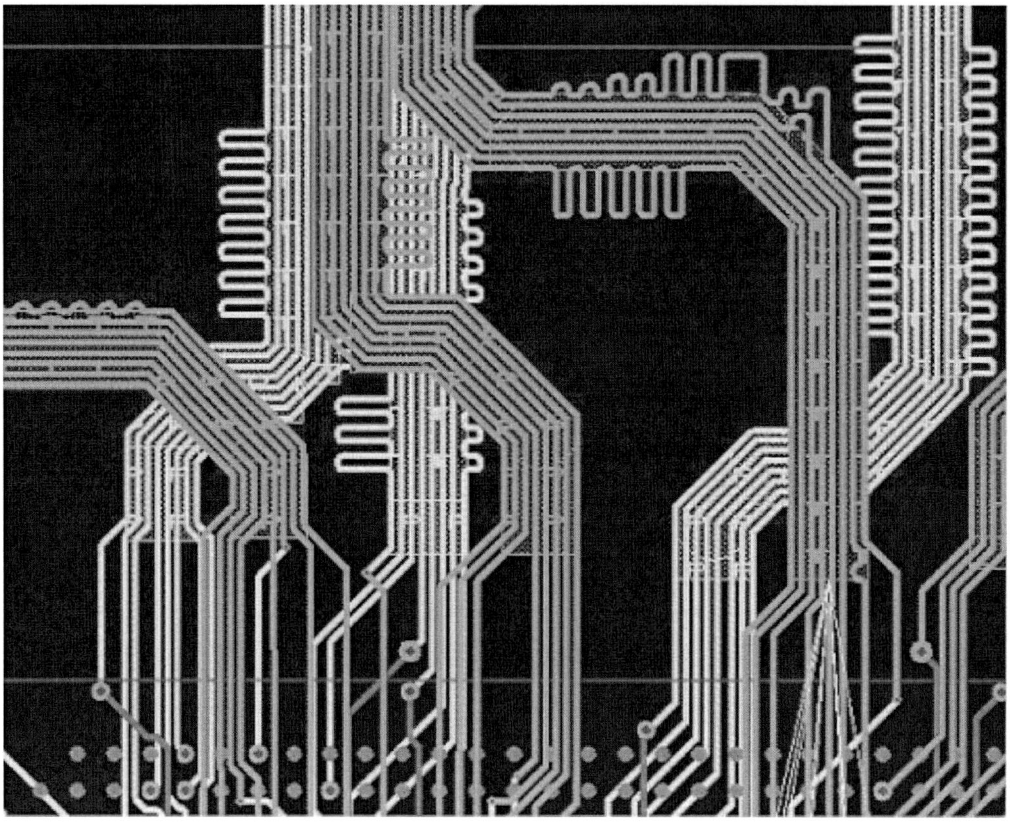

그림 9-17 Mentor Graphics사의 Board Station RE PCB placement-and-routing(부품을 배치하고 결선하는) 환경의 RF AutoRouter 옵션과 같은 최신 자동 라우터는 설계자에 의해 수동으로 하는 것과 유사한 특성을 제공.

Schematic 입력 툴을 이용하면 부품들을 component library로부터 Schematic에 불러올 수 있다. 소자 패키지의 상세 사항과 PCB에 인쇄될 실크스크린(silkscreen) 범례(legend)가 요구사항에 부합되는지 확인하고 필요하면 소자(component)를 수정을 한다. 만일 component가 library에 없으면, component를 정의하고 library에 추가한다. Library에 존재하는 component들도 실제 회로 다이어그램을 반영하여 편집될 수 있다. 예로 어떤 component의 핀들을 원하는 회로 schematic에 따라 주변으로 옮길 수 있다. 필요한 모든 부품을 schematic으로 불러왔으면 component의 pin들을 결선한다.

다음은 PCB 레이아웃 단계다. PCB 레이아웃 설계 툴을 이용하여 schematic을 레이아웃한다. 설계 단계에서 DFM(Design For Manufacturability, 생산의 용이성을 감안한 설계), SI(Signal Integrity), EMI/EMC 등을 고려해야 한다. 이러한 설계 단계의 고려사항 중 하나로 PCB 레이아웃에서의 제약 조건이 있다. Track 폭, track 간격, pad 사이즈, via 사이즈, routing 타입 등. 레이아웃에 의한 성능이 변하는지와 레이아웃이 스펙에서 문서화된 기능을 수행하는지에 대한 검증이 필요하다.

레이아웃을 진행하는 중에 schematic을 구성하는 component는 library에서 선택되어

PCB layer 위에 놓인다. 이 과정은 PCB placement와 P&R tool을 이용하여 수행한다. 이때 모든 component placement 제한 조건을 고려해야 한다. 예를 들어 열 분산(heat dissipation)을 고려하여 component 간의 최소 이격 거리를 두어야 하는 반면, 신호선이 짧아야 하는 규칙은 부품들을 가깝게 배치해야 한다.

부품 배치 후 routing을 진행한다. 전통적으로 이 과정에서는 수동과 자동의 routing 기술을 모두 이용한다. 최근에 회로에서 신호의 80 ~ 90% 이상을 매우 중요한 신호로 간주하고 있긴 하지만, 더 이상 수동 routing을 의존하지 않는다. 최근 auto router를 이용하면 정확한 routing이 가능해지고, 각 신호에 대한 모든 제한 조건을 준수할 수 있다. 최신 auto router는 또한 제조에 쉬운 방법으로 신호를 routing하기 때문에 수동으로 배선을 정리하는 것이 불필요하다(그림 9-17). 수동으로 설계 배선을 정리하는 작업은 대규모 설계에서는 몇 주일이 소요되는 일로 현실적으로 어려운 일이다.

Routing 후에는 DRC check을 수행해야 한다. DRC check에 의해 네트리스트(netlist)와 이전에 명시한 설계 규칙에 대해 PCB layout을 테스트한다. DRC 규칙에 위배되는 것이 있으면 수정을 한다. DRC 후에 최종 레이아웃 정리(cleanup)가 수행된다.

무선 송신기와 수신기는 특히 설계하기가 까다롭다. PCB 설계자들은 component 레이아웃에 의한 기생 효과를 최소화하고, 기생 효과를 일반 모델로 고려하여 SPICE와 같은 시뮬레이션 소프트웨어를 이용해야 한다. 다행히, 많은 실제 회로는 훨씬 간단한 집중(lumped) 소자 모델을 이용하여 레이아웃을 할 수 있다.

이 단계에서 최종 검증을 통해 설계가 예상한 바와 같이 되는지를 확인한다. 만일 오차가 발견되면 프로토타입이 검증을 통과할 때까지 반복적으로 PCB 설계 과정을 진행한다. 일단 설계가 완전히 검증이 되면, 대량으로 생산되어 고객에게 전달된다.

원한다면 PCB 레이아웃 도중에 생성된(예를 들어 ODB++ 형태의 제조 데이터) 설계 파일을 이용하여 엔지니어는 최종 검증을 위한 프로토타입을 만들어 볼 수 있다. 하지만, 대개는 프로토타입 제작 과정을 생략하는 것이 일반적이다. 이 과정은 긴 시간을 요하는 일이다. 프로토타입을 만드는 일보다 최신 검증 tool을 이용하여 프로토타입의 제작 없이도 한 번에 오류 없이 설계를 마치는 것이 좋다.

PCB 설계 툴(PCB Design Tools)

RF 엔지니어는 PCB 설계의 모든 단계에서 설계 tool들이 이용한다. 이러한 tool들은 설계를 성공적으로 하기 위해 중요한 역할을 하는데, 특히 최근 복잡한 아날로그와 RFIC에서 고주파 회로의 이상적이지 못한 특성들이 주어진 경우에 중요하다. 이러한 이상적이지 못한 회로의 특성으로는 이득 압축, 잡음, 왜곡, 위상 잡음 등과 본딩이나 연결선(interconnect) 임피던스와 결합(coupling)과 같은 물리적인 기생 효과 등이 있다. 여러 가지 tool들을 이용하여 RFIC 시스템과 회로 간, 전기적 특성과 물리적 특성 간, 설계와 측정 간 간격을 줄여야 한다.

설계 tool 회사는 RF 설계자들에게 도움이 주기 위해 독립된 tool들이 아닌, IC와 패키지(package) 영역을 통합한 PCB 설계 순서도를 제공한다. 이러한 tool들을 이용하면 I/O 버퍼 플래닝(planning), 최적화, 구현(implementation)의 3가지 구현 영역을 통합하여 초기에 해석을 할 수가 있다.

패키징(Packaging)

패키지는 설계한 소자, 시스템 또는 부시스템(subsystem)을 둘러씌우는(housing) 작업을 말한다. RF 패키지는 디지털 IC 패키지와는 매우 다르다. RF 패키지는 매우 높은 주파수에서 동작하고 I/O 단자 수가 일반적으로 적다. 결과적으로 개별 신호의 연결선과 전송 선로 접합 같은 레이아웃 작업을 할 때 매우 주의를 해야 한다.

또한 GHz 영역에서 전기적 신호에 대한 연결선의 물리적 성질은 RF 성능에 상당한 영향을 줄 수 있다. RF에 영향을 주는 물리적 성질로 분산(dispersion), 방사 손실(radiation losses), 공진(resonance), 표피 효과(skin effects) 등이 있고, 경우에 따라 도체의 표면 거칠기(surface roughness)도 문제가 된다. 사실 패키지에서 발생되는 전기적인 기생 효과는 칩 설계자들에게는 중요한 문제가 되기 때문에 시스템 레벨에서 패키지에 대해 많은 관심을 갖는다. 따라서 RF 패키지를 설계할 때 이러한 효과들을 신중히 고려해야 한다. RF 패키지 설계에서 전자기-모델링(Electromagnetic modeling)과 3-D EM 모델이 중요한 역할을 한다.

선택 사항(Options)

패키징 작업에서 패키징 재료를 비롯하여 다양한 선택사항이 있다. 어떤 선택을 할 것인지는 최종 응용에 따라 달라진다. 예를 들어 무선 이동 통신 제품에 대한 RF 시스템을 생각하고 있다면, 패키징은 소비자의 요구사항인 가격, 성능, 사이즈와의 절충이 필요할 수 있다.

패키징 선택 사항은 표준 단일 칩(die) 패키지로부터 SiP(system-in-package)까지 다양하다. SiP 기술은 BGA(ball grid array)를 이용한 혁신적인 array 연결 기술을 사용하기도 한다. SiP에서는 여러 개의 칩(die)들을 하나의 패키지 안에 결합한다. 수동 소자는 패키지에 포함되어 디지털과 RF 응용에서 회로적 기능을 수행할 수도 있다.

무선 통신 응용에서와 같이 X-Y 사이즈 제한이 중요한 경우에 패키징 선택 사항으로 RF Stacked Die SiP를 일반적으로 사용한다. 예를 들어 서로 다른 제조 기술로 만든 2개에서 4개의 개별 die를 하나의 패키지로 결합할 수 있다. 평면으로 펼친 구조(side-by-side)에 비해 보드 면적은 die를 수직으로 쌓아 올린(stacking)만큼 줄어든다.

RF SiP는 Cadence Design Systems사의 RF SiP Methodology Kit와 같은 설계 tool을 이용할 수 있다. Kit을 이용하면 EDA 기술의 응용에서 RF/무선 응용에 대한 SiP 설계 시간을 단축할 수 있다. 이 제품은 고객이 SiP 구현의 장점을 살릴 수 있는 설계 생산성과 예측성을 높이는 방법론(methodologies)을 제공한다. SiP 관련 설계 방법론과 SiP 설계 제품 세트는 프런트에서 백(front-to-back)까지의 SiP 설계와 구현이 가능하기 때문에, SiP 기술과 설계 방법의 장점을 원하는 설계에 적용할 수 있다. Kit는 실제 다중 칩 IC 패키지를 설계를 위한 문서화된 체계적인 방법론과 순서도를 제공한다. 제품은 멀티 칩 RF SiP 모듈 설계를 빠르게 수행하기 위한 설계 데이터, 설계 순서(flow guide), 교육자료(tutorial)과 패키지 레이아웃을 포함하고 있다. 이 방법론은 또한 Cadence사의 Virtuoso 환경과 통합되어 있다.

RF 패키지는 (세라믹 또는 낮은 유전체 물질 등) 다양한 재료로 설계될 수 있다. 가장 널리 사용하는 두 가지 재료는 세라믹(ceramic)과 박판(laminate, 합판)이다.

세라믹(Ceramics)

세라믹은 내부적으로 안정된 재료로 밀폐(hermetic) 패키징이 가능하다. 밀폐 패키징은 오랜 시간 또는 우주(space)나 전쟁터와 같이 가혹한 환경에서 사용될 수 있는 높은 신뢰성을 요구되는 응용 분야에 적용된다. 이러한 세라믹 기술에 대한 선택의 폭이 넓기 때문에, 최근 RF 패키징에 이러한 재료를 사용하는 것이 일반적이다.

제조 과정에 대한 선택 사항으로 박막(thin film)과 후막(thick film)이 있다. 박막 기술은 작고 정밀도가 높은 특성을 제공할 수 있다. 반면, 후막 기술은 저항과 인덕터를 기판에 직접 프린트하는 것이 가능하다[†]. 이러한 기술은 기생 효과로 인해 집중 소자들을 적용하기 어려운 RF 패키징에 특히 유용하다.

LTCC(low temperature co-fired ceramics, 저온 동시 소결 세라믹)는 다층 구조(multi-layer) 세라믹 재료 기술이다. 특히 높은 집적도와 높은 신뢰도가 요구되는 RF 응용과 제품에 적합하다.

세라믹 재료의 선택은 HTCC(high temperature co-fired ceramic, 고온 동시 소결 세라믹)와 같은 표준 재료인 알루미나(alumina)로부터 PCB 재료의 열 팽창 계수에 매우 잘 정합되는 우수한 열 특성을 갖는 알루미늄 나이트나이드(aluminum nitride) 또는 HiTCE 세라믹과 같은 재료까지 다양하다. 세라믹 재료는 다양한 전기적 성질로부터 선택될 수 있다. 예를 들어 낮은 유전 상수 세라믹은 사이즈가 크고 전파 지연 시간이 작다.

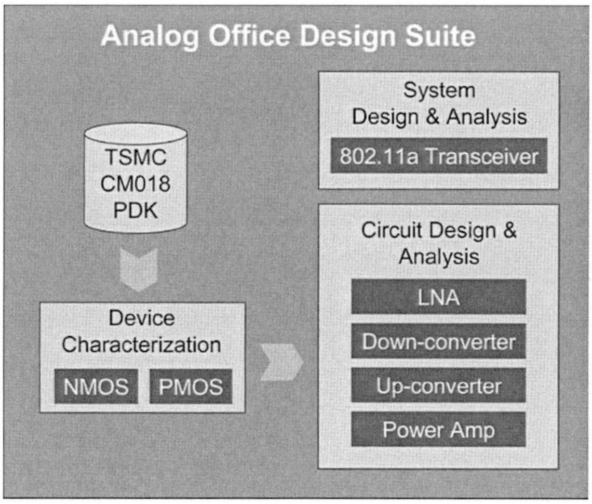

그림 9-18 Applied Ware Research사의 Analog Office 설계 환경에 있는 802.11a 설계 flow.

[†] 역주: 후막, 박막 모두 저항과 인덕터를 직접 인쇄하는 것이 가능하다. 박막에 비해 후막은 저가이고 일반 에칭 수준의 정밀도를 갖는다. 박막의 정밀도는 마스크에 따라 달라질 수 있지만 일반적으로 10 μm 이하로 매우 정밀하다.

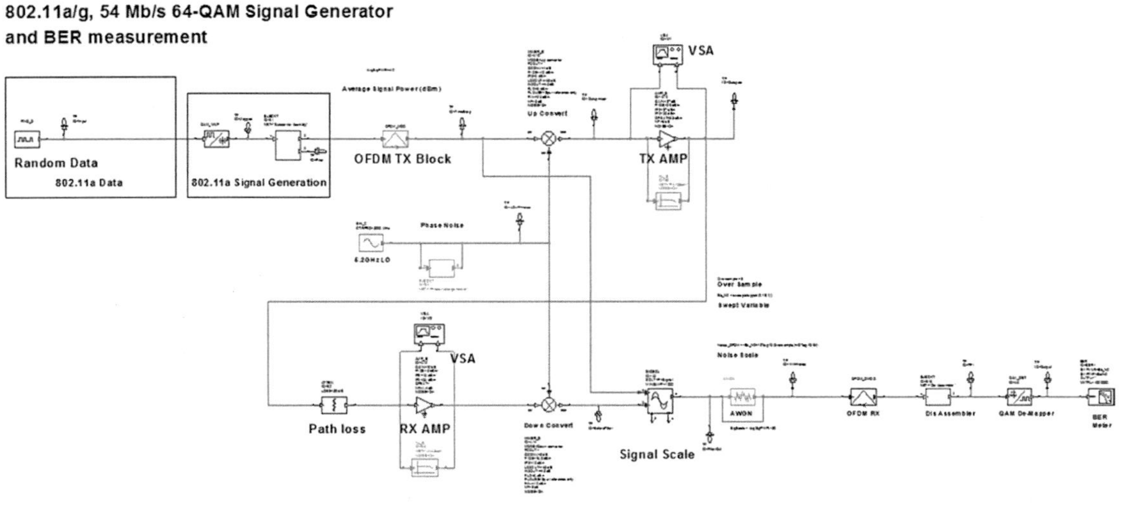

그림 9-19 채널 특성을 포함하여 RF 송수신기 체인(chain)의 주요 기능에 대한 기능 블록을 이용한 802.11a 송수신기(transceiver) 시스템 레벨 다이어그램.

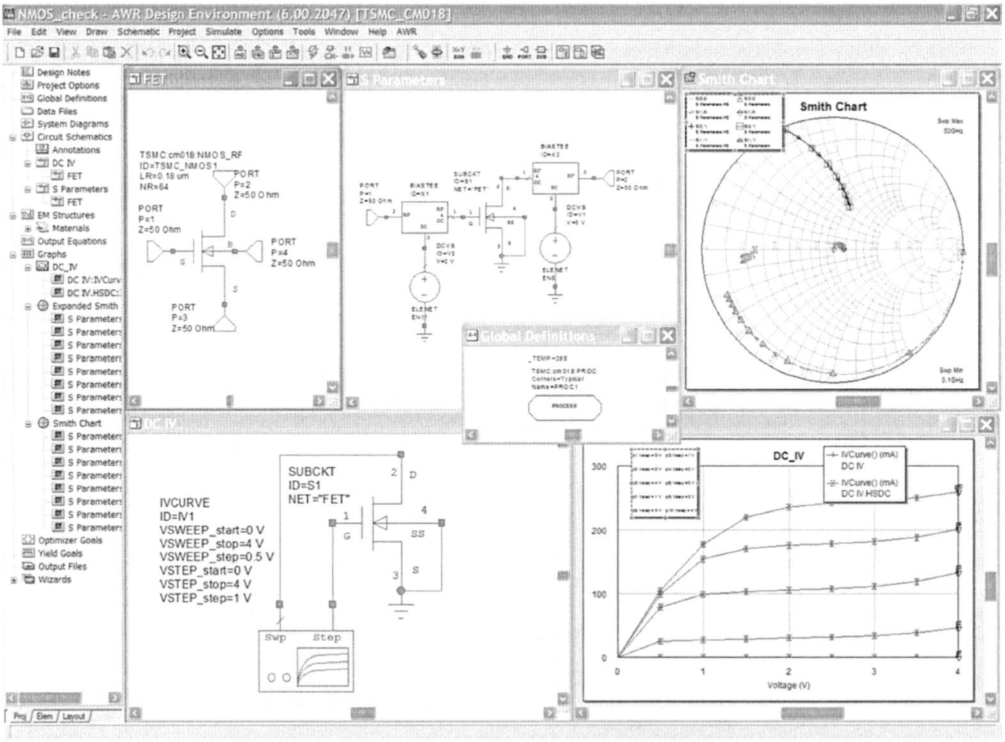

그림 9-20 정확하고 적절한 성능을 보장하기 위해 NMOS 트랜지스터를 회로에 사용하기 전에 특성화.

라미네이트(Laminates)

라미네이트는 여러 개의 층을 접합한 재료이다. 복합 라미네이트(hybrid laminate)는 까다로운 RF 특성을 만족시키기 위해 선택적인 layer에 특성이 우수한 재료를 접합한 PCB를 말한다. 일반적으로 FR4 재료를 core로 사용한다. 이러한 타입의 패키지 기판은 RF 시스템에 유용하다. RF 시스템에서 다양한 능동 회로 소자들 사이에서 GHz 주파수로 동작하는 신호가 통과하는 부분에 적용할 수 있다. 이러한 기술은 저가라는 장점으로 인해 RF 패키징에서 주목을 받고 있다.

설계 솔루션(Design Solutions)

RF 패키지 설계 시 절충 조건들(trade-offs)과 원하는 패키지의 선택사항이 주어지면, 고주파 신호 특성 이외에도 재료의 특성과 조립(assembly) 과정을 정확히 이해할 필요가 있다. 선택에 따라 제품이 잘 동작할 수도 있고 그렇지 않은 경우도 있다. 따라서 패키징에 대한 선택을 후차적으로 미뤄서는 안된다. 신뢰성, 양산성, RF 특성, 사이즈, 가격 등의 요구사항을 만족시키기 위해 패키징에 대한 계획을 설계 단계에서 수립해야 한다.

다양한 EDA tool들을 활용하면 RF 패키지 설계를 쉽게 할 수 있다. 앞서 언급한 EM 모델링 tool 이외에도, Cadence Design System사의 RF SiP Methodology Kit과 같은 고급 kit들도 있다. 이러한 tool들은 패키징 전략해서 RF 소자를 다루고 있기 때문에 신뢰도, 양산성, RF 특성, 사이즈, 가격 등과 같은 요구 조건을 만족하는데 도움이 된다. Kit는 라미네이트와 LTCC 모듈과 같은 다양한 종류의 패키징 설계 규칙과 이들 간의 절충 조건에 대한 설계 규칙을 다룰 수 있다. 따라서 이를 이용하면 설계 단계 초기에 IC 격리(partitioning) 결정에 대한 지침을 얻을 수 있다.

사례 연구(Case Study)

EDA tool에 대해 어느 정도 이해를 했으므로, 이제 EDA들이 어떻게 설계에 이용되는지 자세히 살펴보자. 다음 사례 연구를 통해 IEEE 802.11a WLAN RF CMOS 송수신기의 설계와 해석을 살펴보자. EDA tool로 Analog Office사의 소프트웨어를 사용했고 설계 순서도는 그림 9-18과 같다. 설계는 RFIC에서 널리 사용되는 구조를 사용하고 있고, TSMC(taiwan semiconductor manufacturing company)사의 0.18 μm CMOS 제조 기술을 채택하였다. Agilent Technologies사의 Genesys 소프트웨어 환경을 설계 과정 중에 사용하기도 하였다.

시스템 레벨 송수신기 설계(System-Level Transceiver Design)

그림 9-19는 802.11a 송수신기의 시스템 레벨 다이어그램이다. 이 그림은 VSS(visual system simulator) 소프트웨어를 이용하여 이미 만들어 놓은 기능 블록을 이용하여 그린 것이다. 설계 구조는 호모다인(homodyne) 구조를 이용하여 5.15~5.825 GHz의 RF 신호를 베이스밴드로 직접 변환한다. 송수신기는 베이스밴드 회로와 RF 회로로 구성된다. 송신기 베이스밴드 회로는 64-QAM(quadrature amplitude modulation, 직교 진폭 변조) 변조기와

OFDM 변조기를 포함하고 있다. 수신기 베이스밴드 회로는 64-QAM 복조기와 OFDM 복조기를 포함하고 있다. 송신기 RF 회로는 상향 변환 믹서와 전력 증폭기로 구성되고, 수신기 RF 회로는 하향 변환 믹서와 저잡음 증폭기로 구성된다. 국부 발진기 주파수는 호모다인 구조에서 RF 주파수와 동일하다.

시스템-레벨 설계의 목적은 시스템-레벨 스펙으로부터 RFIC 개별 블록의 스펙을 결정하기 위한 것이다. PA, LNA, 상/하향 변환 믹서의 잡음 지수와 비선형 효과, LO(국부 발진기)의 위상 잡음은 시스템 시뮬레이션을 하면서 값이 정해진다. 개별 블록의 스펙을 정하는 과정에서 시스템 PER(packet error rate, 패킷 에러율)을 모니터링한다.

회로 설계를 시작하기에 앞서 공정으로 TSMC 0.18 μm RF CMOS를 선택하였다. PDK (process design kit)를 Analog Office 설계 환경에 설치를 한다.

회로 레벨 수신기 설계(Circuit-Level Receiver Design)

IEEE 802.11a 송수신기의 호모다인 수신기는 LNA와 하향 변환기로 구성된다. 5.150에서 5.825 GHz 대역에서 변조된 RF 신호는 LNA에 인가된다. LNA는 이 신호를 충분히 증폭시켜 믹서 잡음이 수신기 전체의 잡음 지수에 미치는 영향을 최소화해야 한다. LNA는 불평형 (single-ended) 50 Ω 입력 소스로 가정한다. LNA의 이득은 20 dB, 잡음 지수는 1.2 dB를 가정한다.

하향 변환기는 증폭된 RF 신호를 직접 DC로 변환한다. 하향 변환기는 I와 Q의 두 믹서로 구성되고 각 믹서는 90° 위상차를 갖는 LO 신호에 의해 구동된다.

LNA 설계(LNA Design)

LNA의 구조로 차동 캐스코드(cascode) 공통 소스 증폭기 구조를 선택하였다. 잡음 지수, 전력 소모, 입력 임피던스, 이득, 선형성을 고려하여 LNA를 설계한다.

소자 특성 추출(Device Characterization)

설계는 전력 소모를 고려하면서 LNA의 잡음 지수를 최소화해야 한다. 최적의 MOS 선폭 (width)은 약 160 μm(NR = 64)가 된다. 이 소자의 DC와 AC 특성을 시뮬레이션하면 그림 9-20과 같이 된다. DC 시뮬레이션은 NMOS 소자에서 여러 가지 드레인-소스 전압(V_{ds})와 게이트-소스 전압(V_{gs})에 대한 드레인 전류를 보여주고 있다. V_{gs}에 대한 I_{ds}를 측정하여 g_m을 추출한다.

AC 시뮬레이션 결과는 f_T와 Y-파라미터, S-파라미터 값을 보여준다. 특정 바이어스에서 주파수 변화에 대한 트랜지스터의 이득을 측정하여 이득이 1이 되는 주파수에서 트랜지스터의 f_T를 구한다. 관심 있는 바이어스 조건에서 소자의 f_T는 약 44 GHz가 된다. 현재의 시뮬레이션 구성(set-up)을 이용하여 Y-파라미터를 구할 수도 있다. 특정한 바이어스에서 트랜지스터의 S-파라미터를 구하기 위한 구성은 그림과 같다.

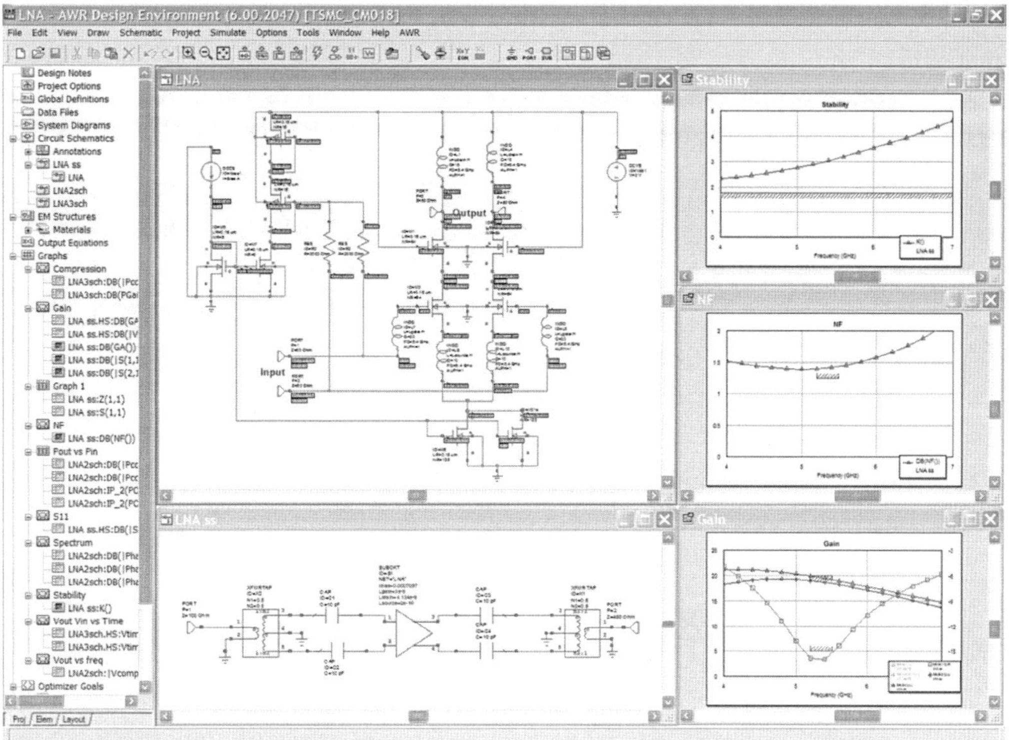

그림 9-21 LNA 회로 및 이득, 잡음 지수, 안정도에 대한 해석 결과.

회로 설계(Circuit Design)

소자의 특성 추출 시뮬레이션을 수행한 후, 차동 쌍의 바이어스 전류로 그림 9-21과 같이 14mA를 선택하였다. 전력 제한 조건 내에서 예상되는 잡음 지수는 약 1.5에서 1.9 dB다. 잡음 시뮬레이션해 보면 4에서 6 GHz 대역에서 1.2 dB의 잡음 지수를 나타내고, 5.2 GHz에서는 1.1 dB가 된다.

다음, 입력 임피던스를 100 Ω의 차동 임피던스에 정합한다. NMOS 소자의 입력 임피던스는 대부분 용량성이기 때문에, 임피던스의 실수부(real term)가 존재해야 한다. 잡음을 최소화하기 위해, 소스에 인덕터를 연결하여 이득을 낮추는 방법을 사용하여 관심 주파수에서 실수부가 보이도록 한다. 입력 임피던스의 용량성 항(term)은 입력에서 직렬 인덕터로 공진시켜 제거한다. 이때 직렬 인덕터의 Q값이 높아야만 잡음 지수가 최소화된다. S11은 관심 주파수에서 −20에서 −30 dB가 된다.

LNA는 I/Q 복조기와 집적되기 때문에 출력 임피던스를 100 Ω 차동에 정합하지 않는다. 해드룸(Headroom)[†]을 높이기 위해 인덕터를 드레인의 부하로 사용하고 출력 부하에 커패시턴스와 공진하여 이득을 높인다. 5.15에서 5.85 GHz 대역을 모두 커버하기 위해서는

[†] 역주: headroom은 드레인 노드에서 전압이 상승할 수 있는 피크치를 말한다. 일반적으로 바이어스 전압에 의해 headroom이 제한된다.

드레인에서 부하 인덕터의 Q가 충분히 낮아야 한다. 관심 주파수 대역에서 LNA의 이득은 20 dB이다.

관심 주파수뿐 아니라 다른 주파수에서도 LNA가 안정되려면 안정도 인자 K가 1보다 커야한다. 부성 저항(negative resistance)으로 인한 불안정을 막기 위해, 차동 쌍의 소스 단에 커패시턴스로 보이지 않게 하는 것 중요하다. 임피던스, S-파라미터, 이득, 잡음, 1-dB 압축점과 IP3, 상호 변조 성분을 자동으로 측정할 수 있는 장점을 이용하기 위해 발룬(balun)을 사용하여 입력 single-ended를 LNA의 차동(differential) 입력으로 변환한다.

차동 시뮬레이션을 위해 LNA 회로를 복사하여 차동 입력 신호 소스에 연결한다. 하나는 이득, 잡음, S11, Z_{in}, 안정도 factor K를 시뮬레이션하기 위해 사용하고, 다른 회로는 입력에 주파수가 다른 2톤(two-tone)을 인가하고 전력을 변화시켜서 입력 IP3, 1-dB 압축점을 시뮬레이션한다. 1-dB 압축점은 −10 dBm이고, IP3는 10 dBm 이상이 관측된다. 다른 회로의 입력에 단일톤(single tone)을 인가하고 전력을 변화시켜 입력과 출력의 전압 파형을 시간 영역에서 시뮬레이션한다.

하향 변환기 회로 설계(Down-Converter Circuit Design)

하향 변환기는 두 개의 믹서로 구성되고, RF를 DC로 변환하는 역할을 한다. 그림 9-22는

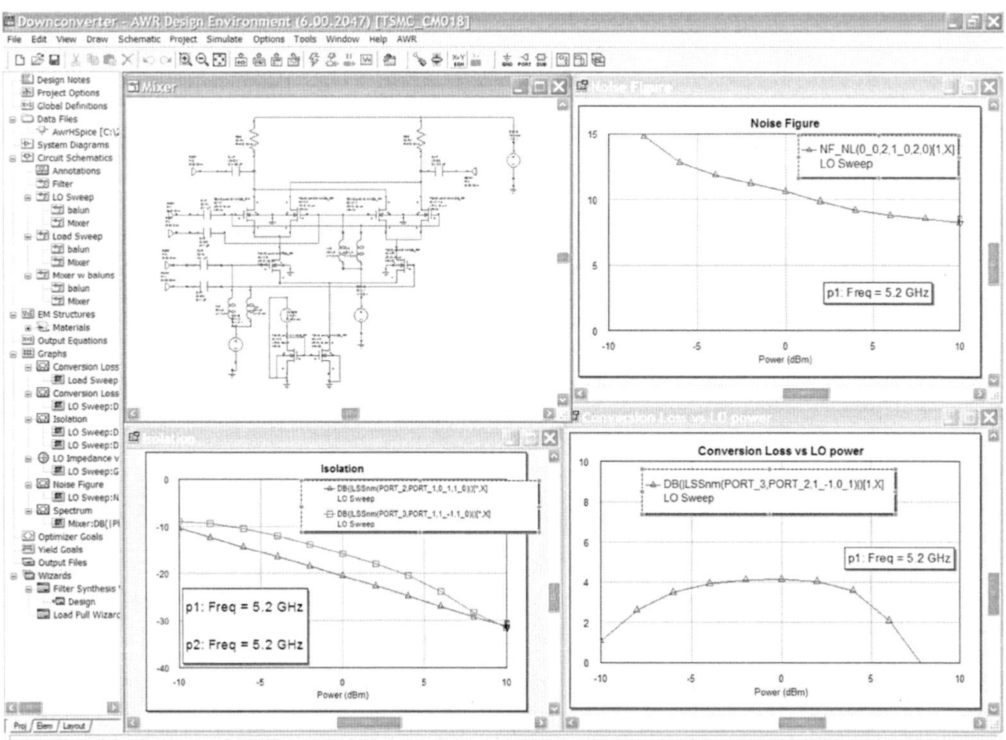

그림 9-22 명시한 바이어스 전압에서 하향 변환 믹서 설계 회로와 LO 전력과 잡음 지수에 대한 schematic과 격리, 변환 손실의 시뮬레이션 결과.

Gilbert cell 구조를 이용한 RF 믹서 설계의 예다. 하나의 믹서는 시뮬레이션을 위해 사용되었다. 시뮬레이션 결과 잡음 지수는 5 dB로 작게 나타나는데, 이는 모든 잡음 소스를 포함하지 않았기 때문이다. 바이어스와 부하 저항은 변환 이득을 결정한다. 변환 이득 결과는 약 6 dB이고, 대신호 S-파라미터 시뮬레이션과 잡음 이득 시뮬레이션에서 S21을 관측하면 알 수 있다.

RF 차동 쌍의 소스에 연결된 소스 축퇴(degeneration) 인덕터는 믹서의 선형성을 개선한다. 1-dB 압축점은 믹서 RF 포트인 입력에서 약 −10 dBm을 갖는다.

LO-IF와 LO-RF 격리도는 RF 구동 차동 쌍과 LO 스위칭 쌍의 부정합에 의해 발생된다. 대신호 S-파라미터인 LSS NM 측정을 이용하여 LO 신호를 IF와 RF 포트에서 측정하여 격리도를 측정한다.

다른 동일한 믹서 회로에는 단일(single) RF 입력 전력 레벨을 인가하여 믹서의 상호 변조 성분을 시뮬레이션한다.

송신기 회로 설계(Transmitter Circuit Design)

직접 변환 송신기는 상향 변환기와 PA로 구성된다. 설계에서 PA는 40 mW의 출력 전력을 갖고 5.18에서 5.26 GHz 대역에서 변조된 RF 신호를 출력한다.

상향 변환기 설계(Up-Converter Design)

상향 변환기는 I/Q 변조를 위해 두 개의 양평형(double-balanced) 능동(active) 믹서로 구성된다. 밑의 차동 쌍(pair)은 베이스밴드 신호를 입력으로 취하고, 위쪽 스위칭 쌍은 출력의 RF 신호에 동조된(tuned) 차동 LO 신호를 취한다. 국부 발진기 주파수의 가변 범위는 5.18에서 5.26 GHz까지다. 시뮬레이션을 위해, 입력 중심 주파수를 50 MHz라 가정한다. I와 Q의 출력을 빼면 출력은 상측 대역(upper sideband)이 선택된다. 높은 선형성이 요구되기 때문에 OFDM과 64-QAM 변조에 대해 전체적인 송신기의 선형성 저하가 발생하지 않는지 확인한다. 1-dB 압축점은 동작하는 전력 레벨보다 10 dB 높은 점을 정한다. 예를 들어, 입력 1-dB 압축점이 8 dBm이고, 동작 입력 전력 레벨이 −2 dBm 이하라고 하자. PA 동작 시 1-dB 압축점에서 4~5 dB 백오프(back-off)을 가정하자. 기능(behavioral) 모델로 구성한 상향 변환기를 VSS 소프트웨어를 이용하여 RF 시스템 시뮬레이션을 수행하면 1-dB 압축점에서 8 dB 백오프하기 때문에 BER 저하는 거의 일어나지 않음을 알 수 있다.

믹서 설계(Mixer Design)

트랜지스터의 바이어스와 사이즈는 선형성과 이득을 고려하여 선택한다. 차동 LO 전력이 10 dBm에서 대신호 S-파라미터인 LSS_{21}을 측정해 보면, 믹서는 약 5 dB의 변환 손실을 갖는다. 잡음 지수는 약 1.5 dB인데, 이 값은 정확한 시뮬레이션 값이 아니다. LO 포트에서 매칭을 위해 대신호 임피던스를 측정한다.

LO와 출력 포트 간에 격리 특성이 중요하다. 격리도는 LSS(대신호 S-파라미터) 측정을 통해 출력 포트에서 LO 신호의 크기를 측정한다. 입력에서 1-dB 압축점은 8 dBm이다.

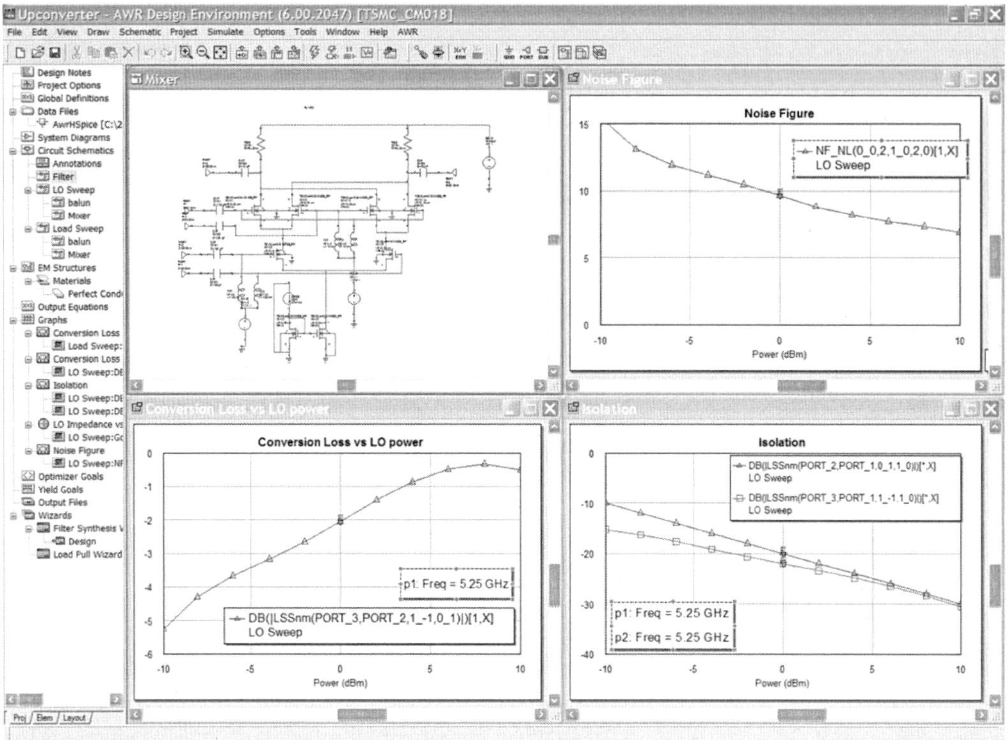

그림 9-23 상향 변환 믹서 설계 및 해석 결과: LO 전력 변화에 대한 잡음 지수와 변환 손실, 격리도 특성.

이 값은 베이스밴드 입력 전력을 변화시키면서 RF 출력 전력을 모니터링하여 계산한다. 8 dBm의 차동 입력 전력이 100 Ω의 입력 임피던스 부하에 전달된다. 상향 변환기의 입력은 베이스밴드 주파수이기 때문에 입력 신호는 전력이 아닌 전압을 스윕(sweep)해야 한다. 고정 또는 전력을 변화시켜 2톤(two-tone)을 입력에 인가한 후 하모닉 밸런스(harmonic balance) 시뮬레이션을 수행하여 출력 포트에서 상호 변조 성분을 관측한다. 매칭을 위해 대신호 임피던스뿐만 아니라 소신호 임피던스와 S-파라미터 측정한다. 그림 9-23은 앞서 언급한 여러 가지 측정을 보여주고 있다.

전력 증폭기 설계(PA Design)

PA는 불평형(single-ended) 형태이고 2단으로 구성된 공통 소스 구조를 가지고 있다. 목표 주파수 대역은 5.18~5.26 GHz이다. 이 주파수 대역에서 평균 출력 전력은 40 mW(16 dBm)이고 OFDM과 64-QAM 변조 신호로 인해 출력 피크(peak) 전력은 21 dBm으로 올라간다. 기능 모델로 구성된 PA를 VSS 소프트웨어를 이용하여 RF 시스템 시뮬레이션을 해보면 출력에서 요구되는 1-dB 압축점은 21 dBm이 된다. 낮은 공급 전압에서 CMOS 기술로는 원하는 선형성을 갖는 PA 설계를 만족시키기 어렵다. 따라서 설계에서 대부분을 선형성을 개선하기 위해 노력을 해야 한다.

전력 증폭기 소자 특성 추출(PA Device Characterization)

전력 이득, 선형성, 효율 사이의 절충(trade-off)이 이루지면 바이어스와 사이즈에 대한 전류를 관측하여 출력 소자 사이즈를 정한다. 손실을 고려하면, 출력 전력은 22~23 dBm이 되어야 한다. 3 V 공급 전압으로 23 dBm을 공급하기 위해서는 22 Ω의 출력 저항이 필요하지만, 더 우수한 선형성과 전력 이득을 위해 소자를 더 큰 960 μm/0.18 μm(출력 저항은 더 작아짐)로 선택한다. 게이트는 선형성과 효율 간의 절충 관계를 고려하여 정한다. 여기서는 선형성에 더 중점을 두고 있으므로, Class-A 증폭기로 바이어스(V_{gs} − V_{th} > 0.1 V)를 정한다. 첫 번째 단의 소자의 크기는 480 μm/0.18 μm이다.

전력 증폭기 회로 설계(PA Circuit Design)

출력 전력과 선형성이 주어지면, 필요한 부하와 이득을 고려하여 트랜지스터의 사이즈를 정한다. 각 단은 먼저 개별적으로 설계되고 나중에 결합한 후 전체 성능을 위해 다시 시뮬레이션을 수행한다. PA는 큰 입력과 출력 레벨에서 동작하므로, 대신호 영역에서 시뮬레이션하는 것이 중요하다. 예를 들어, 최적 부하를 구하기 위한 이득 등고선(contour)을 Smith Chart에 표시할 수 있다. 그림 9-24에서, 4개의 동일 이득 곡선을 S11과 S22와 함께 보여주고 있다. 등고선은 최대 출력 이득이 20.8 dB이고 최대로부터 0.1 dB씩 낮은 값에 대해 그렸다. 입력과 출력 매칭을 이용하여 이득을 최대로 해야 한다. 등고선 그림으로부터 매칭점을

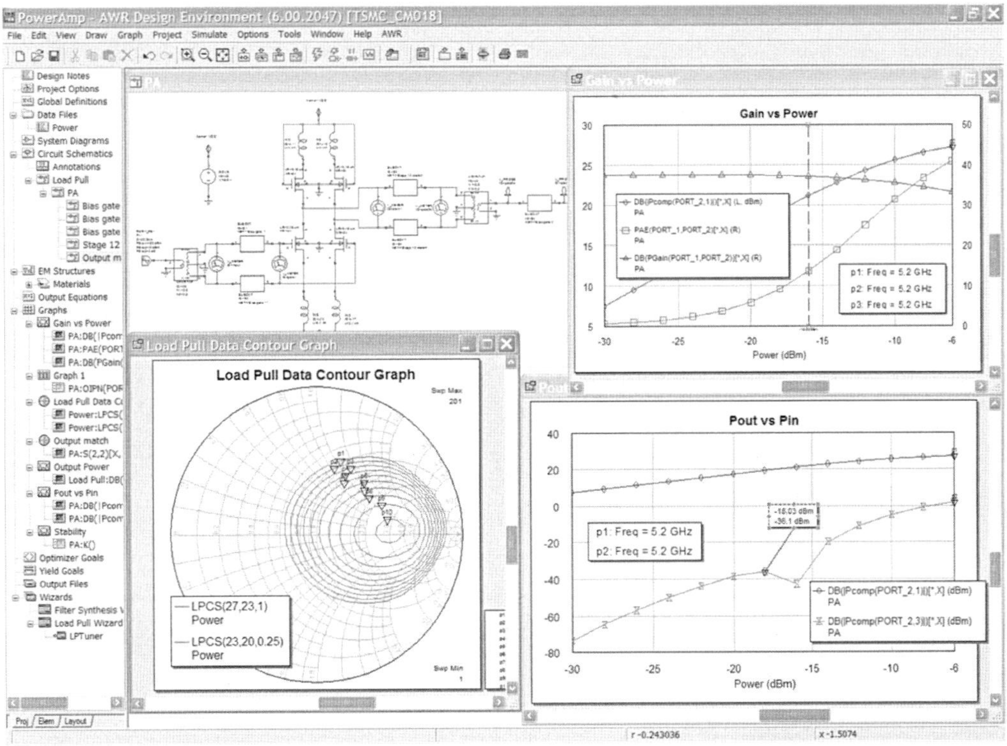

그림 9-24 PA 설계와 해석 결과: 이득 vs. 전력, pout vs. pin, loadpull 데이터 등고선(contour).

결정한다. 관심 주파수 대역에서 S11과 S22의 매칭은 −25 dB보다 우수하다.

50 Ω 입력과 출력 포트에 매칭을 하기 전에, 회로를 먼저 안정화시켜야 한다. 회로의 입력 임피던스가 부성(negative)이므로, 이미터와 접지 사이에 작은 인덕터(결선된 bond wire를 시뮬레이션)를 사용하면 안정도가 개선된다. 이 경우 잡음 지수의 저하는 발생하지 않는다. 추가적으로 게이트에 작은 저항을 연결해도 넓은 대역에서 안정도가 개선된다. 관심 주파수 대역에서 K 값은 2 이상이다.

입력과 출력에 대해 적절히 매칭 회로를 구성하면 전력 이득이 최대가 된다. 매칭 회로는 회로의 부하 효과를 막기 위한 DC 블록(blocking, 차단) 커패시터와 임피던스 변환으로 구성된다. 고역(high-pass) 특성의 L-정합을 사용한다. 입력과 출력에서 임피던스를 50 Ω으로 변환한다. 입력과 출력 임피던스는 전력 레벨에 따라 변하기 때문에, 전력 레벨을 변화시키면서 매칭 작업을 해야 한다. 소프트웨어는 입력 전력 레벨을 변화시키면서 대신호 임피던스(Z-comp)를 보여주고 있다.

'PAE'를 선택하면 부가 전력 효율(PAE, power-added efficiency)을 표시해 준다. PA의 설계를 선형성 관점에서 진행하고 있으므로 1-dB 압축점에서 PAE 값은 약 27%로 낮다.

선형성이 문제가 되고 있으므로, 1-dB 압축점, IM3, IP3의 시뮬레이션이 중요하다. 시뮬레이션을 위해 단일 톤(tone) 또는 2톤(two-tone) 하모닉 밸런스를 수행한다. 2톤 하모닉 밸런스 시뮬레이션의 결과는 다음과 같다—21 dB의 대신호 S21(LSS21), 3 dBm의 입력 1-dB 압축점(출력에서 22.6 dBm). 출력 IP3는 약 40 dBm이고, IM3는 18 dBm으로 출력 전력 레벨보다 약 33 dB 작게 나타난다. 출력에서 1-dB 압축점인 22.6 dBm은 평균값에 대한 피크값의 비(peak-to-average ratio)를 6 dB 개선한 것이다. 설계 목표는 5 dB였다.

설계 결과는 802.11a RF CMOS 송수신기로 매우 적합한 특성을 나타낸다. LNA의 이득, 잡음 특성, IP3, 입력 정합, 안정도도 모두 스펙을 만족한다. 믹서도 적당한 변환 이득과 격리 특성, 낮은 잡음 지수를 나타낸다.

요약(Summary)

RF 산업에 대한 EDA 솔루션은 디지털 설계와 비교하여 아직 성숙되지도 완벽하지도 않다. 그럼에도 불구하고 RF EDA tool들은 RFIC와 PCB를 정확하고 빠르게 설계하는 중요한 역할을 한다. 많은 설계 순서도와 설계 도구들을 이용하면 회로가 단순 회로뿐 아니라 복잡한 회로 설계에도 도움이 된다.

APPENDIX A

RF와 안테나

RF and Antennas

RF란 무엇인가?(What is RF?)

RF 설계는 원치 않는 커패시턴스와 인덕턴스와 같이 기생하는 회로 값에 영향을 받는다. 또한, 주파수가 매우 높은 주파수에서는 전송 선로와 회로의 연결선 같은 것도 회로로 동작한다. 기생 성분은 RF와 마이크로파 주파수에서 사용되는 트랜지스터의 구조에서도 존재한다. 저주파에서 신호의 물리적인 파장은 매우 커서 전기 소자의 크기는 신호에 거의 영향을 주지 않는다. 예를 들어, VLF(very-low-frequency) 영역은 20 Hz에서 20 kHz의 인간의 가청 주파수 영역을 포함하는데, 신호의 파장이 100 km(3 kHz의 경우)에 이른다. HF(high-frequency) 대역은 3에서 20 MHz 대역을 의미하고 파장이 100 m에서 10 m에 이른다. 이 대역은 장거리 전파(propagation) 특성으로 인해 군용 라디오와 아마추어 햄(ham) 라디오(30 m 또는 10 MHz 영역)의 주파수로 사용된다.

VHF(very-high frequency) 영역의 신호는 30 ~ 300 MHz를 의미하고 UHF(ultra-high frequency) 대역은 300 MHz ~ 3 GHz 대역을 의미하고 텔레비전 방송용으로 사용을 하고 있다. 최근 수십 년 동안 800 ~ 900 MHz 대역은 이동 통신(cellular)과 코드리스(cordless) 전화로 사용되고 있는데, 이동 전화는 1900 ~ 2100 MHz 대역의 고주파로 옮겨 가고 있다. 2400 MHz와 같은 주파수에서 무선 응용으로 WLAN과 Bluetooth이 사용되고 있다. 2450 MHz가 물의 흡수 주파수로 물을 포함하고 있는 재료를 발열하는데 유리하기 때문에, 이 주파수는 산업적인 발열(heating)과 마이크로파 오픈(oven)으로 또한 사용된다.

SHF(super-high frequencies) 대역은 3 ~ 30 GHz의 주파수 대역을 의미하고 일반적으로 마이크로파 주파수로 알려졌다. EHF(extremely-high frequencies) 대역은 30 ~ 300 GHz의 주파수 대역을 의미하고 짧은 파장으로 인해 밀리미터(millimeter)파 주파수로 알려졌다. 12 GHz와 18 GHz에서 마이크로파 주파수는 DBS(direct broadcast satellite, 위성 방송)와 LOS(line of sight, 가시 거리) 디지털 라디오로 사용되고 있다. 밀리미터파 신호의 짧은 파장은 레이더 시스템에 적합하다. 특히 77 GHz와 같이 협대역 동작 주파수는 자동차 충돌

표 A1 주파수 대역과 파장.

Frequency Band	Range	Wavelengths
VLF	3 to 30 kHz	100 to 10 km
LF	30 to 300 kHz	10 to 1 km
MF	0.3 to 3 MHz	1 to 0.1 km
HF	3 to 30 MHz	100 to 10 m
VHF	30 to 300 MHz	10 to 1 m
UHF	300 to 3000 MHz	100 to 10 cm
SHF	3 to 30 GHz	10 to 1 cm
EHF	30 to 300 GHz	10 to 1 mm

방지 시스템(automotive collision-avoidance systems)에 사용되고 있다.

안테나에 관한 용어 {A Word about Antennas}

안테나는 RF 프런트-엔드(front-end, 전치)에 연결된다. 안테나의 구조는 전자기적인 동작하고 상대적으로 간단하기 때문에 무선기기 프런트-엔드에서 가장 오해하기 쉬운 부품 중 하나다. 무선기기에서 안테나에 관해 필요한 것은 안테나와 RF 프런트-엔드를 결합 회로를 이용하여 어떻게 적절하게 연결해야 하는지를 아는 정도면 된다. 또한, 안테나가 수신기와 송신기중 어떤 프런트-엔드로 사용되는지에 따라 결합 회로의 기능이 달라진다.

수신기 프런트-엔드로 사용되면, 안테나 결합 회로의 역할은 최대 감도가 가능하도록 해야 한다. 손실은 잡음 지수의 저하를 가져오므로, 이 경우에 결합 회로는 최소의 손실을 가져야 한다. 안테나의 정합이 수신기의 감도에 영향을 주는 경우에는 연결 케이블의 손실을 고려해야 한다. 송신기에 사용되는 경우, 안테나 결합 회로는 관련된 송신 회로로 부터 최대 방사 전력을 결합할 수 있어야 한다.

APPENDIX B

벡터 대수

Vector Algebra

앞서 다루었던 많은 설계 관련 식에서 벡터 대수(vector algebra) 관련 연산이 필요하다. 이번 부록에서는 벡터 대수에 익숙하지 않는 사람들을 위해 벡터 덧셈, 뺄셈, 곱셈, 나눗셈을 다룬다.

그림 B-1에 표시한 것처럼, 벡터는 직각 혹은 극(polar) 좌표 형식으로 표현된다. 직각 좌표 형식에서, 벡터 양은 실수부와 허수부의 합으로 표현된다. 따라서 그림 B-1에서 벡터 A는 x-방향으로 5와 y-방향으로 5의 합으로 표현할 수 있다. 즉, $A = 5 + j5$. 동일한 벡터를 극 좌표로 표현하면 원점에서 거리 R과 x 좌표로부터 각도 θ로 표시할 수 있다. 벡터 A를 측정하면, 길이는 7.07이고 x축으로부터 각도는 45°가 된다.

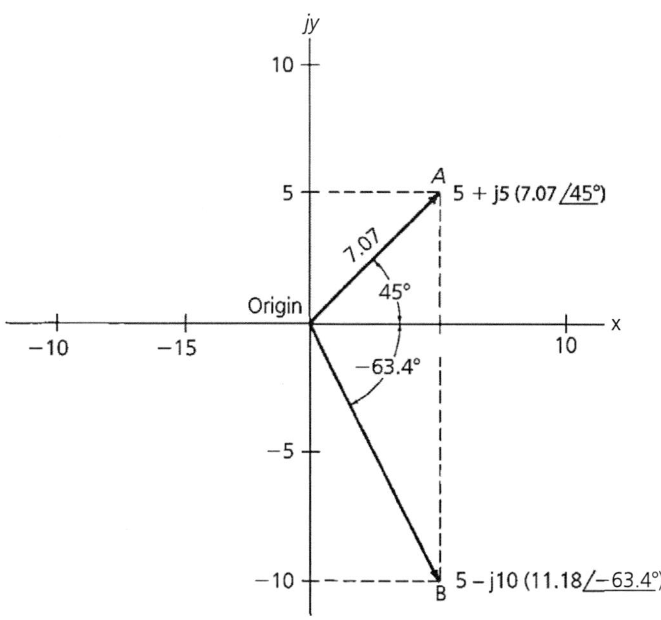

그림 B-1 직각 좌표와 극 좌표로 표현한 벡터.

따라서,

$$A = 5 + j5 \quad \text{또는} \quad \mathrm{A} = 7.07\angle 45^\circ$$

유사하게, 벡터 B는 직각 좌표로 $5 - j10$ 또는 극 좌표로 $11.18 \ \angle -63.4^\circ$가 된다. 각도가 음수인 것은 x축으로부터 시계방향으로 측정이 된 것이고, 양수는 반시계 방향으로 측정된 것이다.

직각 좌표와 극 좌표의 변환

벡터의 성분 값을 구하기 위해 벡터를 그림으로 표현하는 것보다 간단한 수학식을 계산하는 것이 더 편리하다. 직각 좌표 형식으로 주어진 어떤 벡터를 극 좌표 형식으로 변환하기 위해서는 다음의 식을 사용한다(예제 B-1).

$$R = \sqrt{x^2 + y^2} \quad \text{and} \quad \theta = \arctan \frac{y}{x}$$

극 좌표에서 직각 좌표로 변환하는 식은 다음의 식을 이용한다.

$$x = R\cos\theta \quad \text{and} \quad y = R\sin\theta$$

예제 B-1

트랜지스터의 입력 임피던스가 $Z = 25 - j10\ \Omega$이다. 극 좌표 형식으로 임피던스를 표현하라.

풀이

거리 R은 다음과 같다.

$$\begin{aligned} R &= \sqrt{x^2 + y^2} \\ &= \sqrt{625 + 100} \\ &= 26.9 \end{aligned}$$

x축으로부터 각도는 다음과 같다.

$$\begin{aligned} \theta &= \arctan \frac{y}{x} \\ &= \arctan \frac{-10}{25} \\ &= -21.8^\circ \end{aligned}$$

따라서 $Z = 25 - j10\ \Omega$은 $Z = 26.9 \ \angle -21.8^\circ\ \Omega$이 된다.

예제 B-2

트랜지스터의 입력 임피던스가 $Z = 26.9 \ \angle -21.8^\circ$ 다. 직각 좌표로 임피던스를 변환하라.

풀이

x 좌표를 구하면,

$$\begin{aligned} x &= R\cos\theta \\ &= 26.9\cos(-21.8°) \\ &= 26.9(0.9285) \\ &= 25 \end{aligned}$$

y 좌표를 구하면,

$$\begin{aligned} y &= R\sin\theta \\ &= 26.9\sin(-21.8°) \\ &= 26.9(-0.3714) \\ &= -10 \end{aligned}$$

따라서 $Z = 25 - j10\ \Omega$.

벡터 덧셈(Vector Addition)

두 벡터 양은 각각 x 성분과 y 성분으로 나누어 더할 수 있다(예제 B-3). 물론, 결과는 직각 좌표나 극 좌표로 표현할 수 있다.

예제 B-3

임피던스 $Z_1 = 11.18\underline{/63.40°}\ \Omega$에 직렬로 $Z_2 = 18.03\underline{/-56.3°}\ \Omega$가 더해졌다. 최종 직렬 임피던스 Z_T를 직각 좌표 형식으로 표현하면 얼마인가?

풀이

덧셈을 하기 전에 극 좌표를 직각 좌표로 변환해야 한다. Z_1은

$$\begin{aligned} x_1 &= R_1\cos\theta_1 \\ &= 11.18\cos(63.4°) \\ &= 5 \\ y_1 &= R_1\sin\theta_1 \\ &= 11.18\sin(63.4°) \\ &= 10 \end{aligned}$$

따라서,

$$Z_1 = 5 + j10\ \Omega$$

Z_2는

$$\begin{aligned} x_2 &= R_2 \cos\theta_2 \\ &= 18.03\cos(-56.3°) \\ &= 10 \end{aligned}$$

$$\begin{aligned} y_2 &= R_2 \sin\theta_2 \\ &= 18.03\sin(-56.3°) \\ &= -15 \end{aligned}$$

따라서 $Z_2 = 10 - j15\ \Omega$.

덧셈은 x 성분과 y 성분을 각각 더한다.

$$\begin{aligned} x_T &= x_1 + x_2 \\ &= 5 + 10 \\ &= 15 \end{aligned}$$

$$\begin{aligned} y_T &= y_1 + y_2 \\ &= 10 - 15 \\ &= -5 \end{aligned}$$

따라서, $Z_T = 15 - j5\ \Omega$.

벡터 뺄셈(Vector Subtraction)

두 벡터 간의 뺄셈을 하는 방법은 덧셈과 유사하다(예제 B-4). 두 벡터 양을 먼저 직각 좌표 형식으로 변환하고, x 성분과 y 성분을 각각 빼준다.

예제 B-4

다음 값을 이용하여 $V_T = V_1 - V_2$을 계산하라.

$$V_1 = 11.18\ \angle 63.40°$$

$$V_2 = 18.03\ \angle -56.3°$$

풀이

먼저 두 벡터를 직각 좌표 형식으로 표현한다. V_1은

$$\begin{aligned} x_1 &= R_1 \cos\theta_1 \\ &= 11.18\cos(63.4°) \\ &= 5 \end{aligned}$$

$$\begin{aligned} y_1 &= R_1 \sin\theta_1 \\ &= 11.18\sin(63.4°) \\ &= 10 \end{aligned}$$

V_2는

$$\begin{aligned} x_2 &= R_2 \cos\theta_2 \\ &= 18.03\cos(-56.3°) \\ &= 10 \\ y_2 &= R_2 \sin\theta_2 \\ &= 18.03\sin(-56.3°) \\ &= -15 \end{aligned}$$

x와 y 성분 별로 각각 빼주면,

$$\begin{aligned} x_T &= x_1 - x_2 \\ &= 5 - 10 \\ &= -5 \\ y_T &= y_1 - y_2 \\ &= 10 - (-15) \\ &= 25 \end{aligned}$$

따라서, $V_T = -5 + j25$.

벡터 곱셈(Vector Multiplication)

두 벡터의 곱셈를 하기 위해 우선 두 벡터를 극 좌표 형태로 표현한다. 두 벡터의 크기 R을 서로 곱하고 각도는 더한다(예제 B-5). 즉,

$$R_T = R_1 R_2 \quad \text{and} \quad \theta_T = \theta_1 + \theta_2$$

예제 B-5

$S_{21} = 5.6\angle 60°$와 $S_{12} = 0.1\angle 30°$ 특성을 갖는 트랜지스터가 있다. S_{21} S_{12}를 구하라.

풀이

두 S-파라미터는 이미 극 좌표 형식이다. 즉,

$$\begin{aligned} R_T &= R_1 R_2 \\ &= (5.6)(0.1) \\ &= 0.56 \end{aligned}$$

그리고

$$\begin{aligned} \theta_T &= \theta_1 + \theta_2 \\ &= 60° + 30° \\ &= 90° \end{aligned}$$

따라서, 곱 $S_{21}S_{12}$은 $0.56\angle 90°$.

벡터 나누기(Vector Division)

두 벡터 간의 나누기를 위해 먼저 두 벡터를 극 좌표 형식으로 변환한다. 연산의 몫은 두 벡터의 크기를 나누어서 얻고, 각도는 두 벡터의 각도를 뺀다(예제 B-5). 다음 식을 이용해라.

$$R_T = \frac{R_1}{R_2} \quad \text{and} \quad \theta_T = \theta_1 - \theta_2$$

예제 B-6

다음 벡터의 나누기를 수행해라.

$$V_T = \frac{V_1}{V_2}$$

여기서

$$V_1 = 40\angle 60°$$
$$V_2 = 5 + j5$$

풀이

V_1은 이미 극 좌표 형식이므로, V_2를 극 좌표 형식으로 변환한다.

$$V_2 = 7.071\angle 45°$$

크기를 나눈다.

$$\begin{aligned} R_T &= \frac{R_1}{R_2} \\ &= \frac{40}{7.071} \\ &= 5.66 \end{aligned}$$

각도를 뺀다.

$$\begin{aligned} \theta_T &= \theta_1 - \theta_2 \\ &= 60° - 45° \\ &= 15° \end{aligned}$$

따라서, 값은 $5.66\angle 15°$.

실수, 허수, 크기 성분(Real, Imaginary, and Magnitude Components)

이 책에서 복소 벡터의 '실수부', '허수부', '크기'라는 용어를 여러 번 언급하였다(예제 B-7). 이러한 용어의 정의는 다음과 같다. 복소 벡터 V가 주어졌다고 하자.

$$\begin{aligned} V &= R\angle\theta \\ &= x + jy \end{aligned}$$

벡터 V의 실수부는 다음과 같다.

$$\mathrm{Re(V)} = x$$

벡터 V의 허수부는 다음과 같다.

$$\mathrm{Im(V)} = jy$$

벡터 V의 크기는 다음과 같다.

$$|V| = R$$

예제 B-7

주어진 vector $V = 10\angle 60°$ 에서 $Re(V)$, $\mathrm{Im}(V)$, $|V|$를 구하라.

풀이

먼저, 벡터를 직각 좌표 형식으로 표현한다.

$$\begin{aligned} x &= R\cos\theta \\ &= 10\cos(60°) \\ &= 5 \end{aligned}$$

$$\begin{aligned} y &= R\sin\theta \\ &= 10\sin(60°) \\ &= 8.66 \end{aligned}$$

따라서 $V = 5 + j8.66$이고,

$$\begin{aligned} \mathrm{Re}(V) &= 5 \\ \mathrm{Im}(V) &= j8.66 \\ |V| &= 10. \end{aligned}$$

참고문헌

"2-3 GHz Broadband TRL Match." *SmithMatch User Manual*. February 26, 2007, p 12.

Anderson, L. H., "How to Design Matching Networks," *Ham Radio*, April 1978.

"Auriga: Modeling & Verification." [Online] Available http://www.ftlsystems.com/eda/Auriga/, March 23, 2007.

"Basic Smith Chart Principles/Techniques." SmithMatch User Manual.. February 26, 2007. p 10.

Besser, L., "Take the Hassle Out of FET Amp Design," *MSN*, September 1977.

Besser, L., "Update Amplifier DesignWith Network Synthesis," *Microwaves*, October 1977.

Bindra, Ashok. "Key Semiconductor Technology Trends to Watch." RF Design. [Online] Available http://rfdesign.com/rfic/cmos_and_compound_ics/semiconductor-technology-trends-0107, January 1, 2007.

"Bipolar junction transistor." [Online] Available http://en.wikipedia.org/wiki/Bipolar_junction_transistor, August 1, 2007.

"Bipolar Transistor." [Online] Available http://searchsmb.techtarget.com/sDefinition/0,,sid44_gci211668,00.html, March 28, 2001.

Blyler, John, "RF Board Designers Confront Many Challenges," Embedded Intel magazine, Spring 2007 [http://www.embeddedintel.com/technology_applications.php?app=245]

Blyler, John E., "Wireless Networking: Overview and Roadmap", IEEE Oregon Section (IEEE 802.11 Wireless LAN Technology), 2001.

Blyler, John, "Understanding Low-Power Designs,"Wireless Systems Design magazine, June 2001, Pp. 57 – 58.

Breed, Gary. "A Heritage of technology and Innovation: The History of Agilent EEsof EDA." [Online] Available http://eesof.tm.agilent.com/pdf/

history_2001.pdf, 2001.

Brown,W. L., "Don' t Guess at Bias Circuit Design," *Electronic Design*, May 9, 1968.

Browne, Jack, "ADCs ClearWay To Digital Receivers," Microwave & RF magazine (www.mwrf.com).

Burwasser, A., "Wideband Monofilar Autotransformers," *RF Design*, January/February 1981.

Burwasser, A., "How to Design Broadband JFET Amplifiers to Provide Top Performance From VLF to Over 100 MHz," *Ham Radio*, November 1979.

Byrne, Patrick J. "Innovation in Measurement: How the dynamics of the electronics industry are leading to measurement innovation." Agilent Measurement Journal. First quarter 2007, Pp. 9 – 10.

"C++." [Online] Available http://en.wikipedia.org/wiki/C%2B%2B, August 5, 2007.

"Cadence RF Design Methodology Kit." [Online] Available http://cadence.com/products/kits/RF_Design/index.aspx, March 14, 2006.

"Cadence RF SIP Methodology Kit." [Online] Available http://cadence.com/products/kits/rf_sip_methodology/index.aspx#, March 14, 2006.

Carlson, A., *Communications Systems*, McGraw-Hill, NewYork, NY, 1975.

Carson, R., *High Frequency Amplifiers*, JohnWiley & Sons, NewYork, NY, 1975.

Chatterjee, Pallab. "That 80' s Short or AMS IP Creation Flashback."Wireless Chip Designer, [Online] Available, July 21, 2006.

Chern, Jue-Hsien. "Transitioning To A New Mixed-Signal Design Methodology." Chip Design, [Online] Available, February 20, 2007.

Cohn, S. B., "Direct-Coupled-Resonator Filters," *Proceedings of the IRE*, February 1957.

Cohn, S. B., "Dissipation Loss in Multiple-Coupled Resonator Filters," *Proceedings of the IRE*, August 1959.

"dBw." RFID Glossary. [Online] Available http://www.rfid4u.com/glossary.asp, February 25, 2007.

"Decibel." Wikipedia. [Online] Available http://en.wikipedia.org/wiki/Decibel, August 2, 2007.

DeMaw, M. F., *Practical RF Communications Data for Engineers and Technicians*, HowardW. Sams & Co., Inc., Indianapolis, IN, 1978.

DeMaw, M. F., "The Practical Side of Toroids," *QST Magazine*, June 1979.

DeMaw, M. F., "Magnetic Cores in RF Circuits," *RF Design*, April 1980.

"Designing Impedance Matching Networks." [Online]Available http://www.mathworks.com/applications/dsp_comm/demos.html?file=/products/demos/shipping/rf/imped_match.html, May 3, 2007.

Dishal, M., "Exact Design and Analysis of Double and Triple Tuned Band-Pass Amplifiers," *Proceedings of the IRE*, June 1947.

Dunn, John. "Spiral Inductor Modeling On RFICs." March 2007, Pp. 1 – 7.

"Example: Efficiently Simulating a Direct-Conversion Receiver or Transmitter." [Online] Available http://eesof.tm.agilent.com/products/design_flows/rfic/examples_05.html, March 21, 2007.

"Example:Verification and Troubleshooting of a Receiver with aWLAN 802.11b Signal." [Online]Available http://eesof.tm.agilent.com/products/design_flows/rfic/examples_01.html, March 21, 2007.

"Field-Effect Transistor." [Online] Available http://searchsmb.techtarget.com/sDefinition/0,,sid44_gci213961,00.html, August 8, 2000.

"Field effect Transistor." [Online] Available http://en.wikipedia.org/wiki/Field_effect_transistor, August 3, 2007.

Fink, D. G., *Electronics Engineers' Handbook*, McGraw-Hill, NewYork, NY, 1975.

Fisk, J., "How to Use the Smith Chart," *Ham Radio*, March 1978.

Geffe, P., *Simplified Modern Filter Design*, John F. Rider, NewYork, NY, 1963.

"GENESYS." [Online] Available http://www.eagleware.com/products/genesys/genesys.html, 2006.

Grammer, G., "Simplified Design of Impedance Matching Networks," *QST Magazine*, March 1957.

Grossman, M., "Focus on Ferrite Materials: They Star as HF Magnetic Cores," *Electronic Design*, April 30, 1981.

Gupta, S., Bayless, J., and Peikari, B., *Circuit Analysis*, Intext Educational Pub., Scranton, PA, 1972.

Hall, C., "RF Chokes, Their Performance Above and Below Resonance," *Ham Radio*, June 1978.

Hardy, J., *High Frequency Circuit Design*, Reston Publishing Co., Inc., Reston, VA, 1979.

Harper, C. A., *Handbook of Components for Electronics*, McGraw-Hill, NewYork, NY.

Heimlich, Mike. "Challenges and Solutions: Module Design." PowerPoint Presentation. May 4, 2007, Pp. 1 – 65.

Heimlich, Mike and Scott Wedge. "Meeting the Multi-Gbps Design Challenge with Signal Integrity Design." PowerPoint Presentation. May 4, 2007, Pp. 1 – 28.

Hejhall, Roy, "Systemizing RF Power Amplifier Design," *Motorola AN-282A*, 1975.

Hejhall, Roy, "RF Small Signal Design Using Two-Port Parameters," *Motorola AN-215A*, February 1977.

Hejhall, Roy, "Understanding Transistor Response Parameters," *Motorola AN-139A*, 1974.

Hewlett-Packard Components, "Transistor Parameter Measurements," *Hewlett-Packard AN-77-1*, February 1967.

Hewlett-Packard Components, "A Low Noise 4 GHz Transistor Amplifier Using the HXTR-6101 Silicon Bipolar Transistor," *Hewlett-Packard AN-967*, May 1975.

Hewlett-Packard Components, "A 6 GHz Amplifier Using the HFET-1101 GaAs FET," *Hewlett-Packard AN-970*, February 1978.

Hewlett-Packard Components, "S-Parameter Techniques for Faster, More Accurate Network Design," *Hewlett-Packard AN-95-1*.

Hewlett-Packard Components, "S-Parameter Design," *Hewlett-Packard AN-154*, April 1972.

Hewlett-Packard Components, "Microwave Transistor Bias Considerations," *Hewlett-Packard AN-944-1*, October 1973.

"High-pass filter." Wikipedia [Online] Available http://en.wikipedia.org/wiki/High-pass_filter, July 22, 2007.

Hoff, I. M., "Pi-Network Design for High-Frequency Power Amplifiers," *Ham Radio*, June 1978.

Hooijmans, Pieter W. "RF Front End Application and Technology Trends." Proceedings of Design Automation Conference, June 2 – 6, 2003, Pp. 73 – 78.

Horvitz, Robert. "Frequency Conversion and New Technologies: Challenges and Opportunities in Spectrum Management," Presented at the Center for Strategic Research, Moscow, June 20, 2006.

Howe, H. Jr., "Basic Parameters Hold the Key to Microstrip-Amplifier Design," *EDN*, October 5, 1980.

"Impedance Matching and the Smith Chart: The Fundamentals." [Online]Available http://www.maxim-ic.com/appnotes.cfm/appnote_number/742, March 23, 2001.

"Introduction to the RF BS XE Flow." RF in BSXE Flow User' s Manual, V8.13-1. Pp. 1 – 10.

Kaufman, M. and Seidman, A., Handbook of Electronics Calculations for Engineers and Technicians, McGraw-Hill, NewYork, NY, 1979.

Kraus, H. and Allen, C., "Designing Toroidal Transformers to OptimizeWideband Performance," *Electronics*, August 16, 1973.

Krauss, H., Bostian, C., and Raak, F., *Solid State Radio Engineering*, JohnWiley & Sons, NewYork, NY, 1980.

Lenk, J., *Handbook of Simplified Solid State Circuit Design*, Prentice-Hall, Englewood Cliffs, NJ, 1971.

Litty, T. P., "Microstrip RF Amplifier Design," *RF Design*, January/February 1979.

Llamas, Ramon and Ryan Reith. "Converged Mobile Device Market Surges Ahead on 42% Growth in 2006, According to IDC." [Online]Available http://www.idc.com/getdoc.jsp?containerId=prUS20578607, February 26, 2007.

"Low Noise Amplifer Design with GENESYS." May 22, 2007, Pp. 1 – 24.

"Low-pass filter." Wikipedia. [Online] Available http://en.wikipedia.org/wiki/Low-pass_filter, August 2, 2007.

Miller, J., *Solid State Communications: Design of Communications Equipment Using Semiconductors*, McGraw-Hill, NewYork, NY, 1966.

Millman, J. and Halkias, C., *Integrated Electronics: Analog Digital Circuits & Systems*, McGraw-Hill, NewYork, NY, 1972.

Mini-Circuits, "Constant-Impedance IF Bandpass Filters Improve Circuits Performance," www.minicircuits.com.

Motorola Semiconductor Products Inc., "Semiconductor Noise Figure Considerations," *Motorola AN-421*, August 1976.

Myoung, Robert and Denis Soldo. "System in Package (SiP) and Stacked Package Solutions." 2006 Worldwide ApplicationWorkshop, Pp. 1 – 11.

Nash, Eamon, "Measurement and Control of RF Power," Analog Devices (www.analog.com).

Neilson, Dave and Tom Quan. "System/Circuit Design and Analysis of an IEEE 802.11a RF CMOS Transceiver." Application Note, March 2007, Pp. 1 – 10.

"ParkerVision: Our Story." [Online] Available http://www.parkervision.com/about_us/our_story.php, February 20, 2007.

"PCB Design Process." [Online] Available http://www.pcbdesignexpress.com/designprocesses.jsp, March 23, 2007.

Quan, Tom. "Design Suite Provides Advanced Technology for Analog and RFIC Design." High Frequency Electronics. May, 2004, Pp. 50 – 55.

"Radio – History of Radio." [Online] Available http://www.telecompie.com/radio/history.html, February 13, 2007.

Reference Data for Radio Engineers, HowardW. Sams & Co., Inc., Indianapolis, IN, 1975.

Rencher, Mark. "VHDL-AMS Extensions Enable RF Harmonic Balance Simulation." High Frequency Electronics. March 2004, Pp. 44 – 47.

"RF Design Environment 2006." [Online] Available http://eesof.tm.agilent.com/products/rfde2006_update1.html, March 16, 2007.

"RF Design Environment – Verilog-A Complier." [Online]Available http://eesof.tm.agilent.com/products/rfde2003c_verilog.html, March 16, 2007.

"RF Design Methodology and Flow." White Paper. 2006, Pp. 1 – 8.

"RF IC Flow." [Online] Available http://cadence.com/whitepapers/rfic_flow_wp.pdf, 2004, Pp. 1 – 7.

RF Packaging – Technical, [Online] Available http://www.kjas-interconnect.com/RFTechnical.html, 2002.

"RF Toolbox 2.1." [Online] Available http://www.mathworks.com/products/rftoolbox/index.html, March 25, 2007.

"RLC Circuit." Wikipedia [Online] Available http://en.wikipedia.org/wiki/RLC_circuit, June 22, 2007.

Rousset, Jean, "FromW-CDMA RF Front-End Specifications to Requirements," consultant to Agilent Technologies (www.agilent.com).

Ruthroff, C., "Some Broadband Transformers," *Proceedings of the IRE*, August 1959.

Sando, S., "Very Low-Noise GaAs FET Preamp for 432 MHz," *Ham Radio*, April 1978.

Scherer, D., "Today' s Lesson – Learn About Low-Noise Design," *Microwaves*, April 1979.

Sentz, R., *Voltage and Power Amplifiers*, Holt, Rinehart &Winston, Inc., NewYork, NY, 1968.

"SerDes Signal Integrity Design and Analysis." Seminar. December 2006, Pp. 9 – 22, 30 – 31.

Sevick, J., "Broadband Matching Transformers Can Handle Many Kilowatts," *Electronics*, November 25, 1976.

Shuch, Paul, "Solid State Microwave Amplifier Design," *Ham Radio*, October 1976.

Shulamn, J. M., "T-Network Impedance Matching to Coaxial Feedlines," Ham Radio, September 1978.

Smith, P. H., *Electronic Applications of the Smith Chart: In Waveguide, Circuit, & Component Analysis*, McGraw-Hill, NewYork, NY, 1969.

Stickley, John and Wade Stone. "Combining the power of MATLAB for signal generation and analysis with an RTL representation in a high performance emulator." Chip Design, [Online] Available http://www.chipdesignmag.com/print.php?articleId=258?issueId=0, April 10, 2007.

"SystemVerilog." [Online] Available http://en.wikipedia.org/wiki/SystemVerilog, July 21, 2007.

"SytemC: Definition and recommended Links." [Online] Available http://www.eeglossary.com/systemc.htm, July 25, 2007.

"Transistors." [Online] Available http://www.ic2forum.com/viewtopic.php?t=82, November 9, 2006.

Trout, B. "Small-Signal RF DesignWith Dual-Gate MOSFETs," *Motorola AN-478A*, 1971.

"Using GENESYS with VNA Data for Matching." Using GENESYS with a Vector Network Analyzer, May 15, 2007, Pp. 1 – 16.

"Verilog." [Online] Available http://en.wikipedia.org/wiki/Verilog, August 3, 2007.

"Verilog-AMS." [Online] Available http://en.wikipedia.org/wiki/Verilog-AMS, December 22, 2006.

"VHDL" [Online] Available http://en.wikipedia.org/wiki/VHDL, August 2, 2007.

Viklund, Per. Personal Interview. March 7, 2007.

Wetherhold, E. E., "Design 7-Element Low-Pass Filters Using Standard Value Capacitors," EDN, January 7, 1981.

Williams, A. B., *Electronic Filter Design Handbook*, McGraw-Hill, NewYork, NY, 1981.

Witzke, Edward, "AnApproach toWireless Communications at Sandia National," SAND2002-3312, October 2002 [http://www.prod.sandia.gov/cgibin/techlib/access-control.pl/2002/023312.pdf].

Yen, Albert. "Foundry Support Is Critical to SoC Design and Implementation." Chip Design. [Online] Available http://www.chipdesignmag.com/display.php?articleId=964&issueId=20, December 2006/

January 2007.

Ziemer, R. E. and Tranter,W., *Principles of Communications: Systems, Modulation & Noise,* Houghton Mifflin Co., Boston, MA, 1976.

Zverev, A., *Handbook of Filter Synthesis*, JohnWiley & Sons, NewYork, NY, 1967.

Zverev, A., "Introduction to Filters," *Electro-Technology*, June 1964.

찾아보기

| 국 문 |

ㅊ

ㅋ

ㅌ

ㅍ

ㅎ

| 영 문 |

P ~ Q

R

S

T ~ U

V

Y

기타

저자약력

이 문 규

1988년 3월 ~ 1992년 2월 한국과학기술원 전기 및 전자공학과 학사

1992년 3월 ~ 1994년 2월 서울대학교 전자공학과 석사

1994년 3월 ~ 1999년 2월 서울대학교 전기공학부 박사

1999년 3월~ 2002년 2월 한국전자통신연구원 RF 위성 탑재팀 선임연구원

2002년 3월 ~ 현재 서울시립대학교 전자전기컴퓨터공학부 교수

mqlee@uos.ac.kr

정가 29,000원

RF회로설계

2010년 11월 15일 초판 인쇄
2010년 11월 25일 초판 발행

저 자 : Chris Bowick
역 자 : 이 문 규
발행자 : 우 명 찬 · 송 준
발행처 : 홍릉과학출판사
주 소 : ㊌ 142-885 서울시 강북구 인수동 455-60
등 록 : 1976년 10월 21일 제5-66호
전 화 : 999－2274~5, 996－8341, 903－7037
팩 스 : 905-6729
ISBN : 978-89-7283-901-9

역자와의 협의하에 인지생략

hongpub@hongpub.co.kr
www.hongpub.co.kr